中国畜禽线虫形态分类彩色图谱

Chromatic Atlas of Nematode Morphological Classification for Livestock & Poultry in China

主　编　廖党金　黄　兵

副主编　叶勇刚　刘光远　李江凌　董　辉

科 学 出 版 社

北　京

内 容 简 介

本书共收集寄生于我国家畜家禽的线虫300个种，隶属38科109属。全书采用图片1711幅，其中，1418幅是227个种的形态结构特点彩色图片，293幅是73个种的形态结构特点绘制图片。

在已报道的我国家畜家禽的线虫408个种（隶属38科109属）中，本书收集了300个种，其比例达73.53%，其属和科已全部收集。227个种是本书编著人员采用保存的浸制标本或玻片标本直接拍摄并用文字加以描述，更加真实、客观地反映了虫体的结构，克服了传统绘制图的缺点。这有助于从事线虫分类的科研、教学、临床医学、动物学等相关人员以此书作为参考资料对线虫进行分类，尤其是对刚从事线虫分类的学生、科技人员等帮助更大。

图书在版编目（CIP）数据

中国畜禽线虫形态分类彩色图谱/廖党金，黄兵主编. —北京：科学出版社，2016.3

ISBN 978-7-03-046751-5

Ⅰ. ①中…　Ⅱ. ①廖…　②黄…　Ⅲ. ①家畜寄生虫学－线虫－中国－图谱　②家禽－寄生虫学－线虫－中国－图谱　Ⅳ. ① S852.73-64

中国版本图书馆CIP数据核字（2015）第302475号

责任编辑：李秀伟 / 责任校对：郑金红

责任印制：肖　兴 / 封面设计：北京图阅盛世文化传媒有限公司

科学出版社 出版

北京东黄城根北街16号

邮政编码：100717

http://www.sciencep.com

北京盛通印刷股份有限公司 印刷

科学出版社发行　各地新华书店经销

*

2016年3月第 一 版　开本：787×1092　1/16

2016年3月第一次印刷　印张：40 1/4

字数：950 000

定价：420.00 元

（如有印装质量问题，我社负责调换）

本书为国家科技基础性工作专项“中国畜禽寄生虫彩色图谱编撰”项目（编号：2012FY120400）的成果之一

项目主持单位：中国农业科学院上海兽医研究所

项目参加单位：中国农业科学院兰州兽医研究所

四川省畜牧科学研究院

《中国畜禽寄生虫彩色图谱》
编撰委员会

主　任　黄　兵

副主任　廖党金　刘光远　董　辉

委　员　韩红玉　关贵全　李江凌　陈　泽　周　杰
曹　杰　周金林　陈兆国　叶勇刚　田占成

《中国畜禽线虫形态分类彩色图谱》

编写人员

主　编　廖党金　黄　兵

副主编　叶勇刚　刘光远　李江凌　董　辉

参加编写人员（按姓氏笔画排序）

于吉锋　四川省畜牧科学研究院

王秋实　四川省畜牧科学研究院

叶健强　四川省畜牧科学研究院

李江凌　四川省畜牧科学研究院

李兴玉　四川省畜牧科学研究院

杨光友　四川农业大学

张先慧　四川省畜牧科学研究院

林　毅　四川省畜牧科学研究院

赵素君　四川省畜牧科学研究院

曹　冶　四川省畜牧科学研究院

梁思婷　中国农业科学院上海兽医研究所

董　辉　中国农业科学院上海兽医研究所

谢　晶　四川省畜牧科学研究院

戴卓建　四川省畜牧科学研究院

魏　甬　四川省畜牧科学研究院

前言

PREFACE

《中国畜禽线虫形态分类彩色图谱》是《中国畜禽寄生虫彩色图谱》的5部专著之一，得到国家科技基础性工作专项（编号：2012FY120400）资助，也是国家科技基础性工作专项（编号：2000DEB10031）的延续，此外，也有“十五”国家奶业重大专项（2002BA518A22）、“十一五”和“十二五”国家和四川省科技支撑计划项目（2006BAD04A05、2006BAD04A17、2012BAD12B03、2014NZ0032）奶牛寄生虫病综合防控技术专题、国家农业科技成果转化项目（05EFN215100250）等工作的积累。

迄今报道的寄生于我国家畜家禽的寄生虫有2169个种，其中，原虫201个种、蠕虫943个种、寄生性节肢动物1025个种。不同的寄生虫病，其防治药物可能不同或效果差距较大，几乎没有一种抗寄生虫药物能够预防或治疗家畜家禽的所有寄生虫病，因此，寄生虫的分类是畜禽寄生虫病防治工作的前提。

本书共收集寄生于我国家畜家禽的线虫300个种，隶属38科109属，全书采用图片1711幅，其中，1418幅是以四川省畜牧科学研究院、中国农业科学院上海兽医研究所、中国农业科学院兰州兽医研究所及四川农业大学寄生虫学实验室等保存的227种线虫的浸制标本（217种）和玻片标本（10种）直接拍摄并用文字加以描述，更加真实、客观地反映了虫体的结构，克服了传统绘制图的缺点，另外293幅是根据73个种的分类形态结构特点绘制。

本书的分类方法和分类系统排列及编制等依次为科、属、种，与《中国家畜家禽寄生虫名录》（沈杰等，2004. 中国农业科学技术出版社出版）和《中国畜禽寄生虫形态分类图谱》（黄兵等，2006. 中国农业科学技术出版社出版）基本一致，但将其中的鞭虫科（Trichuridae Bailliet，1915）鞭虫属（*Trichuris* Roederer，1761）编写成毛首科（Trichocephalidae Baird，1853）毛首属（*Trichocephalus* Schrank，1788），虫名也改为毛首线虫，如猪鞭虫（*Trichuris suis* Schrank, 1788）编写为猪毛首线虫（*Trichocephalus suis* Schrank，1788）等。在拍摄的227个种中，每一个属选择具有代表性的一个种，拍摄其整个虫体外观照片，以此表达该属虫体的外观形态，其余图片是表达虫体分类的主要结构特点。在绘制的73个种中，与其他参考书一致，将虫体的分类形态结构特点合成一幅或几幅图片。编写的每一个线虫虫种，右手页为该虫种的形态分类主要结构特点图片，左手页为该虫种的虫体和主要器官大小及形态描述等，在使用本书时，既要看图片上表达的虫体及器官结构特点，又要阅读其文字描述。

在本书编著工作中也存在一些遗憾，主要有：一是我国各单位实验室保存的家畜家禽线虫标本，绝大多数是二三十年前采集并保存的，在拍摄时，一些虫体标本很难透明，难以看清其内部结构，故虫体有的结构特点难以完全透视，在拍摄的照片上不能完全反映出结构；二是相当一部分线虫虫体在载玻片与盖玻片之间滚动很困难，使虫体有的结构特点难以观察到；三是尽管我国报道的家畜家禽线虫有408种，但这些工作是历时上百年的积累，很多虫种标本甚至标本保存单位或报道者现在很难找到或消失了，我们已尽全力寻找，收集的227个虫种已占报道的我国家畜家禽线虫种类的56.37%，在此希望在以后的工作中进一步完善。此外，由于部分线虫的分类尚存在一些分歧，甚至有的同物异名也有不同观点，加上编者知识水平有限，书中疏漏处敬请批评指正。

编　者

2015年9月

目 录

CONTENTS

圆形科 Strongylidae Baird, 1853　/ 62

夏柏特科 Chabertidae Lichtenfels, 1980　/ 88

钩口科 Ancylostomatidae Nicoll, 1927 / 118

盅口科 Cyathostomidae Yamaguti, 1961 / 148

比翼科 Syngamidae Leiper, 1912 / 242

毛圆科 Trichostrongylidae Leiper, 1912　/ 248

颚口科 Gnathostomatidae Railliet, 1895 / 504

奇口科 Rictulariidae Railliet, 1916 / 510

丝虫科 Filariidae Claus, 1885 / 512

双瓣线科 Dipetalonematidae Wehr, 1935 / 514

类圆科 Strongyloididae Chitwood et McIntosh, 1934

虫体纤细，口部有 2 个侧唇，每个唇分 3 叶，有环口乳突两圈，每圈有乳突 4 个，口囊有或缺乏。食道呈圆筒形，无后食道球。阴门开口于体部 1/3 处，直接进入 2 子宫内。卵巢 2 个，有反折。卵生，卵内含胚胎或幼虫。

类圆属 *Strongyloides* Grassi, 1879

属的特征同科的特征。

❶ 乳突类圆线虫

Strongyloides papillosus (Wedl, 1856) Ransom, 1911

【主要形态特点】

虫体细小（图 –1），呈乳白色，体长 4.38～5.92 mm，两端渐细，阴门部宽 0.048～0.090 mm。食道呈圆柱形，长 0.75～1.04 mm。围口大唇有 2 个瓣，每个大唇有 3 个小唇片。阴门稍外突（图 –2），有 2 唇片，距尾端 0.80～2.22 mm。体内有 2 组生殖器官，卵巢细长，扭曲，有前、后 2 个回转。子宫为双型，分布于阴门前后。肛门位于虫体后部，在肛门后急剧变细，形成手指形的尾部（图 –3、图 –4），尾长 0.060～0.096 mm。虫卵大小为 0.040～0.060 mm×0.020～0.036 mm。

【宿主与寄生部位】

猪、山羊的小肠。

【虫体标本保存单位】

四川省畜牧科学研究院

图 释

1 雌虫成虫；
2 雌虫阴门；
3 雌虫尾部侧面观及肛门、尾尖等；
4 雌虫尾部腹面观及肛门、尾尖等。

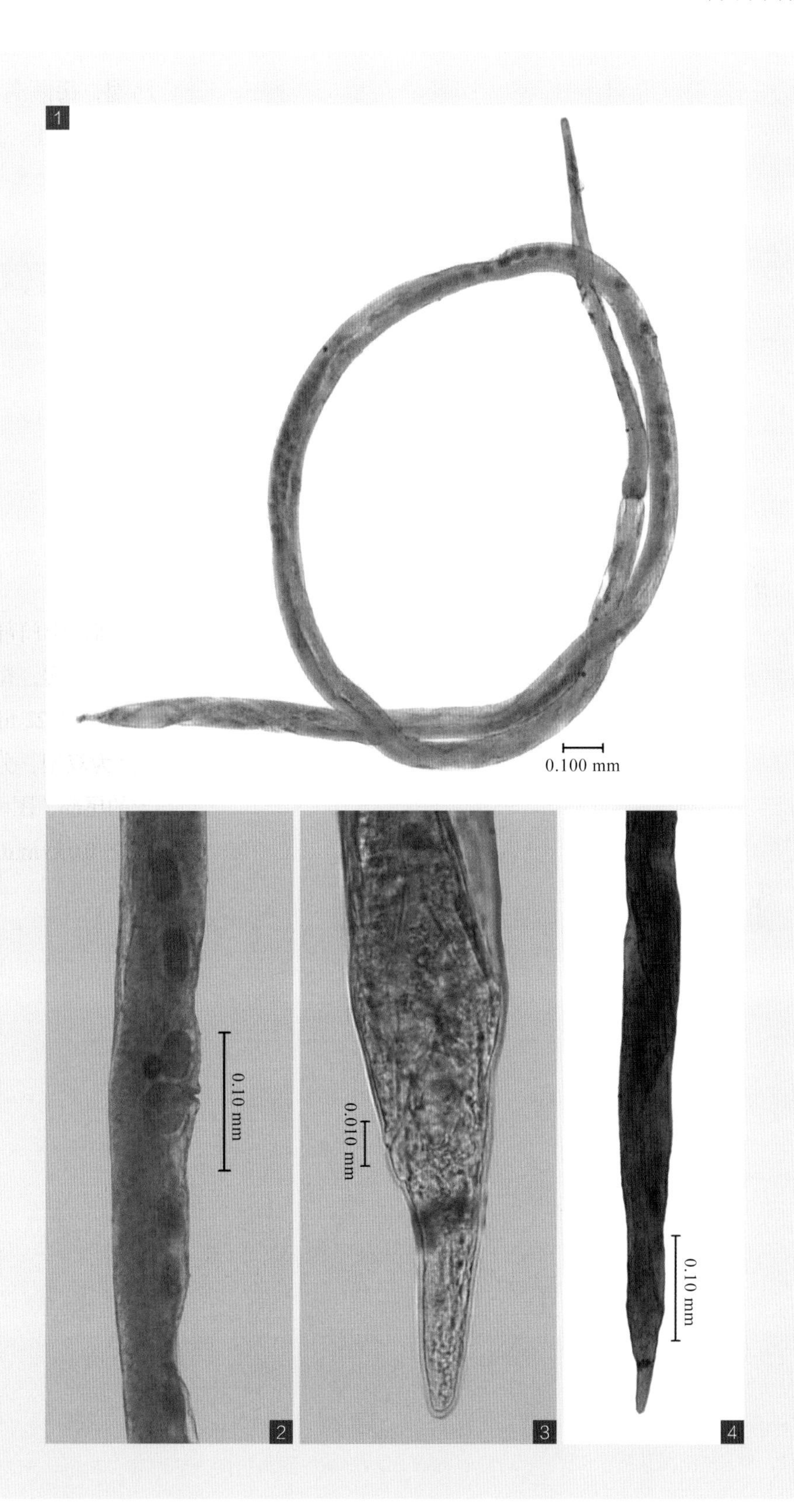
1
0.100 mm
0.10 mm
2
0.010 mm
3
0.10 mm
4

2 鸡类圆线虫

Strongyloides avium Cram, 1929

【主要形态特点】

虫体为小型线虫，寄生性雌虫大小为 2.21 mm×0.041～0.046 mm。阴门部有突出的唇（图 -5），距头端 1.42 mm。子宫从阴门处分为前、后 2 支。卵巢呈发卡样回转，没有屈曲。卵壳很薄，排出时卵细胞已分裂，虫卵大小为 0.051～0.057 mm×0.035～0.041 mm。

【宿主与寄生部位】

鸡的盲肠、小肠。

【图片引自】

黄兵，沈杰，董辉，等．2006．中国畜禽寄生虫形态分类图谱．北京：中国农业科学技术出版社．

图 释

1 寄生生活的雌虫；
2 头端顶面观及唇片；
3 虫体头部观；
4 雌虫尾部侧面观；
5 雌虫阴门区。

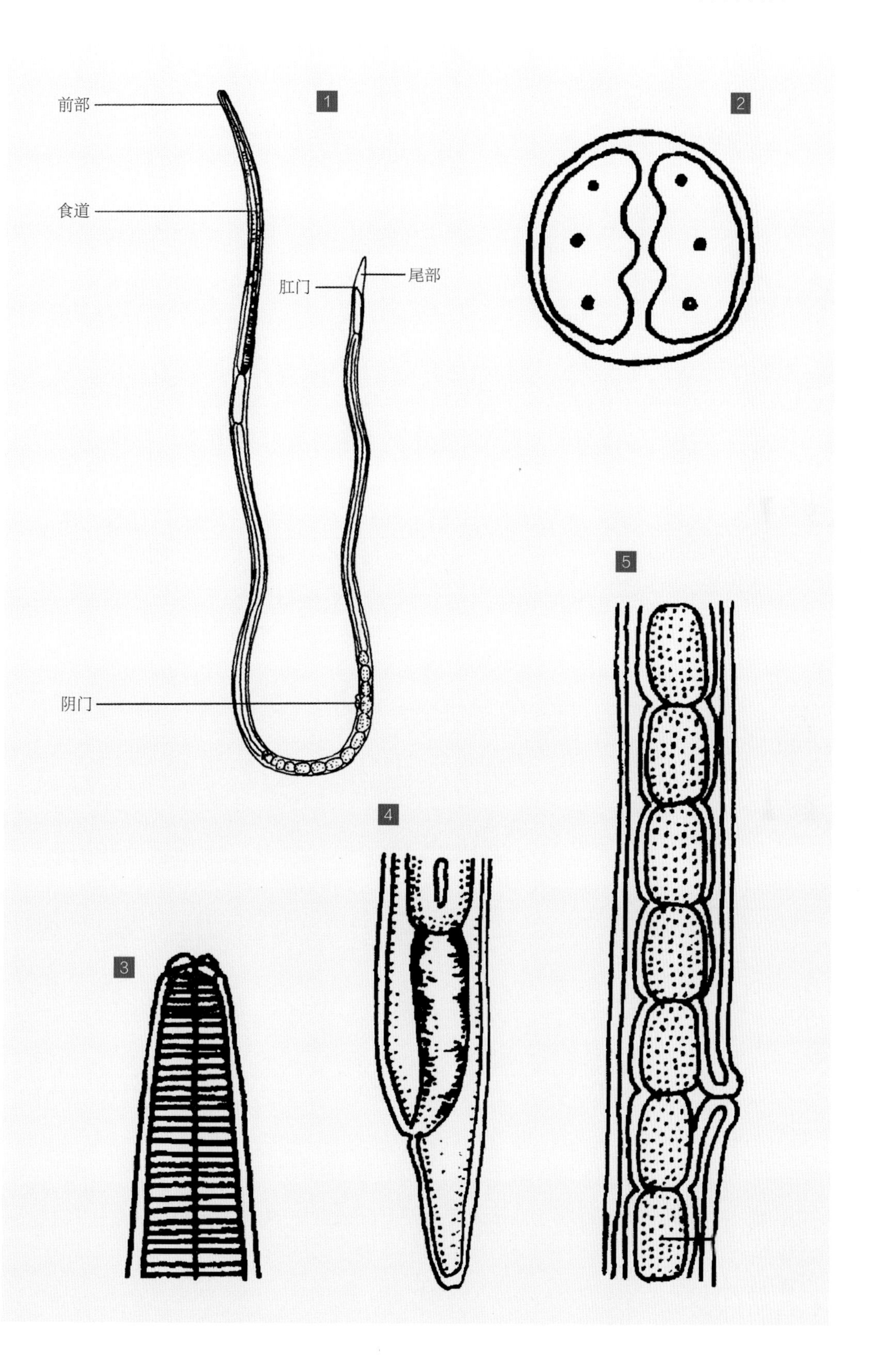
1
前部
食道
肛门
尾部
阴门
2
3
4
5

③ 兰氏类圆线虫

Strongyloides ransomi Schwartz et Alicata, 1930

【主要形态特点】

虫体细小，呈乳白色，体表有纵纹和细的横纹，体长 2.27～4.60 mm。头部和尾部较狭窄，体中部最宽（图 -1），宽 0.048～0.080 mm。口孔周围有 2 个大唇，在每个大唇的顶部又分为 3 个小唇。食道呈圆柱形，长 0.65～0.95 mm。神经环距头端 0.187～2.000 mm。阴门位于体中部与体后部 1/3 交界处，距尾端 1.07～1.92 mm。阴户为 2 个小唇，稍突出体侧壁。体内有 2 组生殖器官，卵巢细长，扭曲，子宫呈管状，一前一后。在离阴门不远处常有虫卵。肛门位于体后部，向后斜向开口，肛门后收缩成直尖圆锥形的尾部，尾长 0.047～0.057 mm。虫卵呈长椭圆形（图 -2），大小为 0.042～0.055 mm×0.024～0.036 mm。

【宿主与寄生部位】

猪的小肠。

【图片引自】

蒋学良，周婉丽，廖党金，等. 2004. 四川畜禽寄生虫志. 成都：四川出版集团. 四川科学技术出版社.

图 释

1 雌虫;
2 虫卵。

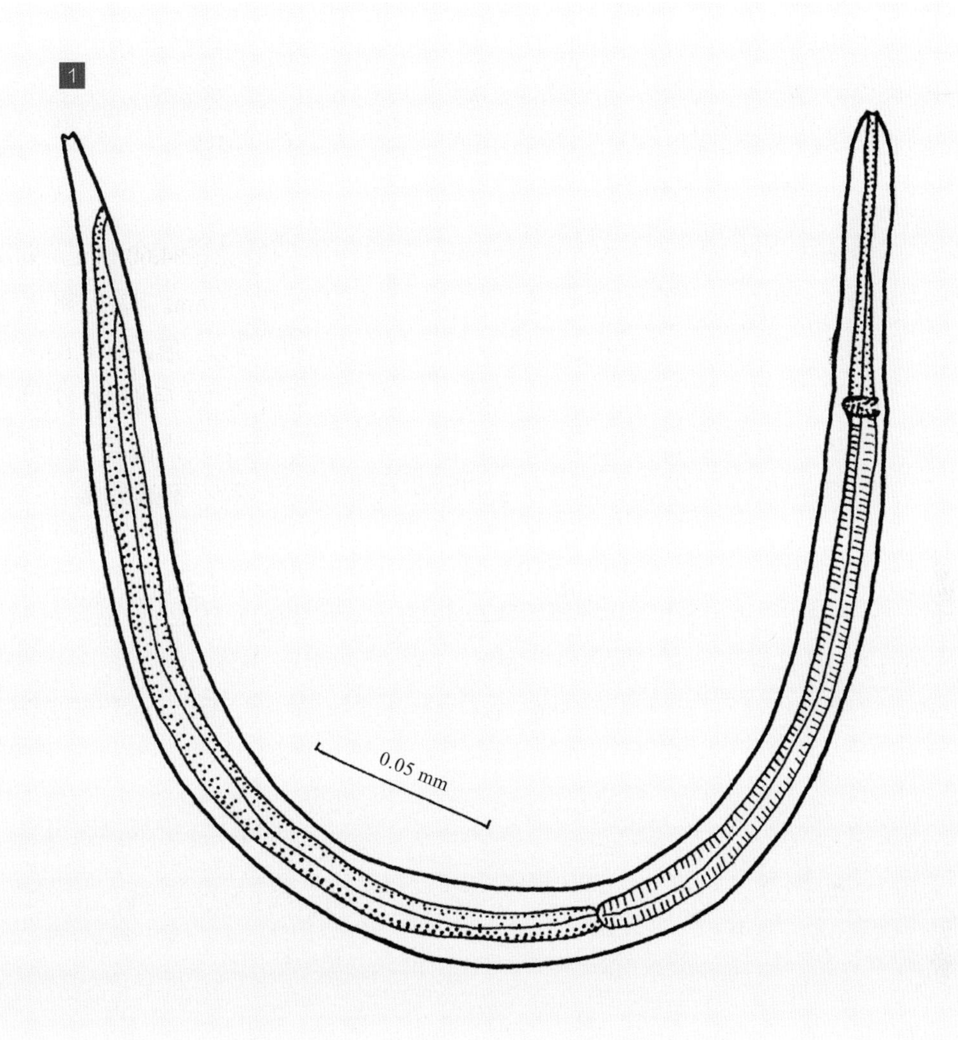
1
0.05 mm

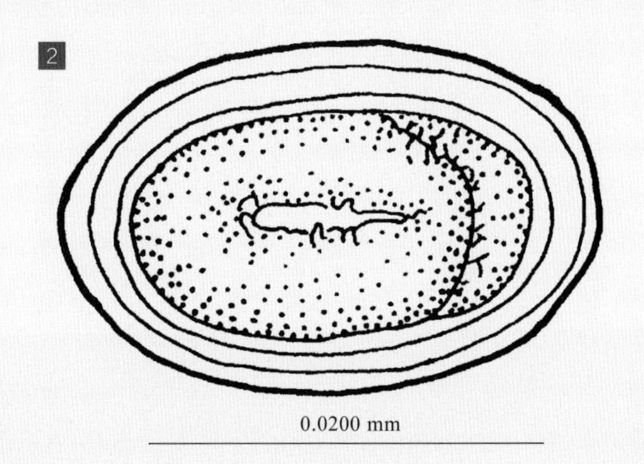
2
0.0200 mm

杆形科 Rhabdiasidae Railliet, 1915

虫体为小型线虫。寄生生活阶段，虫体的食道短，阴门位于近体中部。自由生活阶段，虫体口囊小，有3～6个唇，食道呈杆状，即前粗、中细、后呈球状，并有瓣。雌虫卵胎生或胎生。

杆形属 *Rhabditella* Cobb, 1929

属的特征同科的特征。

4 艾氏杆形线虫

Rhabditella axei (Cobbold, 1884) Chitwood, 1933

【主要形态特点】

虫体尾部细长，在体前端有2个感觉器，口缘有6个大小相等的唇片，即2个背唇、2个腹唇和2个侧唇。每个唇片上有2个乳突，其内面的1个乳突较小。口腔呈长六角形，咽呈圆柱状。食管呈小杆形，有前、后2个食道球，在后食道球中有3个几丁质瓣。

【雄虫】

虫体大小为1.16～2.32 mm×0.031～0.043 mm。食管长0.225～0.238 mm。睾丸1个，前部弯曲。尾部长0.224～0.282 mm，尾基部膨大。交合伞小，其上有9对乳突（图-1），即肛前3对、肛缘1对、肛后5对。肛前第1对乳突位于交合刺基部的两侧缘；其余2对并列，位于肛前第1对乳突与肛缘乳突之间。肛后乳突明显，前4对为等距离排列，位于尾翼后部腹面；第5对位于亚背面。交合刺1对等长，长0.031～0.039 mm，侧面观呈匙状，近端弯曲，中部膨大，有瘤状突起，瘤后以薄膜扩展至远端，末端钝圆。引带呈船形，长0.023～0028 mm，前端稍尖，两边缘具有几丁质向内突起。

【雌虫】

虫体大小为1.36～1.84 mm×0.042～0.057 mm。食道长0.224～0.281 mm。阴门距体前端0.503～0.681 mm。尾长0.366～0.489 mm。子宫呈双管型，前子宫伸展到后食道球的后方，后子宫伸展至直肠，其内常含有4～6个虫卵。

【宿主与寄生部位】

兔的盲肠、结肠。

【图片引用】

黄兵，沈杰，董辉，等. 2006. 中国畜禽寄生虫形态分类图谱. 北京：中国农业科学技术出版社.

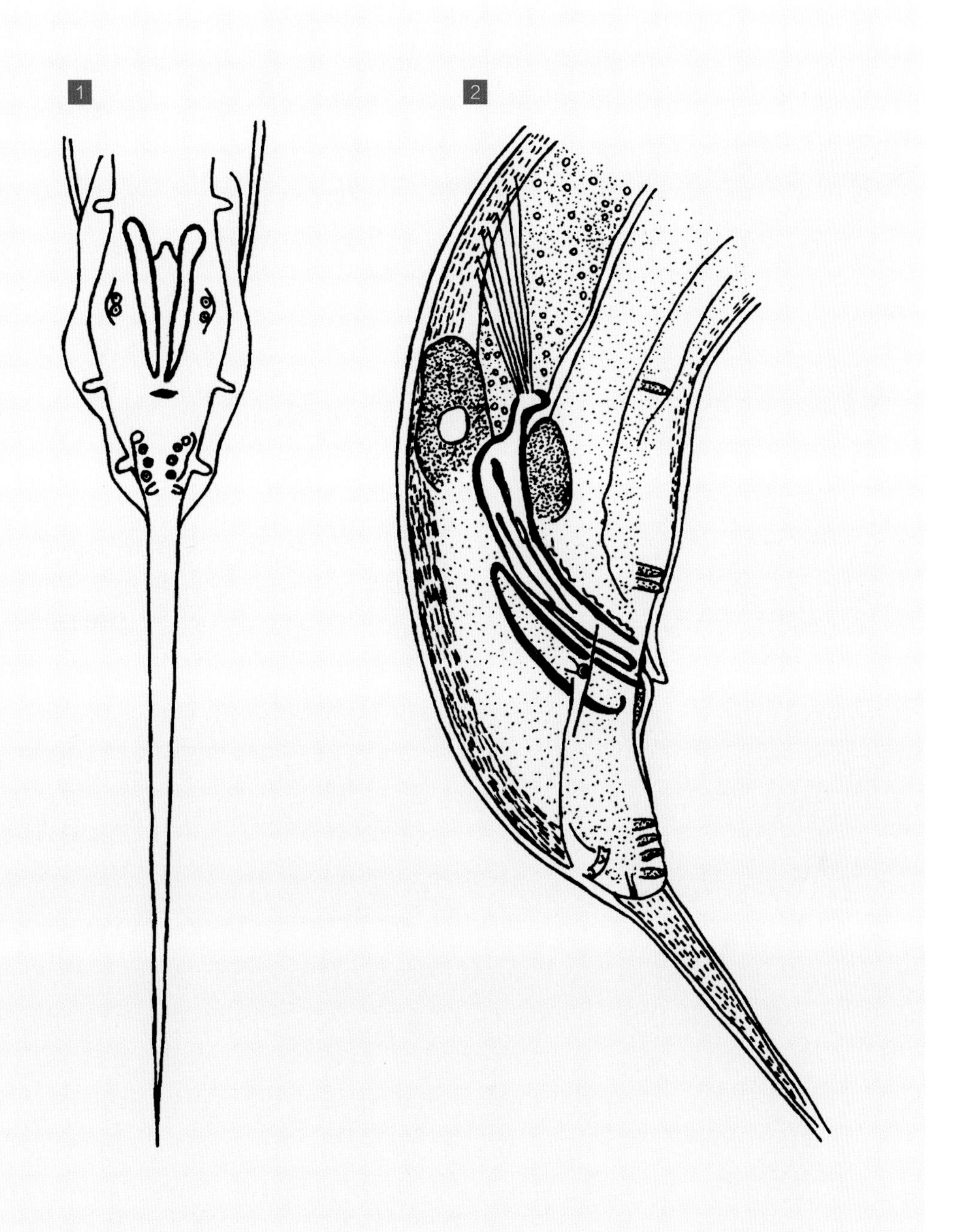

图 释

1 雄虫尾部腹面观；
2 雌虫尾部侧面观。

蛔　科　Ascarididae Blanchard, 1849

两个侧唇各有 1 个双乳突和 1 个单乳突。食道后无腺胃或盲囊。雄虫尾部有多个肛乳突，交合刺 1 对等长或不等长。

蛔　属　*Ascaris* Linnaeus, 1758

虫体呈乳白色或粉红色，两端逐渐变细。体表角质层有横纹，唇内缘有排成行的小齿。雄虫的交合刺 1 对等长。虫卵壳外有凹凸不平的蛋白膜。

5 猪蛔虫

Ascaris suum Goeze, 1782

【主要形态特点】

新鲜虫体呈淡黄色或粉红色，浸制虫体呈白色，虫体中部较粗，两端较细（图 –1）。虫体头端有 3 个唇片（图 –2、图 –3、图 –4），在唇的内缘上有 1 排小齿，背唇有 2 个双乳突，2 个侧腹唇各有 1 个大的双乳突和 1 个小的单乳突。

【雄虫】

虫体大小为 150.0～250.5 mm×3.01 mm。尾端向腹面弯曲（图 –1、图 –6）。交合刺 1 对，一般是等长，长 2.0～2.5 mm。尾乳突 69～75 个（图 –7、图 –8），其中肛后乳突 7 个。

【雌虫】

虫体大小为 200.1～400.3 mm×5.04 mm，尾端较直而钝（图 –9）。阴门开口于虫体前 1/3 处，肛门距虫体末端较近。虫卵大小为 0.052～0.076 mm×0.041～0.082 mm，表面的蛋白膜呈波浪形（图 –10），或表面的蛋白膜溶解后，卵壳表面光滑（图 –11）。

【宿主与寄生部位】

猪的小肠及胃、胆囊等。

【虫体标本保存单位】

四川省畜牧科学研究院

图 释

1 成虫，左为雌虫，右为雄虫；
2 虫体头部；
3 唇背侧；
4 唇腹侧；
5 唇腹斜；
6 雄虫尾部；
7 8 雄虫尾端及乳突；
9 雌虫尾部；
10 虫卵，卵壳外有蛋白膜；
11 虫卵，卵壳外无蛋白膜。

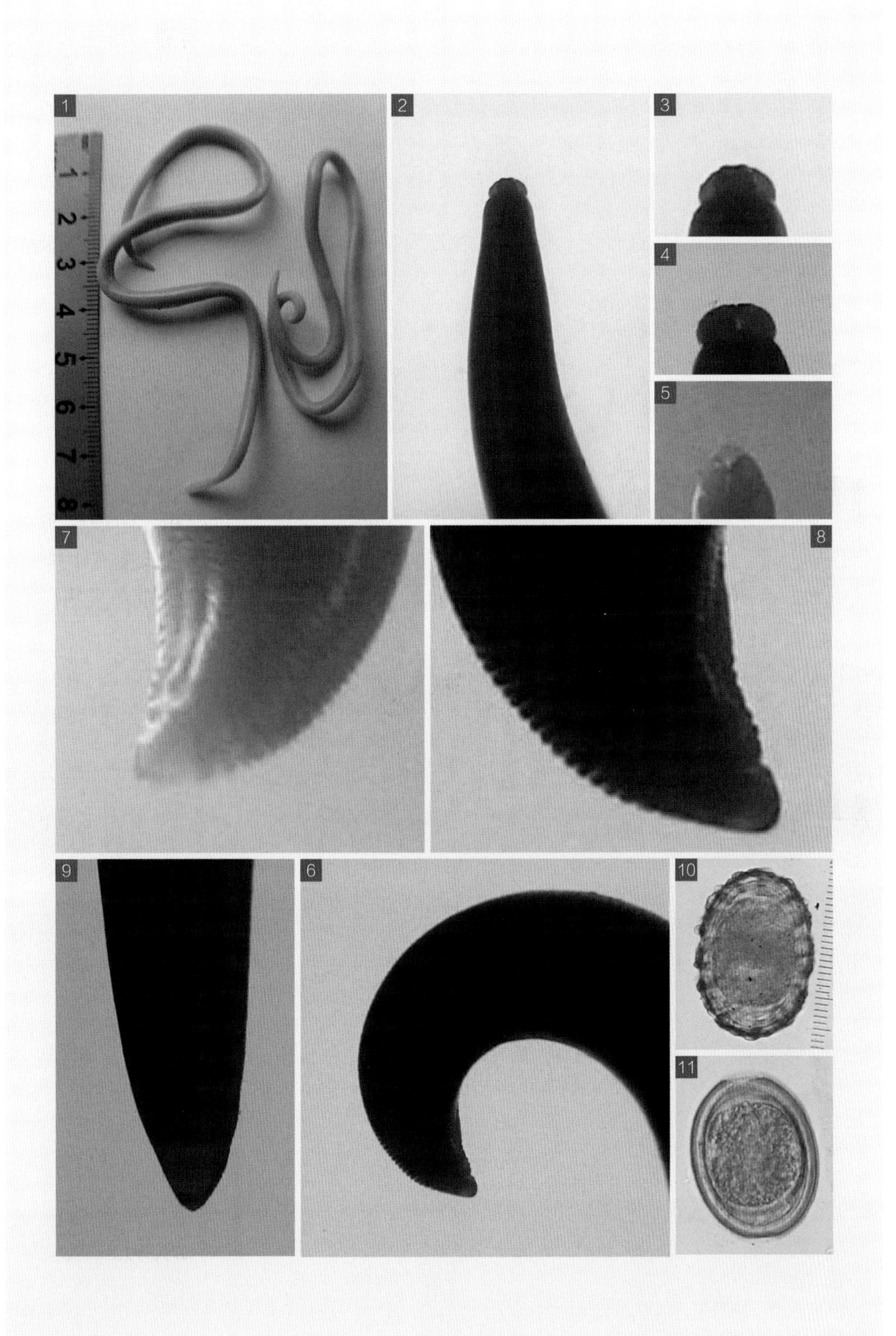
1
2
3
4
5
7
8
9
6
10
11

6 似蚓蛔虫

Ascaris lumbricoides Linnaeus, 1758

【同物异名】

人蛔虫

【主要形态特点】

成虫呈圆柱形，虫体两侧有明显的白色“侧线”，背腹各有呈条状的纵纹。口的周围有3个唇瓣，背瓣较宽，腹瓣2个，呈椭圆形，在唇瓣内缘靠近口孔有锯齿状的细齿（图 -1）。每个唇瓣的侧边均有2个乳突，在唇瓣后方有一个很小的口庭通于细长的食管。

【雄虫】

虫体大小为150.1～310.3 mm×2.2～4.1 mm，末端略作弯曲。交合刺1对等长，呈棒状，长为2.1～3.6 mm。引带付缺。肛前乳突（图 -2）左右各有两列，其数目外列为3个，内列为8个，肛后乳突左右两列各为5个。

【雌虫】

虫体大小为200.1～350.3 mm×3.2～6.1 mm。阴门位于虫体前1/3的位置。子宫2支。虫卵表面有卵膜，外观粗糙，大小为0.081 mm×0.046 mm。

【宿主与寄生部位】

人、黄牛、猪、犬的小肠。

【图片】

廖党金绘

图 释

1 虫体头端顶面观及3个唇瓣等；

2 雄虫尾部正面观及肛乳突、肛门等；

3 雌虫尾部正面观及尾突；

4 雌虫尾部侧面观。

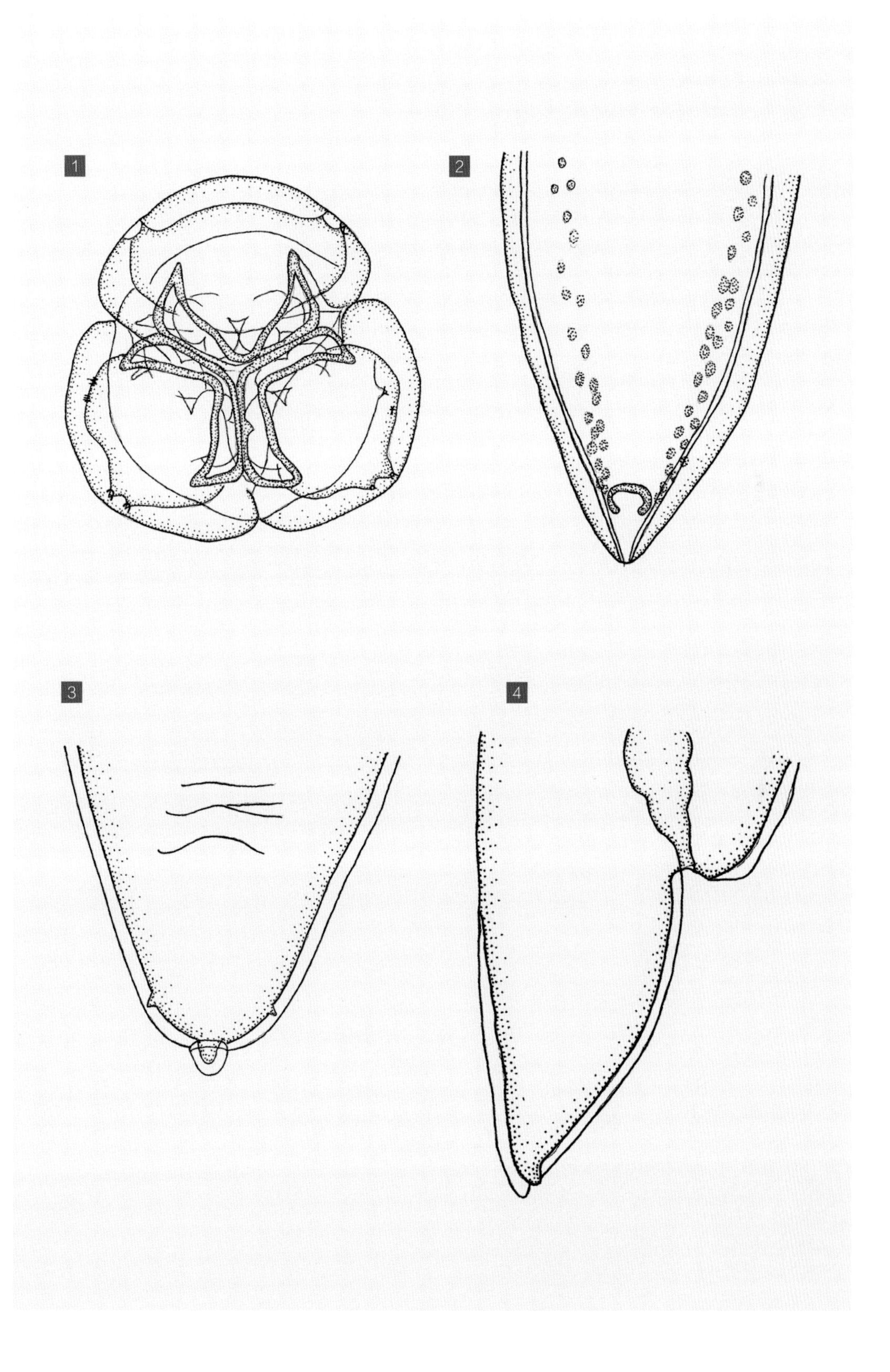
1
2
3
4

7 羊蛔虫

Ascaris ovis Rudolphi, 1819

【主要形态特点】

新鲜虫体呈黄白色或淡黄色的圆柱形（图 –1）。虫体表皮的角质层较厚，体两侧各有一条明显的纵脊。在虫体头端有 3 个唇片，即 1 个背唇和 2 个侧腹唇，背唇略大于侧腹唇，呈“品”字形排列，在背唇的外缘两侧各有一个较大的乳突，在侧腹唇的外缘内侧各有一个大乳突，外侧各有一个小乳突，3 个唇片的内缘均有一排密集的小齿。唇间为口腔，口腔内为无齿的结构。

【雄虫】

虫体大小为 98.0～123.0 mm×1.3～2.6 mm。尾端向腹面弯曲，呈钩状（图 –1、图 –3）。交合刺 1 对不等长，左交合刺长 0.295～0.321 mm，右交合刺长 0.286～0.297 mm，交合刺近端有膜包围。虫体尾端有一呈椭圆形的圆柱体，末端有一弯向背侧的小棘，腹面有许多性乳突，近泄殖腔的乳突排列成两行，肛前乳突 2 对，前 1 对大于后 1 对，肛后乳突较小（图 –3）。无引带。

【雌虫】

虫体大小为 107.0～184.0 mm×3.1～3.6 mm。尾端较直，钝圆（图 –4）。阴门开口于虫体前端的腹面中线上，距头端 4.9～5.9 mm。肛门位于虫体尾端，距尾端 0.982～1.143 mm，在尾部末端两侧各有一个较大的乳突，其后有一被膜包围的小棘，其外围以角质化的轮状圈。虫卵呈圆形或椭圆形，大小为 0.044～0.052 mm×0.047～0.057 mm。

【宿主与寄生部位】

羊的小肠。

【虫体标本保存单位】

中国农业科学院兰州兽医研究所

图 释

1 成虫，左为雌虫，右为雄虫；
2 虫体头部；
3 雄虫尾部侧面观及乳突、尾尖等；
4 雌虫尾部侧面观及肛门、尾尖等。

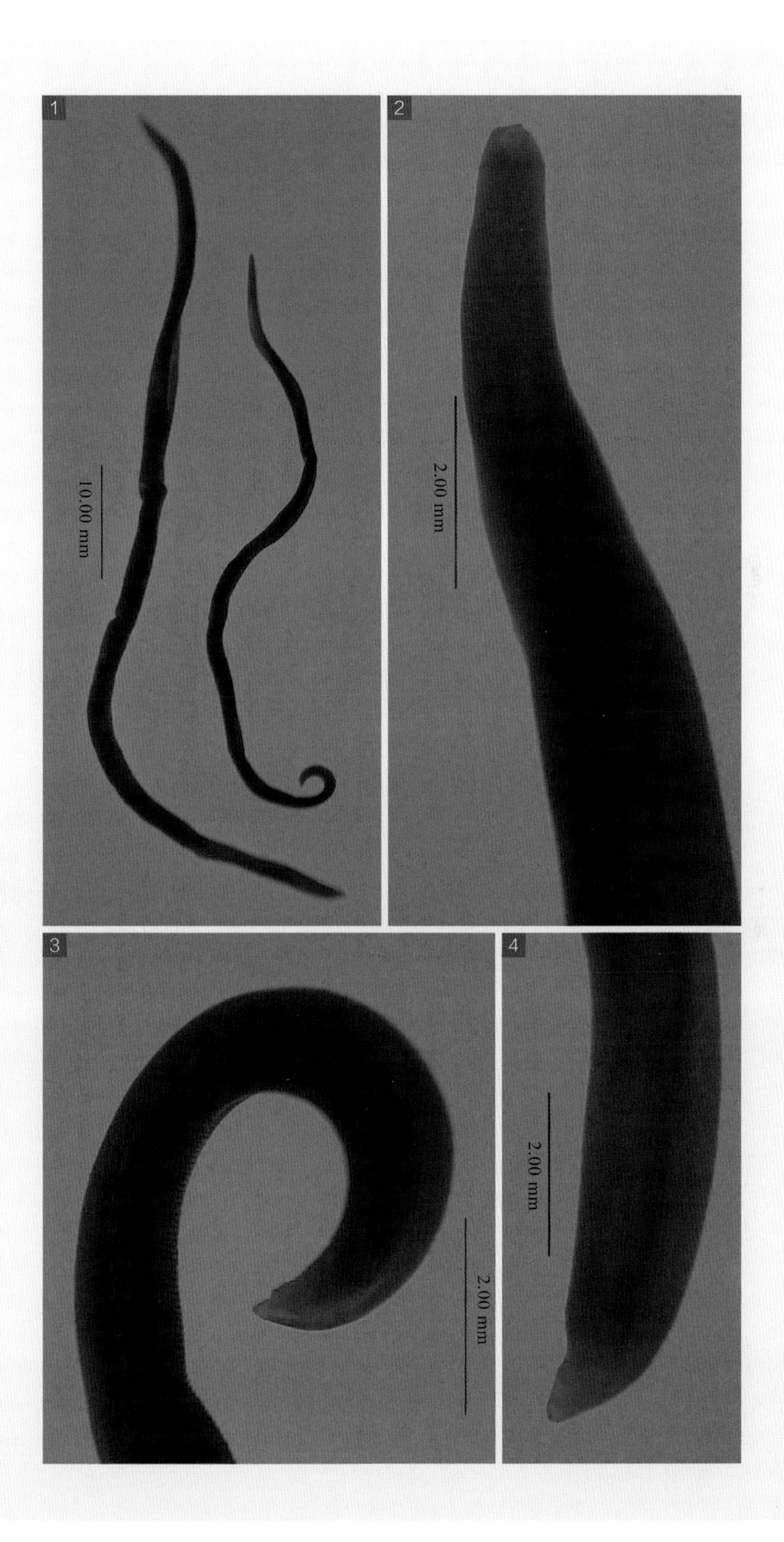
1
10.00 mm
2
2.00 mm
3
2.00 mm
4
2.00 mm

副蛔属 *Parascaris* Yorke and Maplestone, 1926

在唇缘有齿脊，唇内有深的横裂缝，两侧唇分别有一个双乳突。

8 马副蛔虫

Parascaris equorum (Goeze, 1782) Yorke and Maplestone, 1926

【主要形态特征】

虫体粗大（图 –1），头端有 3 个唇片（图 –2、图 –3、图 –4、图 –5），背唇有 2 个双乳突，侧腹唇有 1 个双乳突和 2 个单乳突，唇内缘有较大的齿。

【雄虫】

虫体大小为 150～280 mm×3.0～6.0 mm。尾端向腹面弯曲，交合刺 1 对等长，长 2.0～3.0 mm；尾乳突 79～105 个（图 –6），其中，肛后乳突 7 个，泄殖腔后 2 对双乳突，其后 3 对为单乳突，泄殖腔前 1 个乳突，其余肛前乳突排成不规则的三纵队。

【雌虫】

虫体大小为 181.1～370.6 mm×0.8 mm。尾端较直而钝（图 –7、图 –8）。阴门开口于虫体前 1/3 处，肛门距虫体末端较近。虫卵大小为 0.052～0.075 mm×0.041～0.081 mm，表面的蛋白膜形态呈波浪形。

【宿主与寄生部位】

马、驴的小肠和胃。

【虫体标本保存单位】

四川省畜牧科学研究院

图 释

1 成虫，左为雌虫，右为雄虫；
2 虫体头部；
3 唇腹面；
4 唇侧面；
5 唇侧面；
6 雄虫尾部，乳突、交合刺末端；
7 8 雌虫尾部。

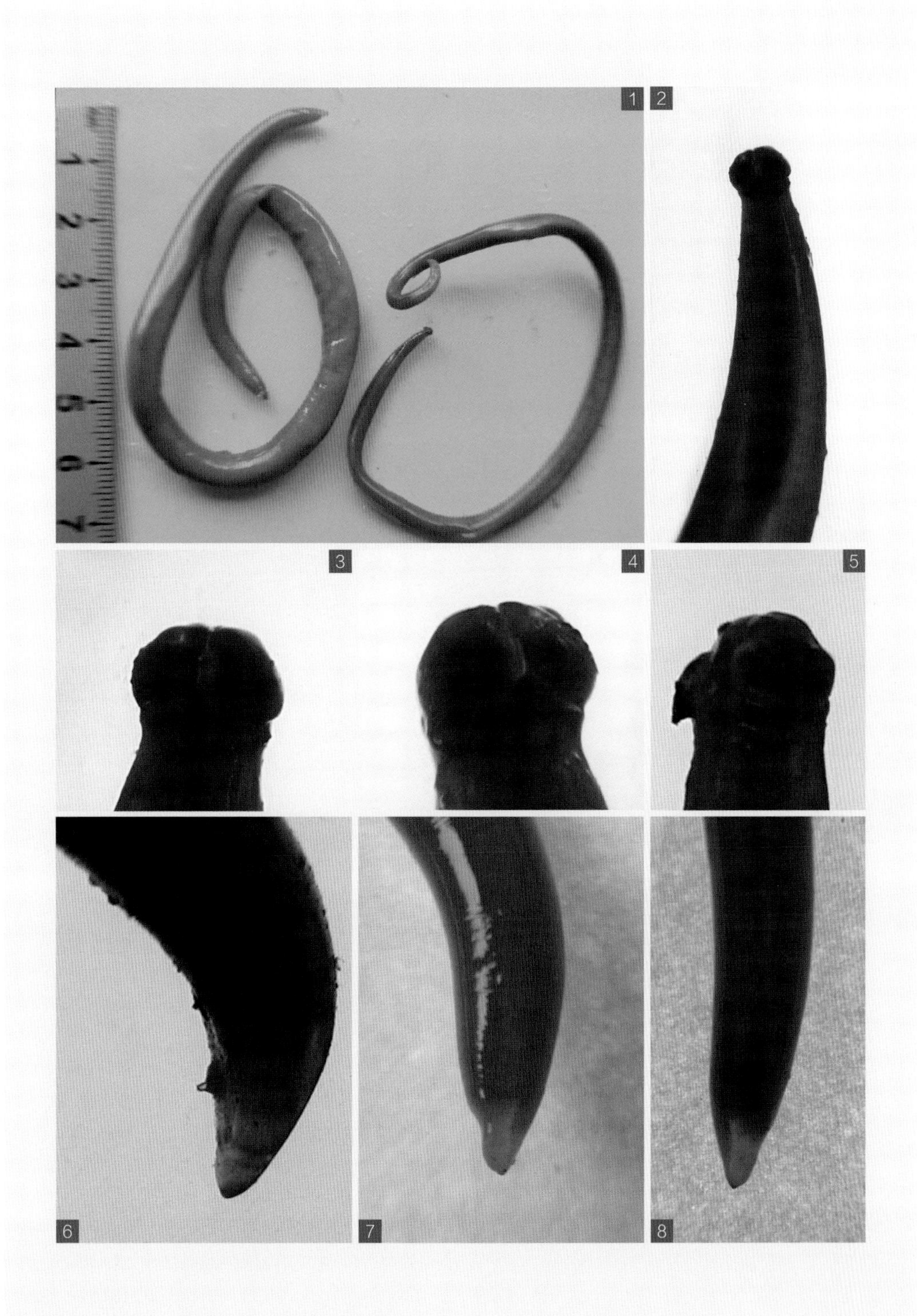
1
2
3
4
5
6
7
8

弓蛔属 *Toxascaris* Leiper, 1907

在虫体前部有颈翼膜，唇内缘有齿脊。雄虫尾部呈圆锥形，有 5 对肛后乳突和数对肛前乳突，交合刺 1 对稍不等长。雌虫尾部钝圆。

9 狮弓蛔虫

Toxascaris leonina (Linstow, 1902) Leiper, 1907

【主要形态特点】

虫体稍向背面弯曲，从头端至食道末端体两侧有对称的狭长颈翼膜。

【雄虫】

虫体长 35.0～60.1 mm。无尾翼膜，交合刺 1 对等长（图 -3）。尾端无指状突起，肛前乳突 5 对，肛后乳突 21～28 对。

【雌虫】

虫体长 50.1～100.2 mm，尾部直。尾长 0.42～0.58 mm；阴门开口于虫体前 1/3 与体中 1/3 交界处。

【宿主与寄生部位】

犬、猫的小肠、胃。

【虫体标本保存单位】

四川省畜牧科学研究院

图 释

1 雄虫尾部正斜面观及交合刺、尾尖等；
2 雄虫尾部侧面观及乳突、交合刺、尾尖形态等；
3 交合刺。

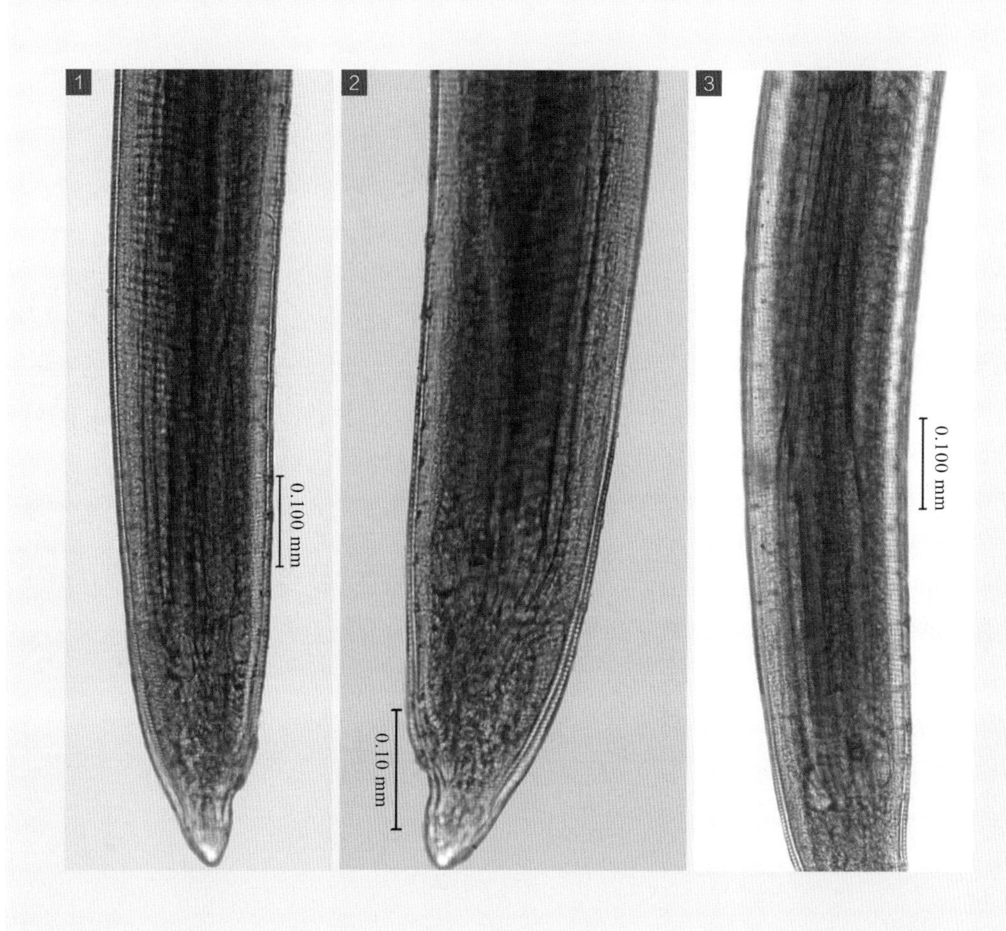
1
0.100 mm
2
0.10 mm
3
0.100 mm

新蛔属 *Neoascaris* Travassos, 1927

有 3 个唇，内缘齿脊明显，每个唇髓有 3 个前延长部，1 个在内，2 个在外，后者由深凹分开。无中间唇。颈翼短小。食道分为前肌质部和后腺体膨大部，背食道腺向前扩展越过颈环，亚腹腺仅位于食道后部。雄虫尾部末端有圆锥形的附属物，每侧各有 2 对或者更多的乳突，在泄殖腔两侧各有 1 个大乳突和几对肛前乳突。交合刺呈圆柱形或槽沟状。雌虫阴门位于体前部。虫卵表面呈蜂窝状。寄生于哺乳动物。

⑩ 犊牛新蛔虫

Neoascaris vitulorum Goeze, 1782

【主要形态特点】

虫体粗壮，呈淡黄色，前、后部稍狭小（图 -1、图 -2），体表有横纹和 4 条纵线。头端有 3 个唇片（图 -3），在唇内缘有 1 列小齿，背唇有 2 个大的双乳突，2 个亚腹侧唇各有 1 个大的双乳突和 1 个小的单乳突；唇髓有深凹，左右分为 2 叶；无中间唇。

【雄虫】

虫体长为 111.2～200.6 mm。交合刺 1 对等长或稍不等长，形状相似，大小为 0.57～1.32 mm×0.036～0.058 mm。尾端呈圆锥形，弯向腹面（图 -4、图 -5），有 3～5 对肛后乳突，其中 1 对为双乳突，有许多肛前乳突。

【雌虫】

虫体大小为 161.4～253.1 mm×4.011～5.730 mm。食道长 3.82～4.53 mm。神经环距头端 1.11～1.32 mm，阴门位于体前 1/6 处。虫体尾部稍尖（图 -6）。

【宿主与寄生部位】

黄牛、水牛、牦牛、瘤牛等的小肠。

【虫体标本保存单位】

四川农业大学

图 释

1 成虫，左为雄虫，右为雌虫；
2 虫体头部；
3 头端唇；
4 5 雄虫尾部；
6 雌虫尾部。

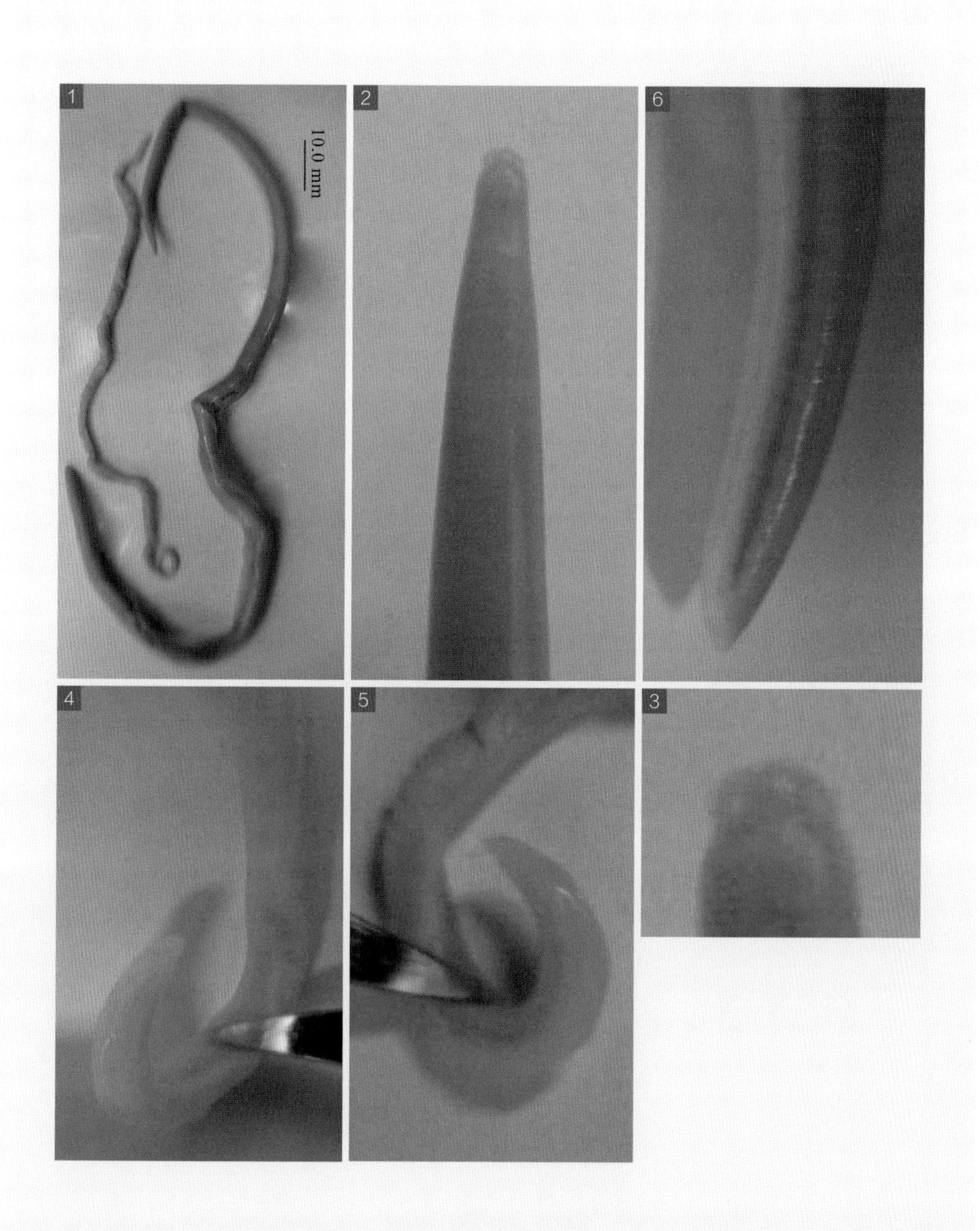
1
2
6
4
5
3
10.0 mm

弓首科 Toxocaridae Hartwich, 1954

虫体有颈翼膜，在头端有 3 个唇片，无中间唇，唇髓分为 2 个侧叶和 1 个中央叶。雄虫尾部有指状突，肛前乳突数对和肛后乳突 5 对，交合刺 1 对等长或稍不等长。雌虫阴门位于虫体前部。

弓首属 *Toxocara* Stiles, 1905

属的特征同科的特征。

⑪ 犬弓首蛔虫

Toxocara canis (Werner, 1782) Stiles, 1905

【主要形态特点】

虫体呈白色或淡黄色，两端较尖细（图 –1）。头端有 3 个唇瓣（图 –4、图 –5），即 1 个背唇和 2 个侧唇，在背唇上有 2 个对称的大乳突，在侧唇上各有 1 个相同的乳突。有颈翼膜（图 –2），体表有横纹。

【雄虫】

虫体大小为 57.2～100.4 mm×1.13～1.90 mm，颈翼膜长 2.00～2.68 mm。尾部短而卷曲（图 –6、图 –7），长 0.325～0.341 mm；交合刺 1 对近等长，有鞘膜，长 0.24～0.89 mm；在肛门前有乳突 21 对，肛门后有乳突 6 对，即位于泄殖孔中后部的 1 对双乳突和 5 对单乳突。

【雌虫】

虫体大小为 84.7～126.0 mm×1.52～2.60 mm，颈翼膜长 1.80～3.16 mm。阴门开口于虫体前 1/4 处，肛门距尾端 0.56～1.21 mm（图 –8）。

【宿主与寄生部位】

犬、猫的小肠、胃。

【虫体标本保存单位】

四川省畜牧科学研究院

图释

1 成虫，左为雌虫，右为雄虫；
2 3 头部及颈翼膜；
4 唇片侧面；
5 唇片背面；
6 雄虫尾部及指状突；
7 雄虫尾部及乳突；
8 雌虫尾部。

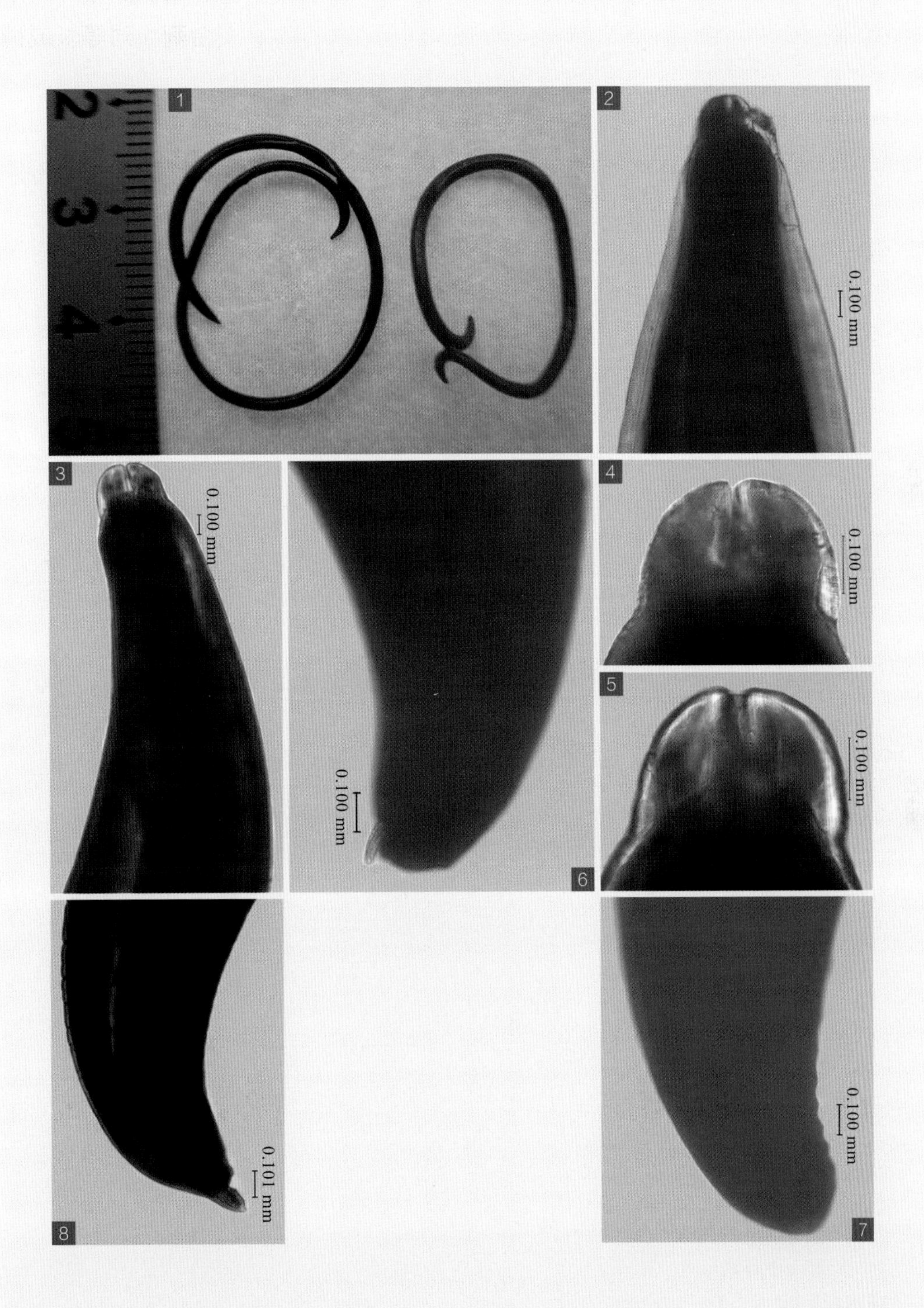
1
2
3
4
5
6
7
8
0.100 mm
0.100 mm
0.100 mm
0.100 mm
0.100 mm
0.100 mm
0.101 mm

12 猫弓首蛔虫

Toxocara cati Schrank, 1788

【主要形态特点】

虫体呈黄白色，两端较尖细。在头端有3个唇瓣（图-3、图-4），即1个背唇和2个侧唇，背唇较大并有2个大乳突，侧唇较小并有1个双乳突和2个小单乳突。虫体有呈心形的翼膜（图-1），长1.36～2.35 mm，最大宽度为0.315 mm。

【雄虫】

虫体大小为30.2～70.1 mm×1.050～1.137 mm。尾部有细圆的附属物（图-5），无尾翼膜；交合刺1对等长，长1.44～2.25 mm，末端稍尖（图-6）；肛前乳突20对，肛后乳突6对。

【雌虫】

虫体大小为40.6～100.1 mm×1.42～2.05 mm。尾长0.43～0.59 mm（图-7）；阴门开口于虫体前1/4处。

【宿主与寄生部位】

猫的小肠、胃。

【虫体标本保存单位】

四川农业大学

图 释

1 虫体头部正面；
2 虫体头部侧面；
3 雄虫唇腹面观；
4 雌虫唇腹面观；
5 雄虫尾部及附属物；
6 雄虫尾部及交合刺、附属物等；
7 雌虫尾部及肛门。

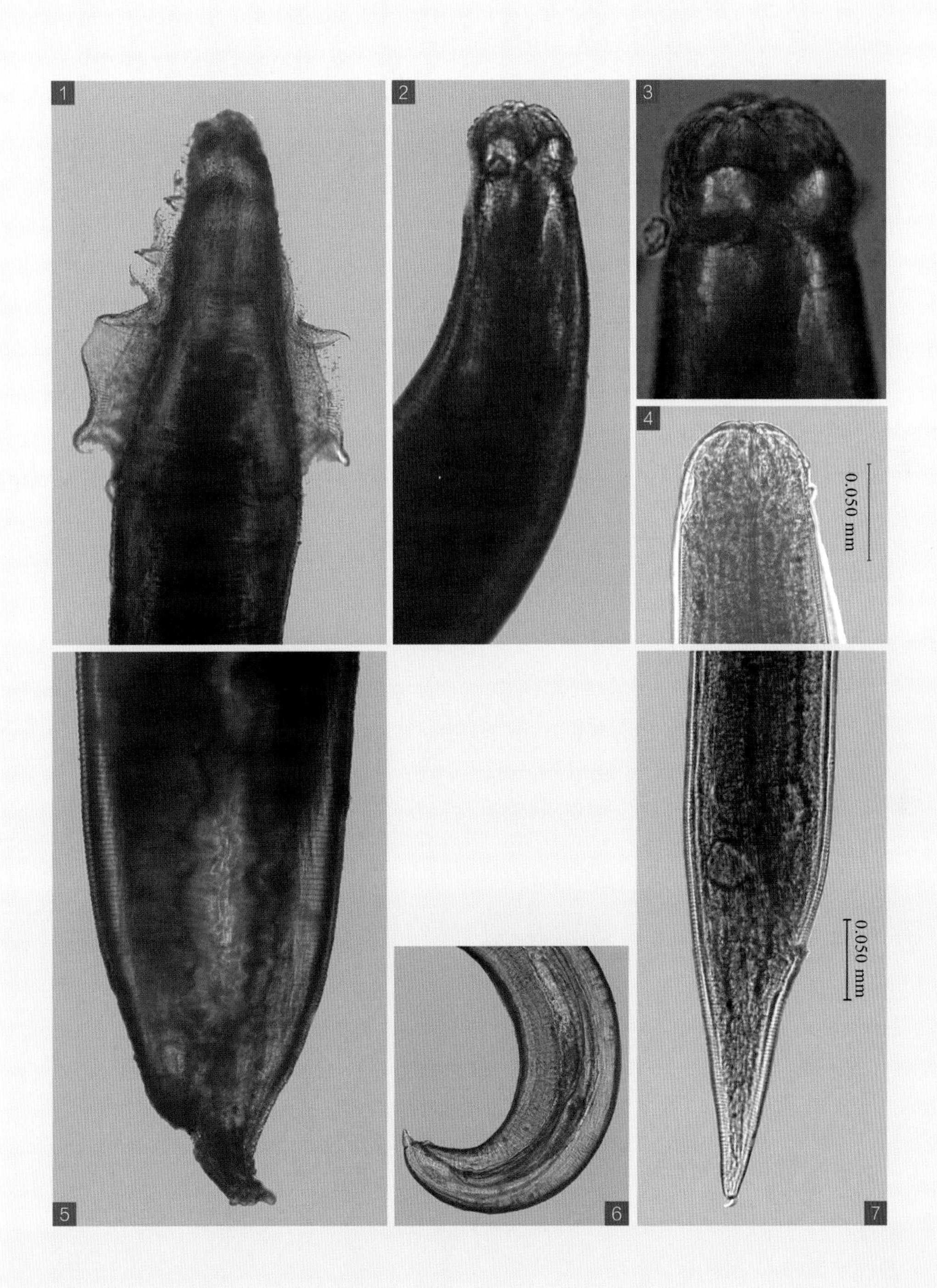
1
2
3
4
0.050 mm
5
6
7
0.050 mm

禽蛔科 Ascaridiidae Skrjabin et Mosgovoy, 1953

有狭的侧翼膜，体前端有 3 个唇，其 2 个腹唇各有 1 对双乳突和 1 个单乳突，无中间唇。雄虫有尾翼膜，尾端尖，有角质的肛前吸盘，交合刺 1 对等长或稍不等长。雌虫尾部呈圆锥形，阴门位于体中部。

禽蛔属 *Ascaridia* Dujardin, 1845

属的特征同科的特征。

⑬ 鸡蛔虫

Ascaridia galli (Schrank, 1788) Freeborn, 1923

【主要形态特点】

虫体较大，新鲜虫体呈黄白色（图 -1），表皮角质有横纹。头端有 3 个唇（图 -3、图 -4、图 -5），背唇上有 2 个乳突，在每个侧腹唇上各有 1 个乳突。唇片的边缘分为 3 叶，1 个中叶和 2 个侧叶，唇的内缘有小齿。

【雄虫】

虫体大小为 26.1～70.3 mm×1.328～1.494 mm，尾端有明显的尾翼（图 -6、图 -7）。有 1 个厚的角质边缘并呈圆形或椭圆形的肛前吸盘；交合刺 1 对近等长，长 0.65～1.95 mm。有尾乳突 10 对，其中，肛前 3 对、肛侧 1 对及肛后 6 对。

【雌虫】

虫体大小为 65.3～110.1 mm×1.46～1.51 mm。阴门（图 -8）开口于体中部。尾部较尖，肛门距尾端 1.311～1.328 mm（图 -9）。

【宿主与寄生部位】

鸡、鸭、鹅的小肠。

【虫体标本保存单位】

四川省畜牧科学研究院

图释

1 成虫；
2 虫体头部；
3 侧唇；
4 5 背唇；
6 雄虫尾部正面及乳突；
7 雄虫尾部侧面及乳突；
8 雌虫阴门；
9 雌虫尾部侧面及肛门。

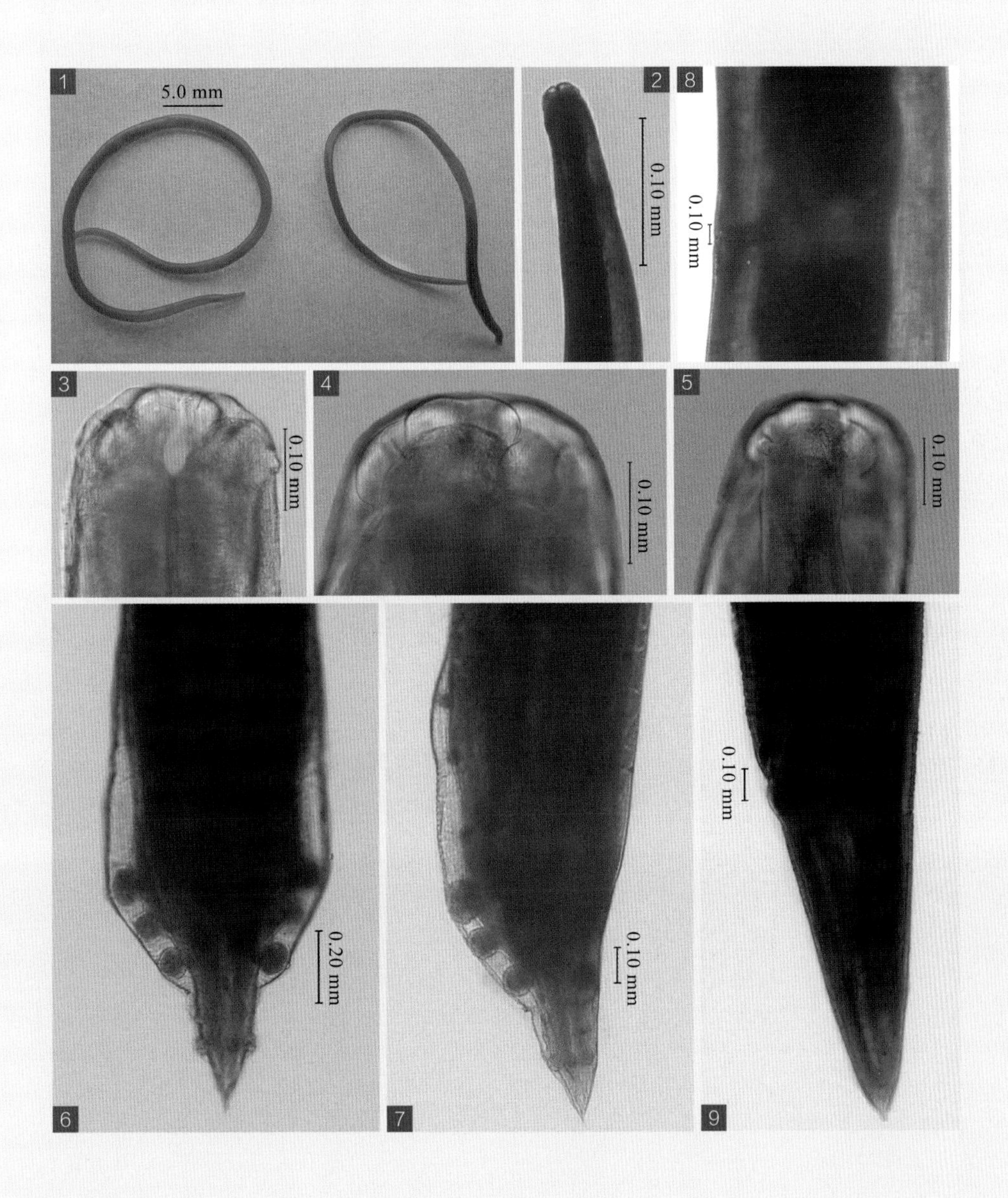
1
5.0 mm
2
0.10 mm
8
0.10 mm
3
0.10 mm
4
0.10 mm
5
0.10 mm
0.20 mm
6
0.10 mm
7
0.10 mm
9

⑭ 鹅蛔虫

Ascaridia anseris Schwartz, 1925

【主要形态特点】

虫体粗壮，体表有横纹，头端钝圆（图 –1）；在口孔周围有 3 个唇（图 –2、图 –3），背唇有 1 对双乳突，两侧腹唇各有 1 个双乳突和 1 个单乳突。

【雄虫】

虫体大小为 26.3～32.1 mm×0.55～0.60 mm。尾部长 0.50 mm，有尾翼，尾端尖（图 –4、图 –5）。交合刺 1 对稍不等长，左交合刺长 0.827 mm，右交合刺长 0.820 mm。肛前乳突发达，距泄殖孔 0.125～0.175 mm，距尾端 0.640～0.700 mm，肛乳突有 13～14 对，肛前乳突 5 对和肛后乳突 8～9 对，其中，肛前 4 对位于腹面和 1 对位于侧面，肛后 5 对位于腹面和 4 对位于侧面。

【雌虫】

虫体长为 72.0 mm，尾部长 0.625 mm（图 –6）。

【宿主与寄生部位】

鹅的小肠。

【虫体标本保存单位】

四川省畜牧科学研究院

图 释

1 虫体头部；
2 3 头端唇；
4 雄虫尾部背面及乳突和交合刺；
5 雄虫尾部及乳突；
6 雌虫尾部及肛门。

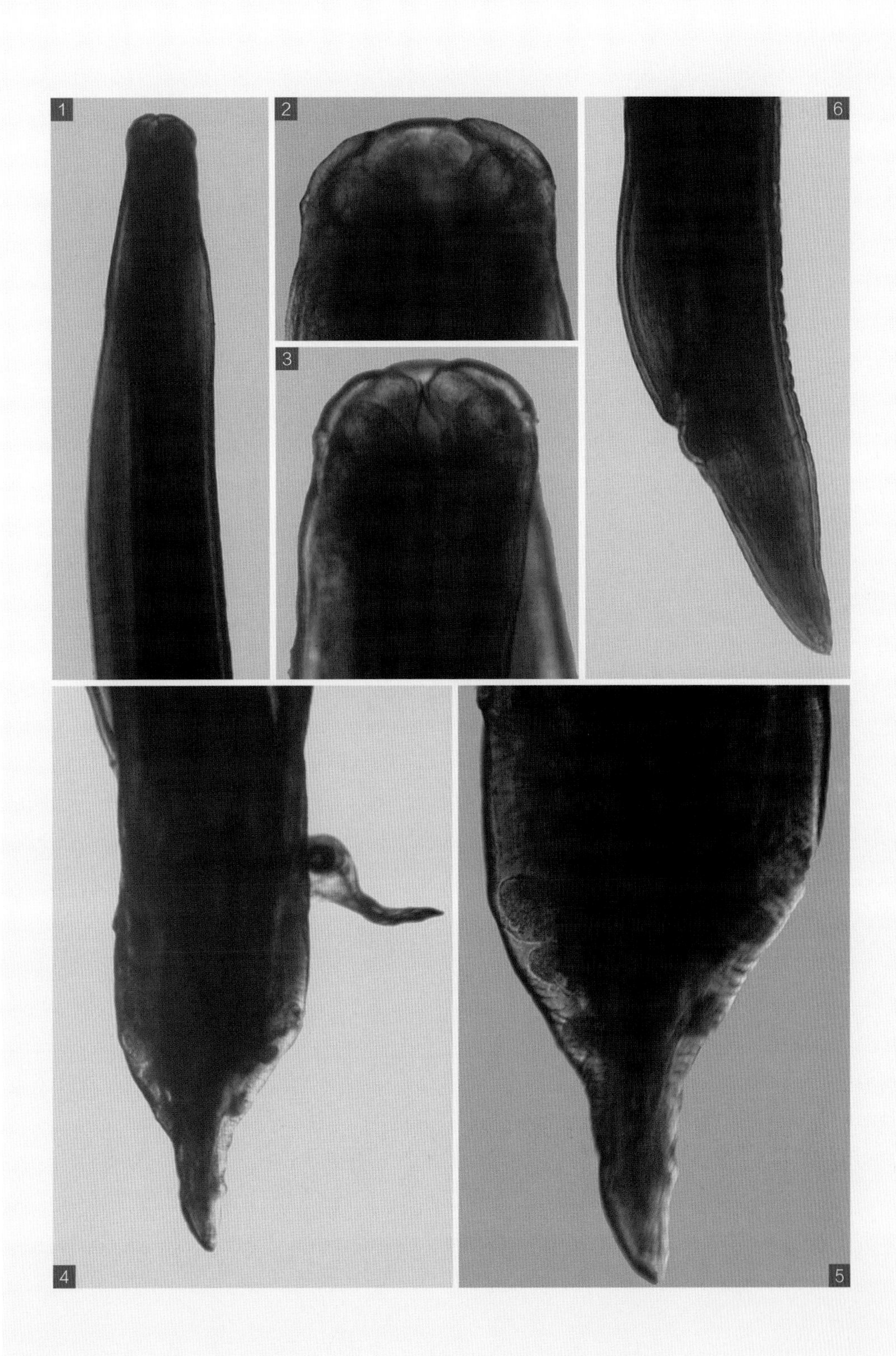
1
2
3
6
4
5

15 鸽蛔虫

Ascaridia columbae (Gmelin, 1790) Travassos, 1913

【主要形态特点】

虫体呈淡白色的圆柱形，两端狭小（图 -1），角皮有横纹（图 -2），颈部有侧翼。头端钝，口孔周围有 3 个唇（图 -2），背唇有 2 个双乳突，侧腹唇各有 1 个乳突和 2 个小乳突。

【雄虫】

虫体大小为 23.2～34.6 mm×0.88～1.12 mm。尾部削尖有狭小的尾翼（图 -3、图 -4）；肛前吸盘呈类圆形，大小为 0.172～0.182 mm×0.160～0.176 mm，距肛门 0.34～0.40 mm。交合刺长 1.76～2.04 mm。尾乳突有 14～15 对，即肛前 9 对和肛后 5～6 对。在体腹面两侧各有一列小乳突呈等距离排列，在食道处排列稍密。

【雌虫】

虫体大小为 42.3～45.1 mm×1.12～1.28 mm。尾部尖，肛门距尾端 0.96～1.28 mm（图 -5）；生殖孔开口于体中部稍前方，距头端 21.2～24.0 mm。

【宿主与寄生部位】

鸽、鸡的小肠。

【虫体标本保存单位】

四川农业大学

图 释

1 成虫；
2 虫体头部；
3 雄虫尾部正面及乳突；
4 雄虫尾部侧面及乳突；
5 雌虫尾部及肛门。

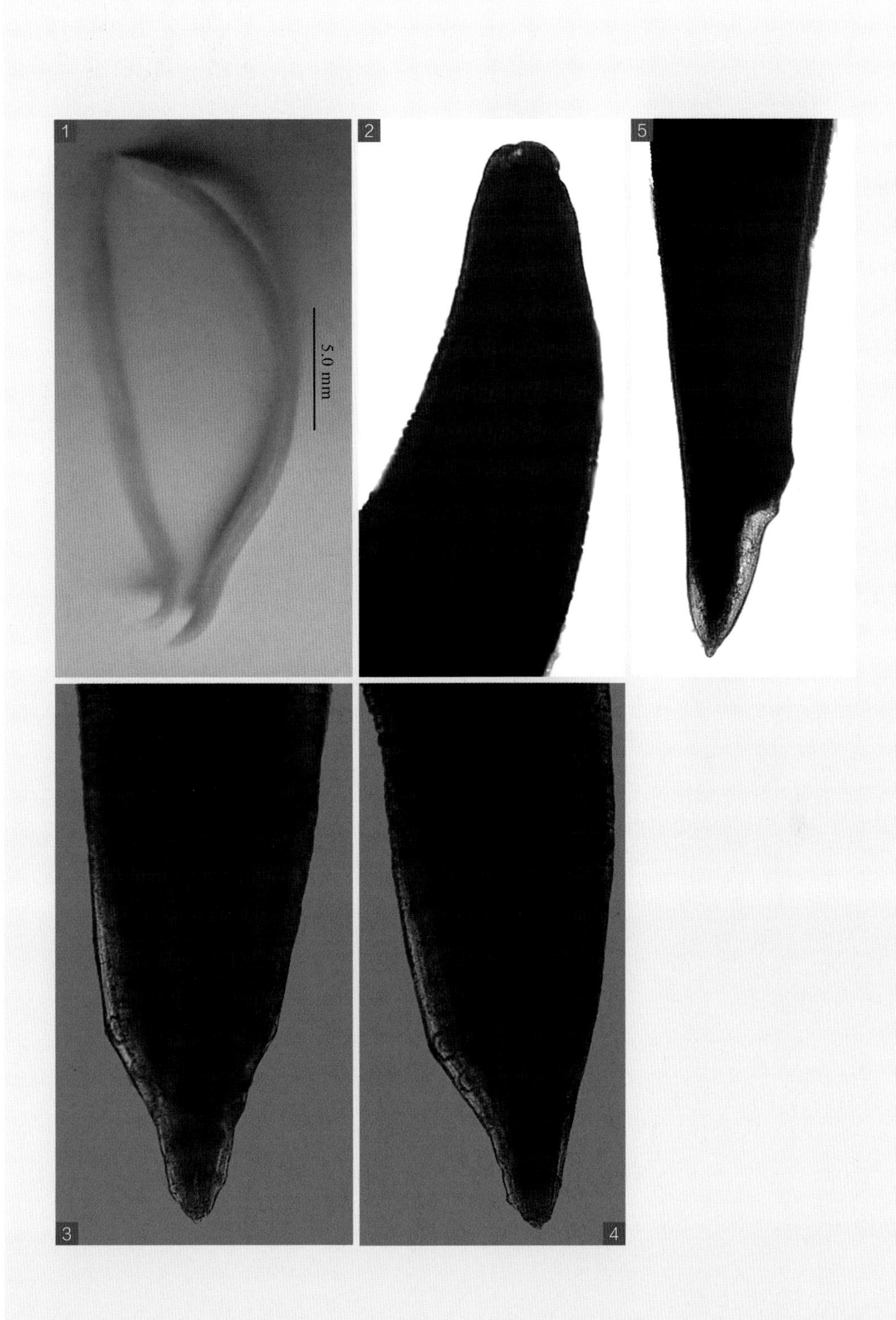
1
2
5
5.0 mm
3
4

尖尾科 Oxyuridae Cobbold, 1864

虫体为中型或小型线虫。口部有 3 个唇，单瓣或有分叶。雄虫交合刺 1 根或 1 对，引带有或无，尾部有翼膜和小尾尖。雌虫比雄虫大，尾长而尖。阴门靠近体前端。卵生，个别为卵胎生。

尖尾属 *Oxyuris* Rudolphi, 1803

头端有 2 对亚中乳突和 1 对侧乳突，口腔呈六角形，雌虫的口腔有小齿。雄虫尾端呈斜截状，尾翼膜短，有 1 对肛前有柄乳突和 1 对肛后肋状乳突，交合刺 1 根呈针状。

16 马尖尾线虫

Oxyuris equi (Schrank, 1788) Rudolphi, 1803

【主要形态特点】

虫体大，体表有横纹和侧翼（图 -1）。口呈六角形（图 -2），外围有 6 个唇。口前庭短，内有角质膜构成的刚毛。食道呈圆筒形，中段缢缩窄，后部膨大成食道球（图 -3）。

【雄虫】

虫体大小为 8.10～13.01 mm×0.6～0.9 mm。有尾翼膜呈四角形的伪囊，由 2 个侧叶和 1 个背叶组成，2 个侧叶各有 1 个肋状乳突支撑，排成“八”字形，背叶有 2 个排成“人”字形的长肋支撑（图 -4、图 -5、图 -6），侧叶乳突约长 0.12 mm，最宽为 0.04 mm；背叶乳突约长 0.14 mm，最宽约 0.07 mm。交合刺 1 根，呈针形，长 0.070～0.244 mm。在泄殖腔周围有背侧唇和腹侧唇，唇上有感觉乳突和 1 对肛前乳突、1 对肛后乳突。

【雌虫】

虫体大小为 24.8～45.3 mm×1.225～2.000 mm。口腔内有刚毛和 3 个弧形齿。阴门位于体腹面，开口处体壁稍微内凹，阴门距头端 7.848～9.575 mm；肛门位于体后部，斜向开口，肛门距尾端 2.940～9.555 mm，尾尖细，尾长 0.89～13.90 mm（图 -7）。

【宿主与寄生部位】

马、驴、骡的盲肠、结肠和直肠。

【虫体标本保存单位】

四川省畜牧科学研究院

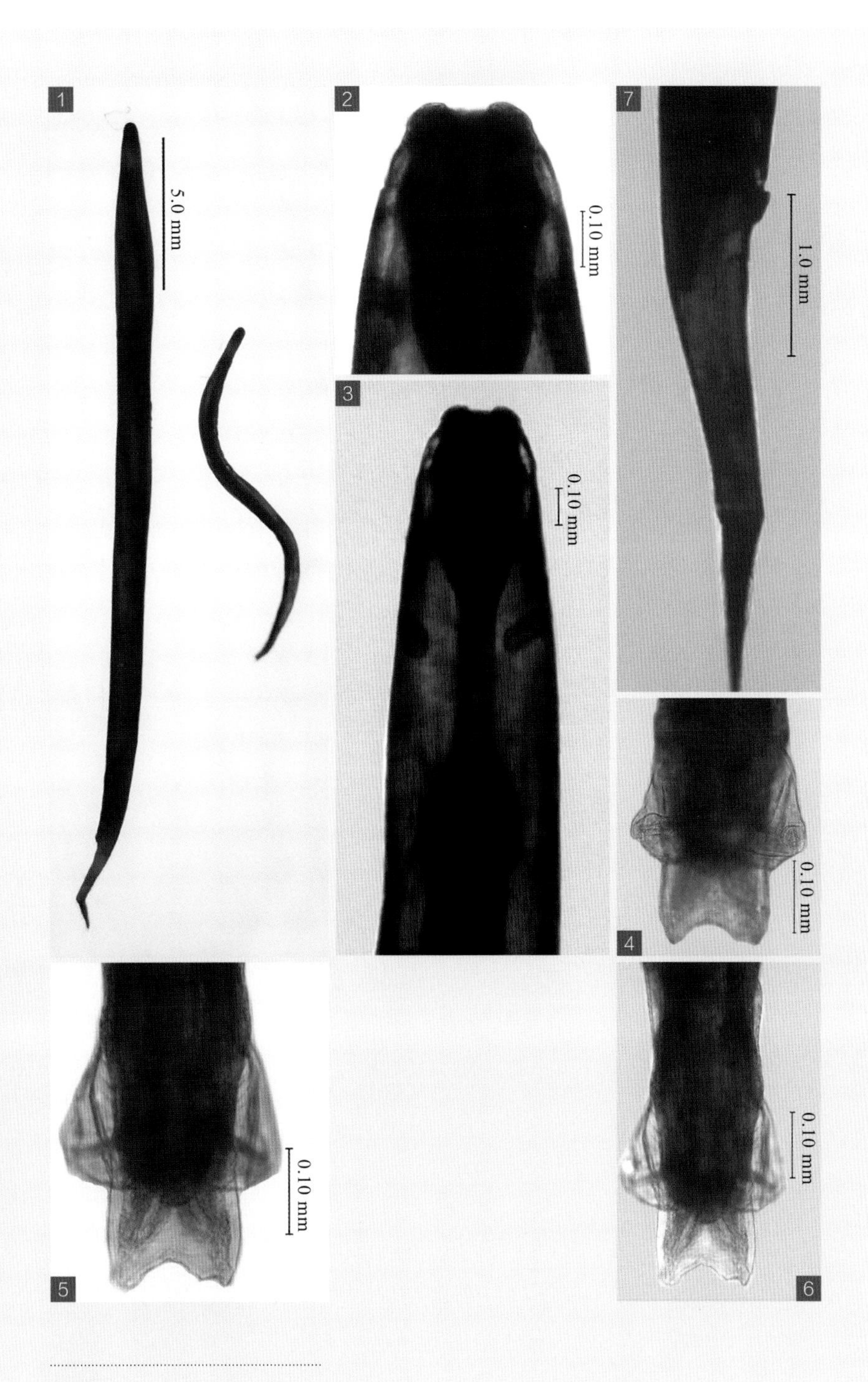

图释

1 成虫，左为雌虫，右为雄虫；
2 头端口囊和乳突；
3 虫体头部；
4～6 雄虫尾部及尾翼膜、肋状乳突、长肋；
7 雌虫尾部侧面及肛门。

栓尾属 *Passalurus* Dujardin, 1845

头端有狭小侧翼膜，口周围有 4 个大乳突和 2 个小侧乳突，口腔短，有 3 个基齿，食道呈纺锤形。雄虫尾部长，肛门后渐细，尾突后突然缩小为尖形，尾翼膜小。交合刺 1 根。

17 兔栓尾线虫

Passalurus ambiguus Rudolphi, 1819

【主要形态特点】

虫体细小（图 -1），呈乳白色，体表有横纹和波状翼（图 -2）。口前庭短，基部有 3 个齿。食道由柱状部和狭隘部及食道球部组成。雄虫泄殖腔周缘有 5 个乳突。雌虫阴门位于体前约 1/3 处。尾部细长，末端呈鞭状，近末端部有规则的角皮增厚，呈串珠状。

【雄虫】

虫体大小为 4.30～4.83 mm×0.140～0.205 mm。食道全长 0.50～0.54 mm，球部宽 0.12～0.14 mm。交合刺 1 根，长 0.120～0.135 mm，最宽 0.0175 mm，近端钝呈结节状，远端尖呈刀刃状。虫体自肛门后变狭窄，尾细长，尾翼小（图 -5、图 -6），在尾基部有 1 对有柄乳突支撑着，泄殖腔距尾端 0.38～0.41 mm，尾长 0.23～0.27 mm。无引带。

【雌虫】

虫体大小为 8.80～11.65 mm×0.51～0.56 mm。食道全长 0.69～0.72 mm。阴道短，横裂开口于体腹壁（图 -10），阴门距头端 1.72～1.92 mm，其周围体壁上散布有泡样瘤状物；肛门距尾端 1.70～3.74 mm，尾尖长，类似竹节状（图 -7、图 -8、图 -9）。

【宿主与寄生部位】

兔的大肠。

【虫体标本保存单位】

四川省畜牧科学研究院

图 释

1 成虫，左为雌虫，右为雄虫；
2 虫体头部及颈翼膜、食道等；
3 头端及齿；
4 雄虫交合刺；
5 雄虫尾部侧面观；
6 雄虫尾部腹面观及尾翼膜；
7 雌虫尾部及肛门；
8 雌虫尾部及呈竹节状的角质环；
9 雌虫尾尖上呈竹节状的角质环；
10 雌虫阴门。

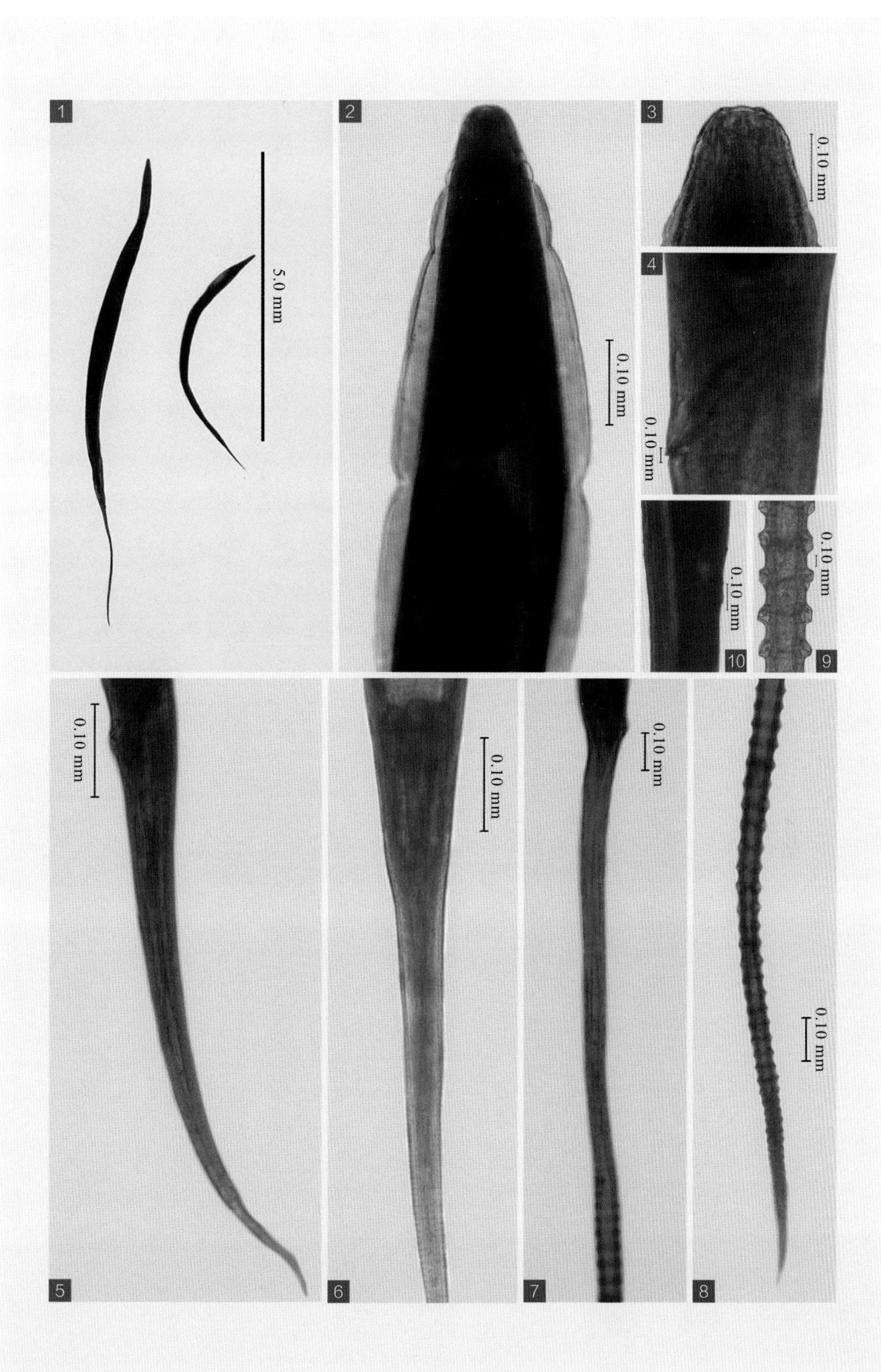
1
5.0 mm
2
0.10 mm
3
0.10 mm
4
0.10 mm
5
0.10 mm
6
0.10 mm
7
0.10 mm
8
0.10 mm
9
0.10 mm
10
0.10 mm

18 无环栓尾线虫

Passalurus nonannulatus Skinker, 1931

【主要形态特点】

虫体头端有明显的2个侧器，口孔周围有3个唇，口腔内有3个呈半环形弯曲的齿环绕于食道开口处。体表有明显的细密横纹，虫体两侧有较窄的侧翼膜（图-2、图-3、图-4），并至虫体后端逐渐消失，在距前端0.365～0.430 mm处的颈翼有凹槽。食道有两个膨大部球（图-3、图-4），前膨大球较小，呈椭圆形，后膨大球较大，呈圆形，后膨大球与肠道有明显的分界线。

【雄虫】

虫体蜷曲呈蜗纹状（图-1）。虫体大小为3.840～4.210 mm×0.180～0.290 mm。食道长0.320～0.370 mm，后食道球直径0.070～0.090 mm。泄殖腔在虫体腹面凸出，泄殖腔前、后各有1对紧靠的乳突。交合刺1根，呈淡黄色，半弯曲，末端较尖，近端钝圆或略分叉，交合刺长0.113～0.131 mm。虫体从泄殖腔后逐渐变细（图-5），在尾部远端有1对小乳突，该处之后突然变细，突然收缩的部分长0.220～0.260 mm。

【雌虫】

身体两头尖细，略弯曲。虫体大小为6.790～8.960 mm×0.570～0.575 mm。食道长0.500～0.810 mm，其中后食道球宽0.130～0.150 mm。阴门位于体前1/6～1/5处，呈裂缝状（图-6），距头端1.100～1.650 mm。虫体从肛门处逐渐变细（图-7），肛门距尾端1.500～1.900 mm，近尾端突然变细，形如栓尾（图-7），虫体尾部无环状角皮膨大。虫卵的形状近似不对称的椭圆形（图-8）或三角形，长为0.100～0.130 mm，平均宽为0.054 mm。

【宿主与寄生部位】

草兔的盲肠与结肠。

【图片】

引自丁嘉烽，徐春兰，秦鸽鸽等，2013。

图 释

1 雄虫；
2 虫体头端及乳突、颈翼膜；
3 虫体头部及食道、食道球；
4 虫体头部及食道、食道球、颈翼膜凹陷；
5 雄虫尾部；
6 雌虫头部及阴门；
7 雌虫尾部及肛门、尾端；
8 子宫内的虫卵。

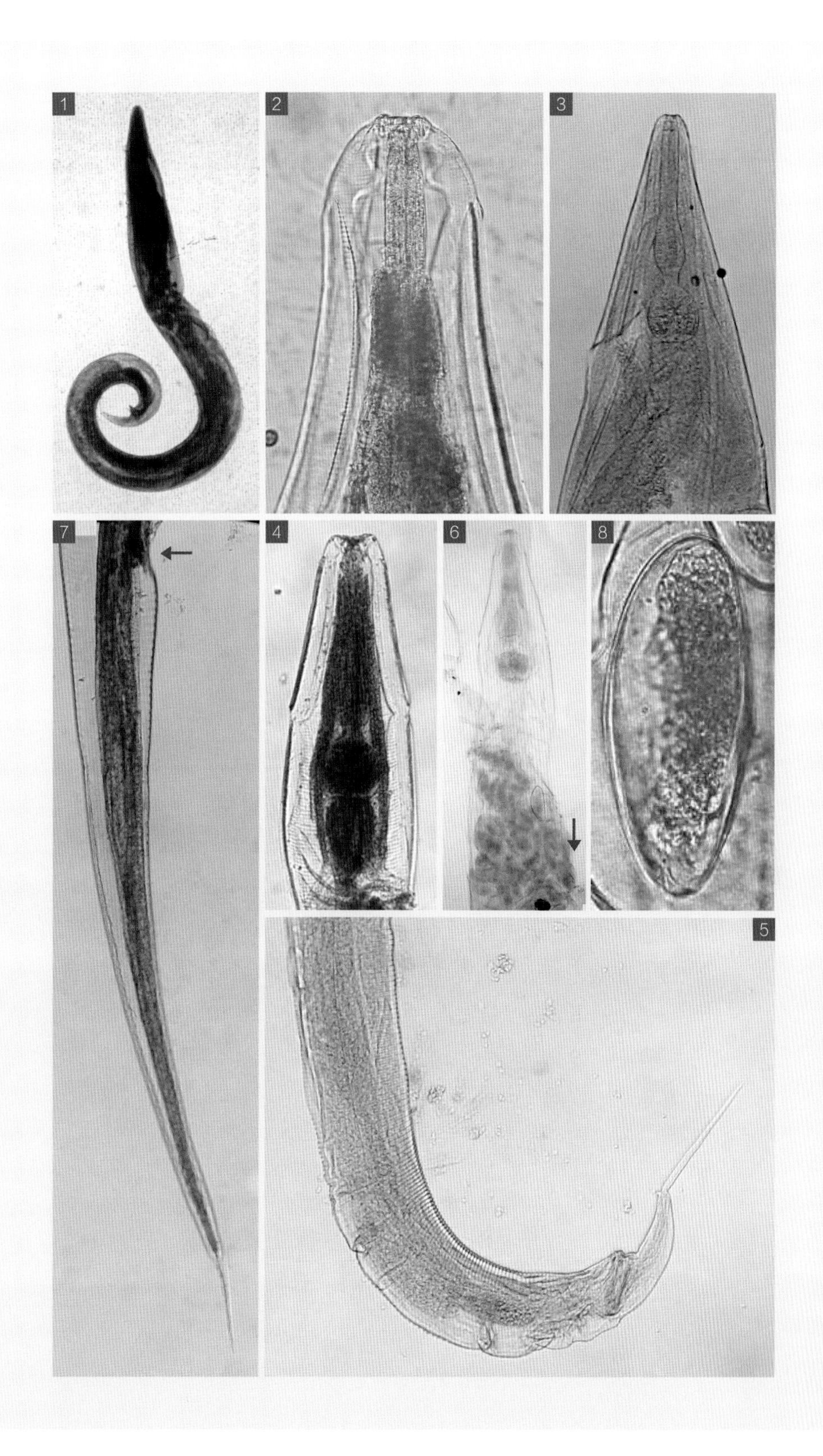
1
2
3
7
4
6
8
5

⑲ 似栓尾线虫

Passalurus assimilis Wu, 1933

【主要形态特点】

虫体呈针状，头端有 2 对亚中乳突和 1 对侧乳突（图 –2）。虫体前部有侧翼膜（图 –3），翼分为 3～4 部分。口腔浅，底部有 3 个三角形齿。食道前部呈圆柱形，中部膨大呈管球，后接球形的食道球（图 –3）。神经环位于食道前 1/3 处。

【雄虫】

虫体大小为 3.65～4.13 mm×0.221～0.242 mm。食道长 0.411～0.521 mm，神经环距头端 0.112～0.121 mm。交合刺 1 根，长 0.112～0.141 mm，近端粗而远端尖（图 –4）。尾长 0.211～0.282 mm，尾基部有狭小的尾翼膜（图 –4），尾尖而细长，在尾基与尾尖之间有 1 对小乳突。在泄殖孔前、后各有 1 对乳突。

【雌虫】

虫体大小为 6.16～7.17 mm×0.351～0.522 mm。食道长 0.611～0.721 mm，神经环距头端 0.141～0.162 mm。尾长 0.961～1.672 mm。卵巢 1 对，位于体前 1/5～1/4 处。虫卵大小为 0.092～0.131 mm×0.035～0.043 mm。

【宿主与寄生部位】

兔的盲肠。

【图片】

廖党金绘

图 释

1 虫体头部顶面观；
2 虫体头端侧面观；
3 虫体头部观及侧翼膜、食道等；
4 虫体尾部侧面观及交合刺等；
5 雄虫泄殖腔部；
6 雌虫阴门；
7 雌虫尾部侧面观及肛门、尾尖。

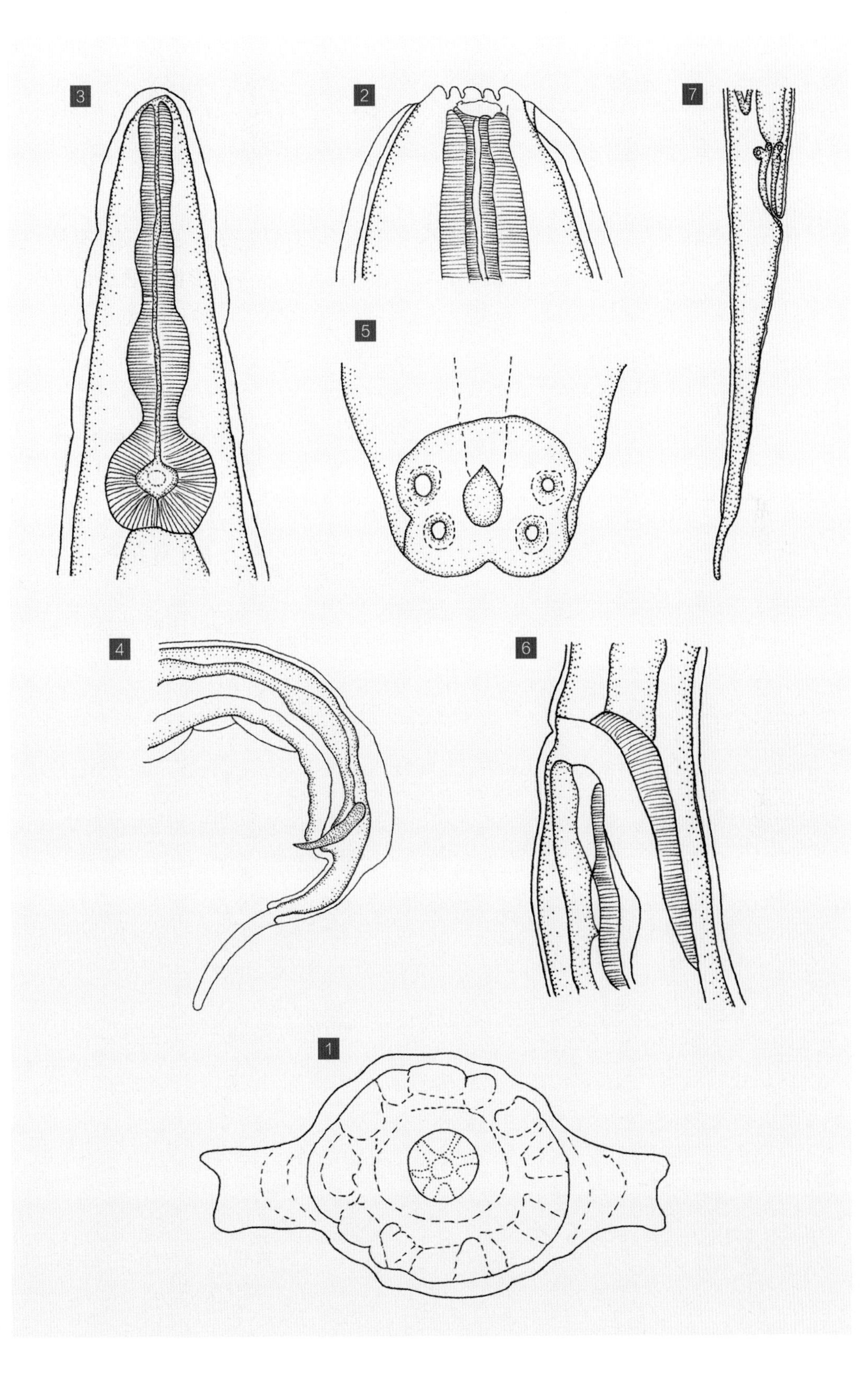
3
2
7
5
4
6
1

普氏属 *Probstmayria* Ransom, 1907

头端呈截状，每个唇有 2 个不明显的瓣，背唇有 2 个有柄乳突，亚腹唇各有 1 个乳突。食道呈管状，前部短且无肌质，后部长为肌质，后端有瓣膜的食道球。雄虫的尾呈锥形，弯向腹面，无尾翼膜。肛后乳突有 6 对，交合刺 1 对稍不等长。雌虫尾向后渐细，末端尖，阴门位于虫体中部，在 2 支子宫内有虫卵和幼虫。

20 胎生普氏线虫

Probstmayria vivipara (Probstmayr, 1865) Ransom, 1907

【主要形态特点】

虫体透明，细小呈线形（图 -1）。头端钝，有 6 个凸出的唇，有前咽和圆形食道与袋形食道球部（图 -2、图 -3）。尾长而尖细（图 -6）。缺尾翼和引带，交合刺 1 对近等长。

【雄虫】

虫体大小为 2.25～2.54 mm×0.0851～0.0926 mm。前咽呈管形，长 0.0271～0.0402 mm。食道呈柱形，长 0.273～0.289 mm。食道球呈梨形，大小为 0.063～0.087 mm×0.045～0.048 mm。神经环位于食道圆锥部中央，距头端 0.101～0.173 mm。排泄孔位于食道部体壁，距头端 0.37～0.46 mm。交合刺 1 对近等长，呈刀刃状，近端粗钝，远端尖削稍弯曲，长 0.0225～0.0350 mm。尾部尖，长 0.225～0.956 mm，有 6 对肛后乳突。

【雌虫】

虫体大小为 2.72～3.10 mm×0.13～0.15 mm。咽长 0.0176～0.0651 mm。食道的柱状部长 0.255～0.400 mm，球部大小为 0.102～0.163 mm×0.045～0.060 mm。神经环距头端 0.076～0.284 mm。排泄孔（图 -3）距头端 0.101～0.430 mm。阴门位于体中部，稍向后斜裂开口（图 -4），距头端 1.231～1.626 mm。尾尖长（图 -6），长 0.651～1.102 mm。子宫 2 支，内有活动幼虫。

【宿主与寄生部位】

马、驴、骡大肠。

【虫体标本保存单位】

中国农业科学院兰州兽医研究所

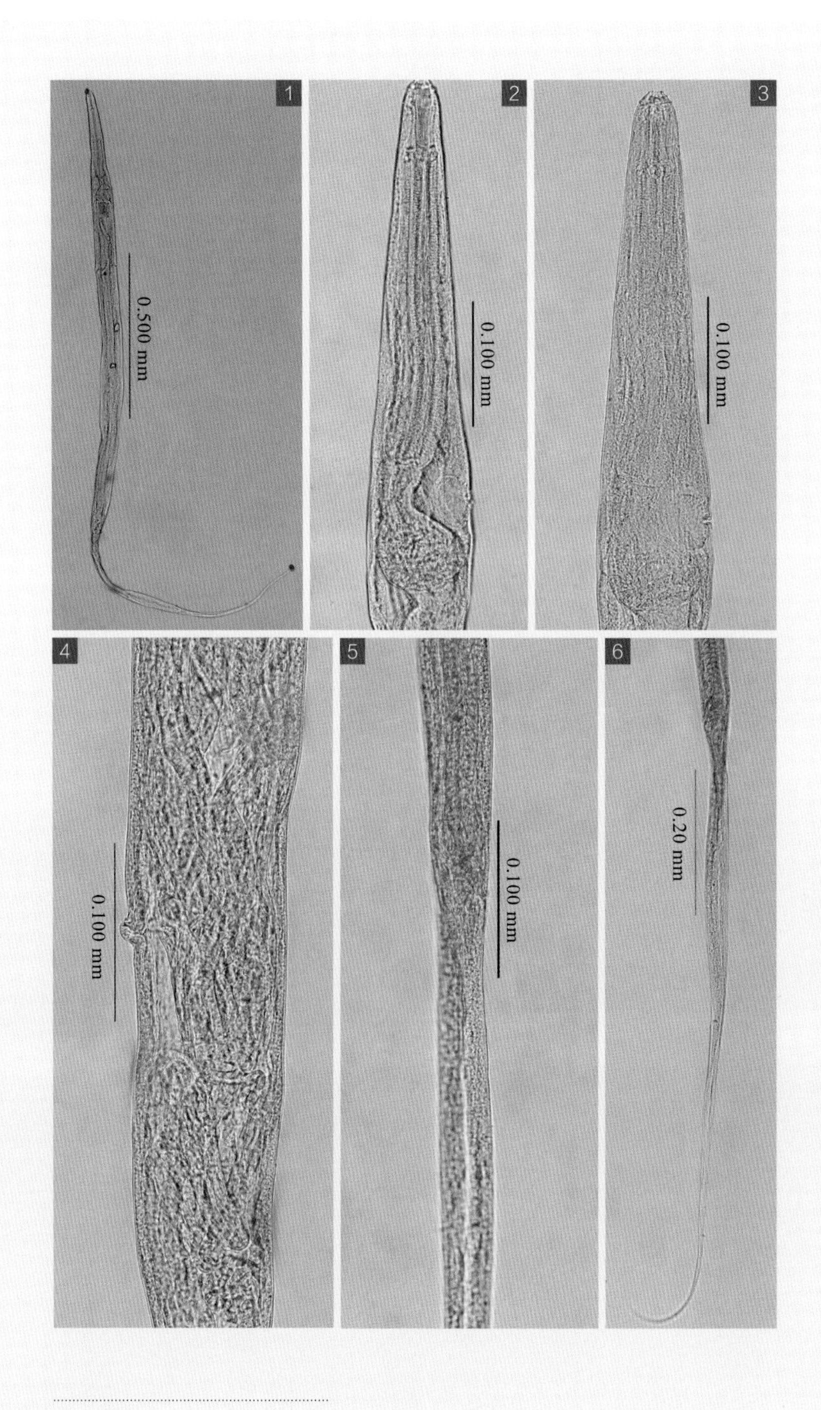

图释

1 雌虫成虫；
2 雌虫头部观及食道、神经环等；
3 虫体头部观及食道、神经环、排泄孔等；
4 雌虫阴门；
5 雌虫肛门；
6 雌虫尾部。

斯氏属 *Skrjabinema* Wereschtchagin, 1926

无头泡，颈乳突明显。雄虫交合伞由 2 个大的侧叶和 1 个小的背叶组成，有的种无背叶，背肋较粗，分 2 支，每支再分 2～3 支；交合刺 1 对，有的种形状不同，其远端分成 2～3 支，远端有透明薄膜包围；无引带，有伞前乳突。雌虫尾部呈尖形或较尖细，阴门呈横缝状，有的种有角质唇片覆盖，阴门开口于虫体后 1/3 处。

21 绵羊斯氏线虫

Skrjabinema ovis (Skrjabin, 1915) Wereschtchagin, 1926

【主要形态特点】

虫体前部有带横纹的狭窄侧翼膜（图 -4）。口孔周围有 3 个唇，还有小间唇，每个唇内表面有 1 对齿板向后深入口腔，2 对亚中乳突和 1 对侧乳突（图 -2、图 -3）。食道呈柱形，后端膨大成食道球。神经环位于食道前 1/4 处（图 -4、图 -5）。

【雄虫】

虫体大小为 3.01～3.72 mm×0.12～0.17 mm。食道长 0.45～0.52 mm。尾端有小的尾翼膜，有 2 对大乳突支撑，其中肛前乳突发达，末端有许多相似的感觉小突，肛侧有 3 对小乳突，肛后有 1 对乳突并比肛前的短而钝，远端有很多相似的感觉小突，在前、后乳突之间有 1 对有柄乳突。交合刺 1 根呈杆状，长 0.09～0.12 mm。引带长 0.018～0.026 mm。

【雌虫】

虫体大小为 5.01～8.12 mm×0.24～0.55 mm。食道长 0.68 mm。尾呈圆锥形，稍斜向腹面，长 0.12～0.14 mm。阴门（图 -6）距头端 1.61～3.22 mm。尾长 0.81～1.61 mm。

【宿主与寄生部位】

山羊、绵羊、牛的真胃。

【虫体标本保存单位】

四川省畜牧科学研究院

图 释

1 雌虫成虫；
2 3 雌虫头端观及唇、乳突等；
4 雌虫头部观及食道、神经环、体侧翼膜等；
5 雌虫尾部观及食道、神经环等；
6 雌虫阴门；
7 雌虫尾部观及肛门、尾尖等。

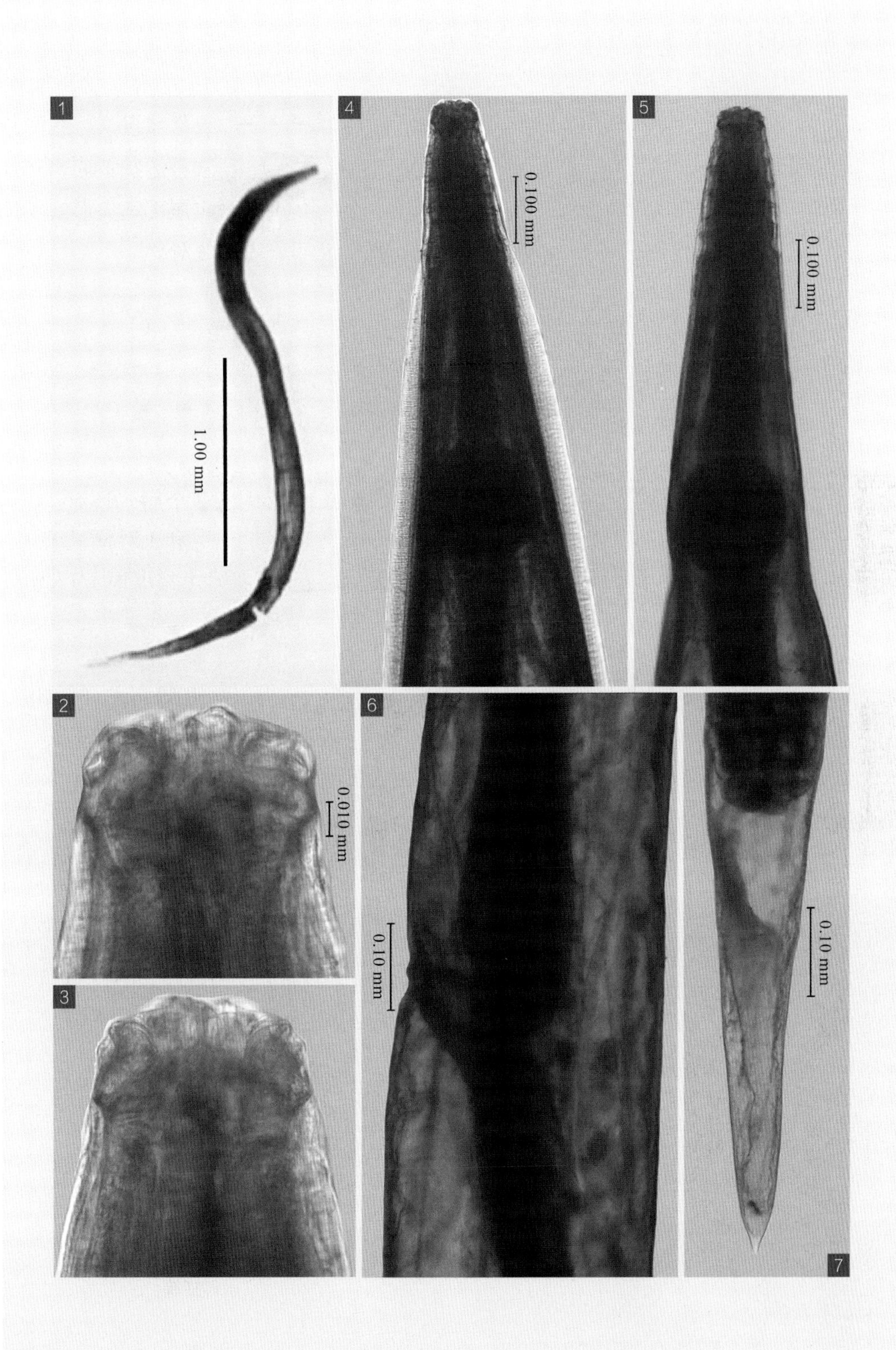
1
1.00 mm
4
0.100 mm
5
0.100 mm
2
0.010 mm
3
6
0.10 mm
7
0.10 mm

22 四川斯氏线虫

Skrjabinema sichuanensis Jiang, 1987

【主要形态特点】

体表角皮有粗纵纹 26 条。

【雄虫】

虫体大小为 6.6～8.0 mm×0.120～0.133 mm。食道长 0.69～0.80 mm，颈乳突距头端 0.30～0.31 mm，神经环距头端 0.213～0.295 mm，排泄孔距头端 0.260～0.268 mm。交合伞由 1 个呈扇形的小背叶和 2 个相等的侧叶组成。背叶大小为 0.060～0.067 mm×0.048～0.058 mm，侧叶大小为 0.218～0.246 mm×0.163～0.172 mm。交合伞侧叶中部有鳞状花纹，外缘有条状花纹。前腹肋小于后腹肋，二者并列向前延伸，末端弯向伞侧缘。3 个侧肋大小相等，末端均达伞缘。背肋短，在约中部分成 2 支，每个分支的尖端又分成 3 小支。背肋基部长 0.017～0.025 mm，分支长 0.025～0.030 mm。外背肋起于背肋基部，近端宽大，以后逐渐变细，末端几乎达伞缘。交合刺 1 对等长，呈黄褐色，长 0.188～0.225 mm，分支处最宽为 0.0275 mm，在远端 1/3 处分为 3 支：侧腹支最长，为 0.0750～0.0875 mm，在远端深褐色处有 1 关节，连接 1 个角质化的靴状突，长 0.0225～0.0250 mm；背支与内侧支几乎等长，长 0.0325 mm；背支末端呈深褐色，小刺状，内侧支呈淡黄色，末端薄，呈尖刀状。无引带。伞前乳突明显。

【雌虫】

虫体大小为 8.0～9.0 mm×0.110～0.135 mm。食道长 0.63～0.72 mm，颈乳突距头端 0.32～0.33 mm，神经环距头端 0.235～0.266 mm，排泄孔距头端 0.290～0.297 mm。尾长 0.125～0.170 mm，逐渐变细，呈锥状，略向腹面弯曲，末端有横纹（图 -3）。阴门位于体后部，横裂开口，有舌状小瓣膜，阴门距尾端 1.11～1.35 mm。排卵器（包括括约肌）长 0.20～0.25 mm。

【宿主与寄生部位】

黄牛的真胃。

【虫体标本保存单位】

四川省畜牧科学研究院

图 释

1 2 雌虫头部观及食道、神经环等；

3 雌虫尾部侧面观及肛门、尾尖等。

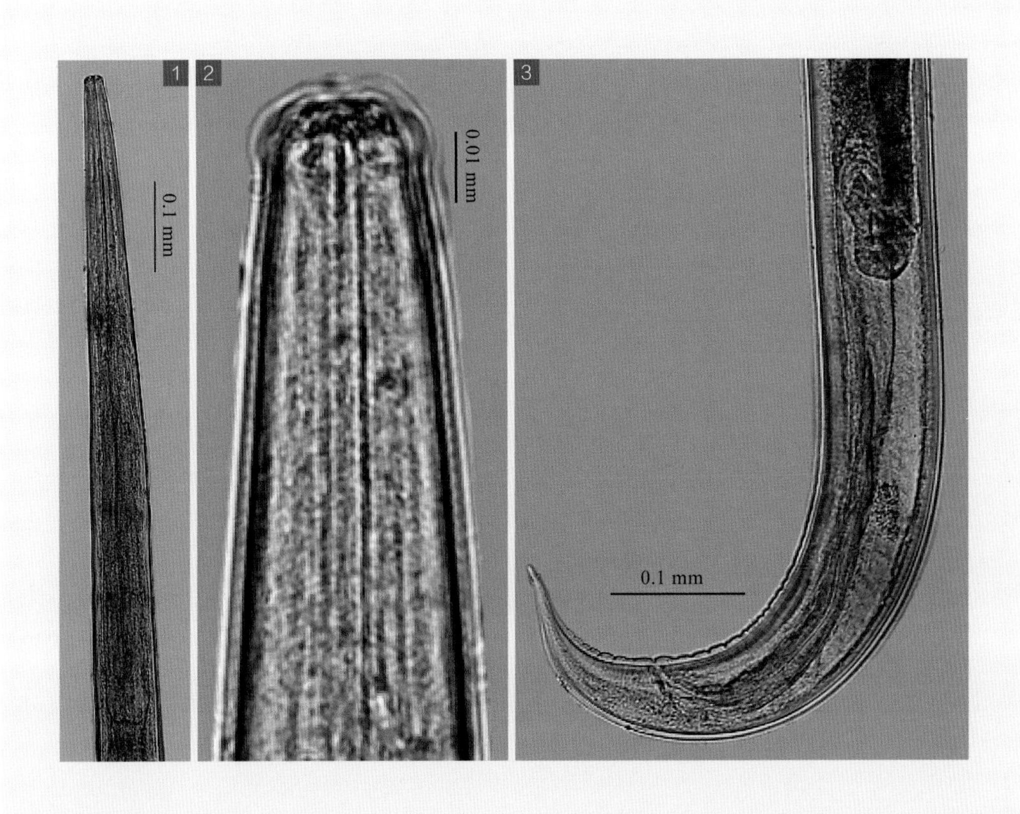
1
2
3
0.1 mm
0.01 mm
0.1 mm

管状属 *Syphacia* Seurat, 1916

虫体有侧翼，无口囊。食道有咽及膨大的前球和有瓣的后球。雄虫腹面有 2～3 个乳突，后端弯向腹面，肛门后突然变窄，末端有 1 个长而细的附属物。尾翼窄，限于尾第一部分，有 1 对大的肛后有柄乳突，在肛门附近有 2 对无柄乳突，交合刺 1 根细，有引带。雌虫的尾部长，呈锥形，阴门位于体前部，在排泄孔后。排卵器长，子宫 2 支平行，不达到肛门。寄生于啮齿动物和人。

23 隐匿管状线虫

Syphacia obvelata (Rudolphi, 1802) Seurat, 1916

【同物异名】

鼠管状线虫

【主要形态特点】

虫体有小的颈翼膜（图 -1）。

【雄虫】

虫体长为 1.12～1.51 mm。尾（图 -2）长 0.121～0.142 mm。交合刺长 0.067～0.091 mm，宽 0.0044～0.0061 mm。引带长 0.027～0.035 mm，呈横行排列（图 -2）。体腹面有 3 个角质膜肿块或称为“Mamelons”。

【雌虫】

虫体大小为 3.42～5.81 mm×0.241～0.402 mm。尾部长 0.531～0.676 mm。虫卵的一边平扁，大小为 0.071～0.083 mm×0.024～0.037 mm，产出时内含发育的胚囊。

【宿主与寄生部位】

猫的小肠。

【图片】

廖党金绘

图 释

1 虫体头部观及食道等；

2 雄虫尾部正面观及交合刺、引带等。

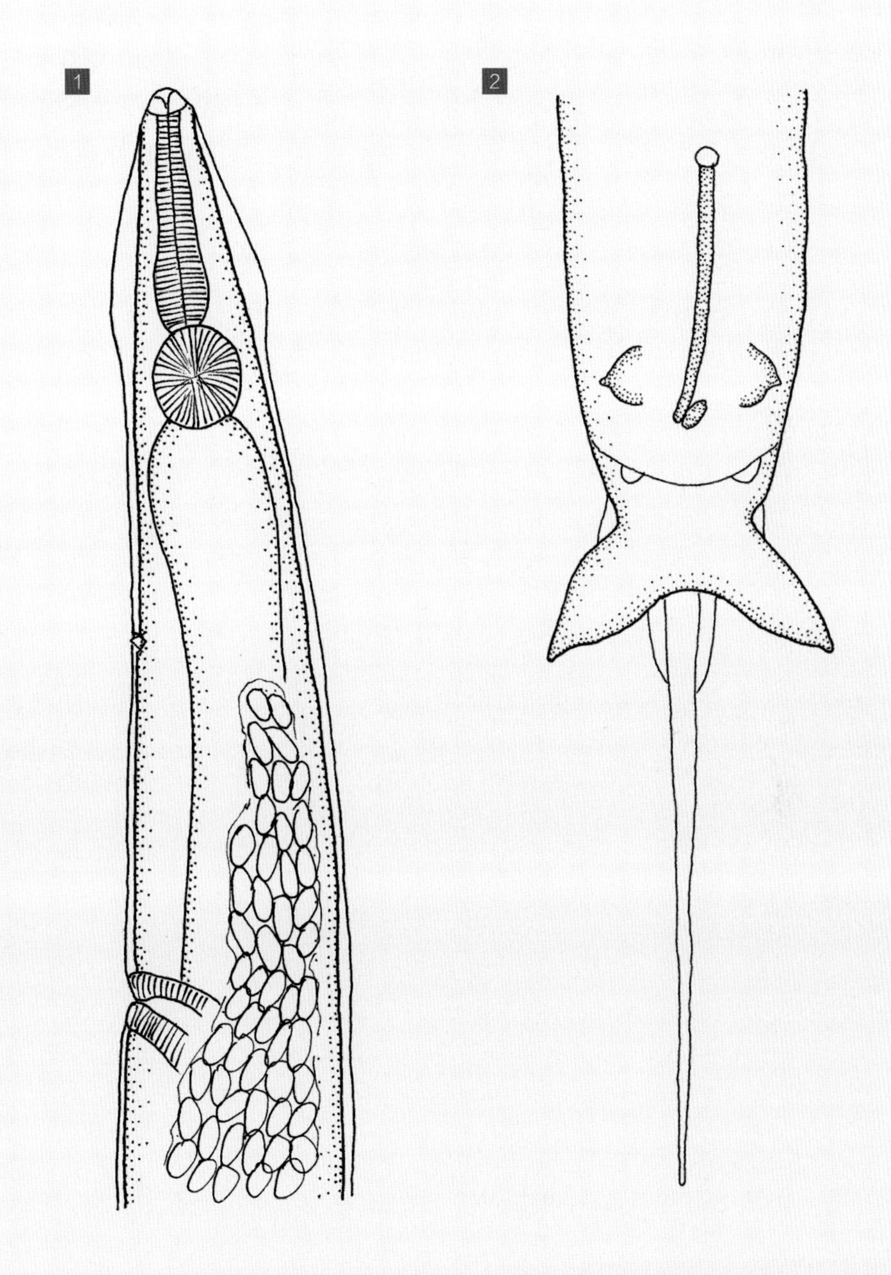
1
2

住肠属 *Enterobius* Leach, 1853

虫体口部有3个唇瓣。食道前部呈棒状，后部有食道球。体前端有角质膜膨大成头泡，体两侧有窄的侧翼膜，该侧翼膜从神经环处开始延伸至肛门后尾翼膜。雄虫后端凹陷，有1对肛前有柄乳突、1对肛后有柄乳突、2对肛后无柄乳突。交合刺1根较长，无引带。雌虫尾部较短呈锥形，阴门位于体前部。

24 蠕形住肠线虫

Enterobius vermicularis (Linnaeus, 1758) Leach, 1853

【同物异名】

人蛲虫

【主要形态特点】

成虫细小，呈乳白色（图-1），其角皮有横纹，头端角皮膨大，形成头泡，体两侧有侧翼膜（图-2、图-3）。口囊不明显，口孔周围有3个唇瓣（图-2、图-3）。咽管末端膨大呈球形，称为咽管球（图-4）。

【雄虫】

虫体大小为2.01～5.03 mm×0.102～0.204 mm。体后端向腹面卷曲，末端有不明显的尾翼膜。交合刺1根，长0.070 mm。无引带。有肛乳突4对，其中肛前有柄乳突1对、肛后有柄乳突1对、肛后无柄乳突2对。

【雌虫】

虫体大小为3.02～13.04 mm×0.302～0.503 mm，虫体中部膨大，尾端长而尖细，其尖细部分约为虫体长的1/3。阴门（图-5）位于体前1/3与体中1/3交界处腹面正中线上。肛门位于体中与体后1/3交界处腹面。虫卵大小为0.051～0.064 mm×0.021～0.030 mm。

【宿主与寄生部位】

人等灵长类、松鼠类动物的大肠。

【虫体标本保存单位】

中国农业科学院兰州兽医研究所

图释

1 雌虫成虫；
2 3 虫体头端观及唇、头泡等；
4 虫体头部观及食道、神经环等；
5 雌虫阴门；
6 雌虫尾部。

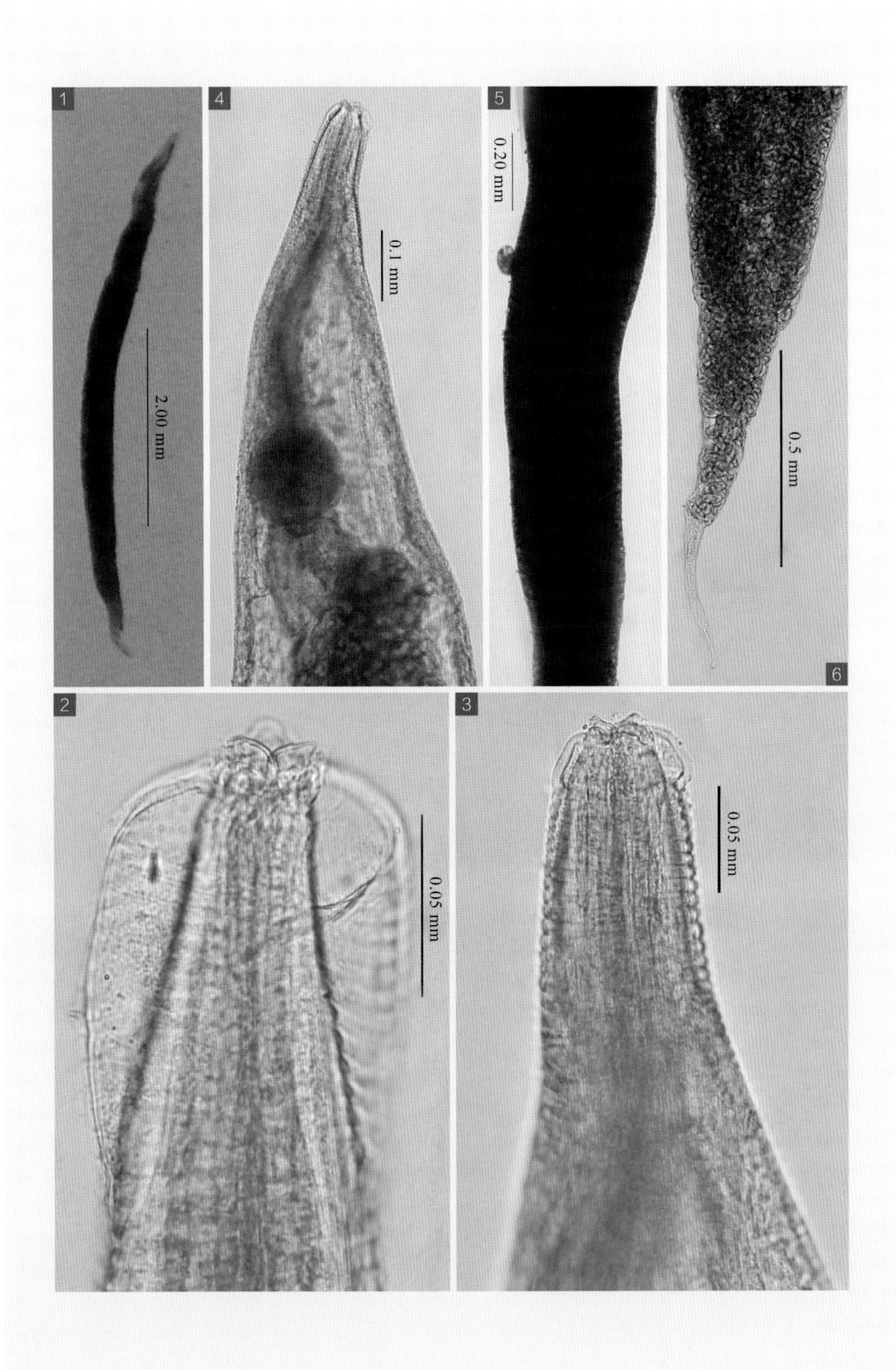
1
2.00 mm
4
0.1 mm
5
0.20 mm
0.5 mm
6
2
0.05 mm
3
0.05 mm

异 刺 科 Heterakidae Railliet et Henry, 1912

虫体为中型或小型线虫，口部有 3 个唇片，食道前部为咽，中部呈柱状，后部膨大成食道球。雄虫尾尖，有尾翼和有柄乳突，泄殖孔前有角质吸盘。雌虫尾部长而尖，阴门开口靠近虫体中部。

异 刺 属 *Heterakis* Dujardin, 1845

虫体呈针状，有狭小的侧翼膜，食道球部有食道瓣。雄虫尾翼膜发达，有 6～15 对有柄乳突支撑，交合刺 1 对形状不同。

25 鸡异刺线虫

Heterakis gallinarum Schrank, 1788

【主要形态特点】

虫体呈乳白色线状（图 -1），体表有横纹，体部两侧有侧翼膜，前起咽水平至体后 1/3 部（图 -2）。口周围有 3 个明显的唇，1 个背唇和 2 个侧唇，背唇上有 2 个乳突，侧唇上各有 1 个乳突。口孔呈圆锥形，有咽（图 -3）。食道前部呈圆柱形，后部膨大成食道球（图 -2），内有瓣膜。

【雄虫】

虫体大小为 7.75～10.01 mm×0.21～0.31 mm。肛前吸盘位于虫体后部的泄殖腔之前，呈类圆形（图 -5）。尾翼发达，且无色透明（图 -4、图 -5）。交合刺 1 对不等长，形状各异（图 -5）。尾部具有有柄乳突 12～13 对，其中，肛前吸盘两侧 3 对、肛门周围 6 对、肛门后 3～4 对。尾尖而细，长 0.322～0.430 mm（图 -4、图 -5）。

【雌虫】

虫体大小为 9.21～11.90 mm×0.40～0.42 mm。尾尖而细长，肛门距尾端 0.322～1.790 mm（图 -6）。

【宿主与寄生部位】

鸡、鸭、鹅的大肠。

【虫体标本保存单位】

四川省畜牧科学研究院

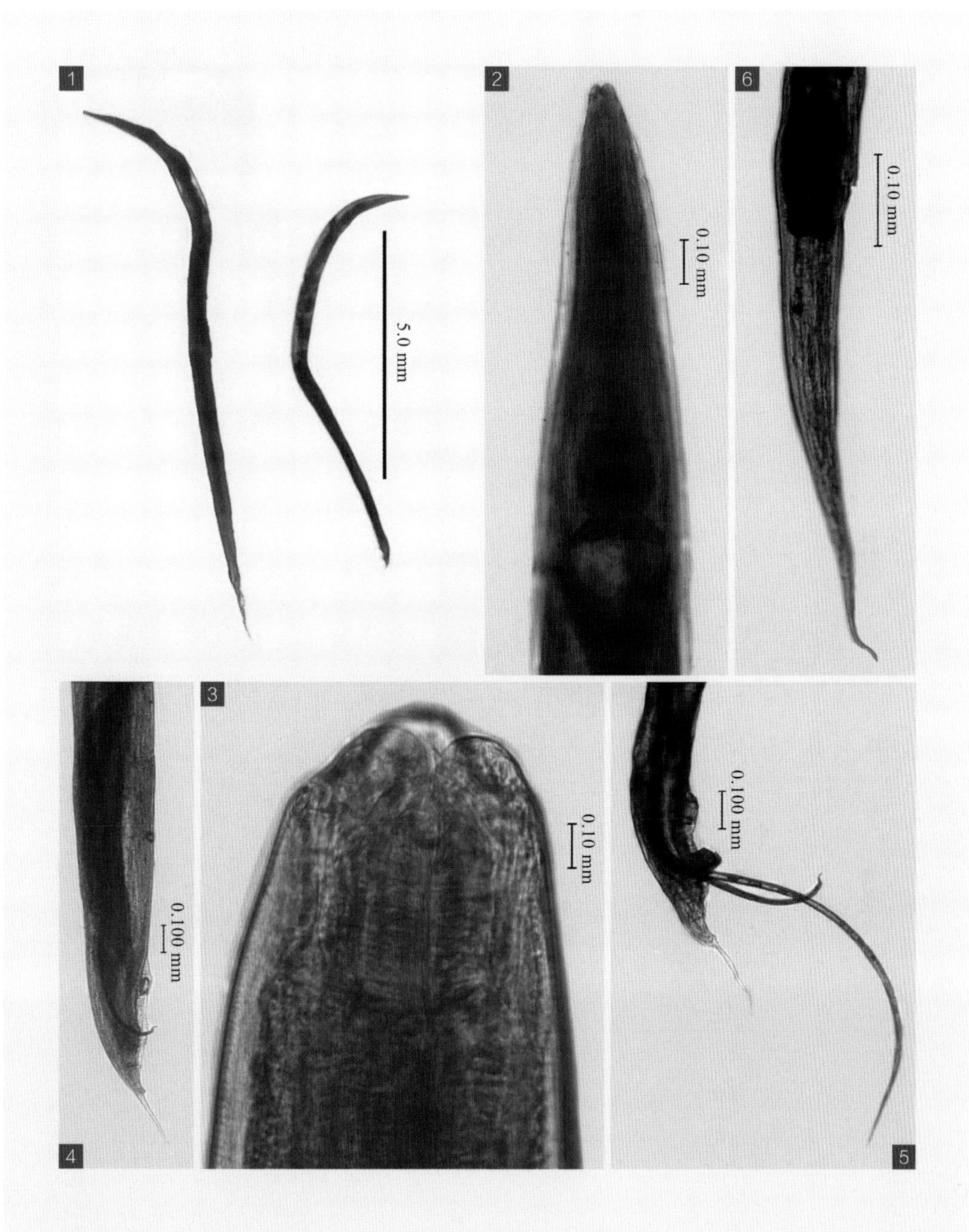

图 释

1 成虫，左为雌虫，右为雄虫；
2 虫体头部及食道、侧翼膜；
3 头端及口、唇等；
4 雄虫尾部；
5 雄虫尾部及肛前吸盘、乳突、交合刺；
6 雌虫尾部及肛门。

26 印度异刺线虫

Heterakis indica Maplestone, 1932

【主要形态特点】

虫体的基本形态与鸡异刺线虫相同。

【雄虫】

虫体大小为 5.5～8.0 mm×0.23～0.35 mm，头部宽 0.032～0.060 mm（图 –1）。围绕口孔有 3 个唇片，每个唇片上有 2 个乳突，口腔不明显。食道由前庭咽部、圆柱形的中部、球状的内有瓣膜的食道球部组成，全长 0.72～0.93 mm，食道球部宽 0.13～0.18 mm（图 –1）。肛前吸盘呈圆形，大小为 0.06～0.07 mm×0.07～0.08 mm，尾翼大小约为 0.40 mm×0.24 mm（图 –3）。交合刺 1 对不等长，左交合刺长 0.30～0.45 mm，末端分叉；右交合刺长 0.90～1.29 mm，末端尖，常扭曲（图 –2、图 –3）。尾乳突 11～12 对（图 –2、图 –3），其中，2 对位于肛前吸盘两侧缘，靠近泄殖腔前、后侧各 1 对；泄殖腔水平前部体侧缘 5 对，前 4 对等距离排列，第 2 和第 4 对较长大，第 5 对最大，间隔稍后；尾后部 1～2 对。尾较短，长 0.40～0.65 mm（图 –2、图 –3）。

【雌虫】

虫体大小为 5.8～7.0 mm×0.24～0.28 mm。食道全长 0.78～0.80 mm，球部宽 0.12～0.15 mm。阴门位于体中部稍后，开口稍向后斜（图 –5），阴道深约为 0.07 mm，阴门距头端为 3.50～4.85 mm。肛门距尾端 0.58～0.67 mm。尾呈尖形（图 –4）。

【宿主与寄生部位】

鸡、鸭的大肠。

【虫体标本保存单位】

四川省畜牧科学研究院

图 释

1 虫体头部及食道、侧翼膜；
2 雄虫尾部侧面及肛前吸盘、交合刺、乳突等；
3 雄虫尾部正面及肛前吸盘、侧翼膜、交合刺等；
4 雌虫尾部及肛门；
5 雌虫阴门。

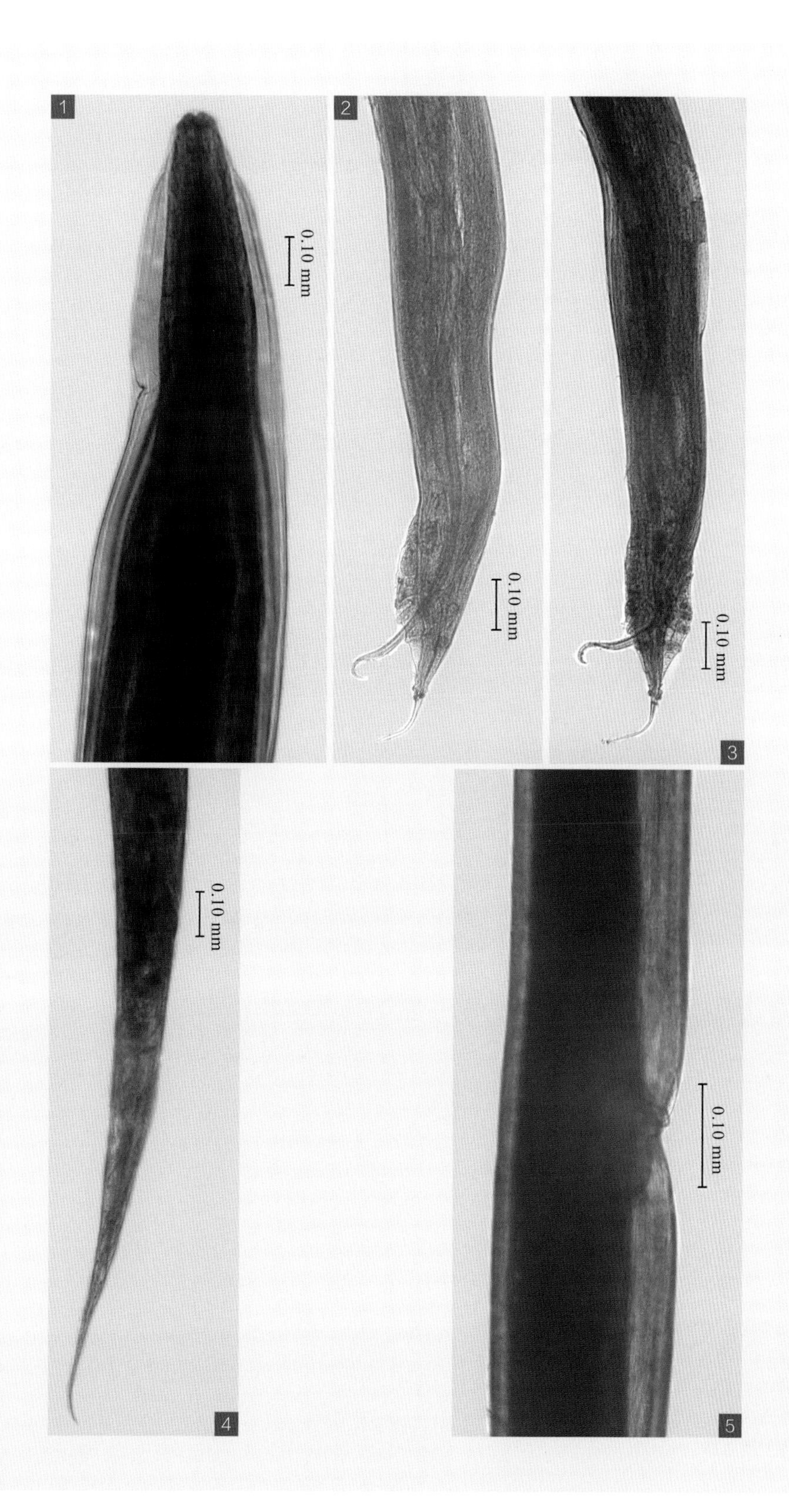
1
0.10 mm
2
0.10 mm
0.10 mm
3
0.10 mm
4
0.10 mm
5

27 贝拉异刺线虫

Heterakis beramporia Lane, 1914

【主要形态特点】

虫体基本形态与鸡异刺线虫相同。

【雄虫】

虫体大小为6.10～7.32 mm×0.21～0.24 mm。食道长0.66～0.80 mm，食道球部宽0.12～0.14 mm。神经环距头端0.21～0.28 mm。排泄孔距头端0.31～0.34 mm。肛前吸盘大小为0.0601～0.0625 mm×0.0575～0.0600 mm。交合刺1对近等长，但形状不同：左交合刺长0.31～0.39 mm，末端尖（图-3、图-4）；右交合刺长0.30～0.32 mm，末端角突状。尾乳突11～12对（图-3），其中，肛前吸盘侧2～3对，泄殖腔侧缘2对，泄殖腔水平前、后排列在两体侧4对，泄殖腔后间隔排列3对，前1对最长大，为单乳突，后2对较小。

【雌虫】

虫体大小为7.20～8.75 mm×0.29～0.33 mm，阴门区部体宽0.28 mm。神经环距头端0.22～0.25 mm。排泄孔距头端0.34～0.37 mm。阴门位于体中部稍后，具有稍外突的活瓣（图-5），阴门距头端4.00～4.32 mm，距尾端2.80～3.62 mm。肛门距尾端0.65～0.71 mm。尾呈尖形（图-6）。虫卵大小为0.0625 mm×0.0375 mm。

【宿主与寄生部位】

鸡、鸭和鹅的大肠。

【虫体标本保存单位】

四川省畜牧科学研究院

图 释

1 虫体头部正面观及食道、侧翼膜等；
2 虫体头部侧面观及食道等；
3 雄虫尾部腹面观及肛前吸盘、侧翼膜、乳突、交合刺等；
4 雄虫尾部侧面观及肛前吸盘、侧翼膜、乳突、交合刺等；
5 雌虫阴门及活瓣等；
6 雌虫尾部侧面及肛门等。

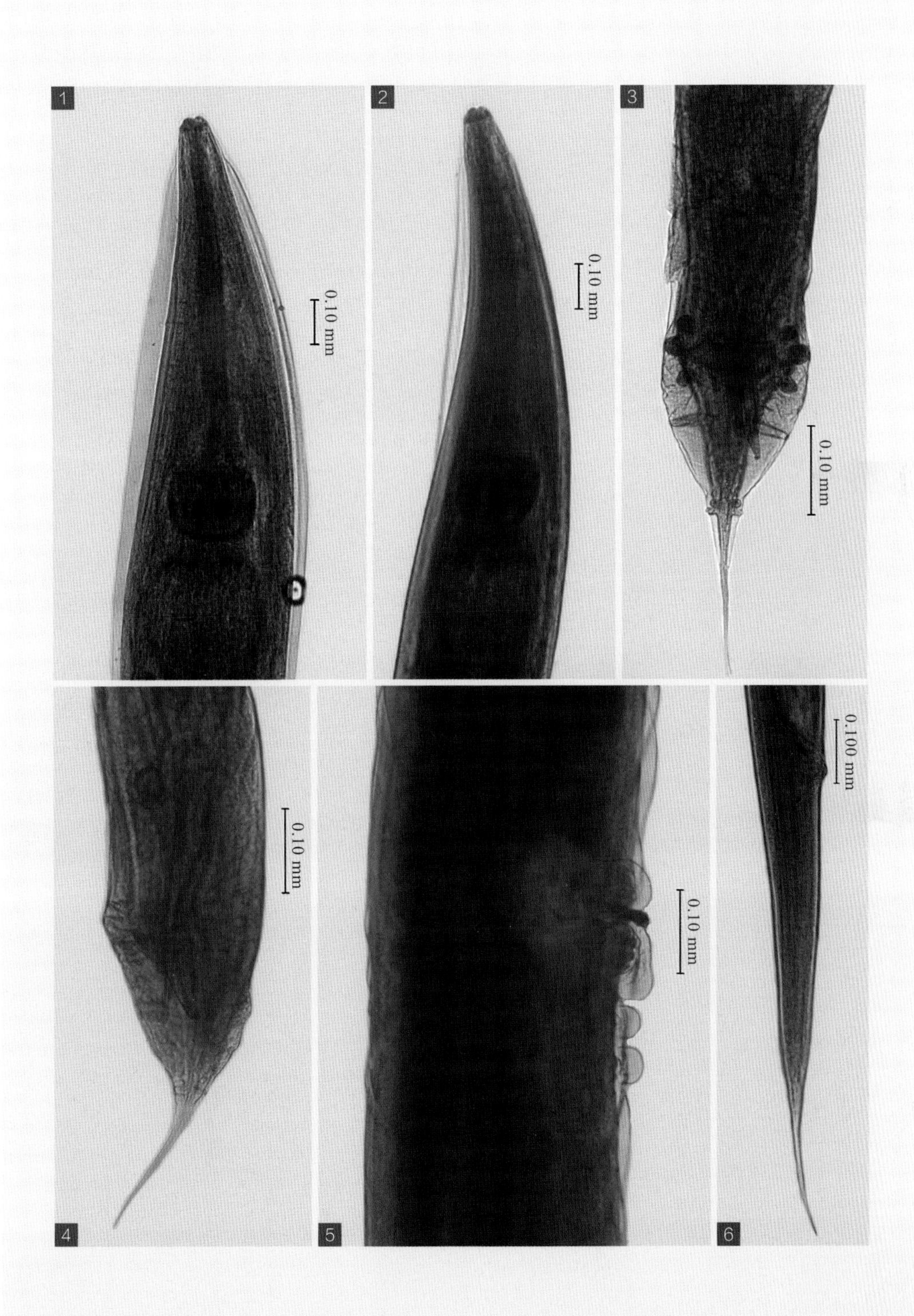
1
0.10 mm
2
0.10 mm
3
0.10 mm
4
0.10 mm
5
0.10 mm
6
0.100 mm

28 短尾异刺线虫

Heterakis caudebrevis Popova, 1949

【主要形态特点】

虫体有狭小的侧翼膜（图 -1、图 -2），口由 3 个唇组成，呈倒“品”字形排列（图 -2、图 -3）。食道后部有食道球，神经环位于食道前 1/3 处（图 -1）。

【雄虫】

虫体大小为 6.62～8.62 mm×0.221～0.232 mm。食道长 0.76～1.11 mm，神经环距头端 0.21～0.25 mm。尾部有尾翼膜，无尾尖，肛前吸盘（图 -4）大小为 0.071～0.077 mm×0.062～0.069 mm。交合刺 1 对不等长（图 -4），左交合刺长 1.30～1.91 mm，右交合刺长 0.50～0.67 mm。尾乳突有 10 对，在肛前吸盘两侧各有 2 个有柄乳突，肛侧有 5 对有柄乳突，肛后有 3 对乳突。

【雌虫】

虫体大小为 8.11～11.20 mm×0.33～0.37 mm。阴门距尾端 4.21～5.22 mm。尾端长 0.50～0.61 mm。

【宿主与寄生部位】

鸡的大肠。

【虫体标本保存单位】

中国农业科学院上海兽医研究所

图 释

1 虫体头部及食道、食道球、神经环、体侧翼膜等；
2 虫体头部及口唇片、口囊、体侧翼膜等；
3 头部头端及口唇片、口囊等；
4 雄虫尾部侧面观及肛吸盘、交合刺、尾尖等。

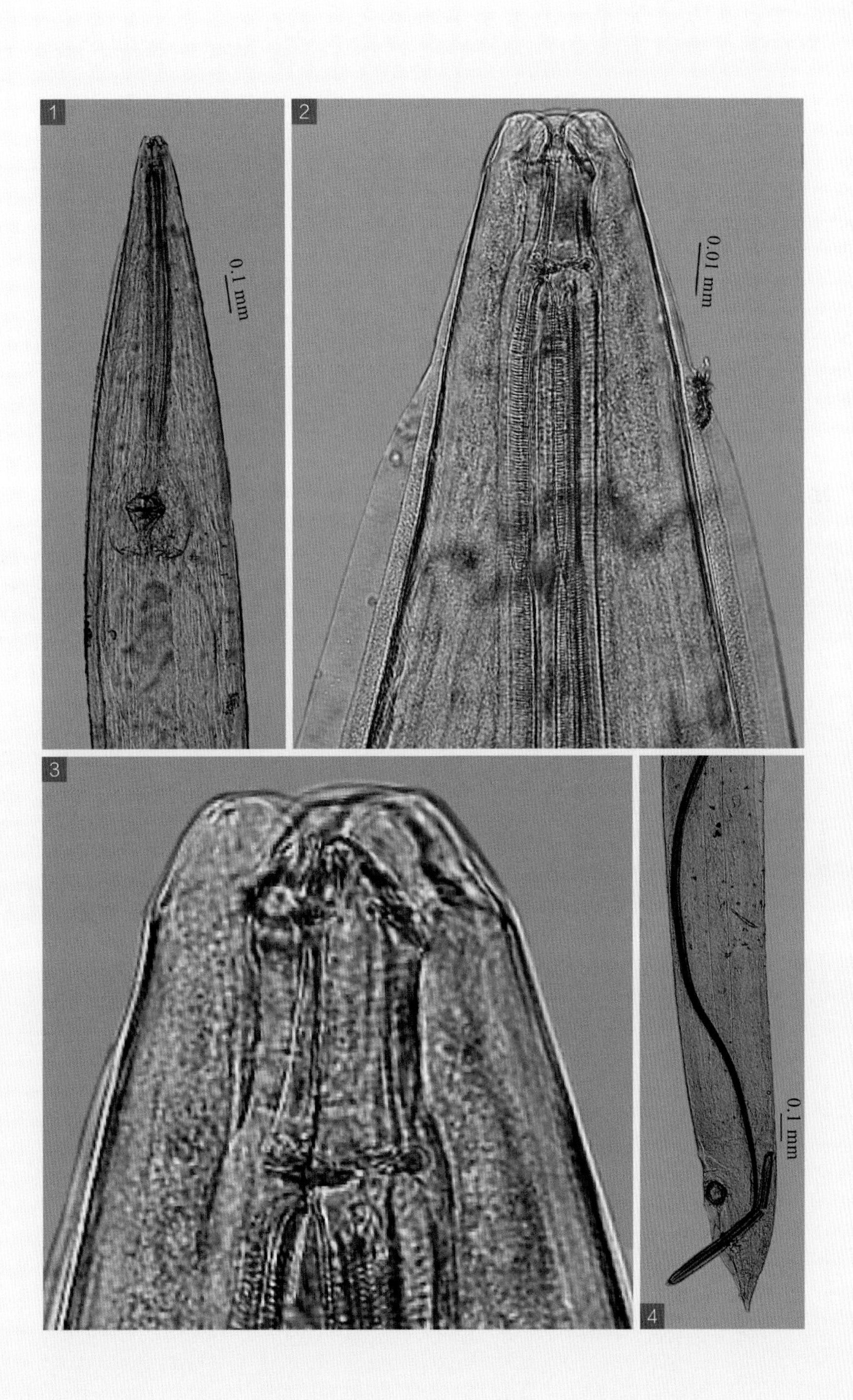
1
0.1 mm
2
0.01 mm
3
0.1 mm
4

29 岭南异刺线虫

Heterakis lingnanensis Li, 1933

【主要形态特点】

见下。

【雄虫】

虫体大小为 5.30～5.91 mm×0.22～0.25 mm。食道长 0.60～0.70 mm，食道球（图 -2）宽 0.12～0.20 mm。肛前吸盘（图 -4、图 -5）直径为 0.06～0.10 mm，距尾端 0.40～0.50 mm。肛门周围有 4 对乳突（图 -4、图 -5、图 -6）。

【宿主与寄生部位】

鸡的盲肠。

【虫体标本保存单位】

中国农业科学院兰州兽医研究所

图 释

1 雄虫成虫；

2 虫体头部观及唇、食道、神经环等；

3 6 雄虫尾部腹面观及肛吸盘、乳突、尾尖等；

4 雄虫尾部侧面观及肛吸盘、乳突、交合刺等；

5 雄虫尾部斜侧面观及肛吸盘、乳突、尾尖等。

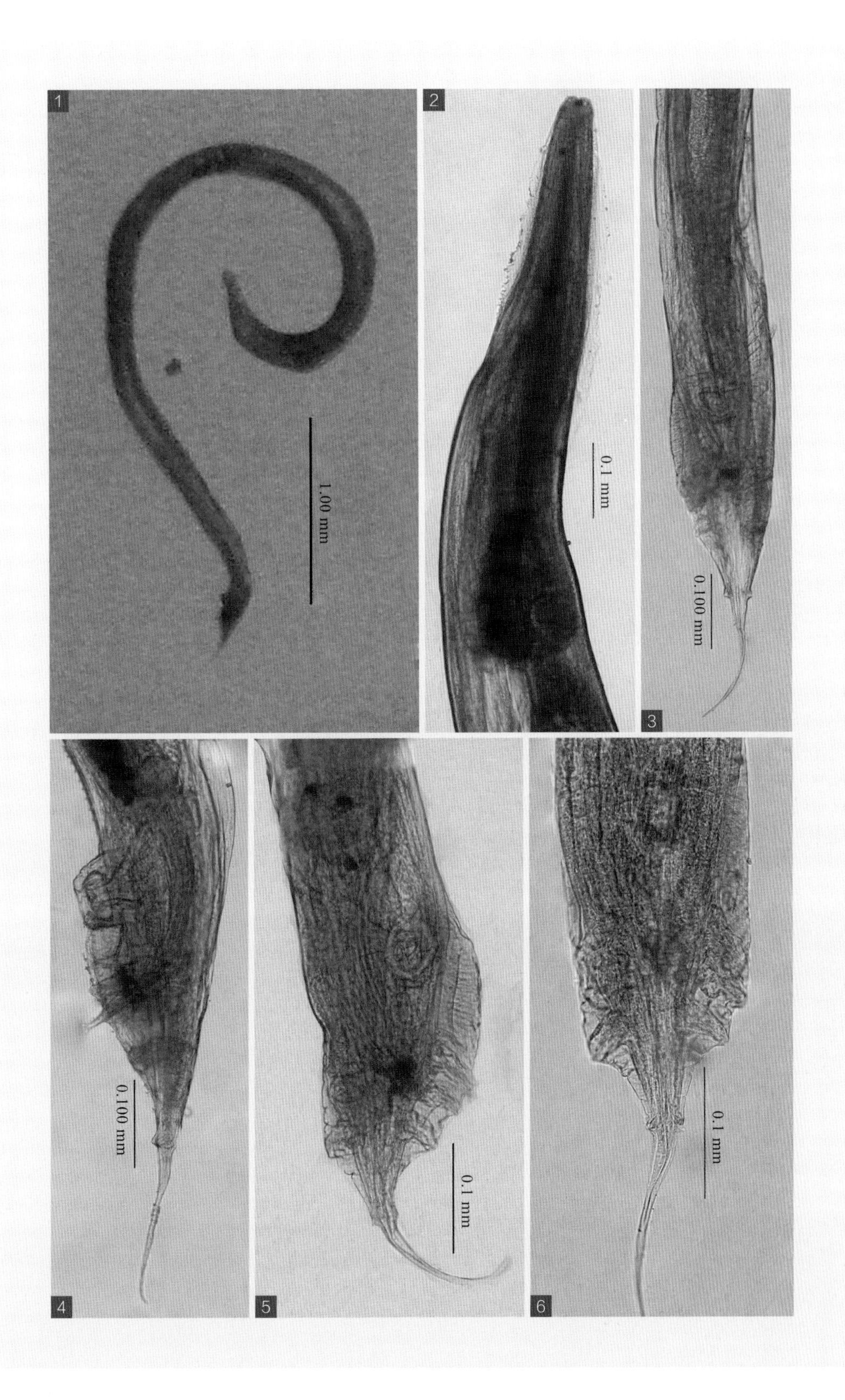
1
1.00 mm
2
0.1 mm
3
0.100 mm
4
0.100 mm
5
0.1 mm
6
0.1 mm

同刺属 *Ganguleterakis* Lane, 1914

虫体呈针状，有狭小的侧翼膜，口腔短。雄虫尾翼膜发达，有12～15对尾乳突，交合刺1对等长，形状相同，尾端尖。

30 异形同刺线虫

Ganguleterakis dispar (Schrank, 1790) Dujardin, 1845

【主要形态特征】

虫体前部有侧翼膜，头端有3个唇片（图-2、图-3）。食道呈圆柱状，后部有发达的食道球和食道瓣（图-2）。

【雄虫】

虫体大小为10.1～15.0 mm×0.35～0.37 mm。食道长1.244～1.502 mm，神经环距头端0.111～0.120 mm。肛前吸盘（图-4、图-5）直径为0.203～0.206 mm。交合刺1对等长（图-4、图-5），长0.538～0.563 mm，后端狭小并向前弯（图-6）。无引带。尾乳突13对（图-4、图-5），其中，在吸盘两侧各有2对有柄乳突，肛外侧有大的有柄乳突4对，肛侧有短乳突2对，肛后乳突5对。在5对肛后乳突中，第一对为大的有柄乳突，尾尖前有3对小乳突，1对小乳突在大乳突与小乳突之间。

【雌虫】

虫体大小为15.1～17.0 mm×0.44～0.47 mm。阴门位于虫体中部稍后（图-7），在阴门处有5个角质突起，其中4个在阴门后的中腹面，1个在阴门前。尾端向腹面弯曲（图-8），肛门距尾端0.941 mm。

【宿主与寄生部位】

鸡、鸭、鹅的肠。

【虫体标本保存单位】

中国农业科学院上海兽医研究所

图释

1 成虫，左为雄虫，右为雌虫；
2 虫体头部及食道、食道球、神经环等；
3 唇片；
4 雄虫尾部正面观及肛前吸盘、交合刺、乳突、尾尖形态等；
5 雄虫尾部侧面观及肛前吸盘、交合刺、乳突、尾尖形态等；
6 交合刺末端；
7 雌虫阴门；
8 雌虫尾部侧面观及肛门、尾尖等。

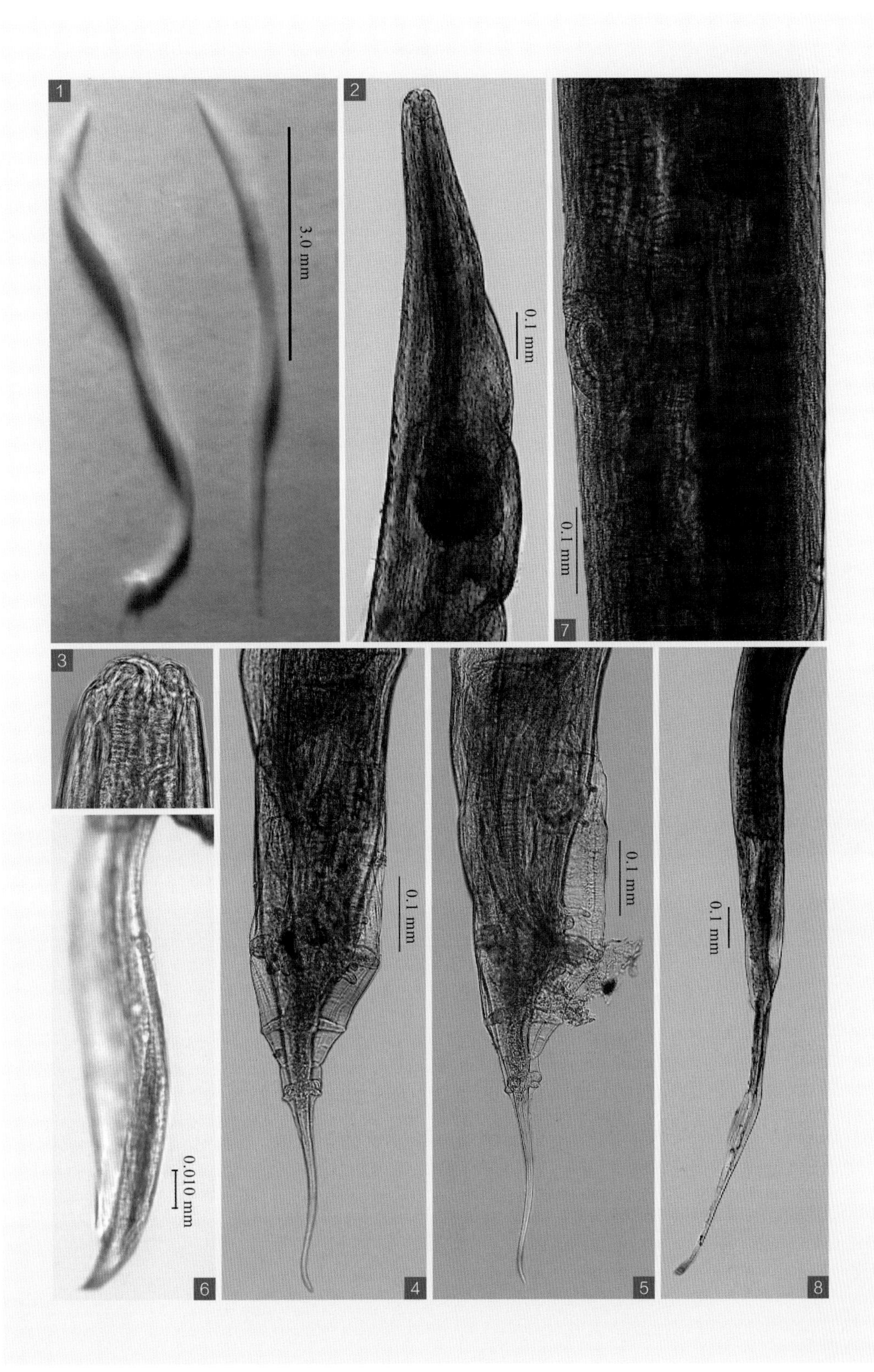
1
3.0 mm
2
0.1 mm
7
0.1 mm
3
6
0.010 mm
4
0.1 mm
5
0.1 mm
8
0.1 mm

圆 形 科 Strongylidae Baird, 1853

大部分虫体较大，口囊大且呈圆形、亚球形或扁平形，口缘无腹切器，有叶冠（个别缺），口囊基部常有齿。交合伞发达。

圆 形 属 *Strongylus* Mueller, 1780

虫体体表有横纹，口领有内、外两圈叶冠，其基部有 2 个较小的侧乳突和 4 个下中乳突。口囊发达，呈球形，内无齿；口囊背壁上有背沟。

31 无齿圆形线虫

Strongylus edentatus Looss, 1900

【同物异名】

无齿阿福线虫［*Alfortia edentatus*（Looss，1900）Skrjabin，1933］

【主要形态特点】

虫体较大（图 -1），体表有细横纹。口领具有内、外两圈叶冠，口领基部有 4 个下中乳突和 2 个较小的侧乳突。口囊大，呈球形，口囊内无齿，背沟长，向前伸达口囊的前缘（图 -3）。食道呈圆柱形，神经环位于食道前 1/3 与中 1/3 交界处（图 -2）。

【雄虫】

虫体大小为 20.6～28.4 mm×1.23～1.80 mm。口囊大小为 0.72～0.92 mm×0.61～0.68 mm，背沟长 0.69～0.97 mm。交合伞由 2 个大的侧叶和 1 个短而宽的背叶组成（图 -5、图 -6）。2 个腹肋等长且并列，3 个侧肋分开（图 -4），背肋在 1/3 处分为 2 支，每支又分为 3 小支（图 -6）。交合刺 1 对等长，长 1.96～2.08 mm（图 -5）。生殖锥呈锥形。

【雌虫】

虫体大小为 31.3～42.0 mm×2.1～2.3 mm。阴门位于体后端 1/3 处（图 -7），距尾端 9.34～14.20 mm；尾直而钝，肛门距尾端 0.29～0.47 mm（图 -8）。

【宿主与寄生部位】

马、驴、骡的大肠。

【虫体标本保存单位】

中国农业科学院上海兽医研究所

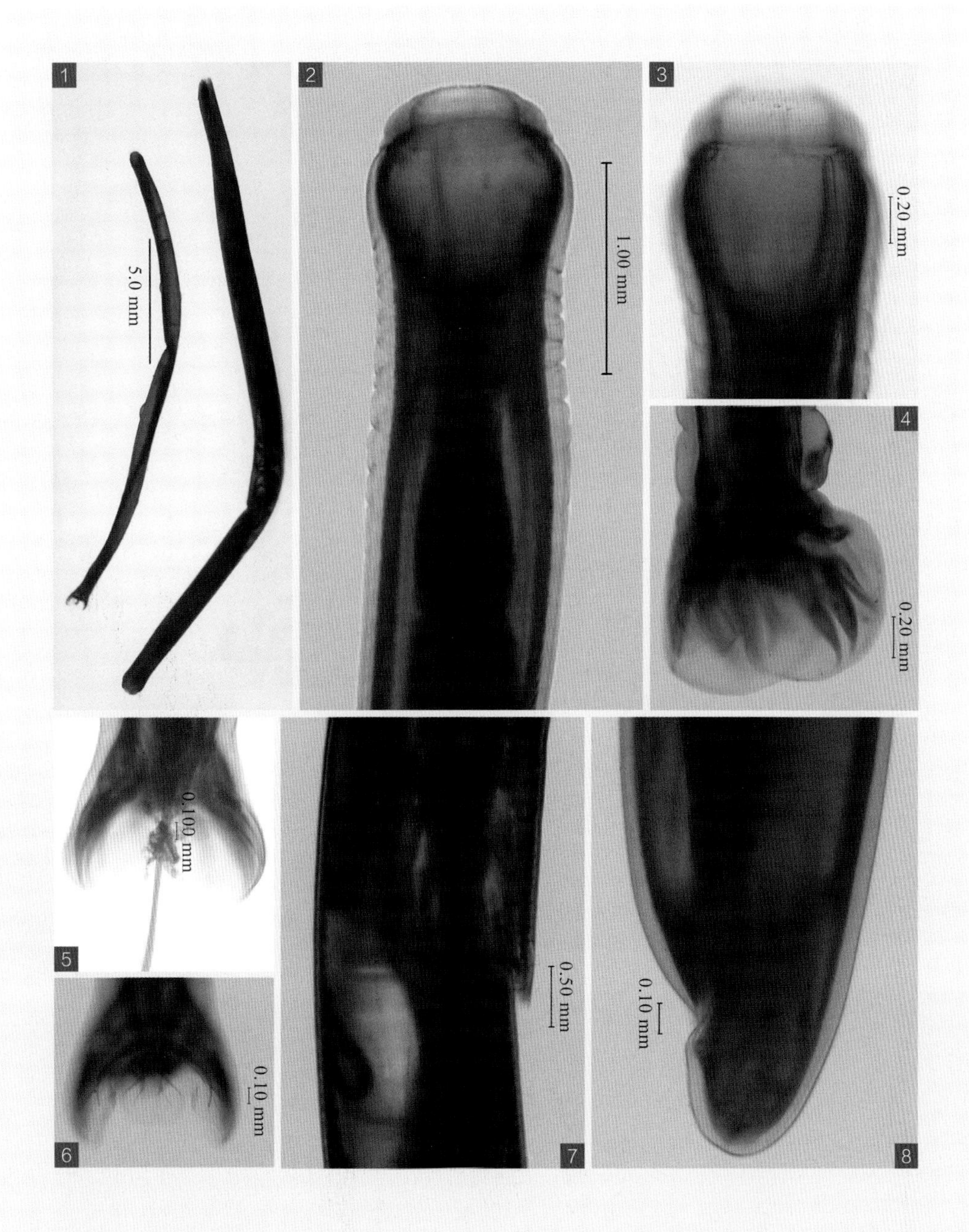

图 释

1 成虫，左为雄虫，右为雌虫；

2 虫体头部及食道、口囊等；

3 头端侧面观及口囊、叶冠、背沟等；

4 交合伞侧面观及腹肋、侧肋等；

5 交合伞正面观及交合刺等；

6 交合伞正面观及背肋等；

7 阴门；

8 雌虫尾部侧面观及肛门、尾端形态等。

32 马圆形线虫

Strongylus equinus Mueller, 1780

【主要形态特点】

口囊发达，其底部有 4 个大齿（图 –3），其中位于亚背侧的 2 个齿细而长，另 2 个位于亚腹侧。背沟长，直达口缘（图 –1、图 –2）。有内、外两圈叶冠（图 –1、图 –2、图 –3），外叶冠 42～50 片。

【雄虫】

虫体大小为 13.07～17.50 mm×0.762～0.931 mm。交合伞由 2 个宽大的侧叶和 1 个宽而短的背叶组成（图 –4、图 –5、图 –6）。背肋分支细，外背肋和侧肋均粗大，背肋分为左右 2 支，每支再分 3 个小支（图 –5、图 –6）。交合刺 1 对等长，长 2.10～2.77 mm，远端尖并稍弯曲。

【雌虫】

虫体大小为 24.0～38.3 mm×1.31～2.32 mm。阴门（图 –7）距尾端 6.64～11.31 mm。尾部（图 –8）长 0.497～0.586 mm。

【宿主与寄生部位】

马、驴、骡的盲肠、结肠。

【虫体标本保存单位】

中国农业科学院上海兽医研究所

图 释

1 虫体头部腹面观及叶冠、口囊、背沟等；
2 虫体头端背面观及叶冠、口囊、背沟等；
3 虫体头端侧面观及叶冠、口囊、口囊底部齿等；
4 雄虫尾部侧面观及交合伞、腹肋、侧肋、背肋、交合刺等；
5 6 雄虫尾部正面观及交合伞、外背肋、背肋等；
7 雌虫阴门；
8 雌虫尾部及肛门等。

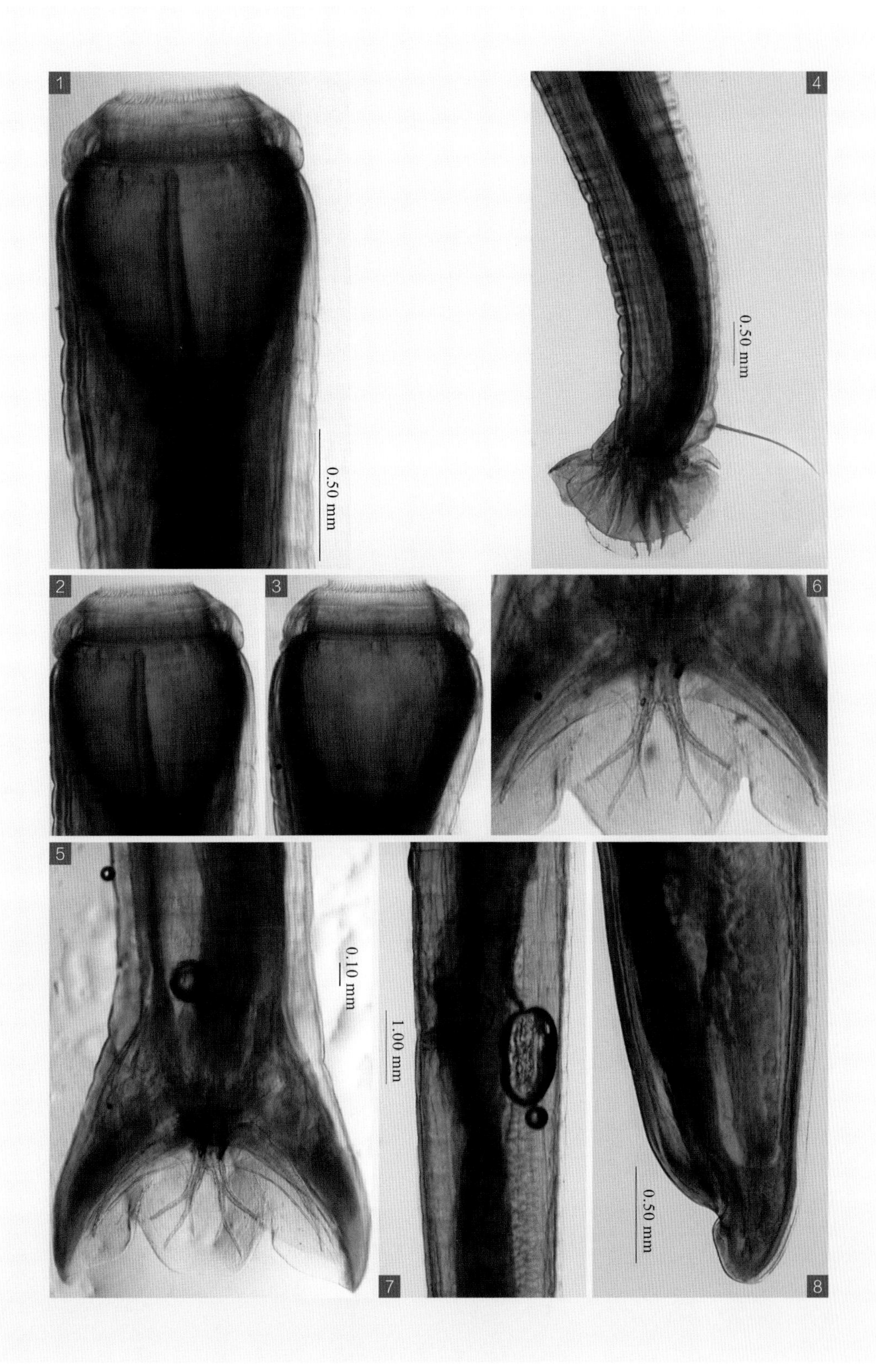
1
0.50 mm
4
0.50 mm
2
3
6
5
0.10 mm
1.00 mm
7
0.50 mm
8

33 普通圆形线虫

Strongylus vulgaris Looss, 1900

【主要形态特点】

虫体前端钝而直，有内、外两圈叶冠，外叶冠 17～20 片，叶瓣长且顶端尖，内叶冠 17～18 片，叶瓣短。口囊呈杯状（图 -1、图 -2、图 -3、图 -4），深 0.39～0.51 mm，宽 0.36～0.48 mm，背壁上有长的背沟（图 -1、图 -2、图 -3），在背壁的基部有 1 对大而圆的齿（图 -2、图 -3、图 -4）。

【雄虫】

虫体大小为 13.06～17.52 mm×0.760～0.931 mm。交合伞发达，由 2 个侧叶和 1 个较宽的背叶组成（图 -5、图 -6）。背肋在外背肋分出的同一水平线上即分出平行的左右 2 支，每支再分为 3 支（图 -5、图 -6）。交合刺 1 对等长，长 2.11～2.25 mm。生殖锥有许多圆形突起。

【雌虫】

虫体大小为 19.0～25.2 mm×1.06～1.48 mm。阴门（图 -7）位于虫体后 1/3 处，距尾端 5.35～10.81 mm。肛门距尾端 0.546～0.977 mm。尾端直而尖（图 -8）。

【宿主与寄生部位】

马、驴、骡的盲肠、结肠。

【虫体标本保存单位】

中国农业科学院上海兽医研究所

图 释

1 虫体头部正面观及叶冠、口囊、背沟、口囊底部齿、食道等；
2 虫体头端斜侧面观及叶冠、口囊、背沟、口囊底部齿等；
3 虫体头端正面观及叶冠、口囊、口囊底部齿等；
4 虫体头端侧面观及叶冠、口囊、背沟、口囊底部齿等；
5 雄虫尾部正面观及交合伞、外背肋、背肋等；
6 雄虫尾部侧面观及交合伞、腹肋、侧肋、背肋等；
7 雌虫阴门；
8 雌虫尾部侧面观及肛门、尾尖形态等。

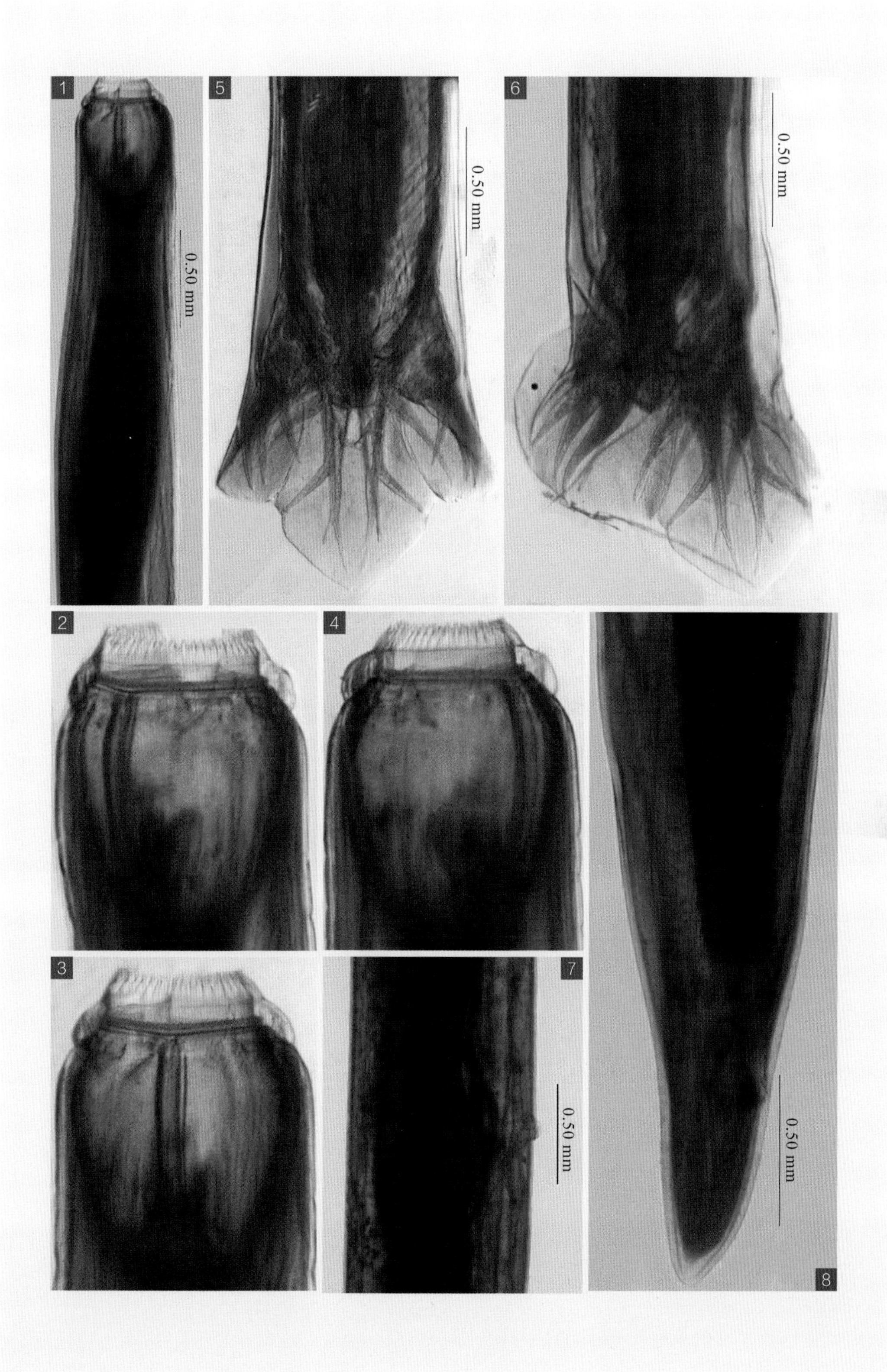
1
0.50 mm
5
0.50 mm
6
0.50 mm
2
4
3
7
0.50 mm
0.50 mm
8

喷口属 *Craterostomum* Boulenger, 1920

同物异名：盆口属。口孔周围有两圈叶冠，外叶冠无毛缘。口囊呈杯状，较小。食道漏斗内无齿。雄虫的外背肋简单。雌虫阴门稍前于肛门，子宫两分支平行。

34 尖尾喷口线虫

Craterostomum acuticaudatum (Kotlan, 1919) Boulenger, 1920

【主要形态特点】

虫体呈纺锤形（图 -1）。体表具有横纹，口孔向前方，口缘有两圈叶冠，外叶冠 6～8 片，内叶冠 22～23 片，口领与口囊隔开，有 2 个侧乳突和 4 个下中乳突，口囊呈亚圆形，有背沟达口囊前缘，食道漏斗不大，有 6 个相同的条片（图 -2、图 -3、图 -4）。食道呈圆柱形。

【雄虫】

虫体大小为 5.7～9.9 mm×0.37～0.55 mm。口领高 0.013 mm，宽 0.099～0.120 mm。口囊大小为 0.043～0.057 mm×0.070～0.093 mm。食道长 0.391～0.486 mm，颈乳突距头端 0.255～0.260 mm，神经环靠近食道中部（图 -5），距头端 0.180～0.327 mm。交合伞分 3 叶，边缘有齿状缺刻，2 个腹肋并列，3 个侧肋分开，外背肋起于背肋主干，背肋发达，在近基部分为 2 支，每支又各分为 3 支。交合刺 1 对等长，长 0.620～0.765 mm（图 -6、图 -7）。引带（图 -8）长 0.165～0.204 mm。生殖锥发达。

【雌虫】

虫体大小为 6.8～10.5 mm×0.40～0.64 mm。口囊大小为 0.075～0.093 mm。食道长 0.442～0.527 mm，颈乳突距头端 0.26 mm。阴门位于体后部，距尾端 1.20～1.28 mm，尾直并逐渐变细（图 -9）。肛门距尾端 0.40～0.56 mm。虫卵呈卵圆形，大小为 0.111 mm×0.046 mm。

【宿主与寄生部位】

马的结肠。

【虫体标本保存单位】

中国农业科学院兰州兽医研究所

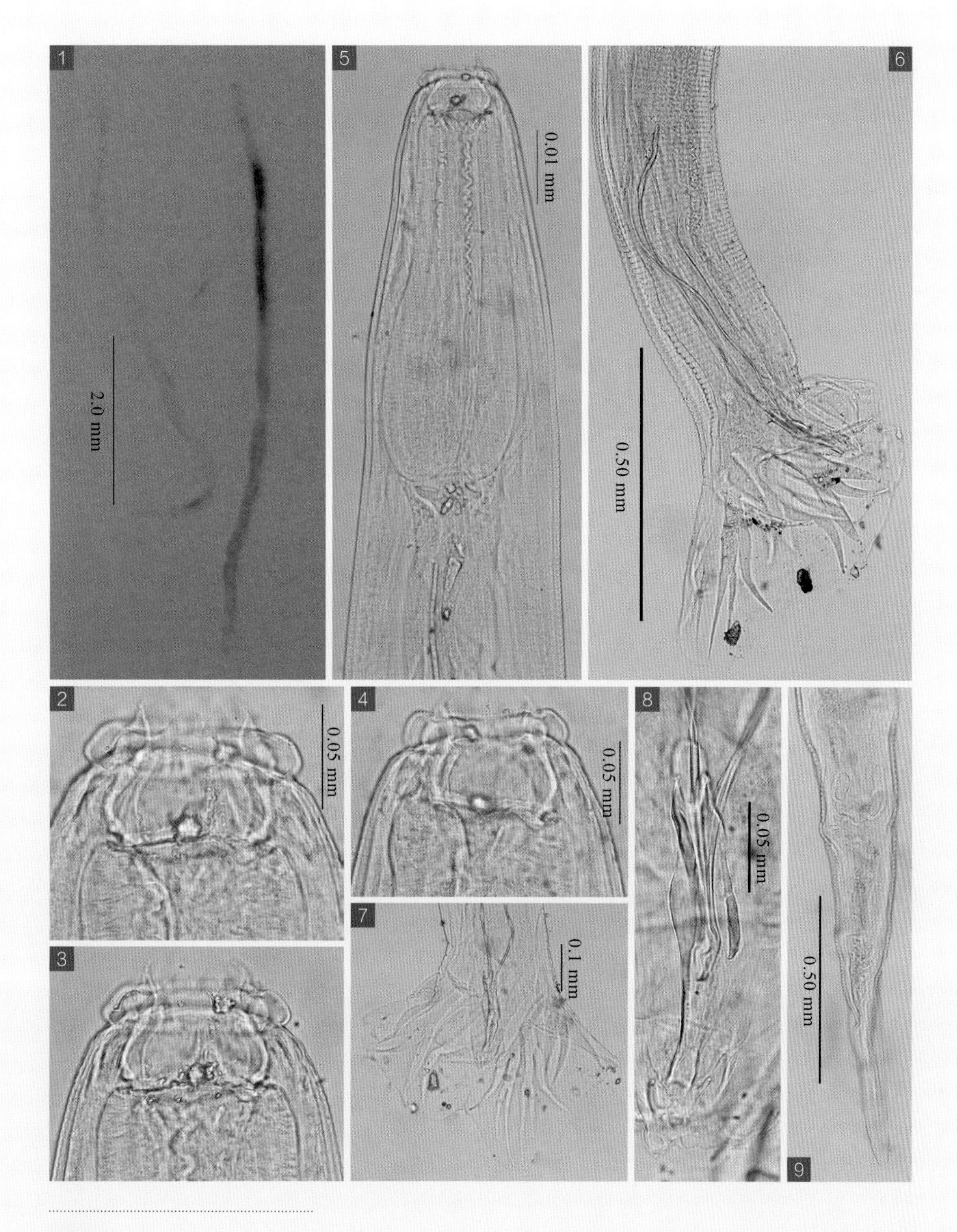

图 释

1 成虫，左为雄虫，右为雌虫；

2 ~ 4 虫体头端观及叶冠、乳突、口囊、口囊壁、食道漏斗等；

5 虫体头部观及口囊、食道、神经环等；

6 雄虫尾部侧面观及交合刺、交合伞、腹肋、侧肋、外背肋、背肋等；

7 交合伞正面观及腹肋、侧肋、外背肋、背肋等；

8 引带；

9 雌虫尾部侧面观及阴门、肛门、尾尖等。

代拉属 *Delafondia* (Railliet, 1923) Skrjabin, 1933

虫体前端直而钝，体表有横纹。口领边缘呈圆形，有 4 个下中乳突和 2 个侧乳突。口部有内、外两圈叶冠，口囊似杯状，口囊背壁上有 1 个背沟。口囊背壁基部有 1 对大的齿。

35 普通代拉线虫

Delafondia vulgaris (Looss, 1900) Skrjabin, 1933

【主要形态特点】

虫体前端直钝，体表有横纹（图 –1）。口领边缘呈圆形，口领基部有 4 个下中乳突和 2 个侧乳突，有短的内叶冠和长的外叶冠（图 –3、图 –4、图 –5、图 –6、图 –7）。口囊呈杯状，其背侧壁上有 1 个长的背沟，伸达口囊前缘，在口囊壁背侧基部有 1 对耳状齿（图 –7）。

【雄虫】

虫体大小为 15.6～17.9 mm×0.88～0.98 mm。口领大小为 0.09～0.13 mm×0.32～0.39 mm。下中乳突呈锥形，长 0.085 mm，侧乳突长 0.07 mm。外叶冠长 0.07 mm，内叶冠长 0.010～0.015 mm。口囊大小为 0.39～0.49 mm×0.34～0.37 mm。交合伞发达，其大小为 0.65～0.81 mm×0.64～1.30 mm。2 个腹肋并列，3 个侧肋分开且平行，外背肋从背肋基部发出，背肋长而大，在外背肋发出的同一水平线上分成 2 支，每支又向侧方分为 3 个小支（图 –8、图 –9）。交合刺 1 对等长，长 1.6～2.7 mm。在生殖锥上有许多圆形小突起（图 –10）。

【雌虫】

虫体大小为 21.2～24.3 mm×1.11～1.35 mm。口囊大小为 0.52～0.63 mm×0.41～0.49 mm。耳状齿大小为 0.26 mm×0.10 mm。阴门位于体后端 1/3 处（图 –11），距尾端 5.82～8.00 mm。尾直，末端变细，尾长 0.61～0.76 mm（图 –12）。

【宿主与寄生部位】

马、驴、骡的大肠。

【虫体标本保存单位】

四川省畜牧科学研究院

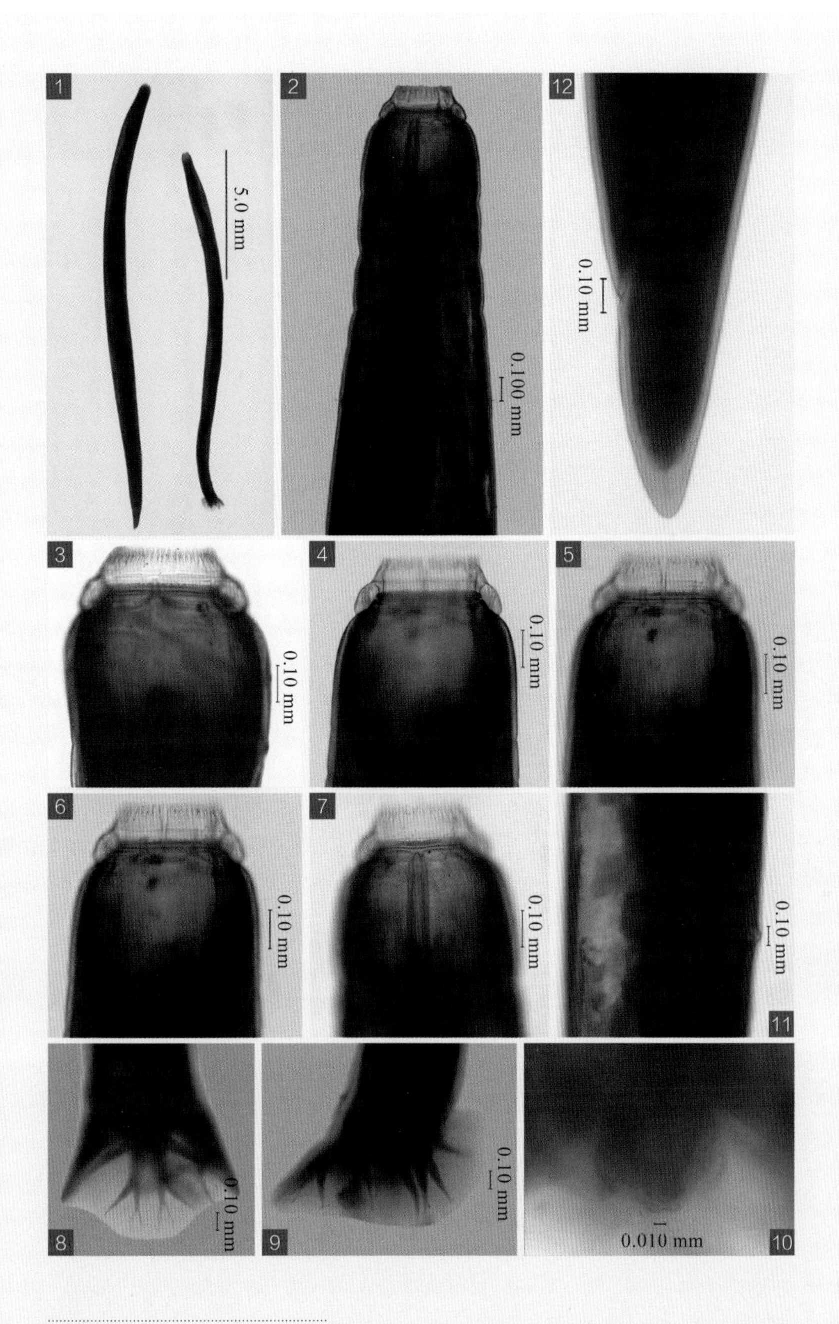

图 释

1 成虫，左为雌虫，右为雄虫；

2 虫体头部及食道等；

3 ~ 6 口囊侧面观及口囊背侧基部耳状齿、下中乳突等；

7 口囊背面观及背沟、耳状齿等；

8 交合伞及背肋；

9 交合伞及背肋、侧肋、腹肋；

10 生殖锥；

11 阴门；

12 雌虫尾部及肛门。

食道齿属 *Oesophagodontus* Railliet et Henry, 1902

口孔周围有内、外两圈叶冠，口囊呈杯状，食道漏斗内有 3 个齿，但未深入口囊内，无背沟。

36 粗食道齿线虫

Oesophagodontus robustus (Giles, 1892) Railliet et Henry, 1902

【主要形态特点】

虫体呈纺锤形，前端呈截形，体表具有粗纵纹和细横纹。口领缢缩，有横沟与口囊分开（图 -1、图 -2），口领上缘有 21 个齿状突，覆盖内、外叶冠，外叶冠 18～21 片。口囊大，呈杯状，囊壁很薄，口囊下缘呈环状加厚，无背沟（图 -2）。食道漏斗发达，其中有 3 个不伸出口囊的叶片状齿（图 -1、图 -2）。排泄孔位于颈乳突之后。

【雄虫】

虫体大小为 15.01～21.03 mm×0.64～1.01 mm。口囊大小为 0.23～0.35 mm×0.36～0.45 mm。食道长 0.91～1.40 mm，排泄孔距头端 0.85 mm。交合伞侧叶大，背叶不突出，伞缘呈小齿状。伞前乳突小。2 个腹肋并列，侧肋由主干基部发出，大小相等或中支较短，后侧肋的背面有粗壮的副支，背肋分为 2 组，每组分为 4 支，第一支为外背肋，稍粗长，其余 3 支为大小相同、向后的背肋（图 -3、图 -4）。交合刺 1 对等长，长 1.62～1.80 mm，有翼膜。引带长 0.32 mm。生殖锥短而宽。

【雌虫】

虫体大小为 19.01～24.52 mm×1.11～2.26 mm。口领宽 0.40～0.57 mm，高 0.12 mm。口囊大小为 0.32 mm×0.46 mm。食道长 1.7 mm，排泄孔距头端 1.22～1.31 mm。阴门距尾端 2.3～3.7 mm，肛门距尾端 0.36～0.75 mm。尾端部呈锥状或有小突（图 -5）。虫卵大小为 0.088～0.130 mm×0.040～0.060 mm。

【宿主与寄生部位】

马、骡的大肠和盲肠。

【图片引自】

蒋学良，周婉丽，廖党金，等．2004．四川畜禽寄生虫志．成都：四川出版集团．四川科学技术出版社．

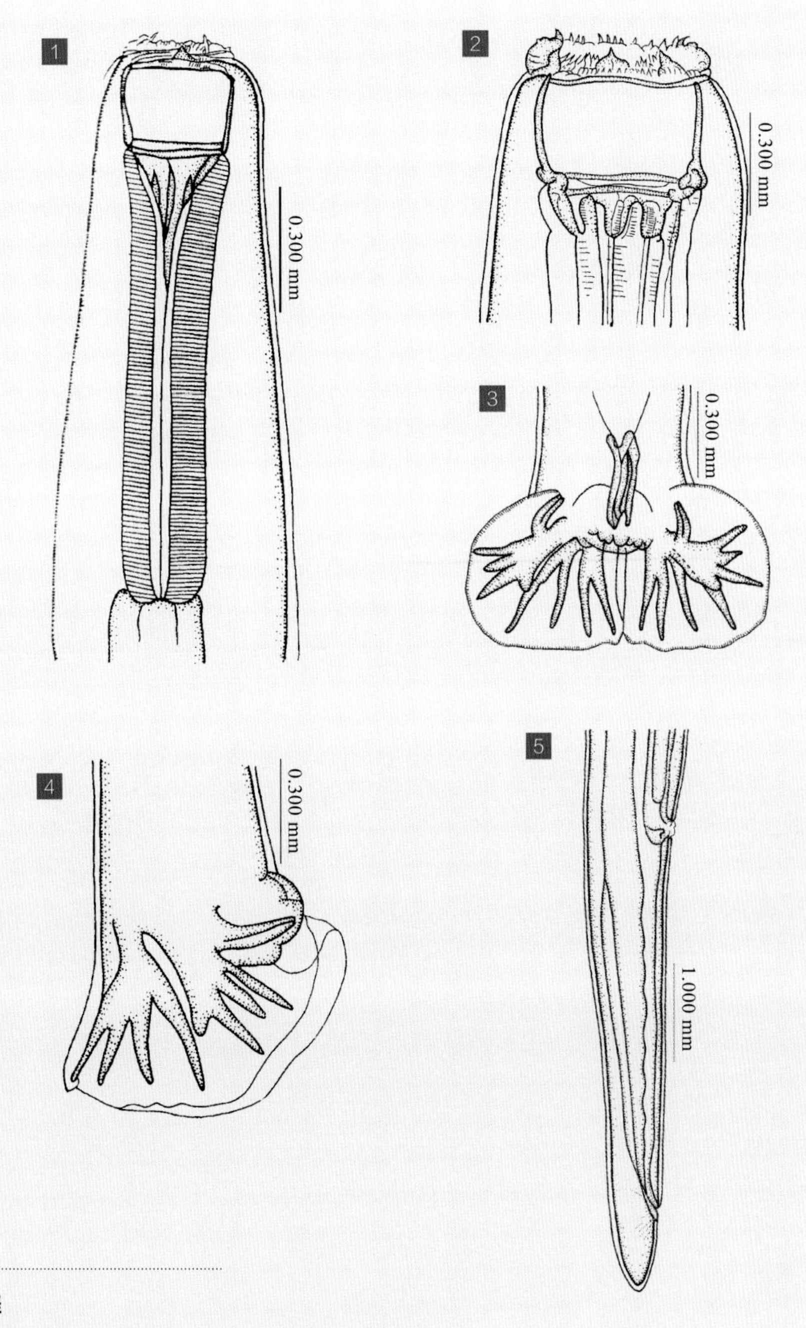

图 释

1 虫体头部及口囊、食道漏斗内齿、食道、神经环等；
2 虫体头端及叶冠、乳突、口囊、食道漏斗内齿等；
3 交合伞正面观及引带、腹肋、侧肋、外背肋、背肋等；
4 雄虫尾部侧面观及腹肋、侧肋、外背肋、背肋等；
5 雌虫尾部侧面观及阴门、肛门、尾尖等。

三齿属 *Triodontophorus* Looss, 1902

虫体头端有内、外叶冠，口囊呈半球形、杯状或碗状，背沟发达。食道漏斗向前突出于口囊内，3 个齿与食道的 3 个扇形壁相吻合，每个齿由 2 个齿片组成，2 个齿片以一定的角度相互连成一体。雄虫交合伞边缘呈锯齿状，背肋几乎从基部分为 2 个主干，每干再分为较长的 3 支，腹肋和侧肋从 1 个基部分出。外背肋从背肋基部分出，交合刺 1 对等长，末端呈钩状。引带发达。雌虫阴门位于肛门附近的前方，子宫平行。

37 锯齿三齿线虫

Triodontophorus serratus (Looss, 1900) Looss, 1902

【主要形态特点】

虫体较粗大，呈纺锤形，体表具有横纹（图 –1）。口领高，边缘钝圆，内外叶冠多数为 51 片，口囊呈亚圆形，囊壁较厚，从食道漏斗沟向口囊突出 3 个齿，齿前缘呈锯齿状，背沟长，顶端达口领基部（图 –2、图 –3、图 –4、图 –5）。食道狭长，颈乳突与神经环处于同一水平。

【雄虫】

虫体大小为 14.1～21.7 mm×0.73～0.78 mm。口领高 0.022～0.034 mm，宽 0.146～0.175 mm。口囊大小为 0.071～0.086 mm×0.116～0.133 mm。颈乳突距头端 0.748 mm。交合伞的侧叶大，背叶短而宽。背肋分为 2 主支，每主支再分成 3 小支，外背肋发达，2 个腹肋并列，3 个侧肋由同主干分出（图 –7、图 –8）。交合刺长 2.88～3.24 mm，远端有冰球鞋样钩。

【雌虫】

虫体大小为 14.1～29.3 mm×0.713～0.981 mm。口领高 0.076 mm，宽 0.181 mm。口囊大小为 0.10 mm×0.17 mm。排泄孔距头端 0.71 mm。阴门距尾端 1.31～2.71 mm。尾端尖，呈锥形（图 –9）。

【宿主与寄生部位】

马、驴、骡的大肠。

【虫体标本保存单位】

四川省畜牧科学研究院

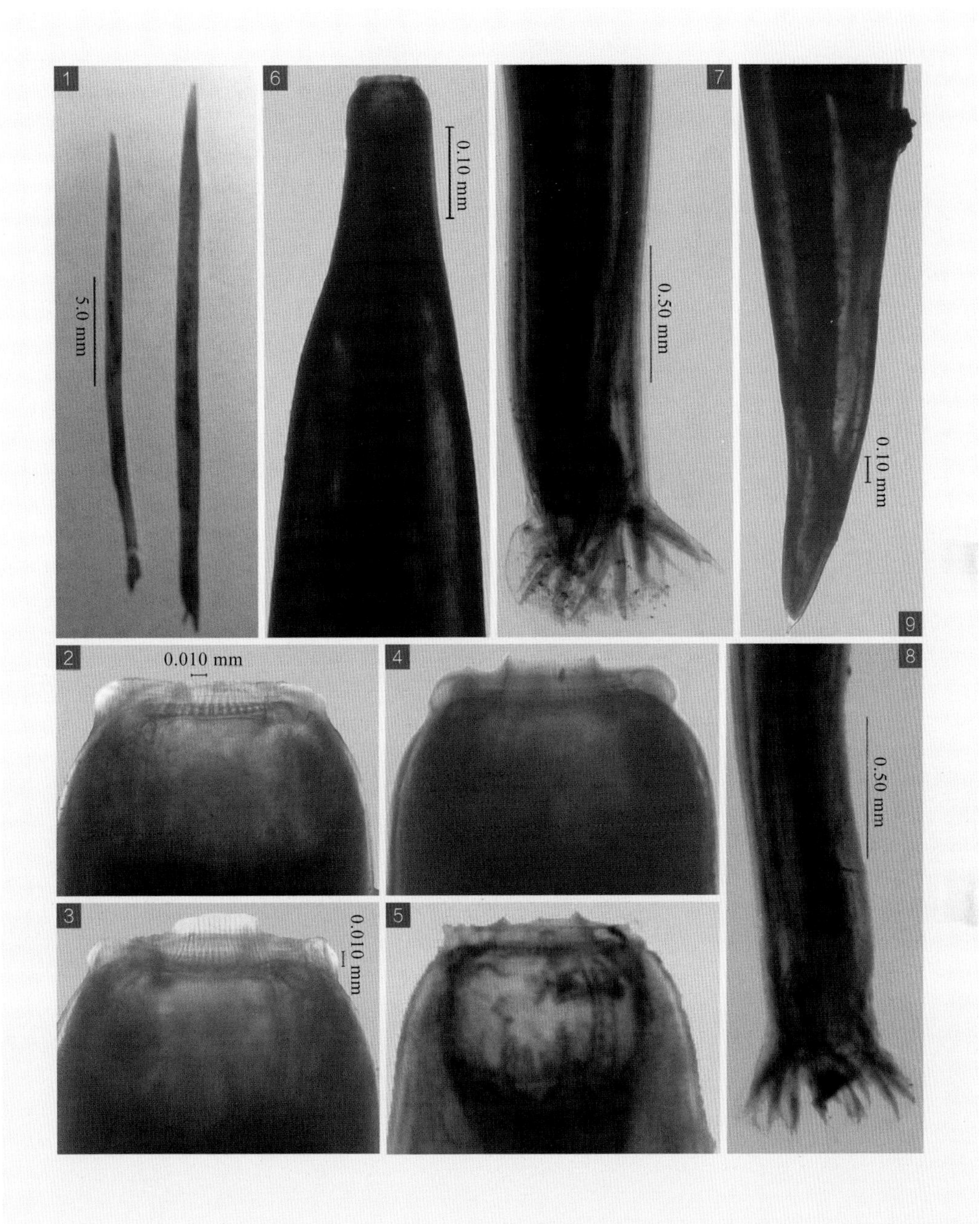

图释

1 成虫，左为雄虫，右为雌虫；

2 3 口领、口囊等；

4 5 口领、口囊、食道漏斗内的齿等；

6 虫体头部及食道、神经环等；

7 雄虫尾部侧面观及腹肋、侧肋、背肋等；

8 雄虫尾部斜侧面观及腹肋、侧肋、背肋等；

9 雌虫尾部侧面观及阴门、肛门、尾尖形态等。

38 短尾三齿线虫

Triodontophorus brevicauda Boulenger, 1916

【主要形态特点】

虫体较粗大，呈纺锤形，体表有横纹。口缘有两圈叶冠，内、外叶冠数相等，约 60 片。口领呈短漏斗状，口囊呈亚圆形，在口囊底部由食道漏斗向口囊突出 3 个齿，齿前缘光滑，背沟达口囊前缘，食道呈花瓶状（图 -1、图 -2）。颈乳突位于食道中后部。神经环位于中部稍后。排泄孔与颈乳突在同一水平。

【雄虫】

虫体大小为 13.3～14.7 mm×0.73～0.75 mm。口领高 0.019 mm，宽 0.202 mm。口囊大小为 0.165～0.195 mm×0.199～0.211 mm。食道长 1.08～1.31 mm，颈乳突距头端 0.746 mm，神经环距头端 0.565 mm。交合伞有长而大的背叶。2 个腹肋并列，3 个侧肋由同主干分出，外背肋发达，背肋分为 2 主支，每主支再分成 3 小支。伞前乳突明显。交合刺 1 对纤细，等长，长 1.56～1.64 mm。引带长 0.347～0.405 mm。

【雌虫】

虫体大小为 14.0～20.2 mm×0.714～1.040 mm。口领高 0.040 mm，宽 0.626 mm。食道长 1.08～1.33 mm，颈乳突距头端 0.712～1.054 mm，神经环距头端 0.64 mm。排泄孔距头端 0.92 mm。阴门距尾端 0.254～0.320 mm。尾端钝，呈斜切状（图 -3）。

【宿主与寄生部位】

马、驴、骡的大肠。

【虫体标本保存单位】

四川农业大学

图 释

1 2 虫体头部及食道等；

3 雌虫尾部侧面观及肛门、尾尖形态等。

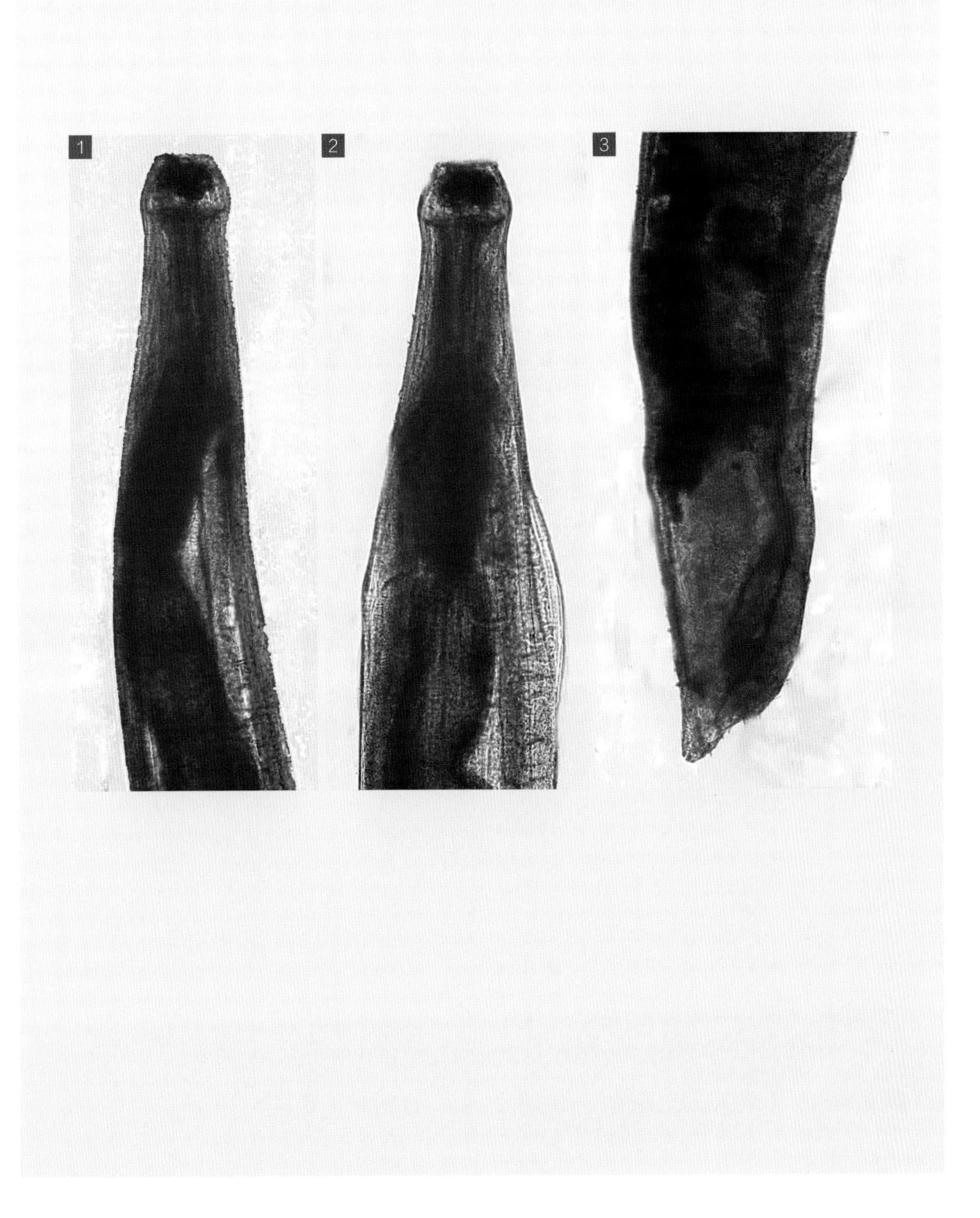
1
2
3

39 熊氏三齿线虫

Triodontophorus hsiungi Kung, 1958

【主要形态特点】

虫体中等大小，体表有横纹。口领短，边缘薄锐，有内、外叶冠各 60 片。口囊呈亚圆形（图 -2、图 -3、图 -4），口囊内有 3 个齿，每个齿由 2 枚齿板组成，齿板前缘各分 3～4 个齿尖，齿缘呈锯齿状（图 -4）。食道呈棒状，颈乳突位于食道中 1/3 处（图 -1）。

【雄虫】

虫体大小为 13.0～17.0 mm×0.50～0.68 mm。口领高 0.01 mm，宽 0.13 mm。口囊大小为 0.150～0.175 mm×0.140～0.160 mm。颈乳突距头端 0.50～0.82 mm。交合伞背叶长而侧叶短（图 -5、图 -6），边缘呈锯齿状（图 -7），2 个腹肋并列，3 个侧肋由同一主干分出，外背肋单独发出（图 -5）。背肋分为 2 主支，每主支再分成 3 小支，以内侧支最长（图 -6）。交合刺细而短，长 0.86～0.95 mm，末端呈倒“T”形（图 -8）。生殖锥构造简单。

【雌虫】

虫体大小为 16.8～22.0 mm×0.54～0.85 mm。口领高 0.020 mm，宽 0.175～0.200 mm。口囊大小为 0.152～0.175 mm×0.125～0.190 mm。食道长 1.00～1.14 mm。颈乳突距头端 0.80～0.86 mm。排泄孔距头端 0.74 mm。阴门位于体后部，距尾端 0.62～0.72 mm，尾末端尖细，长 0.17～0.19 mm（图 -9）。

【宿主与寄生部位】

马、驴、骡的大肠。

【虫体标本保存单位】

四川省畜牧科学研究院

图 释

1 虫体头部及食道、颈乳突等；
2 3 口囊、叶冠等；
4 口囊、边缘呈锯齿状；
5 交合伞侧面及腹肋、侧肋、背肋、交合刺等；
6 交合伞正面及背肋分支；
7 交合伞边缘呈锯齿状；
8 交合刺末端；
9 雌虫尾部及肛门、阴门等。

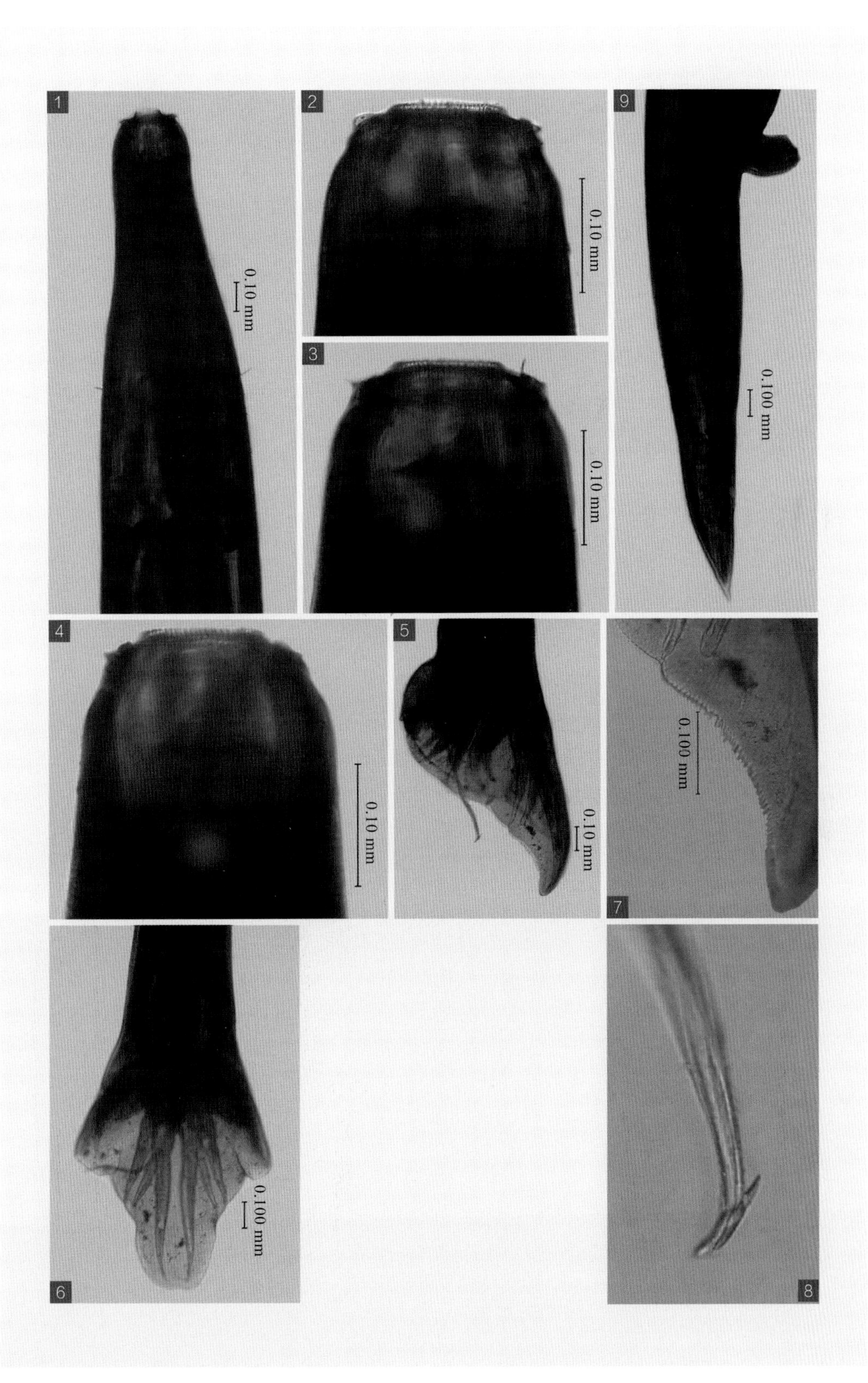
1
0.10 mm
2
0.10 mm
3
0.10 mm
9
0.100 mm
4
0.10 mm
5
0.10 mm
7
0.100 mm
6
0.100 mm
8

40 小三齿线虫

Triodontophorus minor Looss, 1900

【主要形态特点】

虫体口领边缘低而压缩，外叶冠 50 片，食道漏斗中的齿无分生的小齿，背沟达口囊前缘（图 –1、图 –2）。

【雄虫】

虫体大小为 10.50～13.02 mm×0.72～0.83 mm。交合伞背叶长，侧叶短（图 –3、图 –4）。外背肋单独发出，背肋分为 2 主干，每主干分为 3 小支（图 –3）。交合刺 1 对等长，长 1.70～1.84 mm。

【雌虫】

虫体大小为 13.21～16.02 mm×0.73～0.85 mm。阴门距尾端 0.60～0.89 mm。尾长 0.125～0.162 mm，尾端呈圆锥形（图 –6）。

【宿主与寄生部位】

马、驴、骡的盲肠、结肠。

【虫体标本保存单位】

中国农业科学院上海兽医研究所

图 释

1 2 虫体头端及叶冠、口领、口囊等；
3 交合伞背面观及背肋等；
4 交合伞侧面观及背肋、侧肋等；
5 交合刺末端钩；
6 雌虫尾部侧面观及阴门、肛门、尾尖形态。

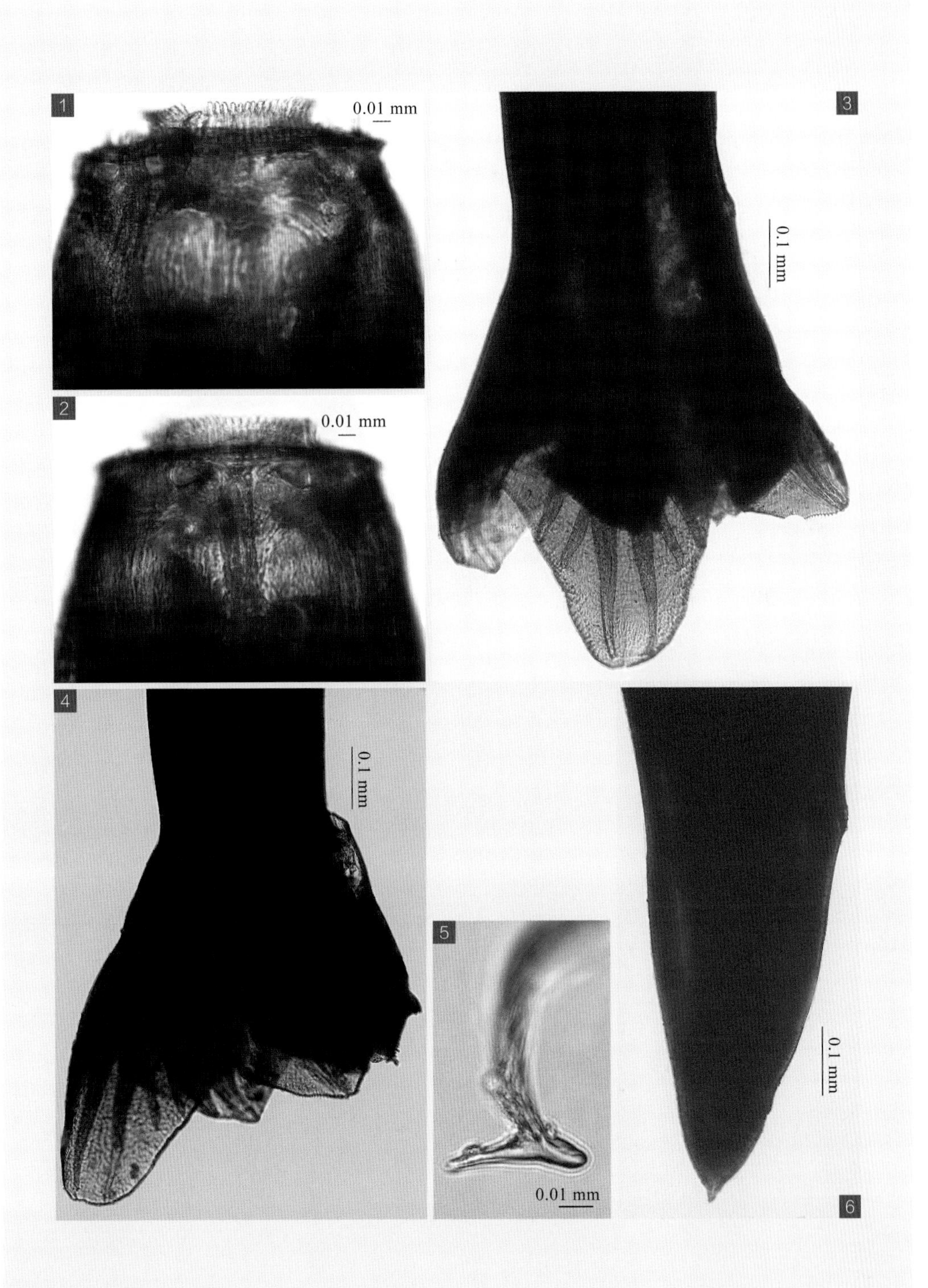
1
0.01 mm
2
0.01 mm
3
0.1 mm
4
0.1 mm
5
0.01 mm
6
0.1 mm

41 细颈三齿线虫

Triodontophorus tenuicollis Boulenger, 1916

【主要形态特点】

虫体呈淡黄褐色，纺锤形，体表有横纹，体边缘似锯齿状（图 –5）。中乳突很大，其顶端呈锥形，侧乳突小，基部较宽，口领强烈压缩，外叶冠 52 片，口囊不大，囊壁厚，从食道漏斗向口囊底突出 3 个齿，齿前缘呈锯齿状突（图 –1、图 –2、图 –3、图 –4）。背沟发达，上端达口领（图 –1）。

【雄虫】

虫体大小为 13.5～22.2 mm×0.63～0.72 mm。口领高 0.017 mm，宽 0.152 mm，口囊大小为 0.110 mm×0.129 mm，食道长 0.971 mm，颈乳突距头端 0.649 mm。交合伞的背叶短而小，侧叶宽，伞边缘呈锯齿状（图 –6）。伞前乳突发达。腹肋和侧肋由同一基部发出，背肋分为 2 支，每支再分为 3 小支（图 –6）。交合刺 1 对等长，长 1.133～1.250 mm。引带长 0.295 mm。生殖锥有发达的膜包围。

【雌虫】

虫体大小为 16.0～21.1 mm×0.67～0.79 mm。口囊大小为 0.128 mm×0.133 mm，颈乳突距头端 0.890 mm。阴道长 0.20 mm，阴门距尾端 0.41～0.60 mm。肛门距尾端 0.081～0.129 mm，尾端直而尖（图 –7）。

【宿主与寄生部位】

马的大肠。

【虫体标本保存单位】

中国农业科学院上海兽医研究所

图 释

1 ~ 4 虫体头端及叶冠、口领、口囊、背沟、食道漏斗内的齿等；
5 虫体头部及体表横纹、食道、神经环等；
6 雄虫尾部正面观及背肋、侧肋等；
7 雌虫尾部侧面观及阴门、肛门、尾尖形态等。

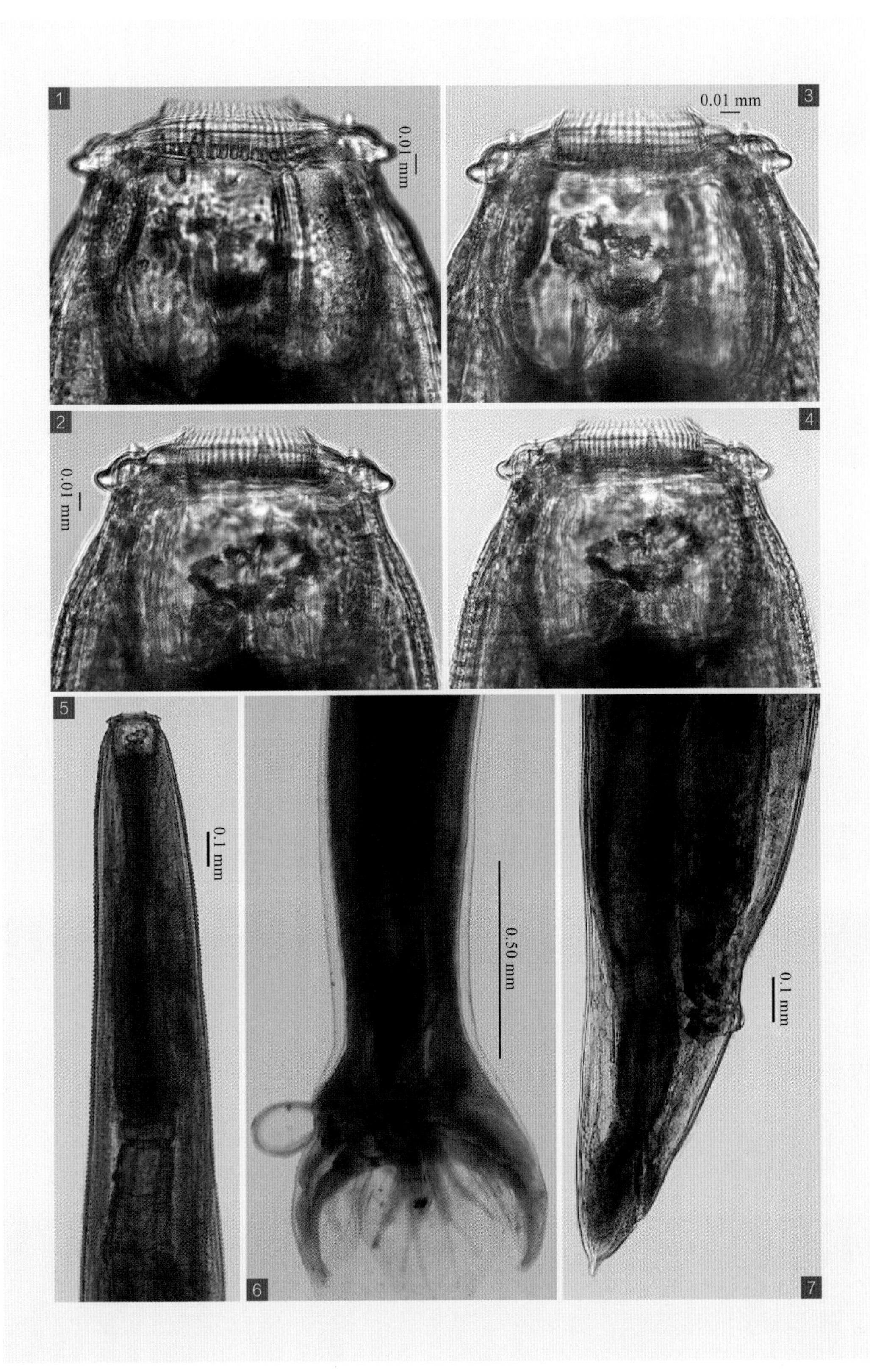
1
0.01 mm
3
0.01 mm
2
0.01 mm
4
5
0.1 mm
0.50 mm
0.1 mm
6
7

42 日本三齿线虫

Triodontophorus nipponicus Yamaguti, 1943

【主要形态特点】

口领短，边缘较薄锐，口领呈圆锥形截体，有内、外叶冠各 64 片，口囊的深度稍小于宽度，内有 3 个齿，每个齿有 3～4 个齿尖，齿缘呈锯齿状（图 -1、图 -2）。食道漏斗膨大，颈乳突位于食道中 1/3 处，神经环位于颈乳突的稍前方（图 -1、图 -2）。

【雄虫】

虫体大小为 14.7～17.1 mm×0.50～0.66 mm。口囊大小为 0.149～0.176 mm×0.141～0.161 mm。颈乳突距头端 0.50～0.82 mm。交合刺细长，长 0.861～0.950 mm，末端小钩与主干呈锐角（图 -5）。引带呈沟槽状，上端膨大并向背面突起，中央有一膨大部，向远端逐渐变窄。

【雌虫】

虫体大小为 19.8～22.1 mm×0.54～0.73 mm。口囊大小为 0.181～0.190 mm×0.160～0.175 mm。食道长 1.01～1.13 mm。颈乳突距头端 0.801～0.860 mm。阴门距肛门 0.471～0.531 mm，尾端尖细（图 -6），长 0.150～0.191 mm。

【宿主与寄生部位】

马、驴、骡的盲肠、结肠。

【虫体标本保存单位】

中国农业科学院上海兽医研究所

图 释

1 虫体头部及口囊、食道、神经环等；
2 口领、叶冠、口囊等；
3 交合伞正面观及侧肋、背肋等；
4 雄虫尾部正面观及背肋、侧肋、腹肋等；
5 雄虫尾部侧面观及背肋、侧肋、腹肋、交合刺末端等；
6 雌虫尾部侧面观及阴门、肛门、尾尖形态等。

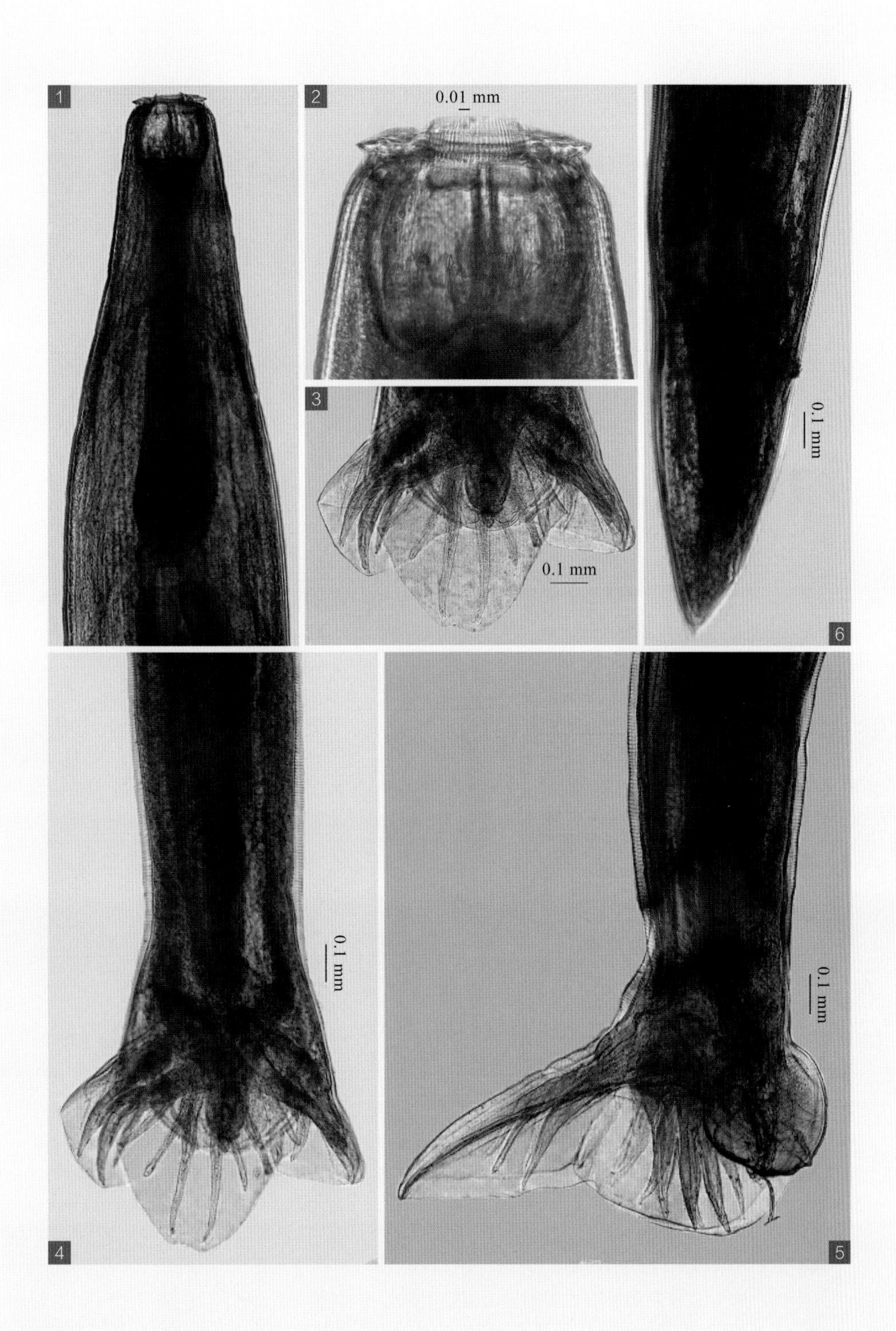
1
2
0.01 mm
3
0.1 mm
0.1 mm
6
0.1 mm
4
0.1 mm
5

双齿属 *Bidentostomum* Tshoijo, 1957

虫体为小型线虫。口囊呈近圆柱形。外叶冠的小叶宽而数目少，内叶冠的小叶窄而数目多。口囊内有 3 个食道齿伸达口孔边缘，其中 2 个亚腹齿细长，1 个背齿粗大。雄虫背肋在侧支上缘分开，每个背肋主干分 3 个侧支。雌虫阴门位于体后部。

43 伊氏双齿线虫

Bidentostomum ivaschkini Tshoijo, 1957

【主要形态特点】

头端呈球形。口领紧缩。有 8 片外叶冠和 12 片呈长锥形的内叶冠。口囊发达呈盆状，从食道漏斗背壁基部发出 1 个强壮的矛形角质板，并伸达口囊前缘（图 –1）。

【雄虫】

虫体大小为 9.01～9.64 mm×0.470～0.579 mm。口领上窄下宽，高 0.0175 mm。下中乳突细长，突出于口领之外，与外叶冠等高，侧乳突矮小，顶端接近口领前缘，外叶冠由 8 片叶瓣组成，内叶冠由 12 片长锥形叶瓣组成（图 –1）。口囊的宽度大于深度，大小为 0.071 mm×0.059 mm，在口囊内 3 个食道齿中背齿粗大，呈矛形，达口囊前缘（图 –1）。食道呈柱状，后端稍膨大，长 0.615 mm。颈乳突距头端 0.454 mm，排泄孔距头端 0.516 mm。交合伞背叶狭长呈舌状，伞缘锯齿状（图 –2）。2 腹肋从基部分出，并列前伸末端分开，不达伞缘，3 个侧肋平行下伸不达伞缘（图 –2）。背肋在基部分为 2 个主支，每支下行各自向侧方分出 2 侧支，依次形成背肋 3 个分支，背肋 1 和 2 分支短小，不达伞缘，背肋 3 分支细长而粗壮，外背肋在背肋基部分出。交合刺 1 对等长，呈线状，末端具倒钩，长 0.798 mm、宽 0.014 mm。引带长 0.1974 mm、宽 0.0294 mm。生殖锥粗长，侧面观时突出于交合伞之外，末端有 3 个泡状附属物（图 –2）。

【雌虫】

虫体大小为 10.1～11.4 mm×0.581～0.753 mm。阴门距尾端 0.724～0.765 mm。尾长 0.273～0.294 mm，尾尖逐渐变细呈圆锥形。

【宿主与寄生部位】

马的盲肠、结肠。

【图片引自】

黄兵，沈杰，董辉，等. 2006. 中国畜禽寄生虫形态分类图谱. 北京：中国农业科学技术出版社.

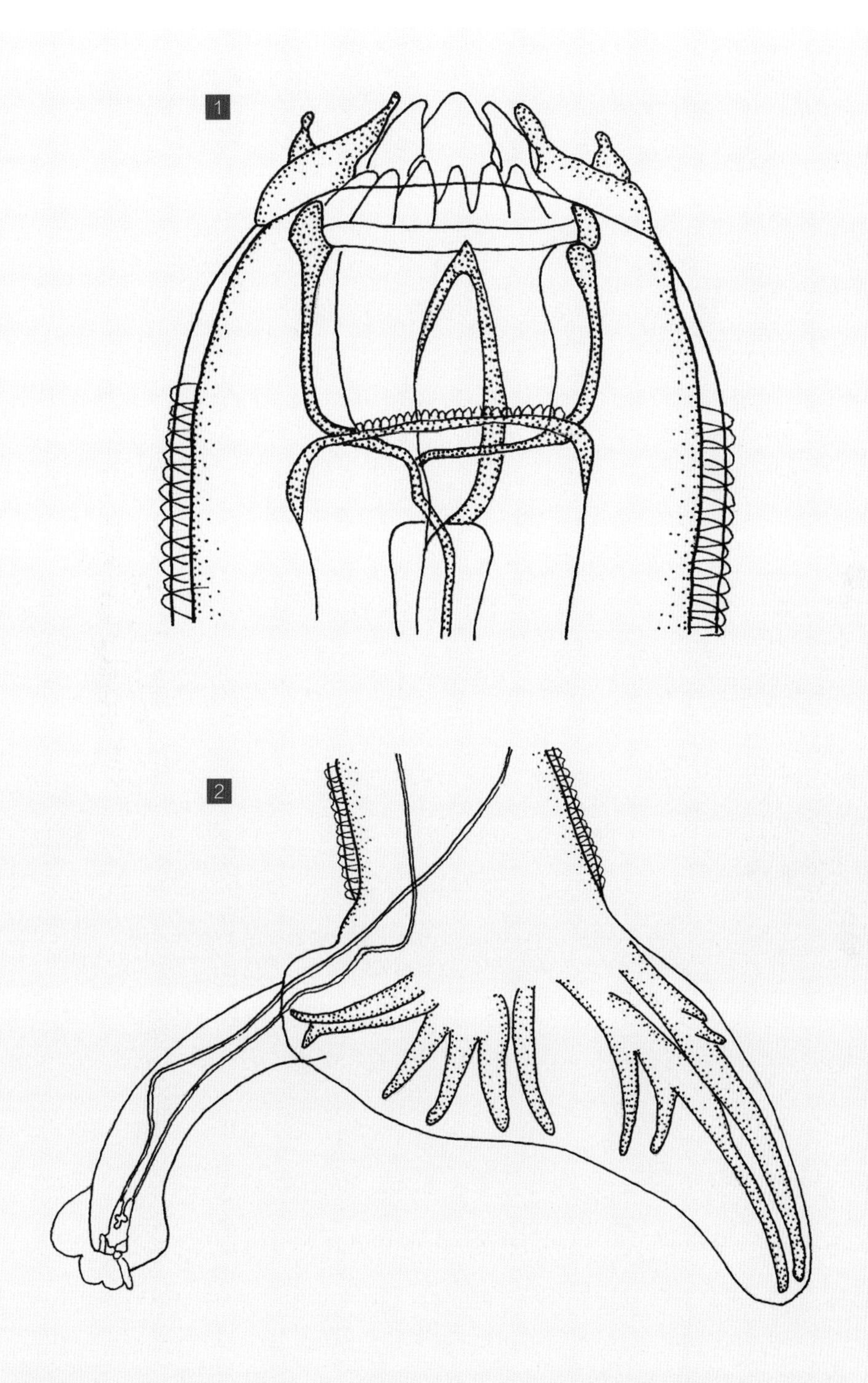

图 释

1 虫体头端观及叶冠、乳突、口囊等;

2 雄虫尾部侧面观及交合刺、交合伞、腹肋、侧肋、外背肋、背肋、生殖锥等。

夏柏特科 Chabertidae Lichtenfels, 1980

有的种头部有头泡和颈沟，口囊呈球形、亚球形或漏斗状，口囊壁厚。有的种口缘有钩状齿，有的叶冠发达。雄虫交合伞发达，腹肋并列，前侧肋与中侧肋和后侧肋分开。交合刺 1 对细长，形态相同，有引带。雌虫尾部呈圆锥形，阴门位于虫体后部或近肛门。

夏柏特属 *Chabertia* Railliet et Henry, 1909

虫体前端向腹面弯曲。口囊呈球形，内无齿。口大，有两圈叶冠。雄虫的中侧肋与后侧肋并列，背肋粗壮。雌虫的阴门距肛门较近。

44 羊夏柏特线虫

Chabertia ovina (Fabricius, 1788) Railliet et Henry, 1909

【主要形态特征】

虫体较粗，呈乳白色，体前端向腹面弯曲，头端斜仰（图 –1）。口囊大呈球形，口前缘有两圈呈三角形的叶冠，口囊内无齿（图 –2、图 –3、图 –4）。食道呈圆柱形（图 –2）。

【雄虫】

虫体大小为 13.0～21.5 mm×0.57～0.84 mm，口囊大小为 0.39～0.61 mm×0.35～0.57 mm，食道长 1.12～1.65 mm。交合伞短，背叶稍长于侧叶，腹肋、中侧肋、后侧肋、背肋均达伞缘，前腹肋和后腹肋并列，前侧肋独立，中侧肋与后侧肋相连（图 –5），外背肋从背肋主干 1/3 处分出，背肋在 2/3 处稍后分为左右 2 支，每支在远端分成 2 小支，内支稍长并达伞缘；交合刺 1 对等长，长 1.30～2.46 mm，有横纹，远端呈钩状并有膜（图 –5、图 –6）。

【雌虫】

虫体大小为 24.0～28.0 mm×0.58～1.20 mm。阴门位于近尾端，肛门距尾端 0.20～0.56 mm（图 –7）。

【宿主与寄生部位】

绵羊、山羊、牦牛等的大肠。

【虫体标本保存单位】

四川省畜牧科学研究院

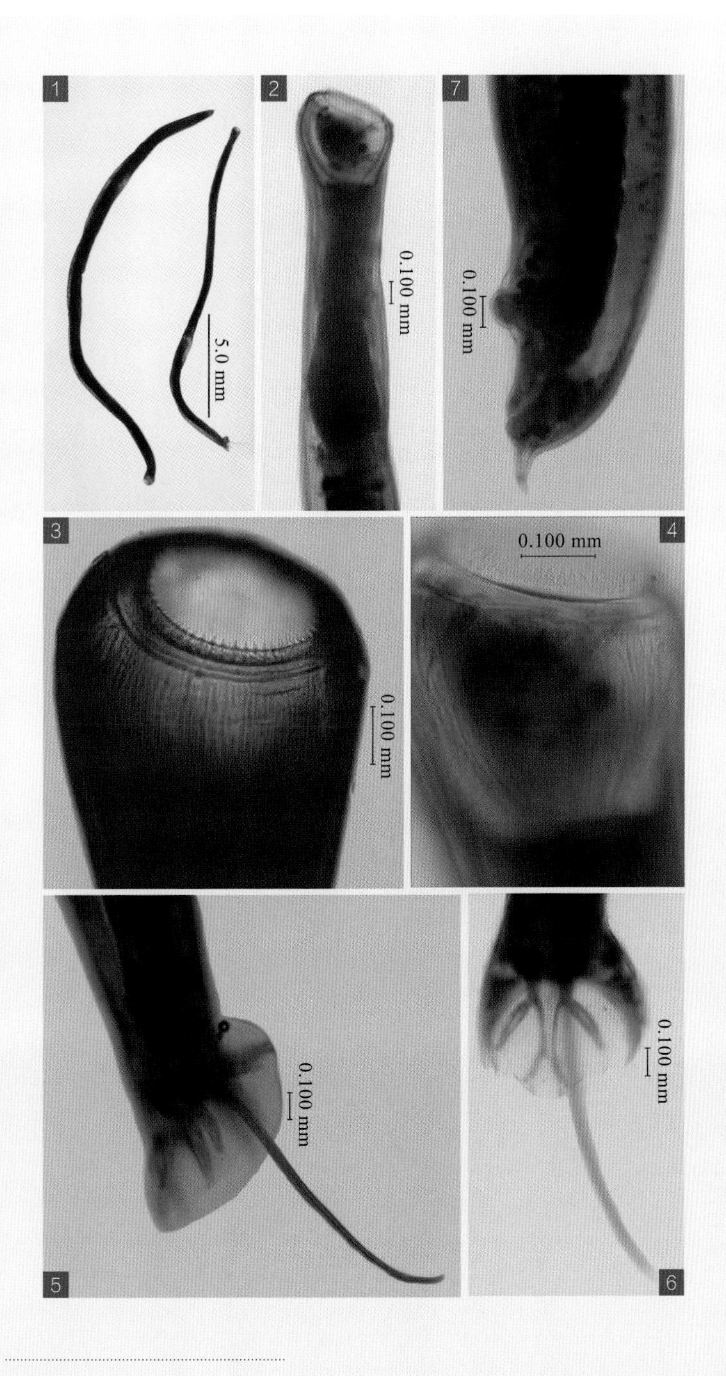

图 释

1 成虫，左为雌虫，右为雄虫；
2 虫体头部及食道；
3 虫体头端、口囊、叶冠；
4 口囊和叶冠；
5 交合伞侧面、各肋、交合刺；
6 雄虫尾部和交合伞背面、背肋及分支；
7 雌虫尾部及阴门、肛门。

45 叶氏夏柏特线虫

Chabertia erschowi Hsiung et Kung, 1956

【主要形态特征】

虫体呈乳白色，体前端略向腹面弯曲，头端斜仰，口囊大近圆形（图 –1、图 –2），口前缘有内、外两圈叶冠，外叶冠呈圆锥形，内叶冠呈狭长形（图 –2），食道呈棒槌状（图 –1）。

【雄虫】

虫体大小为 13.5～19.0 mm×0.48～0.70 mm。口囊大小为 0.40～0.52 mm×0.41～0.52 mm。交合伞背叶和侧叶分界不明显（图 –3、图 –4）；前腹肋和后腹肋近端并列而远端分开；3 个侧肋起于同一主干，前侧肋较粗短，远端未达伞缘，中侧肋和后侧肋均达伞缘；外背肋自背肋主干 1/3 处分出，分支远端未达伞缘，背肋再在 2/3 处稍后分为左右 2 支，每支在远端分成 2 小支（图 –3、图 –4）；交合刺 1 对等长，长 2.15～2.48 mm。

【雌虫】

虫体大小为 17.1～25.3 mm×0.57～0.83 mm。口囊大小为 0.48～0.63 mm×0.50～0.58 mm。阴门位于体后部，阴门后的体部向腹面弯曲，而尾尖向背面弯曲（图 –5、图 –6）。

【宿主与寄生部位】

绵羊、山羊等的大肠。

【虫体标本保存单位】

四川省畜牧科学研究院

图 释

1 虫体头部及口囊、食道；
2 口囊和叶冠；
3 雄虫尾部及背肋和交合刺末端；
4 交合伞背面及背肋；
5 6 雌虫尾部及阴门、肛门。

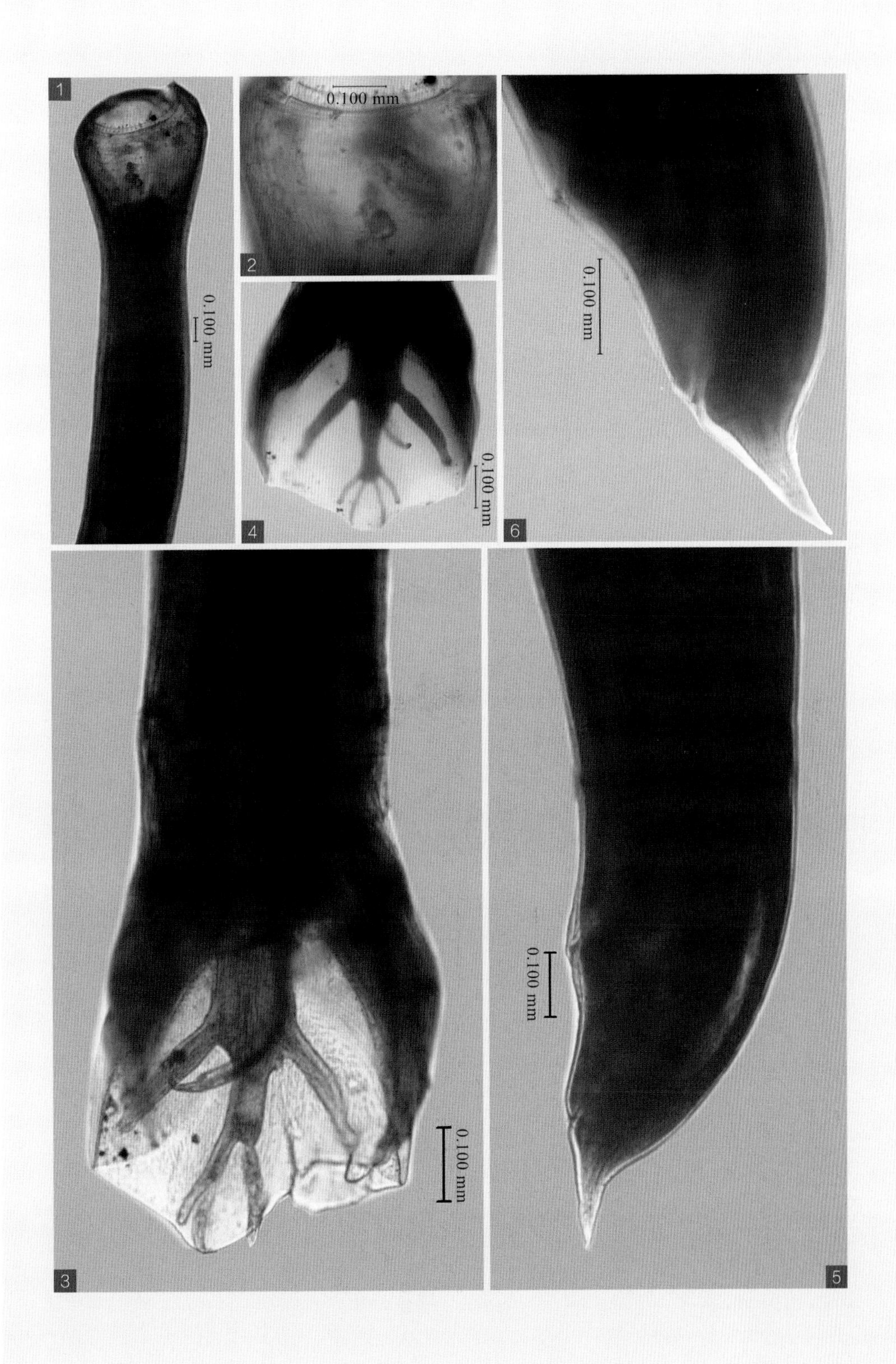
1
2
3
4
5
6
0.100 mm
0.100 mm
0.100 mm
0.100 mm
0.100 mm
0.100 mm

46 高寒夏柏特线虫

Chabertia gaohanensis Zhang, Lu et Jin, 1998

【主要形态特点】

虫体为较大的乳白色线虫，其前端稍向腹面弯曲，头端呈斜切状（图 -1）。口囊大，略呈半球形，底部无齿（图 -2、图 -3），口囊大小为 0.432～0.648 mm×0.367～0.432 mm。口孔周围有两圈叶冠，外叶冠呈圆锥形，尖端骤然变尖细并保持圆锥形，有 48～50 个；内叶冠不明显，呈尖细的锯齿状，尖端突出，位于外叶冠基部的下方。头端无头泡和颈乳突。

【雄虫】

虫体大小为 11.45～19.98 mm×0.432～0.594 mm。食道长 1.091～1.620 mm。交合伞短，2 支背肋长于侧叶，2 个腹肋相互平行，伸向背肋基部，并达伞缘，前侧肋与中侧肋和后侧肋平行，中侧肋和后侧肋并列达伞缘（图 -4）。外背肋从背肋主干的近端 1/3 处分出，外背肋在近端逐渐弯向背肋呈弓状；背肋在近端的 1/3 处变细并分成 2 支均向外背肋弯曲，每支又在其远端 1/3 处各分为内、外 2 芽支，其内芽支达伞缘，外芽支不达伞缘（图 -5）。交合刺 1 对较细且等长，长度为 2.160～2.484 mm，其远端呈锥形，交合刺外有鞘膜。引带呈鞋底状，大小为 0.130～0.173 mm×0.076 mm。伞前乳头明显。

【雌虫】

虫体大小为 17.28～28.51 mm×0.378～0.810 mm。食道长 1.296～1.836 mm。排卵器呈肾形，长 0.389～0.432 mm。阴道长 0.486～0.648 mm。阴门呈裂缝状（图 -7），距尾端 0.410～0.486 mm。尾端骤然变细，尖锐并向背面弯曲，尾部呈有凹陷的斜切状（图 -7）。肛门距尾端 0.205～0.248 mm。虫卵大小为 0.068 mm×0.054 mm。

【宿主与寄生部位】

羊的大肠。

【虫体标本保存单位】

中国农业科学院兰州兽医研究所

图 释

1 成虫，左为雄虫，右为雌虫；
2 虫体头端正面观及口囊、叶冠等；
3 虫体头端侧面观及口囊、叶冠等；
4 雄虫尾部侧面观及交合刺、交合伞、腹肋、侧肋、外背肋、背肋等；
5 雄虫尾部正面观及交合刺、交合伞、腹肋、侧肋、外背肋、背肋等；
6 2 根交合刺的上末端；
7 雌虫尾部侧面观及阴门、肛门、尾尖等。

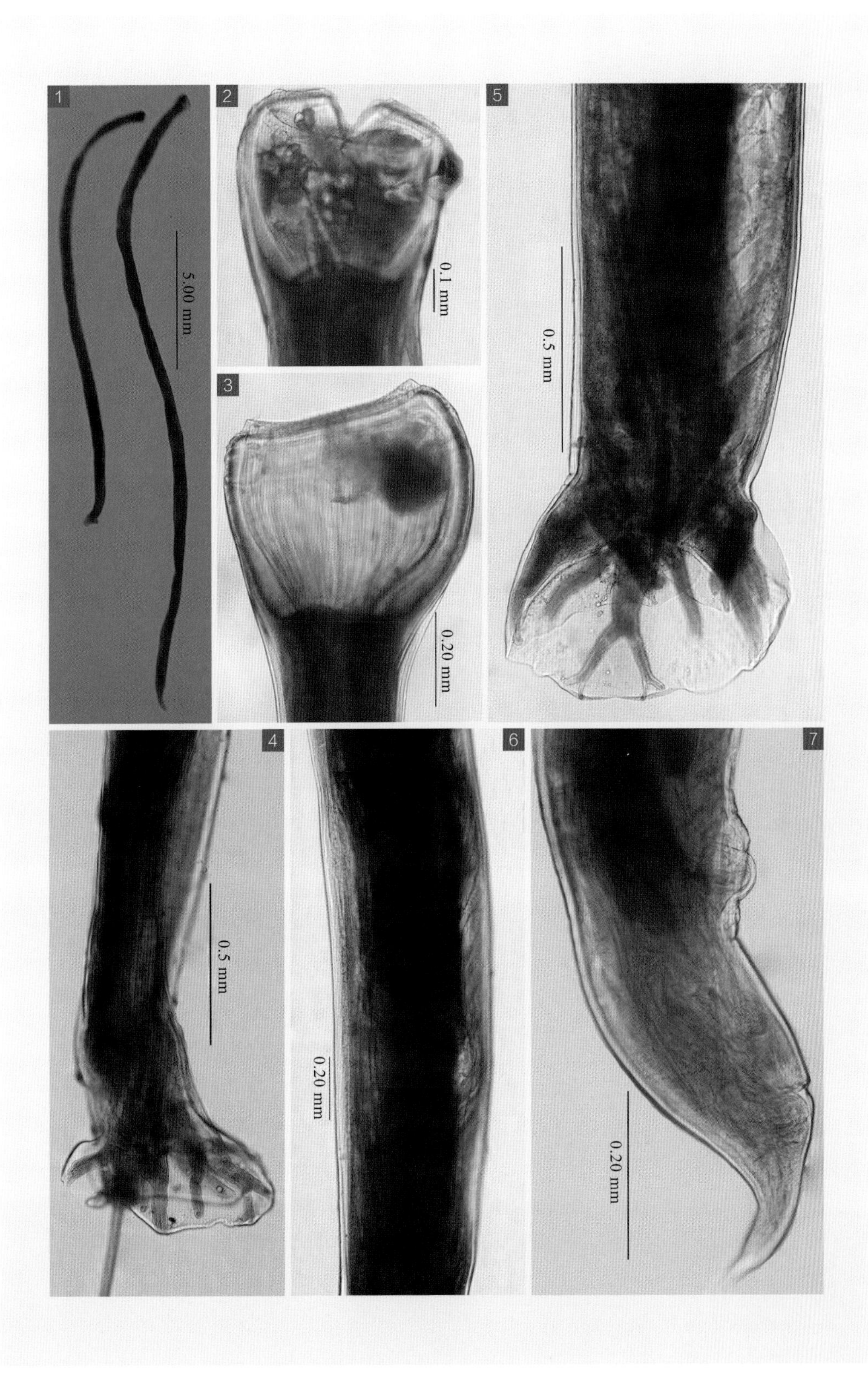
1
5.00 mm
2
0.1 mm
3
0.20 mm
5
0.5 mm
4
0.5 mm
6
0.20 mm
7
0.20 mm

47 陕西夏柏特线虫

Chabertia shanxiensis Zhang, 1985

【主要形态特点】

虫体呈圆柱状，头端削平（图 -1），尾端稍细。口囊呈长椭圆形，口囊壁厚，口孔向前偏向腹侧。口孔周围有两圈叶冠，外叶冠呈圆锥状，其顶端突变细，内叶冠不明显。有宽而明显的颈沟，食道漏斗内无齿（图 -1）。神经环位于食道中部稍前，无颈乳突。

【雄虫】

虫体大小为 9.83～15.26 mm×0.472～0.621 mm。口囊大小为 0.401～0.512 mm×0.201～0.336 mm。交合伞小（图 -2），外背肋对称；2 个腹肋并列；前侧肋与中侧肋和后侧肋分离，中侧肋和后侧肋并列；外背肋从背肋主干分出；背肋粗，末端分为 2 支，每支又分为 2 小支。伞前乳突明显。交合刺 1 对等长，呈棕色管状，长度为 0.132～0.165 mm。生殖锥背突部和腹突部均呈舌状，腹突部略小，背突部两旁有椭圆形的泡状构造，腹突部后端有两个椭圆形泡状突起。

【雌虫】

虫体大小为 14.23～19.89 mm×0.581～0.773 mm。口囊大小为 0.451～0.533 mm×0.291～0.373 mm。阴唇稍突出体表，阴门靠近肛门，阴门呈横缝状开口于虫体后部（图 -3），距尾端 0.381～0.522 mm。阴道长 0.191～0.453 mm。肛门距尾端 0.151～0.273 mm，尾端尖并弯向背面（图 -3）。

【宿主与寄生部位】

黄牛、牦牛的大肠。

【图片引自】

黄兵，沈杰，董辉，等. 2006. 中国畜禽寄生虫形态分类图谱. 北京：中国农业科学技术出版社.

图 释

1 虫体头部侧面观；
2 雄虫尾部侧面观；
3 雌虫尾部侧面观。

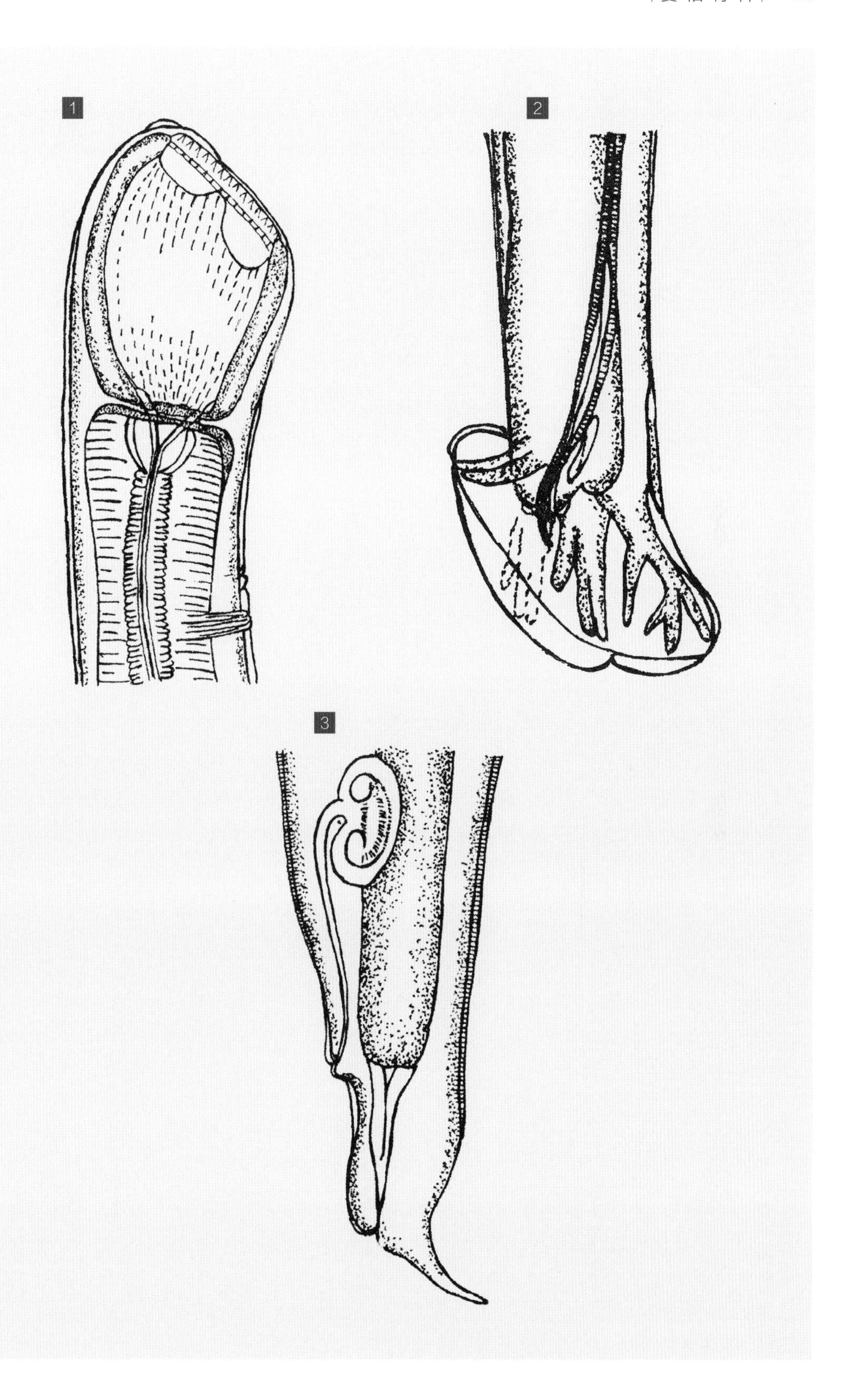
1
2
3

旷口属 *Agriostomum* Railliet, 1902

虫体前端弯向背面，口囊浅，呈类圆柱形，口缘有4对角质尖齿，腹肋有1个刀状齿。食道前端漏斗状，头部腹面有颈沟。雄虫的2个腹肋平行，3个侧肋平行，起于共同的主干，外背肋从背肋基部分出，背肋末端呈2指状分支。交合刺1对等长，有翼膜。雌虫生殖孔接近肛门，子宫2支平行。

48 莱氏旷口线虫

Agriostomum vryburgi Railliet, 1902

【同物异名】

弗氏旷口线虫。

【主要形态特征】

虫体呈乳白色线状（图 –1），头端向背面弯曲（图 –2），体表有横纹。口囊浅，口孔周围有4对齿（图 –3、图 –4）。颈沟明显，食道前端呈漏斗状（图 –2），其内有2个小刺。神经环位于食道前1/3处。

【雄虫】

虫体大小为10.5～13.3 mm×0.34～0.43 mm，口囊大小为0.10 mm×0.10 mm。食道长0.949～1.287 mm。交合伞分为3叶，呈亚圆形（图 –5、图 –6）。2个腹肋并列达伞缘，3个侧肋起于同一主干，前侧肋远端未达伞缘，中侧肋和后侧肋末端分开均达伞缘（图 –5）。外背肋从背肋主干分出，背肋在主干中部分为左右2支，每支在中后部又分出1短小的外侧支（图 –6）。交合刺1对等长，长2.15～2.48 mm，有翼膜（图 –6）。

【雌虫】

虫体大小为11.8～18.2 mm×0.39～0.53 mm。阴门位于虫体后部肛门前，距尾端0.47～0.63 mm，肛门距尾端0.176～0.285 mm，尾端呈尖锥形（图 –7）。

【宿主与寄生部位】

黄牛、水牛、山羊等的小肠。

【虫体标本保存单位】

四川省畜牧科学研究院

图 释

1 成虫，左为雄虫，右为雌虫；
2 虫体头部侧面观及食道、食道漏斗等；
3 头端侧面观及口缘齿等；
4 头端背面观及口缘齿、食道漏斗内齿等；
5 交合伞侧面观及腹肋、侧肋、背肋、交合刺等；
6 交合伞背面观及背肋、交合刺等；
7 雌虫尾部侧面观及阴门、肛门、尾尖等。

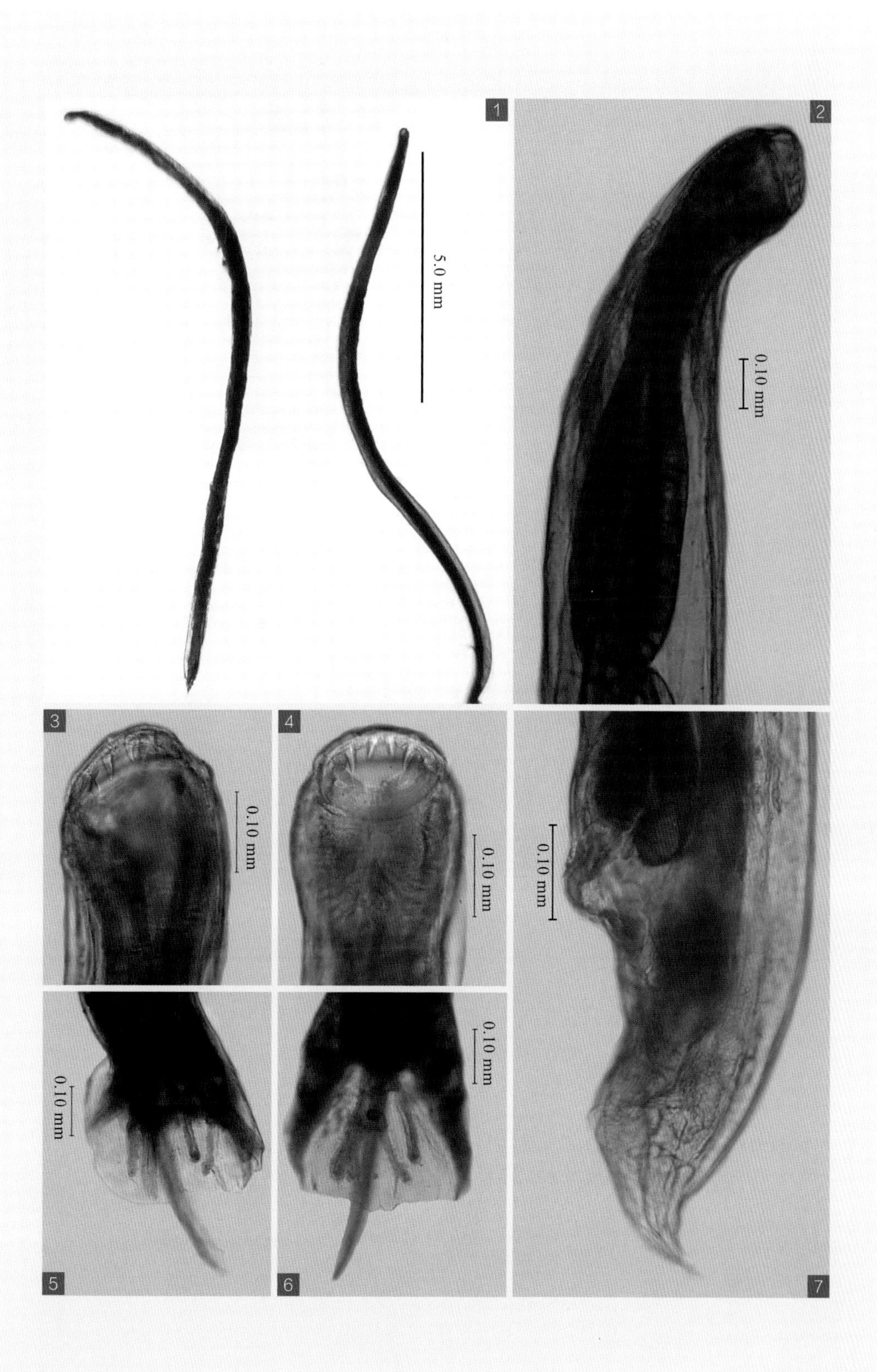
1
2
3
4
5
6
7
5.0 mm
0.10 mm
0.10 mm
0.10 mm
0.10 mm
0.10 mm
0.10 mm

鲍氏属 *Bourgelatia* Railliet, Henry et Bauche, 1919

口囊呈圆筒形，分前、后两部分，其壁厚，有两圈叶冠。雄虫的 2 腹肋平行排列，其末端的外缘略凹，3 个侧肋从同一主干分出。阴门位于近肛门处，子宫 2 支平行。

49 双管鲍氏线虫

Bourgelatia diducta Railliet, Henry et Bauche, 1919

【主要形态特点】

体表有横纹，口领明显，有 2 个侧乳突和 4 个亚中乳突。有两圈叶冠，内、外叶冠各 21 片，每片的顶部分裂为 2。口囊呈亚圆柱形，分为前、后两部分，其前部狭小且囊壁较薄，后部宽大且囊壁较厚（图 –3）。食道呈花瓶状（图 –2），颈乳突位于食道后 1/2 水平体两侧，神经环位于颈乳突前，无颈翼。排泄孔位于食道的前部。

【雄虫】

虫体大小为 10.0～11.3 mm×0.47～0.50 mm。食道长 0.78～0.87 mm。颈乳突距头端 0.48～0.55 mm，神经环距头端 0.34～0.36 mm。交合伞分 3 叶，侧叶大，腹肋末端处的伞缘有深缺刻（图 –4、图 –5）。2 个腹肋并列，远端达伞缘，3 个侧肋从同一主干发出（图 –5）。外背肋从背肋基部分出，背肋在中部分为 2 支，每支又分为内、外 2 小支，外支较粗短，内支较细长，其末端分叉（图 –6）。交合刺 1 对等长，呈褐色，长 1.20～1.28 mm。引带小，呈梨形。

【雌虫】

虫体大小为 12.1～18.3 mm×0.61～0.66 mm。食道长 1.01～1.03 mm。颈乳突距头端 0.52～0.56 mm，神经环距头端 0.32～0.36 mm。阴唇突出阴门（图 –7），阴门距尾端 0.91～1.17 mm。尾直而尖（图 –7），肛门距尾端 0.35～0.52 mm。

【宿主与寄生部位】

猪的大肠。

【虫体标本保存单位】

四川省畜牧科学研究院

图 释

1 成虫，左为雄虫，右为雌虫；
2 虫体头部及食道等；
3 头端及口囊、乳突等；
4 交合伞背叶和交合刺末端；
5 交合伞侧面观及腹肋、侧肋等；
6 交合伞背叶及背肋等；
7 雌虫尾部侧面观及阴唇、阴门、肛门、尾端形态等。

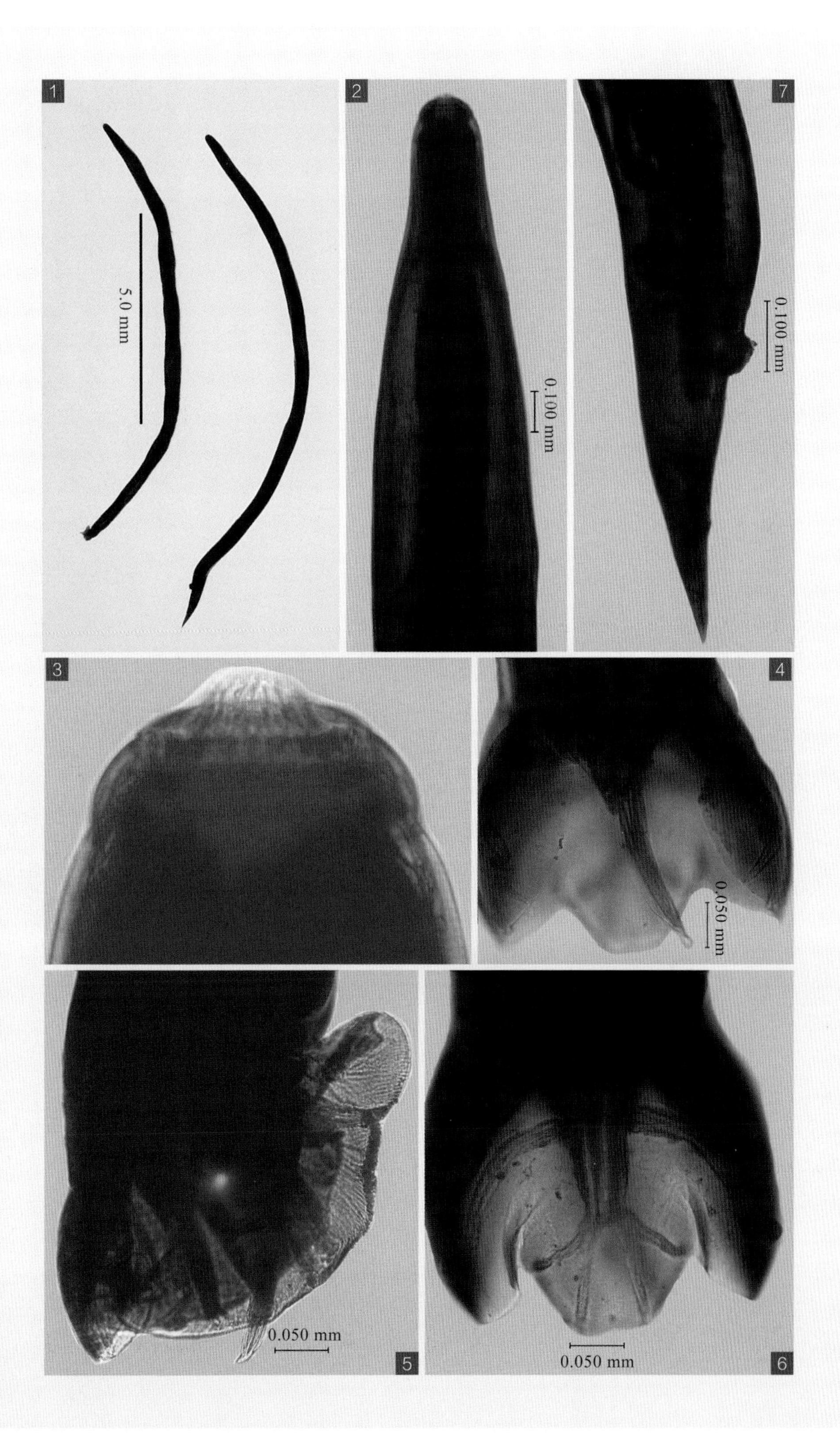
1
2
7
3
4
5
6
5.0 mm
0.100 mm
0.100 mm
0.050 mm
0.050 mm
0.050 mm

食道口属 *Oesophagostomum* Molin, 1861

有的种有侧翼膜，口囊多呈短圆柱状。有头泡和颈乳突及颈沟。雄虫交合伞发达，2个腹肋平行达伞边缘，中侧肋和后侧肋并行达伞边缘，前侧肋与它们分开不达伞边缘。外背肋单独分出，末端不达伞边缘，背肋先分成2支，各支的后部再分2小支。引带呈铲形。雌虫阴门位于肛门前方。排卵器呈肾形。

50 有齿食道口线虫

Oesophagostomum dentatum (Rudolphi, 1803) Molin, 1861

【主要形态特点】

虫体体表有横纹，食道呈柱形，颈乳突位于食道后1/3水平体两侧，神经环位于颈沟水平部，无颈翼（图 –2）。

【雄虫】

虫体大小为8.5～10.0 mm×0.40～0.44 mm，食道长0.37～0.43 mm。颈乳突距头端0.31～0.35 mm，神经环距头端0.195～0.200 mm。交合伞分3叶，2个腹肋并列，远端达伞缘（图 –4）。3个侧肋起于同一主干，前侧肋与中侧肋分离，未达伞缘，中侧肋和后侧肋并列达伞缘（图 –4）。外背肋从背肋主干分出，背肋分为左右2支，每支又分为内、外2小支（图 –3、图 –4）。交合刺1对等长（图 –3），呈褐色，长1.01～1.12 mm。引带呈铲形，柄部长0.045～0.050 mm，铲部长0.05～0.08 mm，宽0.05～0.06 mm。

【雌虫】

虫体大小为10～12 mm×0.48～0.60 mm，头端宽0.08～0.09 mm。食道长0.38～0.42 mm，颈乳突距头端0.29～0.39 mm，神经环距头端0.22～0.23 mm。阴门位于体后部，距尾端0.52～0.60 mm，阴道斜列（图 –5），排卵器呈肾形，大小为0.24～0.25 mm×0.07～0.09 mm。尾直尖（图 –5），长0.21～0.32 mm。

【宿主与寄生部位】

猪的大肠。

【虫体标本保存单位】

四川省畜牧科学研究院

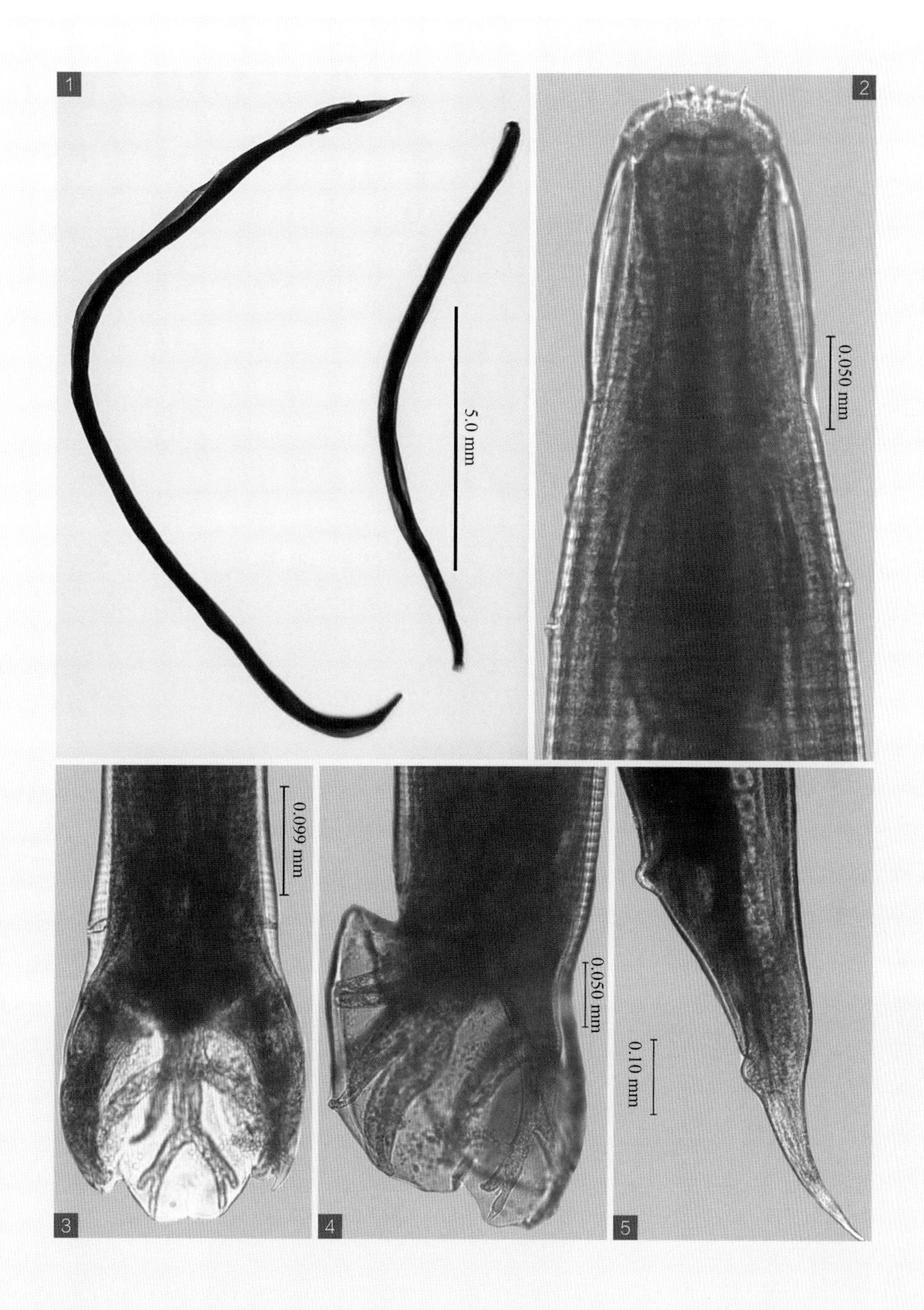

图释

1 成虫，左为雌虫，右为雄虫；

2 虫体头部正面观及食道形状、颈乳突和神经环位置等；

3 交合伞正面观及背肋、伞前乳突等；

4 交合伞侧面观及腹肋、侧肋、背肋等；

5 雌虫尾部侧面观及阴门、肛门、尾尖形状等。

51 长尾食道口线虫

Oesophagostomum longicaudum Goodey, 1925

【主要形态特点】

口领明显，侧乳突粗短，亚中乳突细长并伸出口领缘。外叶冠9片，内叶冠18片。口囊前部较窄，后部增宽呈梯形。头囊膨大，有头沟和颈沟（图 -1）。食道前端膨大，颈乳突位于食道中后部（图 -1）。神经环与排泄孔位于颈沟水平附近，无侧翼。

【雄虫】

虫体大小为6.9～8.5 mm×0.28～0.39 mm，头端宽0.100～0.115 mm。口领高0.015 mm。口囊前宽0.038～0.050 mm，后宽0.045～0.065 mm，深0.010～0.015 mm。头囊长0.15～0.17 mm，宽0.13～0.16 mm。食道长0.35～0.40 mm。颈乳突距头端0.30～0.38 mm。神经环距头端0.16～0.19 mm。交合伞大小为0.16～0.20 mm×0.32～0.36 mm。背肋的第二分支外侧各有1个小芽状突（图 -2、图 -3、图 -4）。交合刺1对等长（图 -2），长0.80～0.89 mm。引带呈铲形，柄长0.020～0.027 mm，铲部长0.050～0.065 mm。

【雌虫】

虫体大小为8.3～10.3 mm×0.40～0.51 mm，头端宽0.115～0.117 mm。口领高0.015～0.017 mm。口囊前宽0.040 mm，后宽0.065 mm，深0.012 mm。食道长0.38～0.42 mm。颈乳突距头端0.35 mm。神经环距头端0.245 mm。排泄孔距头端0.25 mm。尾部自阴门后逐渐变细，尾长而尖细（图 -5），尾长0.45～0.57 mm。阴道呈横列（图 -5），阴门距尾端0.82～0.96 mm。

【宿主与寄生部位】

猪的大肠。

【虫体标本保存单位】

四川省畜牧科学研究院

图 释

1 虫体头部及食道形状、颈乳突位置等；
2 雄虫尾部正面观及交合伞、交合刺、背肋等；
3 交合伞侧面观及各肋、交合刺等；
4 交合伞正面观及背肋、腹肋、侧肋等；
5 雌虫尾部侧面观及阴门、肛门等。

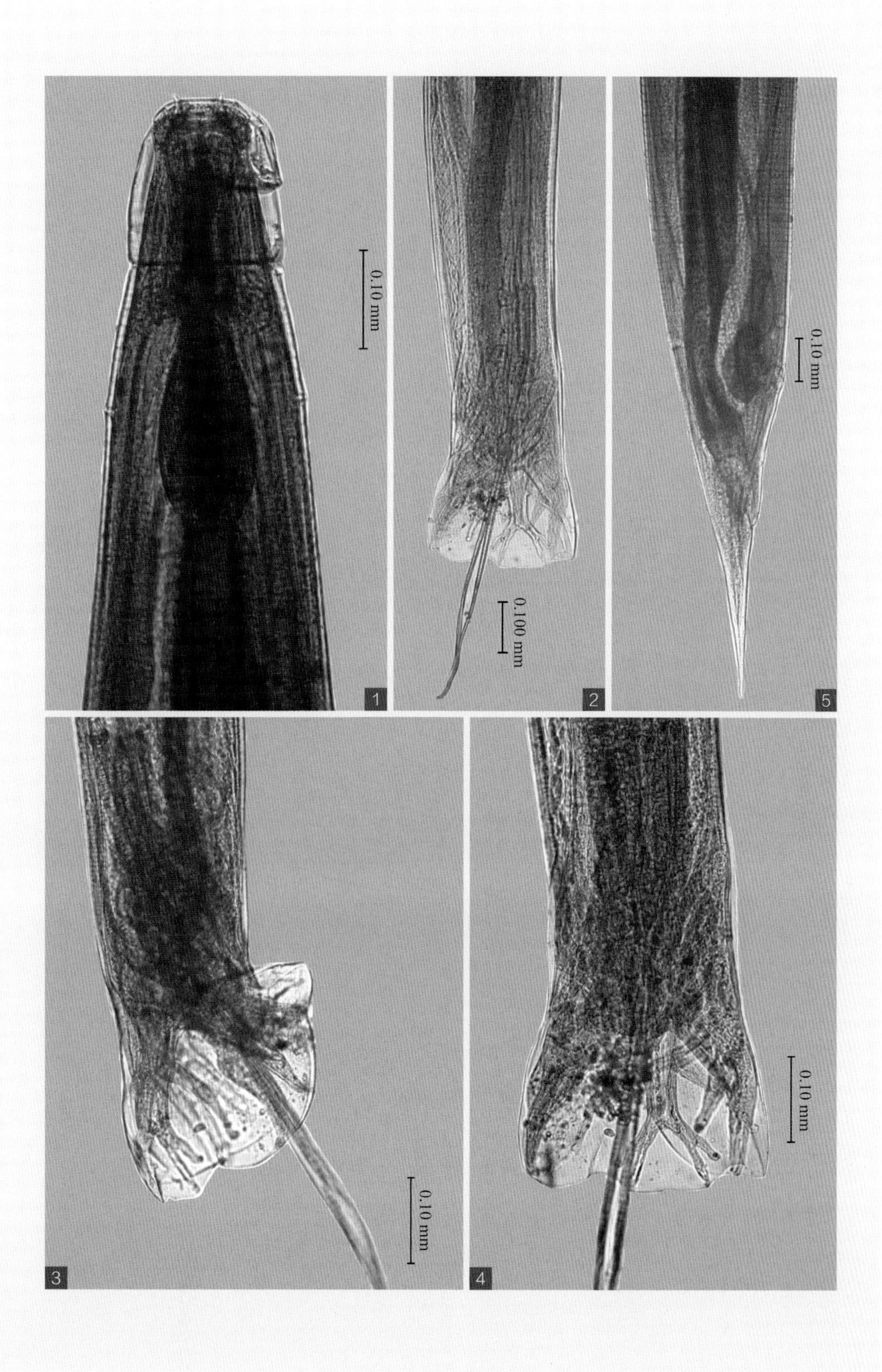
0.10 mm
0.100 mm
0.10 mm
0.10 mm
0.10 mm
1
2
5
3
4

52 辐射食道口线虫

Oesophagostomum radiatum (Rudolphi, 1803) Railliet, 1898

【主要形态特点】

虫体前端弯曲，口领厚。无外叶冠，内叶冠细小，38～40 片。口囊位于口领中央，宽度为深度的 2 倍。头囊膨大（图 -1、图 -2、图 -3），在后 2/3 处有一沟环头囊。颈沟发达，环绕背面和腹面，侧翼膜发达（图 -1）。食道呈棒状，食道漏斗发达（图 -1）。颈乳突位于颈沟稍后方，尖端稍突出侧翼表面之外（图 -2）。

【雄虫】

虫体大小为 14.0～16.3 mm×0.38～0.47 mm。口领高 0.05 mm，宽 0.14 mm。口囊大小为 0.0175 mm×0.0137 mm。头囊大小为 0.200～0.265 mm×0.140～0.190 mm。食道长 0.72～0.82 mm。颈乳突距头端 0.31～0.37 mm。交合伞较宽大，背叶边缘中央有一凹陷（图 -4、图 -5）；在前侧肋分支水平上方有 1 个钝圆形突起（图 -6），外背肋分支角度较大，其中间几乎似牛角形弯曲（图 -4、图 -5）。背肋在中部分为左右 2 支，各支在近端 2/3 处又分为内、外 2 支，其内侧 2 支较细长，于 1/3 处又分出 1 小支（图 -4、图 -5）。交合刺 1 对等长，长 0.65～0.74 mm。引带长 0.1 mm，柄部较短。

【雌虫】

虫体大小为 16.5～19.0 mm×0.41～0.55 mm。口领高 0.04 mm，宽 0.15 mm。口囊大小为 0.015 mm×0.030 mm。头囊大小为 0.23～0.26 mm× 0.15～0.20 mm。食道长 0.72～0.86 mm。颈乳突距头端 0.31～0.43 mm。神经环距头端 0.24～0.30 mm。尾部自阴门后骤然变细，并向腹面弯曲（图 -7）。阴唇隆起，两旁有侧翼膜，阴道短，呈横列，通入肾形的排卵器（图 -7）。阴门距尾端 0.88～1.03 mm，肛门距尾端 0.34～0.48 mm。

【宿主与寄生部位】

黄牛、水牛、牦牛的盲肠、大肠。

【虫体标本保存单位】

四川省畜牧科学研究院

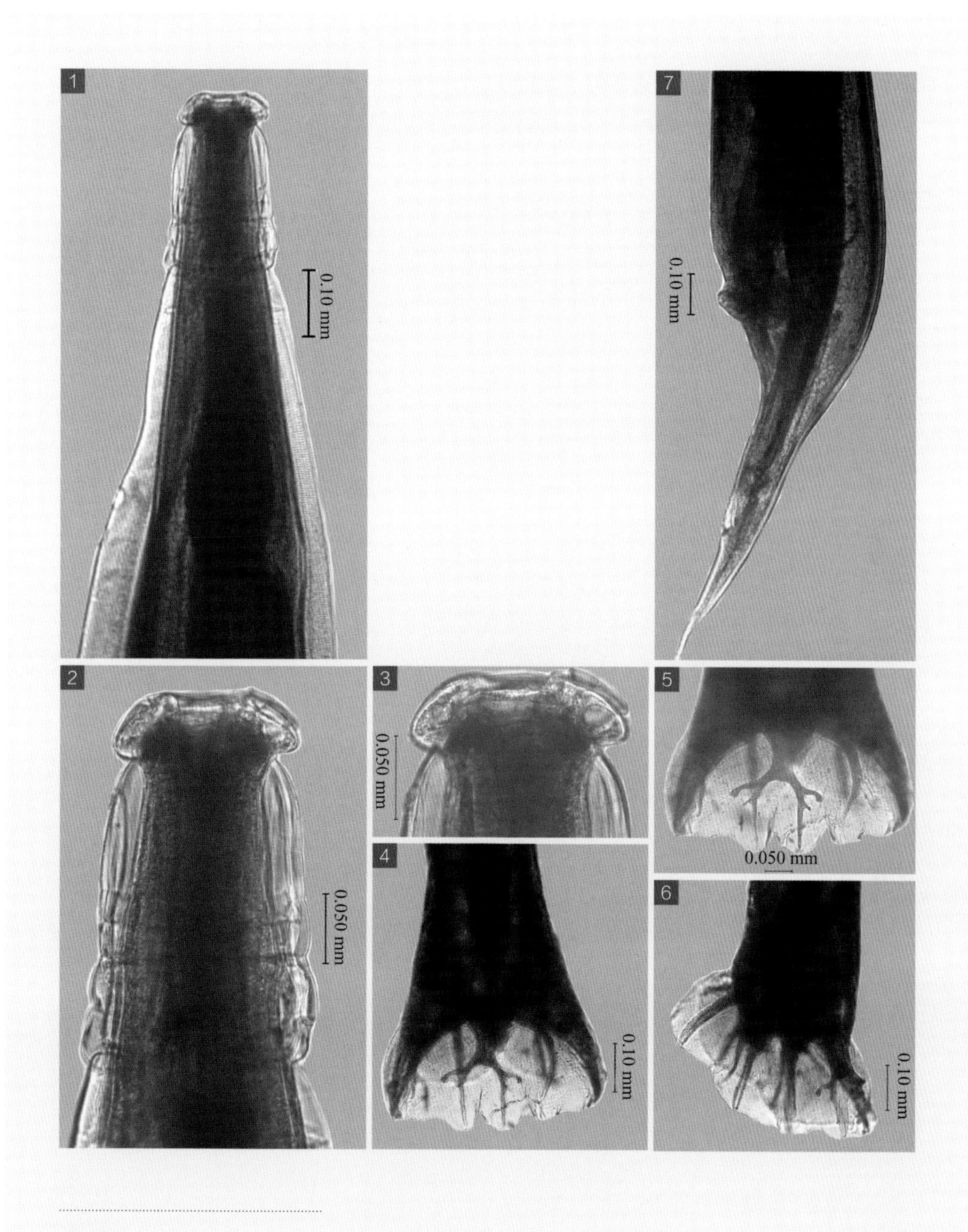

图释

1 虫体头部正面观及食道形状、颈乳突位置等；

2 虫体头部正面观及头囊、侧翼膜等；

3 头端正面观及口领、头囊等；

4 5 交合伞正面观及背肋分支等；

6 交合伞侧面观及腹肋、侧肋等；

7 雌虫尾端侧面观及阴门、排卵器、肛门、尾尖形态。

53 粗纹食道口线虫

Oesophagostomum asperum Railliet et Henry, 1913

【主要形态特点】

虫体呈黄白色，体表有横纹，口领发达。外叶冠10～12片，内叶冠20～24片。口囊较深，宽度约为深度的2倍。头囊膨大显著（图-1）。食道呈棒状（图-1），颈乳突位于食道较远的后方。神经环位于颈沟水平稍后方，无侧翼（图-1）。

【雄虫】

虫体大小为12.5～14.7 mm×0.47～0.53 mm，口领高0.060～0.062 mm。头囊大小为0.25～0.30 mm×0.25～0.29 mm。食道长0.78～0.86 mm，颈乳突距头端1.06～1.31 mm。交合伞背叶较小，侧叶稍宽（图-2、图-3）。外背肋自背肋主干基部后0.04～0.05 mm处分出，再往后0.03～0.04 mm处分出背肋的左右2支，每个分支在远端又分为内长外短的2小支（图-2、图-3）。交合刺1对等长，长1.45～1.78 mm。引带呈铲形，大小为0.085～0.088 mm× 0.045 mm，柄短，为0.025 mm。

【雌虫】

虫体大小为16.0～19.5 mm×0.55～0.66 mm。口领高0.11 mm。头囊大小为0.32 mm×0.31 mm。食道长0.83～1.00 mm，颈乳突距头端1.025～1.400 mm。神经环距头端0.40～0.45 mm。尾部自肛门后急剧缩小，并向背面翘起（图-4），尾长0.15～0.21 mm。阴门距尾端0.35～0.47 mm。阴道较长，长0.47～0.97 mm，向上通入排卵器（图-4）。

【宿主与寄生部位】

黄牛、水牛、牦牛、山羊的盲肠、大肠。

【虫体标本保存单位】

四川省畜牧科学研究院

图 释

1 虫体头部正面观及食道、头囊等；
2 交合伞正面观及背肋、交合刺等；
3 交合伞侧面观及腹肋、侧肋等；
4 雌虫尾部侧面观及阴门、肛门、尾尖形态等。

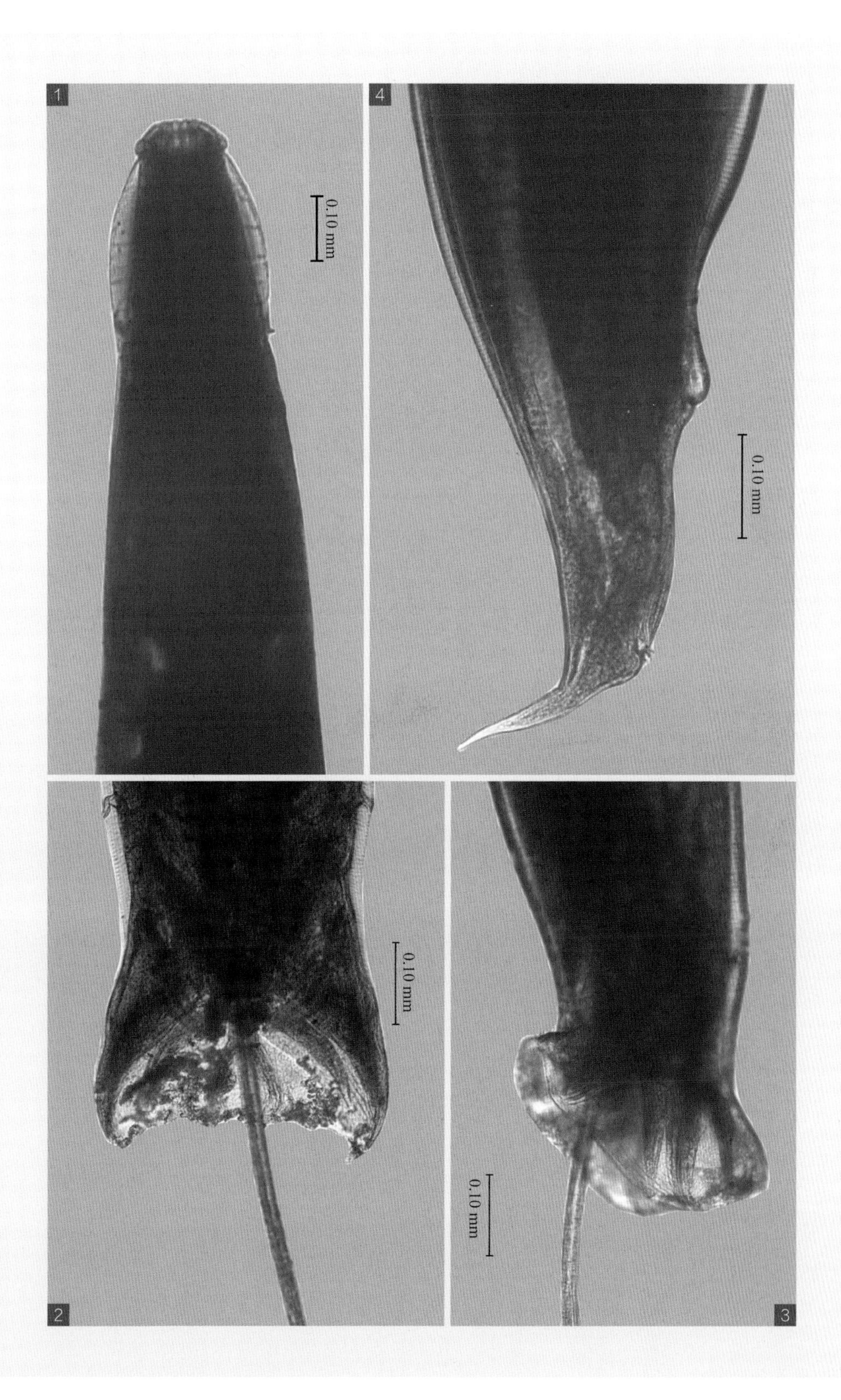
1
0.10 mm
4
0.10 mm
2
0.10 mm
3
0.10 mm

54 甘肃食道口线虫

Oesophagostomum kansuensis Hsiung et Kung, 1955

【主要形态特点】

虫体头部弯曲呈钩状，有侧翼膜，口领呈半截圆锥形。外叶冠 15～16 片，内叶冠 30～32 片，口囊宽度大于深度。头囊膨大（图 -1），后缘覆盖着颈沟。颈沟仅限于腹面，两侧延至侧翼。颈乳突位于食道末端附近（图 -1），神经环位于颈沟稍后方。

【雄虫】

虫体大小为 16.5～18.4 mm×0.36～0.60 mm。口领高 0.06 mm，宽 0.15 mm。头囊大小为 0.22 mm×0.23 mm。食道长 0.82～0.90 mm。颈乳突距头端 0.90～0.95 mm。神经环距头端 0.32～0.36 mm。交合伞较小，0.39 mm×0.61 mm，2 个腹肋并列达伞缘，侧肋起于同一主干，前侧肋先单独分开，末端未达伞缘，中侧肋和后侧肋并列，末端伸达伞缘（图 -2）。背肋主干粗壮，分出外背肋后即缩小一半，外背肋远端未达伞缘，背肋在中部分为左右 2 支，每个分支在远端 1/3 处又各分为内长外短的小支（图 -3）。交合刺 1 对等长，长 0.94～1.10 mm。引带呈铲形。

【雌虫】

虫体大小为 18.0～24.4 mm×0.41～0.77 mm。口领高 0.07 mm，宽 0.17 mm。头囊大小为 0.26 mm×0.26 mm。口囊大小为 0.03 mm×0.08 mm。食道长 0.92～0.96 mm。颈沟距头端 0.32～0.34 mm，颈乳突距头端 0.96～1.04 mm，神经环距头端 0.34～0.39 mm。尾部自阴门后逐渐变细，肛门后急剧收缩向后上方弯（图 -5），尾长 0.20～0.30 mm，阴门距尾端 0.55～0.67 mm。

【宿主与寄生部位】

牦牛、绵羊、山羊的大肠、盲肠。

【虫体标本保存单位】

四川省畜牧科学研究院

图 释

1 虫体头部正面观及食道、颈乳突、侧翼膜等；

2 交合伞侧面观及腹肋、侧肋等；

3 交合伞正面观及背肋、伞前乳突等；

4 生殖锥形态；

5 雌虫尾部侧面观及阴门、肛门、尾尖形态等。

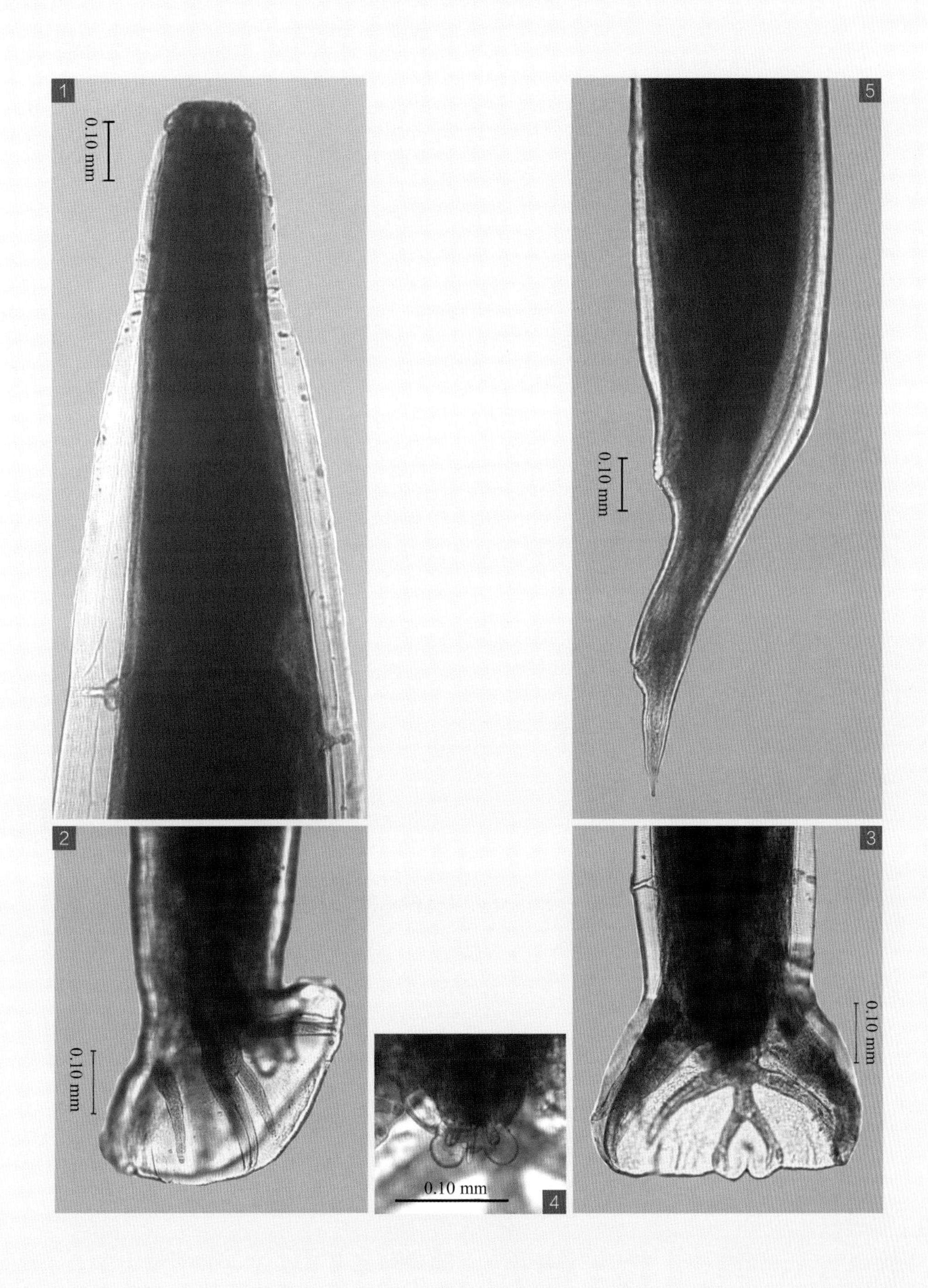
1
0.10 mm
5
0.10 mm
2
0.10 mm
4
0.10 mm
3
0.10 mm

55 哥伦比亚食道口线虫

Oesophagostomum columbianum (Curtice, 1890) Stossich, 1899

【主要形态特点】

虫体前端向背侧弯曲呈钩状，体表有细横纹，两侧有发达的侧翼（图 –1）。口领突出呈梯形，其高度约为宽度的 0.5 倍，底部下垂环盖头沟。外叶冠 20～24 片，内叶冠 40～48 片。头囊不膨大，颈乳突位于食道前 1/3 水平处，尖端突出于侧翼膜之外（图 –1）。神经环位于颈沟及颈乳突的后方。

【雄虫】

虫体大小为 15.0～16.5 mm×0.37～0.62 mm。口领高 0.055 mm，宽 0.115 mm。颈沟距头端 0.24～0.29 mm，食道长 0.78～0.93 mm，颈乳突距头端 0.30～0.35 mm，神经环距头端 0.33～0.38 mm。交合伞大，背叶与侧叶无明显界限，背叶中央下缘有 1 个小的凹陷（图 –3、图 –4）。2 个腹肋并列，远端达伞缘，3 个侧肋起于共同的主干，前侧肋短，与中侧肋和后侧肋分开的距离较大，远端未达伞缘；中侧肋和后侧肋长，且并列，远端达伞缘（图 –2、图 –3）。外背肋从背肋主干下方分出，远端未达伞缘；背肋在中部分为左右 2 支，在每个分支中部又分出 1 个短小的外支（图 –3、图 –4）。生殖锥由背腹 2 个唇片组成。交合刺 1 对等长，长 0.75～0.95 mm。引带长 0.1 mm。

【雌虫】

虫体大小为 16.5～22.6 mm×0.35～0.50 mm。口领高 0.52～0.60 mm，宽 0.12 mm。颈沟距头端 0.27～0.31 mm。食道长 0.94～1.02 mm。颈乳突距头端 0.32～0.36 mm。神经环距头端 0.40～0.48 mm。尾部逐渐变细长，末端尖（图 –5），肛门距尾端 0.36～0.48 mm。阴道短，呈横列（图 –5）。

【宿主与寄生部位】

绵羊、山羊的大肠、盲肠。

【虫体标本保存单位】

四川省畜牧科学研究院

图 释

1 虫体头部正面观及食道、颈乳突、侧翼膜等；
2 交合伞侧面观及腹肋、侧肋、交合刺等；
3 交合伞正面观及背肋等；
4 交合伞正面观及背肋、交合刺等；
5 雌虫尾部侧面观及阴门、肛门、尾尖形态等。

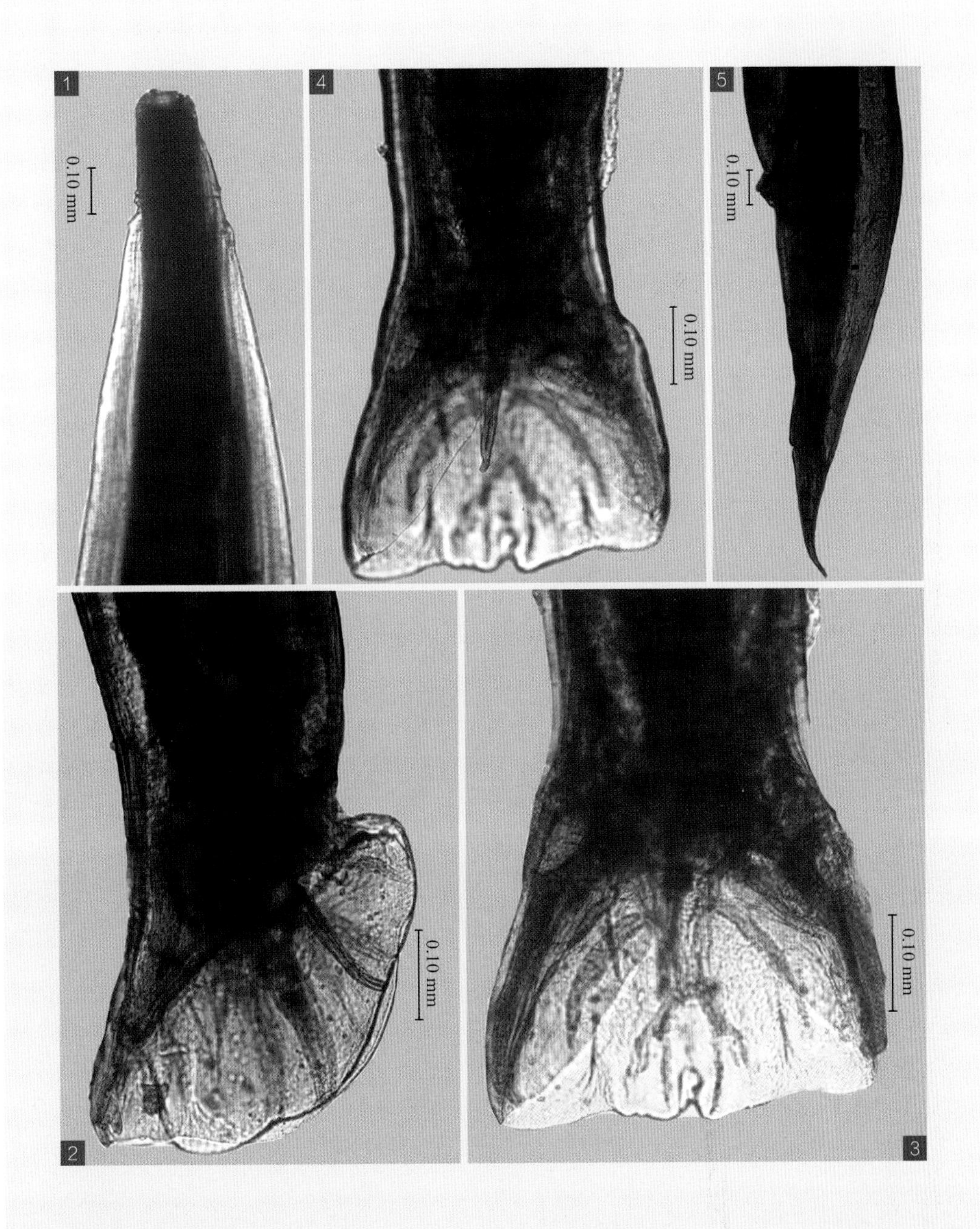
1
0.10 mm
4
0.10 mm
5
0.10 mm
2
0.10 mm
3
0.10 mm

56 微管食道口线虫

Oesophagostomum venulosum (Rudolphi, 1809) Railliet et Henry, 1913

【主要形态特点】

虫体前端无头泡和侧翼膜（图 -1、图 -2），口囊宽度为深度的 5 倍。外叶冠 18 片，内叶冠 36 片。有颈翼膜（图 -1、图 -2）。颈乳突位于食道后方。食道漏斗小，呈球杆状。

【雄虫】

虫体大小为 12.0～14.1 mm×0.31～0.42 mm。食道长 0.75～0.86 mm。颈乳突距头端 0.81～1.01 mm。交合刺 1 对等长，长 1.01～1.30 mm。引带呈铲形，柄部短，大小为 0.081～0.096 mm×0.04 mm。

【雌虫】

虫体大小为 16.1～21.0 mm×0.51～0.62 mm。食道长 0.82～0.89 mm。颈乳突距头端 0.91～1.27 mm。尾（图 -4）长 0.17 mm，阴门（图 -4）距尾端 0.49～0.51 mm。

【宿主与寄生部位】

绵羊、山羊、牛、骆驼的大肠。

【虫体标本保存单位】

四川省畜牧科学研究院

图 释

1 虫体头部及食道、颈翼膜等；

2 虫体头部及头端、颈翼膜等；

3 交合伞正面观及背肋、交合刺、伞前乳突等；

4 雌虫尾端侧面观及阴门、肛门、尾尖形态等。

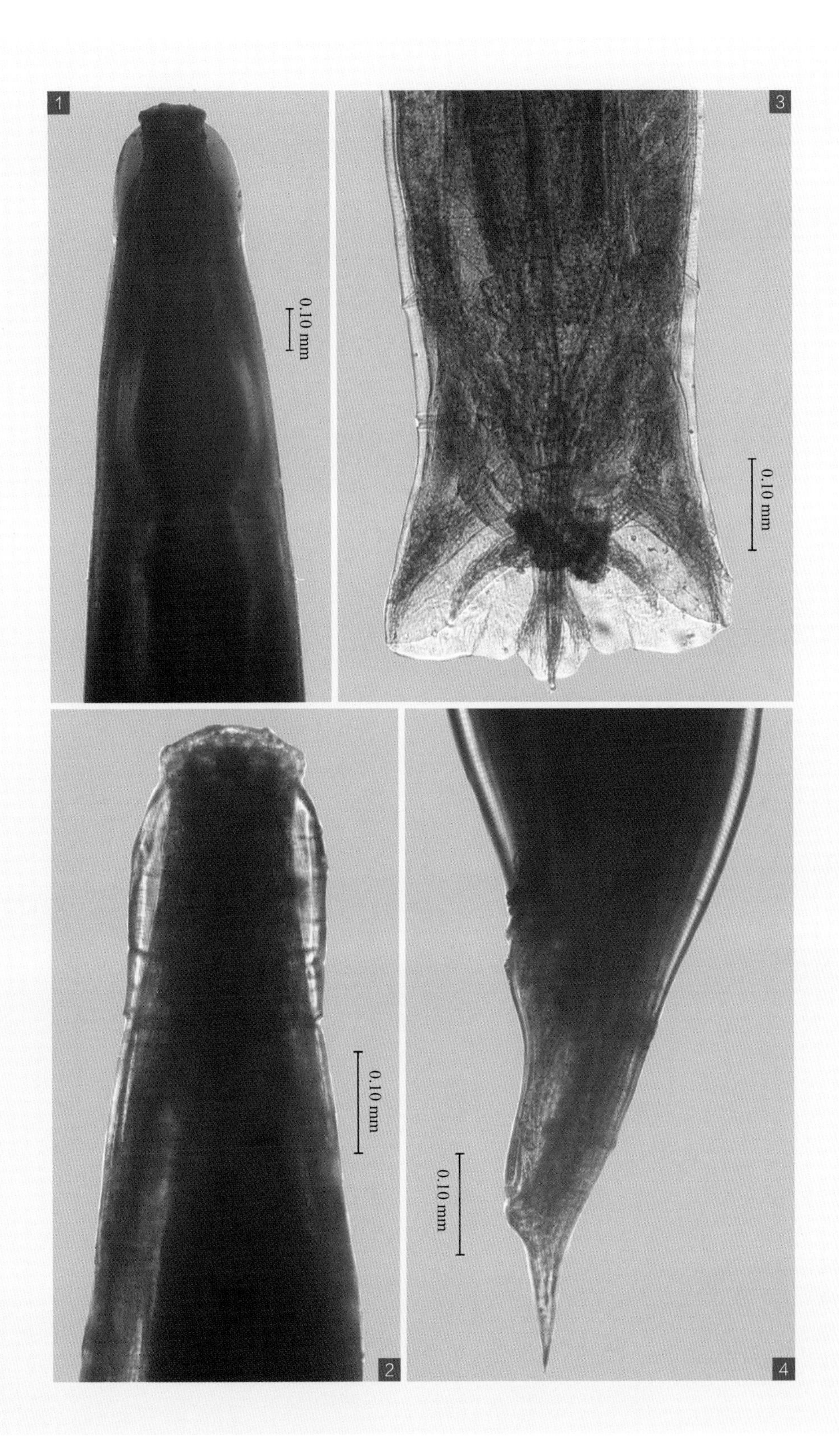
1
0.10 mm
3
0.10 mm
0.10 mm
0.10 mm
2
4

57 湖北食道口线虫

Oesophagostomum hupensis Jiang, Zhang et Kung, 1979

【主要形态特点】

虫体有两圈叶冠，外叶冠 12 片，内叶冠 24 片，口囊大小为 0.03 mm×0.07 mm。头部弯曲，有头泡（图 -1、图 -2）。有颈翼，无侧翼，颈沟位于神经环稍前方，颈乳突位于颈沟后（图 -1）。

【雄虫】

虫体大小为 11.2～13.4 mm×0.46～0.49 mm。头泡大小为 0.17～0.21 mm×0.29～0.36 mm。神经环位于食道约前 1/3 处。颈乳突距头端 0.56～0.76 mm。交合伞背叶有缺刻（图 -3、图 -4、图 -5）。交合刺 1 对等长，长 1.65～2.10 mm。引带柄部短，大小为 0.10 mm×0.045 mm。

【雌虫】

虫体大小为 12.7～18.0 mm×0.49～0.70 mm。颈乳突距头端 0.65～0.91 mm。尾长 0.10～0.15 mm。阴门（图 -6）距尾端 0.20～0.29 mm。

【宿主与寄生部位】

绵羊、山羊的大肠。

【虫体标本保存单位】

四川省畜牧科学研究院

图 释

1 虫体头部正面观及食道、颈乳突等；
2 虫体头端正面观及叶冠、头泡等；
3 雄虫尾部侧面观及交合刺、腹肋、侧肋等；
4 交合伞正面观及背肋等；
5 交合伞侧面观及腹肋、侧肋等；
6 雌虫尾部侧面观及阴门、尾尖形态等。

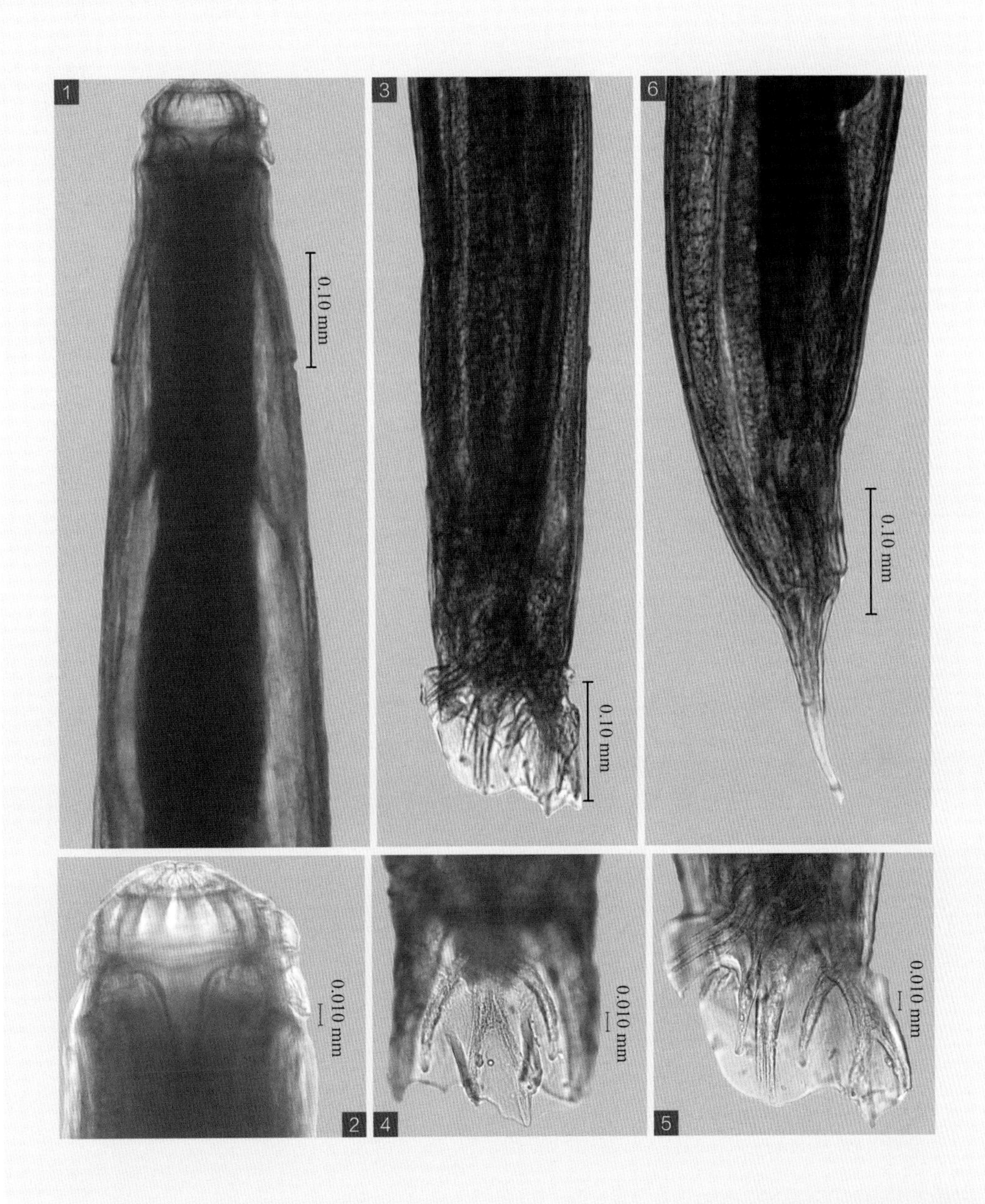
1
0.10 mm
3
0.10 mm
6
0.10 mm
0.010 mm
2
0.010 mm
4
0.010 mm
5

58 梅花鹿食道口线虫

Oesophagostomum sikae Comeron et Parnell, 1933

【主要形态特点】

虫体头部向腹面弯曲，角皮有细的纵纹和横纹。口领有 2 个侧乳突和 4 个亚中乳突，口囊前缘不突出。头囊在中部之前开始变窄（图 -1）。排泄孔位于头囊后缘的前方。食道漏斗内有 3 个矛状突起，食道长呈棒状。

【雄虫】

虫体大小为 7.01～7.14 mm×0.191～0.216 mm。口囊深，食道长 0.351～0.364 mm，神经环距头端 0.125～0.134 mm，排泄孔距头端 0.151～0.159 mm，颈乳突距头端 0.206 mm。交合伞背叶和侧叶分界不明显（图 -2、图 -3、图 -4），有伞前乳突。2 个腹肋紧密联合在一起（图 -4）。中侧肋和后侧肋并行（图 -4）。外背肋呈弓形，与背肋起于同一主干，背肋分为 2 支，每支又分为内长外短的 2 个小支（图 -3、图 -4）。交合刺 1 对等长或稍不等长，有翼膜，长 0.503～0.516 mm。引带呈月牙形。

【雌虫】

虫体大小为 9.61～12.63 mm×0.290～0.416 mm。食道长 0.391～0.467 mm，神经环距头端 0.097～0.187 mm，排泄孔距头端 0.165～0.213 mm，颈乳突距头端 0.195～0.266 mm。阴门发育良好（图 -5），距肛门 0.696～0.905 mm。尾部尖（图 -5），末端有 1 对尾感器，尾长 0.210～0.305 mm。虫卵有薄壳，大小为 0.068～0.082 mm×0.035～0.043 mm。

【宿主与寄生部位】

梅花鹿、麂、赤麂、林麝的大肠、盲肠。

【虫体标本保存单位】

中国农业科学院兰州兽医研究所

图 释

1 虫体头部观及食道、神经环、颈翼膜等；
2 雄虫尾部正面观及交合刺、交合伞、腹肋、侧肋、外背肋、背肋等；
3 雄虫尾端正面观及交合伞、腹肋、侧肋、外背肋、背肋等；
4 雄虫尾部侧面观及交合刺、交合伞、腹肋、侧肋、背肋等；
5 雌虫尾部侧面观及阴门、肛门、尾尖等。

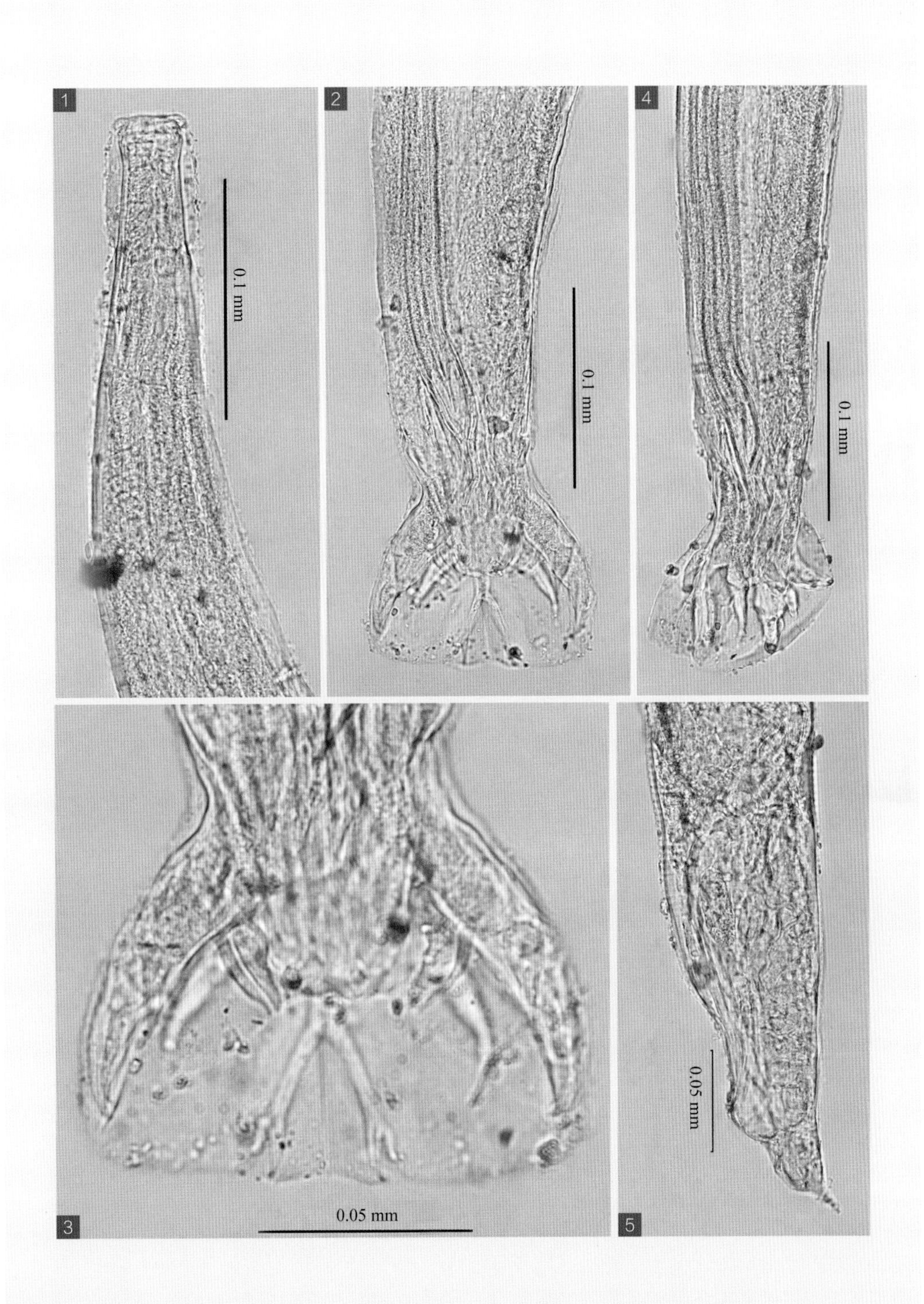
1
0.1 mm
2
0.1 mm
4
0.1 mm
3
0.05 mm
5
0.05 mm

钩口科 Ancylostomatidae Nicoll, 1927

口囊很发达，口孔边缘有齿或切板。

钩口属 *Ancylostoma* Dubini, 1843

头端向背面弯曲，口缘有1～3对腹齿。口囊深部有1对似三棱形小齿。雄虫交合伞背叶小，3个侧肋由共同主干伸出，交合刺1对等长，有引带。雌虫阴门位于体后半部。

59 犬钩口线虫

Ancylostoma caninum (Ercolani, 1859) Hall, 1913

【主要形态特点】

虫体体表有横纹，头端弯向背面（图-3）。口孔前缘腹面有大的切齿3对，口囊底部有背齿1个，两侧各有1个三角形小刺，口孔背缘有1个半圆形的深凹（图-4、图-5）。

【雄虫】

虫体大小为9.4～12.1 mm×0.40～0.45 mm。颈乳突位于食道中部（图-2）。交合伞的2个侧叶大，背叶小（图-6、图-7）。腹肋和侧肋由同一主干发出，2个腹肋并列，末端达伞缘；前侧肋较短，未达伞缘；中侧肋和后侧肋较长大，伸达伞缘（图-7）。外背肋从背肋基部发出，背肋细长，在近末端1/4处分为4支，2个外支短，2个内支稍长，末端各分为2个短支芽（图-8）。交合刺1对等长，长0.786～0.895 mm。

【雌虫】

虫体大小为13.1～20.2 mm×0.58～0.72 mm。颈乳突距头端0.610～0.891 mm。阴门部体稍内凹，阴道斜向后方开口，阴户有小瓣状突起（图-9），阴门距尾端3.796～5.950 mm。尾（图-10）长0.162～0.285 mm，尾刺长0.02 mm。

【宿主与寄生部位】

犬的小肠。

【虫体标本保存单位】

四川省畜牧科学研究院

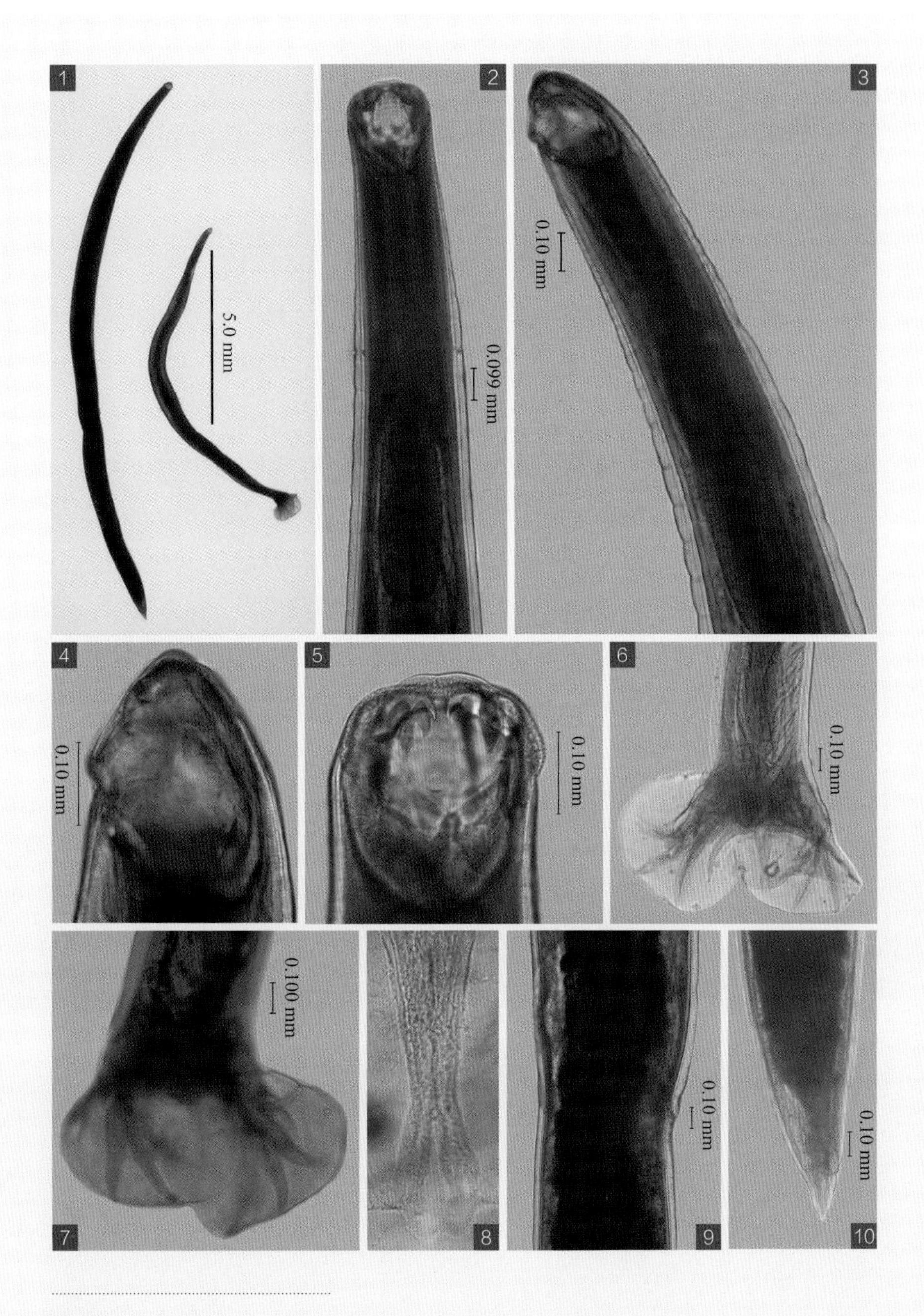

图 释

1 成虫，左为雌虫，右为雄虫；

2 虫体头部背侧观及食道、颈乳突等；

3 虫体头部侧面观及口囊、食道等；

4 口囊侧面观及底部的三角形小刺等；

5 口囊背侧观及口前缘腹侧的切齿、口囊底部背齿等；

6 交合伞正面观及背肋、侧肋、腹肋等；

7 交合伞侧面观及侧肋等；

8 背肋；

9 雌虫阴门；

10 雌虫尾部及肛门等。

60 锡兰钩口线虫

Ancylostoma ceylanicum Looss, 1911

【主要形态特点】

虫体较细而短，头尾向背侧弯曲似“C”形（图 -1），体表有横纹。口囊腹面前缘有 1 对大的腹齿，每个腹齿有 2 个明显的齿尖（图 -3）。食道呈圆柱形，颈乳突位于食道后部（图 -2），神经环位于颈乳突前水平处。

【雄虫】

虫体大小为 8.05～9.90 mm×0.27～0.35 mm。口囊大小为 0.145～0.162 mm×0.101～0.130 mm。食道长 0.62～0.89 mm。颈乳突距头端 0.540～0.651 mm。神经环距头端 0.406～0.542 mm。交合伞较小，侧面观其长度和宽度几乎相等（图 -6），大小为 0.406～0.474 mm×0.085 mm。2 个腹肋并列，前侧肋与中侧肋末端相距较远，中侧肋与后侧肋末端较靠近（图 -5、图 -6）；外背肋起于背肋基部 1/3 处，背肋末端分为 2 支，每支又各分为 2 小支（图 -5）。交合刺 1 对，呈黄褐色丝状，长 0.84～1.15 mm。引带呈哑铃状，长 0.075 mm。

【雌虫】

虫体大小为 8.0～12.6 mm×0.41～0.49 mm。口囊大小为 0.149～0.189 mm×0.100～0.130 mm。食道长 0.73～0.95 mm，颈乳突距头端 0.58～0.95 mm，神经环距头端 0.447～0.528 mm。阴门（图 -7）位于体后部 1/3～1/4 处，距尾端 2.470～4.140 mm。尾部（图 -8）呈锥形，末端有小刺，尾长 0.13～0.21 mm，尾刺长 0.023～0.038 mm。

【宿主与寄生部位】

犬、猫的小肠。

【虫体标本保存单位】

四川省畜牧科学研究院

图 释

1 虫体头部侧面观及食道等；
2 虫体头部正面观及食道、颈乳突等；
3 头端正面观及口缘 1 对大腹齿、口囊等；
4 头端侧面观及口囊、口缘的腹齿等；
5 交合伞正面观及腹肋、背肋等；
6 交合伞侧面观及腹肋、侧肋等；
7 雌虫阴门；
8 雌虫尾部及肛门等。

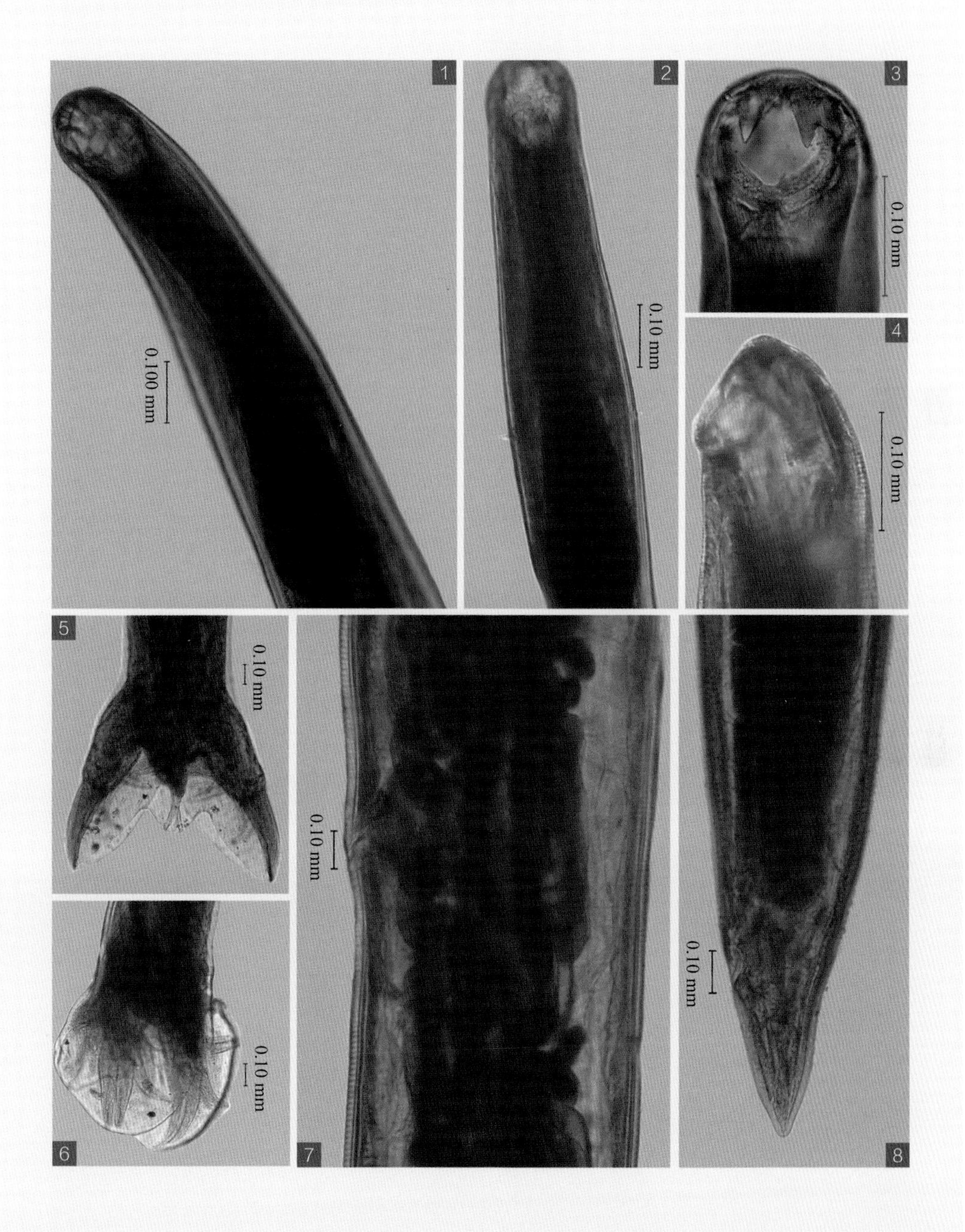
1
0.100 mm
2
0.10 mm
3
0.10 mm
4
0.10 mm
5
0.10 mm
6
0.10 mm
7
0.10 mm
8
0.10 mm

61 巴西钩口线虫

Ancylostoma braziliense de Faria, 1910

【主要形态特点】

虫体头部弯曲明显。口囊呈长椭圆形，其腹侧前缘有 1 对粗大的三角形腹齿，齿尖向后下方弯曲（图 -1），腹齿内上角各有 1 个不明显的副齿；口囊正中有 1 个半月形切口。食道呈圆柱形。颈乳突位于食道后部水平处，神经环位于颈乳突稍前水平处，排泄孔位于颈乳突水平。

【雄虫】

虫体大小为 3.3～3.9 mm×0.12～0.14 mm。口囊大小为 0.061～0.082 mm×0.041～0.047 mm。食道长 0.325～0.514 mm，颈乳突距头端 0.31～0.35 mm，神经环距头端 0.22～0.27 mm，排泄孔距头端 0.31 mm。交合伞较小，侧面观呈长圆形，大小为 0.36～0.76 mm×1.08～1.64 mm，2 个腹肋并列达伞缘，3 个侧肋起于同一主干，前侧肋与中侧肋末端相距较远，弯向腹侧，背肋末端分为 2 支，每支又各分为 2～3 小支（图 -2）。交合刺 1 对等长，长 0.271～1.000 mm。引带呈小提琴状，大小为 0.024～0.031 mm×0.007～0.014 mm。

【雌虫】

虫体大小为 4.4～5.1 mm×0.13～0.16 mm。口囊大小为 0.072～0.078 mm×0.054～0.065 mm。食道长 0.41～0.48 mm，颈乳突距头端 0.23 mm，神经环距头端 0.290～0.318 mm，排泄孔距头端 0.31 mm。阴门位于体后部 1/3 处，阴户稍突，距尾端 1.3 mm。尾呈圆锥形，有刺状突。肛门距尾端 0.081～0.100 mm，尾刺长 0.005 mm。

【宿主与寄生部位】

犬、猫的小肠。

【图片引自】

蒋学良，周婉丽，廖党金，等．2004．四川畜禽寄生虫志．成都：四川出版集团．四川科学技术出版社．

图 释

1 虫体头端正面观及腹侧的三角形齿等；

2 交合伞正面观及腹肋、侧肋、外背肋、背肋。

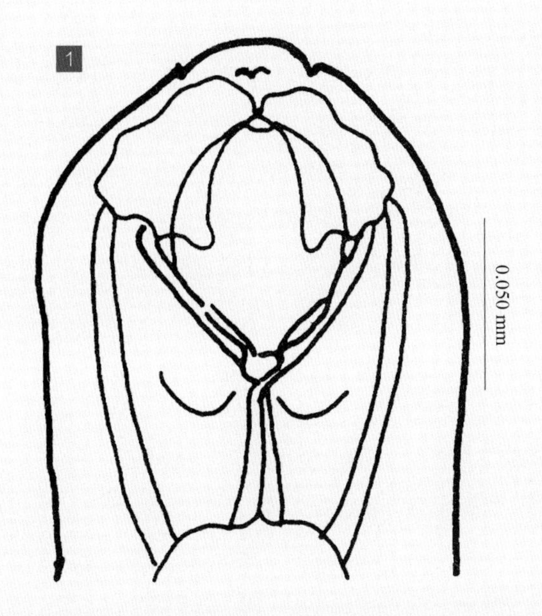
1
0.050 mm

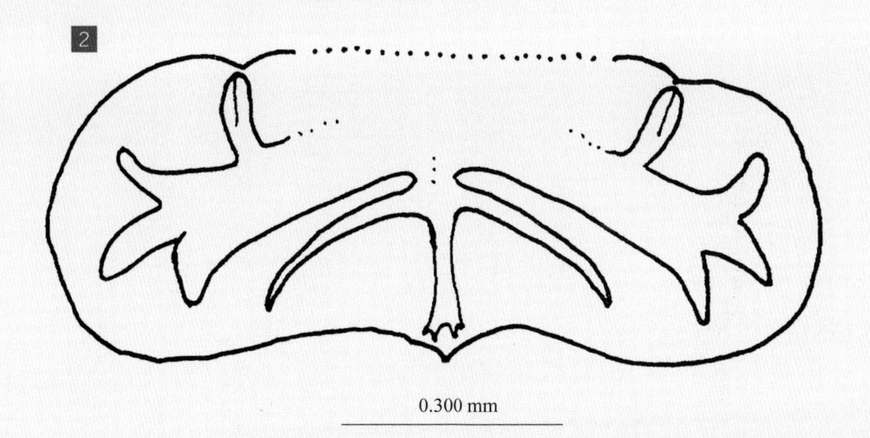
2
0.300 mm

62 十二指肠钩口线虫

Ancylostoma duodenale (Dubini, 1843) Creplin, 1845

【主要形态特点】

虫体呈乳白色圆柱形。头端微向背面弯曲，在颈部侧线上有 1 对颈乳突。口孔呈卵圆形，口缘有 1 对侧乳突、1 对背乳突、1 对腹乳突，两侧各有 1 个头感器。口囊发达呈椭圆形，其腹侧有钩齿 2 对，外侧 1 对较长，内侧 1 对较短，其内侧根部还有 1 对小型副齿（图 -1、图 -2）。口囊背侧有短齿板 1 对和 1 个呈三角形、中央有纵裂的背椎，在口囊底部腹面中线两侧各有扁平齿 1 对（图 -2）。食道前部呈圆柱形，后部略膨大呈棒状，末端与肠管相接处有 1 个三叶状的食道肠瓣，神经环位于食道中部（图 -1）。

【雄虫】

虫体大小为 6.624～10.648 mm×0.464～0.568 mm。食道长 1.206～1.350 mm。交合伞由 3 叶组成，背叶小，2 个侧叶发达（图 -3、图 -4、图 -5）。2 个腹肋基部合并，后部呈裂状并行，末端至伞缘（图 -3、图 -4）。侧肋起于共同主干，后部彼此等距分开，末端达伞缘（图 -3、图 -4、图 -5）。背肋从背肋基部分出，伸入侧叶，末端不达伞缘，背肋远端分为 2 支，每支再各分为 3 小支，外侧小支终端呈指状，内侧小支呈结节状（图 -4、图 -5）。交合刺 1 对，呈丝状，有横纹，长 1.54～2.20 mm，位于肠末端背面交合刺鞘内或从泄殖腔伸出游离于体外（图 -5）。引带呈黄褐色。

【雌虫】

虫体大小为 8.965～12.332 mm×0.532～0.732 mm。食道长 1.382～1.589 mm。阴门位于体中部稍后方，距尾端 3.245～4.986 mm。尾呈圆锥状，尾刺长 0.016～0.048 mm。

【宿主与寄生部位】

猪、犬的小肠。

【虫体标本保存单位】

中国农业科学院上海兽医研究所

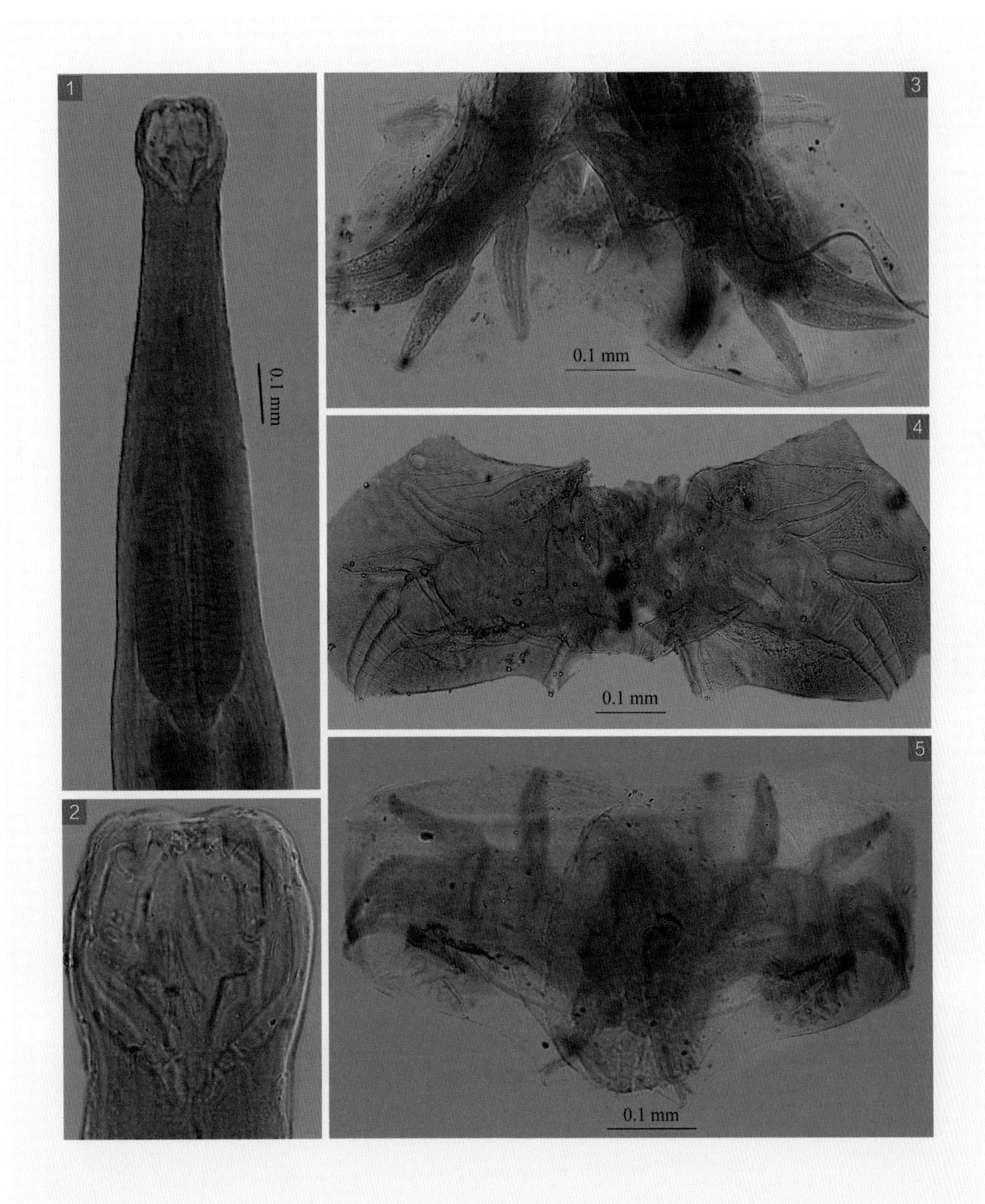

图 释

玻片标本

1 虫体头部背面观及口囊、背齿、腹面钩齿、食道、神经环等；

2 虫体头端背面观及口囊、腹面钩齿、背侧齿等；

3 交合伞腹面观及腹肋、侧肋等；

4 交合伞背面观及腹肋、侧肋、背肋等；

5 交合伞仰面观及腹肋、侧肋等。

63 管形钩口线虫

Ancylostoma tubaeforme (Zeder, 1800) Creplin, 1845

【主要形态特点】

虫体细小，头端向背面弯曲，口囊较大（图 -1、图 -2、图 -3、图 -4、图 -5）。口孔腹缘有 3 对角质齿（图 -2、图 -3、图 -4），每侧的 3 个齿分布在长圆形的角质基板上，其外侧 1 个最大，中间 1 个次之，内侧 1 个最小。颈乳突位于虫体前部。

【雄虫】

虫体大小为 9.4～11.1 mm×0.31～0.35 mm。交合伞较小，2 个腹肋合并一起分出；侧肋粗大，由一个共同主干发出，前侧肋与中侧肋的基部合并，与后侧肋分开（图 -6）。背肋上有 4 个分支（图 -7）。交合刺 1 对等长，长 1.11～1.48 mm。

【雌虫】

虫体大小为 12.1～15.2 mm×0.37～0.44 mm。阴门位于虫体后部腹面，3.21～4.12 mm。尾部呈锥形（图 -8），末端有小刺，尾长 0.15～0.22 mm。

【宿主与寄生部位】

猫的小肠。

【虫体标本保存单位】

中国农业科学院上海兽医研究所

图 释

1 虫体头部背面观及口囊、食道等；
2 3 口囊背面观及腹缘上的齿等；
4 口囊腹缘上的齿；
5 口囊侧面观；
6 雄虫尾部正面观及交合伞、腹肋、侧肋、背肋等；
7 背肋；
8 雌虫尾部侧面观及肛门、尾尖等。

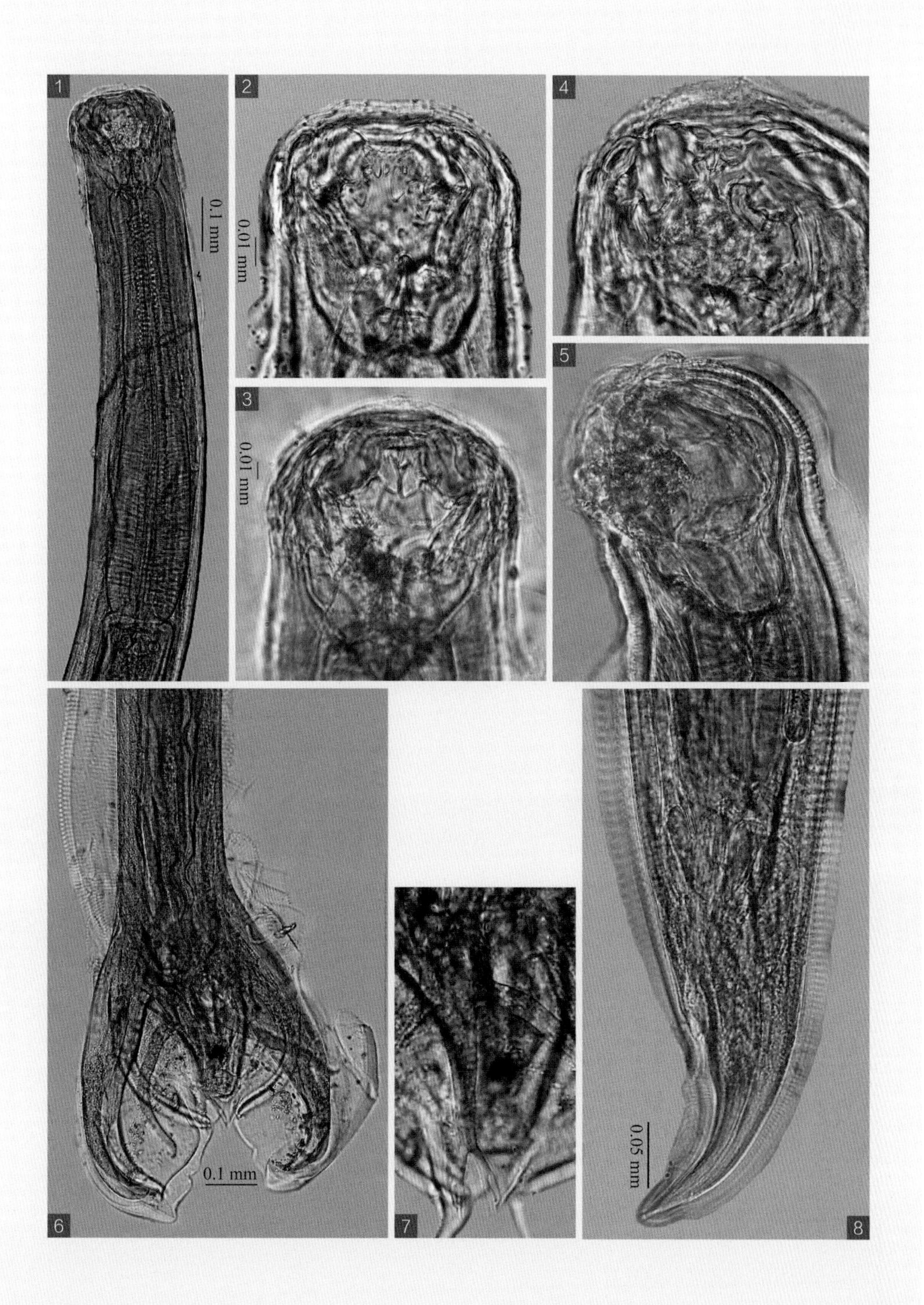
1
2
3
4
5
6
7
8
0.1 mm
0.01 mm
0.01 mm
0.1 mm
0.05 mm

仰口属 *Bunostomum* Railliet, 1902

虫体前端弯向背面，口缘有 1 对腹板齿，口囊呈漏斗状，有 1～2 对呈三棱形的亚腹齿，背沟显著。雄虫交合伞背叶不对称，交合刺 1 对等长，无引带。雌虫阴门位于虫体中点之前。

64 羊仰口线虫

Bunostomum trigonocephalum (Rudolphi, 1808) Railliet, 1902

【主要形态特点】

虫体呈淡红色，头部弯向背侧呈微钩状（图 –1、图 –2）。口孔腹面有 1 对半月形切板（图 –4），口囊底部有 1 个长大的背齿达口缘（图 –4）和 2 个短的亚腹齿（图 –5、图 –6）。食道呈圆柱形，颈乳突位于食道中部稍前方（图 –2、图 –3）。

【雄虫】

虫体大小为 7.5～18.0 mm×0.27～0.46 mm。背齿长 0.054～0.095 mm，亚腹齿长 0.027～0.054 mm。食道长 0.77～1.22 mm。颈乳突距头端 0.47～ 0.72 mm。交合伞大小为 0.31～0.65 mm×0.34～0.53 mm，交合伞呈漏斗形，由 2 个大的侧叶和 1 个不对称的小背叶组成（图 –7）。2 个腹肋从同一基干发出，细长且并列。前侧肋较粗大，与中侧肋和后侧肋分开，中侧肋和后侧肋稍分开，末端接近（图 –7）。背肋分支不对称，右外背肋细长，左外背肋短粗；背肋分为 2 支，每支末端又各分为 3 小支。交合刺呈黄褐色，2 根等长，长 0.57～0.68 mm，末端有小钩（图 –8），无引带。

【雌虫】

虫体大小为 13.9～20.1 mm×0.40～0.52 mm。背齿长 0.110～0.144 mm，亚腹齿长 0.061～0.124 mm。阴门位于体前 1/3 处，距尾端 11.0～12.8 mm，呈横列开口（图 –9）。肛门距尾端 0.24～0.39 mm，尾粗短，尾端钝圆（图 –10），近尾端体腹侧有 1 对小乳突（尾感器）。

【宿主与寄生部位】

山羊、绵羊、黄牛、牦牛、水牛的小肠。

【虫体标本保存单位】

四川省畜牧科学研究院

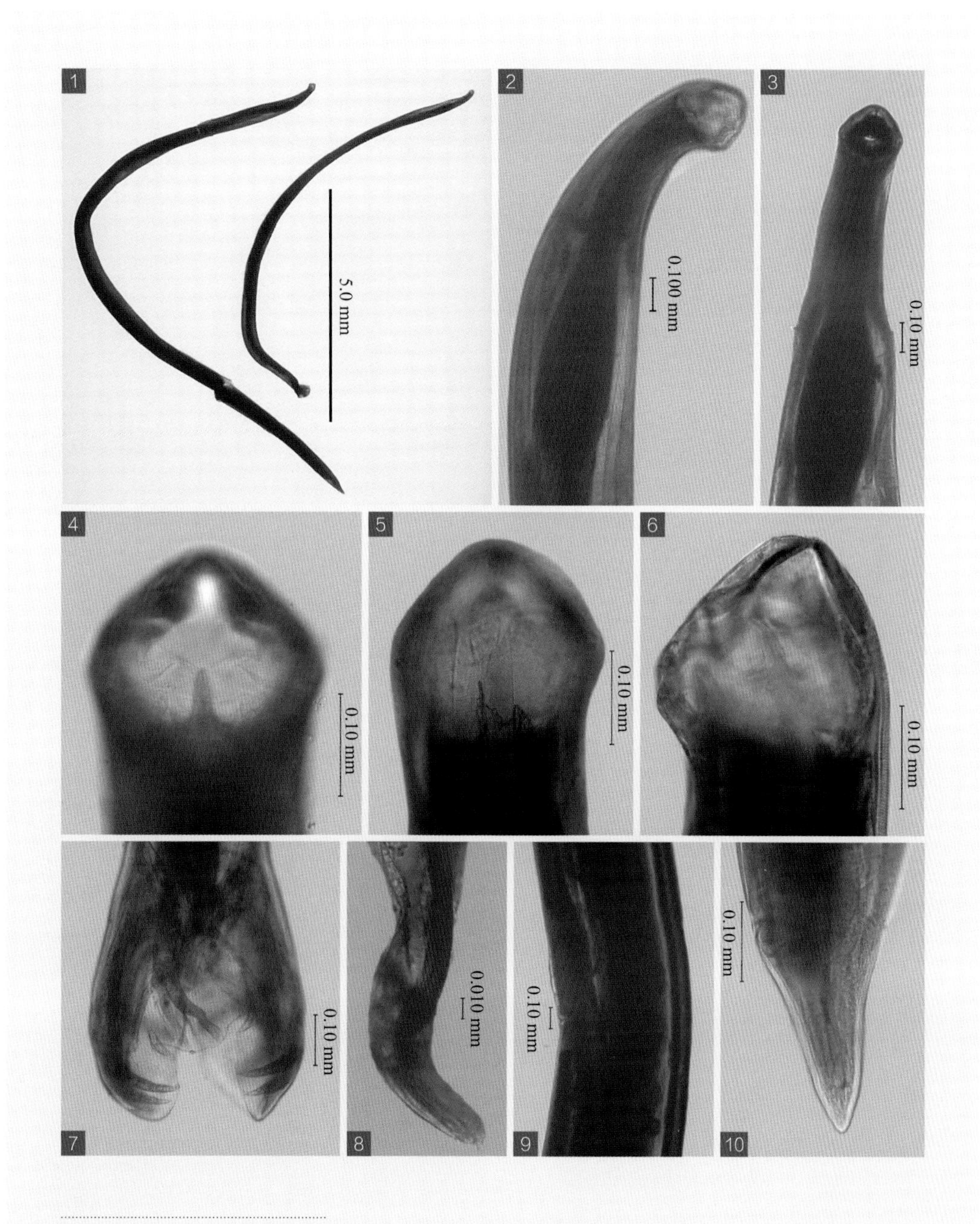

图释

1 成虫，左为雌虫，右为雄虫；

2 虫体头部侧面观及食道等；

3 虫体头部正面观及食道、颈乳突等；

4 头端背面观及口囊、口缘腹齿半月形切板、背齿等；

5 头端正面观及亚腹齿等；

6 头端侧面观及口囊、亚腹齿等；

7 交合伞正面观及腹肋、侧肋、背肋等；

8 交合刺末端；

9 雌虫阴门；

10 雌虫尾部侧面观及肛门、尾尖形态等。

65 牛仰口线虫

Bunostomum phlebotomum (Railliet, 1900) Railliet, 1902

【主要形态特点】

虫体头端向背面弯曲。口囊发达呈漏斗状（图 -3），其腹侧有 1 对板齿，底部腹齿有 2 对亚腹齿（图 -2、图 -3）。颈乳突位于食道前 1/3 处（图 -1）。交合刺较长。

【雄虫】

虫体大小为 10.5～15.8 mm×0.35～0.38 mm。口囊大小为 0.203～0.257 mm×0.149～0.176 mm，背齿长 0.108～0.135 mm，亚腹齿长 0.068～0.094 mm。食道长 1.08～1.28 mm，颈乳突距头端 0.572～0.740 mm，神经环距头端 0.56～ 0.62 mm。交合刺（图 -4、图 -5）1 对等长，长 3.01～4.90 mm。

【雌虫】

虫体大小为 13.9～20.0 mm×0.50～0.53 mm。口囊大小为 0.217～0.285 mm×0.162～0.203 mm，背齿长 0.108～0.144 mm，亚腹齿长 0.081～0.122 mm。食道长 1.26～1.52 mm，颈乳突距头端 0.70 mm，神经环距头端 0.64～0.77 mm。阴门（图 -6）位于体 1/2 稍前处，距头端 5.96～8.13 mm，距尾端 9.11～ 11.87 mm。尾长 0.24～0.39 mm。

【宿主与寄生部位】

山羊、绵羊、黄牛、牦牛、水牛的小肠。

【虫体标本保存单位】

四川省畜牧科学研究院

图 释

1 虫体头部正面观及食道、颈乳突等；
2 头端正面观及背齿等；
3 头端侧面观及口囊、背齿、亚腹齿等；
4 5 交合伞正面观及背肋、交合刺等；
6 雌虫阴门等；
7 雌虫尾端侧面观及肛门、尾尖等。

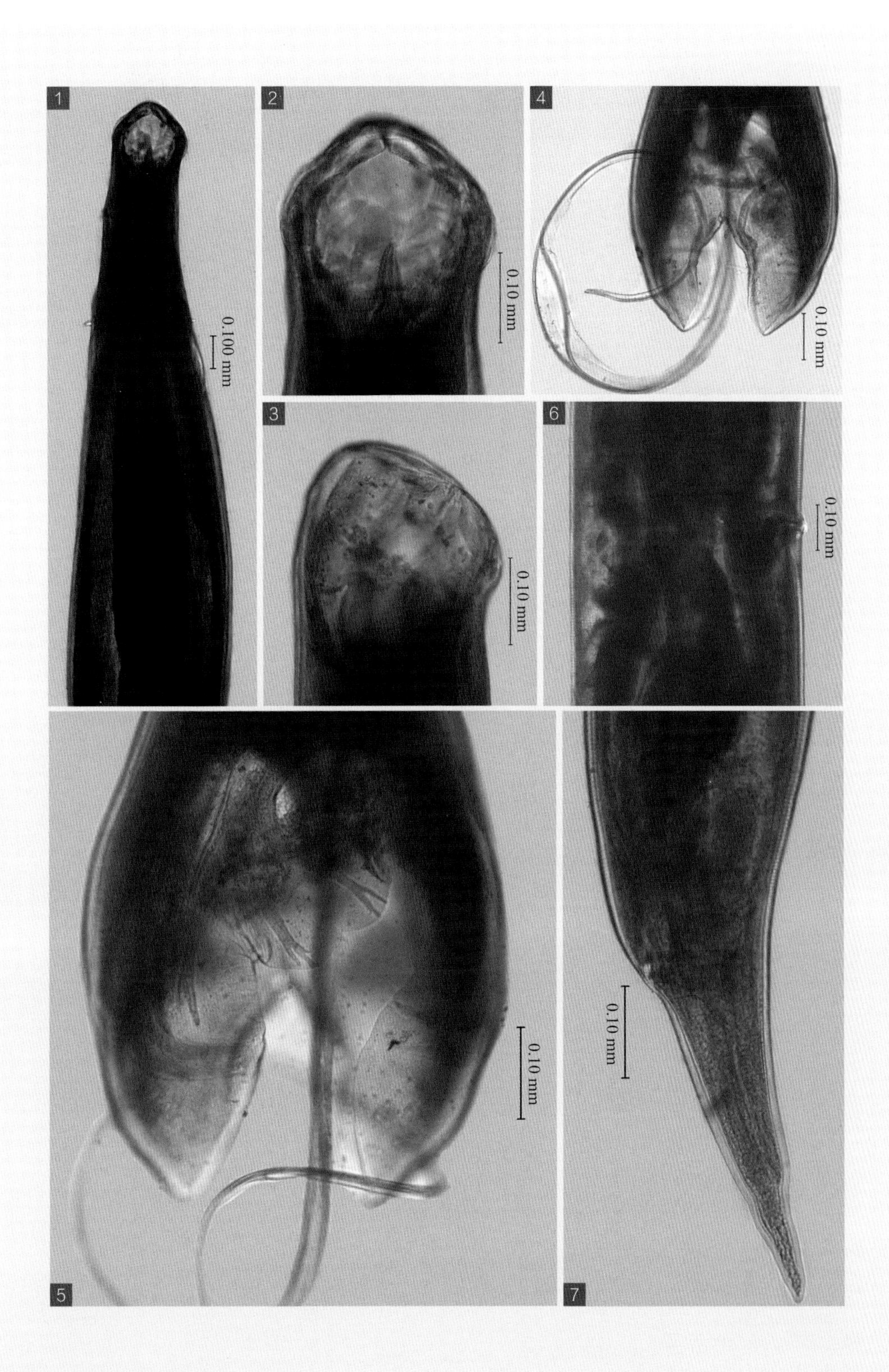
1
0.100 mm
2
0.10 mm
4
0.10 mm
3
0.10 mm
6
0.10 mm
5
0.10 mm
7
0.10 mm

盖吉尔属 *Gaigeria* Railliet et Henry, 1910

虫体前端弯向背面，口囊呈漏斗状，口囊腹侧有 2 个半月状切板，口囊底部有 2 个亚腹齿和 1 个短而尖的背椎。雄虫交合伞由 1 个很大的背叶和 2 个较小的侧叶组成，侧叶腹面相连；交合刺细、1 对等长，无引带。雌虫阴门开口于虫体中部略前。

66 厚瘤盖吉尔线虫

Gaigeria pachyscelis Railliet et Henry, 1910

【主要形态特点】

口囊内的背齿比亚腹齿短或相等，在距头端约 0.93 mm 处有 2 个颈乳突（图 –1）。

【雄虫】

虫体大小为 11.0～12.0 mm×0.60～0.65 mm。交合刺细长，长 1.25～1.33 mm。前侧肋短而钝且远离其他侧肋。外背肋从背肋主干 1/4 处分出，背肋有 2 个短的分支，在各分支的末端形成 3 个小的指状突起（图 –2）。无引带。

【雌虫】

虫体大小为 15.0～17.0 mm×0.70～0.85 mm。尾长 0.4 mm，在肛门后突然变窄。阴门位于体中部稍前。虫卵呈椭圆形，壳薄，一端钝，大小为 0.103～0.128 mm×0.051～0.056 mm。

【图片】

廖党金绘

图 释

1 虫体头端侧面观及口囊、口囊底部齿等；

2 雄虫尾部正面观。

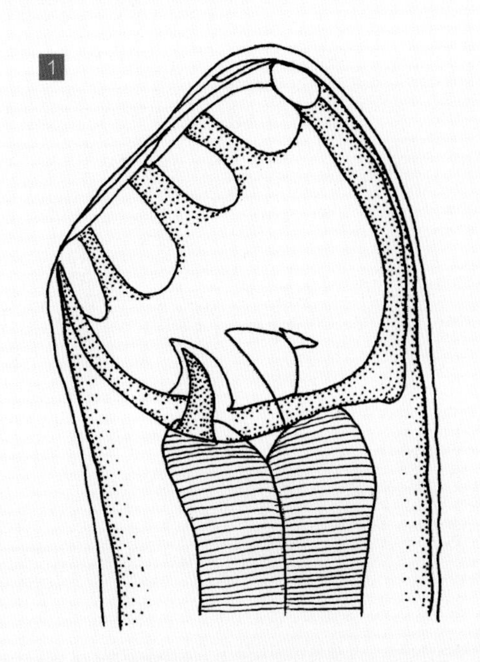
1

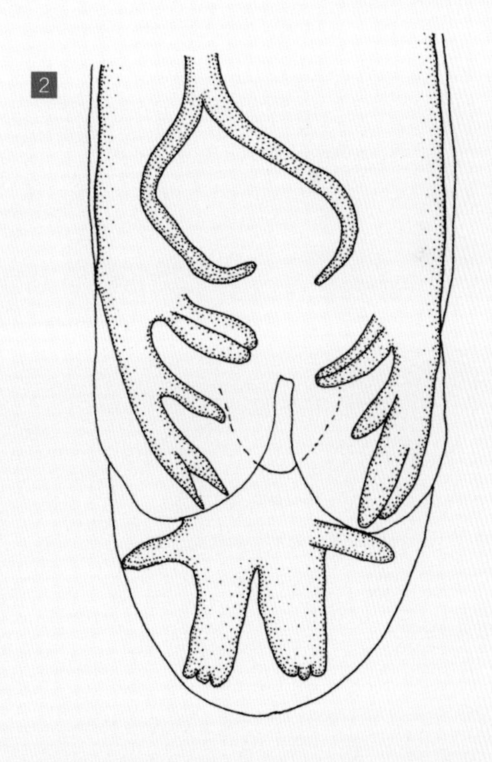
2

球首属 *Globocephalus* Molin, 1861

虫体粗短，前端弯向背面，口囊呈球状，前缘有角质环，囊壁厚，基部有 1 对亚腹齿，有背沟。雄虫交合伞背肋为 2 个三指状分支，交合刺 1 对等长，无引带。雌虫尾部尖，阴门位于虫体后部。

67 沙姆球首线虫

Globocephalus samoensis Lane, 1922

【主要形态特点】

虫体稍显粗短，稍向背部弯曲，头背部似被切状（图 -2、图 -3）。口孔呈卵圆形或圆形，口囊近圆形，其前部腹侧有发育不全的半月状几丁质板，其后口囊内有 1 对大而壮的双尖齿（图 -2、图 -3、图 -4、图 -5）。

【雄虫】

虫体大小为 5.64～5.80 mm×0.300～0.342 mm。腹肋末端分裂为 2 支且并行；3 个侧肋有共同主干，其粗细相似，末端与伞缘距离相等，中侧肋与后侧肋的裂口较深；外背肋在靠近背肋总干基部分出，背肋有 7/8 部分融合，游离部分立即分叉，其外支细短，内支末端分叉，达伞缘（图 -6）。交合刺 1 对细且等长，同形，末端尖，先向外弯，再向内（图 -6、图 -7）。有伞前乳突。引带背面观呈菱形。

【雌虫】

虫体大小为 7.35～8.60 mm×0.3121～0.3580 mm。阴门位于虫体中 1/3 后部（图 -8），阴道向前进入体壁，并立即与纵向的排卵器交接。尾短呈圆锥形（图 -9），有短的刺状突，常有 1 对小乳突。

【宿主与寄生部位】

猪的小肠。

【虫体标本保存单位】

四川省畜牧科学研究院

图释

1 成虫，左为雄虫，右为雌虫；
2 虫体头部侧面观及口囊、口囊底部腹面的双尖齿、食道等；
3 虫体头部正面观及口囊、口囊底部腹面的齿、食道等；
4 口囊侧面观及口囊、口囊底部腹面的双尖齿；
5 口囊正面观及口囊、口囊底部腹面的齿；
6 交合伞正面观及腹肋、侧肋、背肋、交合刺等；
7 雄虫尾部侧面观及交合刺等；
8 雌虫阴门；
9 雌虫尾部侧面观及肛门、尾尖形态。

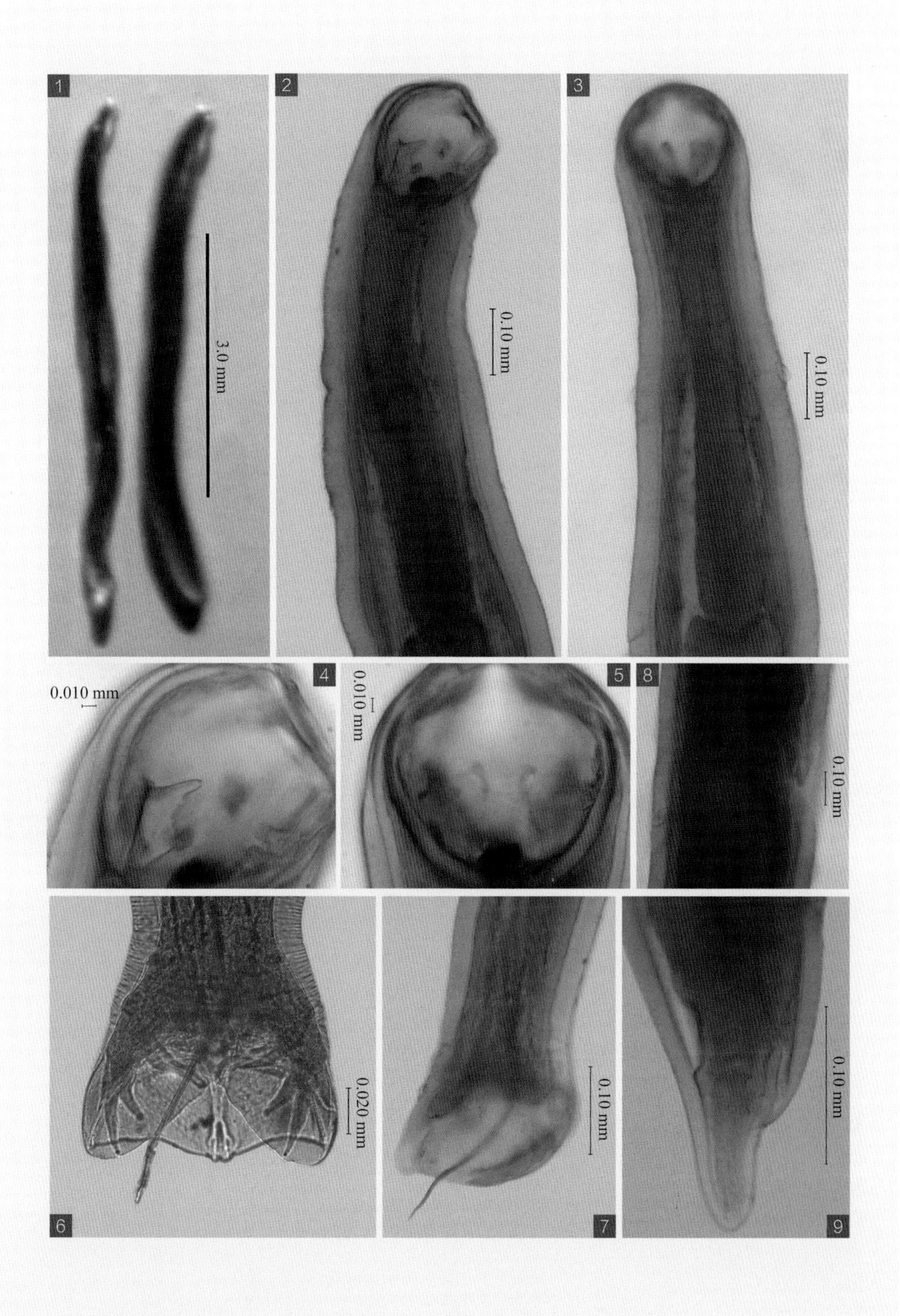
1
3.0 mm
2
0.10 mm
3
0.10 mm
0.010 mm
4
0.010 mm
5
8
0.10 mm
0.020 mm
6
0.10 mm
7
0.10 mm
9

68 四川球首线虫

Globocephalus sichuanensis Wu et Ma, 1984

【主要形态特点】

虫体粗而短，两端向背部弯曲。在口孔内有 1 弱角质环，在环的腹侧有 1 指状齿板及 3 个凹槽。口囊大，呈圆球形，有发达的背沟，亚腹齿 1 对，呈三角形（图 -2）。颈乳突位于食道中后部（图 -1），神经环位于食道后 1/3 处。

【雄虫】

虫体大小为 5.09～6.38 mm×0.42～0.50 mm。食道长 0.555～0.690 mm，神经环距头端 0.225～0.431 mm，颈乳突距头端 0.444～0.639 mm。交合伞侧叶大，伞边缘呈波浪状（图 -3、图 -4、图 -5）。前腹肋和后腹肋并行达伞缘，中侧肋和后侧肋达伞缘（图 -3、图 -4）。外背肋从背肋亚基部分出，背肋在 1/3 处分为 2 支，每支外侧再分出 1 支，主支末端再分成 2 小支（图 -4）。交合刺 1 对等长，呈黄褐色，长 1.568～1.861 mm，末端有翼膜（图 -5）。引带呈铲形。

【雌虫】

虫体大小为 5.838～8.997 mm×0.435～0.556 mm。食道长 0.630～0.707 mm，神经环距头端 0.331～0.451 mm。阴门（图 -6）距尾端 1.831～2.956 mm，肛门（图 -7）距尾端 0.056～0.113 mm。

【宿主与寄生部位】

猪的小肠。

【虫体标本保存单位】

四川农业大学

图 释

1 虫体头部正面观及食道、颈乳突等；
2 口囊、口孔、凹槽等；
3 雄虫尾部侧面观及交合伞、腹肋、侧肋、背肋等；
4 交合伞正面观及侧肋、背肋等；
5 交合伞侧肋、交合刺末端等；
6 雌虫阴门；
7 雌虫尾部侧面及肛门、尾尖等。

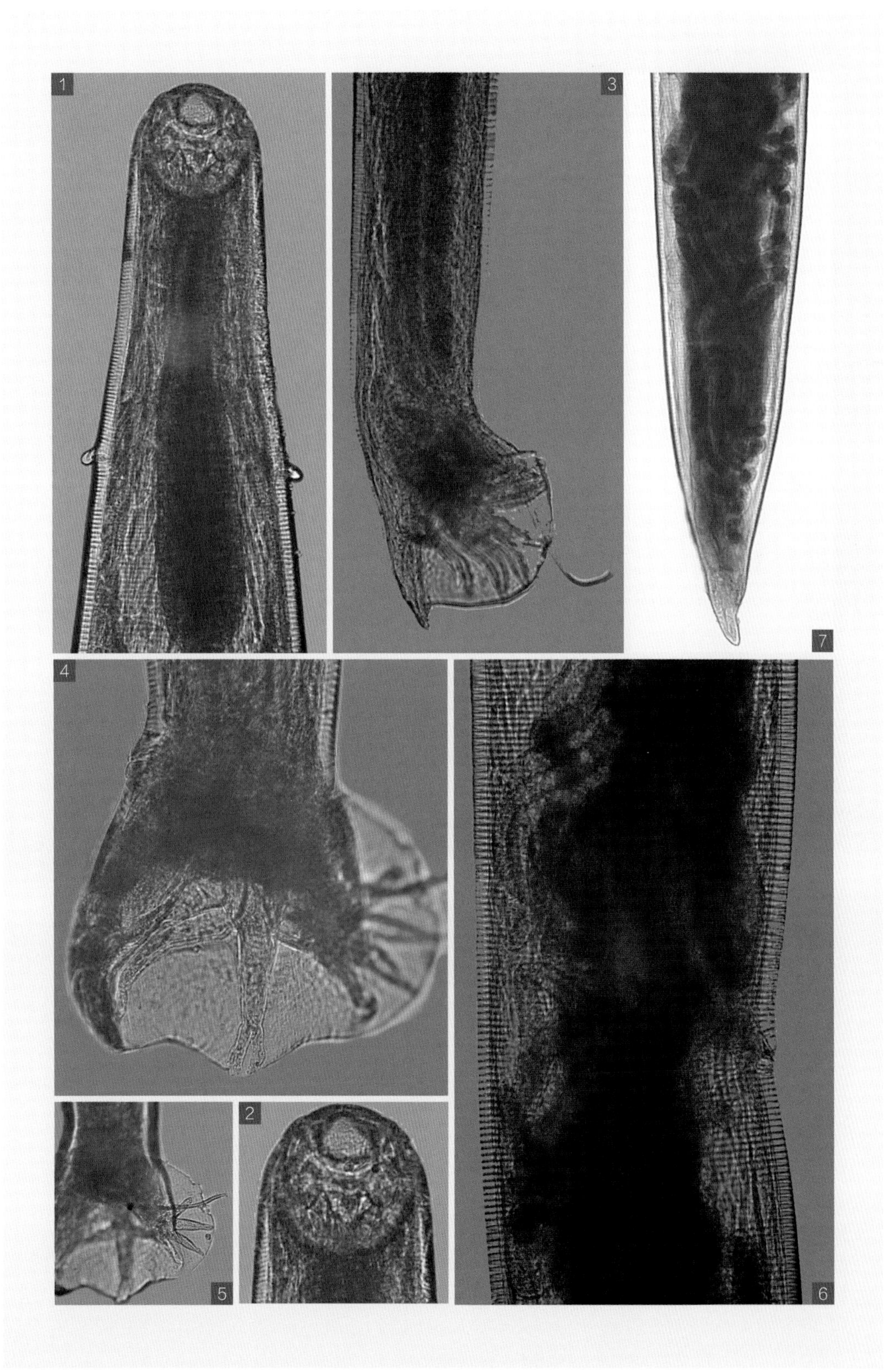
1
3
7
4
5
2
6

69 康氏球首线虫

Globocephalus connorfilii Alessandrini, 1909

【主要形态特点】

口孔位于虫体亚背侧（图 -1），在口囊的基部有 1 对残存的亚腹齿，背沟小，突出于口囊内（图 -1、图 -2）。

【雄虫】

虫体大小为 4.01～4.85 mm×0.201～0.314 mm。背肋在基部分出外背肋后，在远端 1/3 处分成 2 支，每支外侧又分出 1 支，主干支末端分成 2 小支（图 -3）。交合刺 1 对等长，长度为 0.272～0.543 mm。引带长 0.912 mm。

【雌虫】

虫体大小为 4.87～7.04 mm×0.273～0.343 mm。食道长 0.752 mm。阴门（图 -4）距尾端 2.43 mm。虫卵（图 -6）大小为 0.054～0.068 mm×0.034～0.046 mm。

【宿主与寄生部位】

猪的小肠。

【图片引自】

黄兵，沈杰，董辉，等. 2006. 中国畜禽寄生虫形态分类图谱. 北京：中国农业科学技术出版社.

图 释

1 虫体头端侧面观；
2 虫体头部背面观；
3 雄虫尾部背侧面观；
4 雌虫阴门区侧面观；
5 雌虫尾部侧面观；
6 虫卵。

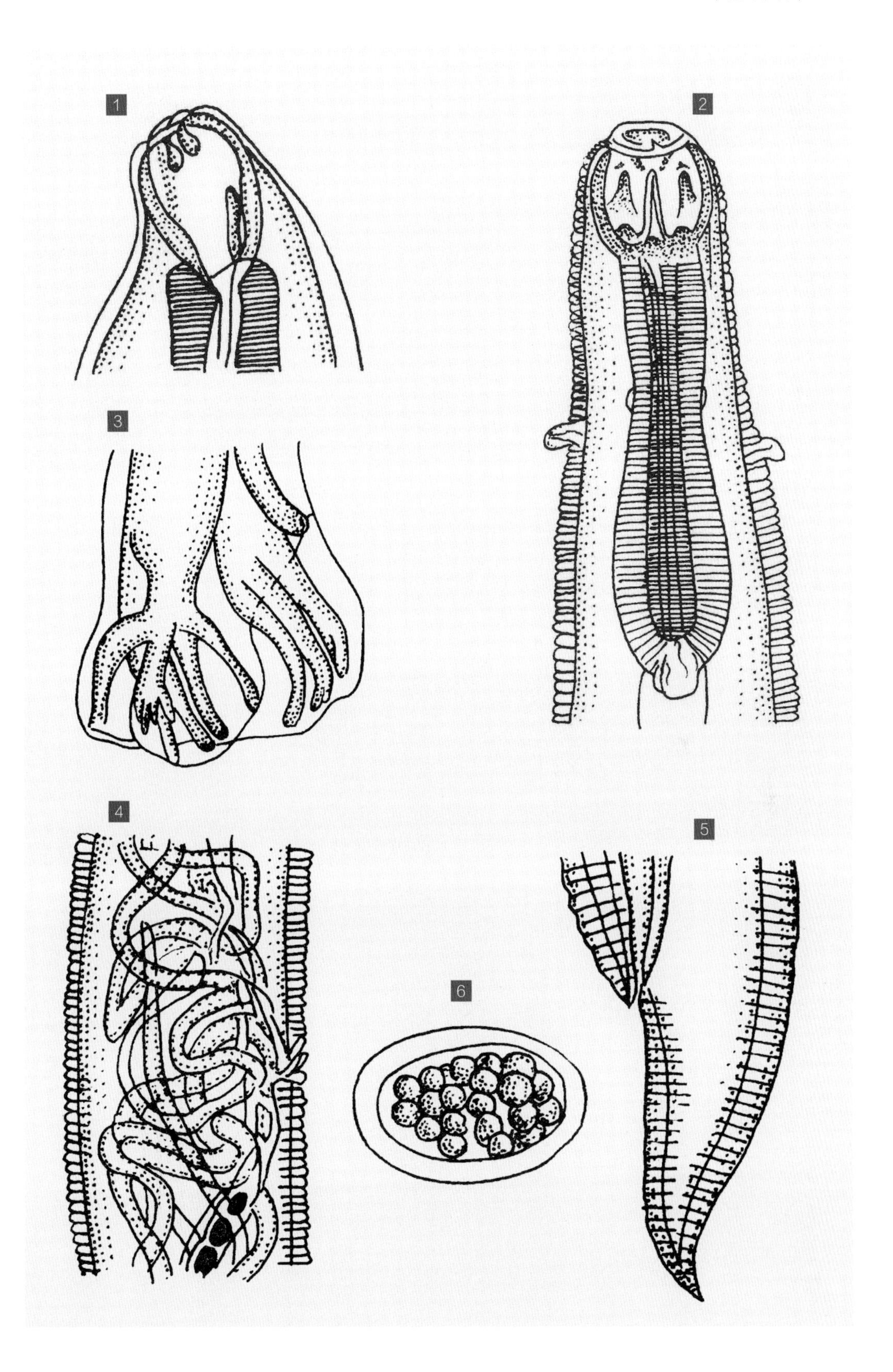
1
2
3
4
5
6

70 长钩球首线虫

Globocephalus longemucronatus Molin, 1861

【主要形态特点】

虫体直而短小，角皮厚。口向背面弯曲，口囊略呈卵形，口囊壁厚，在口囊内腹面深处两侧各有 1 个半月形的亚腹齿，有食道背沟，其沟延伸至口囊上方近口的边缘（图 –1）。

【雄虫】

虫体大小为 5.15～5.66 mm×0.291～0.322 mm。口囊大小为 0.151 mm×0.091 mm。食道长 0.543 mm，神经环距头端 0.374～0.398 mm，排泄孔位于颈乳突水平腹面，颈乳突 1 对，距头端 0.450～0.490 mm。交合伞发达，腹肋末端分为 2 支，外背肋从背肋主干分出，背肋末端分为 2 支。交合刺 1 对等长，长 0.525～0.603 mm（图 –2）。

【雌虫】

虫体大小为 6.22～7.49 mm×0.375～0.548 mm。口囊大小为 0.182 mm×0.111 mm。食道长 0.641～0.676 mm，神经环距头端 0.443～0.528 mm，颈乳突距头端 0.525～0.558 mm。阴门位于体后部，尾部尖，尾长 0.189～0.219 mm。

【宿主与寄生部位】

猪的小肠。

【图片】

廖党金绘

图 释

1 虫体头部正面观及口囊、神经环、食道等；

2 雄虫尾部侧面观及交合刺、交合伞、引带、腹肋、侧肋、外背肋、背肋。

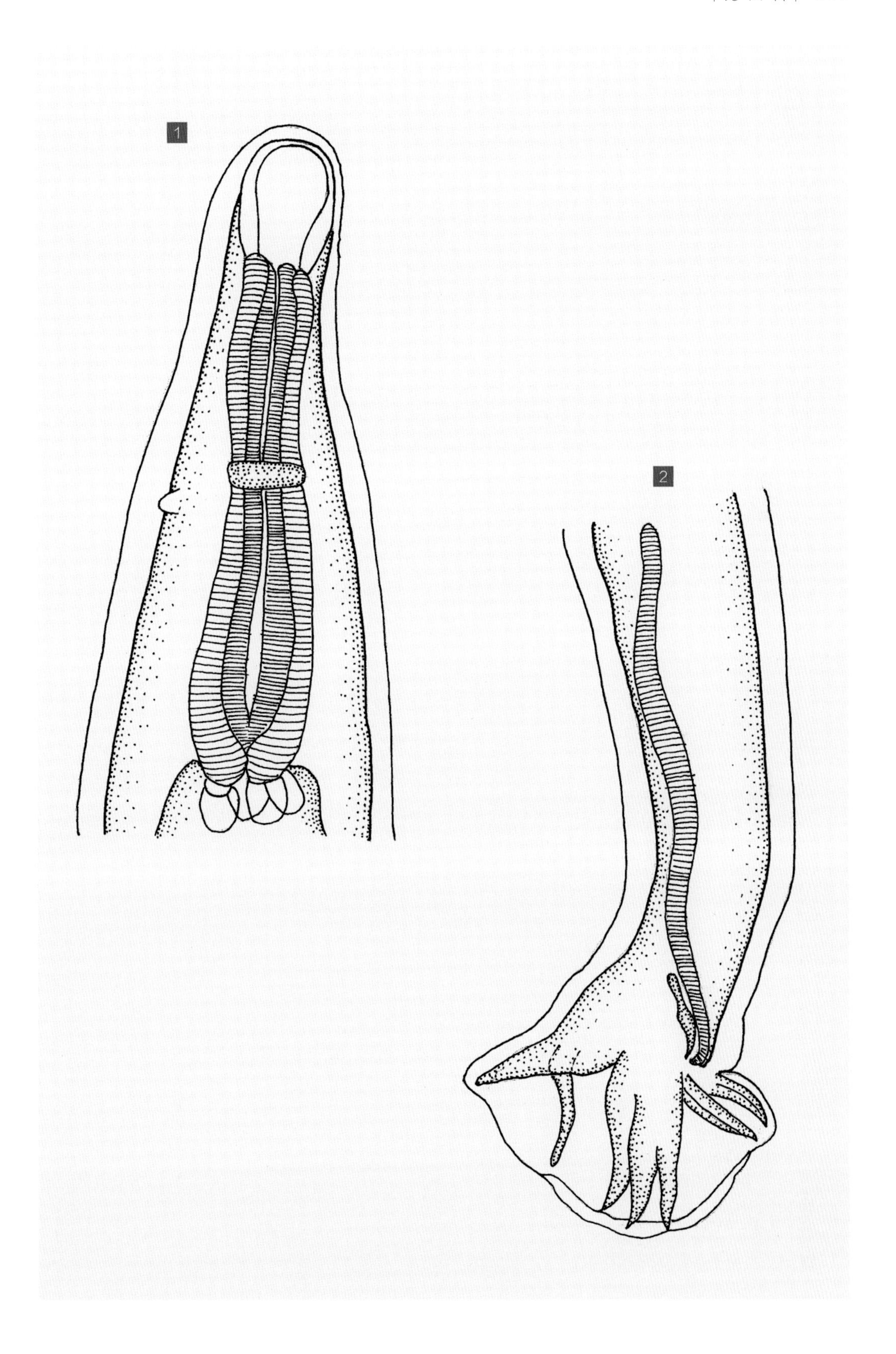
1
2

71 锥尾球首线虫

Globocephalus urosubulatus Alessandrini, 1909

【主要形态特点】

虫体粗短，体前端向背部弯曲。口呈圆形，口囊呈球状或漏斗状，外缘有角质环，口囊大小为0.151～0.172 mm×0.101～0.112 mm，其内有亚腹齿1对，背沟明显（图-1）。

【雄虫】

虫体大小为4.97～5.19 mm×0.281～0.321 mm。交合刺（图-3）1对等长，呈棕褐色，长0.481～0.512 mm。引带呈淡褐色棒状，两端尖细（图-4），大小为0.101～0.112 mm×0.461～0.511 mm。

【雌虫】

虫体大小为5.14～6.32 mm×0.461～0.511 mm。阴门位于体后部，距尾端2.171～2.992 mm。虫卵呈灰色卵圆形，卵壳很薄，大小为0.058～0.063 mm×0.033～0.044 mm。

【宿主与寄生部位】

猪的小肠。

【图片引自】

黄兵，沈杰，董辉，等. 2006. 中国畜禽寄生虫形态分类图谱. 北京：中国农业科学技术出版社.

图 释

1 虫体头端正面观及角质环、口囊、亚腹齿、背沟等；
2 雄虫尾部及交合伞、腹肋、侧肋、背肋等；
3 交合刺；
4 引带；
5 雌虫尾部侧面观及肛门、尾尖。

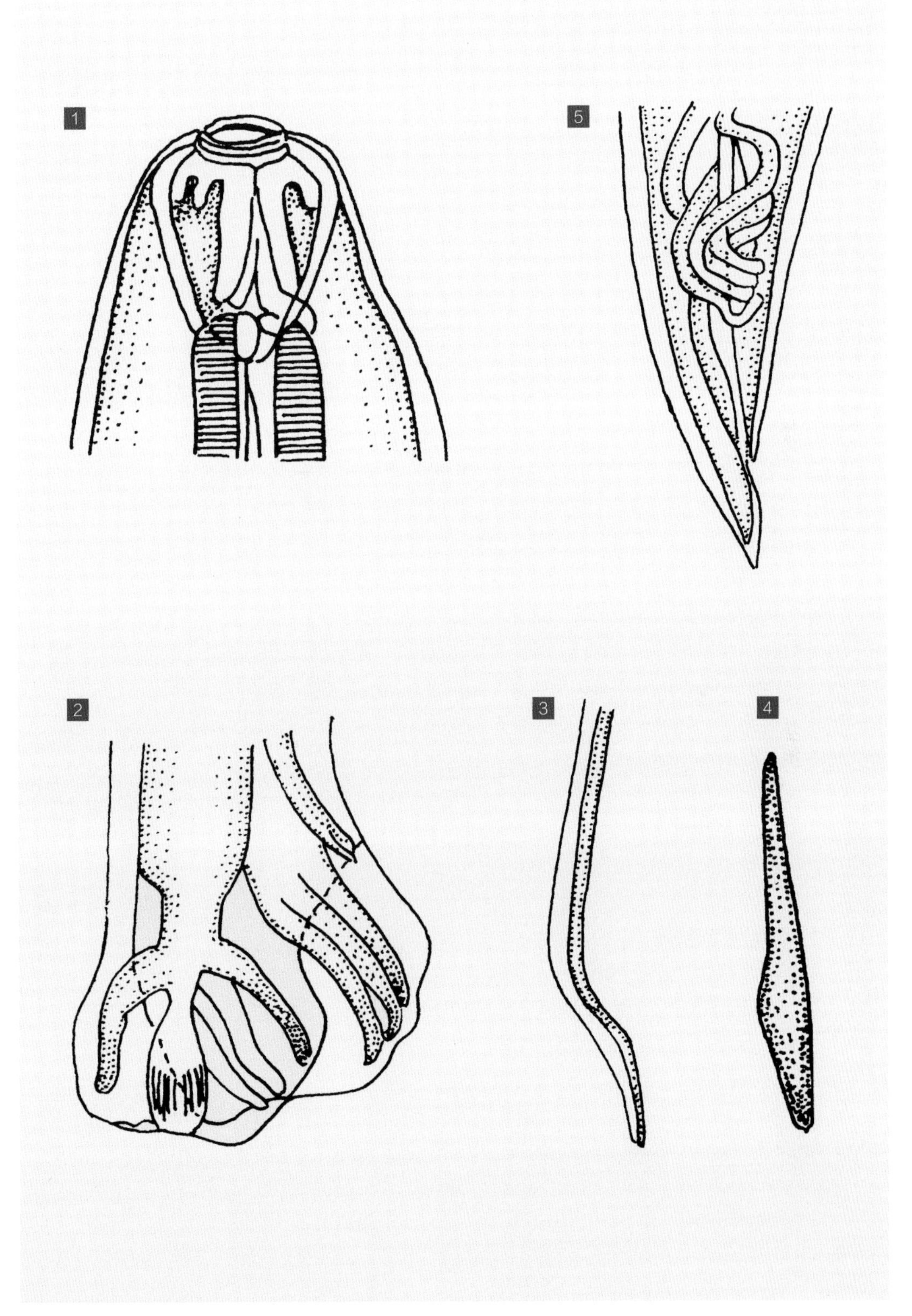
1
5
2
3
4

板口属 *Necator* Stiles, 1903

虫体头端向背面弯曲，其口缘有 1 对半月形板齿。口囊较大，呈球状或漏斗状，在口囊基部有亚背齿 1 对和腹齿 1 对，有背圆锥。雄虫交合伞的侧叶大而背叶小，伞前乳突明显。中侧肋和后侧肋紧靠一起，外背肋细长，起于背肋亚基部。

72 美洲板口线虫

Necator americanus (Stiles, 1902) Stiles, 1903

【主要形态特点】

虫体前端向背部呈 90° 弯曲（图 –1）。口孔呈椭圆形，前方稍窄，口囊呈卵圆形，其纵径大于横径（图 –2、图 –5），在口囊的背侧和腹侧各有 1 对半月形的板齿，背侧的 1 对较小，有 1 个圆锥形背齿突入口囊中间，在口囊底部有 1 对三菱齿（图 –2、图 –3、图 –4）。食道呈棒状（图 –5）。

【雄虫】

虫体大小为 5.28～11.21 mm×0.311～0.428 mm。食道长 0.743～0.853 mm。颈乳突距头端 0.311～0.541 mm。交合伞的侧叶大而背叶小（图 –6、图 –7、图 –8）。前腹肋和后腹肋紧靠一起；前侧肋与中侧肋和后侧肋有明显距离，中侧肋和后侧肋在远端 1/3 处分开（图 –6、图 –7、图 –8）；外背肋伸入侧叶内；背肋细小，在基部分为 2 支，每支的远端又分为 2 小支（图 –6、图 –7）。交合刺 1 对细长，在远端合并形成一个倒钩（图 –7），其长度为 1.081～1.322 mm。

【雌虫】

虫体大小为 9.755～13.921 mm×0.428～0.601 mm。食道长 0.881～0.949 mm，颈乳突距头端 0.511～0.614 mm。阴门有明显的唇瓣，距尾端 5.915～6.841 mm，尾长（图 –9）0.161～0.215 mm。

【宿主与寄生部位】

犬的小肠。

【虫体标本保存单位】

中国农业科学院兰州兽医研究所

图 释

1 成虫，左为雄虫，右为雌虫；

2 3 虫体头端正面观及口孔、口囊、背侧齿、腹侧半月形板齿等；

4 虫体头端侧面观及口孔、口囊、口囊底部三菱齿；

5 虫体头部正面观及口孔、食道、神经环等；

6 交合伞正面观及腹肋、侧肋、外背肋、背肋等；

7 8 交合伞侧面观及交合刺、腹肋、侧肋、外背肋、背肋等；

9 雌虫尾部侧面观及肛门、尾尖等。

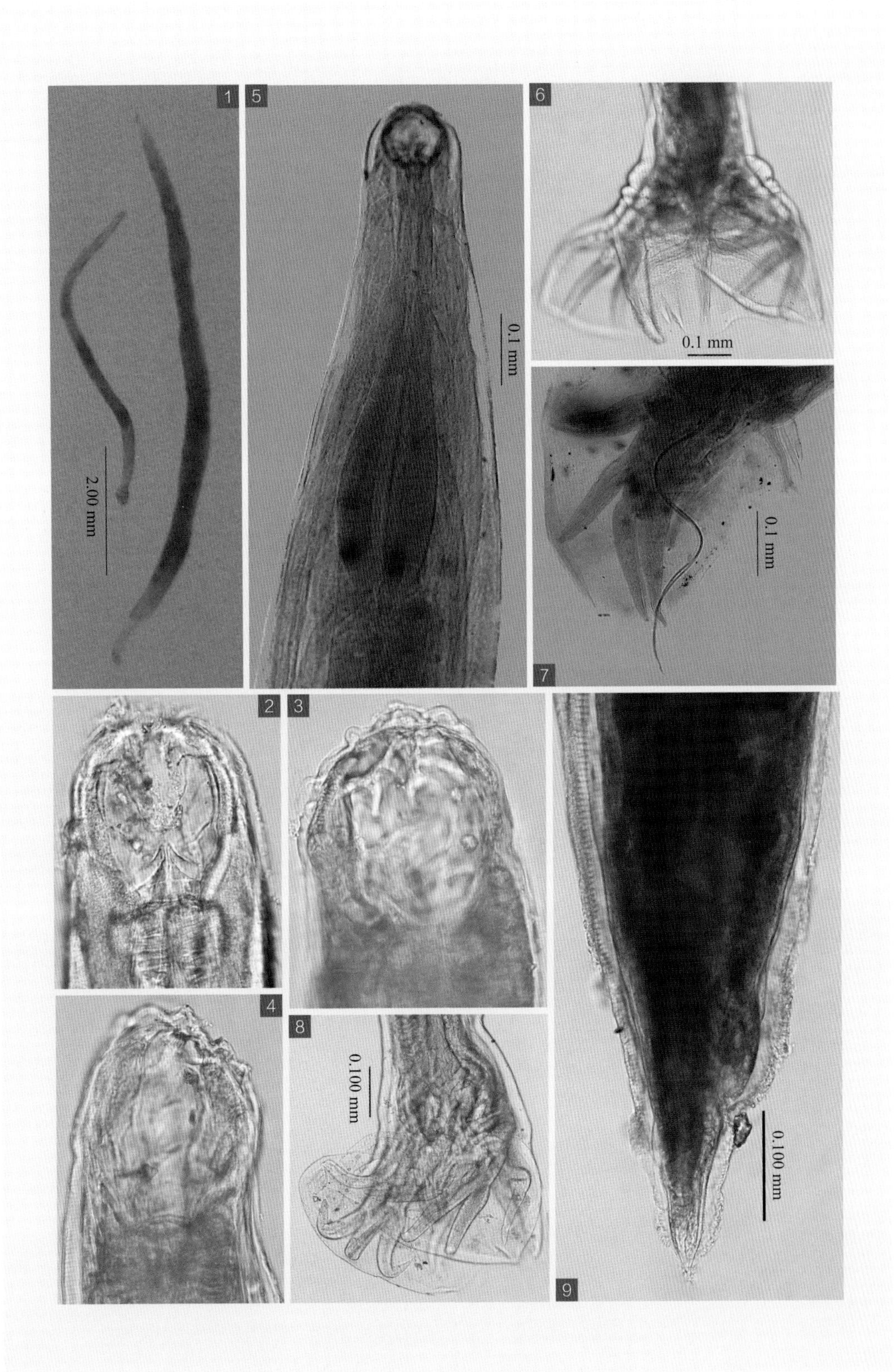
1
5
6
2.00 mm
0.1 mm
0.1 mm
0.1 mm
7
2
3
4
8
0.100 mm
0.100 mm
9

钩刺属 *Uncinaria* Froelich, 1789

同物异名：弯口属。虫体头端向背面弯曲。口缘腹面有 1 对半月形齿板，口囊呈漏斗状，底部有 1 对亚腹齿。背齿未突入口囊。雄虫交合伞侧叶发达，背叶小，各侧肋起于同一主干，几乎同时分开，外背肋从背肋基部分出，背肋分 2 支，每支末端有 2～3 芽支。交合刺 1 对等长，有引带。雌虫阴门开口于虫体后半部。

73 狭头钩刺线虫

Uncinaria stenocephala Railliet, 1884

【主要形态特点】

虫体头端向背面弯曲。口囊呈漏斗状，腹面有 1 对半月形齿板，口囊底部有 1 个背齿，两侧有 1 对三菱形亚腹齿（图 –2、图 –3）。

【雄虫】

虫体大小为 6.0～11.0 mm×0.28～0.34 mm。交合伞发达，背叶短，侧叶发达；2 个腹肋起于共同主干，两肋并行分裂；前侧肋和中侧肋的远端距离比后侧肋与中侧肋的远端距离较远（图 –5）。外背肋从背肋基部分出，在背肋约长度 1/2 处分为 2 支，每支各分成三指状（图 –6）。交合刺 1 对等长，长 0.65～0.73 mm。引带呈长圆形，长 0.10～0.12 mm。

【雌虫】

虫体大小为 9.0～16.0 mm×0.28～0.37 mm。阴门（图 –7）位于体后 1/3 前部。尾刺长 0.028～0.030 mm。虫卵呈椭圆形，大小为 0.078～0.083 mm×0.052～0.059 mm。

【宿主与寄生部位】

犬、猫、猪的小肠。

【虫体标本保存单位】

中国农业科学院兰州兽医研究所

图 释

1 成虫，左为雌虫，右为雄虫；
2 虫体头端正面观及口囊、半月形板、亚腹齿等；
3 虫体头端侧面观及口囊、半月形板、亚腹齿等；
4 虫体头部正面观及口囊、食道、神经环等；
5 6 交合伞正面观及腹肋、侧肋、外背肋、背肋等；
7 雌虫阴门；
8 雌虫尾部侧面观及肛门、尾尖等。

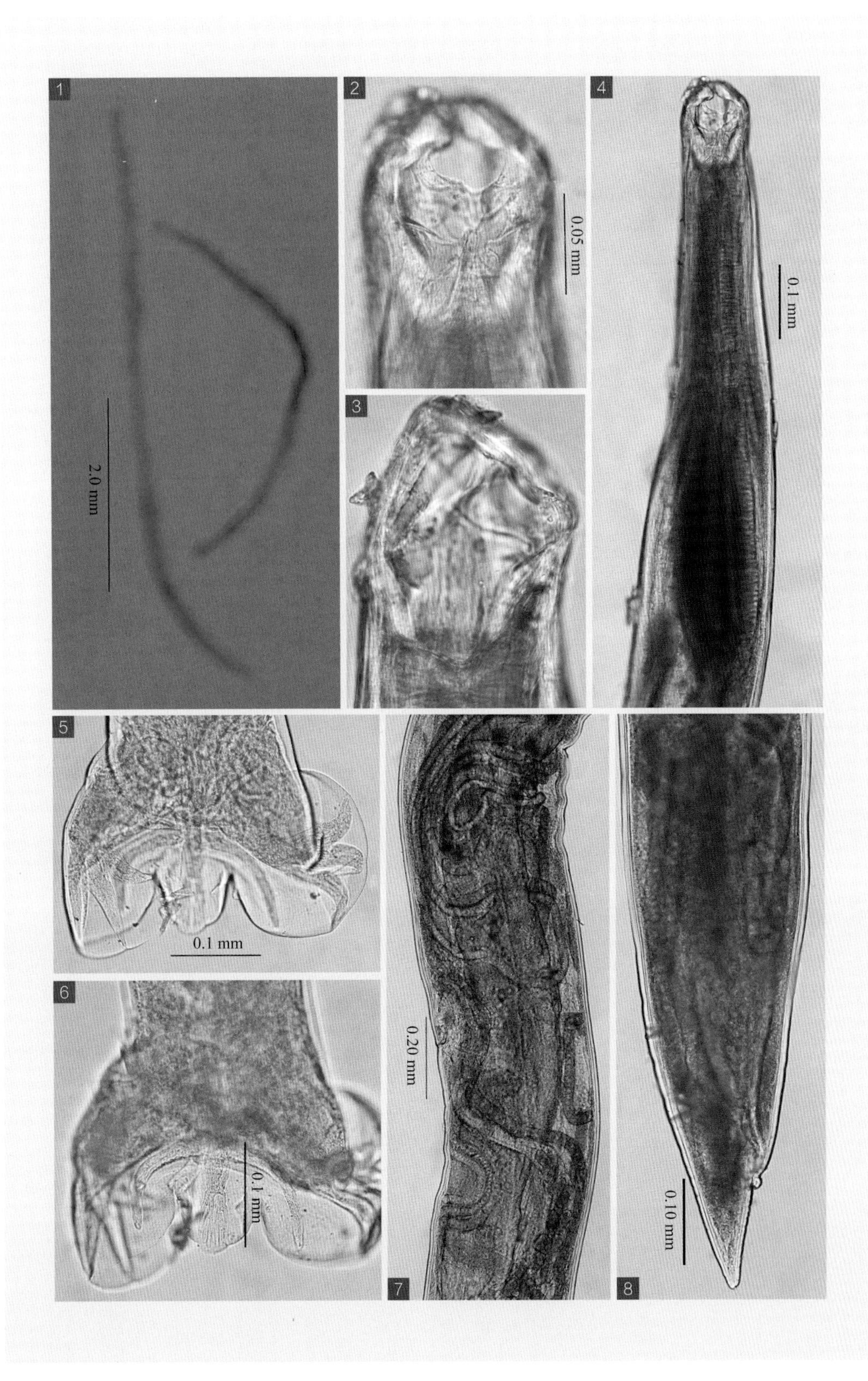
1
2.0 mm
2
0.05 mm
3
4
0.1 mm
5
0.1 mm
6
0.1 mm
7
0.20 mm
8
0.10 mm

盅口科 Cyathostomidae Yamaguti, 1961

口直向前，叶冠呈单列或双列排列，口囊底部有呈三角形的小切板。雄虫交合伞发达，背叶显著，交合刺 1 对等长，有引带，生殖锥发达。雌虫尾尖，阴门近肛门。

盅口属 *Cyathostomum* Molin, 1861

同物异名：毛线属（*Trichonema* Cobbold, 1874）。口周围有两圈叶冠，外叶冠起于口领，内叶冠起于口囊前缘或附近，叶冠外围有 4 个亚中乳突和 2 个侧乳突。口囊的宽度大于深度，多呈不规则的圆柱状。雄虫的交合刺 1 对等长，远端呈钩状，有引带。雌虫阴门位于肛门前方。

74 四隅（埃及）盅口线虫

Cyathostomum tetracanthum (Mehlis, 1831) Molin, 1861

【主要形态特点】

虫体体表有横纹（图 -1），口领外缘稍内凹。口囊壁薄，中部向内弯曲呈屈膝状，外叶冠长呈柱形，顶部尖，22 片；内叶冠伸至口囊弯曲处。背沟稍粗，伸至口囊后缘（图 -3、图 -4、图 -5）。食道短粗，颈乳突位于食道后部（图 -1）。

【雄虫】

虫体大小为 7.4～9.6 mm×0.41～0.43 mm，口囊大小为 0.0173～0.0181 mm×0.0651～0.0951 mm。食道长 0.40～0.46 mm，颈乳突距头端 0.31～0.42 mm，神经环距头端 0.16～0.25 mm。交合伞大小为 0.44～0.81 mm×0.61～0.63 mm。2 个腹肋并列达伞缘，3 个侧肋分开，前侧肋细小，未达伞缘，中侧肋和后侧肋几乎相等，伸达伞缘（图 -6）。外背肋较粗大，从背肋基部分出；背肋粗大，分为 2 支，每支再各分为 3 支，分支上有小刺状突（图 -6、图 -7）。交合刺长 1.18～1.24 mm。生殖锥附器呈卵圆形，顶端有 2 个半月突。

【雌虫】

虫体大小为 10.0～12.1 mm×0.54～0.56 mm，头部宽 0.13～0.15 mm。口囊大小为 0.020～0.024 mm×0.06～0.07 mm，食道长 0.44～0.52 mm，颈乳突距头端 0.34～0.44 mm，神经环距头端 0.23～0.28 mm。阴门位于体后部，距尾端 0.22～0.31 mm。尾部向背面弯曲呈尖锥形（图 -8），尾长 0.08～0.16 mm。

【宿主与寄生部位】

马、驴的大肠。

【虫体标本保存单位】

中国农业科学院上海兽医研究所

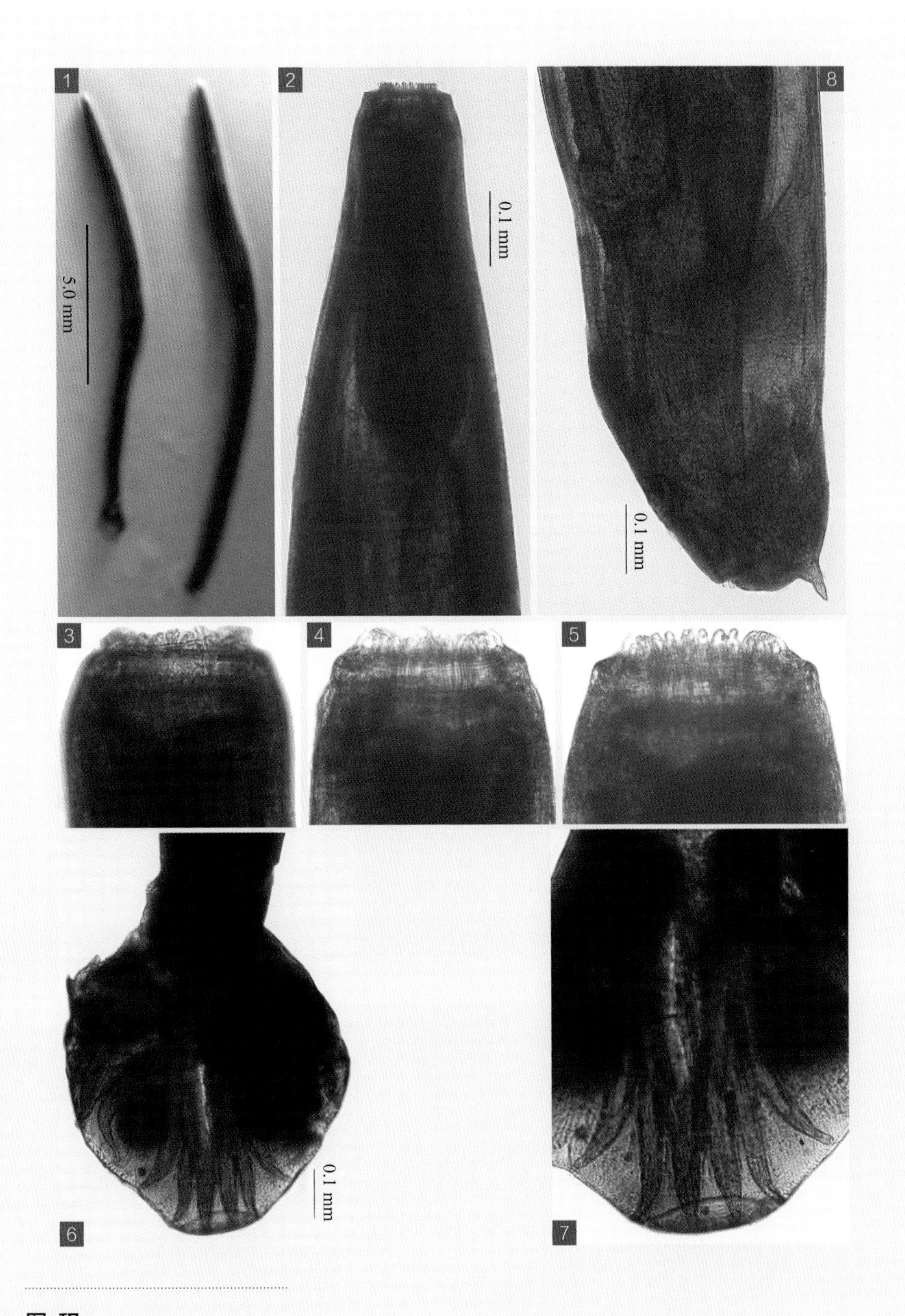

图 释

1 成虫，左为雄虫，右为雌虫；

2 虫体头部正面观及体表横纹、食道、神经环等；

3 ~ 5 虫体头端及口领、叶冠、口囊等；

6 雄虫尾部正面观及交合伞、腹肋、侧肋、背肋等；

7 背肋；

8 雌虫尾部侧面观及阴门、肛门、尾尖形态等。

75 碗状（卡提）盅口线虫

Cyathostomum catinatum Looss, 1900

【主要形态特点】

虫体呈细线形，体表有横纹（图 -1）。口领明显，有一横沟与体部分开，口呈椭圆形，稍突出于体前端；外叶冠呈三角形，有 22 片，内叶冠起自口囊前 1/3 处；口囊壁前端稍向外斜，向后增厚，口囊前宽后窄；背沟不明显（图 -2）。

【雄虫】

虫体大小为 6.11～8.83 mm×0.18～0.36 mm。口囊前部宽 0.035 mm，后部宽 0.033 mm，深 0.025～0.031 mm。食道长 0.35～0.41 mm，颈乳突距头端 0.32～0.38 mm，神经环距头端 0.19～0.22 mm。交合伞大小为 0.41 mm×0.73 mm，交合伞的背叶短（图 -5、图 -6）；2 个腹肋并列，3 个侧肋分开（图 -3、图 -4）；外背肋从背肋基部分出，背肋在基部分成 2 支，每支再分为 3 小支，每个小支上有指状突（图 -4、图 -5）。生殖锥的背唇两侧各有 2 个指状突。交合刺 1 对等长，长 1.27～1.58 mm。引带长 0.15～0.23 mm。

【雌虫】

虫体大小为 6.95～9.01 mm×0.20～0.41 mm。口囊前部宽 0.04 mm，后部宽 0.038 mm，深 0.028 mm。食道长 0.35～0.42 mm，颈乳突距头端 0.33～0.41 mm，神经环距头端 0.21～0.24 mm。尾部向背侧呈直角弯曲，呈脚形（图 -8）。阴门距尾端 0.12～0.19 mm，肛门距尾端 0.07～0.11 mm。

【宿主与寄生部位】

马、驴、骡的大肠。

【虫体标本保存单位】

四川省畜牧科学研究院

图 释

1 虫体头部正面观及体表横纹、口囊、食道、神经环、颈乳突等；
2 虫体头端及口领、叶冠、口囊等；
3 4 交合伞侧面观及腹肋、侧肋、背肋、交合刺等；
5 背肋；
6 交合刺尾端；
7 交合刺末端钩；
8 雌虫尾部侧面观及阴门、肛门等。

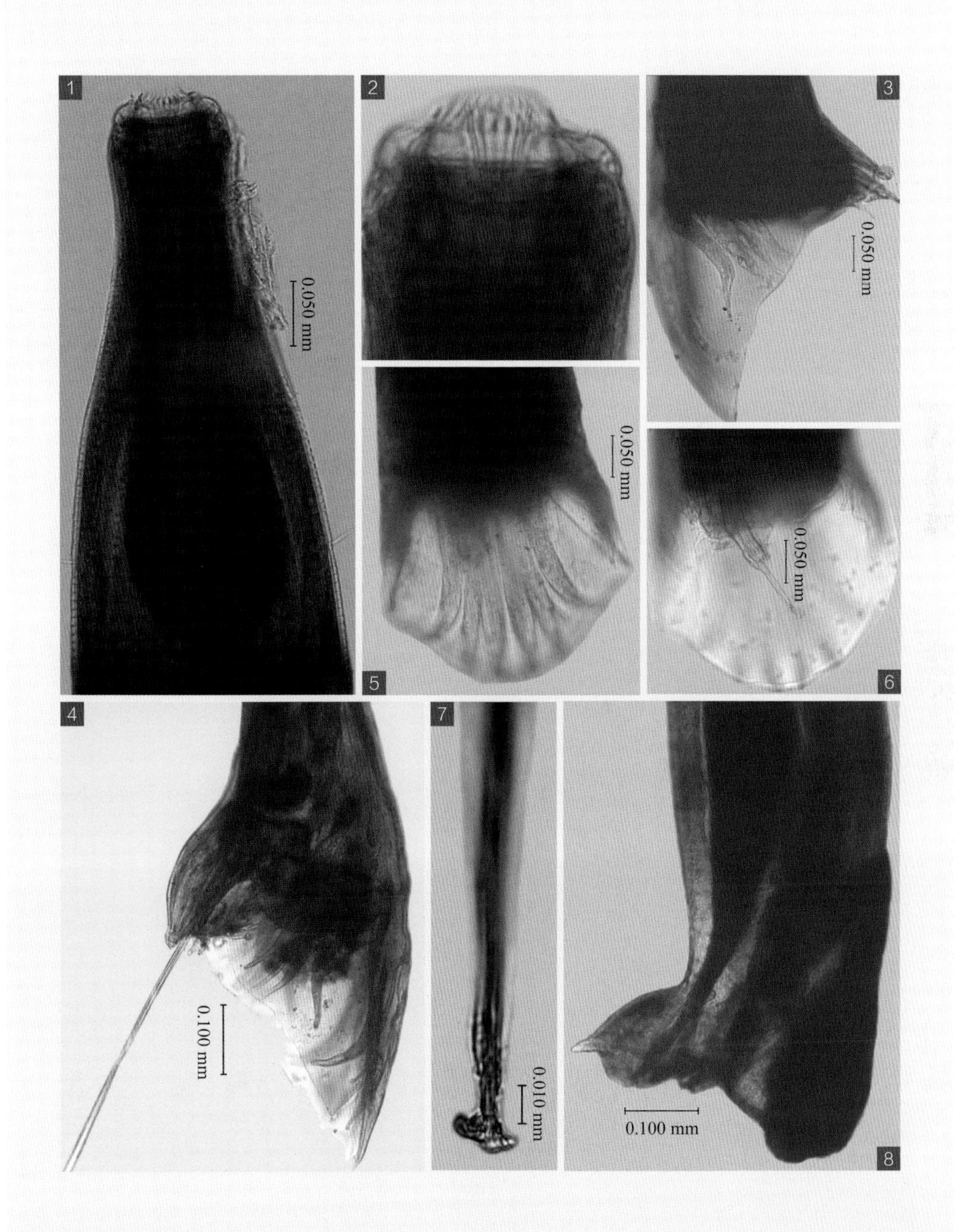
1
0.050 mm
2
3
0.050 mm
5
0.050 mm
6
0.050 mm
4
0.100 mm
7
0.010 mm
8
0.100 mm

76 冠状盅口线虫

Cyathostomum coronatum Looss, 1900

【主要形态特点】

虫体呈线形，体表有横纹（图 -1）。口领较低，顶部呈弧形，外叶冠 20～22 片，内叶冠起始于前 1/3～1/4 处，40～52 片，口囊前、后部分较宽，中部向内收敛。口囊壁较厚，前、后壁向外倾斜（图 -2）。食道呈花瓶状，食道漏斗发达（图 -1）。

【雄虫】

虫体大小为 7.4～9.6 mm×0.26～0.32 mm，头部宽 0.11～0.12 mm。口囊的前、后两部分约等宽，宽度为 0.05～0.06 mm，中部宽 0.041～0.046 mm，深 0.028～0.037 mm。食道长 0.43～0.52 mm，颈乳突距头端 0.30～0.39 mm，神经环距头端 0.21～0.25 mm，排泄孔位于颈乳突水平处。交合伞大小为 0.44～0.51 mm×0.10～0.13 mm。背叶和背肋均较长（图 -3、图 -4）。2 个腹肋并列，3 个侧肋分离，均达伞缘（图 -3）。外背肋起于背肋基部，未达伞缘（图 -3）；背肋基部即分为 2 主支，每支各分 3 支，内侧支最细长，所有分支均达伞缘（图 -4）。交合刺 1 对细长，长 0.61～1.23 mm。引带长 0.15～0.19 mm。在生殖突附器上每侧有 7～10 个刺状突。

【雌虫】

虫体大小为 8.4～11.1 mm×0.29～0.45 mm，头部宽 0.11～0.13 mm。口囊前、后两部分近等宽，0.54～0.61 mm，中部宽 0.04～0.046 mm，深 0.047～0.049 mm。食道长 0.47～0.53 mm，颈乳突距头端 0.35～0.45 mm，神经环距头端 0.22～0.25 mm。阴门距尾端 0.26～0.34 mm。尾呈直指状（图 -5），长 0.14～0.23 mm。虫卵大小为 0.080～0.098 mm×0.036～0.043 mm。

【宿主与寄生部位】

马、驴、骡的大肠、盲肠。

【虫体标本保存单位】

四川省畜牧科学研究院

图 释

1 虫体头部正面观及体表横纹、口囊、食道、神经环、颈乳突等；

2 虫体头端及口领、叶冠、口囊等；

3 交合伞侧面观及腹肋、侧肋、背肋等；

4 交合伞背叶正面观及背肋等；

5 雌虫尾部侧面观及阴门、肛门、尾尖形态等。

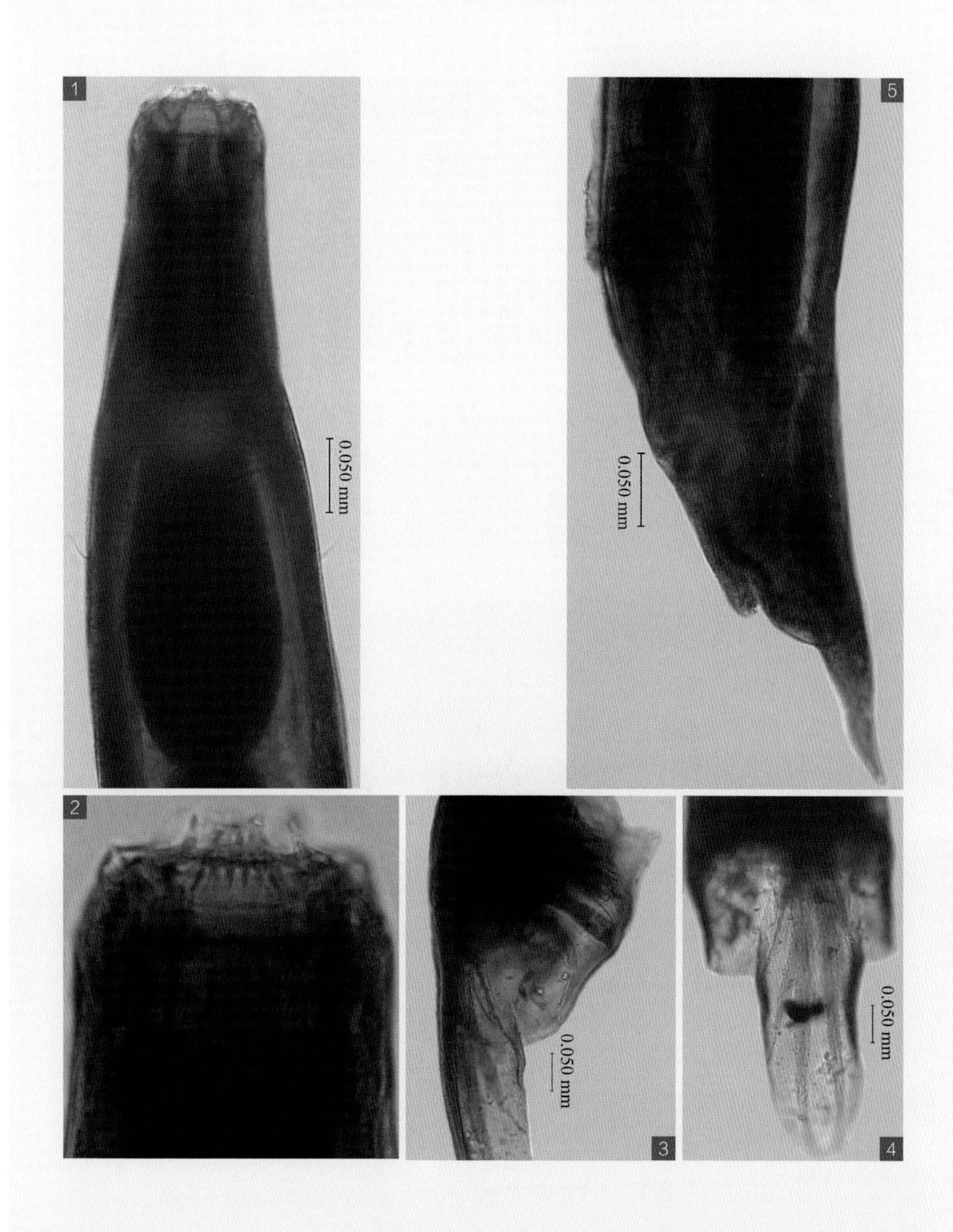
1
0.050 mm
5
0.050 mm
2
0.050 mm
3
0.050 mm
4

77 唇形盅口线虫

Cyathostomum labiatum (Looss, 1902) McIntosh, 1933

【主要形态特点】

虫体口领发达，其基部有 4 个大而显著的唇，2 个位于侧背面，2 个位于侧腹面，4 个下中乳突从每个唇瓣前缘中央伸出，侧乳突顶端短而宽（图 -1、图 -2、图 -3）；外叶冠长，19 片；内叶冠短，40～42 片。口囊短宽，口囊壁中部较厚（图 -2、图 -3）。食道呈花瓶状（图 -1）。

【雄虫】

虫体大小为 7.4～10.1 mm×0.23～0.45 mm，头部宽 0.13 mm。口领高 0.12 mm，口囊大小为 0.024 mm×0.04～0.06 mm。食道长 0.41～0.44 mm，颈乳突距头端 0.34～0.41 mm，神经环距头端 0.23～0.26 mm，排泄孔距头端 0.40 mm。交合伞的背叶较短，边缘呈圆形（图 -4、图 -5、图 -6、图 -7）。2 个腹肋并列，3 个侧肋分开，外背肋起于背肋基部，背肋分为 2 支，每支再各分 3 小支，其中内支上常有芽状突（图 -4、图 -5、图 -6）。交合刺长 0.0840～0.1463 mm。引带长 0.21～0.29 mm。

【雌虫】

虫体大小为 8.1～12.1 mm×0.32～0.52 mm，头部宽 0.12～0.14 mm。口囊大小为 0.025 mm×0.04～0.06 mm。食道长 0.43～0.48 mm，颈乳突距头端 0.38～0.46 mm，神经环距头端 0.21～0.27 mm，排泄孔距头端 0.36 mm。阴门距尾端 0.17～0.35 mm。尾尖呈指状（图 -9），长 0.11～0.16 mm。

【宿主与寄生部位】

马、驴、骡的大肠。

【虫体标本保存单位】

四川省畜牧科学研究院

图 释

1 虫体头部正面观及口领、唇、叶冠、口囊、食道、神经环、颈乳突等；
2 3 虫体头端及口领、唇、叶冠、口囊等；
4 雄虫尾部侧面观及腹肋、侧肋、背肋等；
5 交合伞侧面观及背肋、侧肋等；
6 雄虫尾部正面观及背肋、侧肋、腹肋、交合刺等；
7 交合伞正面观及外背肋、背肋；
8 交合刺末端钩；
9 雌虫尾部侧面观及阴门、肛门、尾尖形态等；
10 雌虫和雄虫交配，上为雌虫尾部，下为雄虫尾部。

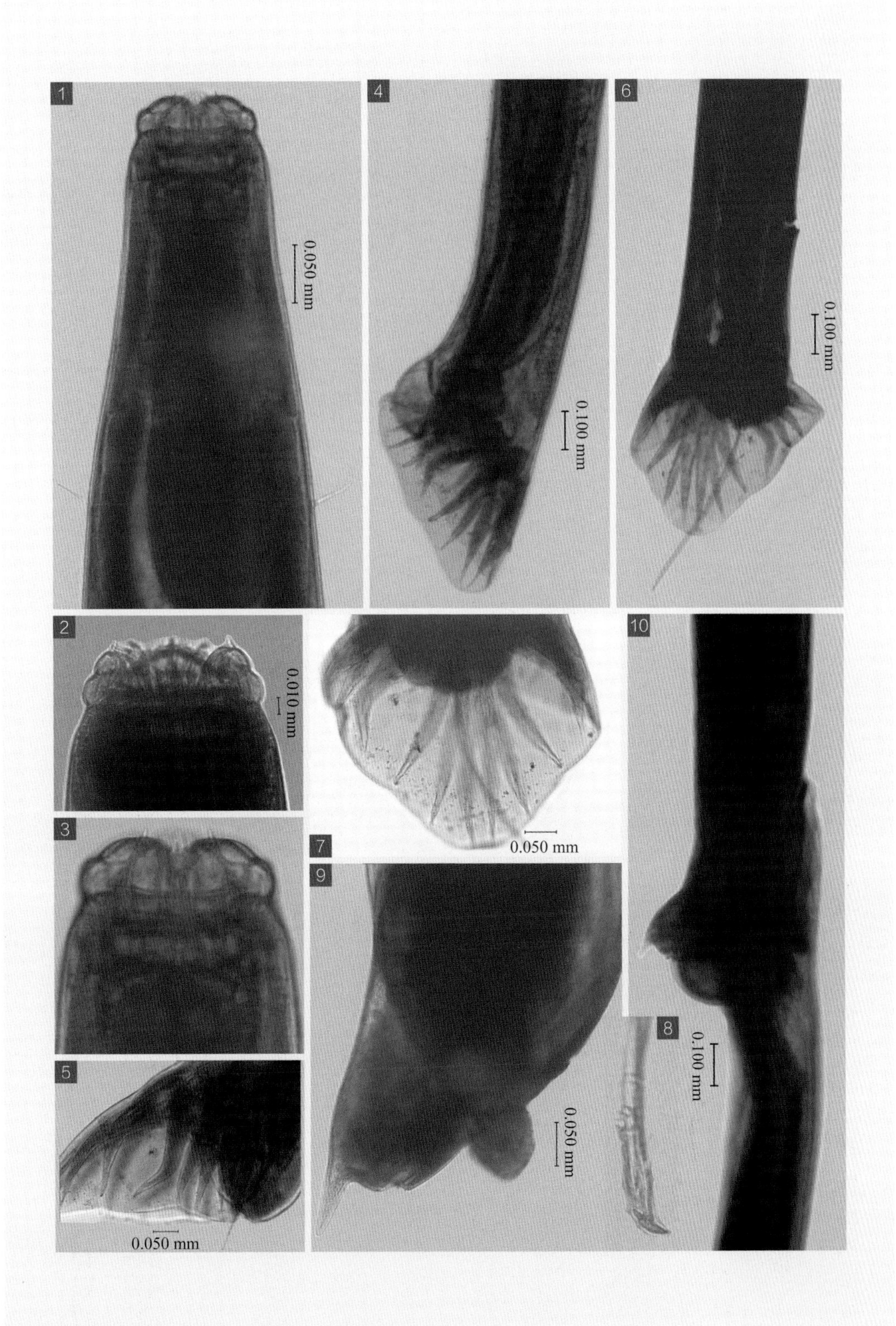
1
0.050 mm
4
0.100 mm
6
0.100 mm
2
0.010 mm
0.050 mm
10
3
7
9
8
0.100 mm
0.050 mm
5
0.050 mm

78 小唇盅口线虫

Cyathostomum labratum Looss, 1900

【主要形态特点】

虫体较小，口领显著，有4个比唇形盅口线虫唇片小的唇片（图-1、图-2）。外叶冠18片，内叶冠短，数目较多，起于口囊前1/3处。口囊呈矩形，囊壁较长，中部较厚，食道呈花瓶状（图-1、图-2）。

【雄虫】

虫体大小为6.1～8.0 mm×0.23～0.34 mm，头部宽0.084～0.101 mm。口囊大小为0.022～0.024 mm×0.037～0.057 mm。食道长0.360～0.466 mm，颈乳突距头端0.28～0.37 mm，神经环距头端0.21～0.24 mm。交合伞较小，大小为0.42 mm×0.45 mm，2个腹肋并列，侧肋分开，外背肋起于背肋基部，背肋分为3支，第二分支较细（图-3、图-4、图-5）。交合刺长0.61～1.32 mm。引带长0.14～0.25 mm。

【雌虫】

虫体大小为7.4～9.1 mm×0.32～0.39 mm，头部宽0.094～0.110 mm。口领高0.023 mm，口囊大小为0.021～0.031 mm×0.042～0.051 mm。食道长0.37～0.43 mm，颈乳突距头端0.31～0.38 mm，神经环距头端0.21～0.24 mm，排泄孔距头端0.27 mm。阴道短，阴门距尾端0.106～0.181 mm。尾细而直（图-6），肛门距尾端0.074～0.111 mm。

【宿主与寄生部位】

马、驴、骡的大肠。

【虫体标本保存单位】

四川省畜牧科学研究院

图 释

1 虫体头部正面观及口领、叶冠、唇、口囊、食道、神经环、颈乳突等；
2 虫体头端及口领、叶冠、唇、口囊等；
3 4 交合伞侧面观及腹肋、侧肋、背肋、交合刺等；
5 交合伞背叶正面观及背肋等；
6 雌虫尾部侧面观及阴门、肛门、尾尖形态等。

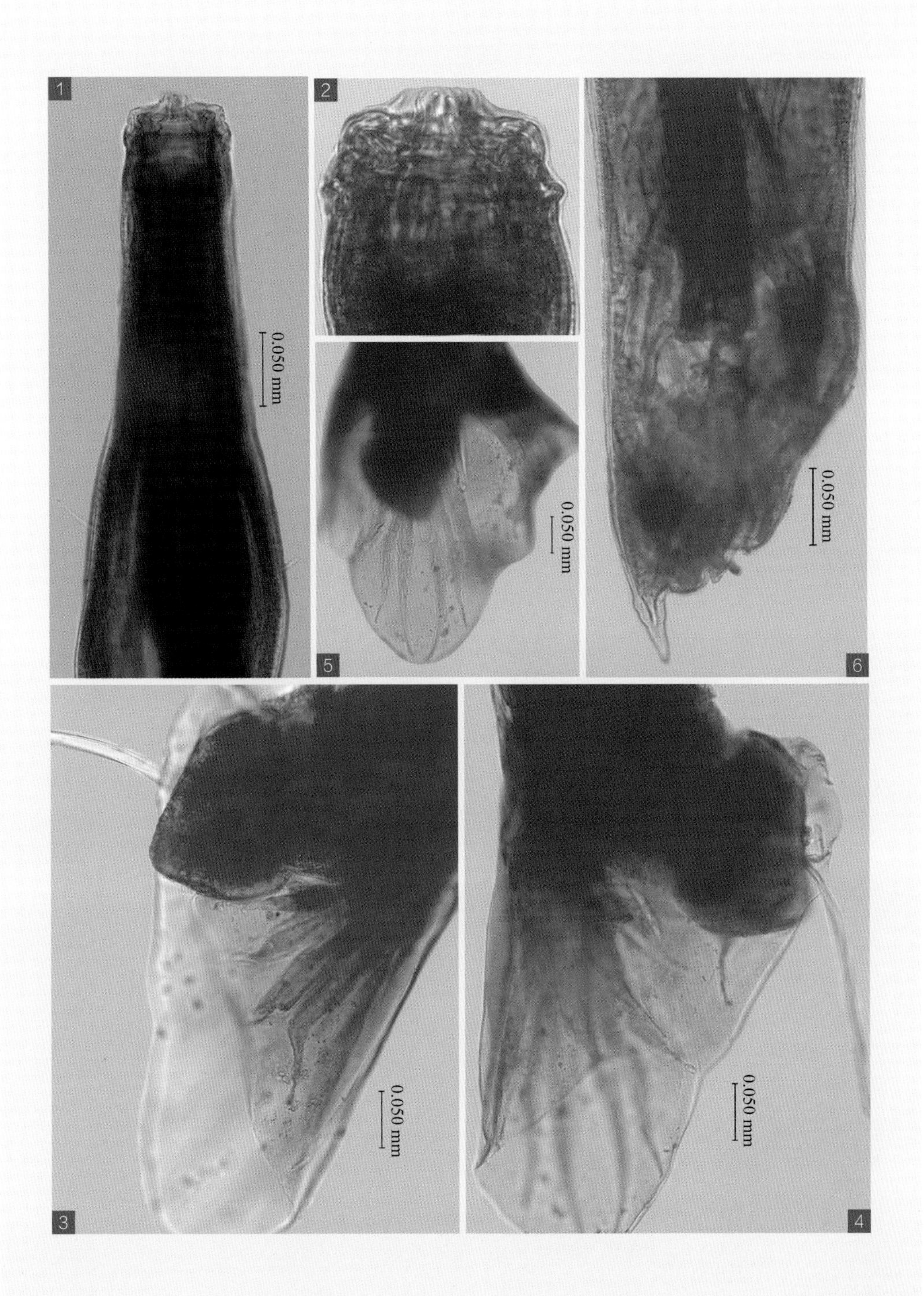
1
0.050 mm
2
5
0.050 mm
6
0.050 mm
3
0.050 mm
4
0.050 mm

79 圆饰（碟状）盅口线虫

Cyathostomum pateratum (Yorke et Macfie, 1919) Erschow, 1939

【主要形态特点】

口领显著，侧乳突发达，亚中乳突长（图 –1、图 –2）。外叶冠 22～26 片，内叶冠短，数目较多，约 40 片；口囊浅呈椭圆形，口囊壁前部薄，后部厚，外壁向侧后方突起形成钩状突（图 –2）。无背沟。

【雄虫】

虫体大小为 8.0～10.5 mm×0.36～0.43 mm，头部宽 0.15～0.18 mm，口领高 0.025～0.030 mm。口囊，前宽 0.08～0.10 mm，后宽 0.045～0.088 mm，深 0.025～0.030 mm。食道长 0.44～0.68 mm。颈乳突距头端 0.36～0.50 mm。神经环距头端 0.30～0.34 mm。交合伞背叶短，背肋第二和第三分支外侧有小侧支（图 –3、图 –4、图 –5）。交合刺长 1.74～2.00 mm。引带长 0.22～0.30 mm。在生殖锥的背面两侧各有 1 个指状突，其外侧有 1～2 个附属物。

【雌虫】

虫体大小为 9.5～13.5 mm×0.45～0.54 mm，头部宽 0.16～0.19 mm。口领高 0.025～0.037 mm；口囊，前宽 0.117～0.120 mm，后宽 0.088～0.110 mm，深 0.025～0.037 mm。食道长 0.605～0.720 mm。颈乳突距头端 0.44～0.55 mm。神经环距头端 0.27～0.32 mm。阴门距尾端 0.20～0.24 mm，阴门的前腹部隆起（图 –7）。肛门距尾端 0.11～0.14 mm，尾部弯向背侧，尾端呈人脚形（图 –7）。

【宿主与寄生部位】

马、驴、骡的大肠、结肠。

【虫体标本保存单位】

四川省畜牧科学研究院

图 释

1 虫体头部正面观及食道、颈乳突等；
2 虫体头端及口囊、乳突、叶冠等；
3 交合伞侧面观及腹肋、侧肋、背肋等；
4 交合伞侧面观及腹肋、侧肋、背肋、交合刺等；
5 交合伞正面观及背肋等；
6 交合刺末端结构；
7 雌虫尾部侧面观及阴门、肛门、尾尖形态等。

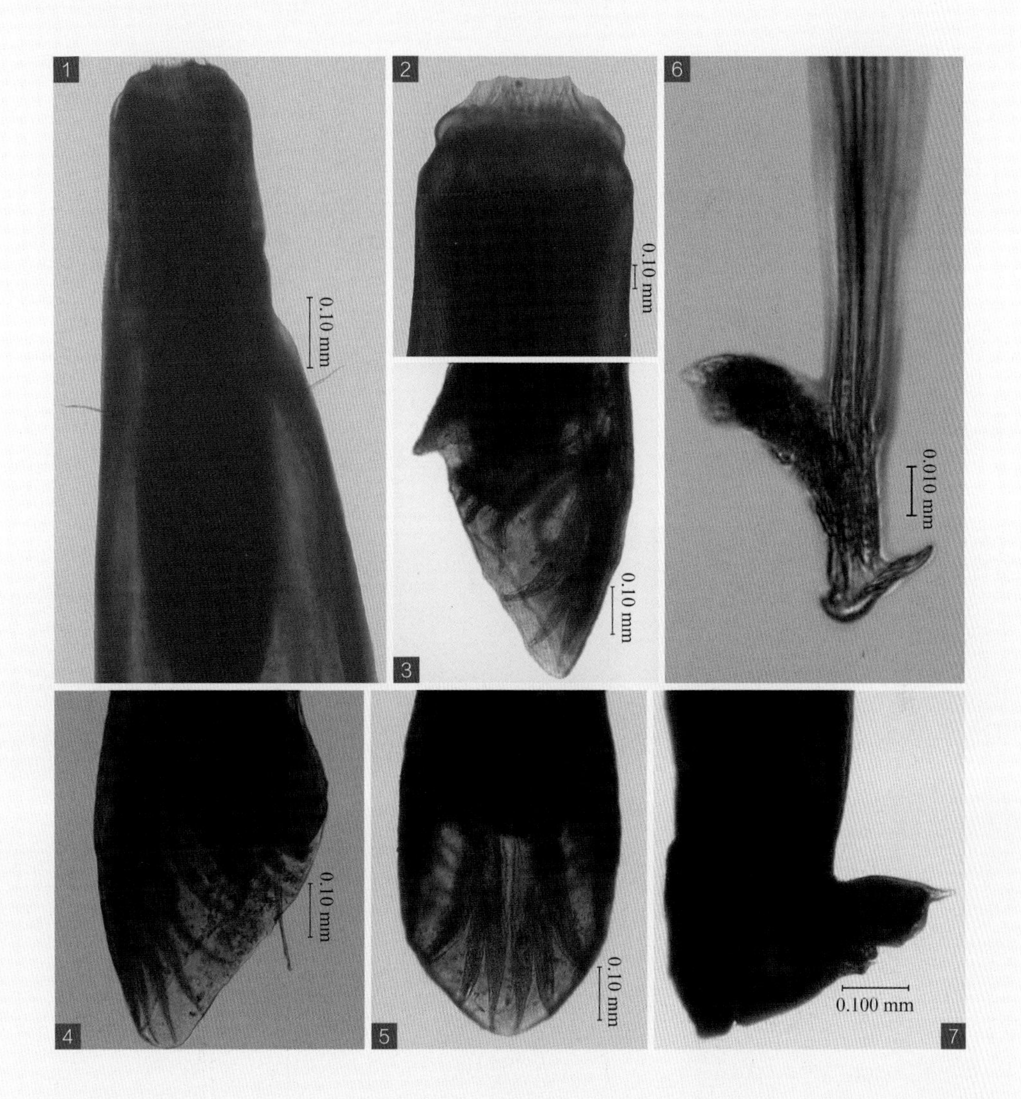
1
0.10 mm
2
0.10 mm
6
0.010 mm
3
0.10 mm
4
0.10 mm
5
0.10 mm
0.100 mm
7

80 曾氏盅口线虫

Cyathostomum tsengi Kung et Yang, 1963

【主要形态特点】

口领中等高，外叶冠有 18 片，长而尖并突出于口领外；口囊呈圆柱状，深度大于宽度，深 0.036～0.470 mm，宽 0.031～0.380 mm，口囊壁的前端稍向内倾；背沟发达，伸向口囊前缘（图 -1、图 -2）。

【雄虫】

虫体大小为 6.41～7.61 mm×0.271～0.341 mm，交合伞的背叶较长（图 -3、图 -4、图 -5）。

【雌虫】

虫体大小为 6.61～8.42 mm×0.272～0.361 mm。尾端尖而细（图 -6），阴门距尾端 0.151～0.232 mm。肛门距尾端 0.085～0.124 mm。

【宿主与寄生部位】

马、驴的大肠、盲肠。

【虫体标本保存单位】

四川省畜牧科学研究院

图 释

1 虫体头部正面观及口领、叶冠、口囊、食道、神经环、颈乳突等；
2 虫体头端及口领、叶冠、口囊等；
3 雄虫尾部侧面观及交合伞、腹肋、侧肋、背肋、交合刺等；
4 交合伞背叶正面观及外背肋、背肋等；
5 交合伞侧面观及腹肋、侧肋、外背肋、背肋、交合刺等；
6 雌虫尾部侧面观及阴门、肛门、尾尖形态等。

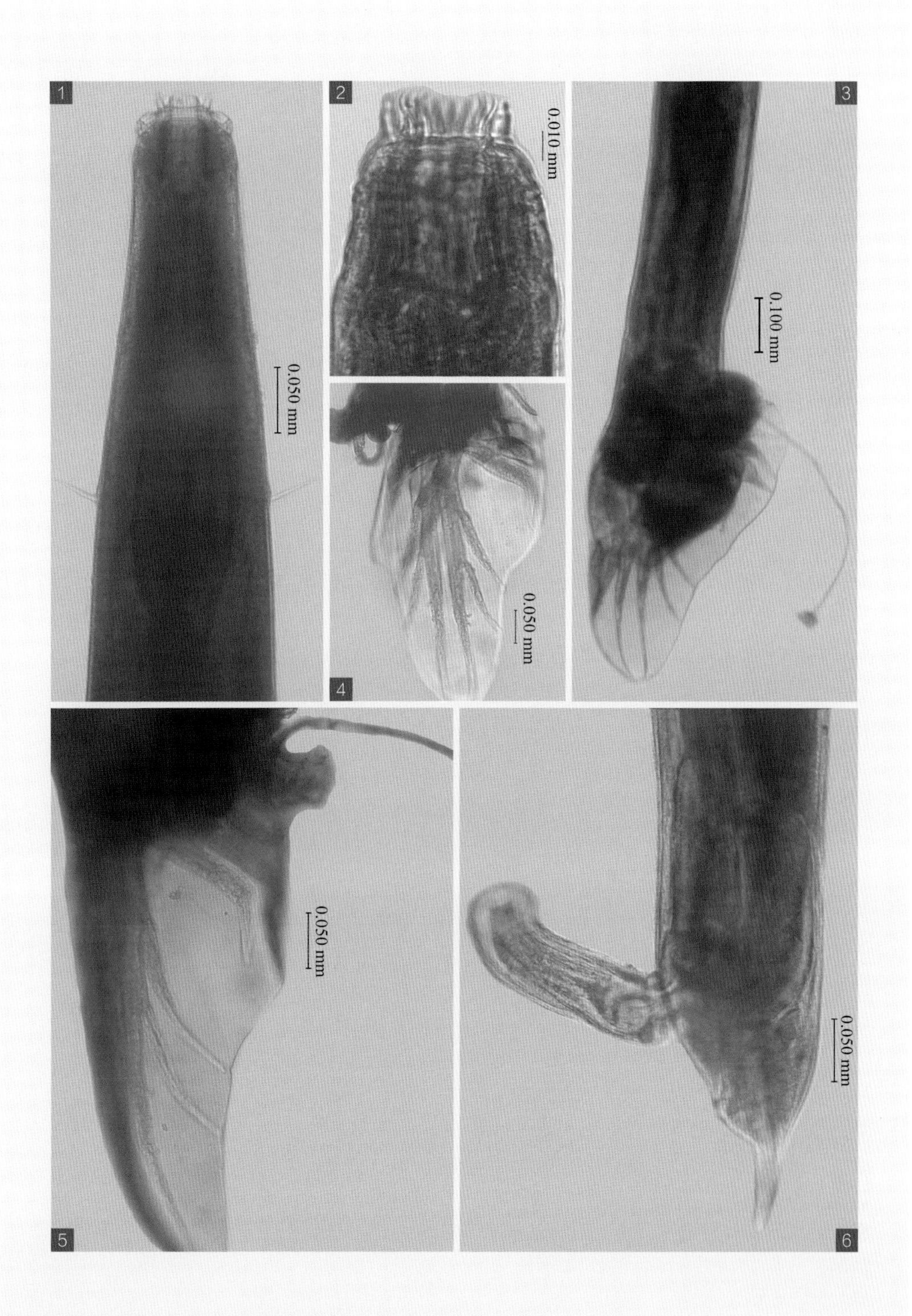
1
2
3
4
5
6
0.050 mm
0.010 mm
0.100 mm
0.050 mm
0.050 mm
0.050 mm

81 矢状盅口线虫

Cyathostomum sagittatum (Kotlán, 1920) McIntosh, 1951

【主要形态特点】

口领低有角质支环，头侧乳突高大，亚侧乳突长而顶端圆，外叶冠 16～22 片，内叶冠细长，有 66～70 片。口囊呈矩形，分为前、后两部分，前部宽 0.122 mm，后部宽 0.11 mm（图 -1、图 -2）。

【雄虫】

虫体大小为 9.4～12.2 mm×0.41～0.53 mm。食道长 0.066～0.068 mm。颈乳突距头端 0.49 mm，神经环距头端 0.31～0.34 mm。交合伞的背叶较长（图 -3、图 -4）。交合刺长 1.24～1.46 mm，末端有弯曲的突起（图 -5）。引带长 0.19～0.21 mm。生殖锥有 2 个圆形附属物，并覆盖着很短的小刺。

【雌虫】

虫体大小为 10.41～13.76 mm×0.41～0.71 mm。食道长 0.68～0.74 mm，颈乳突距头端 0.43～0.55 mm，神经环距头端 0.31～0.39 mm。尾端呈尖的圆锥形（图 -6），长 0.134～0.211 mm。阴门距尾端 0.34～0.45 mm。

【宿主与寄生部位】

马、驴、骡的盲肠、结肠。

【虫体标本保存单位】

中国农业科学院上海兽医研究所

图 释

1 虫体头部及口领、叶冠、口囊、食道、神经环等；
2 虫体头端及口领、叶冠、口囊等；
3 雄虫尾部侧面观及腹肋、侧肋、外背肋、背肋等；
4 交合伞正面观及外背肋、背肋、侧肋等；
5 交合刺末端；
6 雌虫尾部侧面观及阴门、肛门、尾尖形态等。

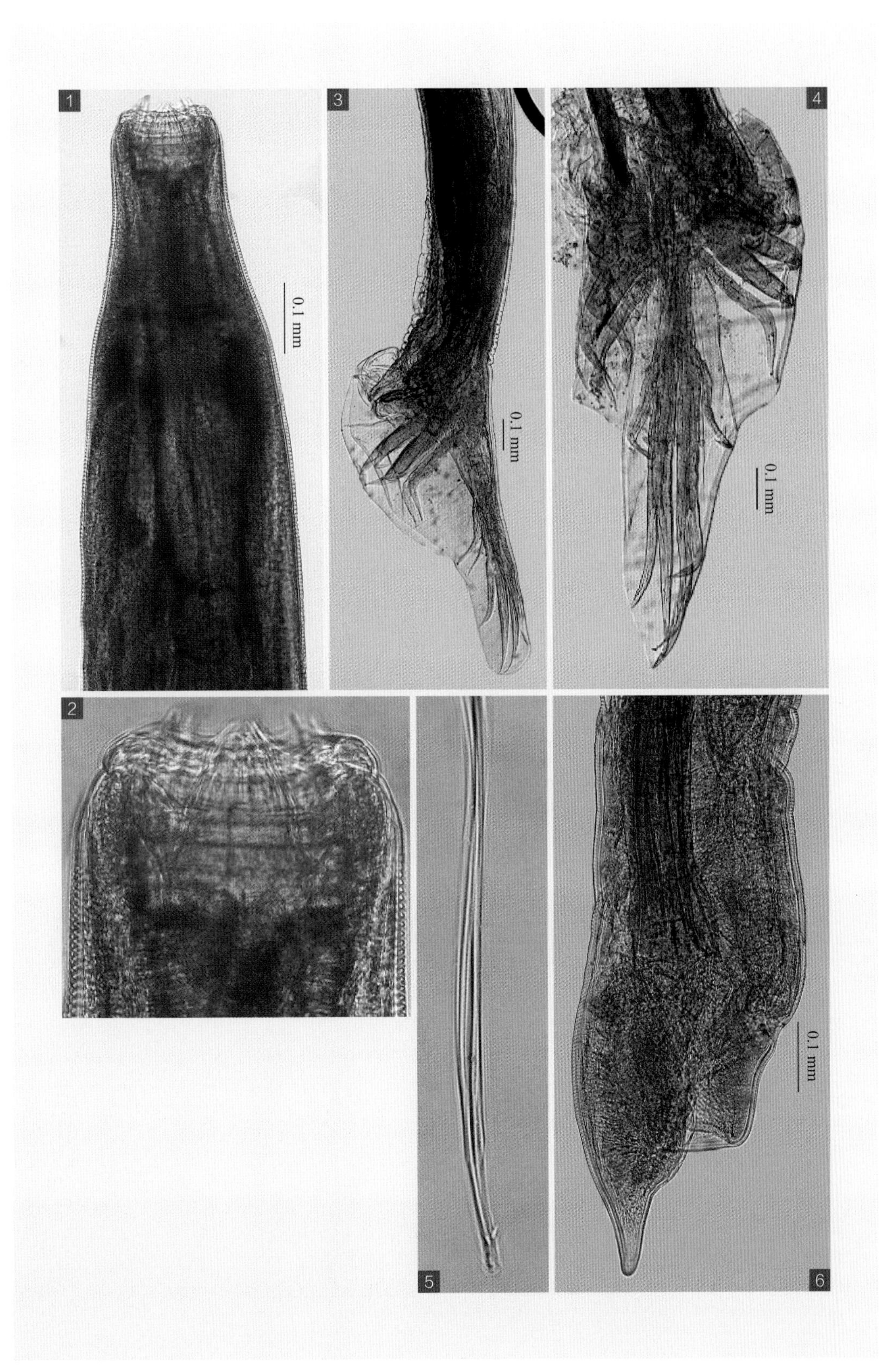
1
0.1 mm
3
0.1 mm
4
0.1 mm
2
5
0.1 mm
6

82 长伞盅口线虫

Cyathostomum longibursatum Yorke et Macfie, 1919

【主要形态特点】

口领与体部之间有横沟，外叶冠14～18片，口囊呈梯形，长0.017～0.020 mm（图 -1）。

【雄虫】

虫体大小为6.67～7.65 mm×0.28～0.32 mm。食道长0.248～0.298 mm。交合伞的背叶狭长（图 -2、图 -3），长0.63～0.86 mm。交合刺长0.515 mm。引带长0.140 mm。

【雌虫】

虫体大小为7.28～8.50 mm×0.290～0.332 mm。食道长0.240～0.340 mm。阴门距尾端0.182～0.265 mm，尾部长0.095～0.124 mm（图 -5）。

【宿主与寄生部位】

马、驴、骡的盲肠、结肠。

【虫体标本保存单位】

四川省畜牧科学研究院

图 释

1 虫体头部正面观及叶冠、口囊、食道、神经环、颈乳突等；

2 3 雄虫尾部背侧面观及交合伞、腹肋、侧肋、外背肋、背肋等；

4 背肋等；

5 雌虫尾部侧面观及阴门、肛门、尾尖等。

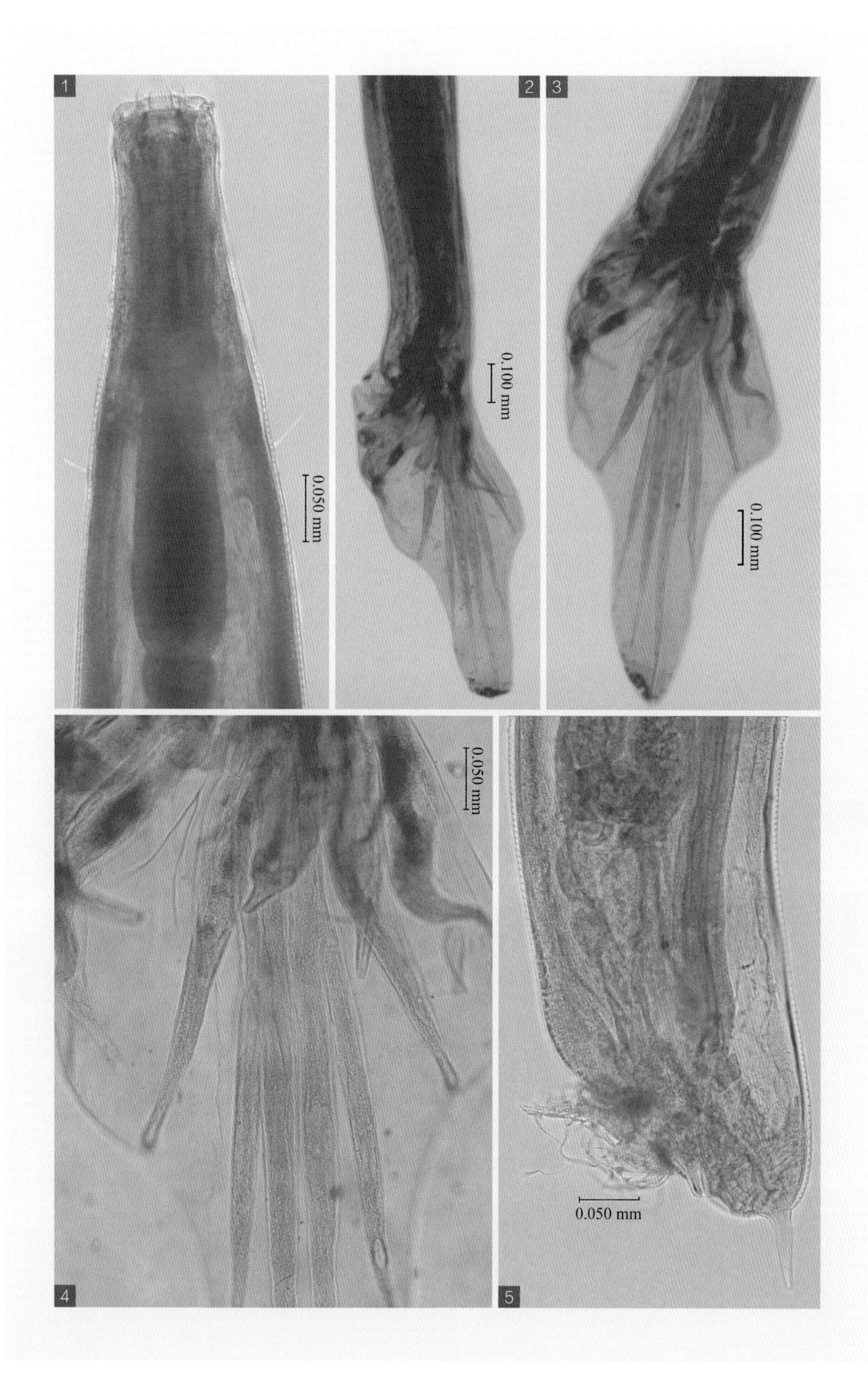
1
2
3
4
5
0.050 mm
0.100 mm
0.100 mm
0.050 mm
0.050 mm

83 花杯状盅口线虫

Cyathostomum calicatum Looss, 1900

【主要形态特点】

亚中乳突外伸，侧乳突短，外叶冠 8～10 片，内叶冠 24～28 片，口囊大小为 0.03～0.04 mm×0.025～0.380 mm，背沟长（图 -2、图 -3）。

【雄虫】

虫体大小为 5.00～6.65 mm×0.205～0.240 mm。食道长 0.29～0.33 mm，颈乳突距头端 0.240 mm。交合伞的背叶较长（图 -5、图 -6），交合刺长 0.673 mm。引带长 0.105 mm。生殖锥附属物有多数突起（图 -5）。

【雌虫】

虫体大小为 6.50～8.00 mm×0.240～0.340 mm。食道长 0.300～0.400 mm。尾部呈圆锥形（图 -8），阴门距尾端 0.180～0.220 mm。虫卵大小为 0.065 mm×0.040 mm。

【宿主与寄生部位】

马、驴、骡、斑马的盲肠、结肠。

【虫体标本保存单位】

中国农业科学院兰州兽医研究所

图 释

1 成虫，左为雄虫，右为雌虫；
2 3 虫体头端观及叶冠、乳突、口囊、口囊壁等；
4 虫体头部正面观及口囊、食道、神经环、颈乳突等；
5 雄虫尾部侧面观及交合伞、腹肋、侧肋、外背肋、背肋、生殖锥等；
6 雄虫尾部正面观及交合伞、腹肋、侧肋、外背肋、背肋等；
7 交合刺末端；
8 雌虫尾部侧面观及阴门、肛门、尾尖等。

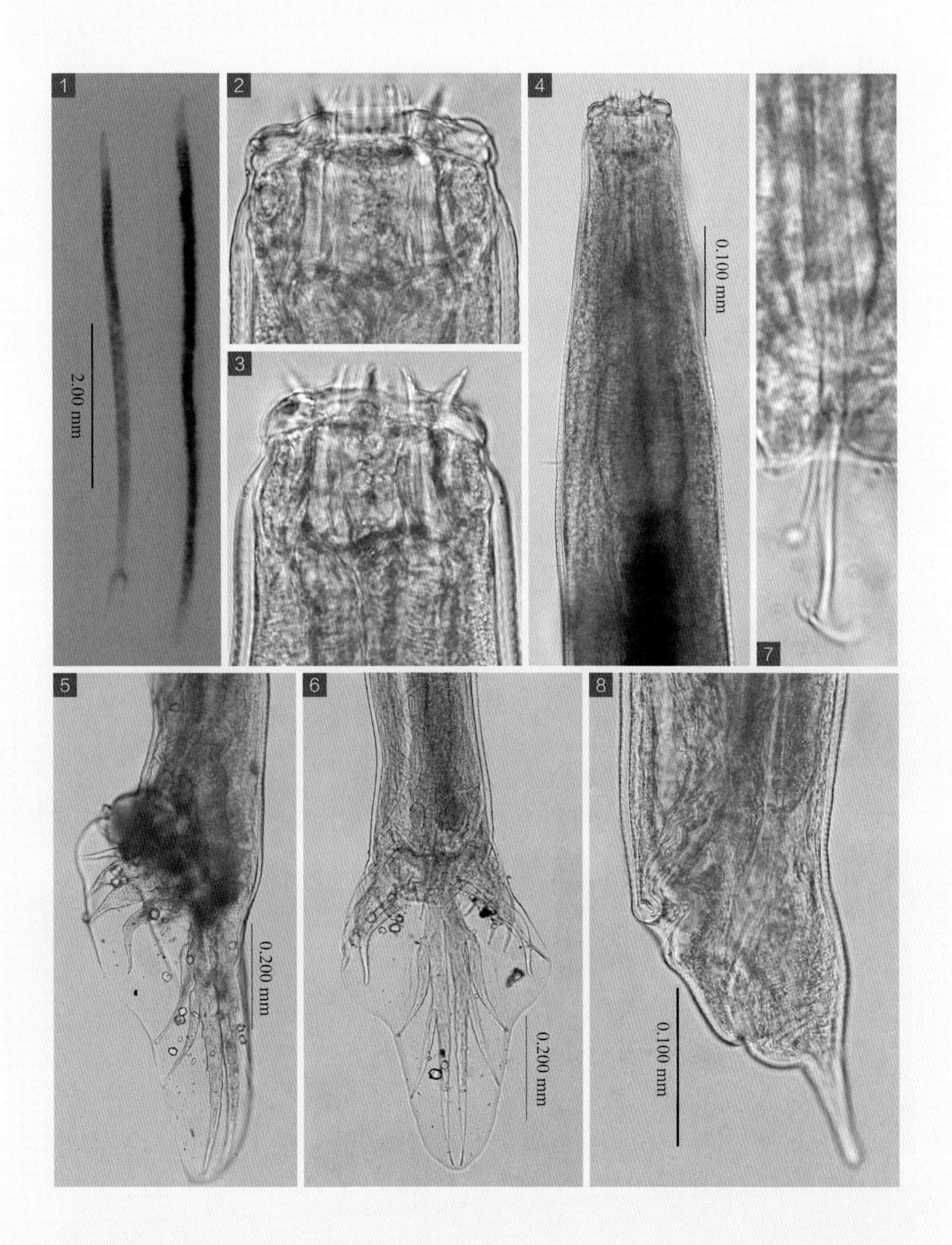
1
2
3
4
5
6
7
8
2.00 mm
0.100 mm
0.200 mm
0.200 mm
0.100 mm

84 亚冠盅口线虫

Cyathostomum subcoronatum Yamaguti, 1943

【主要形态特点】

颈有横膈与体部分开，口囊深 0.033～0.042 mm（图 -1、图 -2）。

【雄虫】

虫体大小为 7.80～8.50 mm×0.33～0.35 mm。外叶冠 22 片，内叶冠 74 片。食道呈瓶状，长 0.40～0.63 mm。颈乳突距头端 0.36 mm，神经环距头端 0.22～0.31 mm（图 -3）。交合伞的 2 个侧叶短而宽，交合刺长 0.95～1.40 mm。引带长 0.19～0.21 mm。生殖锥有 10 个以上突起物（图 -5）。

【雌虫】

虫体大小为 8.40～9.40 mm×0.320～0.430 mm。叶冠 78～80 片。食道长 0.46～0.50 mm。颈乳突距头端 0.38～0.44 mm，神经环距头端 0.27～0.29 mm。尾部长 0.12 mm，阴门（图 -6）距尾端 0.195～0.220 mm。虫卵大小为 0.080～0.100 mm× 0.045～0.050 mm。

【宿主与寄生部位】

马的结肠。

【虫体标本保存单位】

中国农业科学院兰州兽医研究所

图 释

1 2 虫体头端观及叶冠、乳突、口囊、口囊壁等；
3 虫体头部正面观及口囊、食道、神经环、颈乳突等；
4 雄虫尾部正面观及交合伞、腹肋、侧肋、外背肋、背肋等；
5 雄虫尾部侧面观及交合伞、腹肋、侧肋、外背肋、背肋、生殖锥等；
6 雌虫尾部侧面观及阴门、肛门、尾尖等。

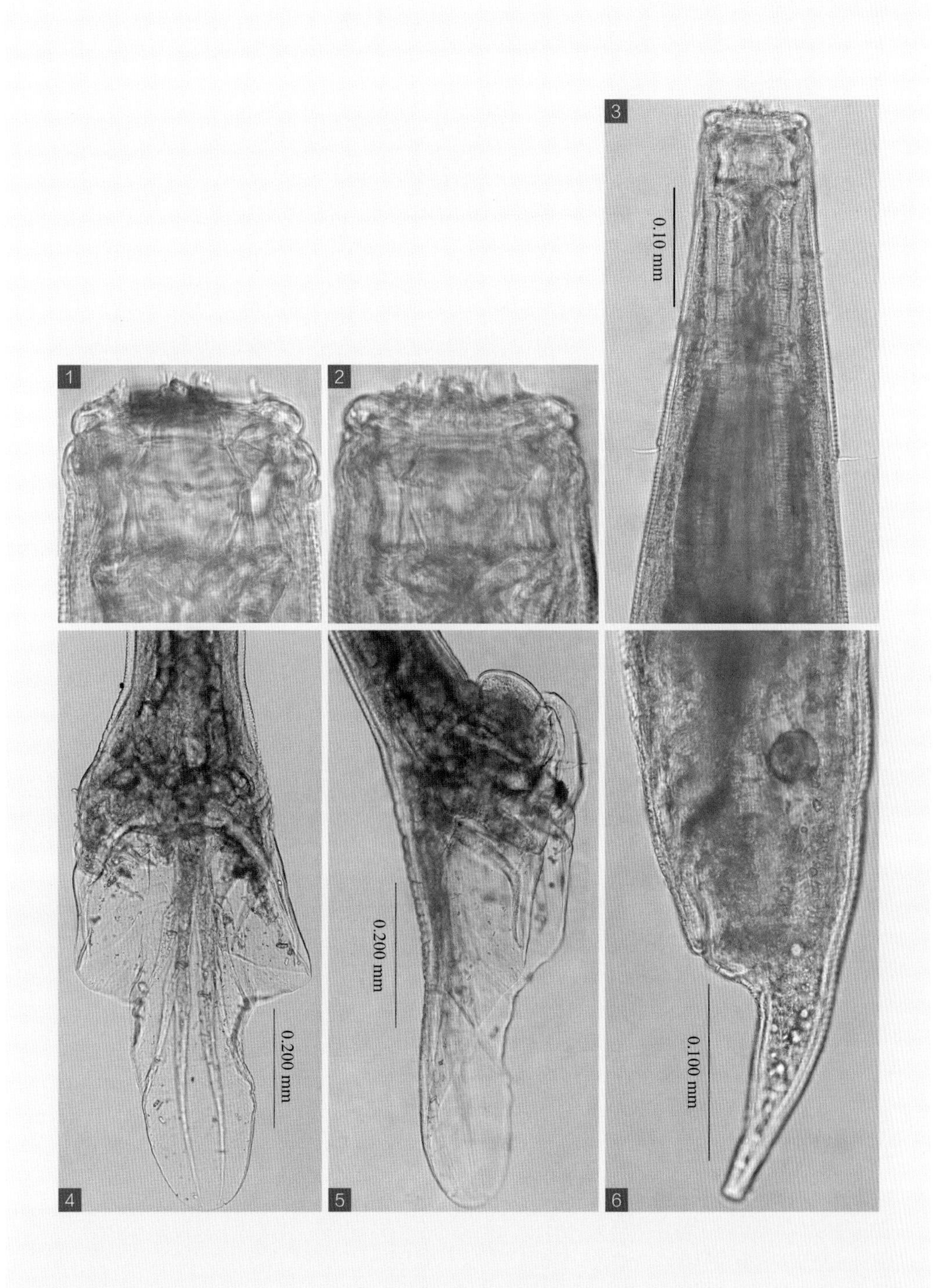
1
2
3
4
5
6
0.10 mm
0.200 mm
0.200 mm
0.100 mm

85 杂种盅口线虫

Cyathostomum hybridum Kotlan, 1920

【主要形态特点】

亚中乳突长，外叶冠16片，内叶冠短16片，口囊呈梯形，大小为0.054～0.056 mm×0.025～0.032 mm，背沟长（图 -2、图 -3）。

【雄虫】

虫体大小为7.80～9.50 mm×0.38～0.40 mm。食道长0.37～0.40 mm。交合伞的背叶短而宽（图 -5、图 -6），交合刺长0.820 mm。引带大小为0.165 mm×0.069 mm。

【雌虫】

虫体大小为9.50～10.50 mm×0.38～0.40 mm。食道长0.440～0.468 mm。尾部（图 -7）长0.100 mm，阴门距尾端0.220 mm。虫卵大小为0.095 mm×0.050 mm。

【宿主与寄生部位】

马、骡的盲肠、结肠。

【虫体标本保存单位】

中国农业科学院兰州兽医研究所

图 释

1 成虫，左为雄虫，右为雌虫；
2 3 虫体头端观及叶冠、乳突、口囊、口囊壁等；
4 虫体头部观及口囊、食道、神经环等；
5 雄虫尾部侧面观及交合伞、腹肋、侧肋、外背肋、背肋等；
6 雄虫尾部正面观及腹肋、侧肋、外背肋、背肋等；
7 雌虫尾部侧面观及阴门、肛门、尾尖等。

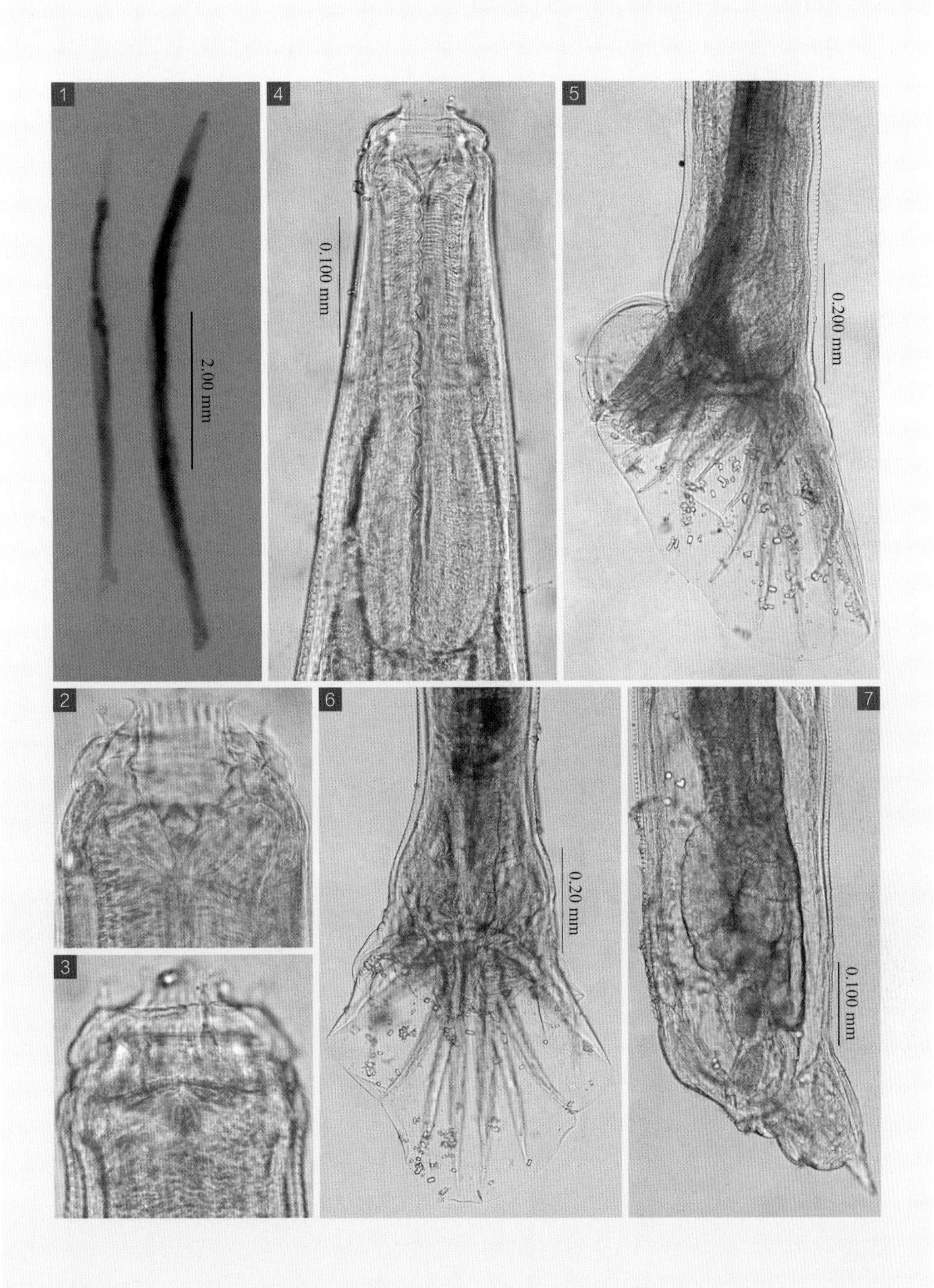
1
2.00 mm
4
0.100 mm
5
0.200 mm
2
3
6
0.20 mm
7
0.100 mm

马线属 *Caballonema* Abuladze, 1937

同物异名：中华圆形属（*Sinostrongylus* Hsiung et Chao, 1949）

虫体为中型线虫。口领有 2 个突出的侧乳突，口囊呈长圆柱形，有背沟，外叶冠 8 片，叶片呈盾状。内叶冠 8 片，由口囊前缘伸出。雄虫交合伞的背叶长，背肋每支分 2 个小侧支，交合刺细长。寄生于马属动物的大肠中。

86 长囊马线虫

Caballonema longicapsulatus Abuladze, 1937

【同物异名】

长伞中华圆线虫 *Sinostrongylus longibursatus* Hsiung et Chao, 1949

【雄虫】

虫体大小为 6.31～12.52 mm×0.214～0.645 mm。口囊很长（图 -1），几乎呈圆柱状，大小为 0.31 mm×0.13 mm。食道长 0.506 mm。背肋长（图 -2）。引带由宽的上部和窄的下部组成。

【雌虫】

虫体大小为 12.01～16.02 mm×0.78～0.98 mm。口囊大小为 0.311～ 0.956 mm×0.141～0.188 mm。食道长 0.521～0.652 mm。尾呈指状，长 0.471～0.522 mm。阴门位于肛门附近。虫卵大小为 0.105 mm×0.051 mm。

【宿主与寄生部位】

马的大肠。

【图片】

廖党金绘

图 释

1 虫体头端观及叶冠、口囊等；

2 雄虫尾部侧面观及交合伞、腹肋、侧肋、外背肋、背肋等。

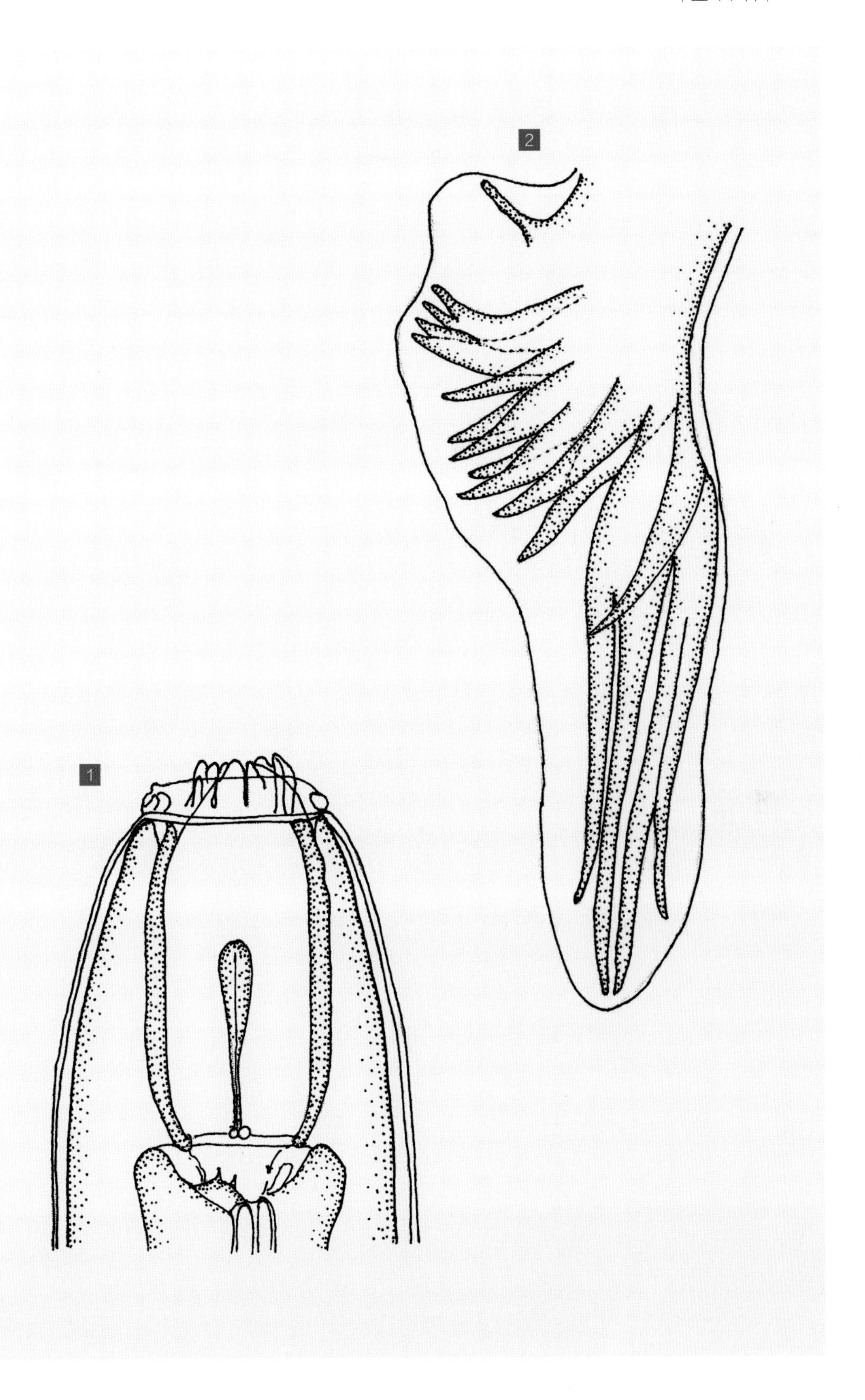
2
1

杯环属 *Cylicocyclus* (Ihle, 1922) Erschow, 1939

虫体为小型线虫，口端有亚中乳突4个，侧乳突2个，均突出于口领之上，口领与虫体之间有一明显的横沟。口囊宽大，呈四角形，后缘有环状加厚，内叶冠叶片数目多。雄虫交合伞的背肋分2支，每支又各分为3小支。3个侧肋彼此分开，前腹肋和后腹肋相连，交合刺远端呈锚状。

87 辐射杯环线虫

Cylicocyclus radiatum (Looss, 1900) Chaves, 1930

【主要形态特点】

口领显著，侧乳突短而宽，亚中乳突长，顶端呈圆形，外叶冠26～28片，内叶冠48～52片。口囊两侧长，呈椭圆形或柱形，宽度为深度的1.7～2.5倍，口囊壁前部薄而后1/3部加厚，无背沟（图-3）。食道呈花瓶状，食道漏斗短而宽，颈乳突位于神经环稍后，神经环位于食道中部（图-2）。

【雄虫】

虫体大小为10.1～11.8 mm×0.54～0.60 mm。口囊，背面观前宽0.125 mm，后宽0.135 mm，侧面观似“V”形，前宽0.030 mm，后宽0.015 mm，深0.4～0.6 mm。食道长0.62～0.75 mm，颈乳突距头端0.47～0.61 mm，神经环距头端0.34～0.43 mm。交合伞（图-4、图-5）大小为0.81～1.19 mm×0.54～0.64 mm，背叶中等长，在背肋分支上有刺状突和小侧支（图-5）。交合刺长1.47～1.87 mm。引带长0.19～0.27 mm。生殖锥后方有泡状突。

【雌虫】

虫体大小为13.1～14.6 mm×0.60～0.73 mm，头部宽0.12～0.19 mm。口囊背面观，前宽0.14 mm，后宽0.15 mm；侧面观前宽0.07 mm，后宽0.05 mm，深0.04 mm。阴门距尾端0.41～0.51 mm，阴道长0.65 mm。肛门距尾端0.19～0.25 mm。尾端直呈指状（图-6）。

【宿主与寄生部位】

马、驴、骡的盲肠、结肠。

【虫体标本保存单位】

四川省畜牧科学研究院

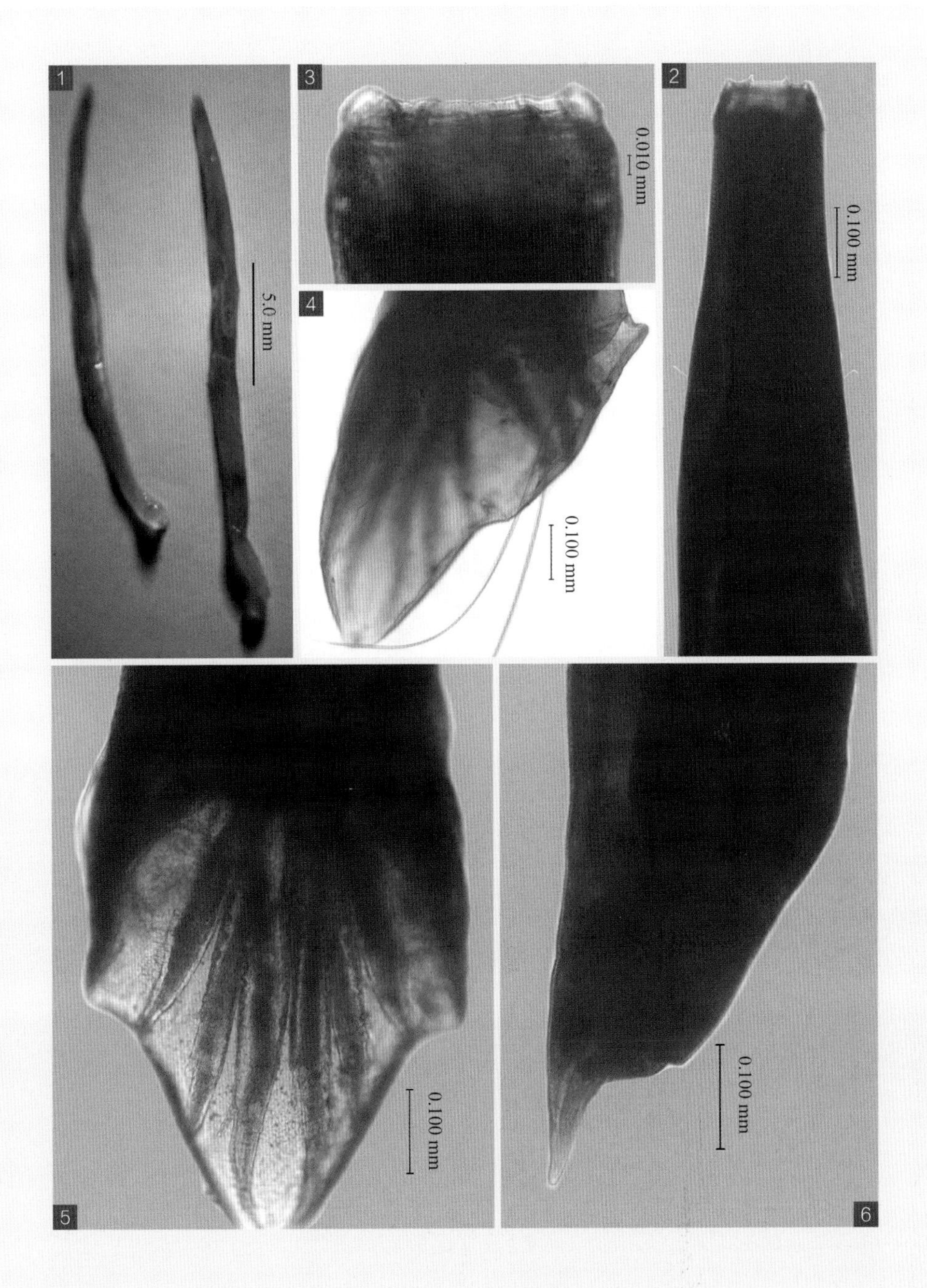

图 注

1 成虫，左为雄虫，右为雌虫；
2 虫体头部正面观及口囊、食道、颈乳突、神经环等；
3 头端及口囊、口领乳突、叶冠等；
4 交合伞侧面观及腹肋、侧肋、背肋、交合刺等；
5 交合伞正面观及背肋等；
6 雌虫尾部侧面观及肛门、尾尖形态等。

88 安地斯杯环线虫

Cylicocyclus adersi (Boulenger, 1920) Erschow, 1939

【主要形态特点】

侧乳突短，不突出口领，亚中乳突长，顶端钝圆（图 -2、图 -3、图 -4、图 -5）。外叶冠 28～36 片，内叶冠数多且小。口囊呈矩形，宽度为深度的 3～4 倍，口囊壁薄，后部稍厚，背沟短，稍突出口囊（图 -2、图 -3、图 -4、图 -5）。食道漏斗发达，食道呈花瓶状（图 -1）。神经环和排泄孔位于同一水平线，神经环位于食道中部。

【雄虫】

虫体大小为 11.1～13.2 mm×0.58～0.65 mm，头部宽 0.14～0.21 mm。口囊大小为 0.036～0.049 mm×0.101～0.144 mm。食道长 0.74～0.76 mm。颈乳突距头端 0.53～0.55 mm，神经环距头端 0.42～0.47 mm。交合伞大小为 0.84～0.96 mm×1.07～1.10 mm，背叶短宽而圆，背肋从基部分为 2 支，每支再分为 3 小支（图 -6、图 -7）。交合刺 1 对等长（图 -6、图 -7），长 1.62～2.34 mm。引带长 0.27～0.33 mm。在生殖锥附器上有锥状突 4 对。

【雌虫】

虫体大小为 12.1～16.1 mm×0.75～0.97 mm，头部宽 0.22～0.29 mm。口囊大小为 0.031～0.057 mm×0.135～0.174 mm。食道长 0.61～0.77 mm，颈乳突距头端 0.53～0.64 mm，神经环距头端 0.32～0.38 mm。阴门距尾端 0.32～0.44 mm。肛门距尾端 0.13～0.24 mm。尾部呈弯曲状。

【宿主与寄生部位】

马、驴的大肠、结肠。

【虫体标本保存单位】

四川省畜牧科学研究院

图 释

1 虫体头部及口领、乳突、叶冠、口囊、食道、神经环等；
2～5 虫体头端及口领、叶冠、乳突、口囊等；
6 虫体尾部正面观及交合伞、腹肋、侧肋、外背肋、背肋、交合刺等；
7 虫体尾部侧面观及交合伞、腹肋、侧肋、外背肋、背肋、交合刺等。

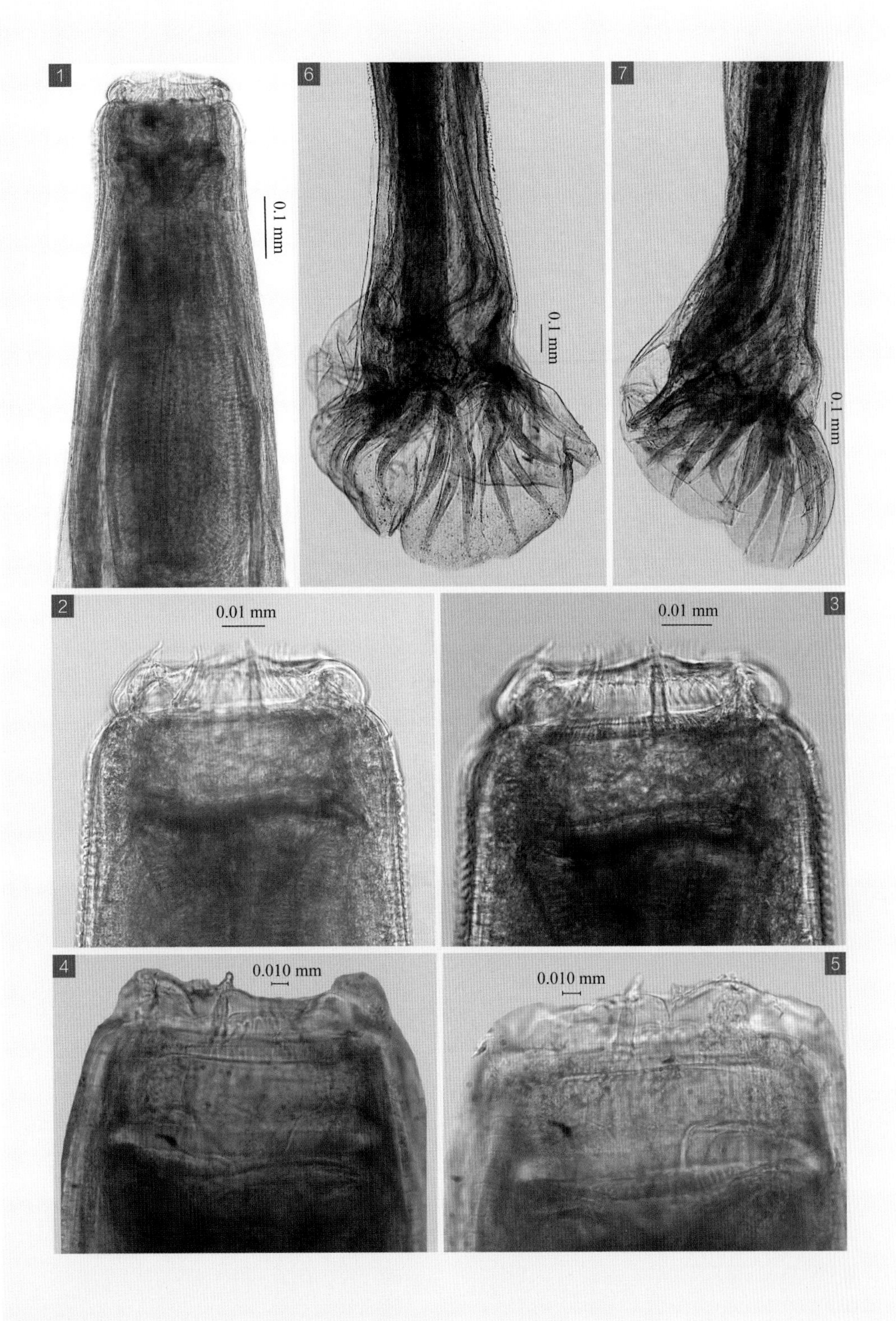
1
0.1 mm
6
0.1 mm
7
0.1 mm
2
0.01 mm
3
0.01 mm
4
0.010 mm
5
0.010 mm

89 耳状杯环线虫

Cylicocyclus auriculatum (Looss, 1900) Erschow, 1939

【主要形态特点】

虫体较大。口领两侧高于背腹侧，侧乳突横向两侧形成耳状，亚中乳突细长，外叶冠42～46片，内叶冠叶片小，口囊的宽度约为深度的3倍，无背沟（图 -1）。食道呈花瓶状，颈乳突位于食道与肠道交接部，排泄孔位于食道与肠管连接处后。

【雄虫】

虫体大小为14.11～15.93 mm×0.841～0.882 mm，头部宽0.241～0.271 mm。口领高0.024～0.028 mm，口囊大小为0.051～0.068 mm× 0.085～0.131 mm，口囊壁薄而后端环形加厚。食道长0.82～1.15 mm。颈乳突距头端1.14～1.33 mm，排泄孔距头端0.74 mm，神经环距头端0.431～0.572 mm。交合伞的背叶较宽（图 -2），大小为0.67～0.96 mm×0.62～1.40 mm。2个腹肋并列，3个侧肋分开，背肋从基部分为2支，每支再分为3小支，每小支上有刺状突（图 -2、图 -3）。交合刺1对很长，长3.384～4.001 mm。有引带。生殖锥呈圆形，其下缘中央处有1小缺刻，其上有小附属物。

【雌虫】

虫体大小为16.71～19.02 mm×0.851～1.102 mm，头部宽0.272～0.312 mm。口领高0.030～0.044 mm，口囊大小为0.050～0.061 mm×0.181～0.241 mm。食道长0.962～1.201 mm。颈乳突距头端1.031～1.780 mm，神经环距头端0.511～0.612 mm。阴门距尾端0.201～0.353 mm。肛门距尾端0.141～0.192 mm。尾部自阴门前方即向背弯，肛门后急剧弯细，尾极短，弯向背面（图 -4）。

【宿主与寄生部位】

马、驴的大肠、结肠。

【虫体标本保存单位】

四川省畜牧科学研究院

图 释

1 虫体头端正面观及呈耳状的侧乳突、口囊等；
2 雄虫尾端正面观及交合伞、背叶、背肋等；
3 背肋分支上的刺状突等；
4 雌虫尾部侧面观及阴门、肛门、尾尖等。

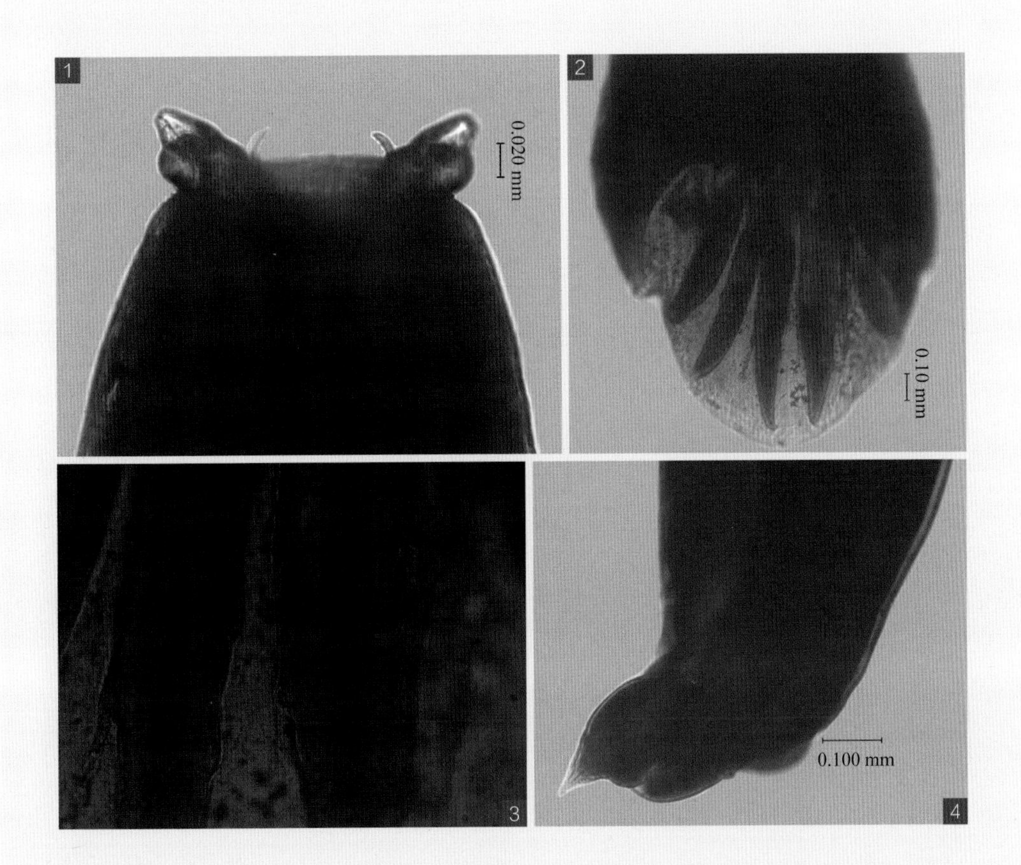
1
0.020 mm
2
0.10 mm
3
0.100 mm
4

90 长形杯环线虫

Cylicocyclus elongatum (Looss, 1900) Erschow, 1939

【主要形态特点】

虫体较大，口领分叶，侧叶宽大，亚中叶窄小，背腹叶低矮，亚中乳突长，伸出口领，侧乳突大（图 -1、图 -2、图 -3）。外叶冠 36～52 片，内叶冠数目多。口囊呈椭圆形，其背腹径宽于侧径，口囊壁薄，其后缘有环形加厚，无背沟（图 -2、图 -3）。食道呈纺锤形（图 -1），颈乳突和排泄孔位于神经环之后。

【雄虫】

虫体大小为 12.0～17.1 mm×0.61～0.77 mm，头部宽 0.14～0.29 mm。口领高 0.024～0.051 mm。口囊侧径，前宽 0.086 mm，后宽 0.078 mm，侧宽 0.128～0.175 mm，深 0.047～0.052 mm。食道长 1.38～1.42 mm。颈乳突距头端 0.61～0.75 mm，神经环距头端 0.41 mm。交合伞的背叶长（图 -4、图 -5），长为 1.55～1.94 mm，宽 0.67 mm。背肋在基部分为 2 支，每支再分为 3 小支（图 -4、图 -5）。交合刺 1 对细长，长 1.9 mm。引带长 0.32～0.42 mm。

【雌虫】

虫体大小为 13.6～18.2 mm×0.650～0.817 mm，头部宽 0.200～0.286 mm。口领高 0.03～0.05 mm，口囊宽 0.128～0.133 mm，深 0.050～0.073 mm。食道长 1.40～1.52 mm，颈乳突距头端 0.65～0.70 mm，神经环距头端 0.44 mm。阴门距尾端 0.284～0.406 mm。尾端呈锥形（图 -6），肛门距尾端 0.135～0.208 mm。

【宿主与寄生部位】

马、驴、骡的盲肠、大肠。

【虫体标本保存单位】

中国农业科学院上海兽医研究所

图 释

1 虫体头部及口囊、食道、神经环等；

2 3 虫体头端及口领、叶冠、乳突、口囊等；

4 5 雄虫尾部正面观及交合伞、腹肋、侧肋、外背肋、背肋等；

6 雌虫尾部侧面观及阴门、肛门、尾尖形态等。

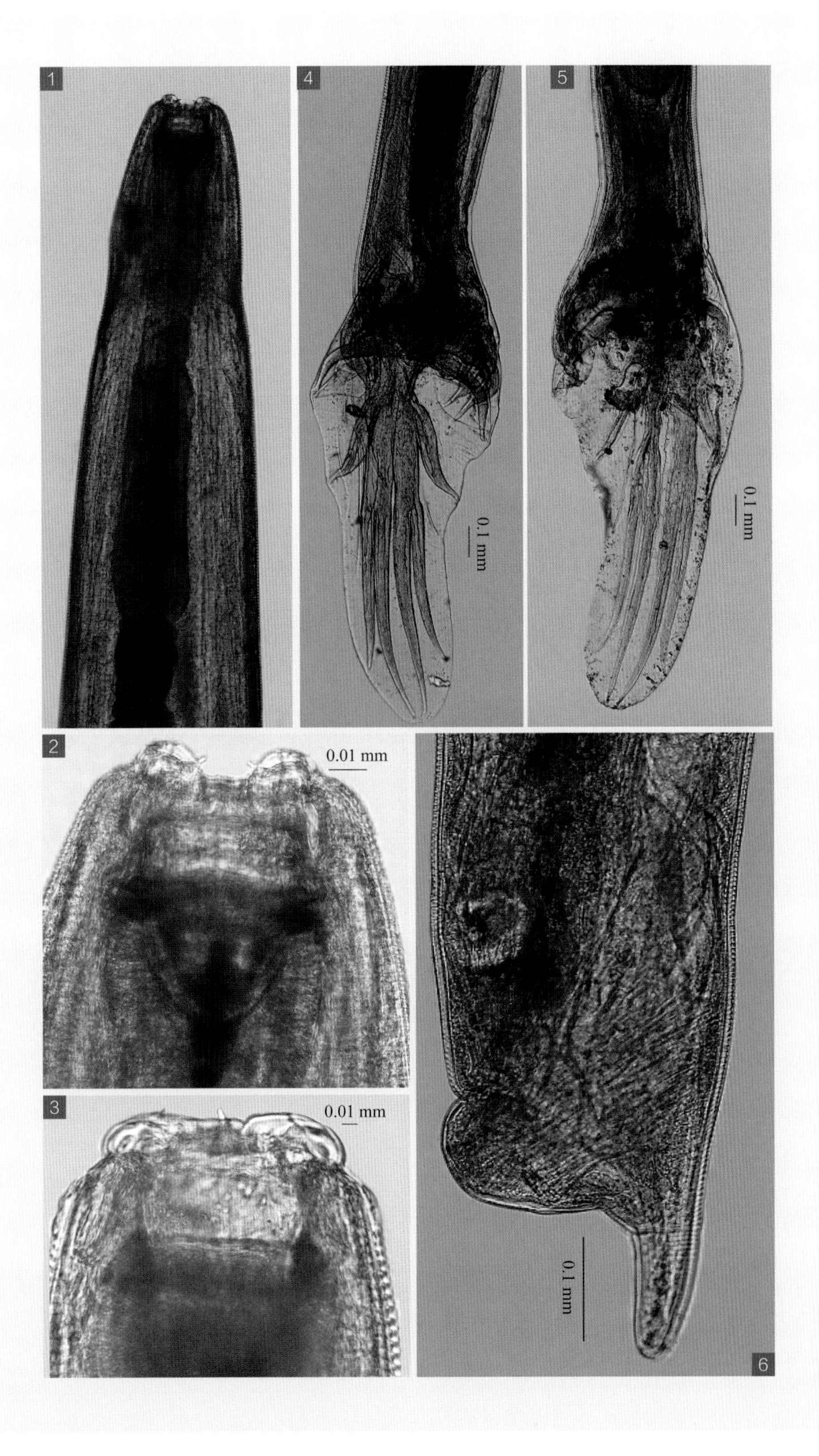
1
4
5
0.1 mm
0.1 mm
2
0.01 mm
3
0.01 mm
0.1 mm
6

91 隐匿杯环线虫

Cylicocyclus insigne (Boulenger, 1917) Chaves, 1930

【主要形态特点】

口领的游离缘有6个舌状瓣，侧乳突短粗，亚中乳突长于口领；外叶冠38～47片，内叶冠132～146片。口囊呈椭圆形，宽度约为深度的2倍，口囊壁薄，后部环形加厚，无背沟（图-2、图-3、图-4、图-5）。食道呈花瓶状，食道漏斗发达，颈乳突位于食道与肠管连接处前后（图-1）。

【雄虫】

虫体大小为10.8～12.4 mm×0.4～0.5 mm，头部宽0.21～0.27 mm。口领高0.029～0.041 mm。口囊深0.05～0.07 mm，宽0.12～0.13 mm。食道长0.64～0.81 mm。颈乳突距头端0.61～0.84 mm，神经环距头端0.34～0.37 mm。交合伞的背叶宽，大小为0.85～0.89 mm×0.61～0.69 mm。背肋分为2支，每支再分为3小支（图-8），伞前乳突长。交合刺1对等长，长2.30～2.94 mm。引带长0.30～0.43 mm。

【雌虫】

虫体大小为12.4～16.0 mm×0.44～0.56 mm，头部宽0.23～0.27 mm，口领高0.027～0.043 mm。口囊大小为0.037～0.061 mm×0.116～0.129 mm。食道长0.68～1.06 mm。颈乳突距头端0.66～1.05 mm，神经环距头端0.24～0.42 mm。阴门距尾端0.37～0.45 mm。肛门距尾端0.16～0.21 mm，尾部自阴门后略向背侧弯曲（图-9）。

【宿主与寄生部位】

马、驴、骡的盲肠、结肠。

【虫体标本保存单位】

四川省畜牧科学研究院

图 释

1 成虫，左为雄虫，右为雌虫；

2～5 虫体头端观及叶冠、乳突、口囊、口囊壁等；

6 虫体头部正面观及口囊、食道、神经环、颈乳突等；

7 雄虫尾部侧面观及交合伞、交合刺、腹肋、侧肋、外背肋、背肋等；

8 雄虫尾部正面观及交合伞、交合刺、腹肋、侧肋、背肋等；

9 雌虫尾部侧面观及阴门、肛门、尾尖等。

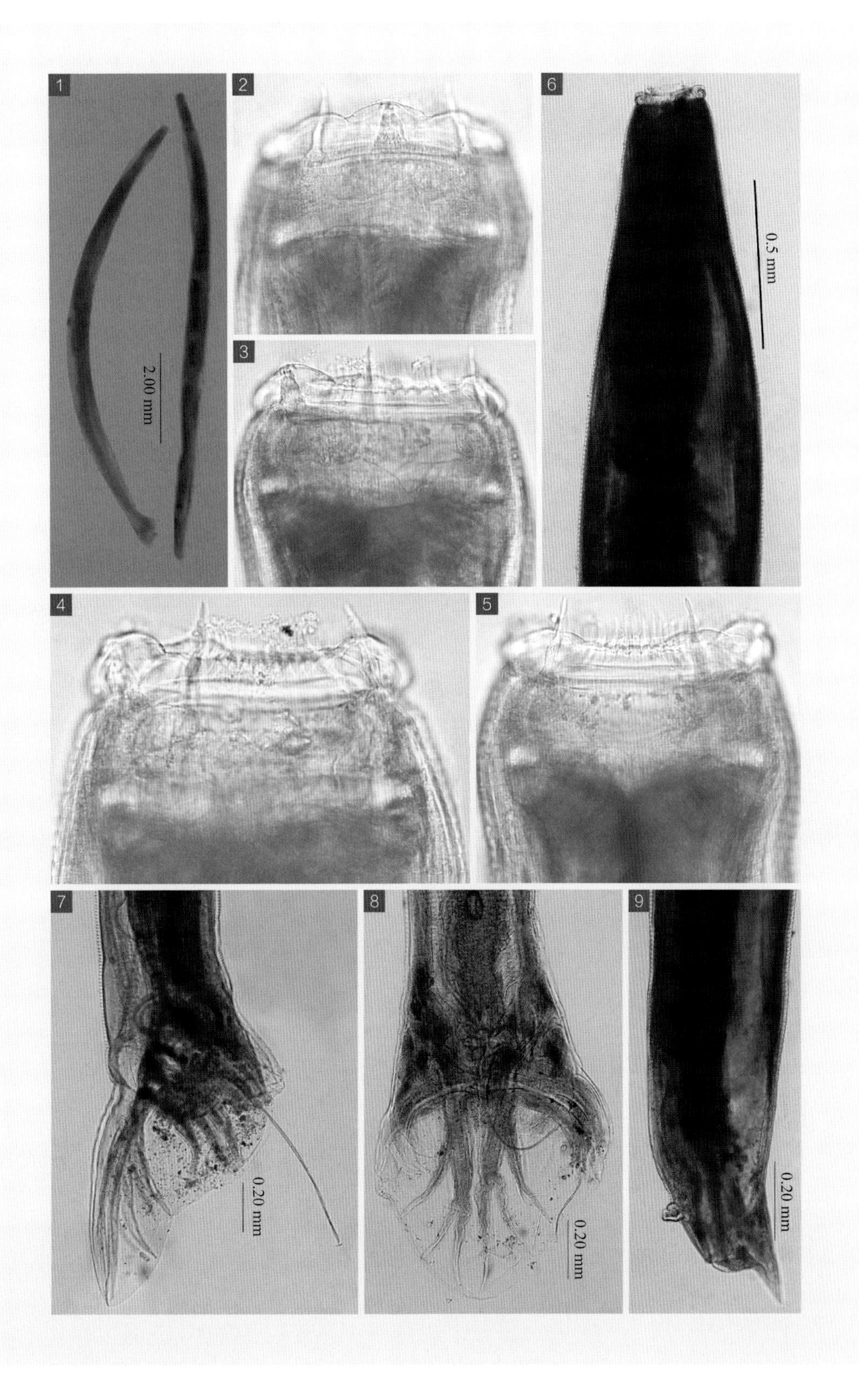
1
2.00 mm
2
3
6
0.5 mm
4
5
7
0.20 mm
8
0.20 mm
9
0.20 mm

92 鼻状杯环线虫

Cylicocyclus nassatum (Looss, 1900) Chaves, 1930

【主要形态特点】

口领的侧面较宽，背腹面较窄（图 -1、图 -2）。侧乳突长，向侧边突出，亚中乳突伸出口领的前缘，外叶冠 20 片，叶片狭长而尖；内叶冠约 60 片（图 -2）。口囊侧径宽，背腹径窄，口囊壁薄，其内壁 1/2 处有一与囊壁呈直角的透明齿状突（图 -2）。背沟伸达口囊中部。食道呈花瓶状，食道漏斗壁有一菱形皱壁，颈乳突和排泄孔位于食道中部，神经环位于食道前 1/3 处（图 -1）。

【雄虫】

虫体大小为 7.2～8.3 mm×0.32～0.41 mm。口领高 0.021～0.032 mm，口囊，侧径宽 0.075～0.080 mm，背腹径宽 0.028～0.047 mm，深 0.02～0.03 mm。食道长 0.49～0.61 mm。颈乳突距头端 0.37～0.47 mm，神经环距头端 0.30 mm。交合伞的背叶中等长，大小为 0.47～0.64 mm×0.39～0.65 mm。2 个腹肋并列，3 个侧肋分开，外背肋从背肋基部发出，背肋在基部即分为 2 支，每支又分为 3 小支，在第 3 小支中部又各分出一末端有分叉的细小分支（图 -3）。交合刺 1 对等长，长 1.08～1.48 mm。引带长 0.19～0.24 mm。在生殖锥附器上有 2 个乳状突。

【雌虫】

虫体大小为 8.8～11.1 mm×0.421～0.501 mm。口领高 0.029～0.043 mm。口囊，侧径宽 0.079～0.128 mm，深 0.024～0.045 mm。食道长 0.548～0.830 mm。颈乳突距头端 0.460～0.529 mm，神经环距头端 0.283～0.365 mm。阴门距尾端 0.290～0.301 mm，肛门距尾端 0.180～0.189 mm，尾部稍向背部弯曲，然后伸直，端部呈指状（图 -4）。

【宿主与寄生部位】

马、驴、骡的盲肠、结肠、大肠。

【虫体标本保存单位】

四川省畜牧科学研究院

图 释

1 虫体头部正面观及口领、叶冠、口囊、食道、颈乳突位置等；
2 头端及口领、口领乳突、口囊等；
3 交合伞正面观及侧肋、背肋等；
4 雌虫尾部侧面观及阴门、肛门、尾尖形态等。

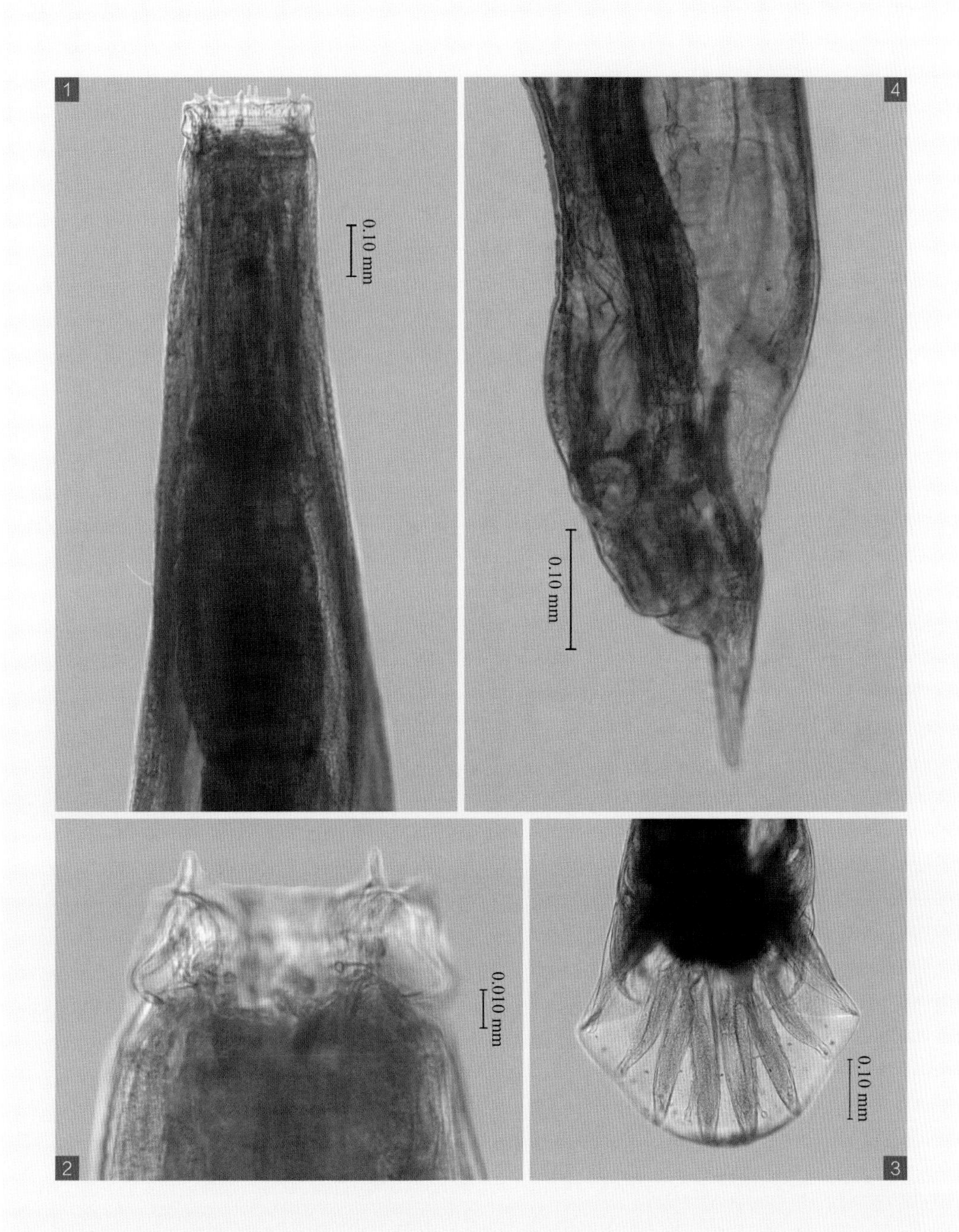
1
0.10 mm
4
0.10 mm
2
0.010 mm
3
0.10 mm

93 天山杯环线虫

Cylicocyclus tianshangensis Qi et Li, 1978

【主要形态特点】

口领缘整齐，其侧径宽而背腹径窄（图 -1、图 -2）。外叶冠 24～28 片，伸出口领；内叶冠细而短，约 80 片。侧乳突短，亚中乳突细长，口囊浅，其侧径甚宽，背腹径很窄，背沟短，伸至口囊后缘，食道漏斗壁两侧各有 1 个三角形的齿状突（图 -2）。食道呈花瓶状，颈乳突和排泄孔位于食道中后部同一水平处，神经环位于食道近中部（图 -1）。

【雄虫】

虫体大小为 8.2～10.2 mm×0.364～0.401 mm。口领高 0.03 mm。口囊侧径，宽 0.093～0.115 mm，深 0.013～0.027 mm。口囊壁后缘有环状加厚。食道长 0.576～0.661 mm。颈乳突距头端 0.34～0.52 mm，神经环距头端 0.271～0.312 mm。交合伞大小为 0.56～0.60 mm×0.56～0.41 mm，背叶短，呈半圆形（图 -4）。2 个腹肋并列；3 个侧肋分开，外背肋从背肋基部分出，背肋 2 主支又各分为 3 小支，其中第 2 和第 3 小分支有小分支和芽状突（图 -3、图 -4）。交合刺 1 对等长，长 1.15～1.76 mm。引带长 0.189～0.217 mm。在生殖锥附器上两侧各有一乳状突。

【雌虫】

虫体大小为 9.62～12.31 mm×0.45～0.53 mm。口领高 0.024～0.029 mm。口囊，侧径宽 0.137～0.163 mm，深 0.0175～0.0311 mm。食道长 0.660～0.747 mm。颈乳突距头端 0.461～0.542 mm，神经环距头端 0.312～0.420 mm。阴门距尾端 0.272～0.380 mm，肛门距尾端 0.149～0.203 mm，尾端直，呈指状（图 -5）。

【宿主与寄生部位】

马、驴、骡的盲肠、结肠。

【虫体标本保存单位】

四川省畜牧科学研究院

图 释

1 虫体头部正面观及口囊、食道形状、颈乳突位置等；
2 头端及口领和乳突、叶冠、口囊、食道漏斗内的三角形齿状突等；
3 交合伞侧面观及腹肋、侧肋、背肋等；
4 交合伞背面观及背肋等；
5 雌虫尾部侧面观及阴门、肛门、尾尖形态等。

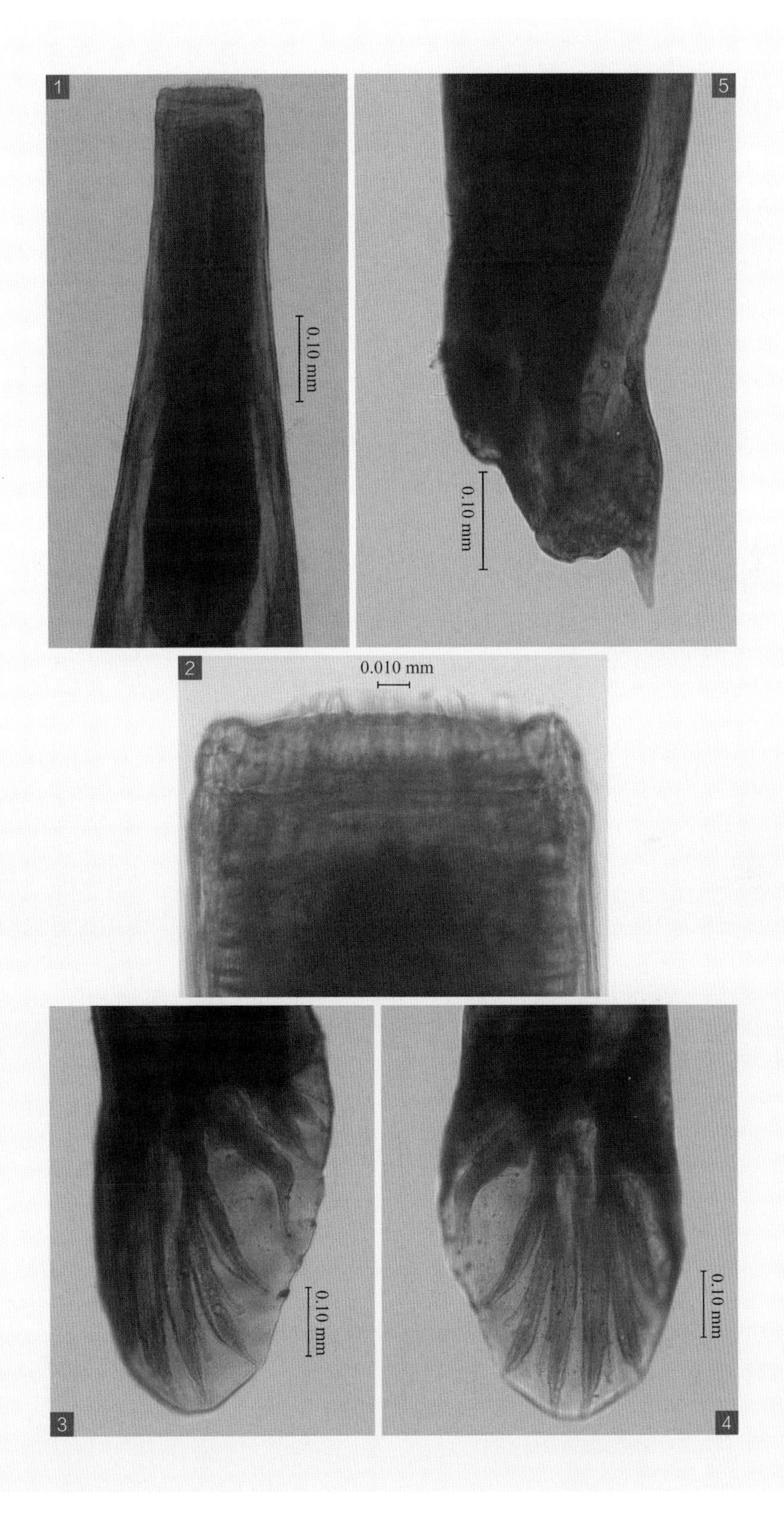
1
0.10 mm
5
0.10 mm
2
0.010 mm
3
0.10 mm
4
0.10 mm

94 乌鲁木齐杯环线虫

Cylicocyclus urumuchiensis Qi et Li, 1978

【主要形态特点】

口领缘整齐，侧径与背腹径相近，外叶冠20～22片，伸出口领缘，内叶冠细小，约60片。亚中乳突细长，伸出口缘，侧乳突小，不伸出口领。口囊的前部向外倾斜，宽度为深度的4～5倍，口囊壁厚，背沟短（图-2、图-3、图-4）。食道漏斗壁有2个靠近的齿状突，食道呈花瓶状，颈乳突和排泄孔位于食道中后部同一水平处，神经环位于食道中部（图-1）。

【雄虫】

虫体大小为7.7～9.4 mm×0.366～0.378 mm，头部宽0.109～0.149 mm。口领高0.020～0.026 mm。口囊大小为0.019～0.024 mm×0.076～0.086 mm，深0.015 mm。食道长0.569～0.643 mm。颈乳突距头端0.400～0.488 mm，神经环距头端0.249～0.360 mm。交合伞（图-6）大小为0.542～0.786 mm×0.339～0.379 mm，背叶较短，在背肋第2和第3分支上有指状突或芽状突（图-6）。交合刺1对等长，长1.057～1.392 mm。引带长0.153～0.244 mm。在生殖锥附器两侧各有2个乳状突（图-5）。

【雌虫】

虫体大小为9.5～11.2 mm×0.434～0.474 mm，头部宽0.143～0.159 mm。口囊大小为0.018～0.031 mm×0.071～0.092 mm，深0.024 mm。食道长0.605～0.759 mm。颈乳突距头端0.461～0.542 mm，神经环距头端0.298～ 0.339 mm。阴门距尾端0.271～0.325 mm，尾端直，呈指形（图-7），尾长0.148～0.189 mm。

【宿主与寄生部位】

马、骡的盲肠、结肠。

【虫体标本保存单位】

四川省畜牧科学研究院

图 释

1 虫体头部正面观及食道、颈乳突位置等；
2～4 虫体头端及口领和口领乳突、叶冠、口囊、食道漏斗内的齿状突等；
5 生殖锥；
6 交合伞背面观及背肋等；
7 雌虫尾部侧面观及阴门、肛门、尾尖形态等。

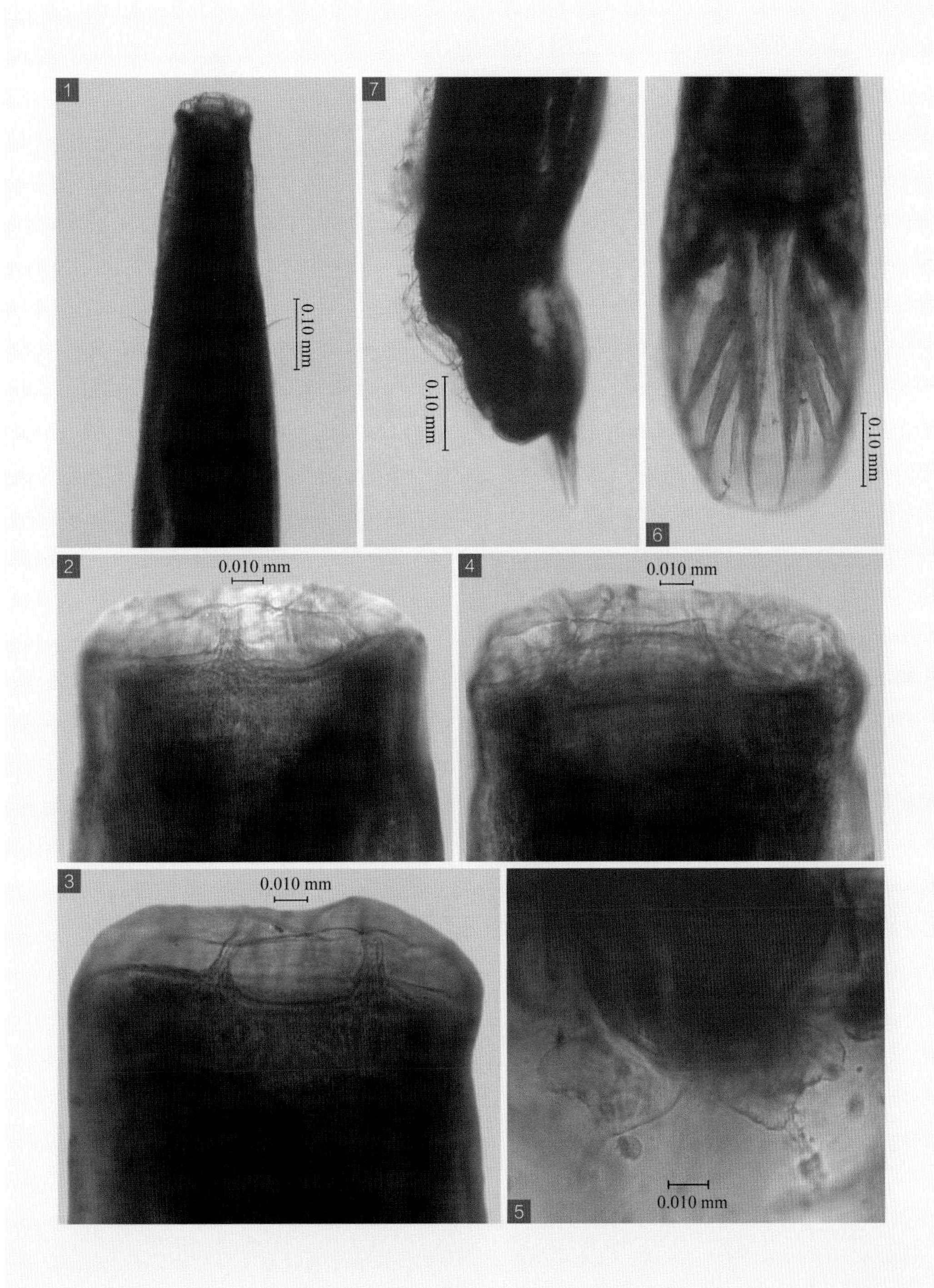
1
0.10 mm
7
0.10 mm
0.10 mm
6
2
0.010 mm
4
0.010 mm
3
0.010 mm
0.010 mm
5

95 短囊杯环线虫

Cylicocyclus brevicapsulatum (Ihle, 1920) Erschow, 1939

【主要形态特点】

口囊甚短，其宽度为深度的4～8倍，亚中乳突较短，侧乳突小，外叶冠40～48片，内叶冠50～65片，无背沟（图-1、图-2、图-3、图-4）。排泄孔位于食道与肠管连接处。

【雄虫】

虫体大小为8.8～11.7 mm×0.54～0.58 mm。交合伞背叶较长宽，中间叶与侧叶未分开（图-5、图-6），交合刺长2.13～2.30 mm。生殖锥附器分为4个圆锥形体，其上有突起。

【雌虫】

虫体大小为9.6～13.9 mm×0.64～0.78 mm。阴门距肛门0.09～0.21 mm，尾长0.22～0.38 mm，尾端细直而尖（图-7）。

【宿主与寄生部位】

马、驴、骡的盲肠、结肠。

【虫体标本保存单位】

四川省畜牧科学研究院

图 释

1 虫体头部正面观及食道、颈乳突位置等；
2～4 虫体头端及口领和口领乳突、叶冠、口囊等；
5 交合伞正面观及背肋、交合刺末端形态等；
6 交合伞侧面观及腹肋、侧肋、背肋等；
7 雌虫尾部侧面观及阴门、肛门、尾尖形态等。

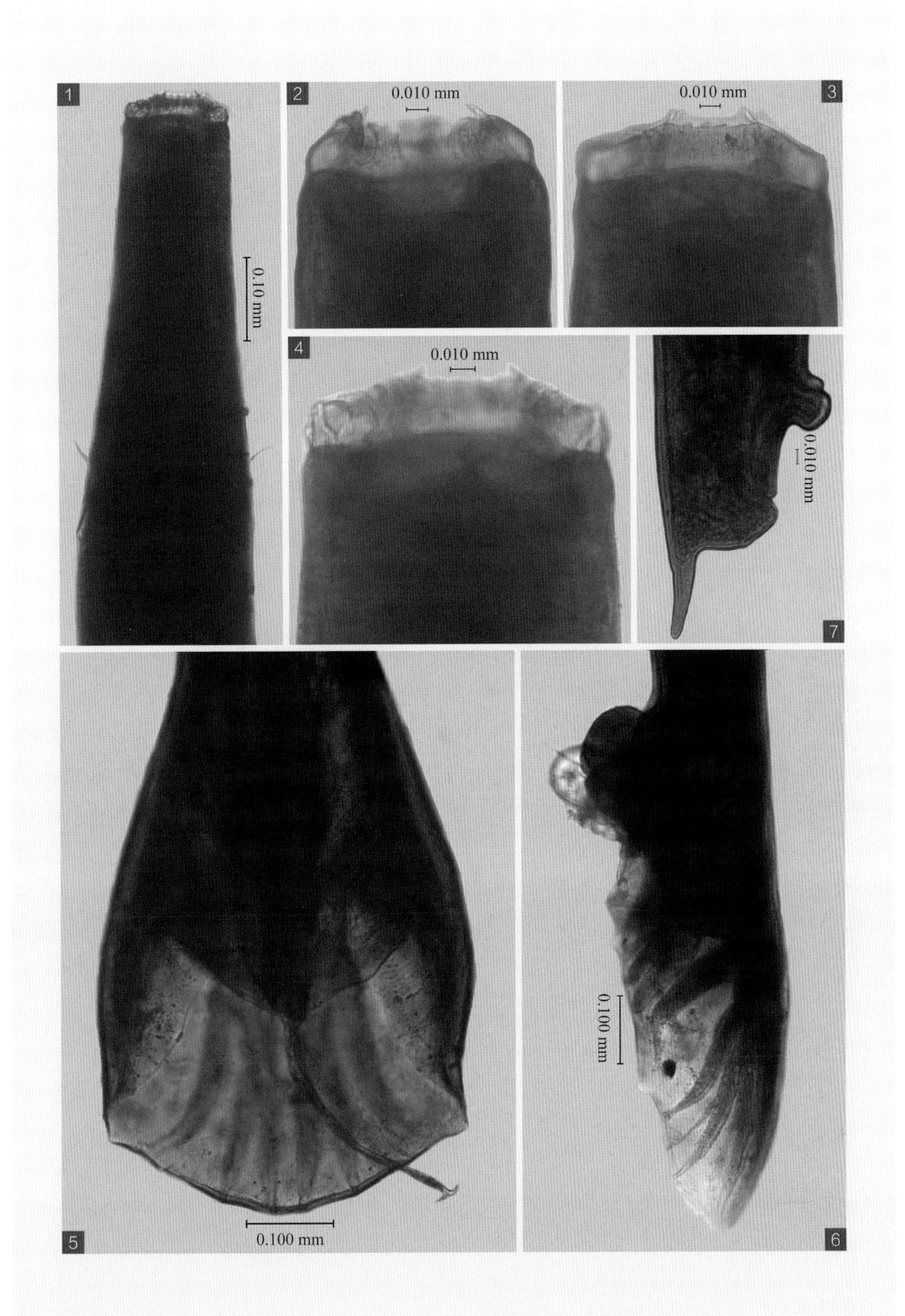
1
2
0.010 mm
3
0.010 mm
0.10 mm
4
0.010 mm
7
0.010 mm
5
0.100 mm
6
0.100 mm

96 细口杯环线虫

Cylicocyclus leptostomum (Kotlán, 1920) Chaves, 1930

【主要形态特点】

虫体细小。口领不高，亚中乳突呈圆锥形，侧乳突顶端钝圆，外叶冠20～24片，内叶冠50～60片。口囊呈椭圆形，其侧径大于背腹径。口囊壁的前部薄，后部加厚，在口囊底部有三角形齿板，背沟短小（图-2、图-3）。食道的前部较细，后部膨大，神经环位于食道中部（图-1）。颈乳突位于食道后1/3前部。

【雄虫】

虫体大小为5.51～6.53 mm×0.21～0.31 mm，头部的侧面宽0.081～0.089 mm，口领高0.12～0.15 mm。口囊大小为0.024～0.031 mm×0.048～0.050 mm，口囊的背面宽0.0225 mm和侧面宽0.0425 mm。食道长0.441～0.524 mm。颈乳突距头端0.31～0.34 mm，神经环距头端0.21～0.25 mm，排泄孔距头端0.34 mm。交合伞大小为0.51～0.71 mm× 0.12～0.35 mm，背叶长；在背肋上有不规则的小侧支；交合刺1对等长，长1.03～1.20 mm（图-4、图-5）。引带长0.138～0.163 mm。在生殖锥附器上有囊泡状物。

【雌虫】

虫体大小为6.51～8.02 mm×0.28～0.37 mm，头部宽0.081～0.093 mm。口领高0.012～0.015 mm。口囊大小为0.021～0.024 mm×0.046～0.063 mm。食道长0.486～0.577 mm。颈乳突距头端0.30～0.37 mm，神经环距头端0.25～0.28 mm，排泄孔距头端0.33 mm。阴门距尾端0.14～0.24 mm，肛门距尾端0.08～0.14 mm，尾端直而细尖，肛门后常有球状膨大（图-6、图-7）。虫卵大小为0.065～0.080 mm×0.035～0.040 mm。

【宿主与寄生部位】

马、驴、骡的盲肠、大肠。

【虫体标本保存单位】

中国农业科学院上海兽医研究所

图释

1 虫体头部观及口囊、食道、神经环等；

2 3 虫体头端观及叶冠、乳突、口囊、口囊壁等；

4 雄虫尾部正斜面观及交合伞、腹肋、侧肋、外背肋、背肋等；

5 雄虫尾部侧面观及交合伞、腹肋、侧肋、外背肋、背肋等；

6 7 雌虫尾部侧面观及阴门、肛门、尾尖等。

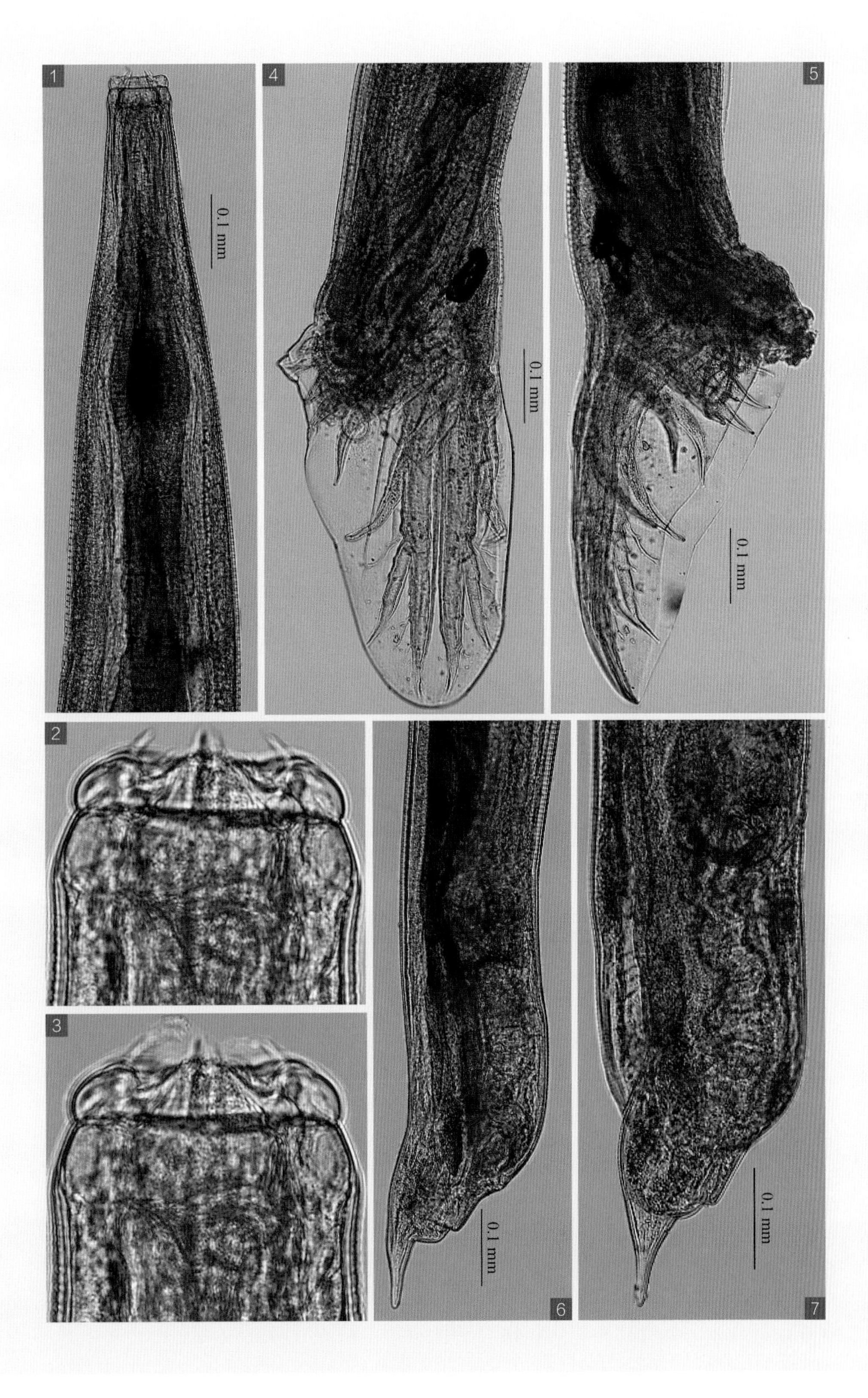
1
4
5
2
3
6
7
0.1 mm
0.1 mm
0.1 mm
0.1 mm
0.1 mm

97 外射杯环线虫

Cylicocyclus ultrajectinum (Ihle, 1920) Erschow, 1939

【主要形态特点】

口领高，亚中乳突长，外叶冠 46 片，其中 10～12 片较长。口囊（图 -2、图 -3、图 -4）大小为 0.170～0.190 mm×0.055～0.063 mm。

【雄虫】

虫体大小为 11.81～12.52 mm×0.56～0.64 mm。食道长 0.69～0.75 mm。交合伞的背叶短而宽（图 -6、图 -7），交合刺 1 对等长，长 1.58～1.77 mm。

【雌虫】

虫体大小为 14.0～15.2 mm×1.08～1.20 mm。食道长 0.77～0.80 mm。阴门（图 -9）距尾端 0.379～0.584 mm，尾部长 0.204～0.219 mm。虫卵大小为 0.137～0.147 mm×0.069～0.074 mm。

【宿主与寄生部位】

马、驴、骡的盲肠、结肠。

【虫体标本保存单位】

中国农业科学院兰州兽医研究所

图 释

1 成虫，左为雄虫，右为雌虫；
2～4 虫体头端及叶冠、乳突、口囊、口囊壁等；
5 虫体头部正面观及口囊、食道、神经环等；
6 交合伞侧面观及腹肋、侧肋、外背肋、背肋等；
7 交合伞正面观及腹肋、侧肋、外背肋、背肋等；
8 交合刺末端钩；
9 雌虫尾部侧面观及阴门、肛门、尾尖等。

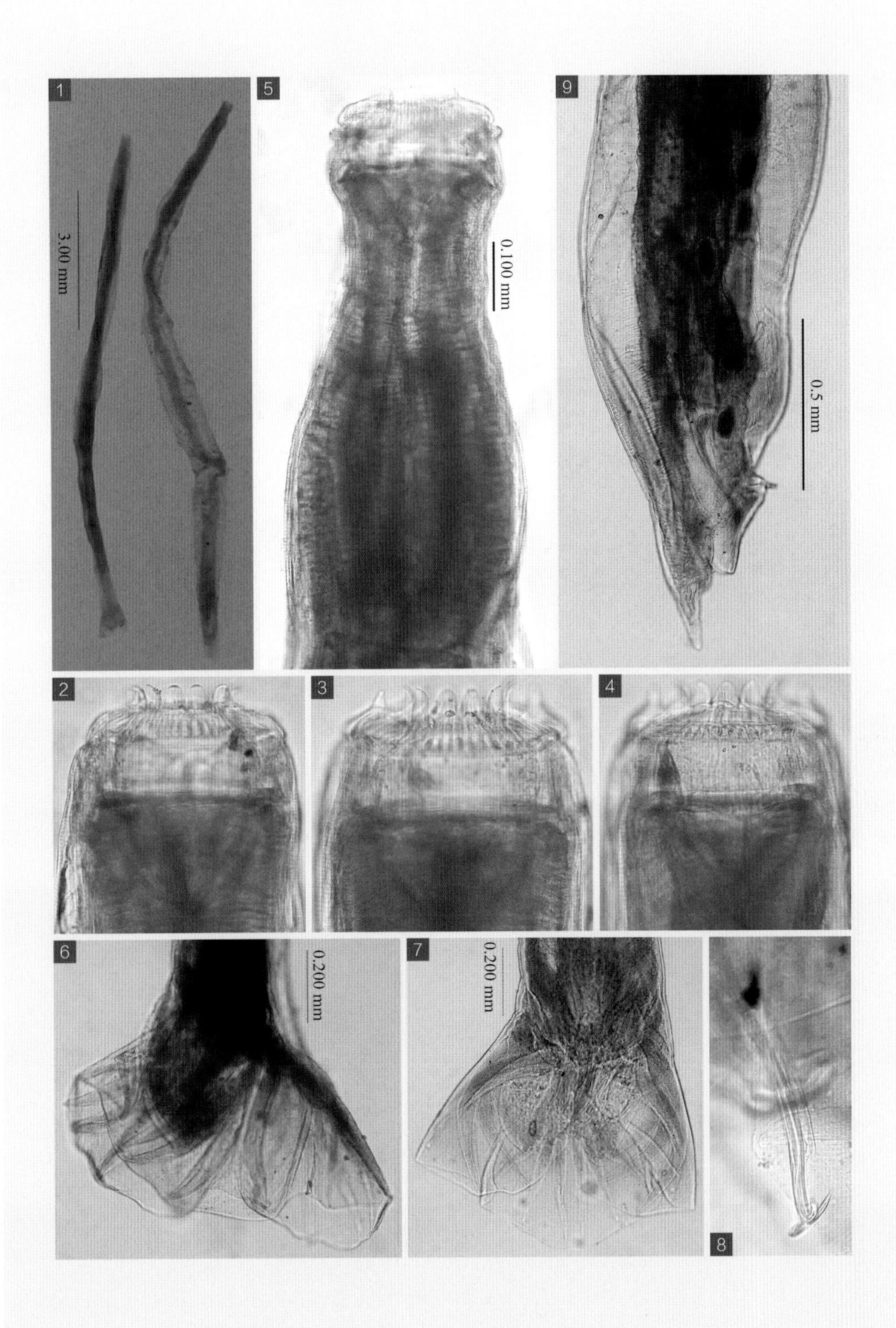
1
3.00 mm
5
0.100 mm
9
0.5 mm
2
3
4
6
0.200 mm
7
0.200 mm
8

98 三枝杯环线虫

Cylicocyclus triramosum (Yorke et Macfie, 1920) Chaves, 1930

【主要形态特点】

类似鼻状杯环线虫，侧乳突呈钝圆形，亚中乳突针状，但较短（图 -2、图 -3、图 -4、图 -5、图 -6）。口囊浅，宽大于深，口囊内壁无任何结构，有背斜沟，但较短（图 -2、图 -3、图 -4、图 -5、图 -6）。食道长 0.583 mm，神经环位于食道前 1/3～2/3 处，颈乳突位于神经环后（图 -7）。

【雄虫】

虫体大小为 12.3 mm×0.63 mm。交合伞呈长椭圆形（图 -8、图 -9）；腹肋对称，在 2 支背肋的 3 个分支中，第 2 和第 3 支上有小侧支（图 -8、图 -9），交合刺长 0.540～0.954 mm。引带呈三角锥形。

【雌虫】

虫体大小为 8.670 mm×0.451 mm。口囊浅，大小为 0.019 mm×0.102 mm。阴门距尾端 0.264 mm，肛门距尾端 0.16～0.20 mm。尾直，末端钝圆（图 -10）。

【宿主与寄生部位】

马、斑马、骆驼的胃、结肠。

【虫体标本保存单位】

中国农业科学院兰州兽医研究所

图 释

1 成虫，左为雄虫，右为雌虫；
2～6 虫体头端观及叶冠、乳突、口囊、口囊壁等；
7 虫体头部正面观及口囊、食道、神经环、颈乳突等；
8 雄虫尾部斜侧面观及交合伞、腹肋、侧肋、外背肋、背肋等；
9 雄虫尾部侧面观及交合伞、腹肋、侧肋、外背肋、背肋等；
10 雌虫尾部侧面观及阴门、肛门、尾尖等。

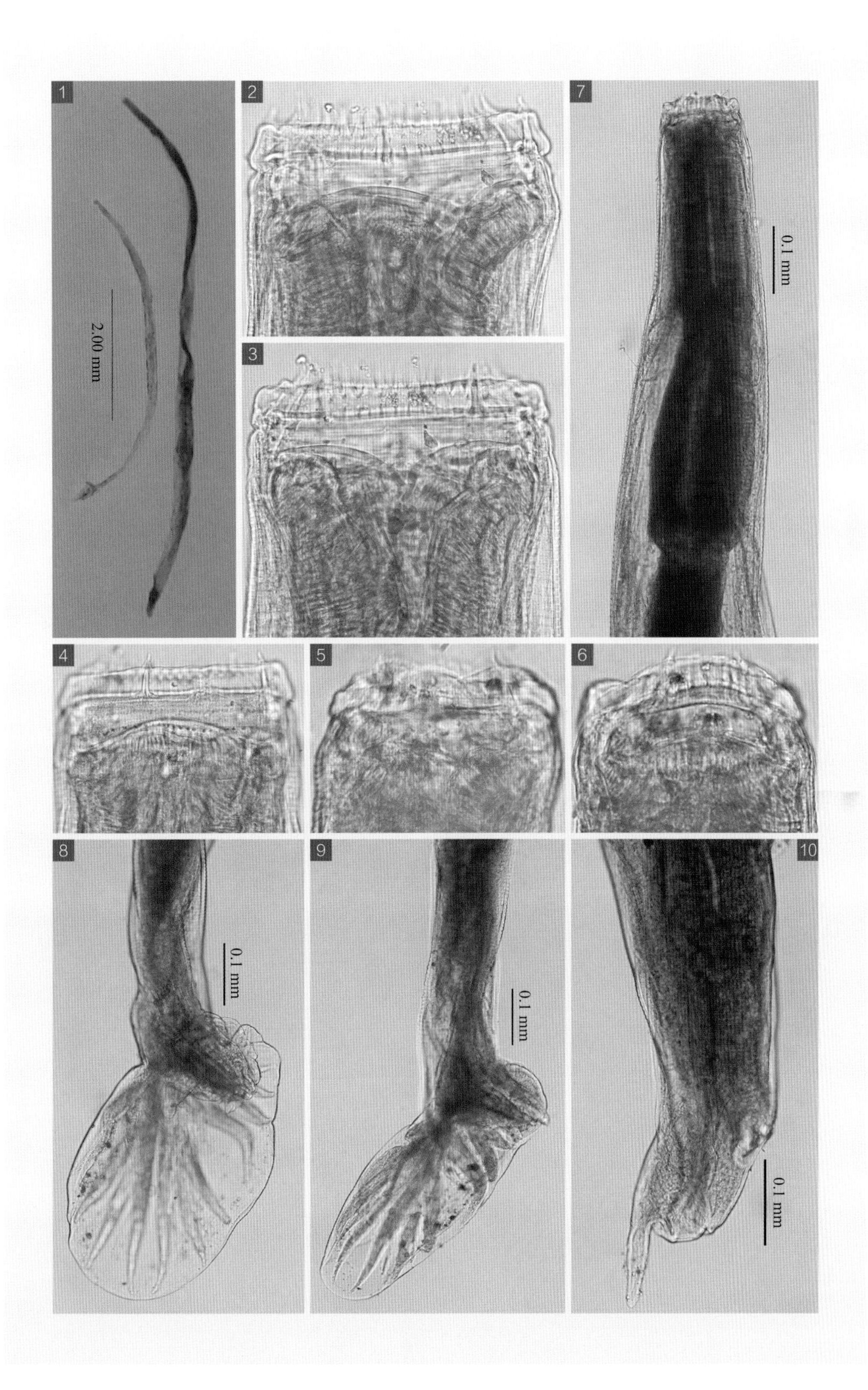
1
2
7
3
4
5
6
8
9
10
2.00 mm
0.1 mm
0.1 mm
0.1 mm
0.1 mm

99 阿氏杯环线虫

Cylicocyclus ashwerthi (Le Roux, 1924) McIntosh, 1933

【主要形态特点】

口囊大，呈圆筒形，短而宽，在口囊后部边缘的壁有环形的粗大部分，在口囊壁的下 1/3 处直角附近，从内面叶伸出一个长的齿状突起，外叶冠细而长，有叶片 20 片，内叶冠短而圆，有叶片约 60 片，背沟达到口囊的中央，食道漏斗很发达（图 -1）。

【雄虫】

虫体大小为 7.21～9.42 mm×0.33～0.48 mm。食道长 0.483～0.621 mm。颈乳突距头端 0.341～0.443 mm。交合伞分三叶，背叶短，背肋第三支有明显的附支，在附支的背腹有时有大的突起（图 -2）。交合刺长 1.221～1.302 mm，末端为锄形。引带长 0.212～0.220 mm，在柄的地方最宽为 0.081～0.101 mm。生殖锥有很发达的附属器，呈圆形或梨形（图 -3、图 -4）。

【雌虫】

虫体大小为 9.21～12.02 mm×0.47～0.55 mm。食道长 0.51～0.82 mm。阴门距尾端长 0.261～0.321 mm。尾部（图 -5）长 0.146～0.188 mm。卵呈椭圆形，大小为 0.074～0.084 mm×0.033～0.042 mm。

【宿主与寄生部位】

马的盲肠、结肠。

【图片】

廖党金绘

图 释

1 虫体头部正面观及叶冠、口囊、食道漏斗等；
2 交合伞背叶及背肋；
3 4 生殖锥；
5 雌虫尾部侧面观及阴门、肛门、尾尖。

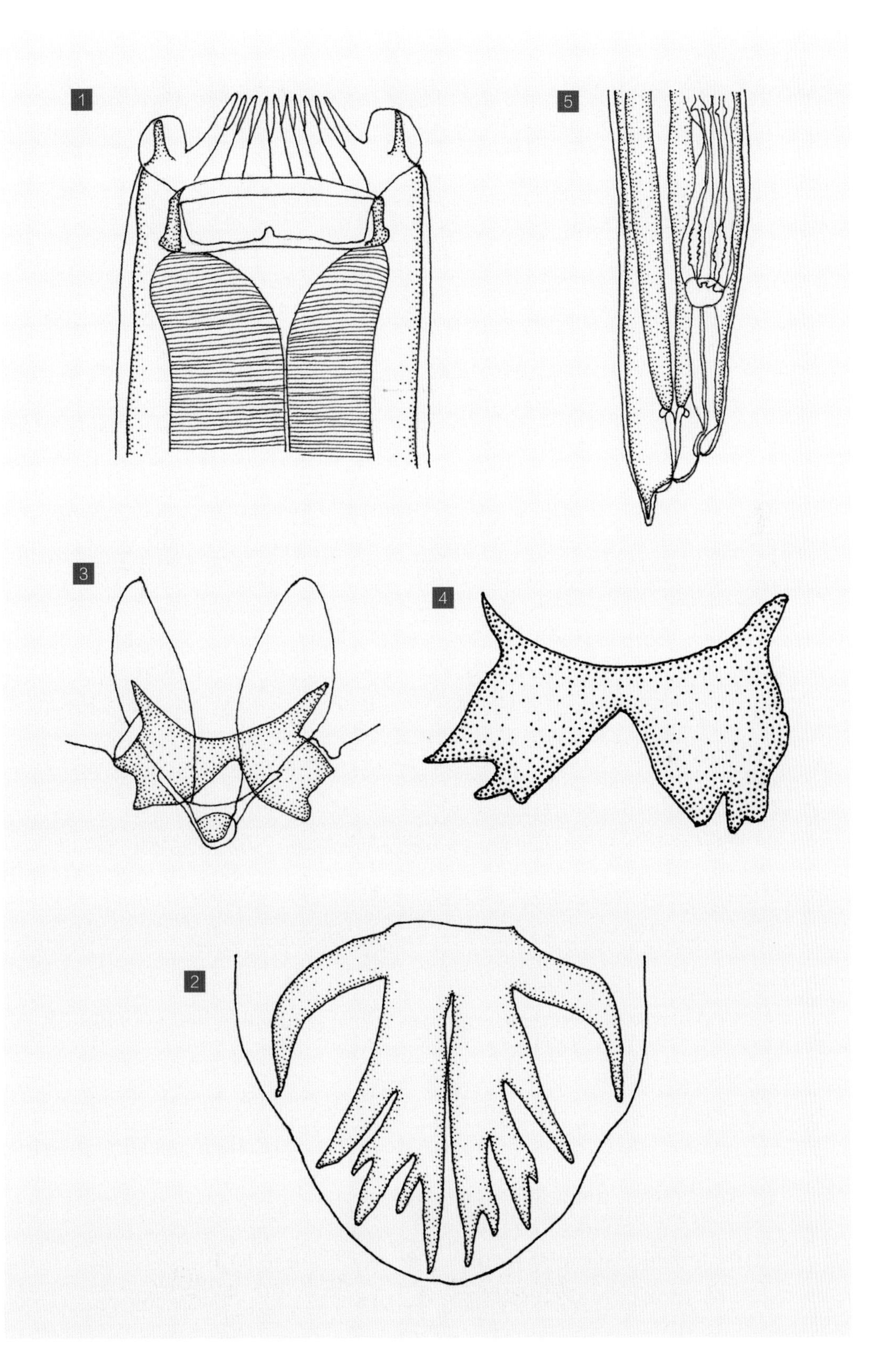
1
5
3
4
2

环齿属 *Cylicodontophorus* (Ihle, 1922) Erschow, 1939

口囊短而宽，口囊壁厚、形状不规则，后缘无环形加厚。外叶冠数目多，叶片细而长，内叶冠短而宽。雄虫的背肋分支处不到基部，外背肋从背干先分出。雌虫尾端有的尖。

100 奥普环齿线虫

Cylicodontophorus euproctus (Boulenger, 1917) Erschow, 1939

【主要形态特点】

虫体呈纺锤形，口领发达，下中乳突和侧乳突明显（图 –2、图 –3）。外叶冠尖而细，38～44 片，内叶冠 30～34 片，比外叶冠长而且宽。口囊前窄后宽，口囊壁前部厚，无背沟（图 –3）。食道粗而壮，颈乳突位于食道后部水平，神经环位于食道中部（图 –2）。

【雄虫】

虫体大小为 8.4～10.6 mm×0.44～0.49 mm，头部宽 0.16～0.18 mm。口领高 0.034～0.038 mm，口囊前宽 0.074 mm，后宽 0.084 mm，深 0.034～0.036 mm。食道长 0.381～0.445 mm。颈乳突距头端 0.42 mm，神经环距头端 0.22～0.24 mm。交合伞大小为 0.71 mm×0.71 mm，背叶较长，伞前肋粗大，在背肋上无小突起（图 –4、图 –5）。交合刺 1 对等长，长 1.61～1.932 mm。引带长 0.136～0.191 mm。生殖锥长而大，突出交合伞缘，其上有 2 个指状附器，生殖锥长约 0.7 mm（图 –4、图 –5）。

【雌虫】

虫体大小为 8.3～10.6 mm×0.45～0.54 mm，头部宽 0.18～0.21 mm。口领高 0.031～0.038 mm。口囊前宽 0.081～0.88 mm，后宽 0.090～0.105 mm，深 0.041 mm。食道长 0.454 mm。颈乳突距头端 0.43 mm，神经环距头端 0.24 mm。阴门距尾端 0.36～0.43 mm。尾端尖而细（图 –6），肛门距尾端 0.22～0.28 mm。

【宿主与寄生部位】

马的盲肠、结肠。

【虫体标本保存单位】

中国农业科学院上海兽医研究所

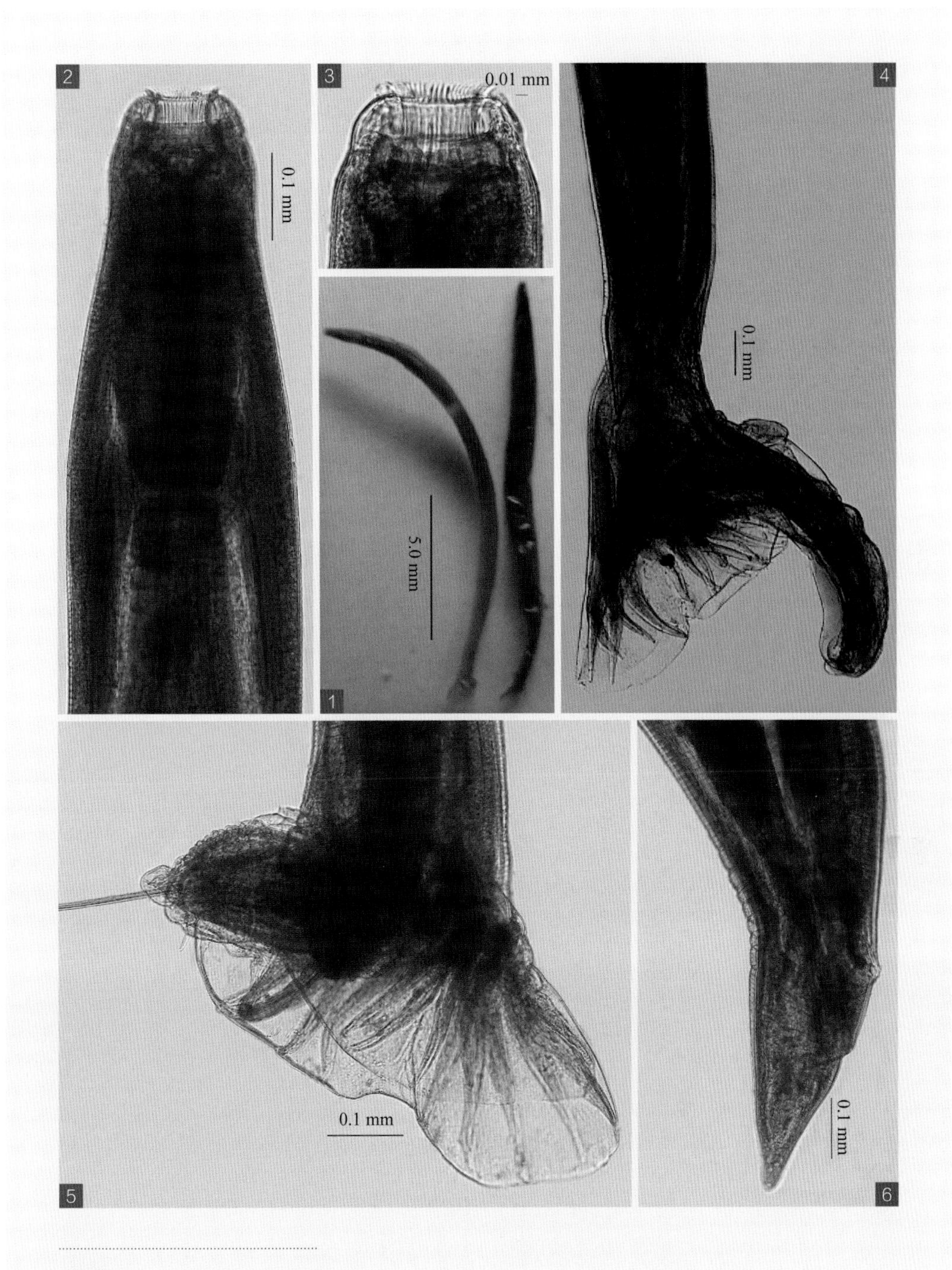

图 释

1 成虫，左为雄虫，右为雌虫；

2 虫体头部及口囊、食道、神经环等；

3 虫体头端及口领、叶冠、乳突、口囊等；

4 雄虫尾部侧面观及侧肋、外背肋、背肋、生殖锥和指状附器等；

5 交合伞侧面观及腹肋、侧肋、外背肋、背肋、交合刺等；

6 雌虫尾部侧面观及阴门、肛门、尾尖形态等。

101 麦氏环齿线虫

Cylicodontophorus mettami (Leiper, 1913) Erschow, 1939

【主要形态特点】

口领突出，亚中乳突呈圆锥形。外叶冠短而尖，有60片，呈辐射状排列；内叶冠叶片彼此紧靠，为40～46片，有尖的顶端。口囊呈圆筒形，囊壁厚，口囊宽0.13～0.16 mm，深0.52～0.65 mm，无背沟，食道短而粗，有食道漏斗（图-1、图-2、图-3）。

【雄虫】

虫体大小为9.1～10.2 mm×0.593～0.621 mm。食道长0.533～0.721 mm。交合伞不大，背叶宽，背肋无附加的分支。交合刺长1.94 mm。引带长0.253 mm，最大宽度0.05 mm，其形如斜槽。

【雌虫】

虫体大小为10.1～14.2 mm×0.6～0.8 mm。食道长0.593～0.764 mm。尾在肛门以后弯向背面（图-4）。阴道长0.8 mm。阴门距尾端0.373～0.469 mm。肛门距尾端0.23～0.30 mm。

【宿主与寄生部位】

马、骡的盲肠、结肠。

【虫体标本保存单位】

中国农业科学院上海兽医研究所

图 释

1 虫体头部及口囊、食道等；

2 3 虫体头端及口领、叶冠、口囊、食道漏斗等；

4 雌虫尾部侧面观及阴门、肛门、尾尖形态。

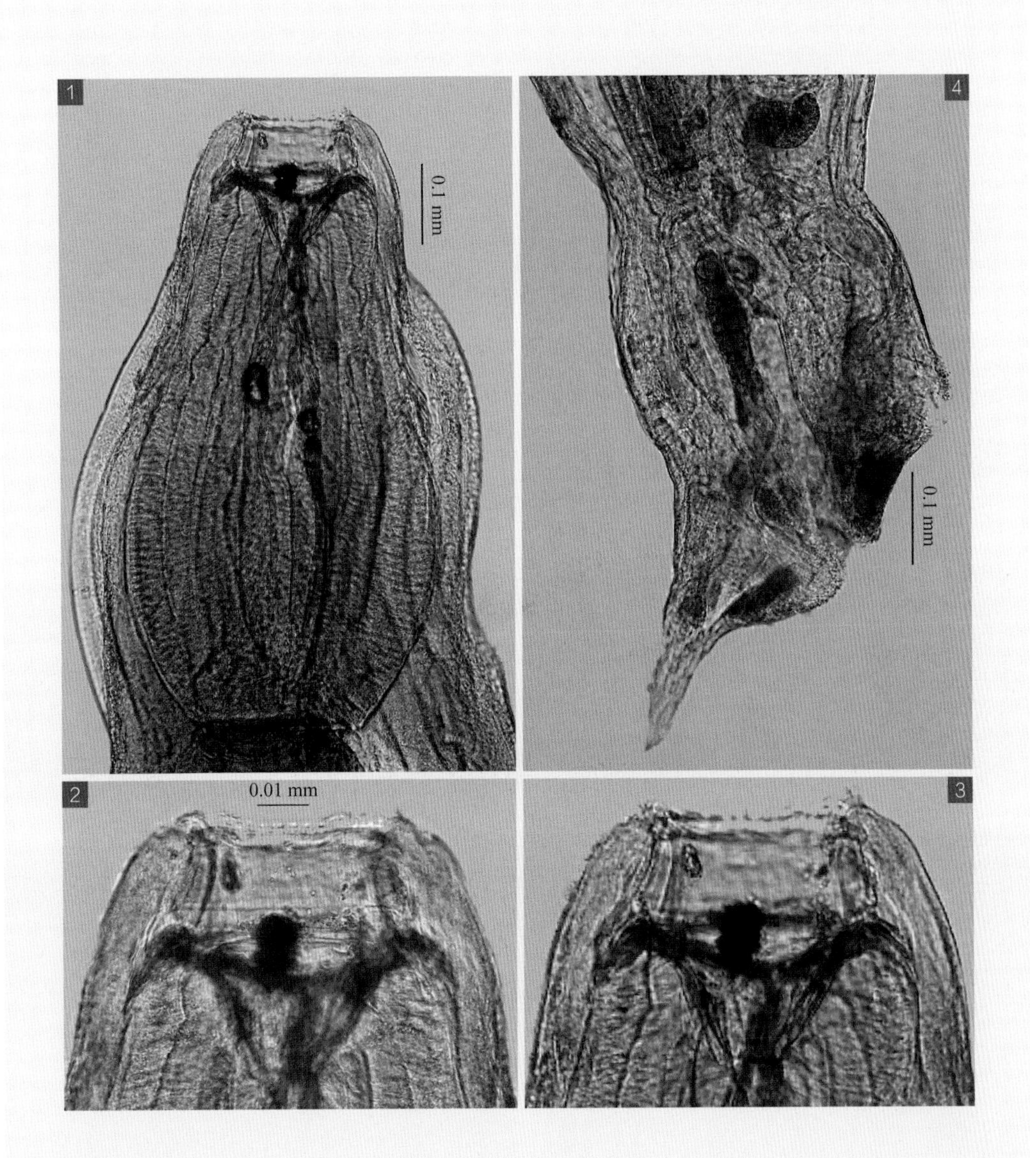
1
0.1 mm
4
0.1 mm
2
0.01 mm
3

102 双冠环齿线虫

Cylicodontophorus bicoronatum (Looss, 1900) Erschow, 1939

【主要形态特点】

有内外两圈叶冠，外叶冠和内叶冠各为 30～34 片，口囊短，呈前宽后窄的倒梯形，深为 0.019～0.024 mm，背沟达口囊前缘（图 -1、图 -2）。

【雄虫】

虫体大小为 11.02～13.26 mm×0.460～0.493 mm。交合伞的背叶与侧叶连接处有深凹。交合刺 1 对等长，长 1.775～2.205 mm（图 -4、图 -5、图 -6）。

【雌虫】

虫体大小为 13.01～15.90 mm×0.592～0.640 mm。阴道长 0.602～0.653 mm，阴门距肛门 0.167～0.193 mm，肛门距尾端 0.080～0.103 mm（图 -7）。

【宿主与寄生部位】

马、驴、骡的盲肠、结肠。

【虫体标本保存单位】

中国农业科学院兰州兽医研究所

图 释

1 2 虫体头端观及叶冠、乳突、口囊、背沟等；
3 虫体头部正面观及口囊、食道、神经环、颈乳突等；
4 雄虫尾端正面观及交合伞、交合刺、腹肋、侧肋、外背肋、背肋等；
5 6 雄虫尾部侧面观及交合伞、交合刺、腹肋、侧肋、外背肋、背肋等；
7 雌虫尾部侧面观及阴门、肛门、尾尖等。

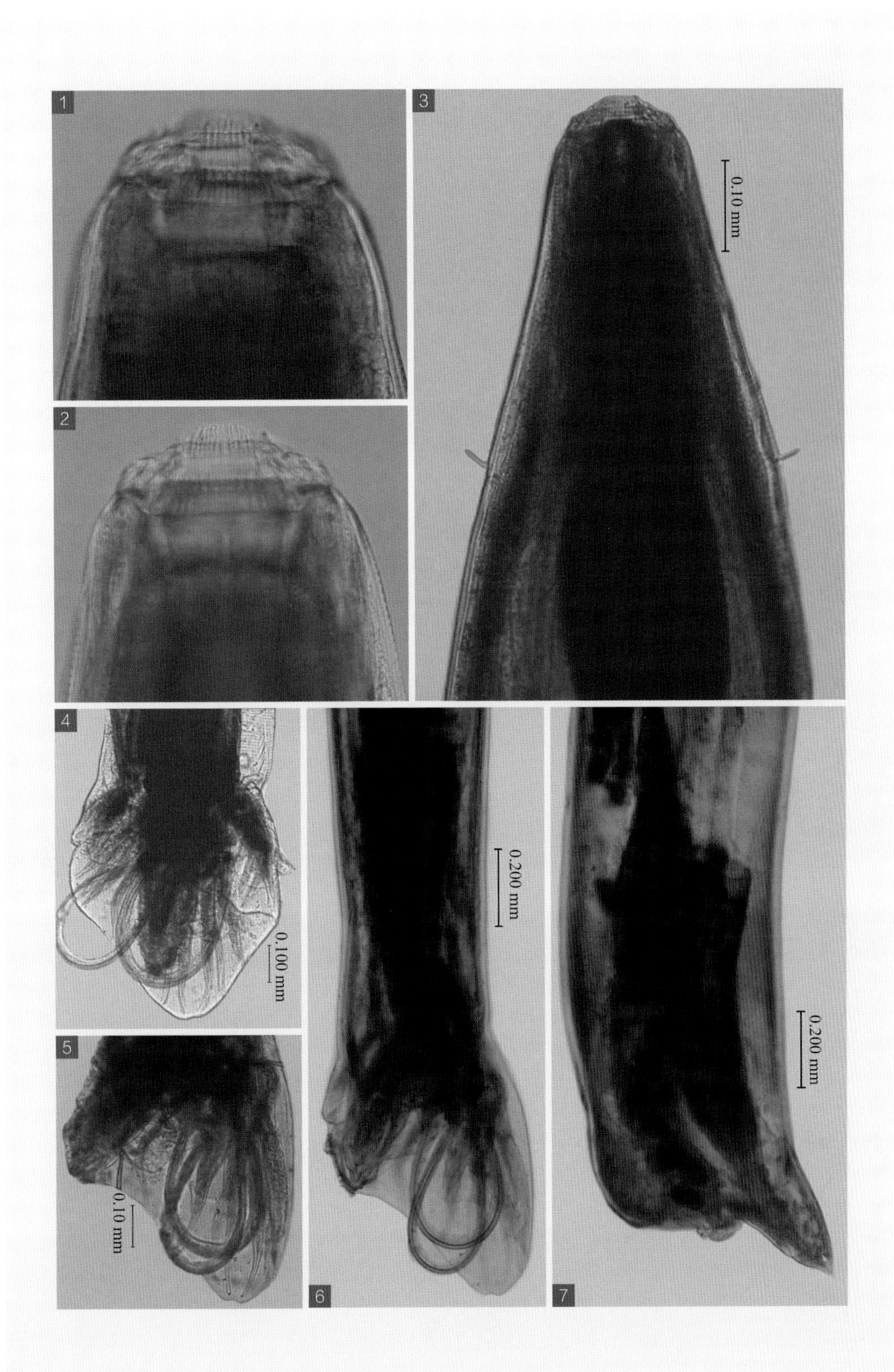
1
2
3
0.10 mm
4
0.100 mm
5
0.10 mm
6
0.200 mm
7
0.200 mm

103 碟状环齿线虫

Cylicodontophorus pateratum (Yorke et Macfie, 1919) Erschow, 1939

【主要形态特点】

口领显著，口囊浅，呈椭圆形，其背腹径大于侧径，口囊壁的后部较厚，外壁有一向下的小刺，内叶冠起始处使口囊内壁形成一道横沟，口囊深 0.020～0.029 mm，口囊后部宽 0.078～0.112 mm，前部稍宽于后部（图 -2、图 -3、图 -4）。

【雄虫】

虫体大小为 6.92～8.56 mm×0.480 mm。交合伞的背叶与侧叶无明显分界线（图 -6、图 -7）。

【雌虫】

虫体大小为 9.20～9.80 mm×0.560 mm。阴门前腹部隆起，使虫体尾端形成缠足状，阴门距肛门 0.088～0.171 mm，阴道长 0.292～0.394 mm，肛门距尾端 0.098～0.102 mm（图 -8）。

【宿主与寄生部位】

马、驴的大肠、结肠。

【虫体标本保存单位】

中国农业科学院兰州兽医研究所

图 释

1 成虫，左为雄虫，右为雌虫；
2～4 虫体头端观及叶冠、乳突、口囊、口囊壁等；
5 虫体头部正面观及口囊、食道、神经环、颈乳突等；
6 雄虫尾部侧面观及交合伞、腹肋、侧肋、外背肋、背肋、交合刺末端等；
7 交合伞正面观及腹肋、侧肋、外背肋、背肋、交合刺末端等；
8 雌虫尾部侧面观及阴门、肛门等。

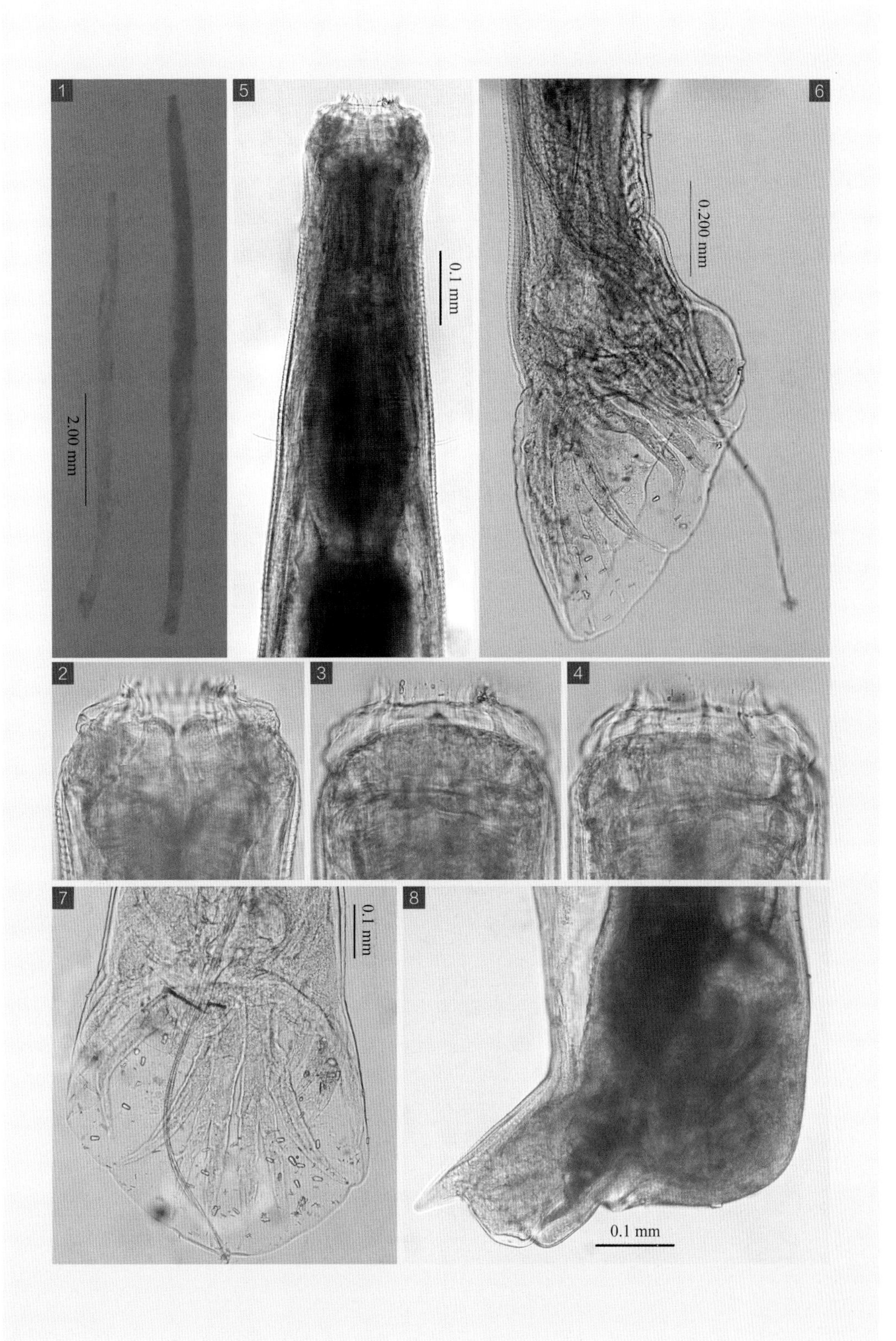
1
2.00 mm
5
0.1 mm
6
0.200 mm
2
3
4
7
0.1 mm
8
0.1 mm

104 杯状环齿线虫
Cylicodontophorus paculatum

【主要形态特点】

口领低，口囊呈圆柱形，口囊基部变厚，口囊深度略大于宽，亚中乳突细长，有背钩（图 -1、图 -2、图 -3）。

【雄虫】

虫体大小为 5.5～7.0 mm×0.22～0.26 mm。神经环位于食道中部靠前（图 -4），颈乳突位于神经环后。交合伞背叶与侧叶有分界线，2 支中背肋分为 3 小支，无突起，除中间支外，第 1 支和第 3 支接近伞缘（图 -5、图 -6）。

【雌虫】

虫体大小为 7.0～9.0 mm×0.29～0.41 mm。神经环位于食道中部靠前（图 -4），离头端 0.34 mm，颈乳突位于神经环后，距离头端 0.36 mm。阴门距尾端 0.40 mm，肛门距尾端 0.29 mm，尾直而长，逐渐变细（图 -7）。虫卵呈长椭圆形，大小为 0.05 mm×0.029 mm。

【宿主与寄生虫部位】

马的直肠。

【虫体标本保存单位】

中国农业科学院兰州兽医研究所

图 释

1 ~ 3 虫体头端观及叶冠、乳突、口囊、口囊壁等；
4 虫体头部观及口囊、食道、神经环等；
5 6 雄虫尾部侧面观及交合伞、腹肋、侧肋、外背肋、背肋、交合刺等；
7 雌虫尾部侧面观及阴门、肛门、尾尖等。

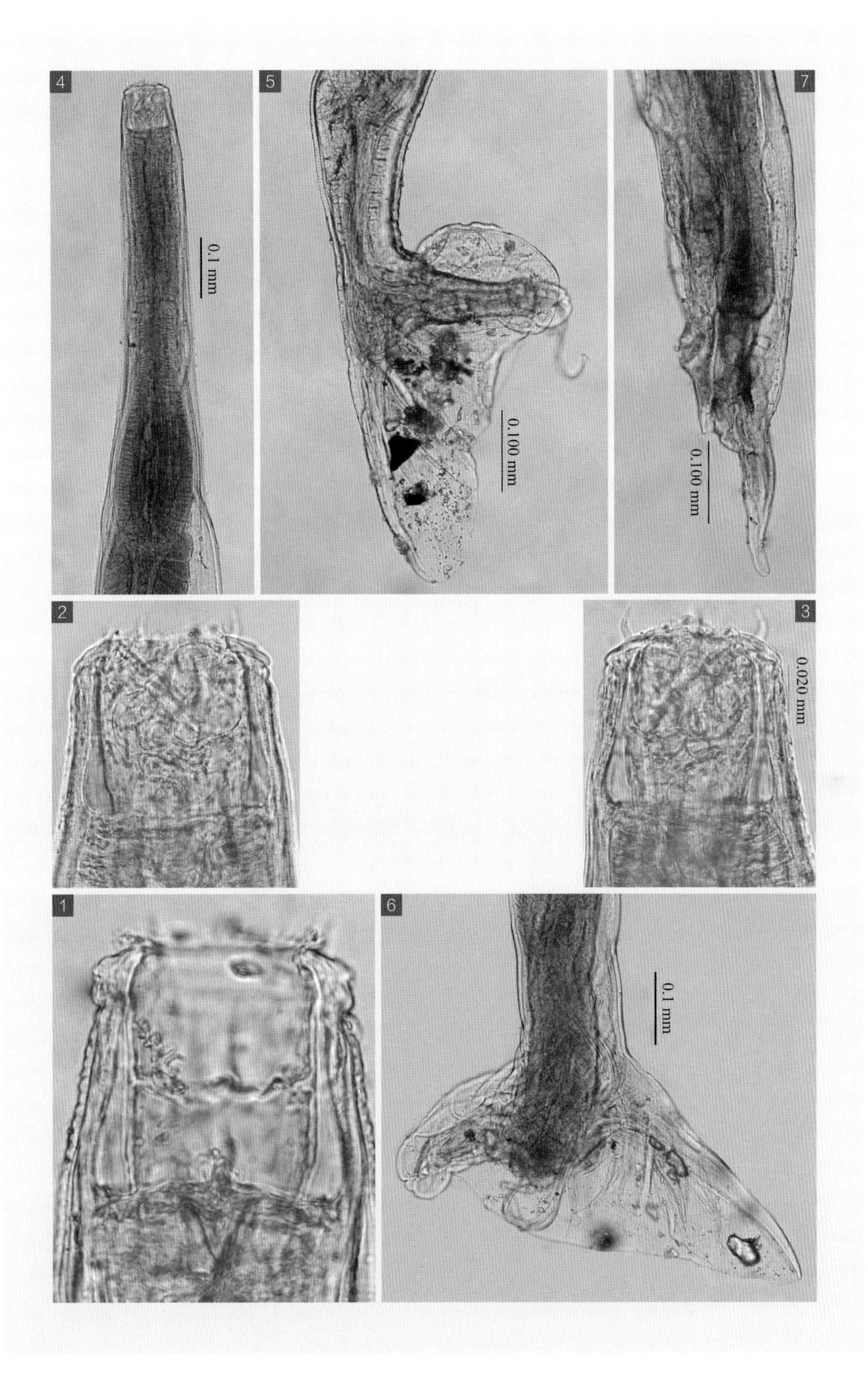
4
5
7
0.1 mm
0.100 mm
0.100 mm
2
3
0.020 mm
1
6
0.1 mm

105 美丽环齿线虫

Cylicodontophorus ornatum (Kotlan, 1919) Erschow, 1939

【同物异名】

Cylicostomum ornatum, C. (*Cylicostomum*) *ornatum, Trichonema ornatum*。

【主要形态特点】

口囊前窄后宽，口囊壁内侧无隆突（图 -1、图 -2、图 -3）。内叶冠短，外叶冠宽而长，有背斜沟，较短，微突入口囊（图 -1、图 -2、图 -3）。神经环位于食道 1/3～2/3 处（图 -4），颈乳突位于神经环后。

【雄虫】

虫体大小为 8.0～9.0 mm×0.340～0.360 mm。交合伞中叶宽而短（图 -5、图 -6），交合刺长 0.980～1.000 mm，引带长 0.170 mm。生殖锥短，其出口处的边缘有切痕（图 -7）。

【雌虫】

虫体大小为 9.5～11.0 mm×0.450～0.510 mm。阴门距尾端 0.240～0.287 mm，肛门紧靠于阴门之后（图 -8）。尾直，尾端有指状的小突起（图 -8），长 0.050 mm。

【宿主与寄生部位】

马的盲肠、结肠。

【虫体标本保存单位】

中国农业科学院兰州兽医研究所

图 释

1 ~ 3 虫体头端观及叶冠、乳突、口囊、口囊壁等；
4 虫体头部正面观及口囊、食道、神经环、颈乳突等；
5 交合伞侧面观及腹肋、背肋、外背肋、交合刺等；
6 交合伞正面观及腹肋、侧肋、外背肋、背肋等；
7 生殖锥；
8 雌虫尾部侧面观及阴门、肛门、尾尖等。

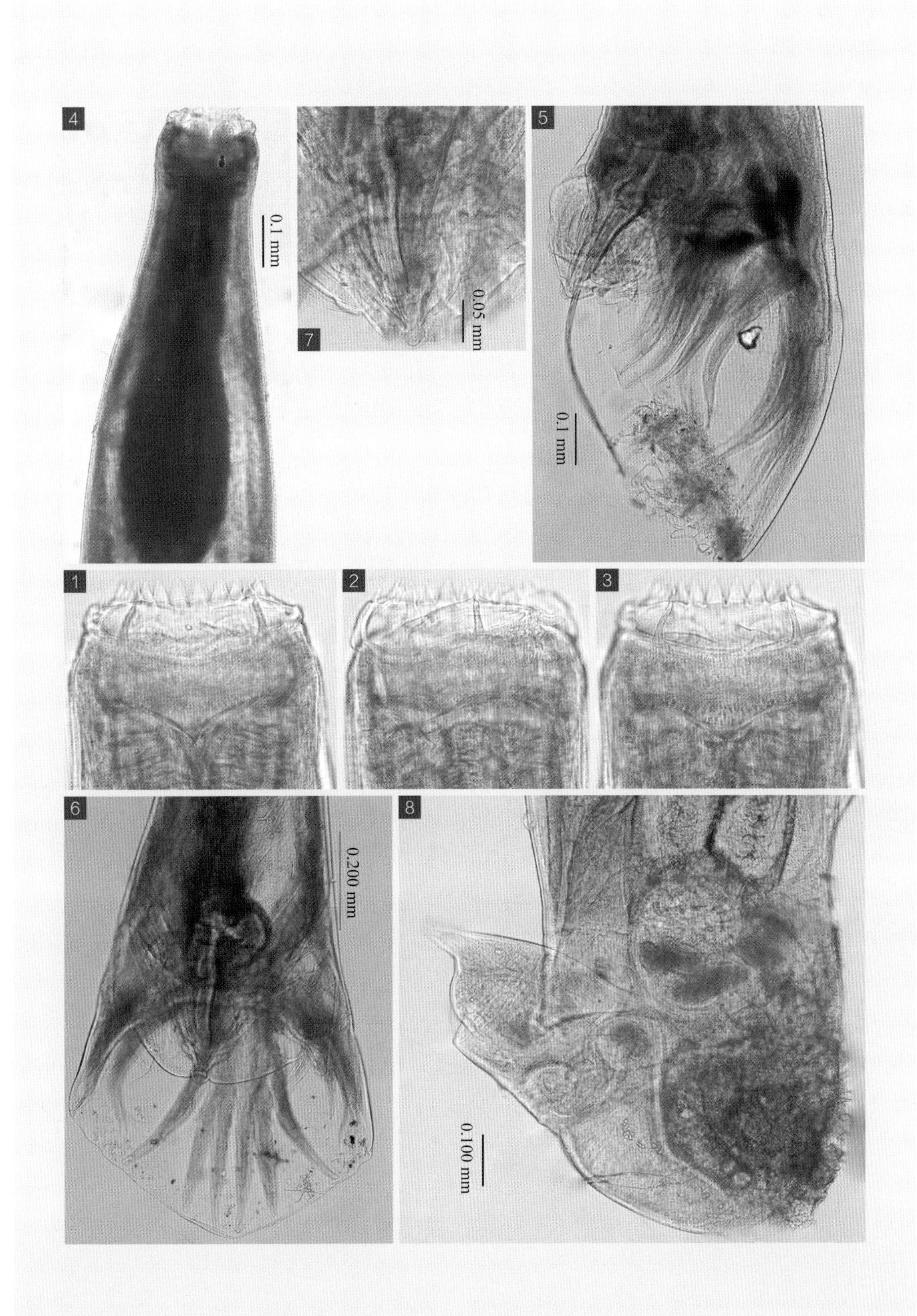
4
0.1 mm
7
0.05 mm
5
0.1 mm
1
2
3
6
0.200 mm
8
0.100 mm

106 失状环齿线虫

Cylicodontophorus sagittatum (Kotlan, 1920) Erschow, 1939

【同物异名】

Cylicostomum sagittatum, C. (*Cylicostomum*) *sagittatum, Trichonema sagittatum*。

【主要形态特点】

口囊有双层结构，前宽后窄，口囊壁内侧无隆突，无背斜沟（图 –2、图 –3、图 –4）。神经环位于食道 1/3～2/3 处，颈乳突位于神经环后，相对于食道的中部偏后（图 –5）。

【雄虫】

虫体大小为 9.5～11.0 mm×0.40～0.45 mm。交合伞背叶长（图 –6、图 –7），交合刺长 0.700 mm，引带长 0.18 mm。生殖锥有许多短的突起（图 –6）。

【雌虫】

虫体大小为 10.5～12.8 mm×0.48～0.52 mm。阴门（图 –8）距尾端 0.28～0.30 mm，肛门（图 –8）距尾端 0.140 mm。尾直（图 –8）。

【宿主与寄生部位】

马的盲肠。

【虫体标本保存单位】

中国农业科学院兰州兽医研究所

图 释

1 成虫，左为雄虫，右为雌虫；

2～4 虫体头端观及叶冠、乳突、口囊、口囊壁等；

5 虫体头部正面观及口囊、食道、神经环、颈乳突等；

6 雄虫尾部正面观及交合伞、腹肋、侧肋、外背肋、背肋等；

7 雄虫尾部侧面观及交合伞、腹肋、侧肋、外背肋、背肋等；

8 雌虫尾部侧面观及阴门、肛门等。

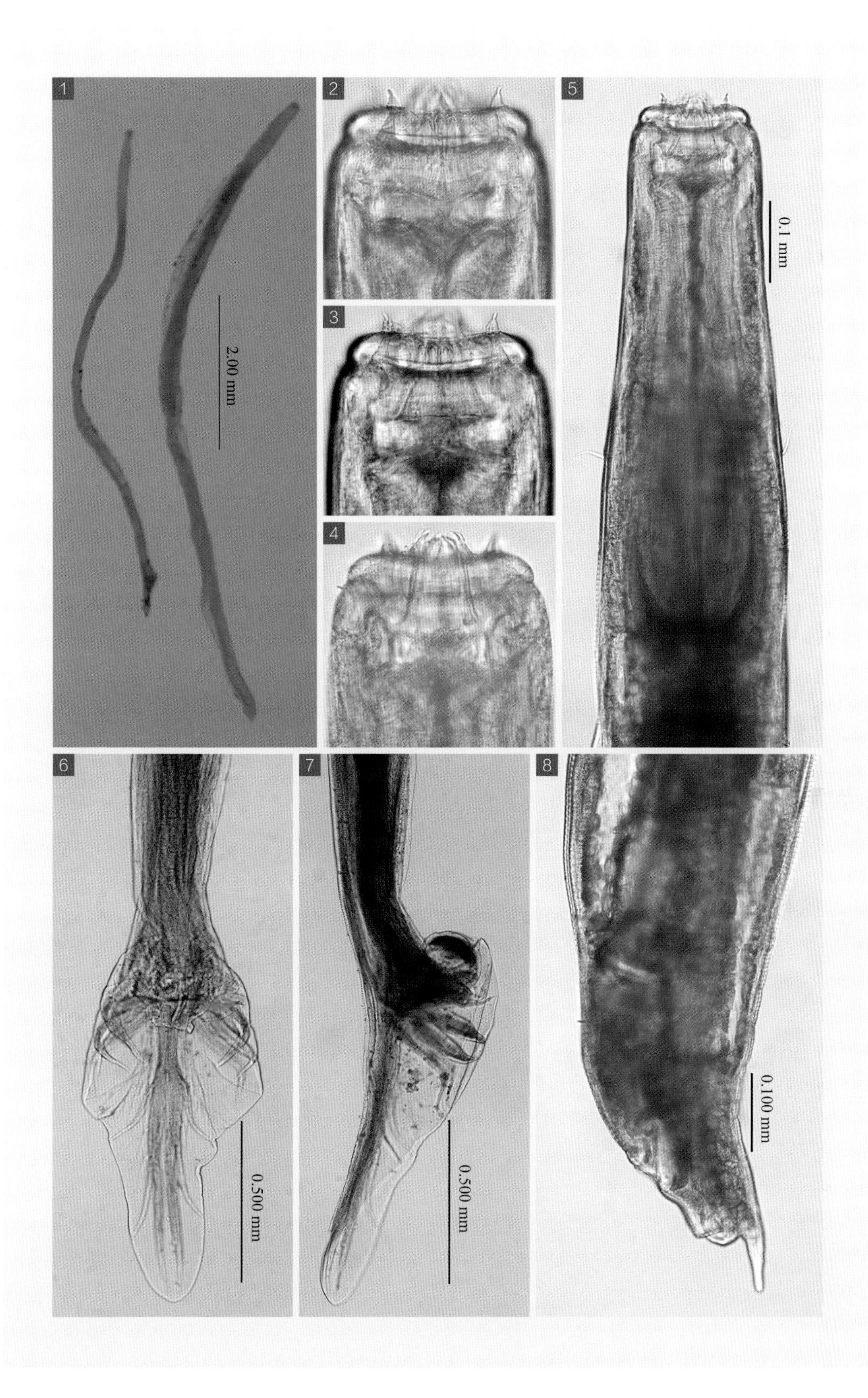
1
2
3
4
5
6
7
8
2.00 mm
0.1 mm
0.500 mm
0.500 mm
0.100 mm

柱咽属 *Cylindropharynx* Leiper, 1911

虫体的口直向前，背唇与腹唇突出，每个唇有一宽的新月形板向内呈水平突出。外叶冠 6 片，与头乳突相应排列，内叶冠 12 片。口囊长，呈圆柱形，口囊壁厚。雄虫交合刺长而壮，其尖端有倒钩。雌虫尾部向后渐尖。寄生于马属动物的肠中。

107 长尾柱咽线虫

Cylindropharynx longicauda Leiper, 1911

【主要形态特点】

虫体背斜沟不发达，不突入口囊内（图 –1）。外叶冠 6 片呈粒状，内叶冠叶片宽胖，有 12 片。口囊的最大宽度是长度的 3 倍，大小为 0.181～0.202 mm×0.071～0.092 mm。

【雄虫】

虫体大小为 4.71～5.82 mm×0.44 mm。交合伞宽 0.51 mm，其侧叶盖住短而宽的生殖锥，背肋的内支不分支或在其末端有小的分支（图 –2、图 –3）。交合刺长 0.71 mm。引带长 0.131 mm。生殖锥附属物形如两个粗的指状芽。

【雌虫】

虫体大小为 6.21～7.01 mm×0.46 mm。阴门距尾端 1.11～1.56 mm。肛门距尾端 0.221～0.322 mm。

【宿主与寄生部位】

马的大肠。

【图片】

廖党金绘

图 释

1 虫体头部观，口囊长，食道及神经环等；
2 雄虫尾部侧面观，腹肋、侧肋、背肋及交合刺等；
3 雄虫尾部正面观，背肋等；
4 雌虫尾部侧面观及肛门等。

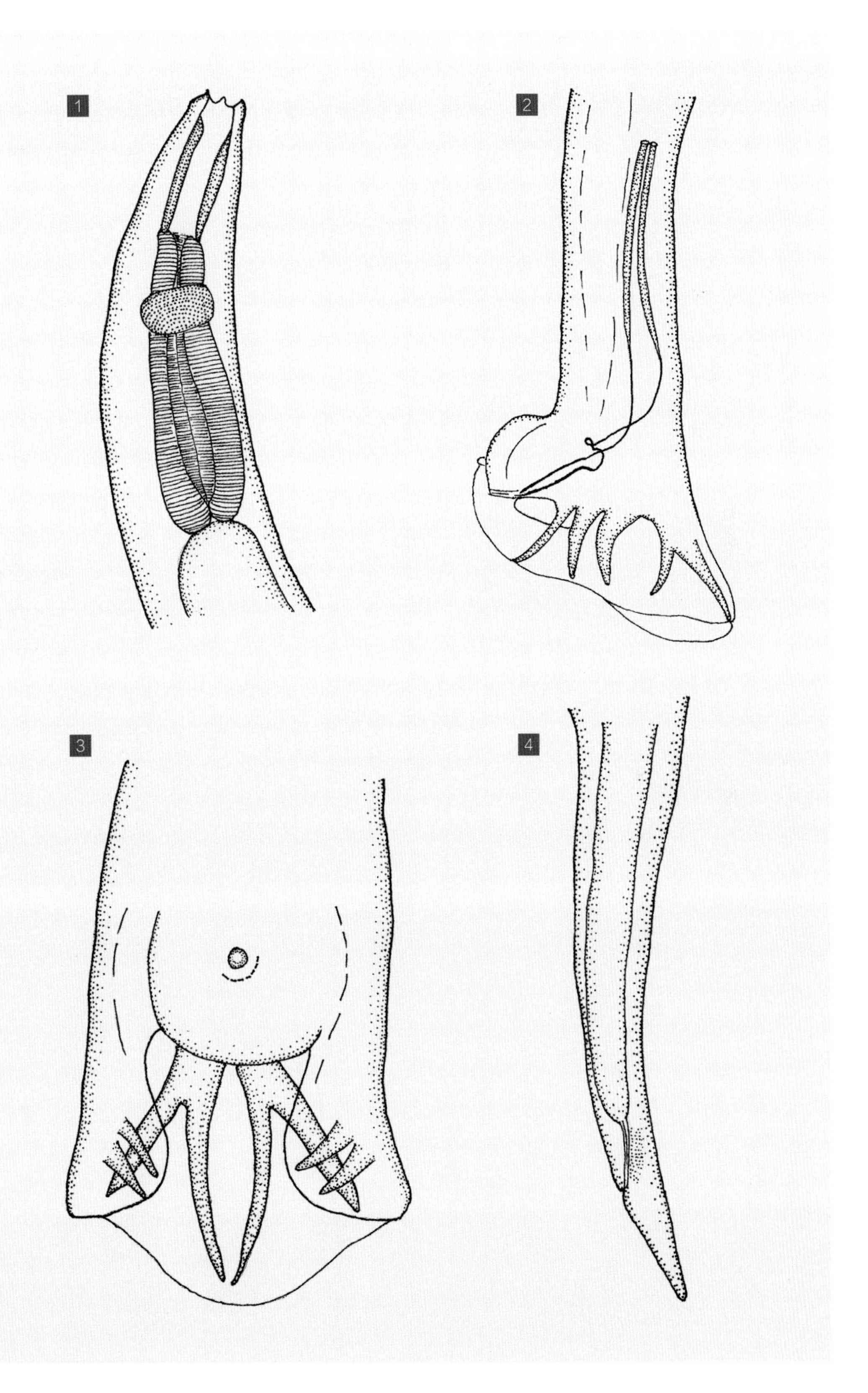
1
2
3
4

辐首属 *Gyalocephalus* Looss, 1900

有内、外两圈叶冠，内叶冠分布于口囊内缘。口囊短，食道前端急剧膨大，呈漏斗状，其基部有 6 个镰状角质板，呈放射形排列，每个间隔基部有一小齿。雄虫的腹肋与侧肋起于同一主干，在腹肋与伞前乳突间，每侧各附加一肋。雌虫的尾部呈圆锥形。

108 头状辐首线虫

Gyalocephalus capitatus Looss, 1900

【主要形态特点】

虫体呈纺锤形。口领与口囊有明显的沟分开，口囊短呈杯状，囊壁厚，外叶冠由口内向外突出，内叶冠分布在口囊内缘。食道漏斗大，呈半球形，在基部有 6 个半月形呈放射状排列的间隔，齿状突起伸至口囊后缘，每个间隔的基部有一个小齿（图 -1、图 -2、图 -3）。食道呈花瓶状（图 -4）。颈乳突位于神经环两侧稍后处（图 -4）。

【雄虫】

虫体大小为 7.1～9.2 mm×0.32～0.40 mm。口囊大小为 0.03 mm×0.17 mm，外叶冠 90～95 片，内叶冠 26～30 片。食道漏斗大小为 0.10 mm×0.12 mm，食道长 0.88～0.97 mm。颈乳突距头端 0.41～0.51 mm，神经环距头端 0.33 mm。交合伞的背叶中等大，腹肋与侧肋由同一主干发出，外背肋从背肋基部分出，背肋分为左右 2 支，每个分支再分为 3 小支（图 -5、图 -6）。伞前乳突发达，在伞前乳突与腹肋之间两侧各有 1 个附加肋。交合刺 1 对等长，长 1.26～1.35 mm。引带大小为 0.074 mm×0.034 mm。

【雌虫】

虫体大小为 8.4～12.1 mm×0.24～0.58 mm。口囊大小为 0.05 mm×0.15～0.18 mm。神经环距头端 0.45 mm，阴门位于体后部，距尾端 0.54～0.71 mm，尾呈锥形（图 -7），长 0.23～0.33 mm。

【宿主与寄生部位】

马、驴、骡的盲肠、大肠。

【虫体标本保存单位】

四川省畜牧科学研究院

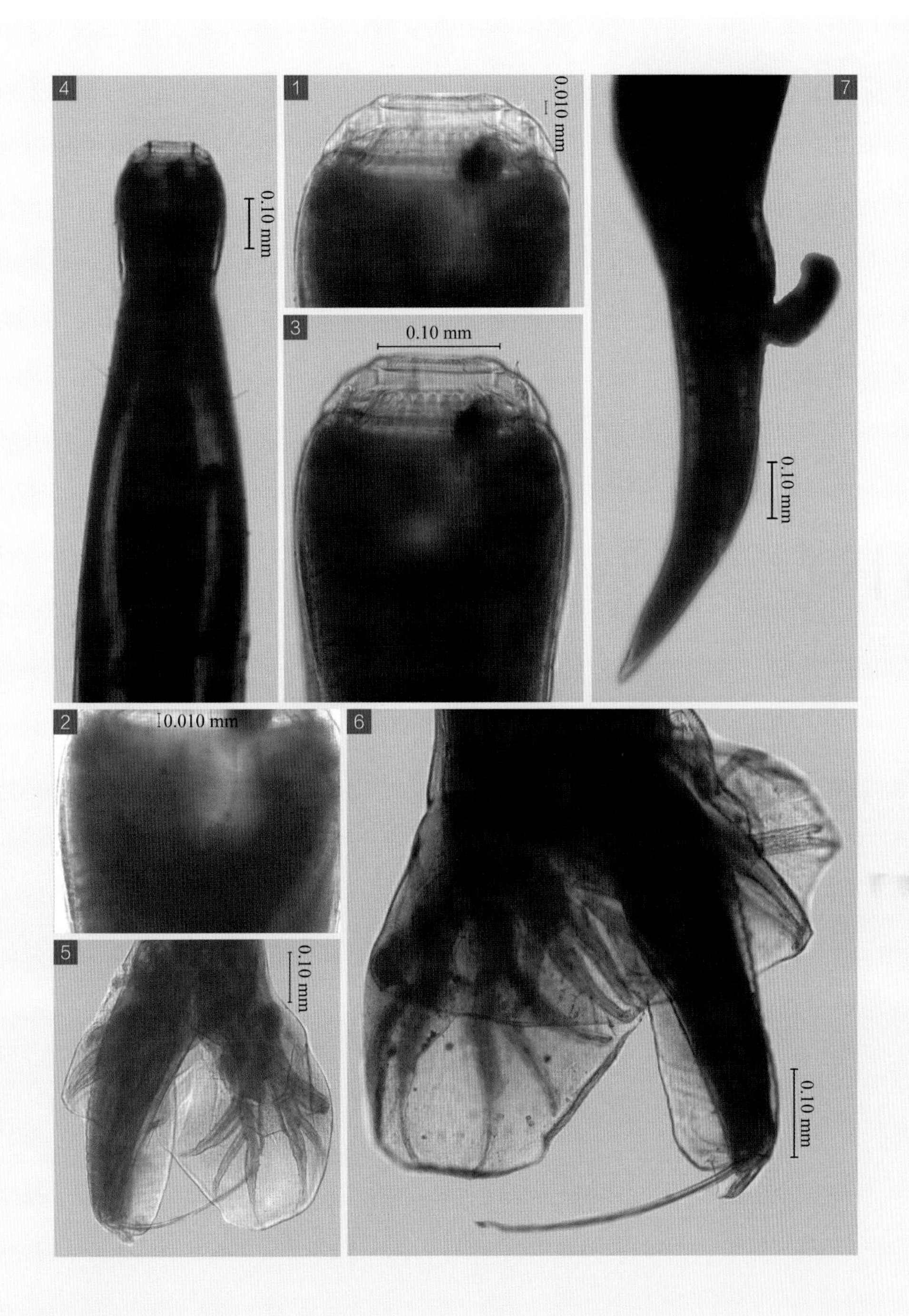

图 释

1~3 虫体头端观及口领、叶冠、口囊等；
4 虫体头部观及食道、神经环等；
5 雄虫尾部观及背肋等；
6 雄虫尾部侧面观及腹肋、侧肋、背肋、交合刺末端等；
7 雌虫尾部侧面观。

盆口属 *Poteriostomum* Quiel, 1919

口直向前，外叶冠的叶片细而长，数目多，内叶冠的叶片宽而大。口囊呈短圆柱形，壁前薄后厚，与食道相连处有一窄的圆圈。雄虫交合伞的伞缘呈锯齿状，外背肋起于背肋主干，背肋 2 支的远端各分 3 小支。雌虫尾部直而长，阴门与肛门相距较远。

109 拉氏盆口线虫

Poteriostomum ratzii Kotlán, 1919

【主要形态特点】

虫体呈黄白色。口孔呈亚圆形，亚中乳突呈圆锥形，顶部稍突出口领，侧乳突高出口领，口领高，有明显的边缘与小沟分开，外叶冠 60～70 片，内叶冠 38～44 片。口囊呈矩形，宽度约为深度的 3 倍，口囊壁后部增宽，背沟短，伸至口囊中部（图 -3、图 -4）。食道呈柱形，食道漏斗狭窄（图 -2）。

【雄虫】

虫体大小为 9.1～14.0 mm×0.61～0.83 mm，头部宽 0.23～0.26 mm，口领高 0.061～0.071 mm。口囊大小为 0.61～0.65 mm×0.18～0.31 mm。食道长 0.68～0.94 mm。颈乳突距头端 0.4～0.6 mm。交合伞短而宽，背叶与侧叶没有明显分界线，伞缘有齿状缺刻。外背肋从背肋基部呈垂直方向发出，背肋在中部分为左右 2 支（图 -5、图 -6）。交合刺 1 对等长，长 1.51～1.62 mm，末端有小钩。引带长 0.245～0.286 mm。

【雌虫】

虫体大小为 14.1～20.0 mm×0.84～1.06 mm，头部宽 0.231～0.292 mm。口领高 0.062～0.081 mm，口囊大小为 0.061～0.071 mm×0.211～0.224 mm。食道长 0.686～0.813 mm。颈乳突距头端 0.542～0.571 mm，神经环距头端 0.51 mm。阴门距尾端 1.4～2.2 mm，肛门距尾端 0.635～1.050 mm（图 -7）。

【宿主与寄生部位】

马、驴的盲肠、结肠。

【虫体标本保存单位】

中国农业科学院上海兽医研究所

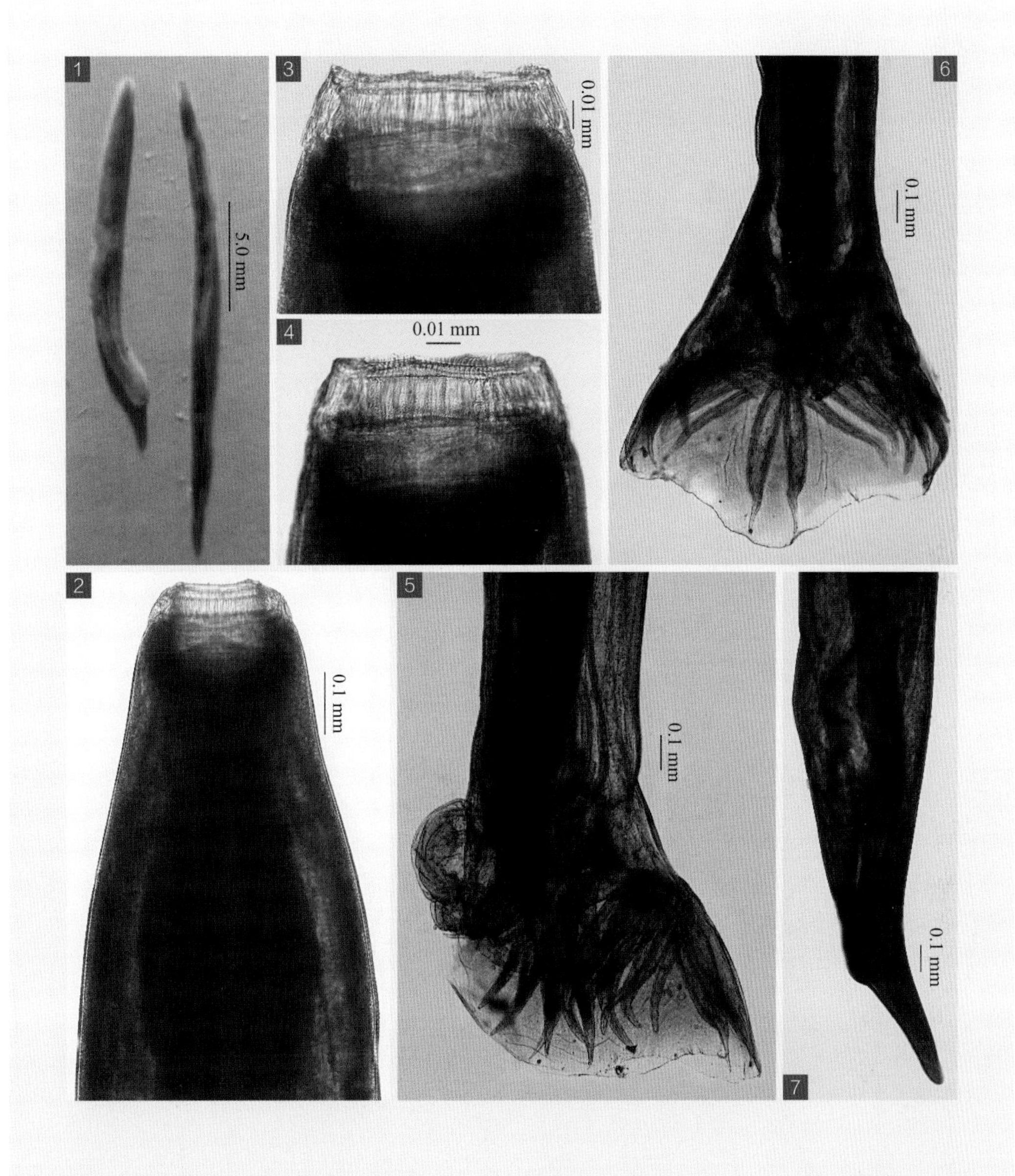

图 释

1 成虫，左为雄虫，右为雌虫；

2 虫体头部及食道、神经环等；

3 4 虫体头端及口领、叶冠、口囊等；

5 雄虫尾部侧面观及腹肋、侧肋、背肋等；

6 雄虫尾部正面观及交合伞、外背肋、背肋等；

7 雌虫尾部侧面观及阴门、肛门、尾尖等。

110 异齿盆口线虫

Poteriostomum imparidentatum Quiel, 1919

【主要形态特点】

虫体短而粗呈纺锤形（图 -1），体表有细横纹。口孔呈椭圆形，其背腹面长于侧面；亚中乳突细而尖，突出口领；侧乳突短而宽，不突出口领；口领高，有圆形的边缘和明显的沟部。外叶冠 72～80 片，内叶冠 40～52 片，其中有 6 个长叶片，2 片分布于两侧，4 片分布于背腹侧。口囊的宽度大于深度，囊壁后部较前部厚约 2 倍，背沟短（图 -2、图 -3、图 -4）。食道呈棒状，有食道漏斗，漏斗部有 3 个深沟（图 -5）。颈乳突位于食道中部水平处。

【雄虫】

虫体大小为 10.2～15.1 mm×0.56～0.72 mm，头部宽 0.274 mm。口领高 0.053 mm，宽 0.223～0.270 mm。口囊大小为 0.061～0.065 mm×0.193～ 0.290 mm。食道长 0.63～0.72 mm。颈乳突距头端 0.44～0.56 mm。交合伞短而宽，背叶与侧叶没有明显分界线，伞缘有小齿（图 -6、图 -7）。2 个腹肋并列；3 个侧肋分开；外背肋从背肋主干分出，背肋依次向两侧各分出 2 支，每支向后再分 3 小支（图 -6、图 -7）。交合刺 1 对大小相同，长 0.9～1.1 mm。引带长 0.22～0.26 mm。生殖锥中等大。

【雌虫】

虫体大小为 13.3～19.1 mm×0.813～1.170 mm，头部宽 0.31 mm。口领高 0.064 mm，宽 0.20～0.25 mm。口囊大小为 0.061～0.063 mm×0.201～0.259 mm。食道长 0.701～0.776 mm。颈乳突距头端 0.662 mm。尾端直（图 -8），阴道短，肌质壁厚，阴门距尾端 1.5～1.7 mm，肛门距尾端 0.74～1.01 mm。

【宿主与寄生部位】

马、驴的盲肠、结肠。

【虫体标本保存单位】

中国农业科学院上海兽医研究所

图 释

1 成虫，左为雄虫，右为雌虫；
2～4 虫体头端观及叶冠、乳突、口囊、口囊壁等；
5 虫体头部观及口囊、食道、神经环等；
6 交合伞侧面观及交合刺、腹肋、侧肋、外背肋、背肋等；
7 交合伞正面观及腹肋、侧肋、外背肋、背肋等；
8 雌虫尾部侧面观及阴门、肛门、尾尖等。

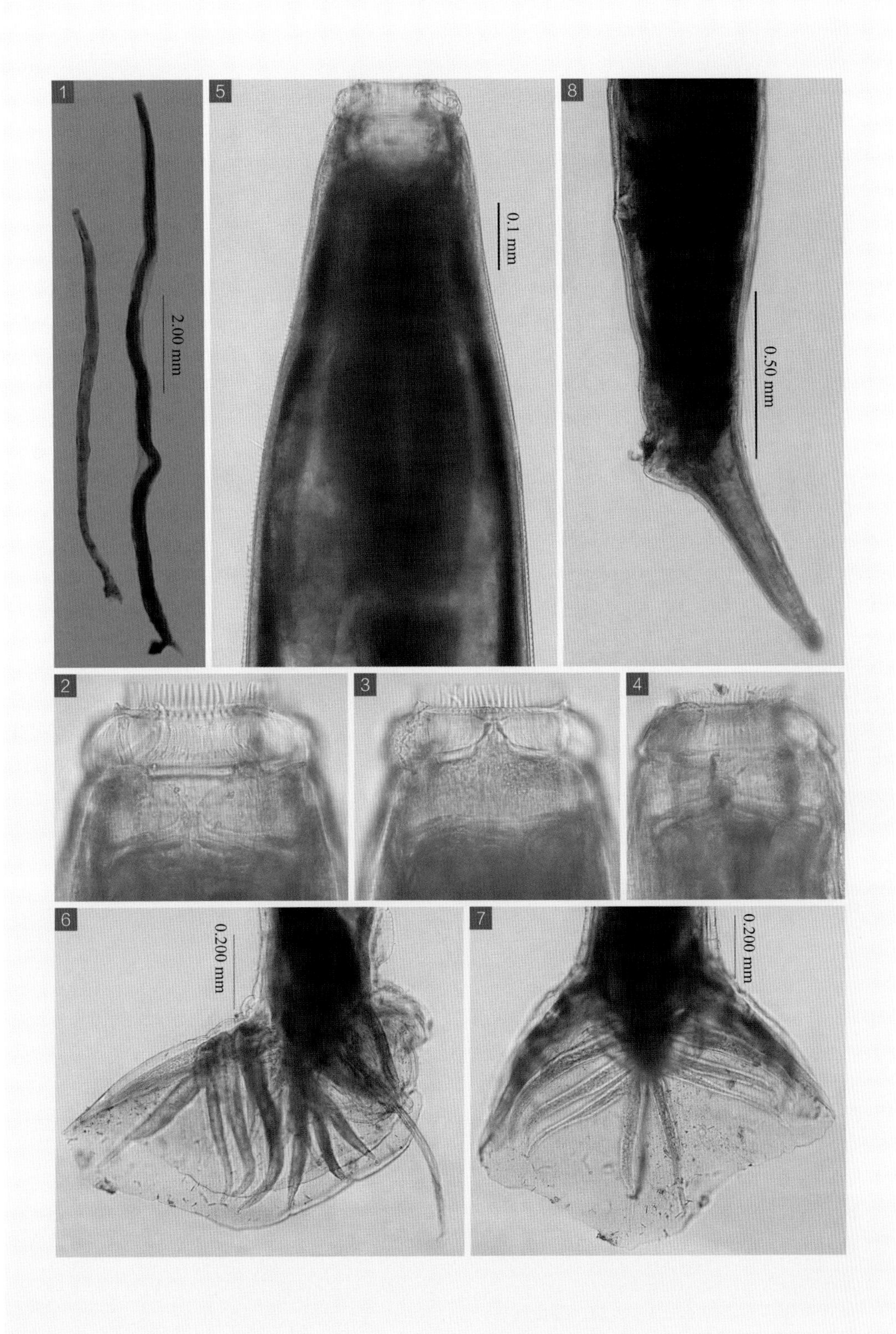
1
2.00 mm
5
0.1 mm
8
0.50 mm
2
3
4
6
0.200 mm
7
0.200 mm

111 斯氏盆口线虫

Poteriostomum skrjabini Erschow, 1939

【主要形态特点】

口孔呈椭圆形，背腹面长于侧面，外叶冠76～78片，叶片细而长，内叶冠36～38片，叶片较宽。口囊呈柱状，其囊壁后部较厚（图-1、图-2、图-3）。食道漏斗较宽，有深的间隔（图-1、图-2、图-3、图-4）。颈乳突距头端0.374～0.426 mm。

【雄虫】

虫体大小为8.5～11.1 mm×0.561～0.688 mm。交合伞的背叶不大，伞缘呈锯齿状。背肋依次向两侧各分出2支，每支向后再分3小支。交合刺1对大小相同，长1.001～1.061 mm。引带长0.29 mm。生殖锥较大。

【雌虫】

虫体大小为9.01～14.02 mm×0.561～0.811 mm。尾端短而细，向背面弯曲（图-5），阴门距尾端0.382～0.482 mm。肛门与阴门相近，肛门距尾端0.230～0.305 mm。

【宿主与寄生部位】

马、驴、骡的盲肠、结肠。

【虫体标本保存单位】

中国农业科学院上海兽医研究所

图 释

1～3 虫体头端及口领、叶冠、乳突、口囊等；

4 虫体头部及食道、神经环等；

5 雌虫尾部侧面观及阴门、肛门、尾尖形态等。

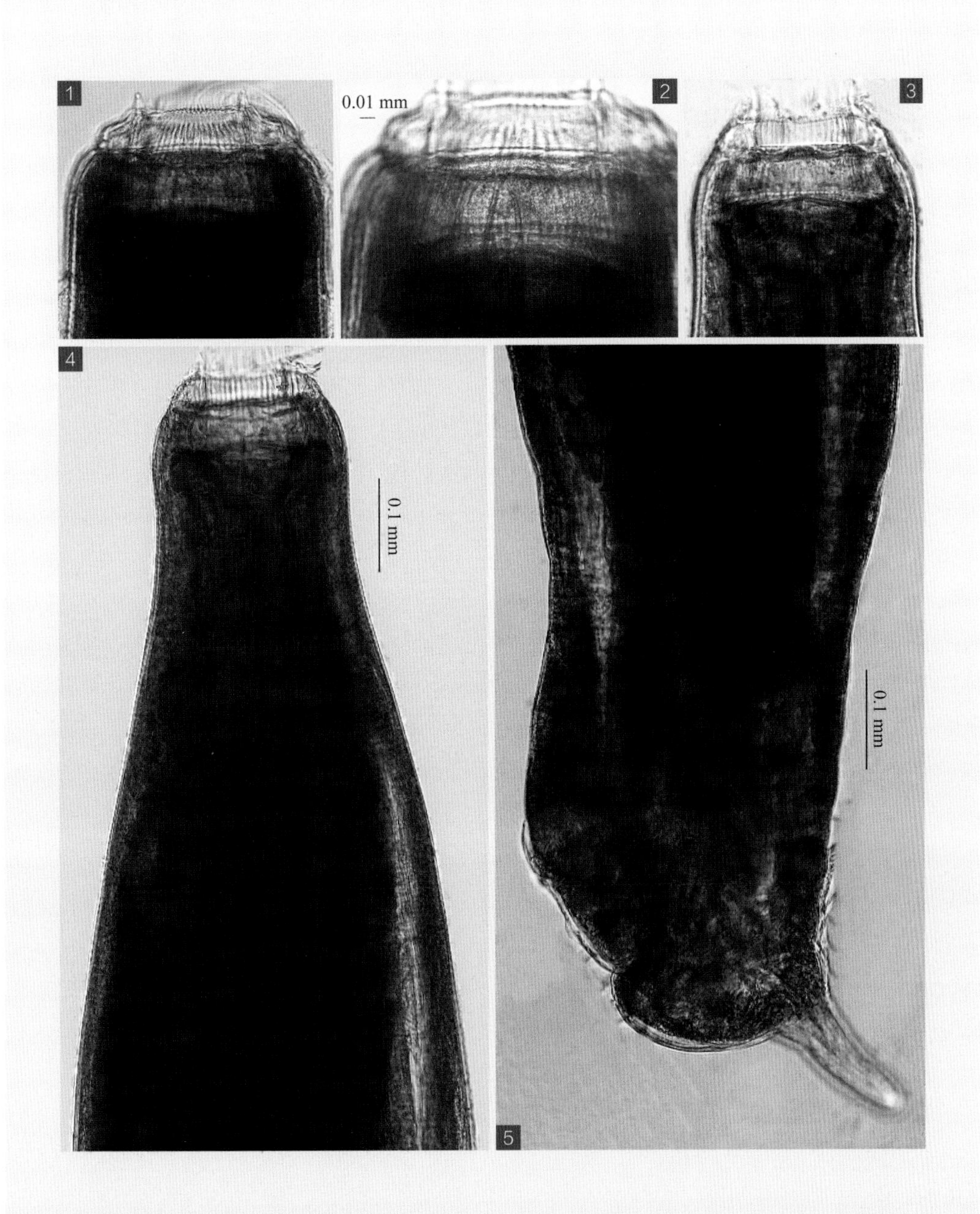
1
2
3
4
5
0.01 mm
0.1 mm
0.1 mm

杯冠属 *Cylicostephanus* Ihle, 1922

虫体为小型线虫。外叶冠叶片一般比内叶冠叶片长且宽，数目少，内叶冠叶片呈短棒状或小板形，起于口囊前缘或接近口囊前缘部位。口囊前缘外侧有三角形角质支环，常有背沟。雄虫交合刺末端有钩，一般尾直。

112 高氏杯冠线虫

Cylicostephanus goldi (Boulenger, 1917) Lichtenfels, 1975

【主要形态特点】

虫体细小。外叶冠20片，叶片长而尖，内叶冠30～36片，叶片短小，侧乳突短，亚中乳突长，顶端圆形。口领边缘呈圆形，由一横沟与体部分开。口囊对称，其宽度大于深度，口囊壁前缘稍厚，背沟很短，在食道漏斗中有3个不明显的小齿板伸向口囊基部（图-1、图-2、图-3）。食道呈花瓶状，颈乳突和排泄孔在食道末端附近同一水平（图-4）。

【雄虫】

虫体大小为5.1～7.3 mm×0.31～0.36 mm，头部宽0.08～0.11 mm。口领高0.011～0.013 mm。口囊大小为0.025 mm×0.047～0.051 mm。食道长0.354～0.496 mm。颈乳突距头端0.31～0.37 mm，神经环距头端0.16～0.23 mm。交合伞背叶短，2个腹肋并列，侧肋起于同一主干（图-5、图-6）。外背肋单独发出，背肋在基部分为2支，每支又分为近等长的3支，分支上有突起（图-6）。交合刺1对等长，长0.77～0.93 mm。引带（图-7）长0.17～0.20 mm。在生殖锥附器有2个指状突。

【雌虫】

虫体大小为6.3～8.5 mm×0.36～0.41 mm。头部宽0.11～0.13 mm，口领高0.124～0.131 mm。口囊大小为0.020～0.024 mm×0.052～0.059 mm。食道长0.37～0.45 mm。颈乳突距头端0.33～0.40 mm，神经环距头端0.17～0.22 mm。阴门距尾端0.15～0.24 mm。尾部翘向背面，侧面观呈人脚形，尾端尖（图-9）。肛门距尾端0.08～0.12 mm。

【宿主与寄生部位】

马、驴、骡的大肠。

【虫体标本保存单位】

中国农业科学院上海兽医研究所

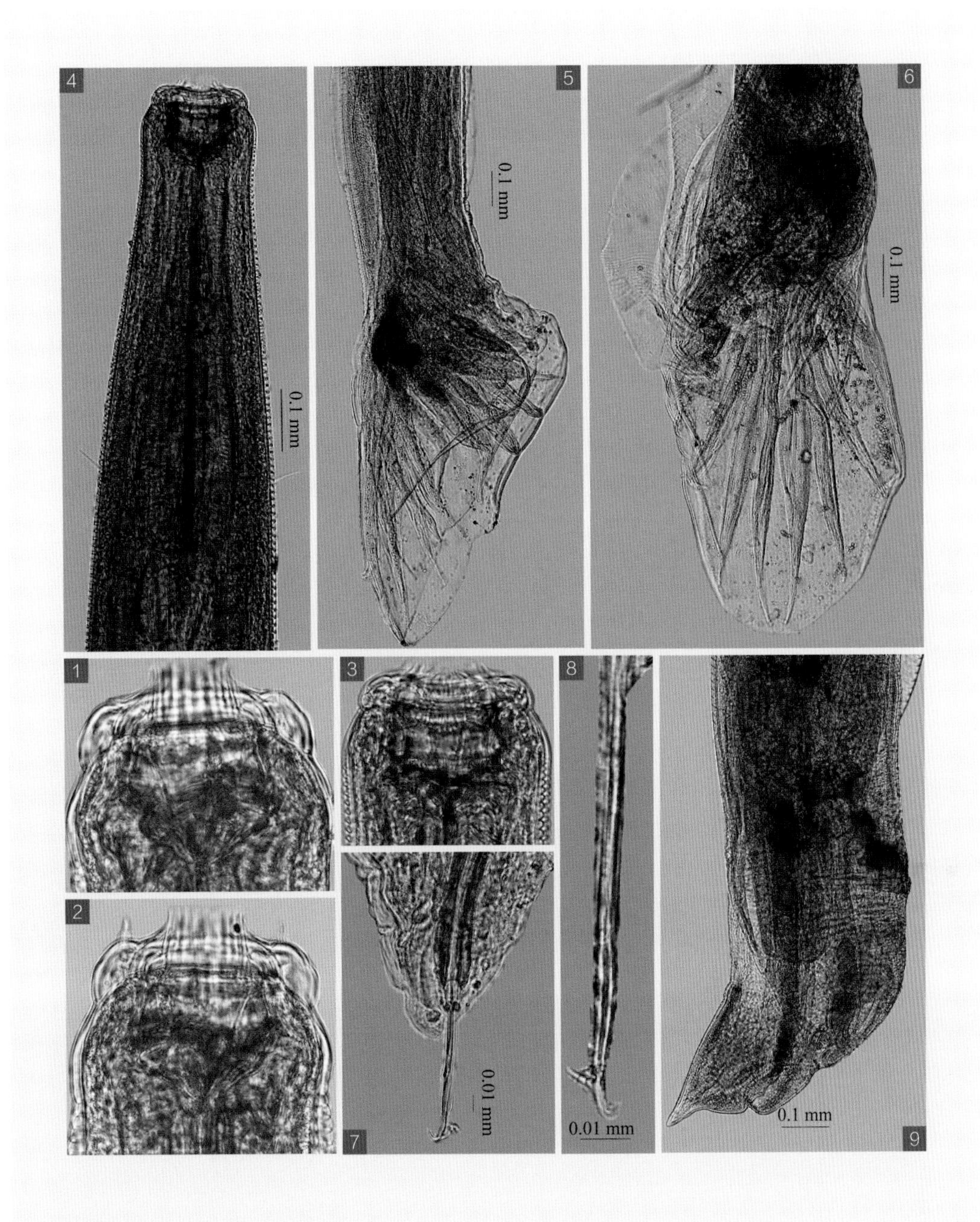

图 释

1~3 虫体头端及口领、叶冠、乳突、口囊、食道漏斗、小齿板等；

4 虫体头部正面观及口囊、食道、神经环、颈乳突等；

5 雄虫尾部侧面观及交合伞、腹肋、侧肋、背肋等；

6 雄虫尾部正面观及外背肋、背肋等；

7 引带和交合刺末端；

8 交合刺末端；

9 雌虫尾部侧面观及阴门、肛门、尾尖形态等。

113 杂种杯冠线虫

Cylicostephanus hybridum (Kotlán,1920) Cram, 1924

【主要形态特点】

虫体较小，侧乳突宽而钝，亚中乳突较长；外叶冠长而尖，内、外叶冠均为18片；口领边缘圆，基部有沟与体部分开；口囊呈斜形，其囊壁后部增厚；背沟长，达口囊2/3；食道起始部有发达的食道漏斗（图-1）。神经环位于食道中部，颈乳突和排泄孔在同一水平。

【雄虫】

虫体大小为6.2～9.6 mm×0.25～0.38 mm，头部宽0.111～0.116 mm。口领高0.006～0.014 mm。口囊，前宽0.026 mm，后宽0.032 mm，深0.024～0.031 mm。食道长0.30～0.41 mm。颈乳突距头端0.28～0.36 mm。交合伞（图-3、图-4、图-5）大小为0.121 mm×0.100 mm，背叶短而宽。在背肋分支上有1～2个齿状突（图-5）。交合刺1对等长，长0.81 mm。引带长0.164～0.174 mm。生殖锥发达。

【雌虫】

虫体大小为8.03～10.51 mm×0.37～0.42 mm，头部宽0.105～0.119 mm。口领高0.11～0.16 mm。口囊，前宽0.028 mm，后宽0.034 mm，深0.031 mm。食道长0.35～0.42 mm。颈乳突距头端0.30～0.34 mm。阴门距尾端0.14～0.21 mm。尾长0.06～0.11 mm，稍向背侧弯（图-6）。

【宿主与寄生部位】

马、骡的盲肠、结肠。

【虫体标本保存单位】

中国农业科学院上海兽医研究所

图 释

1 虫体头端及口领、叶冠、乳突、口囊、食道漏斗等；
2 虫体头部及口囊、食道、神经环等；
3 雄虫尾部侧面观及腹肋、侧肋、背肋、交合刺末端等；
4 雄虫尾部侧面观及腹肋、侧肋、背肋等；
5 雄虫尾部正面观及外背肋、背肋等；
6 雌虫尾部侧面观及阴门、肛门、尾尖形态等。

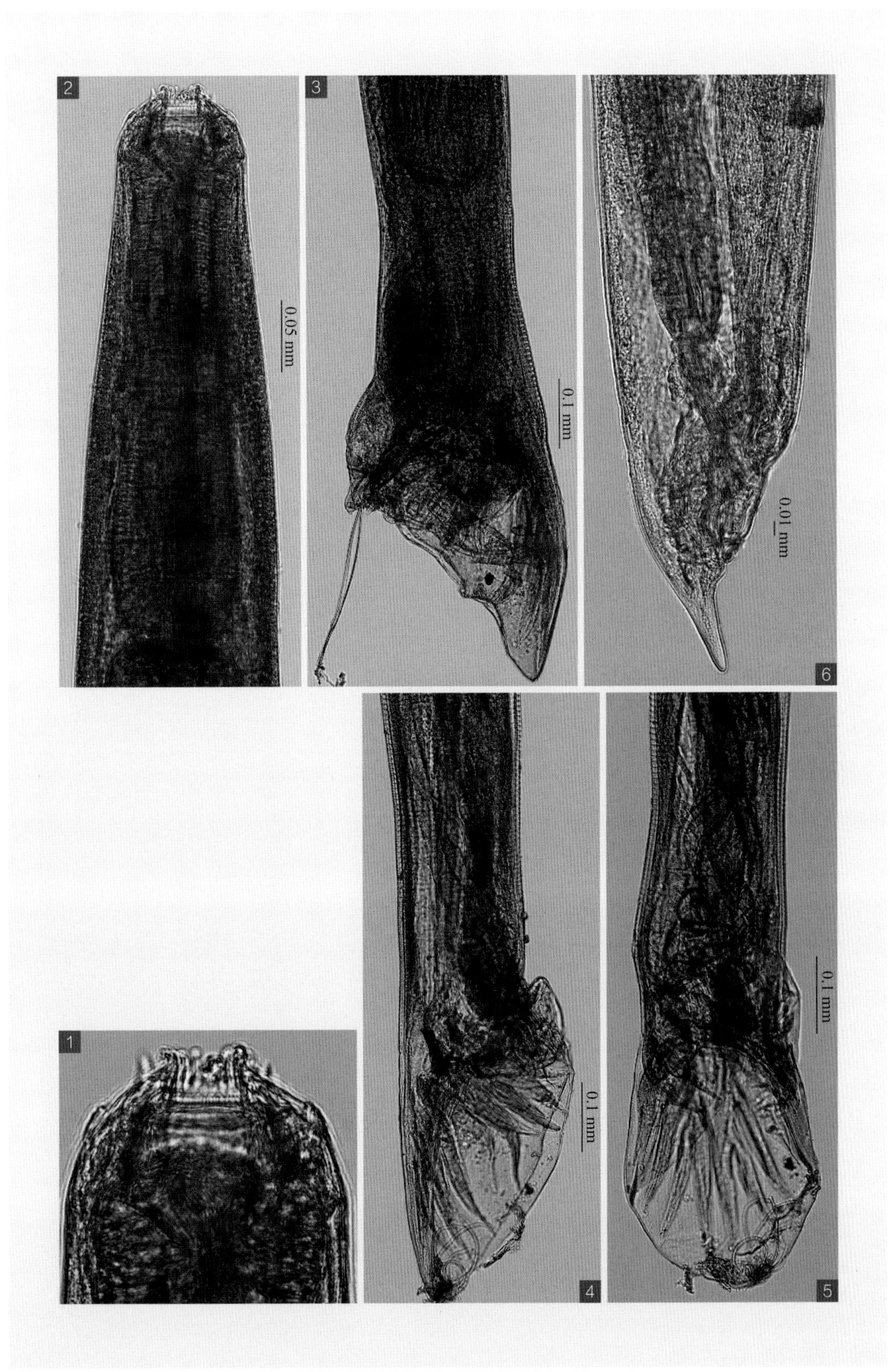

1
2
0.05 mm
3
0.1 mm
0.01 mm
6
0.1 mm
4
0.1 mm
5

114 长伞杯冠线虫

Cylicostephanus longibursatum (Yorke et Macfie, 1918) Cram, 1924

【主要形态特点】

虫体细小，呈黄白色，体表有细横纹（图 -1、图 -2）。亚中乳突长于外叶冠，侧乳突短不突出口领前缘，内、外叶冠均为 18 片，口囊前窄后宽呈杯形，口囊壁前部稍厚（图 -3、图 -4、图 -5）。食道呈花瓶状，神经环位于食道中部水平，颈乳突位于食道后 1/3 体侧（图 -1、图 -2）。背沟长达口囊中部前方。

【雄虫】

虫体大小为 5.51～7.02 mm×0.18～0.32 mm，头部宽 0.074～0.082 mm，口领高 0.013 mm。口囊，前宽 0.022～0.025 mm，后宽 0.032～0.042 mm，深 0.0174～0.0251 mm，背沟长达口囊的 5/7。食道漏斗明显，食道长 0.287～0.381 mm。颈乳突距头端 0.24～0.30 mm，神经环距头端 0.15～0.18 mm，排泄孔距头端 0.27 mm，位于颈乳突水平前缘。交合伞大小为 0.71～0.98 mm×0.51～0.70 mm。背叶和背肋较长，2 个腹肋细短，并列，位于伞前侧，3 个侧肋由同一主干基部发出，并列达伞缘，外背肋从背肋主干基部发出，自中部后向内呈直角弯曲，背肋分成左右 2 支，每支再分 3 长支，从背肋基部至远端长达 0.63～0.86 mm（图 -6、图 -7、图 -8）。交合刺 1 对等长，呈丝状，长 0.81～0.94 mm。引带长 0.16～0.18 mm。无伞前乳突。生殖锥附器呈宽圆形，其腹面有多数小乳突。

【雌虫】

虫体大小为 6.1～7.0 mm×0.24～0.34 mm，头部宽 0.064～0.094 mm。口领高 0.017 mm。口囊，前宽 0.0174～0.0281 mm，后宽 0.032～0.042 mm，深 0.022～0.027 mm。食道长 0.28～0.31 mm。颈乳突距头端 0.24～0.31 mm，神经环距头端 0.14～0.17 mm，排泄孔距头端 0.274 mm。阴道浅，阴门距尾端 0.15～0.20 mm。尾直，末端尖（图 -9），尾长 0.07～0.13 mm。

【宿主与寄生部位】

马、驴、骡的大肠。

【虫体标本保存单位】

中国农业科学院上海兽医研究所

图 释

1 2 虫体头部正面观及体表横纹、口囊、食道、神经环、颈乳突等；

3～5 虫体头端及口领、叶冠、乳突、口囊、食道漏斗等；

6～8 雄虫尾部及交合伞、腹肋、侧肋、背肋、交合刺等；

9 雌虫尾端侧面观及阴门、肛门、尾尖等。

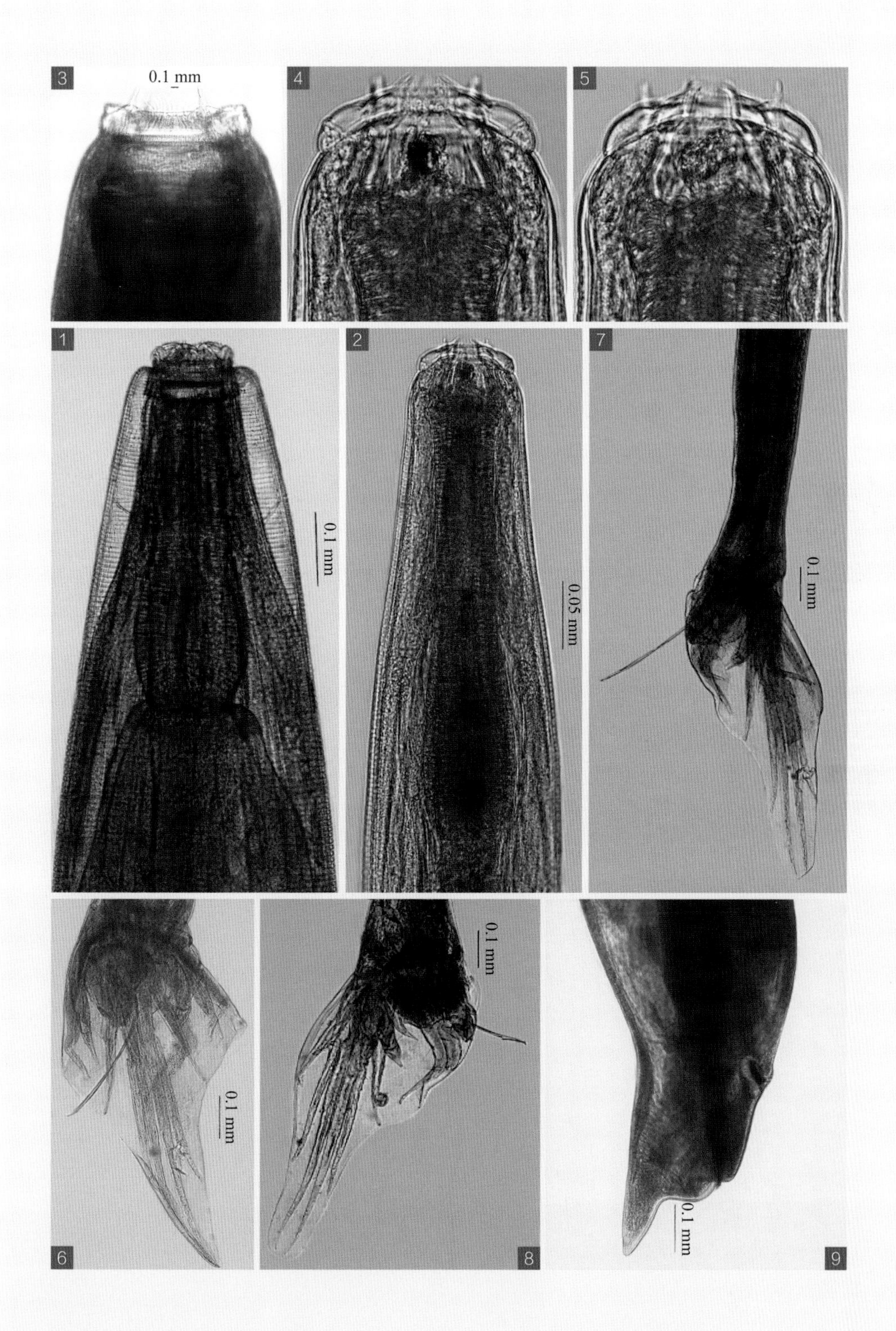
3
0.1 mm
4
5
1
0.1 mm
2
0.05 mm
7
0.1 mm
0.1 mm
0.1 mm
6
8
0.1 mm
9

115 微小杯冠线虫

Cylicostephanus minutum (Yorke et Macfie, 1918) Cram, 1924

【主要形态特点】

虫体较小，口领短，下中乳突长，侧乳突短而宽，外叶冠 8 片，叶片长而宽；内叶冠 16～18 片，细而短。口囊呈长圆柱形，口囊壁较薄，前、后两端稍向内侧弯曲，背沟发达，伸向口囊前 1/3 处（图 -1、图 -2、图 -3）。

【雄虫】

虫体大小为 5.01～6.93 mm×0.115～0.271 mm，头部宽 0.054～0.071 mm。口领高 0.006～0.011 mm。口囊，前宽 0.025 mm，后宽 0.027 mm，深 0.033 mm。食道长 0.30～0.34 mm。颈乳突距头端 0.25～0.34 mm，神经环距头端 0.16～0.20 mm。交合伞大小为 0.151～0.349 mm×0.124～0.401 mm，背叶较宽。2 个腹肋并列伸达伞缘，3 个侧肋起于同一主干；外背肋从背肋主干基部发出，自中部后向内呈直角弯曲，背肋分为 2 支，每支又分为 3 支，内侧支上有刺状突（图 -4、图 -5）。交合刺长 0.51～0.73 mm。引带长 0.080～0.100 mm。在生殖锥上有 2 个指状突。

【雌虫】

虫体大小为 5.91～7.14 mm×0.25～0.30 mm，头部宽 0.111～0.116 mm。口领高 0.0074 mm。口囊，前宽 0.017～0.026 mm，后宽 0.02～0.04 mm，深 0.025～0.030 mm。食道长 0.37～0.42 mm。颈乳突距头端 0.23～0.32 mm，神经环距头端 0.188～0.301 mm，排泄孔距头端 0.3 mm。阴门距尾端 0.134～0.210 mm。尾尖而细（图 -6），尾长 0.074～0.100 mm。

【宿主与寄生部位】

马、驴、骡的盲肠、结肠。

【虫体标本保存单位】

中国农业科学院上海兽医研究所

图 释

1 虫体头部及口囊、食道、神经环等；

2 3 虫体头端及口领、乳突、叶冠、口囊等；

4 5 雄虫尾部及交合伞、腹肋、侧肋、背肋等；

6 雌虫尾部侧面观及阴门、肛门、尾尖形态等。

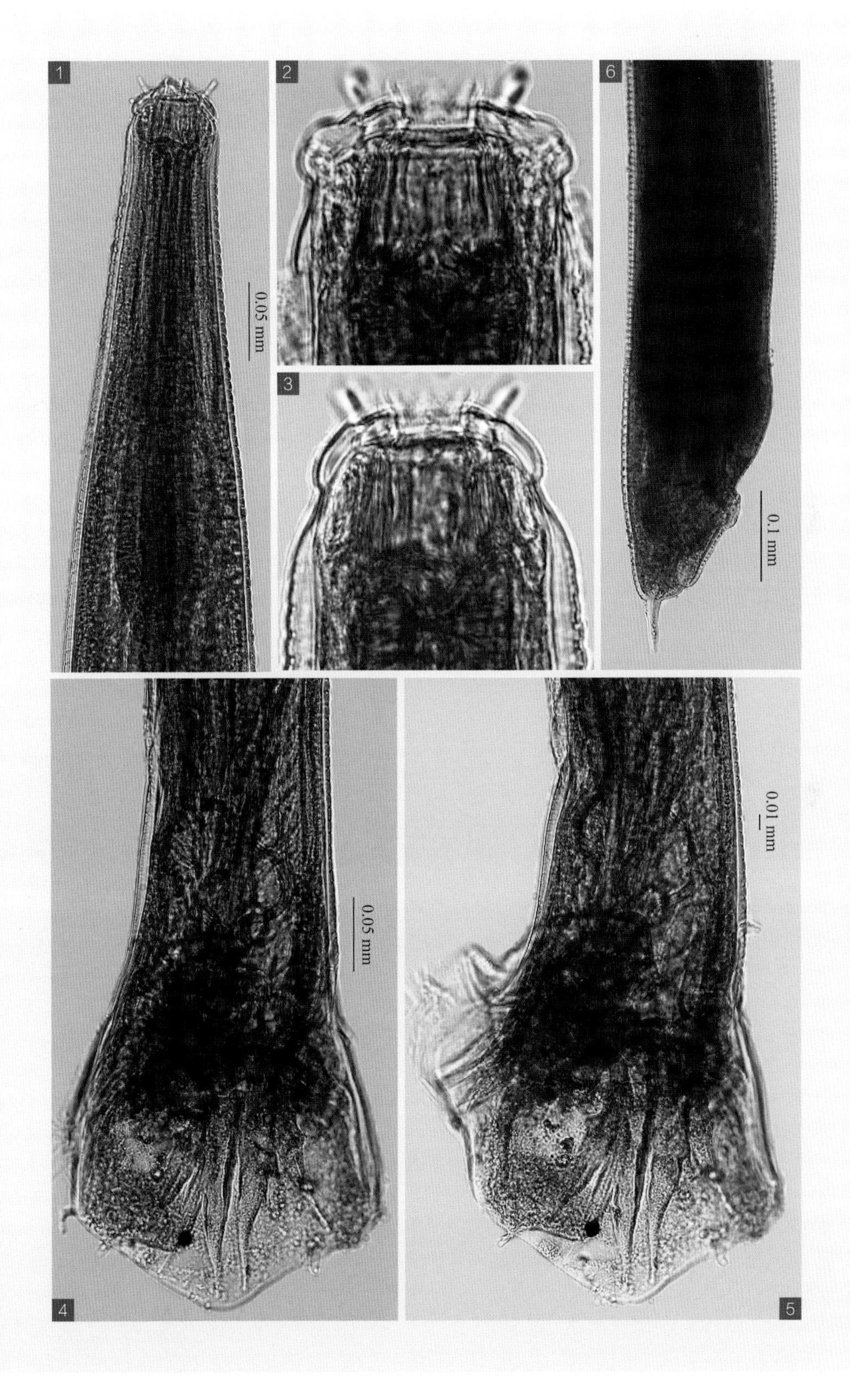
1
2
6
0.05 mm
3
0.1 mm
0.01 mm
0.05 mm
4
5

116 曾氏杯冠线虫

Cylicostephanus tsengi (Kung et Yang, 1963) Lichtenfels, 1975

【主要形态特点】

口领中等高，口孔呈圆形。外叶冠 18 片，叶片长而尖；内叶冠 36 片，叶片呈棒状。下中乳突长，侧乳突短。口囊呈柱形，其深度大于宽度，口囊壁前端稍向内倾斜，囊壁前部较后部薄。背沟长伸至口囊前缘（图 -1）。

【雄虫】

虫体大小为 6.30～7.62 mm×0.23～0.28 mm，头部宽 0.071～0.082 mm。口领高 0.076 mm。口囊，前宽 0.023～0.027 mm，后宽 0.021～0.032 mm，深 0.039～0.040 mm。食道长 0.294～0.354 mm。颈乳突距头端 0.27～0.30 mm，神经环距头端 0.19～0.22 mm。交合伞的背叶长，2 个腹肋并列，伸达伞缘；3 个侧肋由同一主干发出后，彼此分开伸达伞缘；外背肋单独发出；背肋主干分成 2 大支，每支又各分为 3 支，其内支较狭长。交合刺 1 对等长，长 0.085～0.087 mm。引带长 0.11～0.15 mm。在生殖锥附器上有多个刺状突。

【雌虫】

虫体大小为 6.51～7.80 mm×0.27～0.33 mm，头部宽 0.081～0.089 mm。口领高 0.074 mm。口囊，前宽 0.024～0.031 mm，后宽 0.031～0.034 mm，深 0.042～0.046 mm。食道长 0.31～0.41 mm，颈乳突距头端 0.30～0.33 mm，神经环距头端 0.18～0.21 mm。阴门距尾端 0.16～0.21 mm。肛门距尾端 0.11～0.13 mm，尾端直而尖（图 -3）。

【宿主与寄生部位】

马、驴、骡的盲肠、结肠。

【虫体标本保存单位】

中国农业科学院上海兽医研究所

图 释

1 虫体头端及口领、叶冠、乳突、口囊等；
2 虫体头部及口囊、食道、神经环等；
3 雌虫尾部侧面观及阴门、肛门、尾尖形态等。

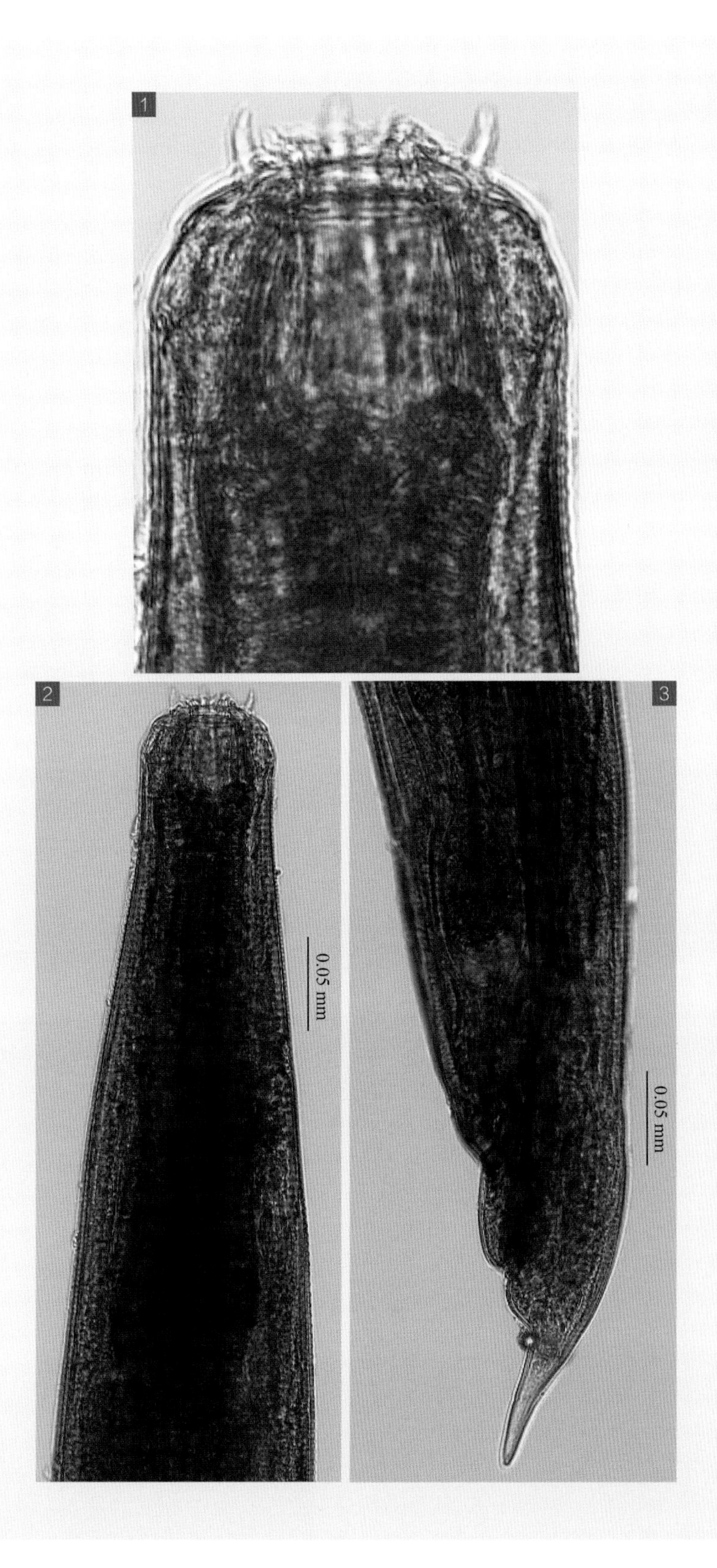
1
2
3
0.05 mm
0.05 mm

117 斯氏杯冠线虫

Cylicostephanus skrjabini (Erschow, 1930) Lichtenfels, 1975

【主要形态特点】

口领明显，4 个下中乳突短，未突出于前方。口囊发达，呈圆柱状（图 -2、图 -3、图 -4），大小为 0.129～0.141 mm×0.059～0.064 mm，口囊内壁光滑，其基部的一圈小突起明显。外叶冠叶片宽而短，呈三角形。

【雄虫】

虫体大小为 11.60～13.84 mm×0.480～0.640 mm。交合伞（图 -5、图 -6、图 -7）边缘呈锯齿状，背叶窄而长。伞前乳突发达，形似附加肋。

【雌虫】

虫体大小为 12.20～16.00 mm×0.640～0.960 mm。尾端骤缩小，呈指状。阴门距尾端 0.375 mm，肛门距尾端 0.146～0.175 mm。

【宿主与寄生部位】

马、驴的盲肠、结肠、大肠。

【虫体标本保存单位】

中国农业科学院上海兽医研究所

图 释

1 虫体头部及口囊、食道、神经环等；

2 3 虫体头端及口领、叶冠、乳突、口囊、背沟等；

4 虫体头端及口领、叶冠、乳突、口囊等；

5 交合伞侧面观及交合刺末端；

6 雄虫尾部侧面观及腹肋、侧肋、背肋等；

7 交合伞正面观及背叶、背肋等。

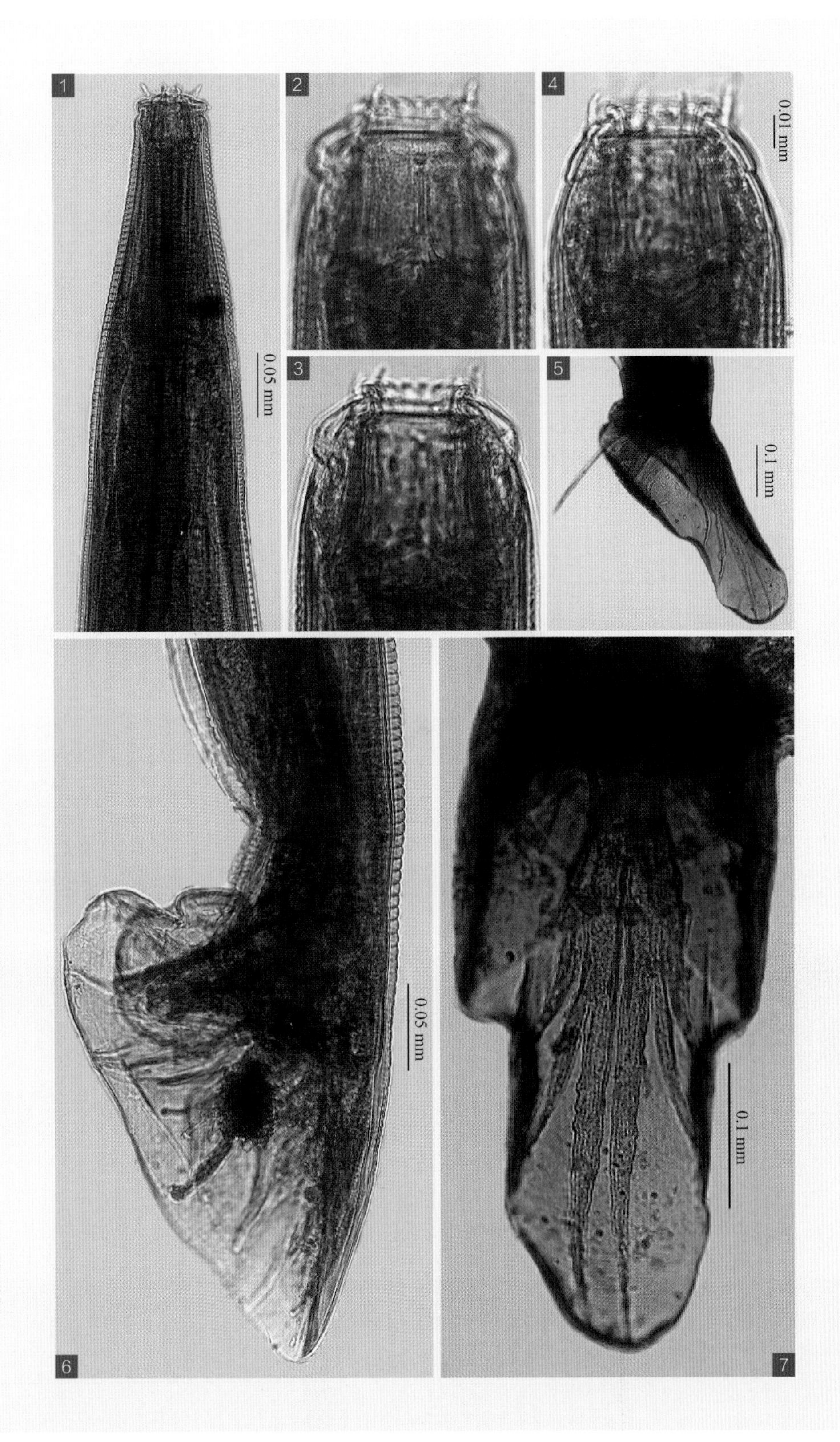
1
2
4
0.01 mm
0.05 mm
3
5
0.1 mm
6
0.05 mm
0.1 mm
7

118 杯状杯冠线虫

Cylicostephanus poculatum (Looss, 1900) Lichtenfels, 1975

【主要形态特点】

虫体呈红褐色线状。口领明显，侧乳突低，4个亚中乳突较长，突出外叶冠前方。口孔内缘有内、外叶冠两圈，外叶冠突出口领缘，口囊发达，呈圆柱形或"H"形，口囊壁前部薄，向后逐渐加厚，背沟短（图-1、图-2、图-3）。

【雄虫】

虫体大小为7.81～10.02 mm×0.360～0.401 mm。口领高0.012～0.017 mm，宽0.091～0.101 mm。口囊大小为0.086 mm×0.077 mm。食道长0.77 mm。颈乳突距头端0.531～0.601 mm，神经环距头端0.382～0.401 mm。交合伞的伞缘呈锯齿状，背叶较发达；2个腹肋并列，腹肋主干两侧有1对附加肋，3个侧肋分开；外背肋从背肋主干发出；背肋粗大，背肋远端分2支，每支再分出3小支（图-4、图-5）。交合刺1对等长，末端有半弯形的钩状突起。引带发达，长0.131～0.150 mm，前部最宽处0.028～0.031 mm。生殖锥发达。

【雌虫】

虫体大小为9.21～12.52 mm×0.47～0.53 mm。口领高0.014～0.023 mm，宽0.111～0.114 mm。口囊大小为0.091 mm×0.078 mm。食道长0.91 mm。颈乳突距头端0.61 mm，神经环距头端0.45 mm，排泄孔位于颈乳突水平稍后方，距头端0.63 mm。阴门位于虫体后部，距尾端0.42～0.58 mm。尾细而直（图-6），长0.291～0.415 mm。

【宿主与寄生部位】

马、驴、骡的盲肠、大肠。

【虫体标本保存单位】

中国农业科学院上海兽医研究所

图 释

1 虫体头部及口囊、食道、神经环等；

2 3 口领、叶冠、乳突、口囊等；

4 5 雄虫尾部侧面观及腹肋、侧肋、背肋等；

6 雌虫尾部侧面观及阴门、肛门等。

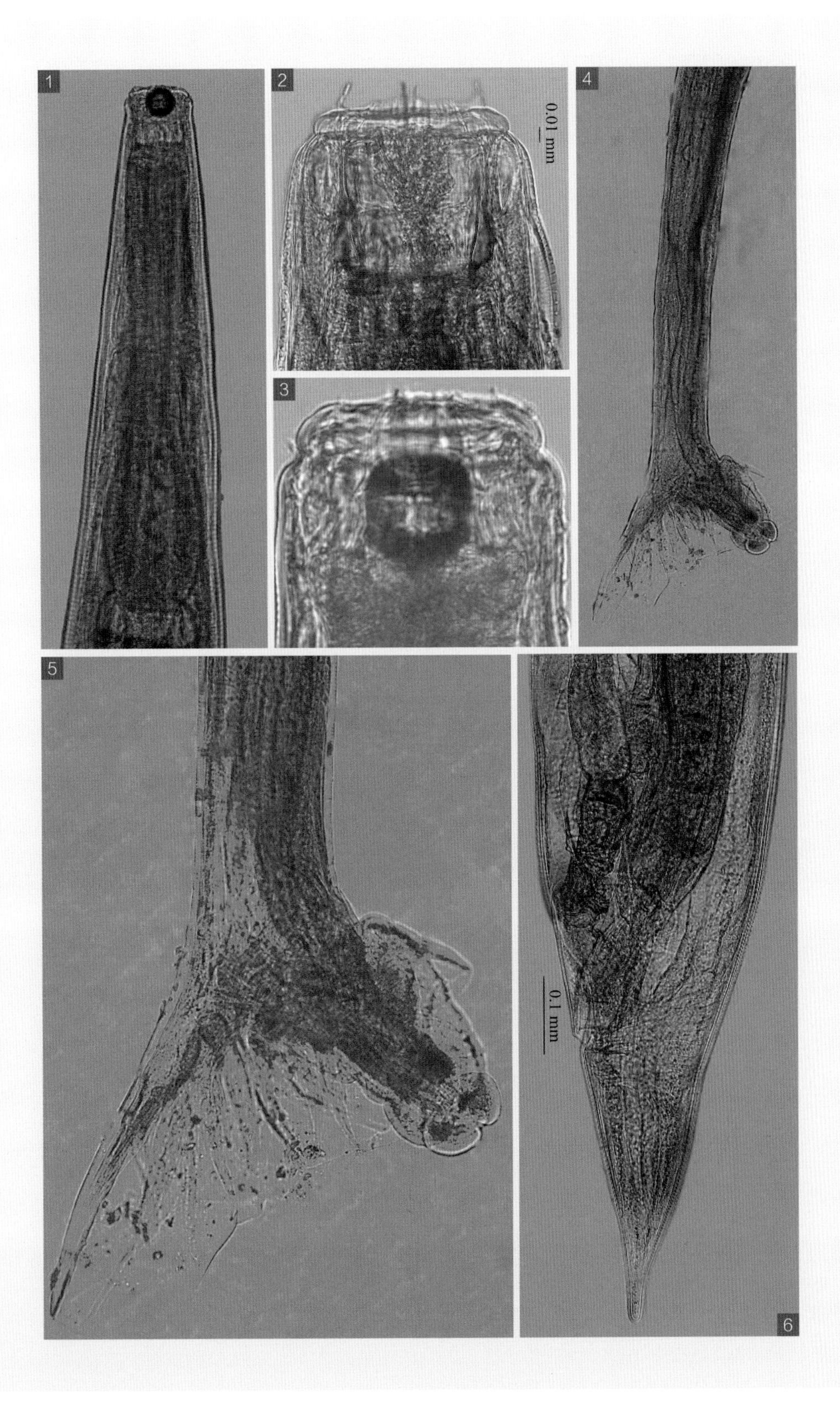
1
2
0.01 mm
3
4
5
0.1 mm
6

119 偏位杯冠线虫

Cylicostephanus asymmetricum (Theiler, 1923) Cram, 1925

【主要形态特点】

口孔内缘有内、外叶冠两圈，外叶冠叶片长而宽，有 15 片，内叶冠片短而小。口囊不对称，其腹面深于背面，腹面深 0.026～0.029 mm，背面深 0.020～0.023 mm，口囊宽 0.047～0.063 mm，口囊壁厚，食道漏斗前方有小三角形的齿板伸向口囊基部，背沟较长（图 -1、图 -2、图 -3、图 -4）。

【雄虫】

虫体大小为 8.40 mm×0.40 mm。交合伞的背叶和背肋较短，背肋分为 2 支，每支又分为 3 小支（图 -6、图 -7）。

【雌虫】

虫体大小为 10.01～11.82 mm×0.401～0.642 mm。尾部直（图 -8），阴门距尾端 0.205～0.263 mm，肛门距尾端 0.132～0.160 mm。

【宿主与寄生部位】

马的盲肠、结肠。

【虫体标本保存单位】

中国农业科学院兰州兽医研究所

图 释

1 ~ 4 虫体头端观及叶冠、乳突、口囊、口囊壁等；
5 虫体头部观及口囊、食道、神经环等；
6 雄虫尾部侧面观及腹肋、侧肋、外背肋、背肋等；
7 雄虫尾部正面观及腹肋、侧肋、外背肋、背肋等；
8 雌虫尾部侧面观及阴门、肛门、尾尖等。

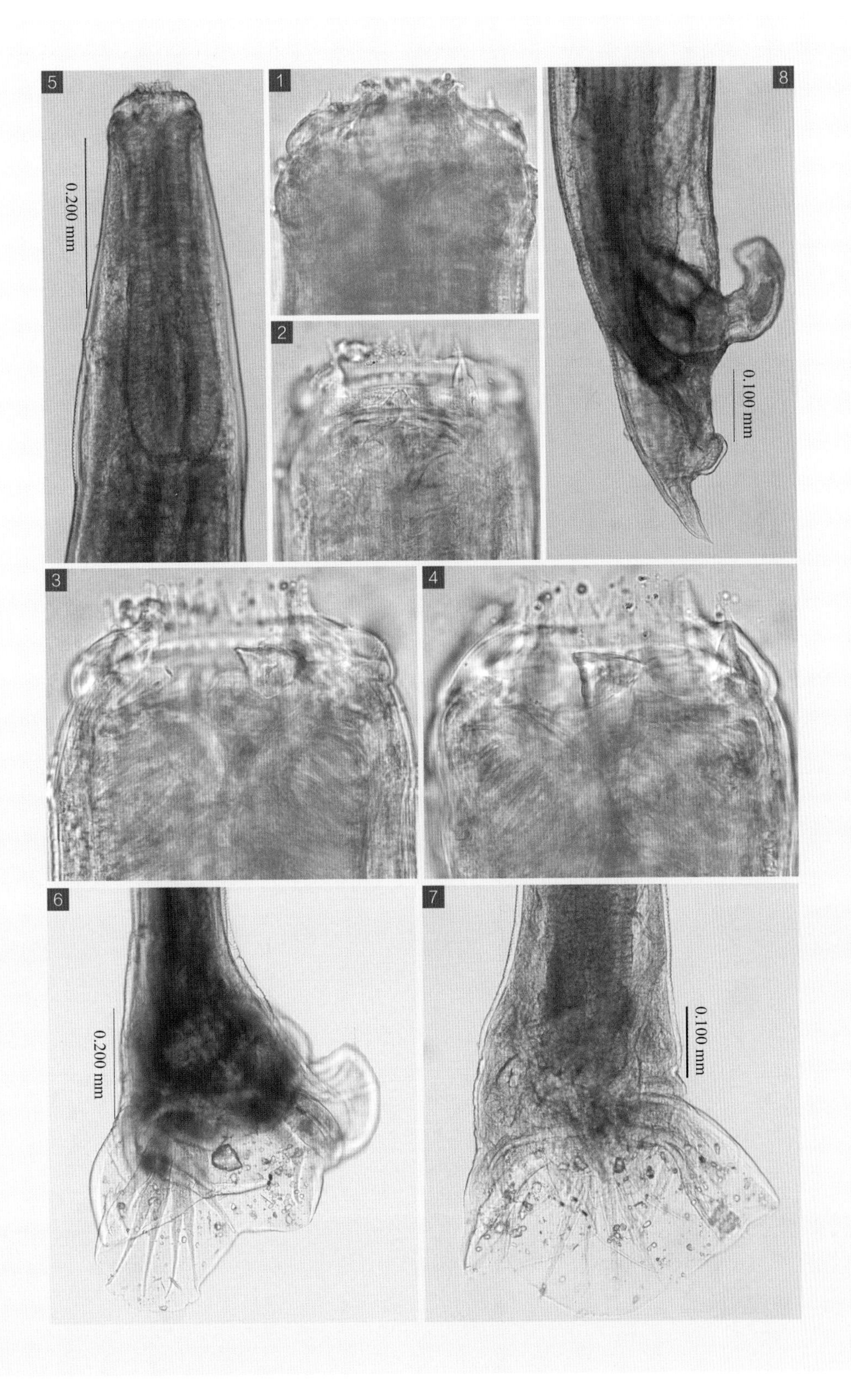
5
1
8
2
0.200 mm
0.100 mm
3
4
6
7
0.200 mm
0.100 mm

斯齿属 *Skrjabinodentus* Tshoijo, 1957

为中型线虫。口直向前，口领与体部之间有一缢缩。侧头乳突粗而短，不伸出口领外，亚中乳突伸出口领之外。口囊呈圆柱形，其宽度大于深度，口囊壁前端极度膨大。外叶冠叶片呈三角形，内叶冠叶片短，呈圆形或三角形，叶片数与外叶冠的叶片数相等或多。生殖锥发达，伸出交合伞外。引带柄部退化，远端具翼。

120 卡拉干斯齿线虫

Skrjabinodentus caragandicus Tshoijo, 1957

【同物异名】

青坡杯冠线虫［*Cylicostephanus caragandicus* (Funikova, 1939) Kung, 1980］。

【主要形态特点】

虫体头端有较低的口领，口领与体部有一浅沟。侧头乳突短而粗，不伸出口领之外，亚中乳突发达，伸出口领之外，口囊呈近圆柱形，口囊壁前端极度膨胀，外叶冠为 8 个长而宽的叶片，内叶冠为 16～18 个短而宽的叶片，食道漏斗发达，有 1 个大的背食道齿和 2 个亚腹食道齿（图 –2、图 –3）。食道短，后端稍大。

【雄虫】

虫体大小为 9.51～10.02 mm×0.532 mm。食道（图 –4）长 0.310 mm，排泄孔距头端 0.41 mm。交合伞的背叶突出，背肋和侧肋起源于共同的主干，前侧肋与中侧肋和后侧肋平行，外背肋发达与侧肋平行，背肋分为 2 个主支，每支再分一个侧支（图 –5）。交合刺 1 对等长，长 1.027～1.094 mm，末端呈喙状（图 –6）。引带粗壮，长 0.234 mm。生殖锥高度发达，前端伸出侧叶外，生殖锥长 0.455 mm（图 –7、图 –8）。

【雌虫】

虫体大小为 10.01～11.03 mm×0.654 mm。食道长 0.345 mm，阴道长 0.290 mm，阴门距尾端 0.363 mm。尾长 0.012～0.017 mm，从肛门向后，虫体变细，末端尖。

【宿主与寄生部位】

马、驴的大肠。

【图片】

廖党金绘

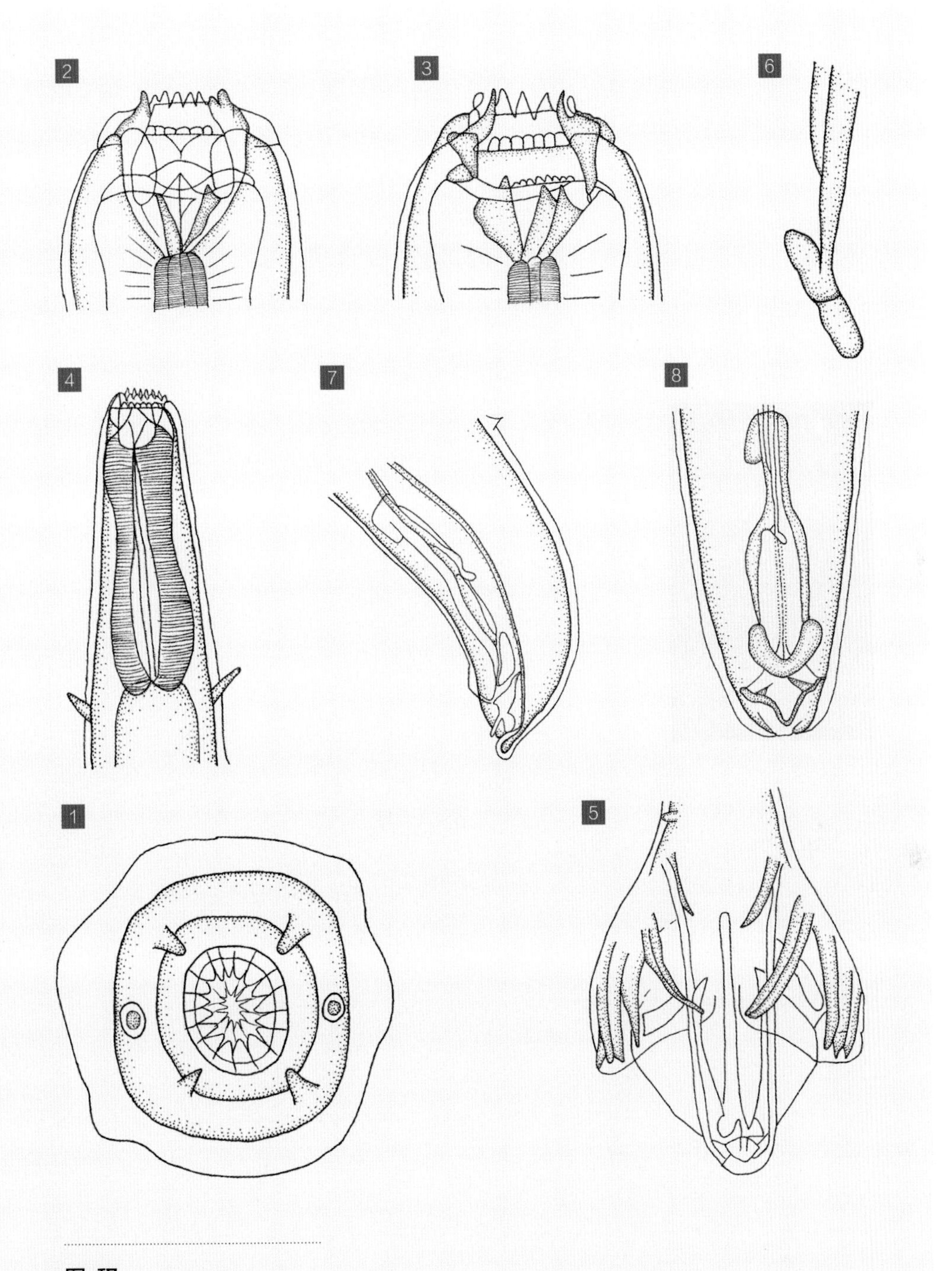

图 释

1 虫体头部顶面观；
2 虫体头端腹面观；
3 虫体头端侧面观；
4 虫体头部正面观及口囊、食道、颈乳突等；
5 交合伞正面观及生殖锥、腹肋、侧肋等；
6 交合刺末端；
7 生殖锥侧面观；
8 生殖锥腹面观。

比 翼 科 Syngamidae Leiper, 1912

口囊大，呈杯状或亚球形，口囊开口处形成一个厚角质环，无齿和切板。在口囊底部与食道之间有呈放射状排列的齿状突。雌虫和雄虫常呈“y”形交配状态。雄虫交合伞发达，交合刺 1 对等长或不等长。引带有或缺。雌虫阴门位于体前部或中部，尾端呈圆锥形。

比 翼 属 *Syngamus* Von Siebold, 1836

基本特征同科，交合伞短，无引带。

121 气管比翼线虫

Syngamus trachea Von Siebold, 1836

【主要形态特点】

虫体呈鲜红色，雌虫比雄虫大 3～7 倍，雌虫与雄虫永久媾和，外观似“y”形（图 -1）。头部大，呈半球形，角质环膨大而透明（图 -2）。口孔呈圆形，口孔外有六分叶的环，外有 4 个肋状乳突和 2 个侧乳突，彼此对称排列（图 -3）。口囊广而深呈杯状，角质化，壁厚而光滑，口囊底有 6～9 个三角形的齿，呈放射状排列。无颈乳突。

【雄虫】

虫体大小为 2.00～4.08 mm×0.252～0.365 mm。头囊大小为 0.217～0.578 mm×0.217～0.374 mm。口囊，宽 0.181 mm，深 0.144～0.238 mm。食道短粗，后部膨大，长 0.628～0.765 mm，最宽 0.130～0.153 mm。交合伞小，张开呈椭圆形；2 个腹肋并列，对称排列，侧肋 3 支（图 -4、图 -5、图 -6）。外背肋与背肋相连；背肋在中部分为 2 支，每支又各分为 3 支（图 -6）。交合刺 1 对等长（图 -5），长 0.069～0.087 mm。无引带。

【雌虫】

虫体大小为 9.0～26.1 mm×0.444～0.632 mm。阴门前方体部较细，而后方体部较粗。头囊大小为 0.408～1.190 mm×0.505～1.147 mm。口腔大小为 0.425～0.833 mm×0.425～0.833 mm。食道长 0.765～1.305 mm，后部宽 0.238～0.476 mm。尾端钝（图 -7），尾长 0.391～0.484 mm。阴门位于虫体前 1/4 处，距头端 1.445～2.165 mm。子宫呈捻转曲折，充满整个体腔，子宫内充满虫卵。虫卵呈椭圆形，卵壳薄而光滑，两端各有一小塞，虫卵大小为 0.074～0.093 mm×0.039～0.044 mm。

【宿主与寄生部位】

鸡、鸭的气管。

【图片引自】

蒋学良，周婉丽，廖党金，等. 2004. 四川畜禽寄生虫志. 成都：四川出版集团. 四川科学技术出版社.

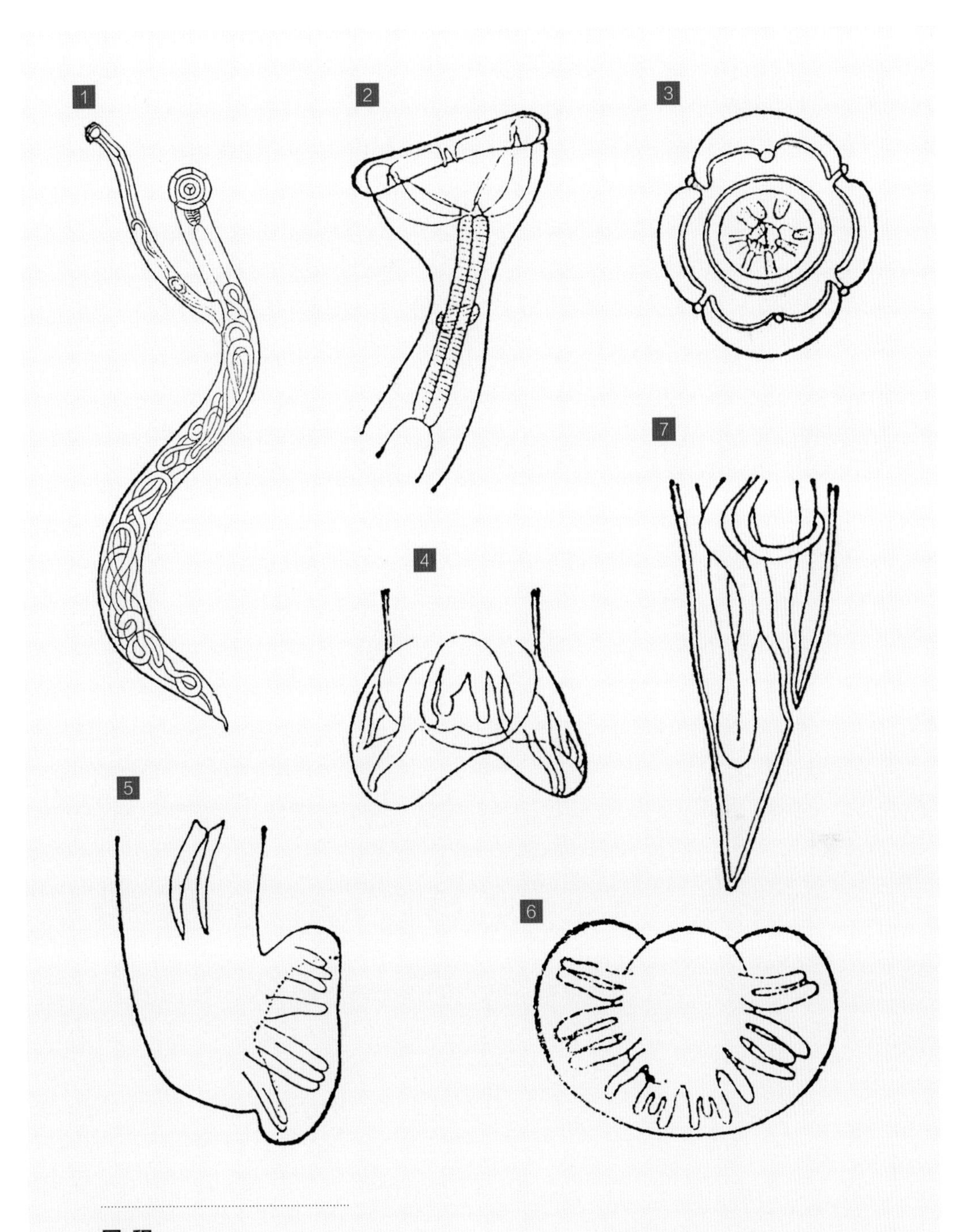

图 释

1 雄虫和雌虫媾和体，左上方小的为雄虫，大的为雌虫；

2 雌虫头部观及口囊等；

3 雄虫顶面观；

4 雄虫尾部正面观；

5 雄虫尾部侧面观及交合刺、腹肋、侧肋、外背肋、背肋；

6 交合伞；

7 雌虫尾部侧面观。

122 斯氏比翼线虫

Syngamus skrjabinomorpha Ryzhikov, 1949

【主要形态特点】

新鲜虫体呈鲜红色，雌虫与雄虫呈永久媾和。虫体外观似“y”形，头部大，呈半球形，角质环膨大而透明（图 -1、图 -2）。口孔呈圆形，口孔外有分叶的环，外有肋状乳突和侧乳突。口囊呈杯状（图 -1、图 -2），角质化，壁厚而光滑，口囊底部有齿 6 个。

【雄虫】

虫体长为 3.0～5.0 mm。交合刺 1 对等长，长度为 0.073 mm。

【雌虫】

虫体长为 14.0～22.1 mm。阴门位于虫体前部 1/7 交界处。虫卵大小为 0.078～0.087 mm×0.035～0.043 mm。

【宿主与寄生部位】

鸡、鸭的气管。

【虫体标本保存单位】

四川农业大学

图 释

1 2 雌虫和雄虫媾和体，分别为雌虫头部和雄虫头部；

3 雌虫尾部侧面观及尾尖等。

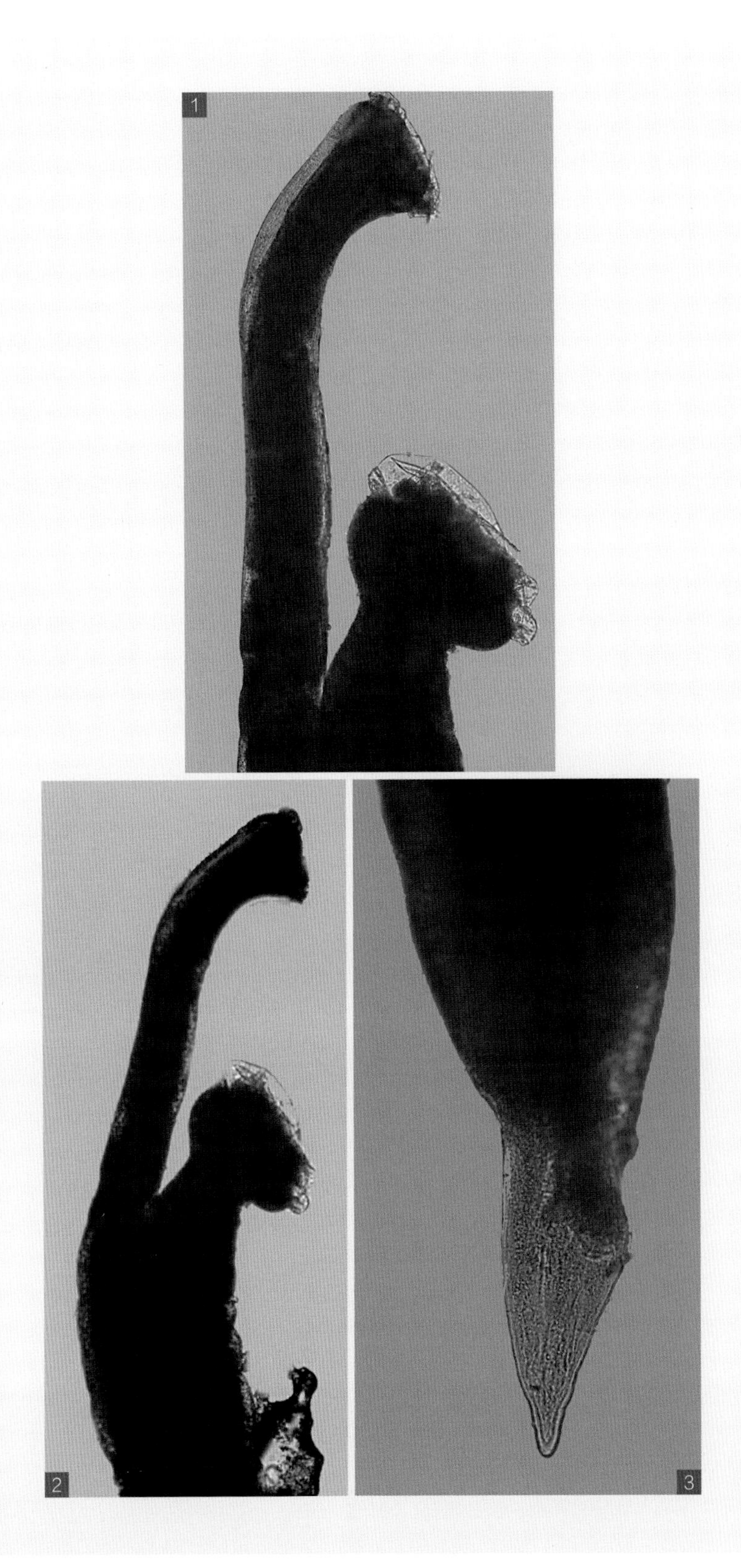
1
2
3

兽比翼属 *Mammomongamus* Ryzhikov, 1948

虫体有颈乳突，口囊内面有脊。雄虫交合伞短，两腹肋呈裂状，外背肋起于背肋基部，交合刺短或缺。雌虫尾部呈圆锥形。卵短而宽，无极突。寄生于哺乳动物的呼吸道中。

123 喉兽比翼线虫

Mammomongamus laryngeus Railliet, 1899

【主要形态特点】

虫体体表皮有角质横纹。雌虫和雄虫体常处于连接的交配状态，故其外观呈“Y”形。口囊发达，呈半球形，囊壁上有角质的肋，在口囊基部有 8 个呈辐射状排列的小齿（图 -1）。颈乳突较短小，距头端 0.571～0.622 mm。

【雄虫】

虫体大小为 4.01～4.52 mm×0.371～0.392 mm。口囊深 0.161～0.281 mm。食道呈长棒状（图 -1），后部较宽，长 0.821～1.002 mm。交合伞短而阔（图 -2），呈斜截状。交合伞的肋左右不对称。腹肋与侧肋连在一起，侧肋分 3 支，外背肋从背肋基部分出，背肋分 2 支（图 -2）。交合刺 1 对，短粗。

【雌虫】

虫体大小为 14.01～16.02 mm×0.55～0.63 mm。口囊深度为 0.261～0.302 mm。食道长 1.01～1.16 mm。阴门距头端 3.01～3.22 mm。尾部呈圆锥形，从肛门起始向后逐渐变细，尾端较尖（图 -3）。肛门距尾端 0.231～0.242 mm。虫卵呈椭圆形，两端无卵塞，内含有胚细胞，大小为 0.072～0.085 mm×0.041～0.044 mm。

【宿主与寄生部位】

黄牛、水牛的气管。

【图片】

廖党金绘

图 释

1 虫体头部正面观及口囊、口囊内小齿、食道、颈乳突等；
2 交合伞正面观及侧肋、外背肋、背肋；
3 雌虫尾部侧面观及肛门、尾尖。

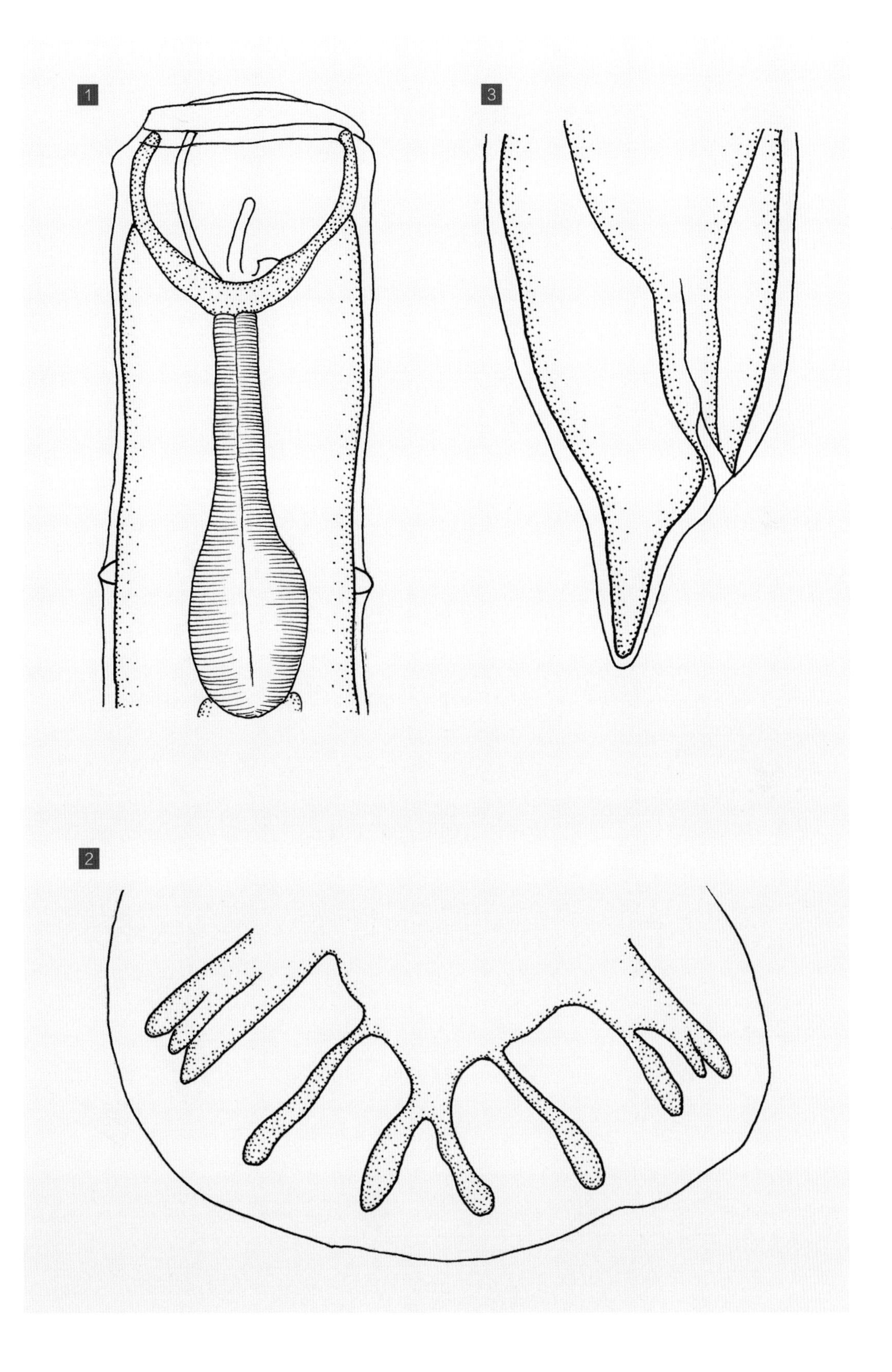
1
3
2

毛圆科 Trichostrongylidae Leiper, 1912

虫体纤细，无叶冠。雄虫交合伞发达。交合刺 1 对，引带有或缺。雌虫阴门大多位于虫体后半部，尾圆锥形，有的尾端有刺或刺状突。

毛圆属 *Trichostrongylus* Looss, 1905

虫体小，呈毛发状，无颈乳突。排泄孔位于体前部三角形缺陷内。雄虫的交合伞侧叶大，背叶小且不明显；交合刺粗短，近端有扭状结构，远端几乎都有突起，形成倒钩；有引带。雌虫阴门开口于虫体后半部。

124 蛇形（游行）毛圆线虫

Trichostrongylus colubriformis (Giles, 1892) Looss, 1905

【主要形态特点】

见下。

【雄虫】

虫体大小为 5.5～8.1 mm×0.011～0.013 mm。食道长 0.81～0.90 mm。神经环距头端 0.129～0.140 mm，排泄孔距头端 0.15～0.16 mm，无颈乳突（图 -2）。交合伞由 2 个大的侧叶和 1 个不明显的背叶组成（图 -3、图 -4）。前腹肋呈杆状，细小，后腹肋长大，二者末端伸向伞侧缘；前侧肋粗大，中侧肋次之，后侧肋较细短，其基部常与外背肋重叠（图 -4）；背肋全长 0.040～0.077 mm，在远端 3/5 处向左右各分出外短内长的 2 小支，内小支远端再分出 1 小支或形成瘤状突起，末端达伞缘，但不超出外背肋远端水平（图 -3、图 -5）。交合刺 1 对形状相似，呈黄褐色，左交合刺长 0.145～0.185 mm，右交合刺长 0.14～0.15 mm，最大宽度 0.017～0.025 mm；交合刺的近端呈纽扣状（侧观呈耳状），远端 1/5 处有一倒钩（图 -6、图 -7），左交合刺倒钩长 0.030～0.045 mm，右交合刺倒钩长 0.030～0.040 mm。引带大小为 0.070～0.093 mm×0.017～0.020 mm，正面呈梭状，侧面呈“S”形。

【雌虫】

虫体大小为 6.6～8.4 mm×0.11～0.14 mm。食道长 0.86～0.99 mm。排泄孔距头端 0.14～0.17 mm，神经环距头端 0.10～0.15 mm。肛门距尾端 0.07～0.10 mm，尾呈圆柱形，末端稍向背面弯曲（图 -9）。

【宿主与寄生部位】

人、黄牛、山羊、绵羊、兔等的小肠、真胃或胃、胰脏。

【虫体标本保存单位】

四川省畜牧科学研究院

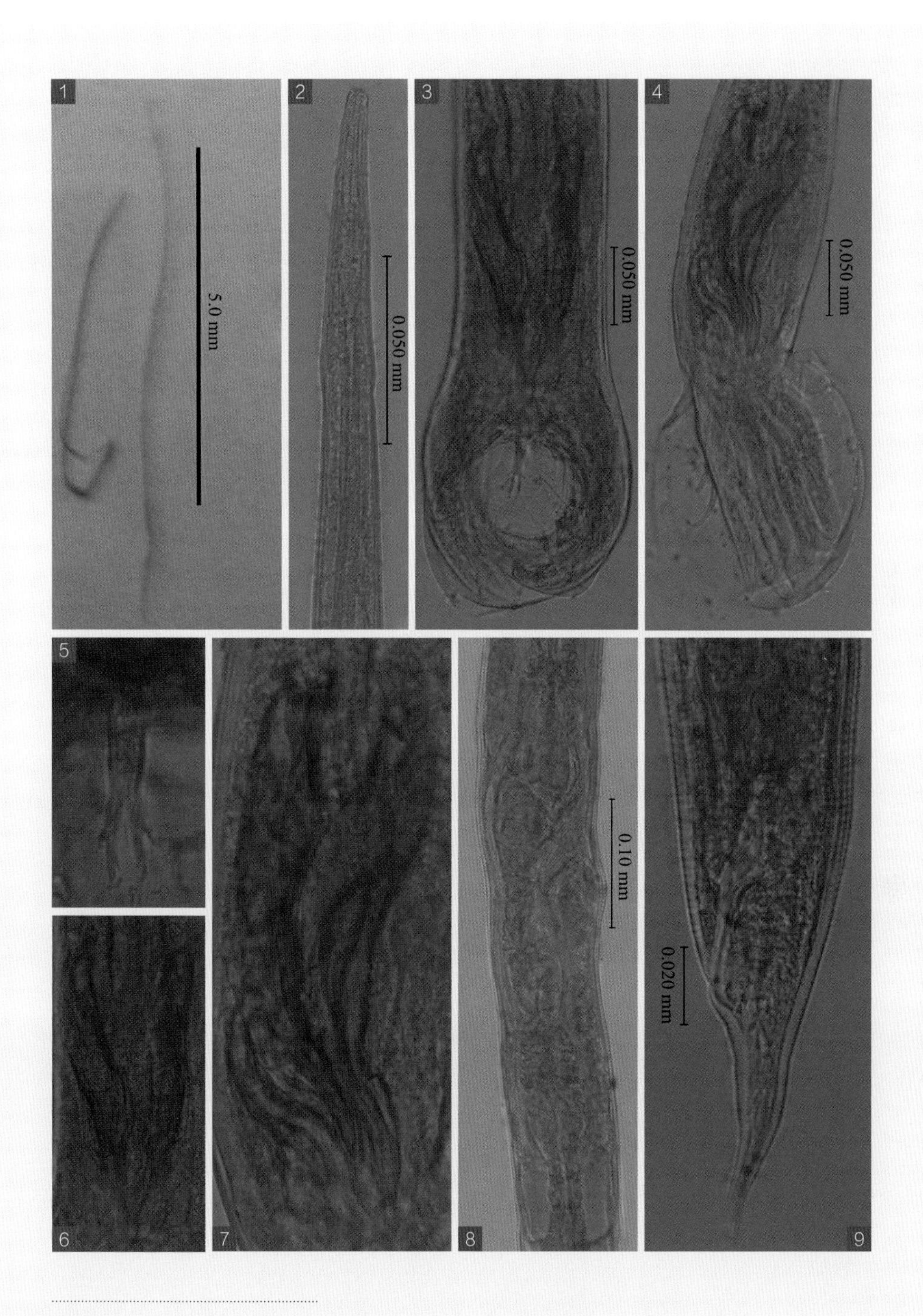

图 释

1 成虫，左为雄虫，右为雌虫；
2 虫体头部正面观及食道、神经环等；
3 雄虫尾部正面观及交合刺、背肋等；
4 雄虫尾部侧面观及交合刺、腹肋、侧肋等；
5 背肋；
6 7 交合刺；
8 雌虫阴门；
9 雌虫尾部侧面观及肛门、尾尖形态等。

125 东方毛圆线虫

Trichostrongylus orientalis Jimbo, 1914

【主要形态特点】

虫体纤细，呈淡黄白色，体表有细密的横纹。前部较细，无头泡或颈乳突，排泄孔明显。

【雄虫】

虫体大小为 3.15～3.95 mm×0.033～0.035 mm。食道长 0.63～0.85 mm，宽 0.018～0.020 mm。排泄孔位于体壁内凹，距头端 0.0130～0.0225 mm。交合伞由 2 个大的侧叶和 1 个小的背叶组成，2 个腹肋从同一主干发出，前腹肋狭小且与后腹肋约呈 60° 间隔，后腹肋粗大，紧靠前侧肋，末端弯向伞前缘。前侧肋粗大，中侧肋次之，二者末端弯向伞侧缘，后侧肋较小而直，末端斜向伞后缘。外背肋从背肋基部发出，呈“S”形弯曲，末端未达伞缘，背肋细而直，全长 0.325～0.475 mm，后端分为 2 支，每支长 0.003～0.008 mm，每个分支的外侧有 1 个小侧突（图 -2、图 -3）。交合刺 1 对，呈黄褐色，长 0.093～0.123 mm，最大宽度 0.0123～0.0130 mm，无分支和三角形突，近端较厚，中部稍粗，远端渐细，末端粗糙，侧面观呈微钩状（图 -1、图 -2、图 -4）。引带呈舟形，大小为 0.058～0.070 mm×0.013～0.017 mm。

【雌虫】

虫体大小为 3.98～4.45 mm×0.030～0.035 mm，食道长 0.70～0.72 mm，排泄孔距头端 0.095～0.143 mm，神经环距头端 0.11～0.14 mm。阴道倾斜向后，开口于排卵器中部稍后方，无阴门瓣（图 -5）。阴门距尾端 0.43～0.76 mm。尾（图 -6）长 0.060～0.088 mm。

【宿主与寄生部位】

人、牦牛、黄牛、山羊、绵羊、猪的小肠、真胃或胃。

【虫体标本保存单位】

四川省畜牧科学研究院

图 释

1 雄虫尾部正面观及交合刺、背肋等；
2 雄虫背部正面观及交合刺、背肋等；
3 交合伞正面观及背肋、侧肋等；
4 交合刺正面观；
5 雌虫阴门；
6 雌虫尾部侧面观及肛门、尾尖等。

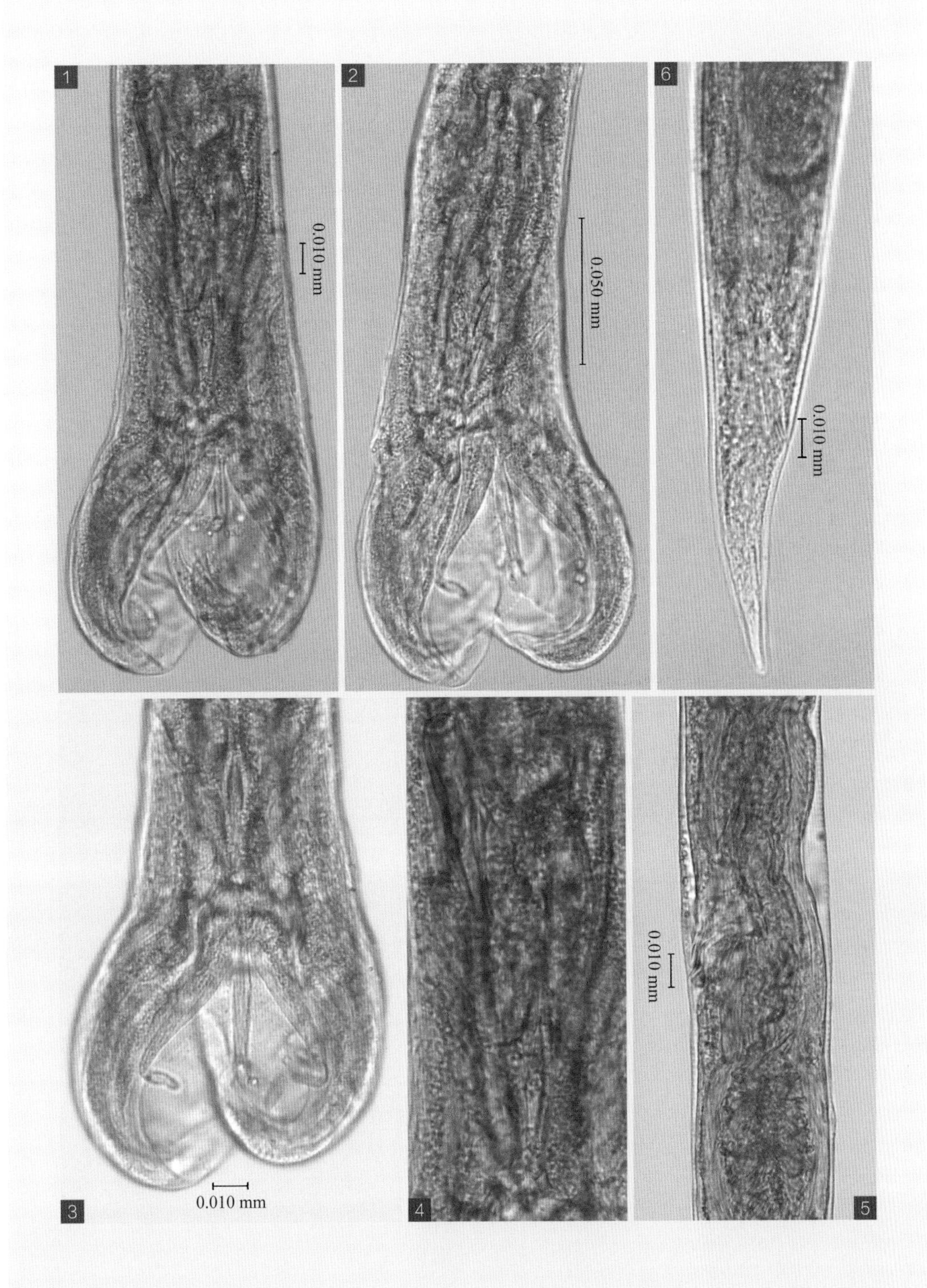
1
0.010 mm
2
0.050 mm
6
0.010 mm
3
0.010 mm
4
0.010 mm
5

126 艾氏毛圆线虫

Trichostrongylus axei (Cobbold, 1879) Railliet et Henry, 1909

【主要形态特点】

见下。

【雄虫】

虫体大小为 3.51～4.22 mm×0.051～0.076 mm，头端宽 0.011 mm。食道长 0.66～0.91 mm，宽 0.024～0.028 mm。神经环距头端 0.10～0.13 mm，排泄孔距头端 0.101～0.161 mm。交合伞呈横椭圆形，由 2 个大的侧叶和 1 个不明显的背叶组成，大小为 0.114～0.169 mm×0.184～0.221 mm。前腹肋细小呈杆状，伸向伞前缘。后腹肋、前侧肋、中侧肋大小相近，末端伸至伞侧缘，后侧肋稍细长，末端延伸至后侧缘。外背肋较后腹肋短小，末端达背肋分支水平；背肋细，长 0.046～0.076 mm，宽 0.005 mm，远端分 2 支，每个分支又分 2 小支。交合刺 1 对呈黄褐色，其形状和大小均不相同，小的交合刺长 0.081～0.089 mm，大的交合刺长 0.104～0.118 mm。每根交合刺的中后部内侧有小分支，在交合刺远端腹面各有 1 个三角形的突起，左交合刺突起长 0.04～0.05 mm，右交合刺突起长 0.020～0.027 mm。引带呈梭形，近端较窄，中部增宽，具有纵槽。

【雌虫】

虫体大小为 4.51～5.50 mm×0.05～0.07 mm。食道长 0.71～0.82 mm。排泄孔距头端 0.12～0.15 mm，神经环距头端 0.10～0.14 mm。排卵器（包括括约肌）大小为 0.22～0.31 mm×0.051 mm，阴门（图 -2、图 -3）开口部距尾端 0.78～0.94 mm。肛门距尾端 0.06～0.08 mm，尾呈圆锥形（图 -4）。

【宿主与寄生部位】

水牛、黄牛、牦牛、山羊、绵羊、马、兔等的小肠、真胃或胃。

【虫体标本保存单位】

四川省畜牧科学研究院

图 释

1 虫体头部及食道等；

2 3 雌虫阴门及排卵器；

4 雌虫尾部侧面观及肛门、尾尖形态等。

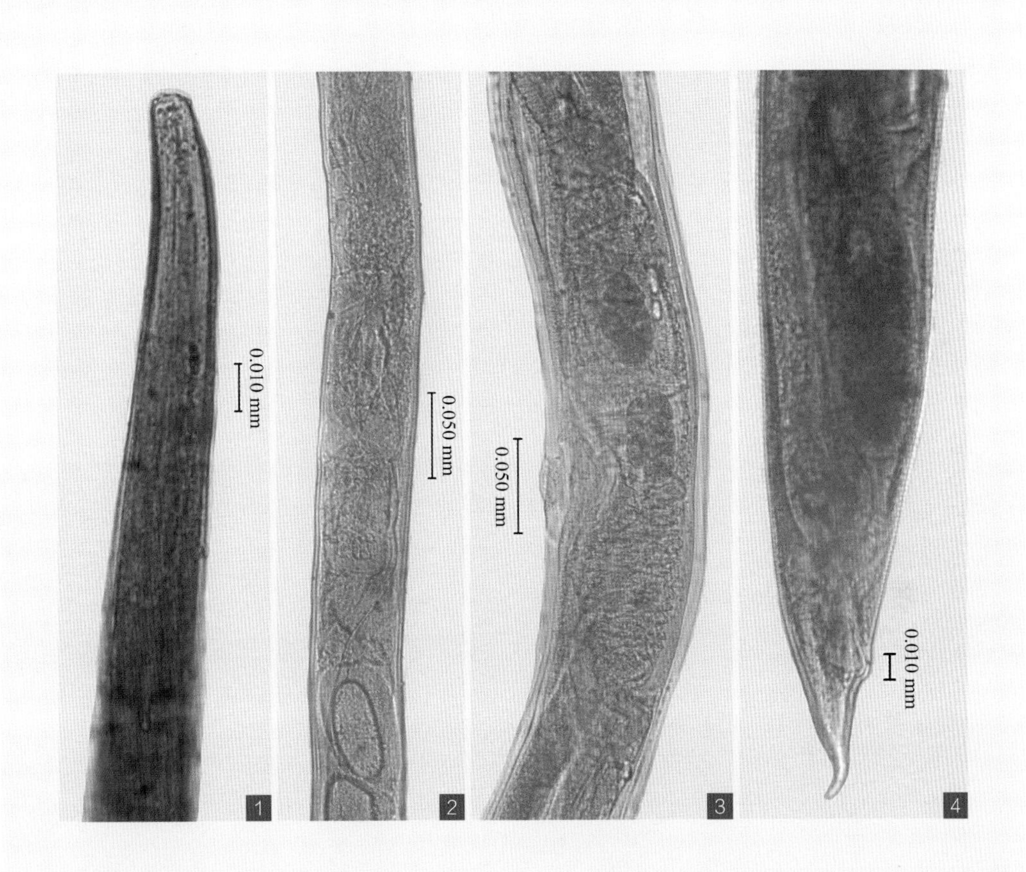
0.010 mm
0.050 mm
0.050 mm
0.010 mm
1
2
3
4

127 枪形毛圆线虫

Trichostrongylus probolurus (Railliet, 1896) Looss, 1905

【主要形态特点】

虫体小，呈淡黄色，体表有细小的横纹但无纵纹，虫体前端无头泡，无颈乳突（图 -1）。

【雄虫】

虫体大小为 4.501～5.161 mm×0.098～0.148 mm。食道长 0.712～0.862 mm。神经环距头端 0.107～0.130 mm，排泄孔距头端 0.101～0.154 mm。交合伞由 2 个大侧叶和 1 个小背叶组成。前腹肋小，后腹肋大，是所有肋中最大的（图 -2、图 -3）。前侧肋比中侧肋稍粗，但长短相近，后侧肋与外背肋相距近（图 -3）。背肋在中部向两侧各分出外短内长的 2 支，内支末端又分为 2 小支（图 -2）。交合刺 1 对，呈深褐色，形状相近，有 2 个倒钩（图 -4、图 -5）。左交合刺长 0.121～0.140 mm，交合刺的上倒钩距近端 0.058～0.076 mm，下倒钩距近端 0.081～0.099 mm；右交合刺长 0.117～0.136 mm，交合刺的上倒钩距近端 0.058～0.073 mm，下倒钩距近端 0.088～0.123 mm。引带呈深褐色，正面呈梭形，长 0.068～0.086 mm，宽 0.012～0.017 mm。

【雌虫】

虫体大小为 4.831～6.271 mm×0.065～0.112 mm。排泄孔距头端 0.078～0.139 mm，神经环距头端 0.061～0.123 mm。排卵器（包括括约肌）长 0.296～0.397 mm，阴门（图 -6）开口部距尾端 0.895～1.312 mm。肛门（图 -7）距尾端 0.041～0.057 mm。

【宿主与寄生部位】

牛、山羊、绵羊、骆驼等的小肠、真胃。

【虫体标本保存单位】

中国农业科学院上海兽医研究所

图 释

1 虫体头部及头端、食道等；
2 雄虫尾部正面观及外背肋、背肋等；
3 雄虫尾部侧面观及腹肋、侧肋、背肋等；
4 交合刺斜侧面观；
5 交合刺正面观；
6 雌虫阴门及排卵器；
7 雌虫尾部侧面观及肛门、尾尖等。

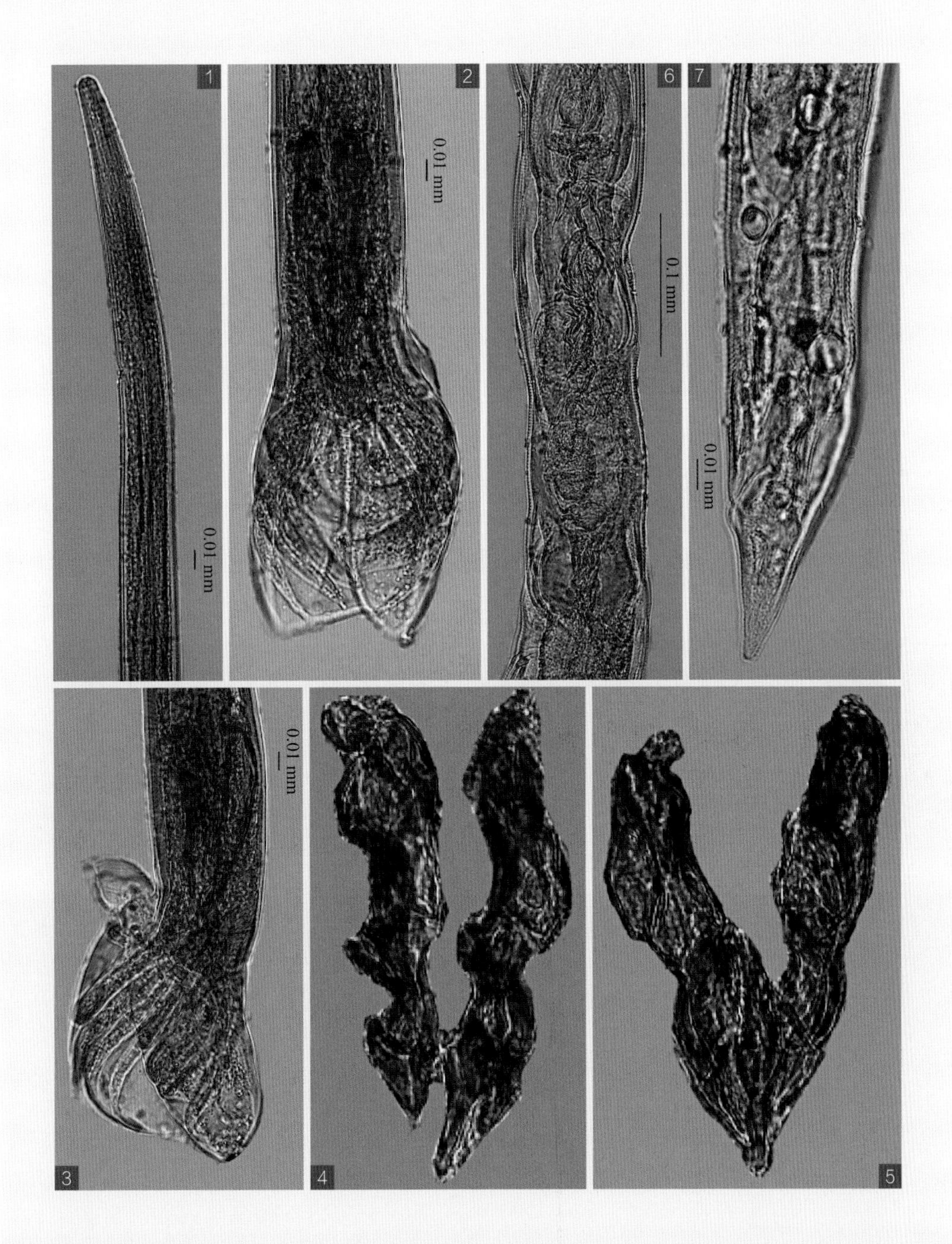
1
2
6
7
0.01 mm
0.01 mm
0.1 mm
0.01 mm
0.01 mm
3
4
5

128 青海毛圆线虫

Trichostrongylus qinghaiensis Liang et al. , 1987

【主要形态特点】

虫体呈黄白色，头端尖细。角皮上有细致的横纹，无颈乳突，无头泡。口孔周围有 3 个唇，口腔不明显（图 -1）。食道长 0.670～0.864 mm。排泄孔距头端 0.143～0.184 mm。神经环距头端 0.117～0.145 mm。

【雄虫】

虫体大小为 3.3～5.5 mm×0.104～0.130 mm。交合伞发达，2 个侧叶特别大，背叶不明显（图 -2）。前腹肋呈小指状，后腹肋最粗壮，其远端稍弯向虫体前方；3 个侧肋相互平行伸向伞缘，中侧肋最长，止于交合伞的边缘，后侧肋较前侧肋和中侧肋细而短；背肋和外背肋自基部起明显分开，外背肋的近端粗宽，远端突变细并弯向背肋；背肋在中 1/3 部分稍粗宽，上下两个 1/3 部分稍狭细，约在其远端 1/6 或 1/7 处分成 2 个较平行的分支，每分支又在其远端各分为 2 个小叉。交合刺 1 对呈强角质化，形状相同，左交合刺长 0.140～0.156，右交合刺长 0.133～0.148 mm；交合刺上半部分粗宽，下半部分较窄细，最大宽度是最窄宽度的 2.73 倍；交合刺侧面观远端有 2 个很小的倒钩，上倒钩的上缘距交合刺末端平均为 0.018 mm，下倒钩的上缘距交合刺的末端平均为 0.009 mm。引带正面观呈长头锥形（似肝片形吸虫），长 0.072～0.078 mm，宽 0.021～0.029 mm。

【雌虫】

虫体大小为 5.8～7.5 mm×0.112 mm。排卵器（包括括约肌）长 0.378～0.562 mm。阴门呈裂缝状（图 -3、图 -4），其上无唇状构造，位于虫体后 1/4 段的前端处。肛门距尾端 0.081～0.122 mm。尾端呈锥形（图 -5）。虫卵大小为 0.077～0.095 mm×0.034～0.045 mm。

【宿主与寄生部位】

绵羊、牦牛的真胃、小肠。

【虫体标本保存单位】

中国农业科学院兰州兽医研究所

图 释

1 虫体头部观及唇、食道、神经环等；
2 雄虫尾部侧面观及交合伞、腹肋、侧肋、背肋等；
3 4 雌虫阴门；
5 雌虫尾部侧面观及肛门、尾尖等。

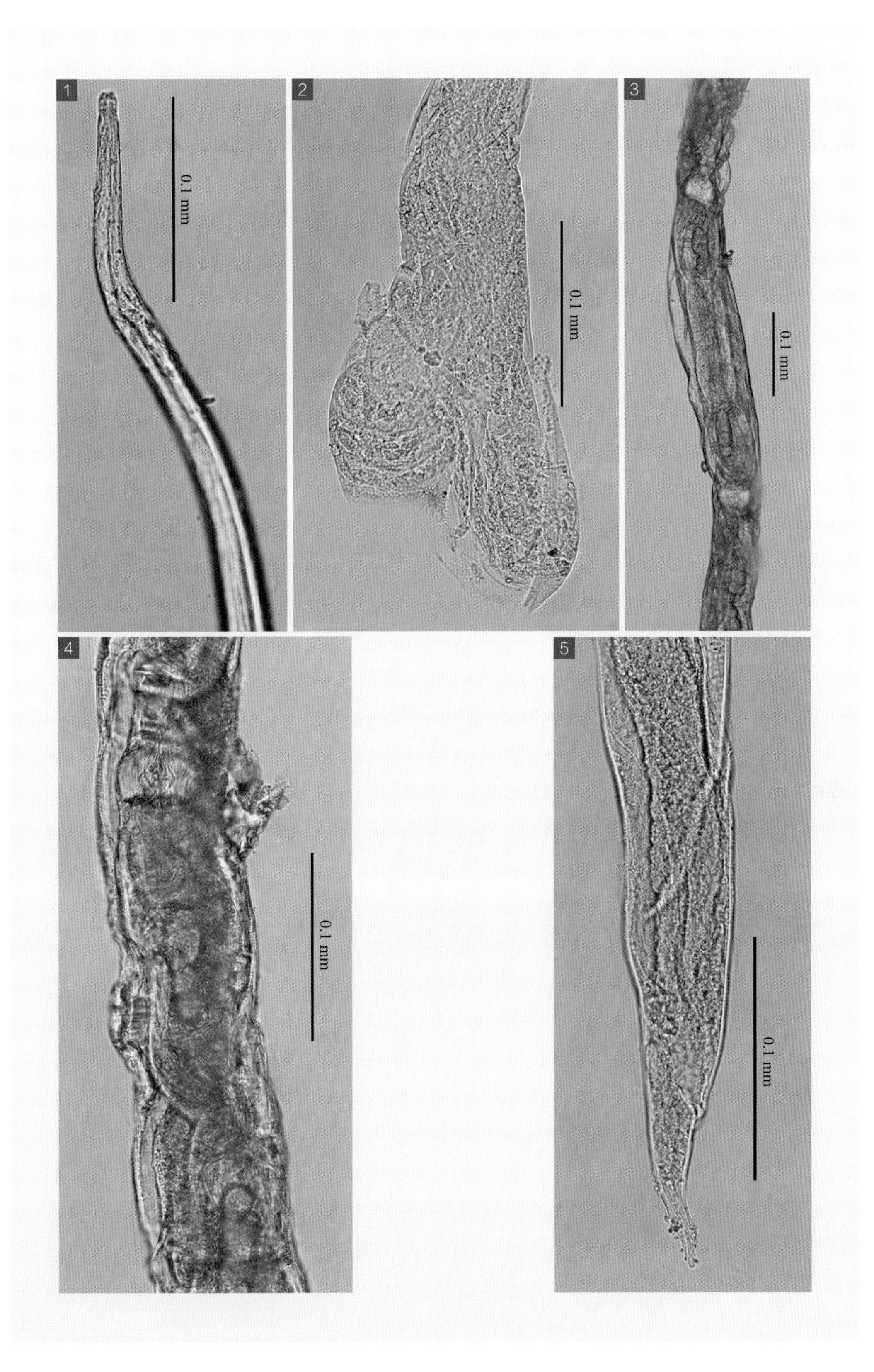
1
0.1 mm
2
0.1 mm
3
0.1 mm
4
0.1 mm
5
0.1 mm

129 鹿毛圆线虫

Trichostrongylus cervarius Leiper et Clapham, 1938

【主要形态特点】

见下。

【雄虫】

虫体长为 4.39～6.10 mm。交合伞的侧叶发达，无明显背叶（图 -4）。外背肋 2 支长短不等；背肋长 0.031～0.037 mm，在其远端 1/3 处分为 2 支，分支长 0.01 mm，每个分支末端有极短的 3 个小芽支（图 -4）。交合刺呈棕褐色，长 0.122～0.136 mm，交合刺中部有 1 个细小而尖锐的分支，从分支处向后逐渐变细，远端有呈三角形扩大部分“脚”，末端有 1 个倒钩（图 -1、图 -2）。引带长 0.06 mm，腹面膨大，叶片形（图 -3）。

【雌虫】

不明。

【宿主与寄生部位】

鹿、羊的小肠。

【图片】

廖党金绘

图 释

1 交合刺正面观；
2 交合刺和引带侧面观；
3 引带；
4 交合伞正面观及腹肋、侧肋、外背肋、背肋等。

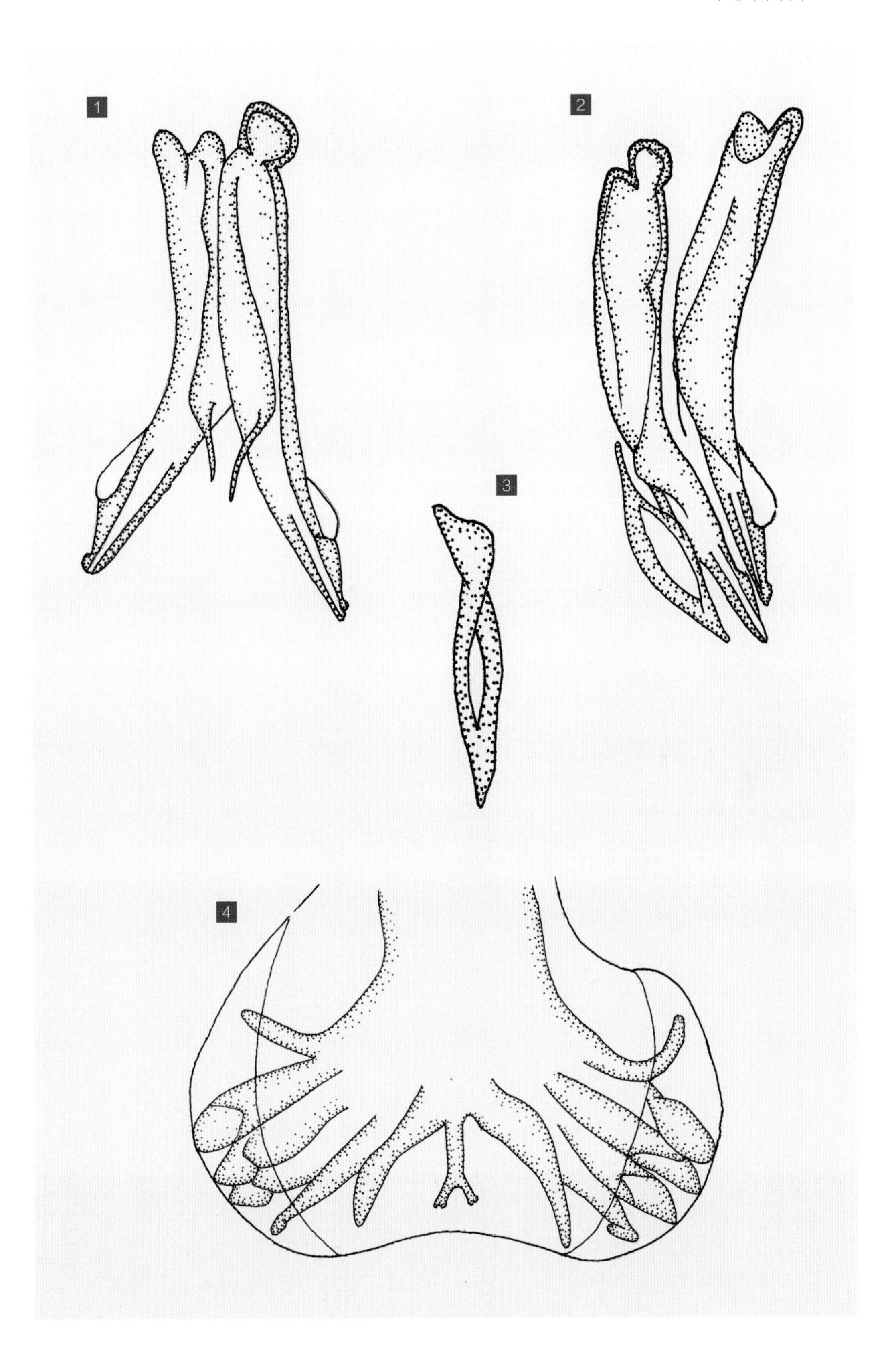
1
2
3
4

130 山羊毛圆线虫

Trichostrongylus capricola Ransom, 1907

【主要形态特点】

见下。

【雄虫】

虫体大小为 4.31～4.92 mm×0.08～0.11 mm。交合伞的侧叶大，背叶小（图 -2）。前腹肋距伞缘很远，外背肋略不等长，背肋在中部分为 2 支，每支末端又分为 2 小支（图 -2）。交合刺长 0.131～0.144 mm，前半部分较粗壮，在远端 1/4 处有钩状突起，从突起到交合刺末端骤然变细（图 -1），但其尖端不像透明毛圆线虫（*T.vitrinus*）那样尖锐，也不像蛇形毛圆线虫（*T.colubriformis*）那样形成三角形倒钩。引带呈纺锤形。

【雌虫】

虫体大小为 5.81～6.82 mm×0.075～0.081 mm，最大宽度在阴门区。阴门距尾端 1.12～1.21 mm。尾短而圆钝（图 -3），尾部长 0.061～0.082 mm。排卵器长 0.32～0.38 mm。

【宿主与寄生部位】

绵羊、山羊的小肠和真胃。

【图片】

廖党金绘

图 释

1 交合刺和引带正面；

2 交合伞正面观及腹肋、侧肋、外背肋、背肋；

3 雌虫尾部侧面观及肛门、尾尖等。

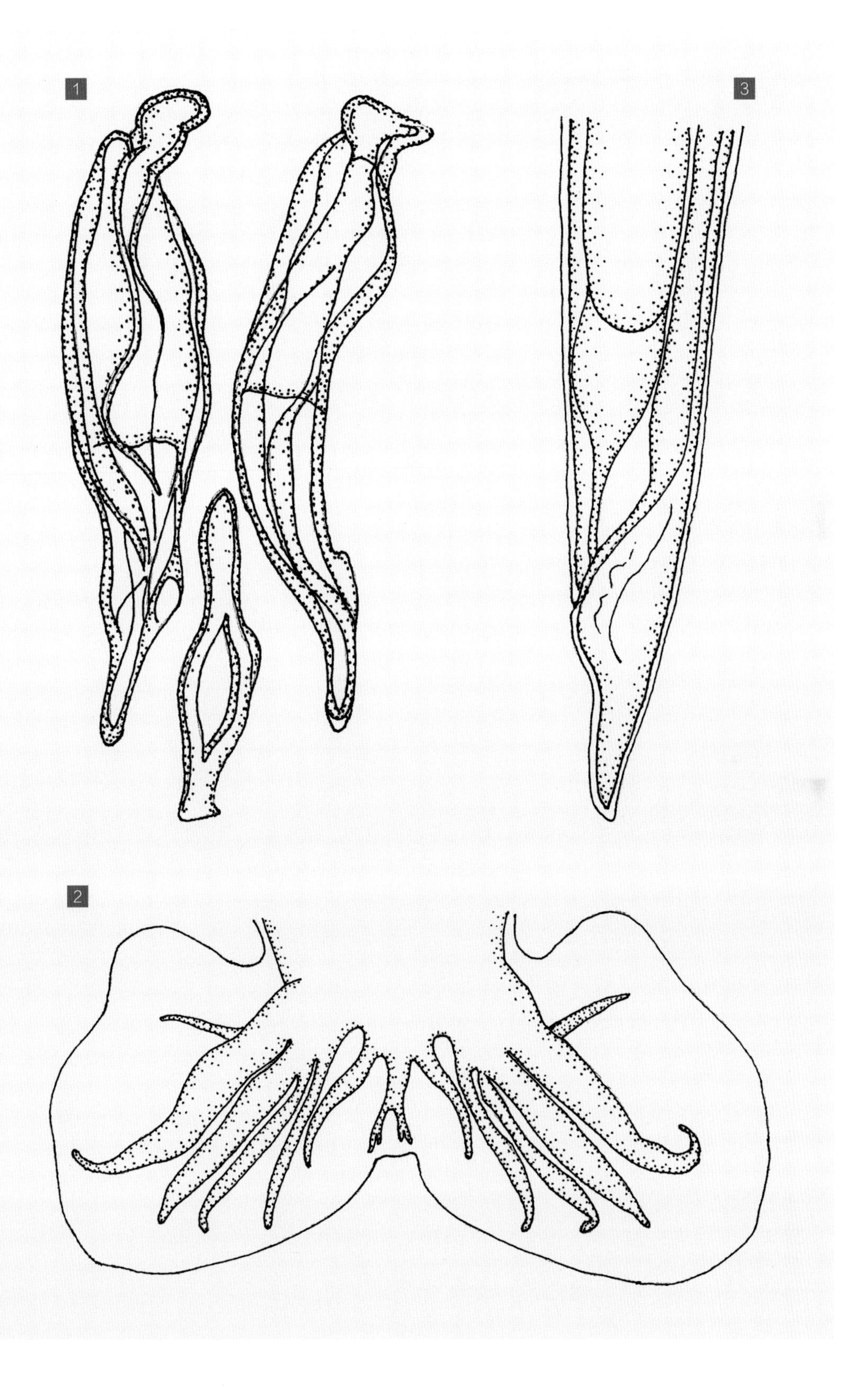
1
3
2

131 透明毛圆线虫

Trichostrongylus vitrinus Looss, 1905

【主要形态特点】

见下。

【雄虫】

虫体大小为4.81～6.26 mm×0.082～0.113 mm。交合伞较大，侧叶发达，其基部宽度0.141～0.182 mm，有1个小的背叶（图 –2）。背肋长0.071 mm，在近主干末端处分为2支，分支末端不再分小支（图 –2）。交合刺1对等长，长0.161～0.179 mm，较直，中部宽厚，远端急剧变细，末端尖锐，不分小支，也无锤状的“脚”或突起（图 –1）。引带长0.080～0.095 mm，呈梭形（图 –1）。

【雌虫】

虫体大小为5.21～7.02 mm×0.095 mm。阴门斜列，距尾端1.14～1.31 mm，阴门盖小，阴道短（图 –3）。排卵器长而大，长0.45 mm。肛门距尾端0.087～0.091 mm，尾端呈圆锥形（图 –4）。

【宿主与寄生部位】

绵羊、山羊、麋的小肠和真胃。

【图片】

廖党金绘

图 释

1 交合刺正斜面观及引带；

2 交合伞正面观及伞前乳突、腹肋、侧肋、外背肋、背肋等；

3 雌虫阴门区；

4 雌虫尾部侧面观及肛门、尾尖等。

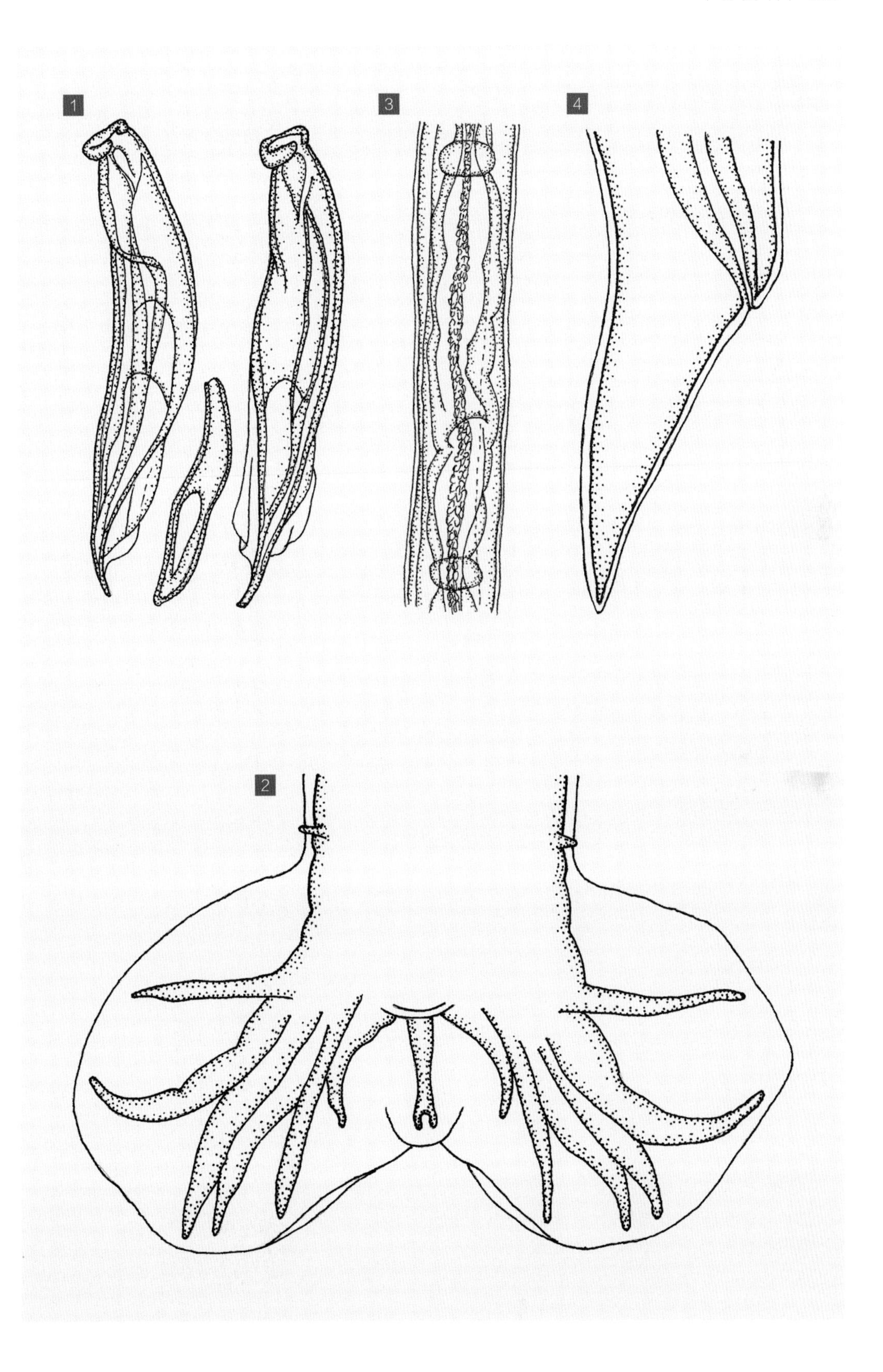
1
3
4
2

132 钩状毛圆线虫

Trichostrongylus hamatus Daubney, 1933

【主要形态特点】

见下。

【雄虫】

虫体大小为4.1～5.2 mm×0.081 mm。交合伞形状与蛇形毛圆线虫（*T. colubriformis*）相似，背肋长0.034～0.041 mm，在远端分为2支，每分支的外侧有1小侧支，末端又分成2小支（图-1）。交合刺1对略不等长，形状各异，从外形像枪形毛圆线虫（*T. probolurus*）的交合刺，左交合刺长0.125～0.135 mm，远端1/3处腹面具有2个三角形倒钩，右交合刺短，其长度为0.110～0.118 mm，仅有1个倒钩，而且比左交合刺的钩大很多（图-2）。引带长0.075 mm，呈纺锤形（图-3）。

【雌虫】

虫体大小为5.5～6.5 mm×0.06～0.07 mm。阴门距尾端2.0 mm，有凸出的阴道盖，排卵器长0.475 mm，尾端呈圆锥形。

【宿主与寄生部位】

绵羊的真胃。

【图片】

廖党金绘

图 释

1 交合伞侧面观及腹肋、侧肋、外背肋、背肋等；

2 交合刺；

3 引带。

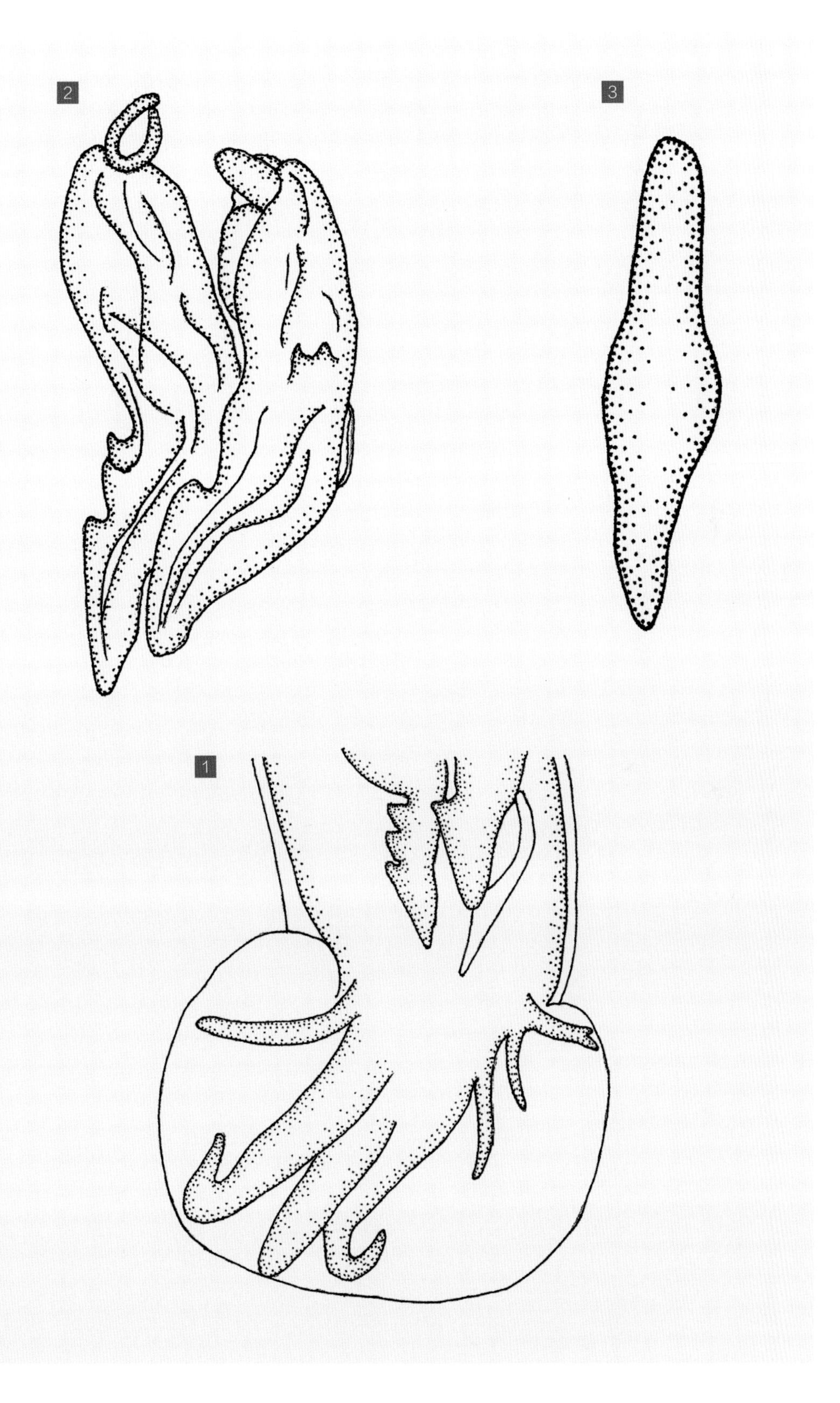
2
3
1

133 彼得毛圆线虫

Trichostrongylus pietersei Le Roux, 1932

【主要形态特点】

见下。

【雄虫】

虫体大小为5.2～6.8 mm×0.085～0.090 mm。交合刺长度为0.137～0.129 mm。引带长0.098 mm，呈梭形（图 -2）。

【雌虫】

不明。

【宿主与寄生部位】

绵羊、山羊的消化道。

【图片】

廖党金绘

图 释

1 交合伞正面观及腹肋、侧肋、外背肋、背肋；

2 交合刺和引带正面观。

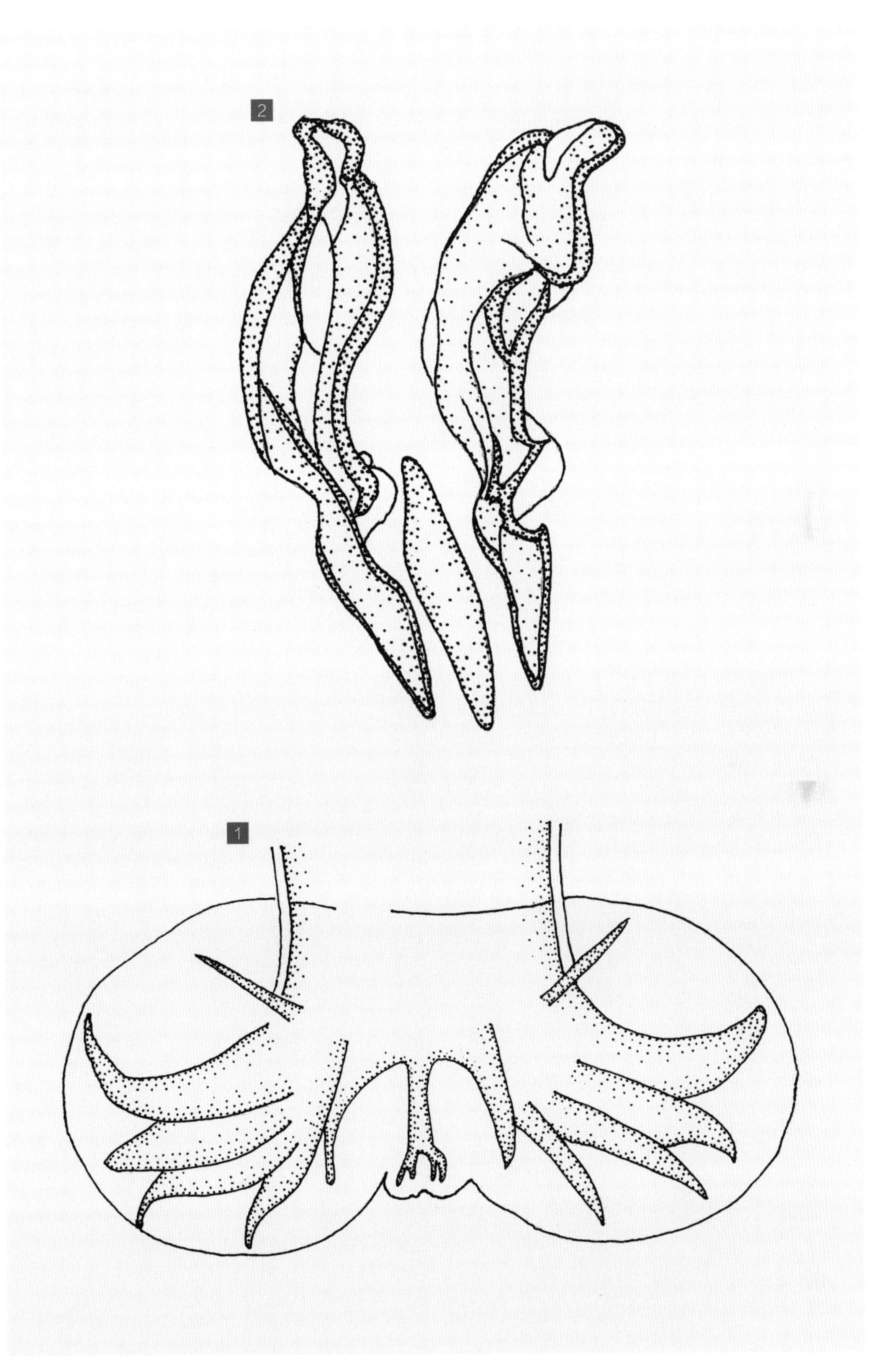
2
1

134 纤细毛圆线虫

Trichostrongylus tenuis Mehlis, 1846

【主要形态特点】

见下。

【雄虫】

虫体大小为 5.51～9.02 mm×0.062～0.102 mm。外背肋短于背肋，起于基部，背肋在末端分 2 支，每分支末端又分 2 个小分支（图 -2）。前腹肋细而短，后腹肋和前侧肋、中侧肋、后侧肋均较粗大（图 -2）。交合刺 1 对近等长，左交合刺长 0.121～0.165 mm，右交合刺长 0.103～0.151 mm，在末端 2/3 处环绕着膜。引带长 0.061～0.084 mm（图 -3）。

【雌虫】

虫体大小为 6.51～11.02 mm×0.076～0.102 mm。神经环距头端 0.142 mm。阴门距尾端 0.751～1.902 mm，排卵器长 0.307～0.463 mm，肛门距尾端 0.076～0.121 mm。虫卵大小为 0.064～0.093 mm×0.034～0.047 mm。

【宿主与寄生部位】

鹅的盲肠、小肠。

【图片】

廖党金绘

图 释

1 虫体头端观；

2 交合伞及腹肋、侧肋、外背肋；

3 交合刺、引带。

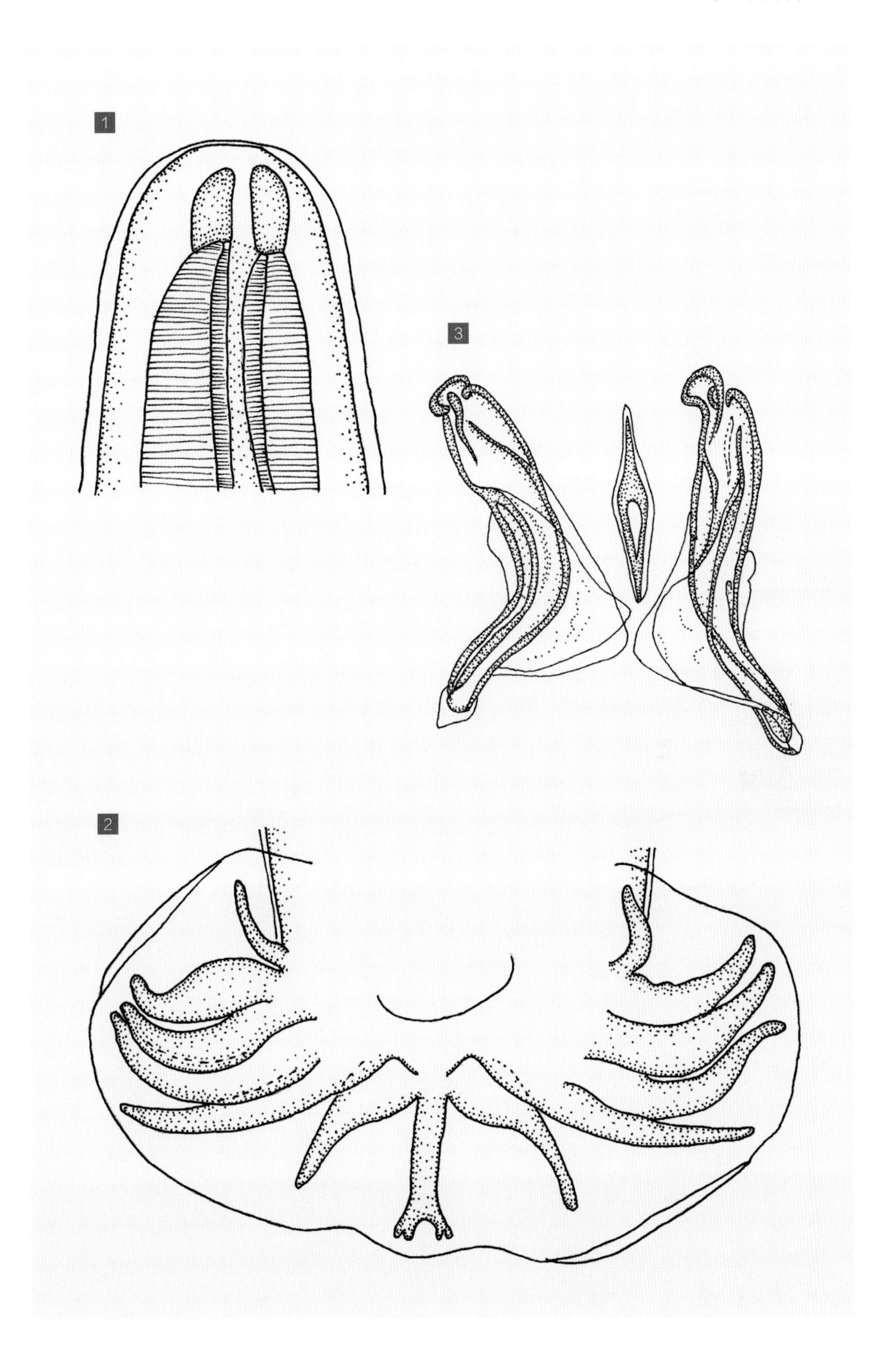
1
3
2

135 祁连毛圆线虫

Trichostrongylus qilianensis Luo et Wu, 1990

【主要形态特点】

虫体细小，呈淡黄白色线状。在体表角皮上有细小的横纹，无颈乳突。口周围有 3 个唇片。口腔不明显。神经环距头端 0.082～0.102 mm，排泄孔很明显，呈三角形缺口，距头端 0.136～0.159 mm。食道长 0.814～0.948 mm。

【雄虫】

虫体大小为 5.38～6.62 mm×0.081～0.114 mm。交合伞发达，2 个侧叶大，背叶不明显；2 个腹肋从同一主干发出，前腹肋细小，后腹肋粗而长，远端向侧面弯曲；3 个侧肋均向背肋弯曲，由前侧肋至后侧肋逐渐变细短（图 -2）。外背肋从背肋基部分出，近端粗宽，远端逐渐变细，末端稍弯向侧面。背肋在中部附近分为 2 支，每支在中部附近内侧分出 1 小的支芽，每支末端分为内细、外呈乳头状的叉（图 -3）。交合刺 1 对呈棕黄色等长，形状相同，长 0.121～0.136 mm，宽 0.021～0.024 mm，在交合刺近端有纽扣样结构（图 -4），在中部附近有一个呈瓜子形凹陷，距远端 0.047～0.057 mm 处有 1 细小支，长 0.011～0.017 mm，侧面观交合刺远端有 2 个倒钩，上倒钩大，距末端 0.020～0.023 mm，小倒钩小，距末端 0.0066 mm（图 -5）。有伞前乳突。引带背腹面观呈纺锤形（图 -6），大小为 0.052～0.068 mm×0.021～0.027 mm。

【雌虫】

虫体大小为 5.52～6.97 mm×0.065～0.106 mm。阴门距尾端 1.13～1.61 mm，阴门孔为圆形（图 -7）。排卵器（包括括约肌）长 0.345～0.446 mm。肛门（图 -8）距尾端 0.075～0.089 mm。虫卵大小为 0.058～0.083 mm×0.025～0.041 mm。

【宿主与寄生部位】

岩羊的小肠。

【图片引自】

黄兵，沈杰，董辉，等. 2006. 中国畜禽寄生虫形态分类图谱. 北京：中国农业科学技术出版社.

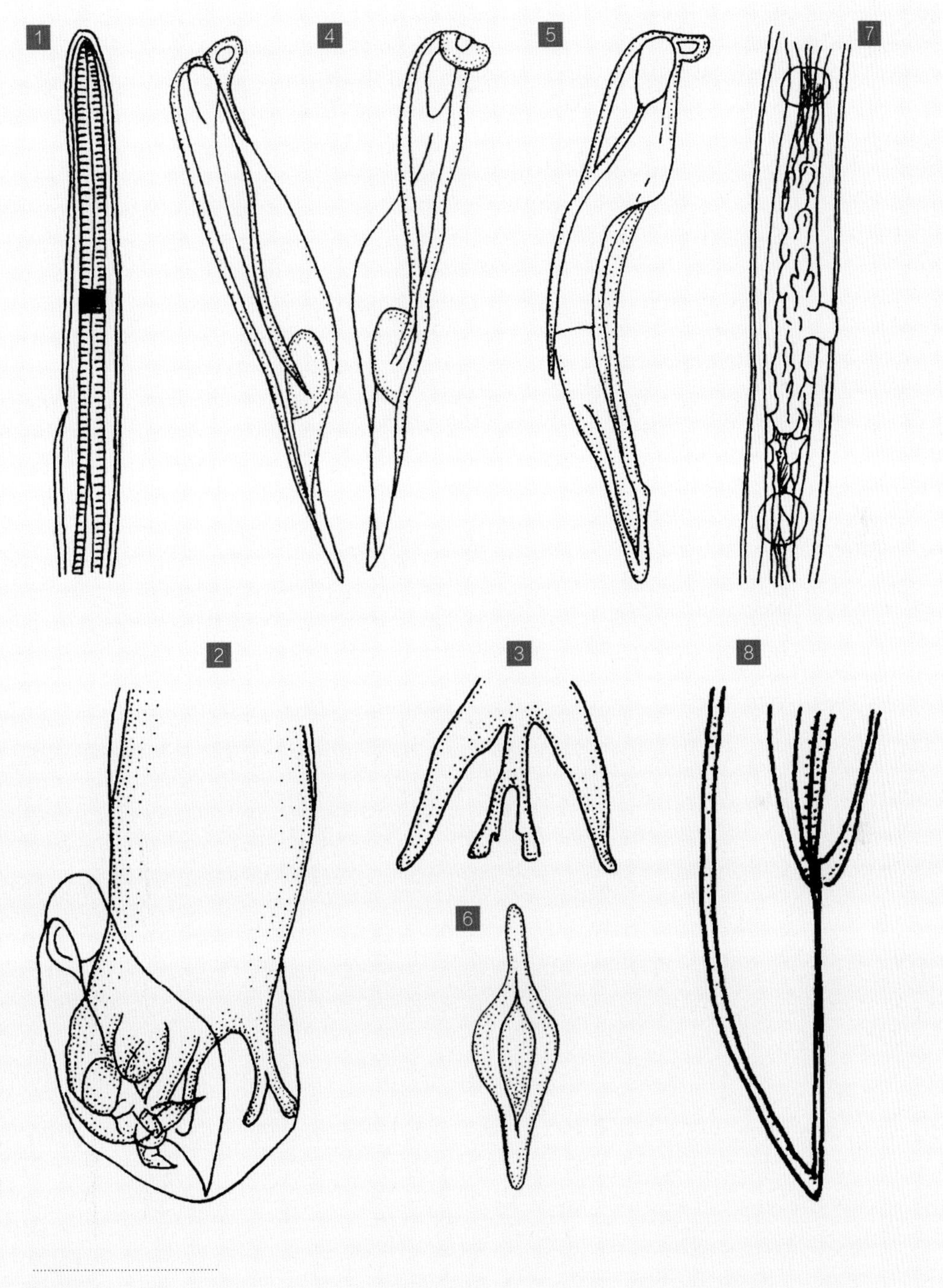

图 释

1 虫体头部观；
2 雄虫尾部侧面观；
3 背肋；
4 交合刺；
5 交合刺侧面观；
6 引带；
7 雌虫阴门区；
8 雌虫尾部侧面观。

古柏属 *Cooperia* Ransom, 1907

虫体细小，头端的角质膨大，形成对称的头泡。口腔小，无齿，体表角皮有细小横纹，颈乳突小。雄虫交合伞发达。前腹肋明显小于后腹肋，前侧肋大于中侧肋和后侧肋，外背肋细长，背肋外侧分支较大。交合刺 1 对短而粗，边缘呈锯齿状，无引带。雌虫阴门位于体后 1/4 处。

136 栉状古柏线虫

Cooperia pectinata Ransom, 1907

【主要形态特点】

虫体纤细呈淡红色，体表有密集的横纹和稀纵纹。头端稍细，有 2 个头感器。无唇片及口囊，头囊具有明显横纹（图 -1、图 -2）。食道呈棒状，神经环位于食道中后部，无颈乳突（图 -2）。

【雄虫】

虫体大小为 5.51～6.52 mm×0.133～0.140 mm。头囊大小为 0.020～0.040 mm×0.013～0.035 mm。食道长 0.32～0.38 mm。神经环距头端 0.23～0.30 mm。交合伞大小为 0.021 mm×0.040 mm，由 2 个大的侧叶和 1 个较小的背叶组成；2 个腹肋分开，后腹肋大于前腹肋；前侧肋和中侧肋较粗大并靠近，后侧肋与前侧肋和中侧肋较远离且细长；外背肋和后侧肋大小相似。背肋在中部分为 2 支，每支在约中上方又分出 1 个指形外侧支（图 -3、图 -4）。交合刺 1 对等长，长 0.258～0.280 mm，中部粗大，向腹弯曲，其上有横纹，远端变细，有 3 个小支并有薄膜围绕。无引带。

【雌虫】

虫体大小为 7.0～9.0 mm×0.125～0.150 mm。头囊宽 0.035～0.050 mm。食道长 0.35～0.40 mm。神经环距头端 0.25～0.28 mm。阴门外有突出的角质唇（图 -5、图 -6），阴门距尾端 2.59～2.75 mm。排卵器（包括括约肌）长 0.26～0.45 mm。肛门（图 -7）距尾端 0.162～0.180 mm。子宫内虫卵大小为 0.069 mm×0.034 mm。

【宿主与寄生部位】

黄牛、水牛、牦牛、绵羊的小肠、胰脏。

【虫体标本保存单位】

四川省畜牧科学研究院

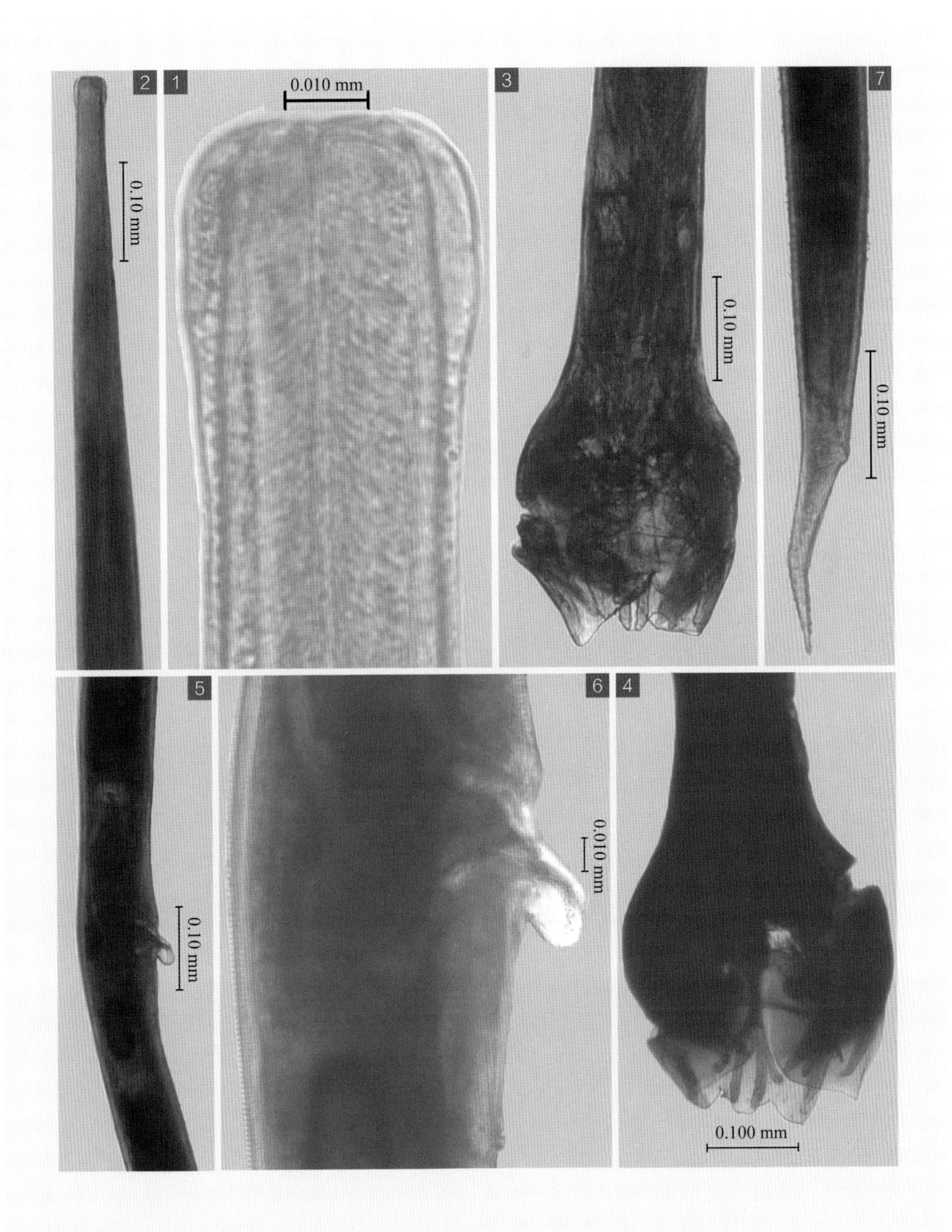

图 释

1 虫体头端观及头泡等；

2 虫体头部观；

3 4 雄虫尾部正面观及腹肋、侧肋、背肋等；

5 6 雌虫阴门区侧面观；

7 雌虫尾部侧面观及肛门、尾尖等。

137 等侧古柏线虫

Cooperia laterouniformis Chen, 1937

【主要形态特点】

虫体细小丝状，呈淡黄色，体表有粗纵纹和细横纹。头端角质膜膨大成头囊，其基部以一横沟与体部分开，口腔小，食道呈杆状，无颈乳突，神经环位于食道的后 1/3 与中 1/3 交界处（图 -1）。

【雄虫】

虫体大小为 4.91～7.01 mm×0.082～0.151 mm。口孔开口于头顶端，口缘无明显乳突，有 2 个头感器。头囊大小为 0.013～0.027 mm×0.027～0.034 mm。食道长 0.28～0.34 mm。神经环距头端 0.203～0.291 mm。交合伞大小为 0.13～0.28 mm×0.15～0.31 mm，由 2 个大的侧叶和 1 个较小的背叶组成；前腹肋和后腹肋各自单独发出，前腹肋细小，后腹肋粗大；3 个侧肋发自同一主干，后侧肋细长，其余 2 个侧肋较粗大（图 -2、图 -3）。背肋自中部向后和左右两侧分支，其分支粗短，末端卷曲呈独特形状，向后的 2 支末端又各分成 2 个小叉支（图 -2）。交合刺 1 对等长，粗短，长 0.132～0.167 mm，中部有扭状凹痕，末端呈小结节状（图 -4、图 -5）。无伞前乳突。无引带。

【雌虫】

虫体大小为 5.1～8.5 mm×0.081～0.117 mm。头囊大小为 0.012～ 0.022 mm×0.027～0.035 mm。食道长 0.31～0.44 mm，神经环距头端 0.211～0.274 mm。阴门位于体中横线后方，阴门横裂（图 -6、图 -7），距尾端 1.01～1.61 mm。排卵器大小为 0.171～0.381 mm×0.042～0.056 mm。尾端尖细（图 -8），稍向腹面弯曲。肛门距尾端 0.131～0.164 mm。

【宿主与寄生部位】

水牛、黄牛、绵羊、山羊的小肠、胰脏。

【虫体标本保存单位】

四川省畜牧科学研究院

图 释

1 虫体头部及头囊、食道、神经环等；
2 雄虫尾部正面观及交合伞、腹肋、侧肋、背肋等；
3 交合伞侧面观及腹肋、侧肋、背肋等；
4 5 交合刺；
6 雌虫阴门部侧面观；
7 阴门部正面观；
8 雌虫尾部侧面观及肛门、尾尖等。

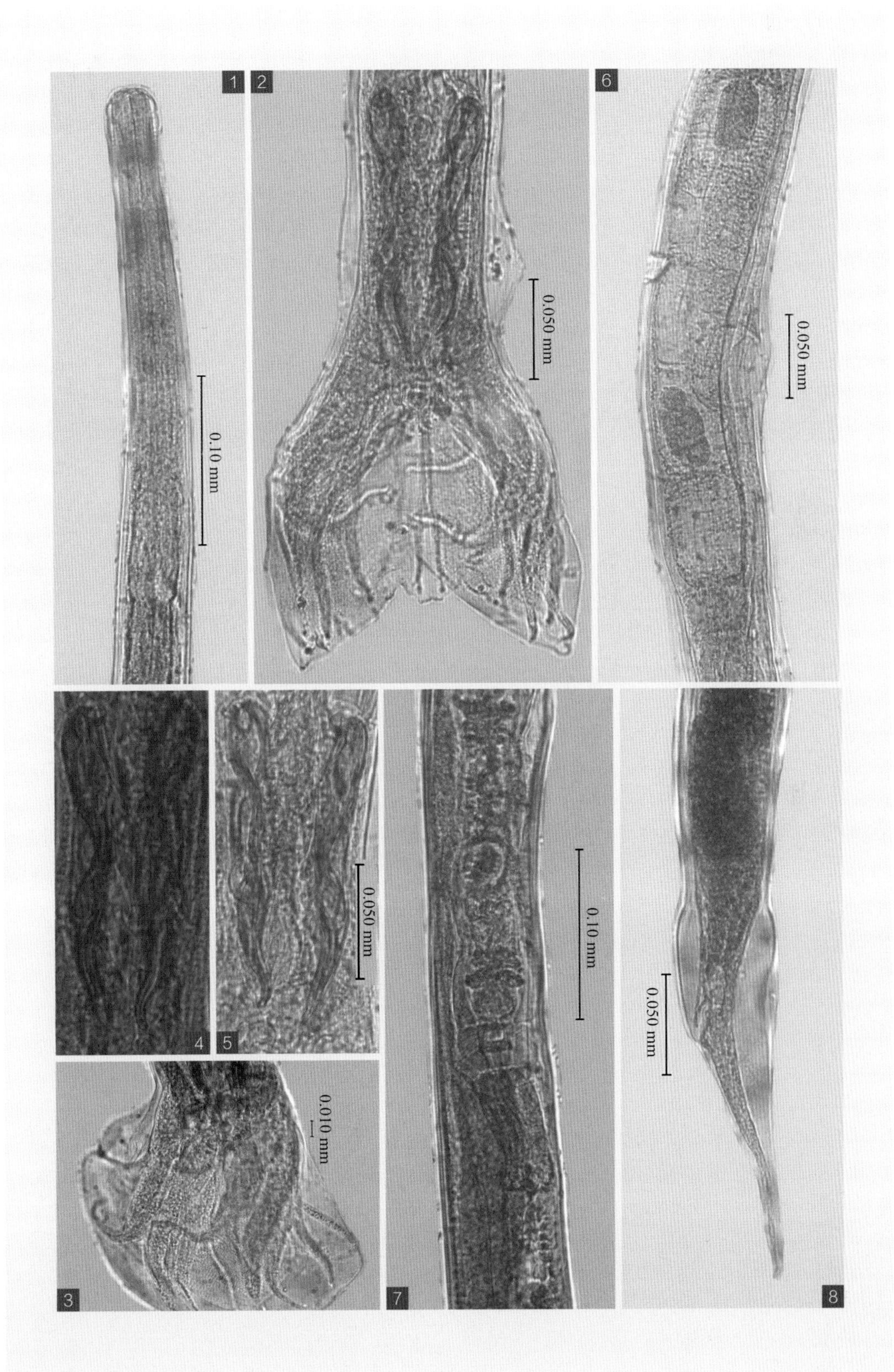
1
0.10 mm
2
0.050 mm
6
0.050 mm
4
5
0.050 mm
3
0.010 mm
7
0.10 mm
8
0.050 mm

138 肿孔古柏线虫

Cooperia oncophora (Railliet, 1898) Ransom, 1907

【主要形态特点】

虫体纤细，体表密布有细横纹并有 10～13 条粗纵纹伸展到头端以后，头泡明显，食道呈长杆状，神经环位于食道的后部（图 -1、图 -2）。

【雄虫】

虫体大小为 8.50～9.41 mm×0.15～0.17 mm。头泡大小为 0.021～0.071 mm×0.037～0.040 mm。食道长 0.40～0.46 mm。神经环距头端 0.32～0.35 mm。交合伞分为 3 叶，2 个腹肋末端朝向伞前方，前腹肋细小，后腹肋较前腹肋粗长；3 个侧肋末端向后，前侧肋较中侧肋和后侧肋粗大；外背肋细长，背肋在后 1/3 处分成 2 支，每支中间又分出 1 条外侧支，背肋末端再分出 1 对小支（图 -3、图 -4）。交合刺 1 对等长，长 0.253～0.291 mm，末端有泡状结节。无引带。生殖锥构造复杂。

【雌虫】

虫体大小为 8.71～11.01 mm×0.14～0.20 mm。头泡大小为 0.024～0.036 mm×0.036～0.041 mm。食道长 0.41～0.64 mm。神经环距头端 0.32～0.85 mm。阴门位于体后部，呈裂缝状，阴门距尾端 2.62～2.89 mm。排卵器长 0.43～0.66 mm。肛门位于尾部，距尾端 0.181～0.252 mm。

【宿主与寄生部位】

牦牛、山羊、绵羊的真胃、小肠。

【虫体标本保存单位】

四川农业大学

图 释

1 2 虫体头部及头囊、食道、神经环等；

3 4 雄虫尾部侧面观及腹肋、侧肋、背肋等；

5 雌虫尾部侧面观及肛门、尾尖等。

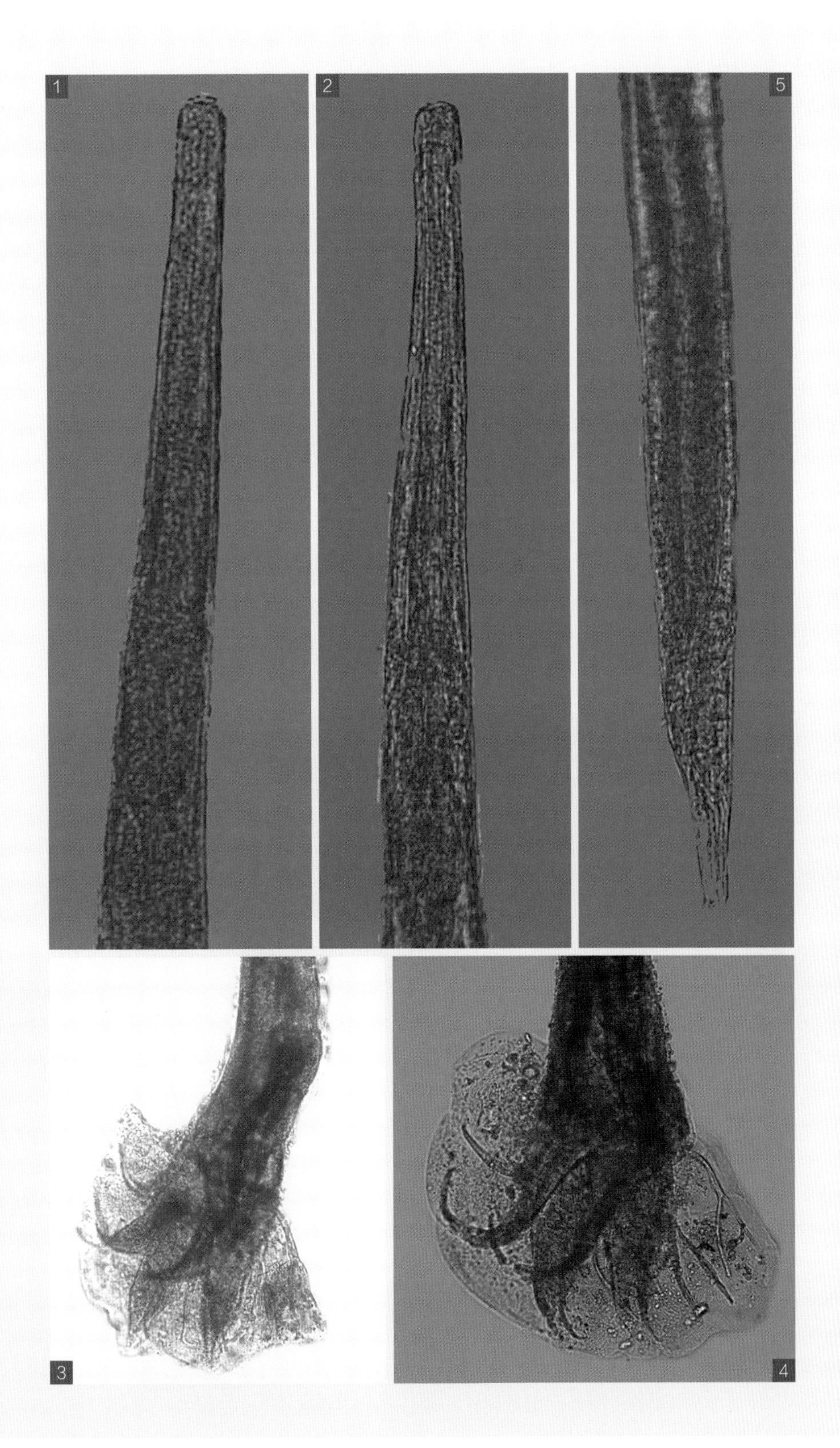
1
2
5
3
4

139 和田古柏线虫

Cooperia hetianensis Wu, 1966

【主要形态特点】

虫体呈乳白色丝状，有头泡，体表角皮有呈锯齿状的纵脊约 14 条（图 -1）。无颈乳突和伞前乳突（图 -1）。

【雄虫】

虫体大小为 7.2～9.3 mm×0.187～0.226 mm。食道长 0.338～0.450 mm，神经环距头端 0.144～0.162 mm。交合伞发达，由 2 个宽大的侧叶和 1 个狭长而中部有缺痕的背叶组成（图 -2、图 -3、图 -4）。前腹肋小，后腹肋大，二者均弯向腹面；前侧肋和中侧肋大小几乎相等，二者并行，其末端突然变细而稍分开，后侧肋细长，远端与其他侧肋分开，外背肋从背肋主干发出，较小，约与后侧肋等粗，伸达伞的边缘（图 -2、图 -3、图 -4）。背肋在距基部 0.15～0.18 mm 处分为长 0.090～0.099 mm 的 2 支，并向两侧伸出一侧支，长约 0.054 mm（图 -5）。交合刺 1 对呈黄褐色，大小相等，形状一致，长 0.243～0.297 mm，最大宽度 0.039～0.054 mm，在交合刺中部腹面有一椭圆形隆起，其上有 6～12 条弯曲横纹，在交合刺近端稍下方周围有透明的膜，延伸到交合刺末端的上方（图 -2、图 -3、图 -4）。生殖锥明显，构造复杂，略显“V”形，由大小几乎相等的背片和腹片组成。

【雌虫】

虫体大小为 8.8～10.5 mm×0.18～0.28 mm。食道长 0.34～0.45 mm，神经环距头端 0.15～0.19 mm。阴门显著，附近角皮膨大。阴门距尾端 2.1～2.4 mm。排卵器（包括括约肌）长 0.45～0.60 mm。肛门（图 -6）距尾端 0.18～0.22 mm。虫卵大小为 0.091～0.118 mm×0.045～0.055 mm。

【宿主与寄生部位】

黄牛、牦牛、骆驼的小肠。

【虫体标本保存单位】

中国农业科学院兰州兽医研究所

图 释

1 虫体头部观；
2～4 雄虫尾部正面观及交合刺、交合伞、腹肋、侧肋、外背肋、背肋等；
5 背肋；
6 雌虫尾部侧面观及肛门、尾尖等。

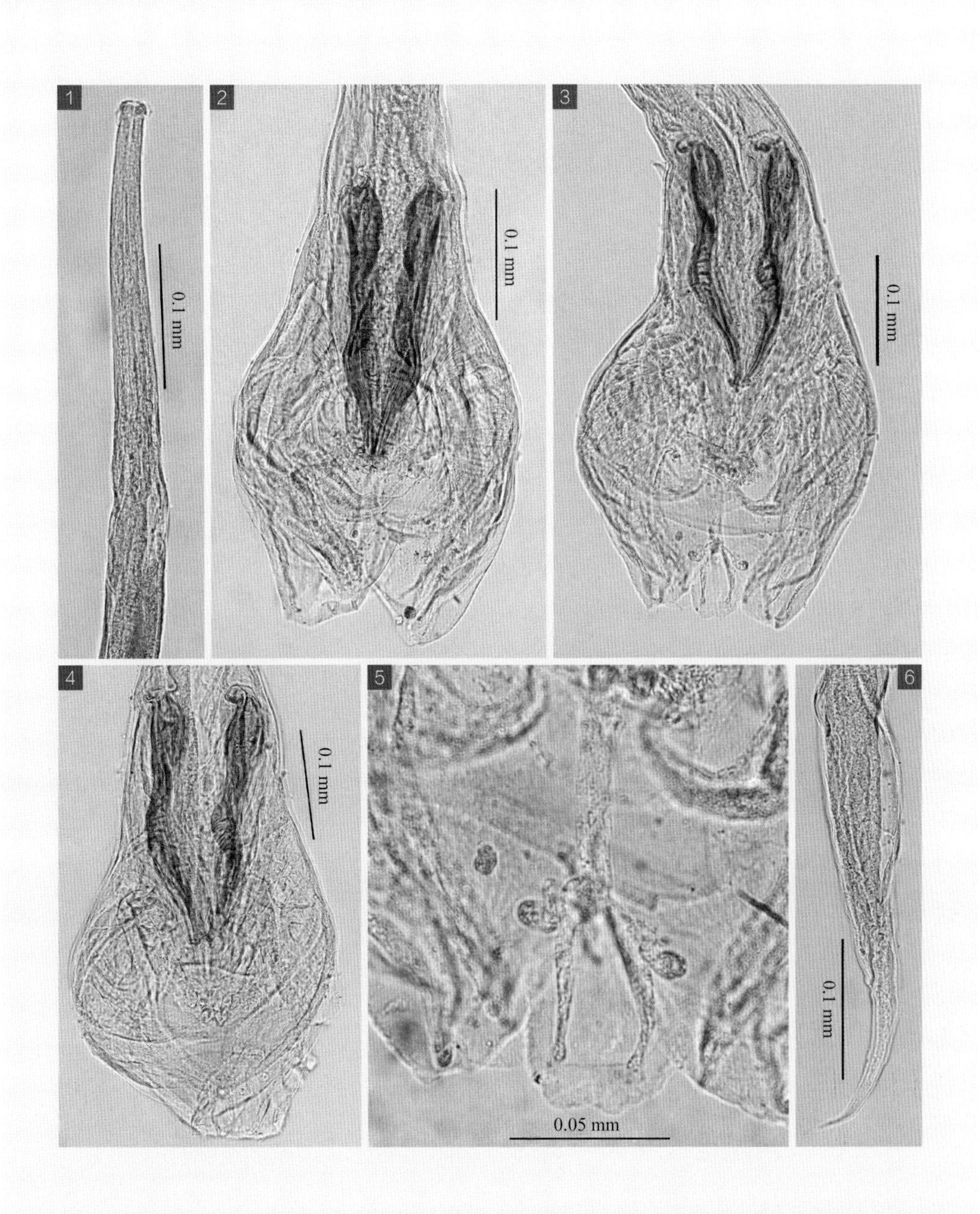
1
2
3
4
5
6
0.1 mm
0.1 mm
0.1 mm
0.1 mm
0.05 mm
0.1 mm

140 黑山古柏线虫

Cooperia hranktahensis Wu, 1965

【主要形态特点】

虫体呈乳白色丝状，有头泡，除头泡后的角皮膨大部分有纤细的横纹外，体表具有明显的纵脊约 14 条（图 –1）。无颈乳突和伞前乳突。

【雄虫】

虫体大小为 6.8～8.1 mm×0.170～0.225 mm。食道长 0.338～0.450 mm，神经环距头端 0.152～0.160 mm。交合伞由 2 个长大的侧叶和 1 个短小的背叶组成；后腹肋基部较前腹肋基部粗大近 3 倍，二者均弯向腹面（图 –2、图 –3）。在侧肋中，前侧肋最粗长，中侧肋次之，二者并行，末端变细而稍分开，后侧肋最细；外背肋起自背肋主干的基部，离伞缘较其余各肋均远；背肋达伞缘，距基部 0.027～0.040 mm 处分为左右 2 支，每支的末端各分为外长内短的分叉（图 –2、图 –3）。交合刺 1 对等长呈黄褐色，形状一样，结构简单，长 0.234～0.252 mm，在交合刺的中部稍下方距顶端 0.126～0.135 mm 处内侧有 1 小支（图 –2、图 –4）。无引带。

【雌虫】

虫体大小为 8.85～10.43 mm×0.135～0.173 mm。食道长 0.405～0.567 mm，神经环距头端 0.162～0.191 mm。阴门稍突出于体表，无隆起的唇片，距尾端 1.95～2.70 mm。排卵器（包括括约肌）长 0.338～0.450 mm。肛门（图 –5）距尾端 0.180～0.234 mm。虫卵大小为 0.090～0.099 mm×0.040～0.045 mm。

【宿主与寄生部位】

牦牛的小肠。

【虫体标本保存单位】

中国农业科学院兰州兽医研究所

图 释

1 虫体头部观及头泡食道、神经环等；
2 雄虫尾部正面观及交合刺、交合伞、腹肋、侧肋、外背肋、背肋等；
3 交合伞正面观及腹肋、侧肋、外背肋、背肋、生殖锥等；
4 交合刺及生殖锥等；
5 雌虫尾部侧面观及肛门、尾尖等。

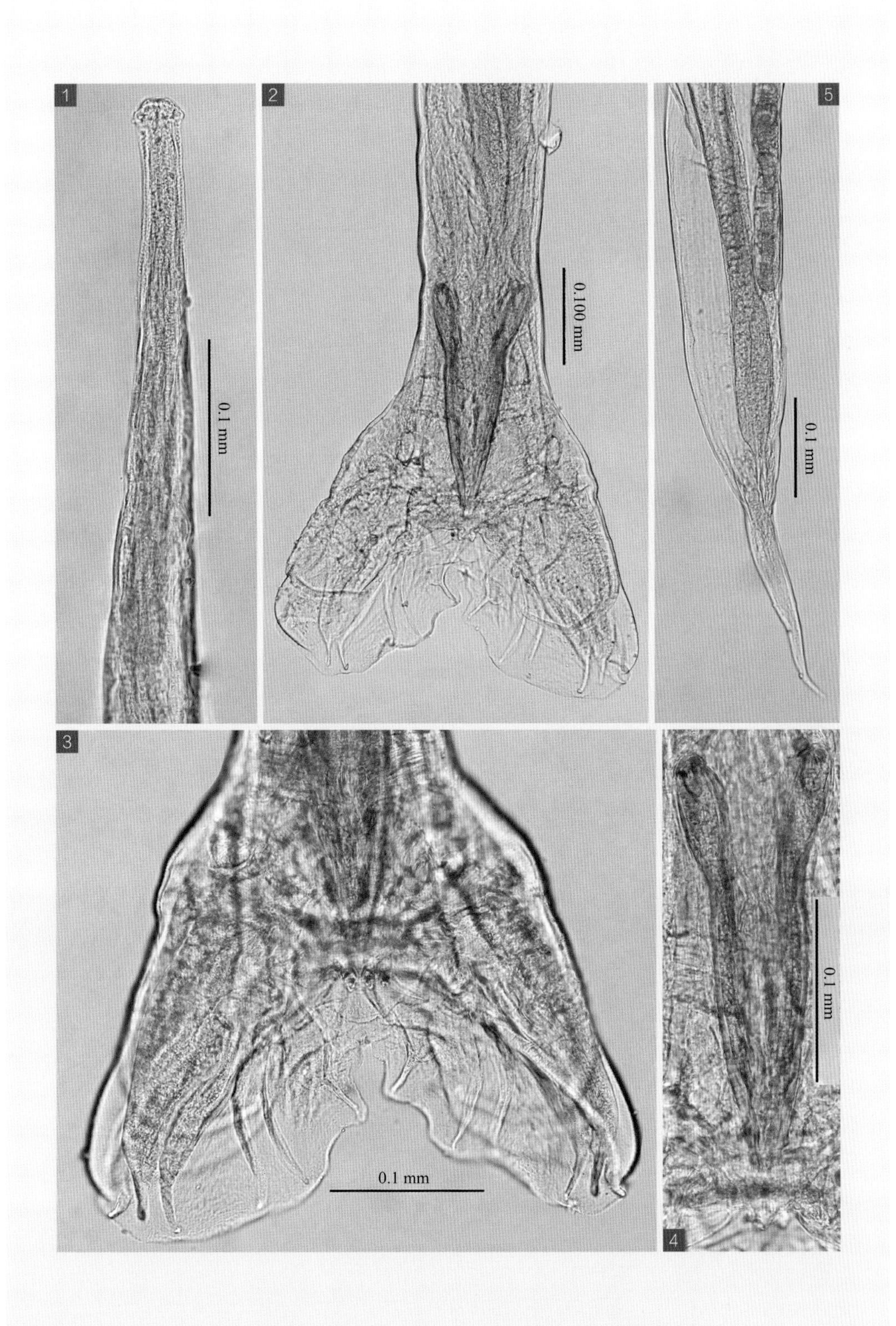
1
0.1 mm
2
0.100 mm
5
0.1 mm
3
0.1 mm
0.1 mm
4

141 叶氏古柏线虫

Cooperia erschovi Wu, 1958

【主要形态特点】

虫体呈淡黄色丝状，体表密布细横纹和10条左右粗纵纹，体前端角皮膨大呈冠状，其基部1条横沟与体部分开，食道呈棒状（图-1）。无颈乳突。

【雄虫】

虫体大小为4.68～11.08 mm×0.112～0.176 mm。交合伞发达，由2个大的侧叶和1个较小的背叶组成。在背肋主干不远处分为并行的2支，每支在后部约1/3处以45°向外侧发出1个粗支。交合刺1对等长，长0.25～0.42 mm，最宽0.044～0.057 mm，其远端2/5处的外侧有1个明显的缺刻，近端1/6处有1个粗钝的突起。交合刺侧面有一细长分支，起自近端1/3处，终于远端1/3处中部，交合刺远端和外侧有指纹状环纹。无引带。

【雌虫】

虫体大小为8.84～11.40 mm×0.083～0.118 mm。阴门呈缝状，距尾端1.6～2.2 mm，阴门覆盖唇状瓣（图-2）。排卵器（包括括约肌）长0.16～0.42 mm。尾端尖细，向腹面稍弯曲（图-3）。肛门距尾端0.165～0.224 mm。虫卵大小为0.067～0.073 mm×0.028～0.041 mm。

【宿主与寄生部位】

绵羊、山羊、水牛、黄牛的真胃、小肠、胰脏。

【虫体标本保存单位】

中国农业科学院兰州兽医研究所

图 释

1 雌虫头部观及头泡、食道、神经环等；

2 雌虫阴门及唇状瓣；

3 雌虫尾部侧面观及肛门、尾尖等。

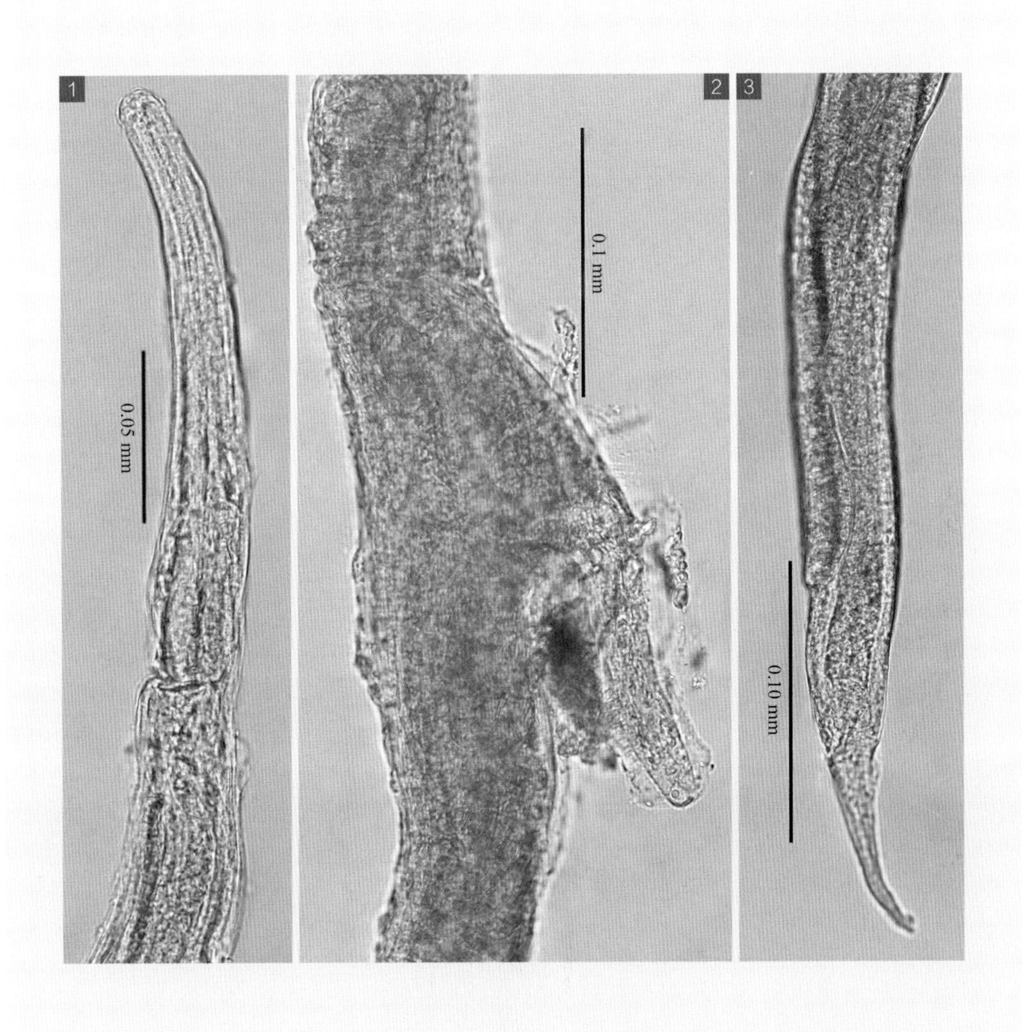
1
0.05 mm
2
0.1 mm
3
0.10 mm

142 甘肃古柏线虫

Cooperia kansuensis Zhu et Zhang, 1962

【主要形态特点】

虫体呈淡黄色丝状，体前端角皮膨大形成头泡，其基部以横沟与体部分开。无颈乳突和伞前乳突。

【雄虫】

虫体大小为 8.01～9.52 mm×0.037～0.046 mm。食道长 0.401～0.445 mm。交合伞发达，由 2 个大的侧叶和 1 个较小的背叶组成。前腹肋与后腹肋独立发出，前腹肋小于后腹肋；前侧肋最粗，中侧肋次之，后侧肋最细，中侧肋与后侧肋距离大；外背肋从背肋的基干独立发出；在背肋主干不远处分为并行的 2 支，每支的远端分成 2 小叉，在中央处各分出 1 个小侧支，该小侧支向腹面卷曲呈圆球状或棒状，各肋均不达伞缘（图 –2、图 –3）。交合刺 1 对等长，呈棕色，长度为 0.203～0.267 mm，最宽为 0.019～0.023 mm，其远端 1/3 处分出细而短的内支，与外支紧紧相依，内支长 0.056～0.064 mm，其远端尖细，外支远端尖细，其周围有透明的膜（图 –2、图 –4）。无引带。在交合伞的腹面有生殖锥。

【雌虫】

未发现。

【宿主与寄生部位】

黄牛、牦牛、羊、骆驼的小肠。

【虫体标本保存单位】

中国农业科学院上海兽医研究所

图 释

玻片标本。

1 雄虫虫体头部；

2 雄虫尾部正面观及交合伞、交合刺、腹肋、侧肋、背肋等；

3 交合伞及腹肋、侧肋、背肋等；

4 交合刺。

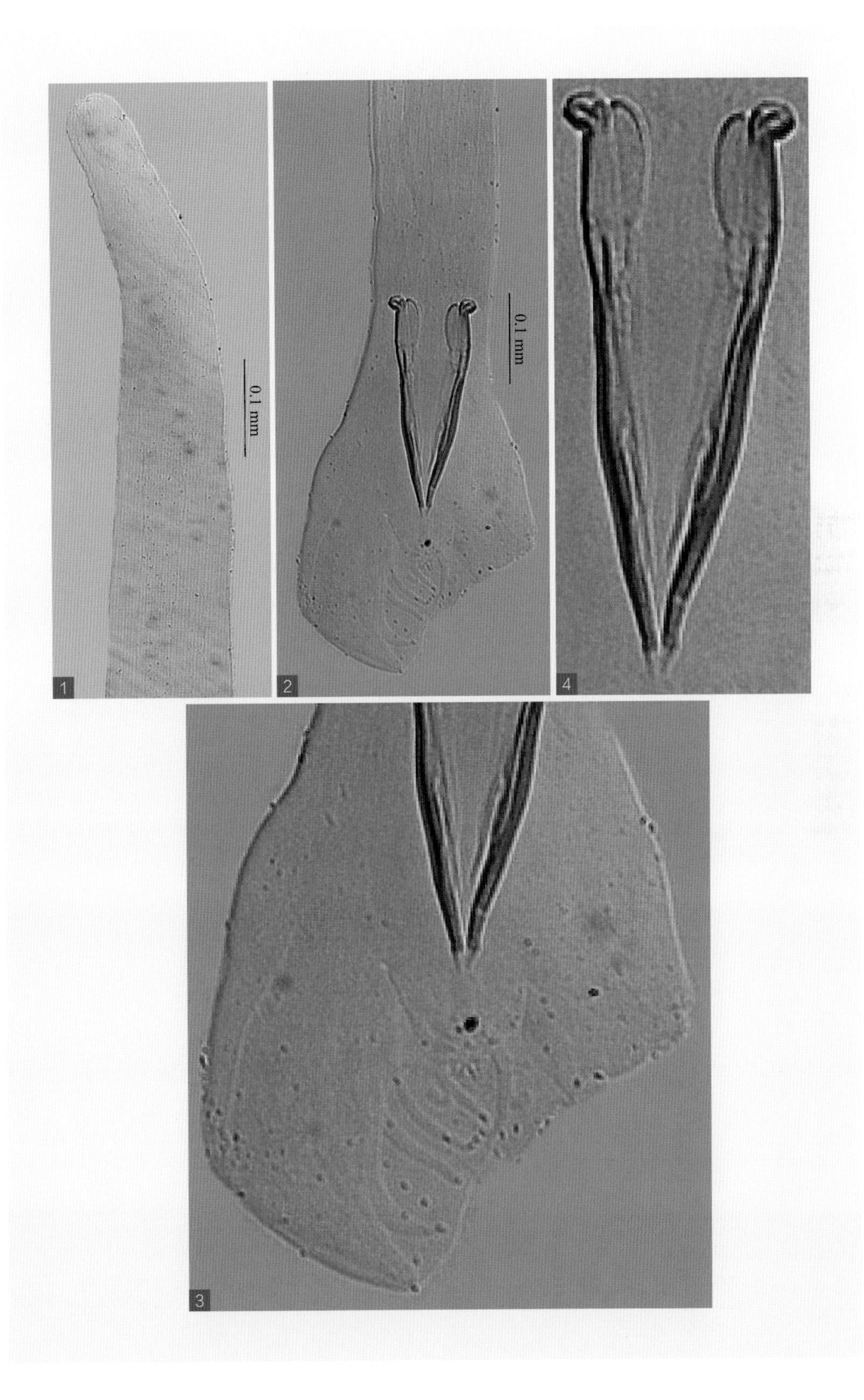
0.1 mm
0.1 mm
1
2
4
3

143 兰州古柏线虫

Cooperia lanchowensis Shen, Tung et Chow, 1964

【主要形态特点】

体表有横纹，体前端角皮膨大形成头泡（图 –1）。

【雄虫】

虫体大小为 7.52～8.36 mm×0.121～0.238 mm。背肋长 0.172～0.266 mm，在其约中部分为 2 支，每支外侧又分出 1 指状小支（图 –2、图 –3）。交合刺 1 对，大小为 0.224～0.304 mm×0.025～0.033 mm，在其中部的外侧有节状横纹，在约 1/2 处分为 2 支，外支粗大，内支细小，其长度为 0.109～0.132 mm（图 –2、图 –3、图 –4）。

【雌虫】

虫体大小为 8.08～11.32 mm×0.125～0.145 mm。阴门有 2 个突起的唇片，距尾端 1.17～2.95 mm，在阴门处虫体呈 90° 弯曲。尾端向腹面稍弯曲，其末端环纹明显，肛门距尾端 0.157～0.166 mm。

【宿主与寄生部位】

黄牛、羊、骆驼的小肠。

【虫体标本保存单位】

中国农业科学院上海兽医研究所

图 释

玻片标本。

1 虫体头部观及头泡等；

2 雄虫尾部斜侧面观及交合伞、交合刺、腹肋、侧肋、背肋等；

3 交合伞正面观及交合刺、腹肋、侧肋、外背肋、背肋等；

4 交合刺。

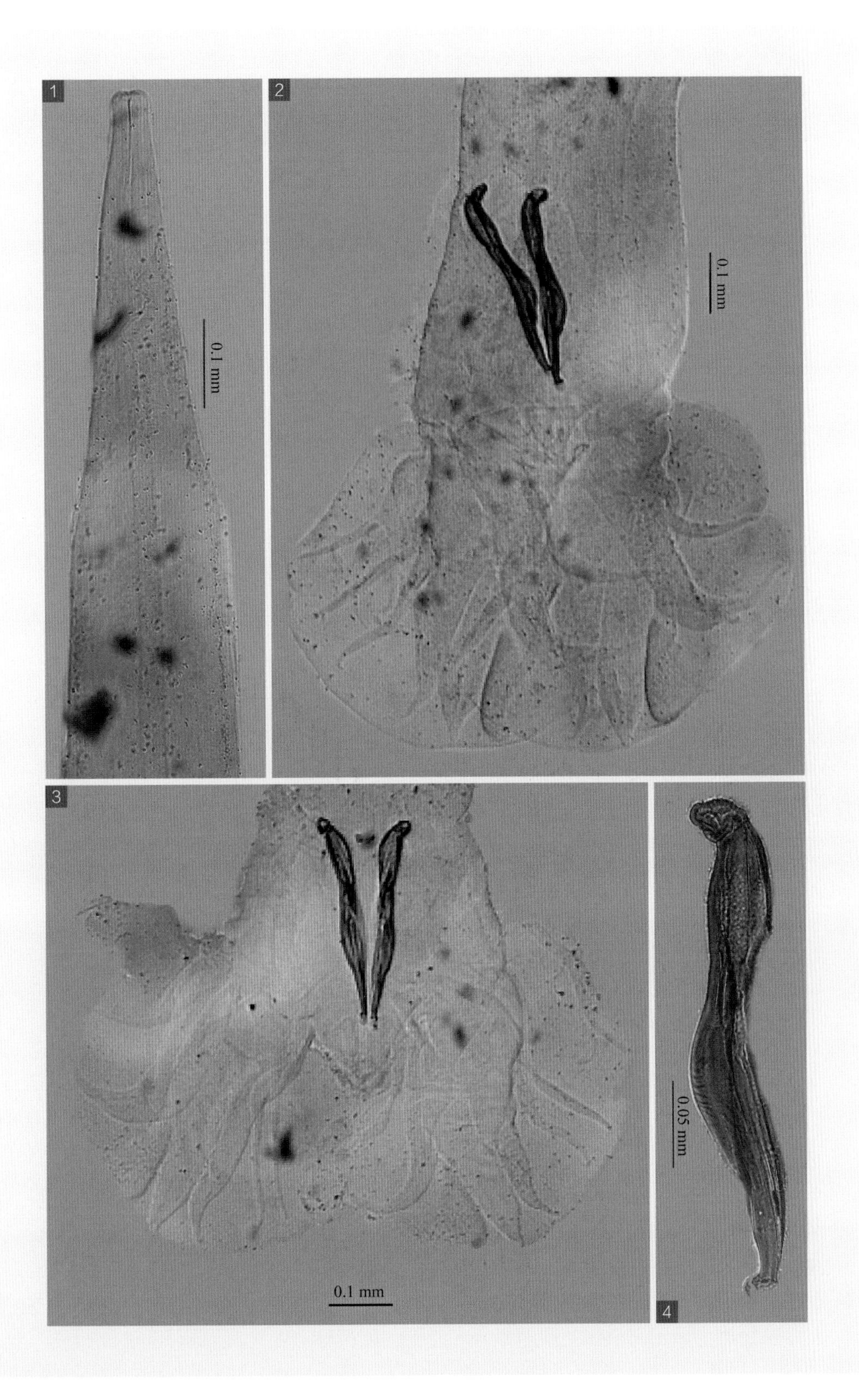
1
0.1 mm
2
0.1 mm
3
0.1 mm
4
0.05 mm

144 珠纳（卓拉）古柏线虫

Cooperia zurnabada Antipin, 1931

【主要形态特点】

虫体呈淡棕色丝状。体表除细小的横纹外，还有 12～22 条的纵纹，纹间相距为 0.0099～0.0132 mm。头部角皮膨大呈泡状，上有明显的横纹，有头泡，颈乳突不明显（图 –1）。食道长 0.398～0.551 mm。神经环距头端 0.153～0.244 mm，排泄孔距头端 0.250～0.264 mm。

【雄虫】

虫体大小为 7.45～12.39 mm×0.243～0.296 mm。交合伞发达，有 2 个大的侧叶和 1 个小的背叶，无伞前乳突（图 –2、图 –3）。3 个侧肋起于共同主干，大小几乎相等；外背肋从背肋主干基部分出，是全部肋中最细长的 1 支，背肋在基部发出后在距基部 0.038 mm 处分为左右 2 弧形的分支，每一分支又在其中部的外侧分出 1 小支，在内支的远端又分为 2 个小叉（图 –2、图 –3）。交合刺 1 对等长，呈浅棕色，形状相似，长 0.216～0.232 mm，宽 0.017～0.023 mm，在距近端 0.125～0.128 mm 处分出 1 个长 0.056～0.069 mm 末端尖的内支和 1 个长 0.080～0.104 mm 的外支，末端有呈纽扣形的透明角质膜包围（图 –2、图 –3、图 –4）。无引带。

【雌虫】

虫体大小为 7.45～12.39 mm×0.202～0.265 mm。阴门呈横缝状，有明显而弯曲的阴唇（图 –5），距尾端 1.330～2.988 mm。排卵器（包括括约肌）长 0.322～0.581 mm。肛门以后尾部逐渐变尖（图 –6），长 0.199～0.249 mm。肛门距尾端 0.174～0.212 mm。虫卵大小为 0.076～0.099 mm×0.033～0.049 mm。

【宿主与寄生部位】

黄牛、牦牛、骆驼的真胃、小肠。

【虫体标本保存单位】

中国农业科学院兰州兽医研究所

图 释

1 虫体头部观及头泡、食道、神经环等；
2 3 雄虫尾部正面观及交合刺、交合伞、腹肋、侧肋、外背肋、背肋等；
4 交合刺；
5 雌虫阴门及阴唇瓣；
6 雌虫尾部侧面观及肛门、尾尖等。

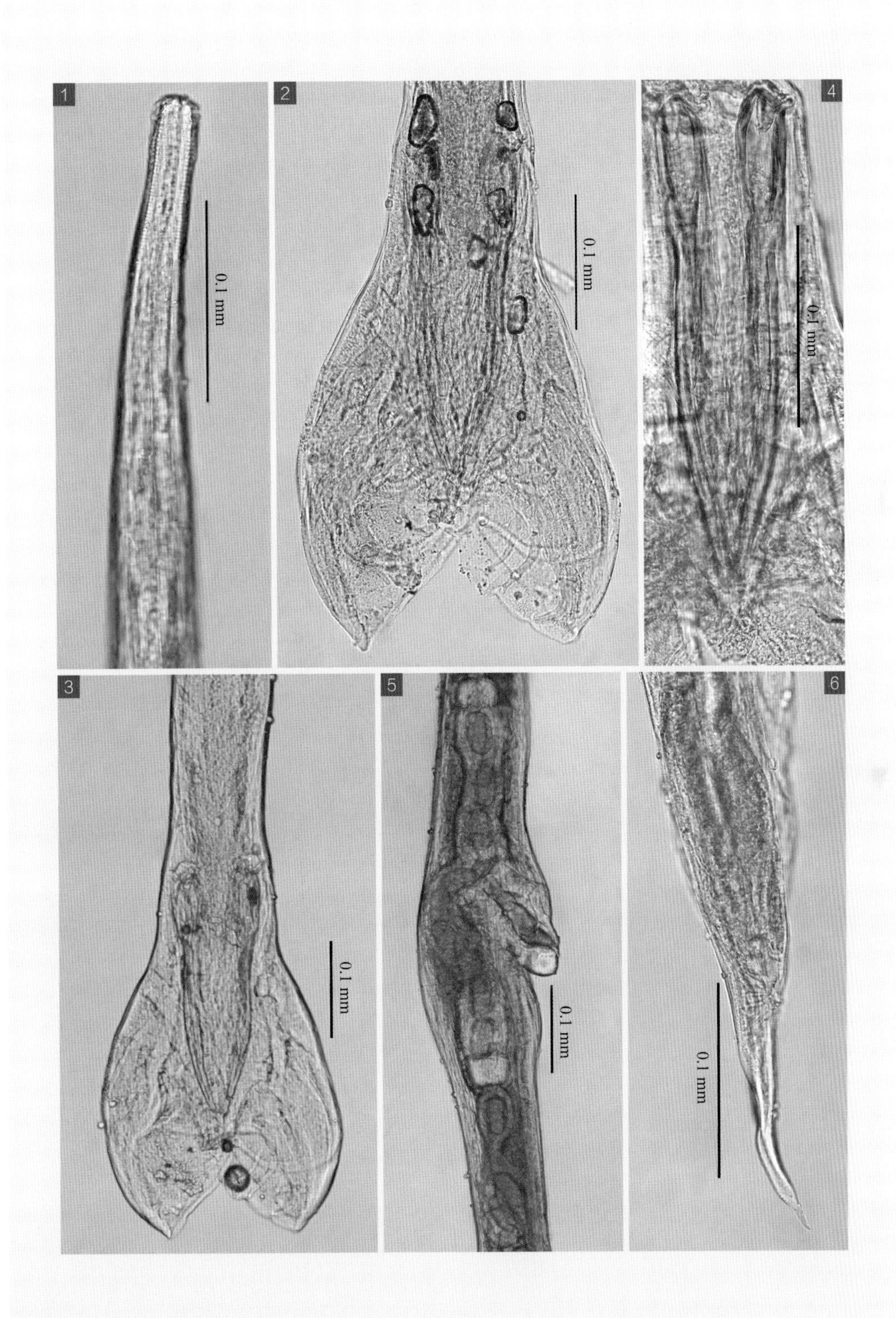
1
0.1 mm
2
0.1 mm
4
0.1 mm
3
0.1 mm
5
0.1 mm
6
0.1 mm

145 点状古柏线虫

Cooperia punctata (Linstow, 1906) Ransom, 1907

【主要形态特点】

见下。

【雄虫】

虫体大小为 5.11～9.20 mm×0.081～0.142 mm。背肋长 0.061～0.072 mm，在中部分成平行的 2 支，其 2 支呈“Y”形，每支末端又分为外长内短的 2 小支，在背肋中部分支的水平线上，两侧又各分出 1 个侧枝，每个侧枝的中部向下方作垂直弯曲（图 -1）。交合刺 1 对等长，呈淡黄色，长为 0.124～0.146 mm，交合刺光滑，无纵纹和横纹，其中部有一耳状突起，末端尖细，并有刺膜包围（图 -2）。

【雌虫】

虫体大小为 5.71～10.02 mm×0.21 mm。阴门距尾端 0.989～1.500 mm，阴门呈横缝状，阴道短（图 -4）。排卵器长 0.48 mm，肛门距尾端 0.135～0.260 mm。尾部有明显的横纹。

【宿主与寄生部位】

牛、绵羊、骆驼、羚羊等的真胃和小肠。

【图片】

廖党金绘

图 释

1 交合伞正面观及腹肋、侧肋、外背肋、背肋；
2 交合刺；
3 生殖锥；
4 雌虫阴门区侧面观。

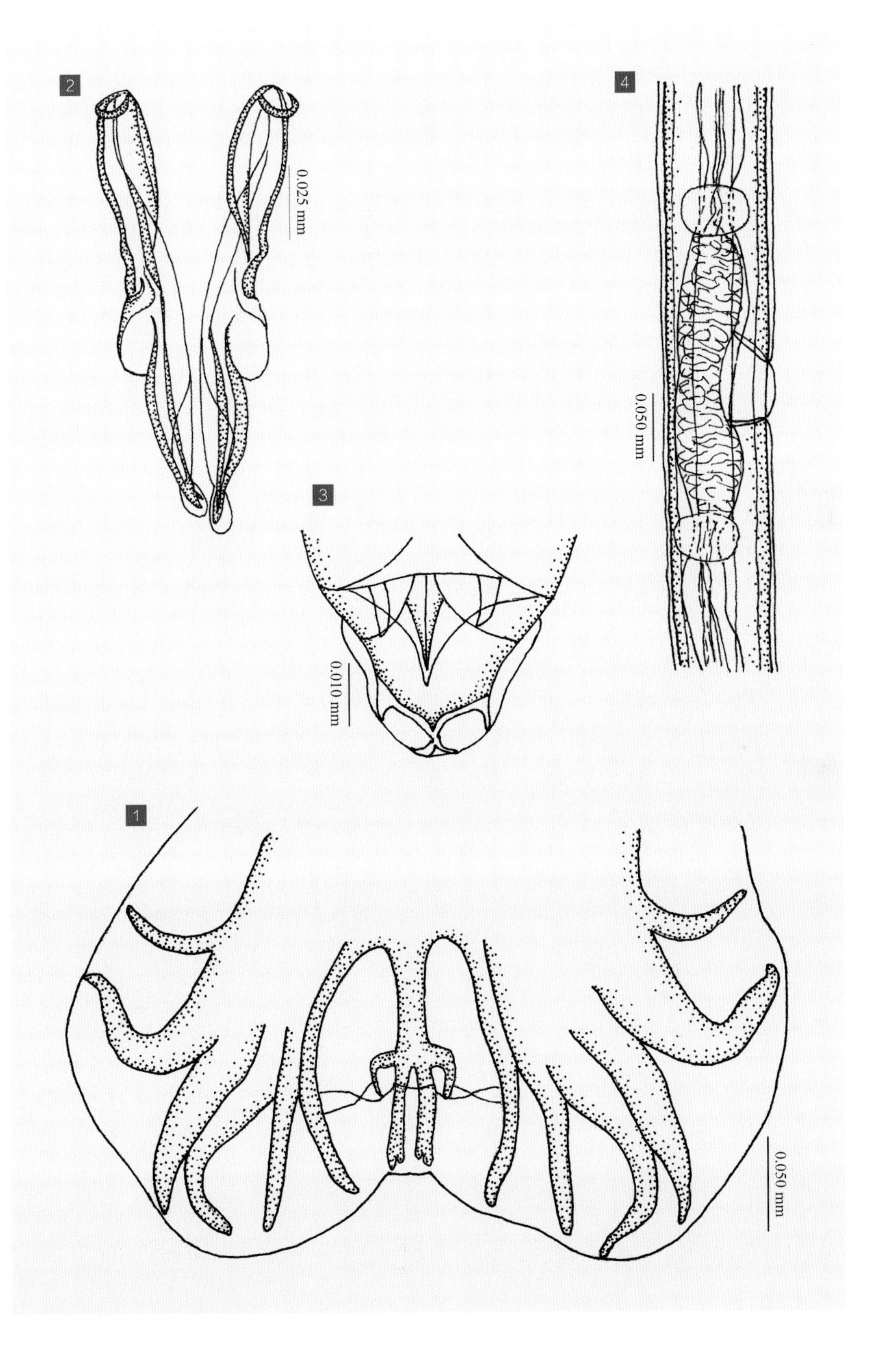

2
0.025 mm
4
0.050 mm
3
0.010 mm
1
0.050 mm

146 库氏古柏线虫

Cooperia curticei (Giles, 1892) Ransom, 1907

【主要形态特点】

见下。

【雄虫】

虫体大小为 5.41～7.27 mm×0.078～0.090 mm。交合伞的侧叶大，背叶小且明显，背肋在主干中部分为 2 支，每分支末端又分为 2 小支，在背肋主干分支处的水平线上，左右各有 1 个向内弯的小侧支，整个背肋外观呈竖琴状（图 –2）。交合刺 1 对等长，呈棕黄色，长为 0.141～0.147 mm，宽为 0.015～0.018 mm，中部突起，上有环纹，交合刺远端平直，末端急速变细，并以钩状尖端结束，交合刺末端内侧的刺膜呈钝钩状（图 –3）。

【雌虫】

虫体大小为 6.56～7.39 mm×0.091～0.098 mm。阴门呈横裂（图 –4），阴门距尾端 1.50～2.08 mm。阴道短，长 0.035 mm。排卵器长 0.29 mm，最大宽度 0.054 mm。肛门距尾端 0.098～0.148 mm，尾部尖而细（图 –5）。

【宿主与寄生部位】

牛、绵羊、山羊、鹿等的真胃和小肠。

【图片】

廖党金绘

图 释

1 虫体头部及头泡等；
2 交合伞正面观及腹肋、侧肋、外背肋、背肋；
3 交合刺正面观；
4 雌虫阴门区侧面观；
5 雌虫尾部侧面观及肛门、尾尖。

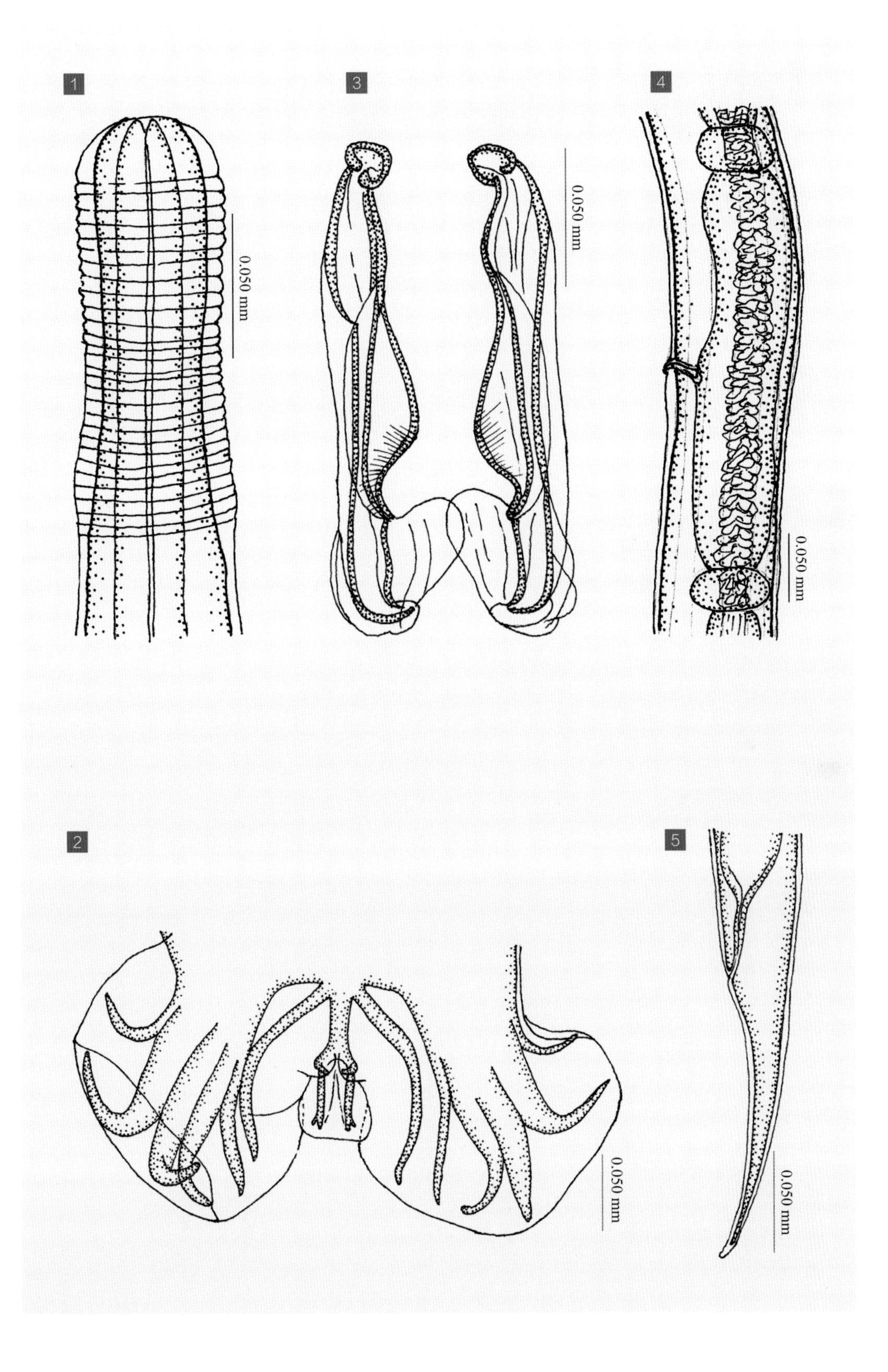
1
0.050 mm
3
0.050 mm
4
0.050 mm
2
0.050 mm
5
0.050 mm

147 凡尔丁古柏线虫

Cooperia fieldingi Baylis, 1929

【主要形态特点】

见下。

【雄虫】

虫体大小为 6.71～9.02 mm×0.091～0.152 mm。背肋较短，在远端 1/3 处分为 2 支，每支末端又分为 2 小支，在背肋主干分支处的水平线上，其两侧又各分出 1 个较大的侧支，侧支向左右平直伸展，远端弯曲（图 -1）。交合刺 1 对等长，长 0.186～0.236 mm，其结构与库氏古柏线虫（*C. curticei*）相似。但凡尔丁古柏线虫的雄虫生殖锥显著，由 1 个背板和 2 个侧板组成。

【雌虫】

虫体大小为 9.81～11.72 mm×0.131～0.172 mm。阴门（图 -2）距尾端 2.21～2.43 mm。排卵器长 0.451～0.501 mm，阴唇不明显。尾长 0.2 mm。

【宿主与寄生部位】

黄牛的小肠。

【图片】

廖党金绘

图 释

1 雄虫尾部正面观及交合刺、交合伞、腹肋、侧肋、外背肋、背肋；

2 雌虫阴门区侧面观。

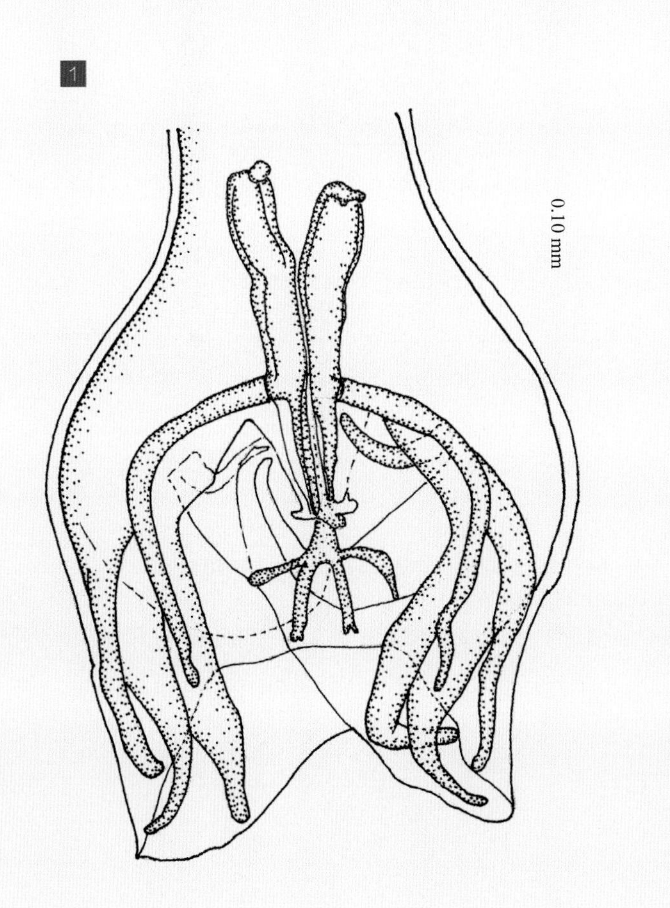
1
0.10 mm

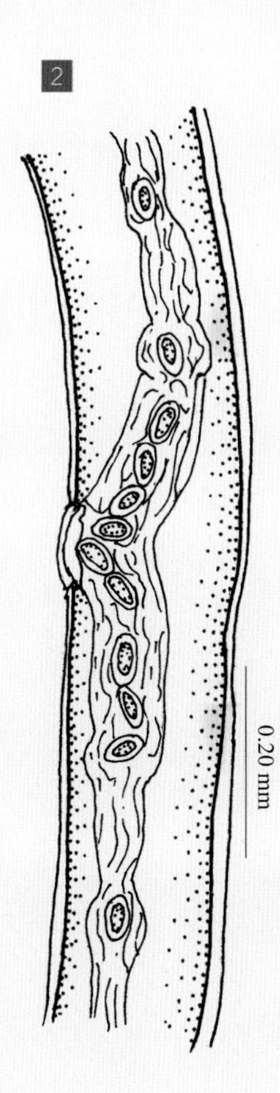
2
0.20 mm

148 野牛古柏线虫

Cooperia bisonis Cran, 1925

【主要形态特点】

虫体呈乳白色线状，有头泡。体部有 14～16 条纵纹。

【雄虫】

虫体大小为 7.21～7.72 mm×0.174～0.191 mm。背肋长 0.248～0.258 mm，在距基部 0.148～0.159 mm 处分为等长的 2 支，每支在其近端分出 1 小侧支（图 -1）。交合刺 1 对等长，直而微捻转，无突起和栉状横纹，远端逐渐变细，末端尖而有倒钩，大小为 0.224～0.239 mm×0.018～0.025 mm（图 -2）。

【雌虫】

虫体大小为 8.01～9.52 mm×0.156～0.258 mm。阴门离尾端 1.91～2.43 mm，排卵器长 0.528～0.746 mm，阴门盖呈舌状（图 -4）。肛门距尾端 0.173～0.191 mm，尾部直呈圆锥形（图 -5）。虫卵大小为 0.090～0.098 mm×0.040～0.048 mm。

【宿主与寄生部位】

黄牛、骆驼、绵羊的小肠。

【图片引自】

黄兵，沈杰，董辉，等. 2006. 中国畜禽寄生虫形态分类图谱. 北京：中国农业科学技术出版社.

图 释

1 雄虫交合伞正面观及腹肋、侧肋、外背肋、背肋；

2 交合刺；

3 生殖锥；

4 雌虫阴门；

5 雌虫尾部侧面观及肛门、尾尖。

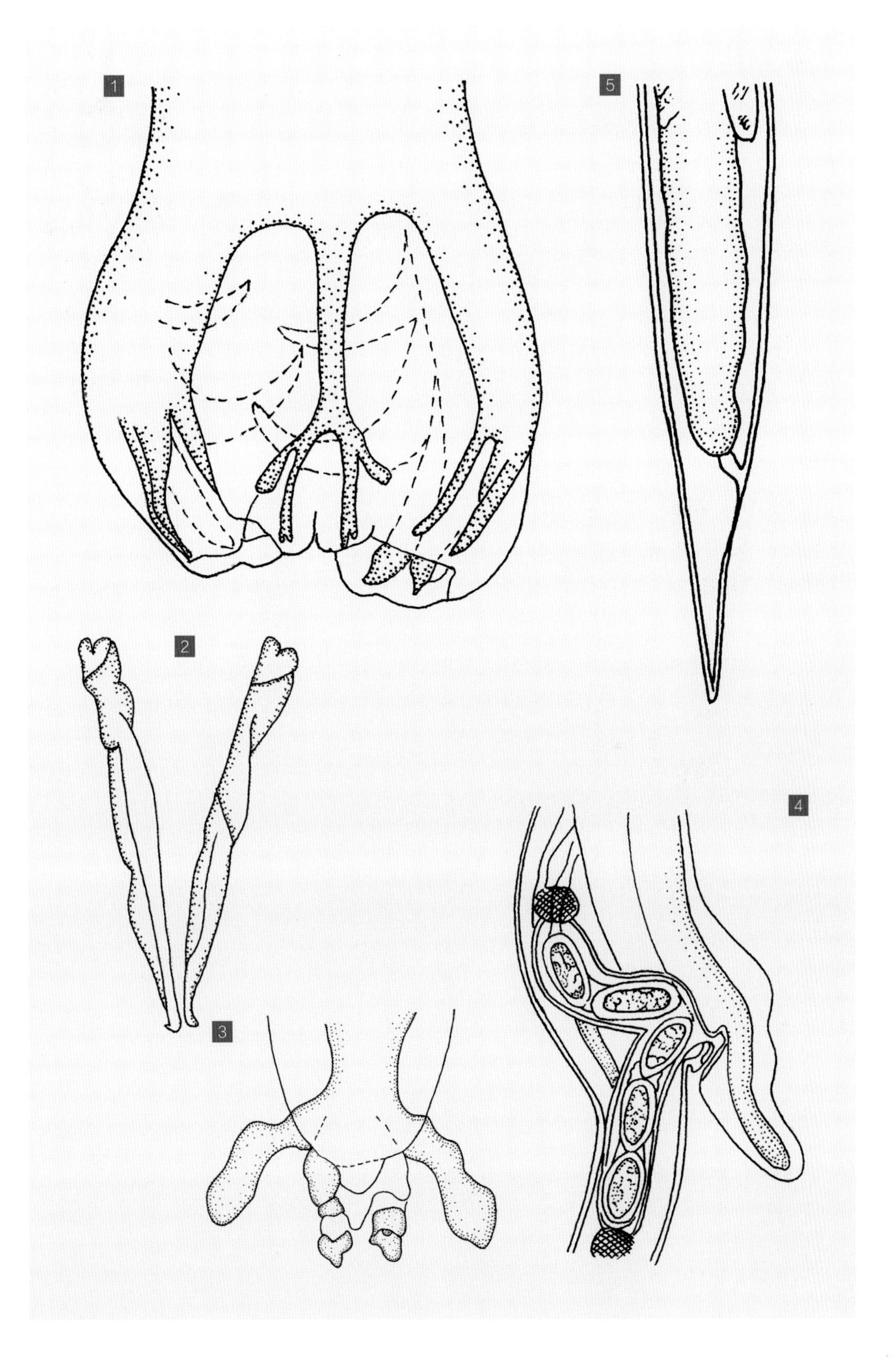
1
5
2
4
3

149 匙形古柏线虫

Cooperia spatulata Baylis, 1938

【主要形态特点】

虫体呈线状，头端有不大的角皮膨大（图 –1）。

【雄虫】

虫体大小为 7.01～8.52 mm×0.165～0.226 mm。体前端头泡长 0.018～0.021 mm。神经环距头端 0.351 mm，食道长 0.374～0.469 mm。交合伞发达，分为 2 个大的侧叶和 1 个小的背叶。前腹肋明显小于后腹肋，3 个侧肋的长度几乎相等，其中以前侧肋为最粗壮，中侧肋次之，后侧肋再次之；外背肋比后侧肋细小，背肋对称，在靠近中央处分为 2 支，其远端又分成 2 个小叉，在中部分支之前或分支前不远处有 1 侧支从背肋主干分出（图 –2）。交合刺 1 对等长，形状相似，长 0.232～0.264，宽 0.030～0.039 mm，自交合刺近端 0.090～0.101 mm 处直末端有 1 纵裂缝，在交合刺远端 1/3 处有呈镰刀状突出的腹翼，腹翼之前有向心深纹，在深纹近端开始有透明膜包围着整个远端（图 –3）。生殖锥大而明显，其腹片的两外侧各有 1 个向外伸出的波浪状突起，生殖锥后缘的中部延伸而成一显著呈圆锥形的突起，突起尖端的两侧各有 1 个突出，生殖锥的前缘有 1 较长的刺状乳突（图 –4）。

【雌虫】

虫体大小为 7.21～9.52 mm×0.183～0.231 mm。食道长 0.401～0.451 mm。阴门（图 –5）位于距尾端 1.601～3.122 mm 处。阴门后方的虫体变细。虫卵大小为 0.067～0.083 mm×0.033～0.043 mm。

【宿主与寄生部位】

绵羊、黄牛的小肠。

【图片】

廖党金绘

图 释

1 虫体头部正面观及头泡、食道等；
2 交合伞正面观及腹肋、侧肋、外背肋、背肋；
3 交合刺；
4 生殖锥；
5 雌虫阴门。

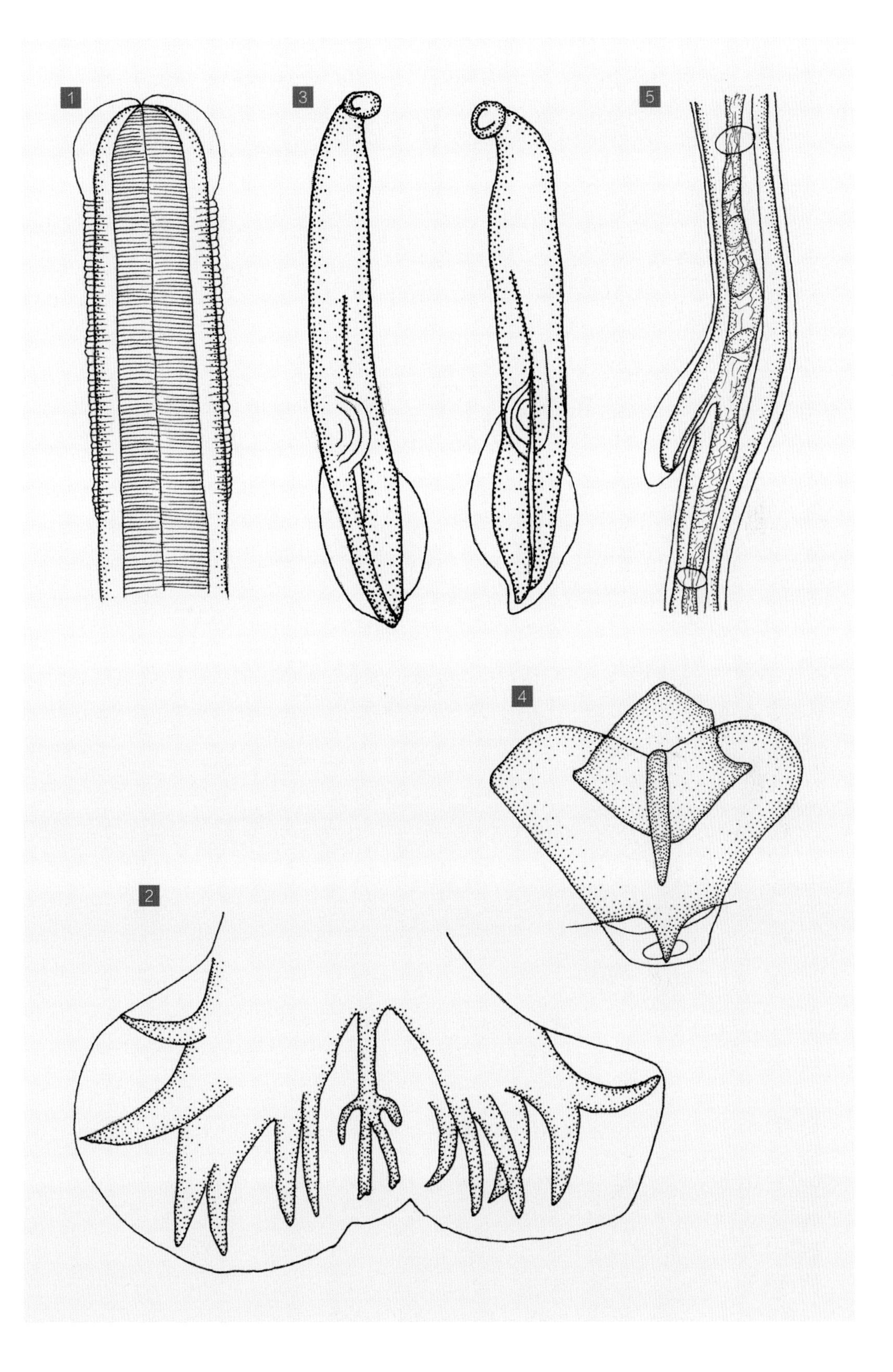
1
3
5
4
2

150 天祝古柏线虫

Cooperia tianzhuensis Zhu, Zhao et Liu, 1987

【主要形态特点】

虫体呈乳白色丝状，口腔小，无颈乳突和伞前乳突，头部角质层扩大形成对称的头泡（图 -1）。体部具有 10～16 条纵纹。无引带。

【雄虫】

虫体大小为 8.01～9.82 mm×0.201～0.422 mm。交合伞发达（图 -2），背肋在中部稍后分为 2 支，在分支近端或不远处各再分为左右 2 支，分支长 0.081～0.113 mm（图 -3）。交合刺 1 对等长，呈褐色，短而粗壮，形状相似，长 0.251～0.298 mm，宽 0.038～0.051 mm，在距始端 0.114～0.145 mm 处分为 2 支，外支粗大，在其上 1/3 处有许多明显的“V”状横纹，内支较细，长 0.114～0.134 mm，紧贴于外支的腹面，在末端稍有分离，约在其中部也有“V”状条纹（图 -4）。生殖锥结构比较简单（图 -5）。

【雌虫】

虫体大小为 10.01～12.43 mm×0.127～0.239 mm。阴门距尾端 2.321～3.532 mm。排卵器（含括约肌）长 0.321～0.465 mm。肛门距尾端 0.181～0.289 mm。

【宿主与寄生部位】

牦牛的小肠。

【图片】

廖党金绘

图 释

1 虫体头部观及头泡、食道等；
2 交合伞正面观及腹肋、侧肋、外背肋、背肋；
3 背肋；
4 交合刺；
5 生殖锥。

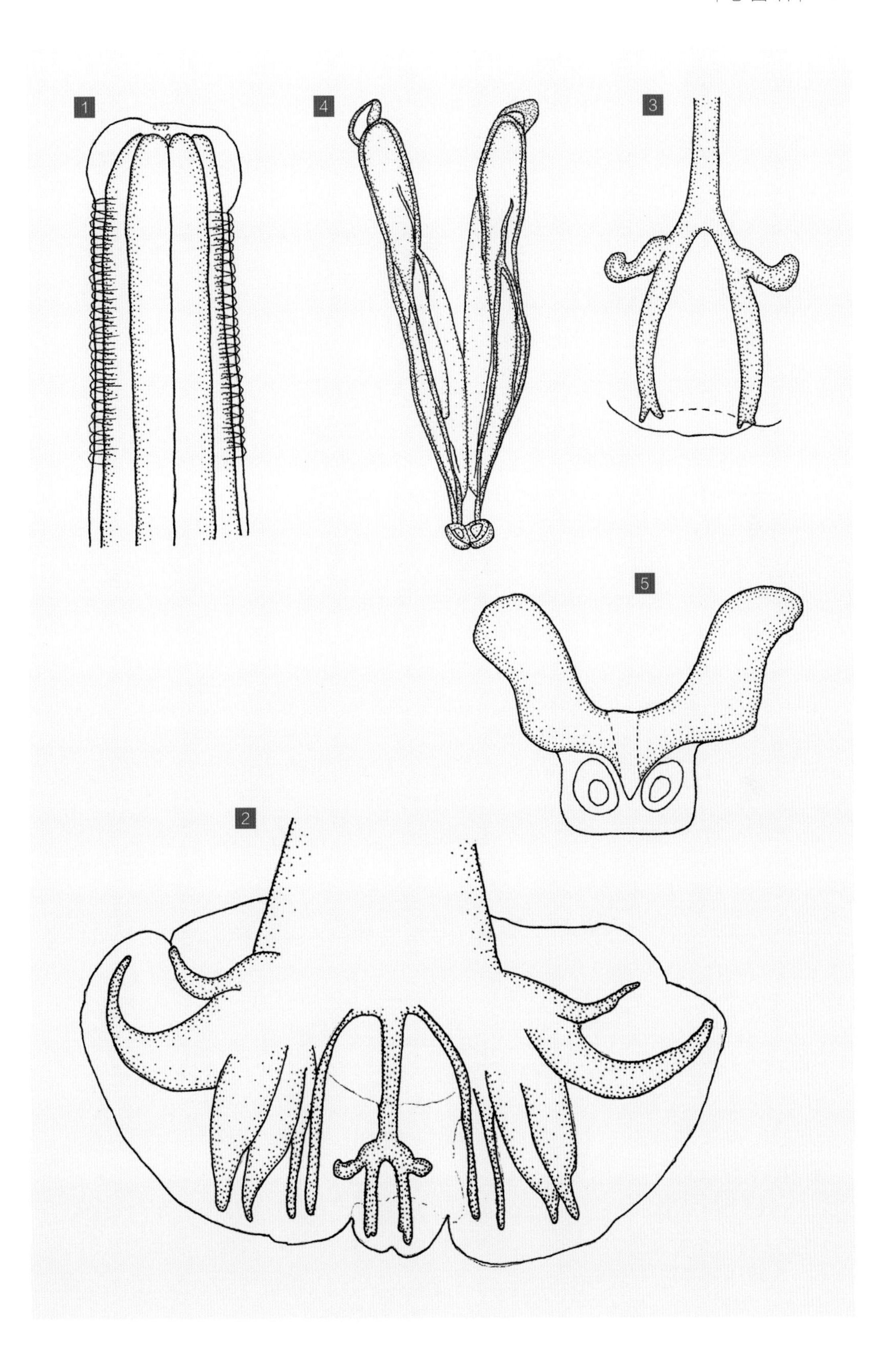
1
4
3
5
2

血矛属 *Haemonchus* Cobbold, 1898

口囊小，背部有 1 个矛形齿。颈乳突粗壮。雄虫交合伞侧叶大，背叶不对称。2 个腹肋仅远端分离，前侧肋与中侧肋和后侧肋分开，外背肋细长，背肋分 4 小支。交合刺粗壮，有引带。雌虫阴门在体后部。寄生于反刍动物和啮齿动物。

151 捻转血矛线虫

Haemonchus contortus (Rudolphi, 1803) Cobbold, 1898

【主要形态特点】

虫体前端尖细（图 -1），体表有明显的纵脊和横纹。有退化的口囊，囊内有 1 个针状齿。颈乳突明显，尖端向后呈三角形（图 -2）。新鲜雄虫呈红色，雌虫的子宫与肠管相互捻转形成红白相间的麻花状。

【雄虫】

虫体大小为 10.1～17.0 mm×0.15～0.36 mm。食道长 1.03～1.52 mm。神经环距头端 0.26～0.41 mm，排泄孔距头端 0.28～0.34 mm，颈乳突距头端 0.30～0.44 mm。交合伞由 2 个大的纵椭圆形侧叶和 1 个小的不对称并呈近方形的背叶组成，在伞膜上密布斑条状花纹，前腹肋较后腹肋细小，但 2 个腹肋均细长延伸至伞缘；3 个侧肋起于同一基部，但后侧肋先分开，前侧肋和中侧肋次分开，前侧肋最粗，直伸达伞缘，中侧肋和后侧肋大小相近，末端弯向伞后内缘；外背肋细长，未与其他肋相连，伸达伞后内缘（图 -3、图 -4）。背肋位于斜列的小背叶上，在全长的略中间部分为“人”字形的 2 支，各支末端再分为 2 小支（图 -3），背肋主干长 0.054～0.112 mm，分支长 0.067～0.104 mm。交合刺 1 对等长，呈黄棕色，大小为 0.440～0.481 mm×0.037～0.042 mm，在交合刺中部无尖刺，远端无侧支，但在缩小部位各有一倒钩（图 -5），从倒钩至远端，左长 0.044～0.050 mm，右长 0.022～0.024 mm。引带浅褐色，呈梭形并有纵槽（图 -6），长 0.223～0.250 mm，中部宽 0.037～0.050 mm。伞前乳突呈锥形。

【雌虫】

虫体大小为 19.4～25.1 mm×0.27～0.44 mm。食道长 1.41～1.56 mm。神经环距头端 0.27～0.33 mm，颈乳突距头端 0.38～0.44 mm。阴门开口于虫体后半部的体壁上，距尾端 3.62～4.28 mm。阴门开口部常有 1 个大的舌状角质瓣覆盖（图 -7），排卵器长为 0.91～1.05 mm。尾较直，呈狭圆锥形（图 -8），尾长 0.37～0.57 mm。

【宿主与寄生部位】

黄牛、水牛、牦牛、山羊、绵羊、猪、兔的真胃或胃、小肠。

【虫体标本保存单位】

四川省畜牧科学研究院

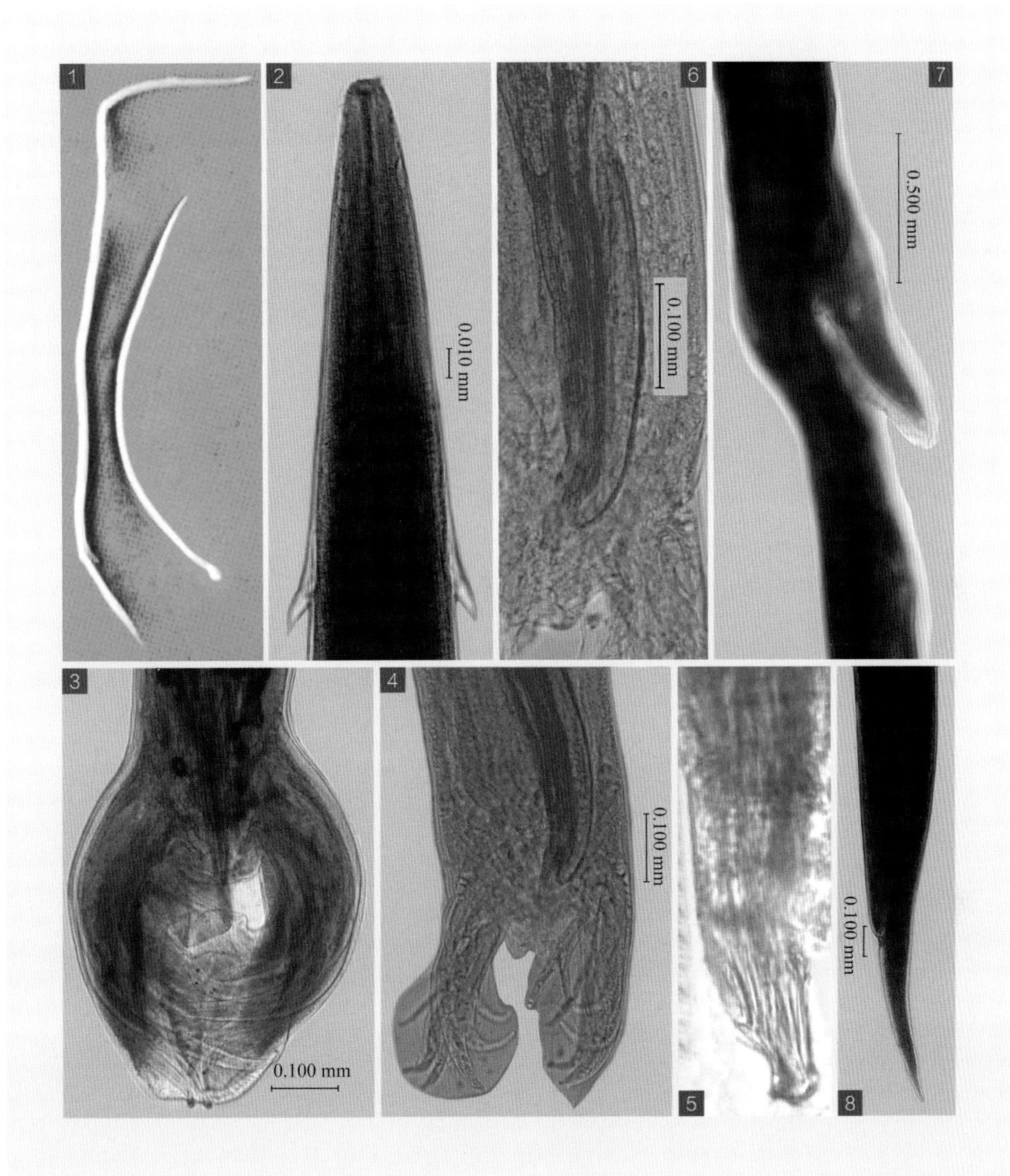

图释

1 成虫，左为雌虫，右为雄虫；
2 虫体头部正面观及食道、颈乳突等；
3 交合伞正面观及背叶等；
4 雄虫尾部正面观及腹肋、侧肋、背肋等；
5 交合刺末端钩；
6 雄虫交合刺和引带；
7 雌虫阴门及舌状盖；
8 雌虫尾部侧面观及肛门、尾尖等。

152 似血矛线虫

Haemonchus similis Travassos, 1914

【主要形态特点】

虫体与捻转血矛线虫相似，但虫体较细短，雌虫阴门开口位置和雄虫交合刺等特征与捻转血矛线虫不同。

【雄虫】

虫体大小为 10.51～11.50 mm×0.15～0.22 mm。食道长 1.15～1.31 mm。神经环距头端 0.21～0.24 mm，排泄孔距头端 0.251～0.302 mm，颈乳突距头端 0.31～0.38 mm。交合伞由 2 个呈椭圆形的侧叶和 1 个斜位于左侧叶基部的小背叶组成；2 个腹肋起于同一主干，末端均达伞前侧缘，3 个侧肋从同一主干发出，前侧肋直，中侧肋和后侧肋向后部弯曲，3 个侧肋末端均达伞缘，外背肋较细短，末端达伞内侧缘（图 –2、图 –3）。背肋在约中部分成 2 支，每个分支末端再分为 2 小支，该小支比捻转血矛线虫背肋的小分支长，背肋主干长 0.057～0.062 mm，分支长 0.074～0.082 mm。交合刺 1 对等长，呈黄褐色，长 0.34～0.38 mm，在交合刺远端 3/4 处的背内侧有 1 针状小分支，约在该小分支末端水平的主支外侧有 1 倒钩（图 –2、图 –4），左交合刺的倒钩距扣状结节末端 0.055～0.065 mm，右交合刺的倒钩距扣状结节末端 0.074～0.082 mm。引带呈淡褐色，类梭形，腹面有纵槽，大小为 0.155～0.180 mm×0.025～0.030 mm。

【雌虫】

虫体大小为 13.51～16.50 mm×0.22～0.26 mm。食道长 1.24～1.42 mm。神经环距头端 0.22～0.27 mm，排泄孔距头端 0.24～0.28 mm，颈乳突距头端 0.33～0.37 mm。阴门位于体后约 1/5 处的舌状瓣上（图 –6），距尾端 2.46～3.54 mm。肛门距尾端 0.23～0.31 mm，尾呈圆锥形（图 –7），附有 2 个小侧突，侧突距尾端 0.072～0.093 mm。排卵器不明显，阴道较长。

【宿主与寄生部位】

黄牛、水牛、山羊的真胃、小肠，少见于大肠。

【虫体标本保存单位】

四川省畜牧科学研究院

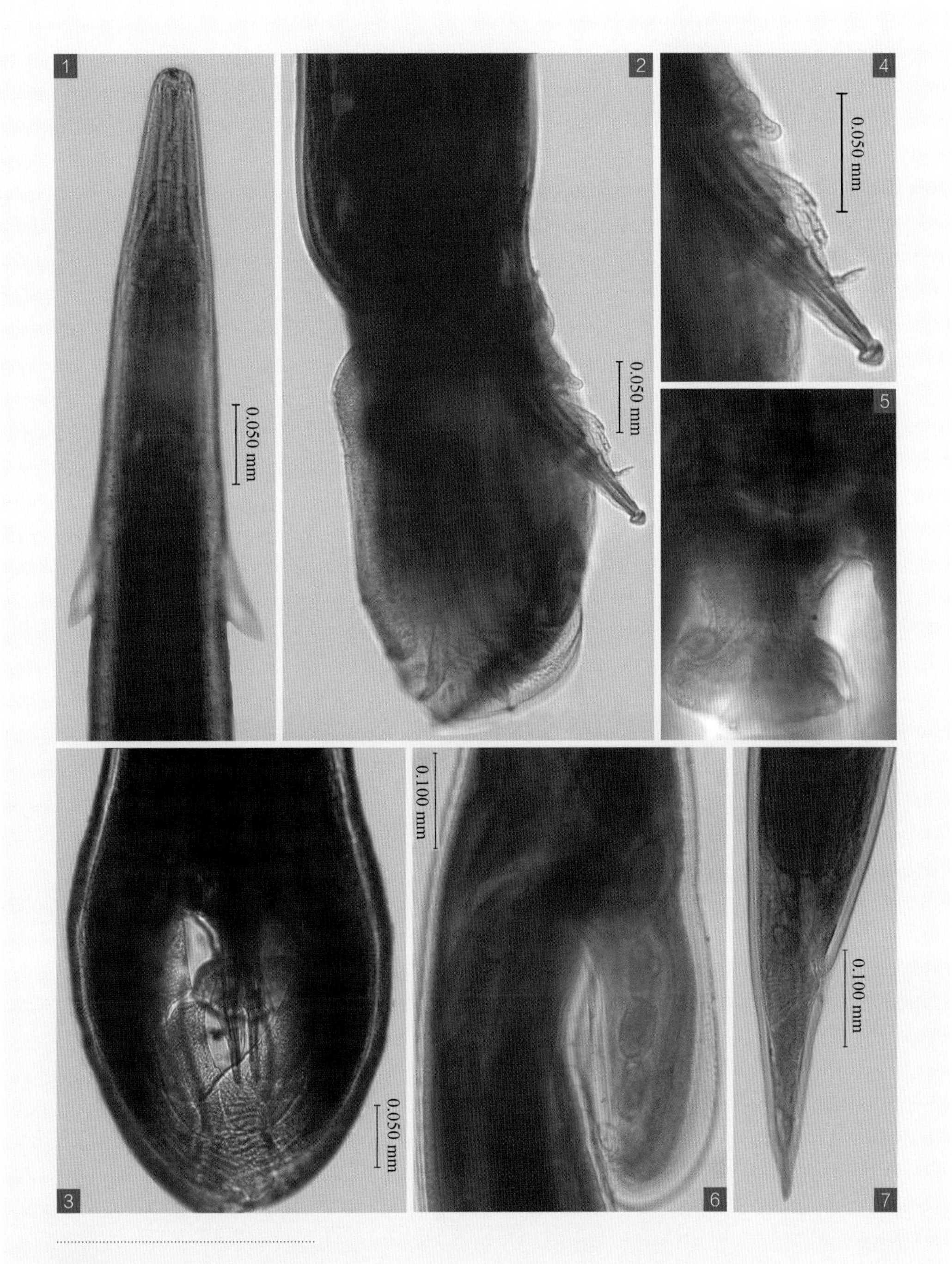

图 释

1 虫体头部正面观及食道、神经环、颈乳突等；
2 雄虫尾部侧面观及腹肋、侧肋、背肋、交合刺末端等；
3 交合伞正面观及背叶等；
4 交合刺末端；
5 背叶；
6 雌虫阴门及舌状瓣；
7 雌虫尾部侧面观及肛门、尾尖等。

153 新月状血矛线虫

Haemonchus lunatus Travassos, 1914

【主要形态特点】

见下。

【雄虫】

交合伞分为3叶，2个侧叶大，背叶小且不对称（图）。外背肋细长，背肋主干粗而壮，在主干中部不远处分为2支，分支的末端不再分支。交合刺粗短、平直，大小不对称，长约0.234 mm，不分支，也没有倒钩。引带呈镰刀形，长0.134 mm（图）。

【雌虫】

不明。

【宿主与寄生部位】

黄牛的真胃。

【图片】

廖党金绘

图 释

雄虫尾部正面观及交合伞、交合刺、引带、腹肋、侧肋、外背肋、背肋。

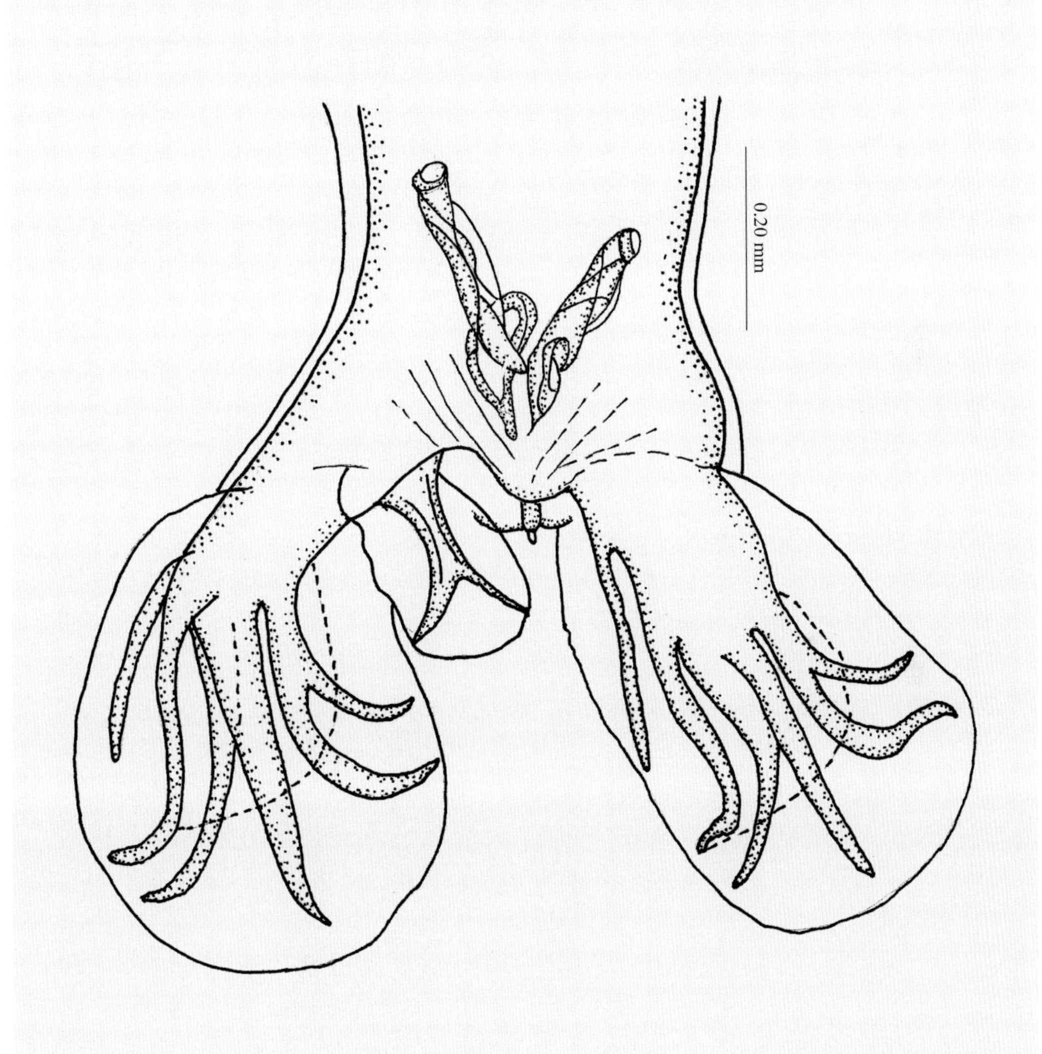
0.20 mm

猪圆属 *Hyostrongylus* Hall, 1921

有颈乳突。雄虫的交合伞侧叶大，背叶小，有副交合伞膜。交合刺短，引带长而窄，有附引带与伞前乳突。雌虫阴门开口于虫体后 1/6 处。

154 红色猪圆线虫

Hyostrongylus rubidus (Hassall et Stiles, 1892) Hall, 1921

【主要形态特点】

虫体呈红色细线形，体表有粗纵纹和细横纹，头端较细，头泡小，口孔开于顶端，外围有 3 个小唇（图 -2）。口腔不明显，食道呈圆锥形，颈乳突位于食道前 1/3 与中 1/3 两侧体壁上，神经环位于颈乳突水平之前（图 -3）。排泄孔靠近食道，邻近颈乳突水平部。

【雄虫】

虫体大小为 3.21～6.01 mm×0.081～0.111 mm。食道长 0.53～0.67 mm，最宽 0.03～0.05 mm。颈乳突距头端 0.21～0.32 mm，神经环距头端 0.15～0.20 mm，排泄孔距头端 0.17～0.21 mm。交合伞由 2 个大的侧叶和 1 个小的背叶组成，侧叶大小为 0.21 mm×0.13 mm；背叶呈类圆形，长 0.0374 mm；在伞膜中部有鳞状花纹，外缘有条状花纹，伞前乳突明显（图 -4）。腹肋发达，后腹肋大于前腹肋，二者末端靠近伸向伞前缘，前侧肋与中侧肋和后侧肋相贴而后端分开，延伸至伞侧缘，后侧肋较细，远离中侧肋，伸达伞后缘；外背肋较短，起于背肋基部，斜列向后，未达伞缘；背肋小，呈弧形弯曲相对构成环状，中央主支在末端分成 4 个内长外短的芽状突起（图 -4）。交合刺 1 对等长，呈黄褐色，长 0.111～0.138 mm，最大宽度 0.010～0.017 mm，在远端 1/3 处分成 2 支，外支较长而内支较短，末端尖细，上连网状膜（图 -5）。引带狭长，呈棒状。

【雌虫】

虫体大小为 5.51～9.11 mm×0.07～0.12 mm。食道长 0.54～0.65 mm。颈乳突距头端 0.21～0.24 mm，神经环距头端 0.15～0.18 mm，排泄孔距头端 0.21～0.22 mm。阴部富肌质，横裂开口于体后 1/7～1/8 处，距尾端 0.7～1.0 mm，无阴门瓣（图 -6）。排卵器（图 -7）大小为 0.21～0.24 mm×0.04～0.05 mm。尾呈锥形，末端有横纹（图 -8、图 -9）。

【宿主与寄生部位】

猪、山羊的胃或真胃。

【虫体标本保存单位】

四川省畜牧科学研究院

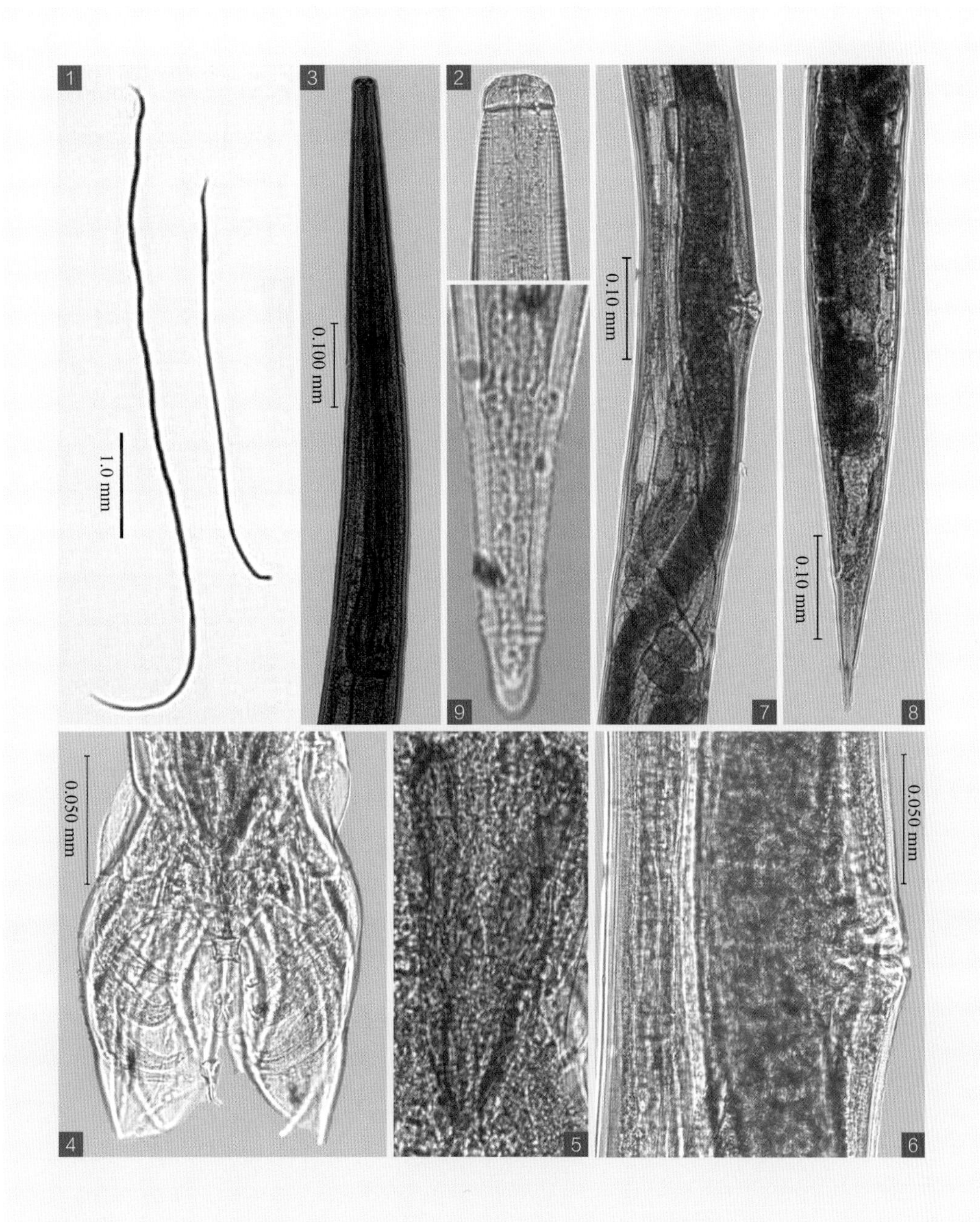

图 释

1 成虫，左为雌虫，右为雄虫；
2 虫体头端及头泡、小唇等；
3 虫体头部正面观及食道、神经环、颈乳突等；
4 交合伞正面观及伞前乳突、腹肋、侧肋、外背肋、背肋等；
5 交合刺；
6 雌虫阴门；
7 排卵器及阴门；
8 雌虫尾部侧面观及肛门、尾尖等；
9 雌虫尾尖及横纹等。

马歇尔属 *Marshallagia* Orloff, 1933

虫体较大，头端无头囊。无颈翼膜，颈乳突不发达。体表角质层有横纹和纵纹，口囊小而明显。

155 马氏马歇尔线虫

Marshallagia marshalli Ransom, 1907

【主要形态特点】

虫体体表纵纹有 30～35 条，神经环位于食道前 1/3（图 −1）。

【雄虫】

虫体大小为 10.01～13.03 mm×0.163～0.182 mm。食道长 0.701～0.902 mm。颈乳突距头端 0.321～0.412 mm。在交合伞的伞膜上有弧形花纹，外背肋和背肋均细长，背肋长 0.21～0.25 mm，在远端 1/3 处分为 2 支，每支末端又分为 2 支（图 −2、图 −3）。交合刺 1 对等长，长 0.24～0.28 mm，在远端 1/4 处分为 3 支，侧腹支最长，末端尖锐，侧面观呈梨铧状，外有刺膜包围；中腹支与背支几乎等长，稍短于侧腹支；中腹支较细，背支较粗，末端膨大（图 −2、图 −3）。无引带。

【雌虫】

虫体大小为 12.03～20.03 mm×0.21～0.27 mm。阴门呈横裂状（图 −4），有阴门瓣，阴门距尾端 2.51～5.12 mm。排卵器长 0.576 mm。肛门（图 −5）距尾端 0.21～0.32 mm，尾长 0.22～0.33 mm。

【宿主与寄生部位】

绵羊、山羊、黄牛、牛的真胃。

【虫体标本保存单位】

四川农业大学

图 释

1 虫体头部观及食道、神经环、颈乳突等；

2 3 雄虫尾部正面观及交合伞、伞膜上的花纹、交合刺、腹肋、侧肋、外背肋、背肋等；

4 雌虫阴门；

5 雌虫尾部观及肛门、尾尖等。

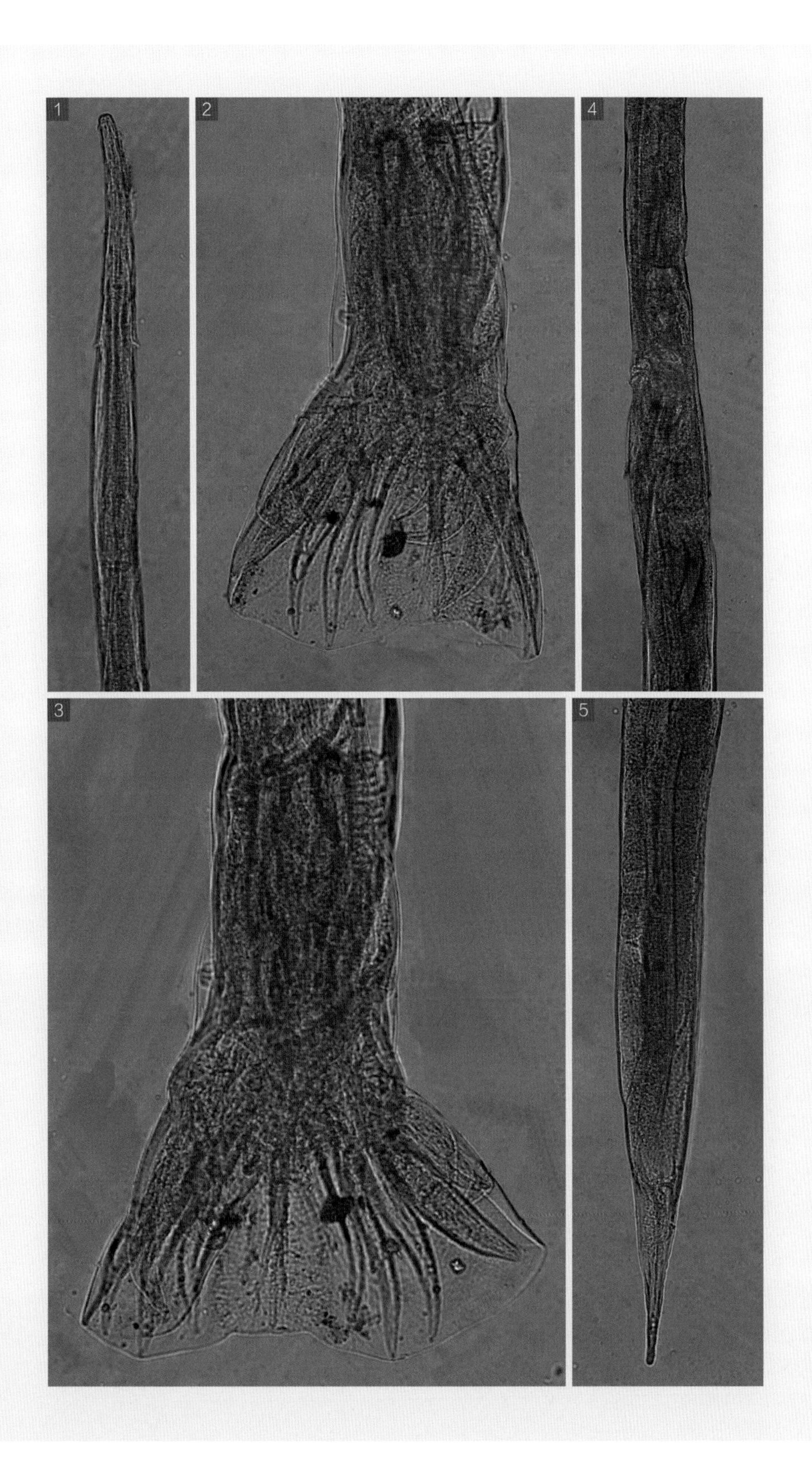
1
2
4
3
5

156 蒙古马歇尔线虫

Marshallagia mongolica Schumakovitch, 1938

【主要形态特点】

虫体较长大，两端尖细，无头囊，体表有纵纹和横纹（图 –1）。口囊小，食道呈长圆柱形，颈乳突位于食道中部的体表两侧，神经环位于食道前 2/5 与后 3/5 交界处（图 –2）。排泄孔位于神经环和颈乳突之间。

【雄虫】

虫体大小为 10.61～14.13 mm×0.202～0.248 mm。食道长 0.751～0.832 mm。颈乳突距头端 0.351～0.390 mm，神经环距头端 0.292～0.307 mm。交合伞宽大，无明显分叶，在伞膜上有弧形花纹（图 –3、图 –4）。2 个腹肋起于共同的主干，前腹肋小于后腹肋，末端均达伞缘；前侧肋独立，较其他肋粗壮，中侧肋和后侧肋起于共同的基部，二者粗细几乎相等，末端伸达伞缘；外背肋较细，末端未达伞缘；背肋细长，主干长 0.251～0.314 mm，在距基部 0.207～0.216 mm 处分为 2 个分支，长约 0.12 mm，每支末端又分成内外 2 小支，于该 2 小支的稍上方还分出 1 外侧支（图 –3、图 –4）。交合刺 1 对等长，长 0.246～0.291 mm，最大宽度 0.032～0.035，在远端 1/3 处分为 3 支，背支粗短，末端膨大似钩状，长 0.05 mm；外侧支最长 0.08 mm，末端有泡状膜包围；中腹支略长，长 0.052 mm，末端粗糙而膨大。引带不显著，呈淡黄色葱头状。

【雌虫】

虫体大小为 12.31～18.52 mm×0.22～0.28 mm。食道长 0.78～0.82 mm，颈乳突距头端 0.36～0.42 mm，神经环距头端 0.287～0.321 mm。阴门呈横裂状（图 –6），深 0.06～0.10 mm，无阴门瓣，阴门距尾端 4.35～5.11 mm。排卵器长 0.6～0.7 mm。尾长 0.22～0.33 mm，尾尖端略膨大（图 –7）。

【宿主与寄生部位】

绵羊、山羊的真胃。

【虫体标本保存单位】

中国农业科学院上海兽医研究所

图 释

1 成虫，左为雄虫，右为雌虫；

2 虫体头部正面观及食道、神经环、颈乳突等；

3 4 雄虫尾部正面观及交合伞、伞膜上花纹、交合刺、腹肋、侧肋、外背肋、背肋等；

5 交合刺；

6 雌虫阴门；

7 雌虫尾部侧面观及肛门、尾尖等。

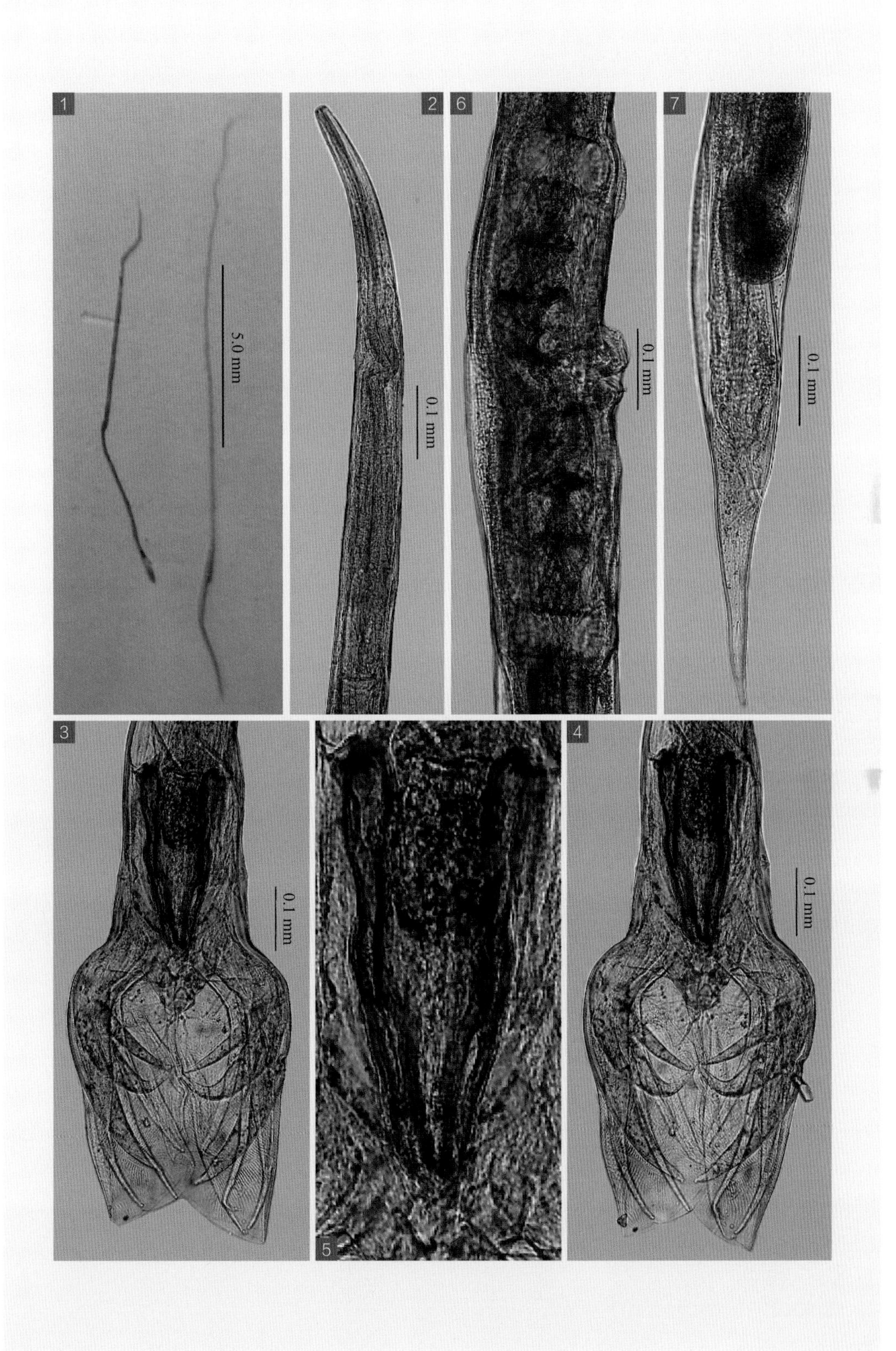
1
2
6
7
3
4
5
5.0 mm
0.1 mm
0.1 mm
0.1 mm
0.1 mm
0.1 mm

157 东方马歇尔线虫

Marshallagia orientalis Bhalerao, 1932

【主要形态特点】

见下。

【雄虫】

虫体大小为 9.5～14.3 mm×0.17～0.19 mm。食道长 0.74～0.97 mm。颈乳突距头端 0.42～0.48 mm。神经环距头端 0.29～0.36 mm。背肋长 0.33 mm，小肋长 0.10 mm。交合刺 1 对等长，长 0.27～0.31 mm，附伞膜长 0.20 mm。引带无。

【雌虫】

虫体大小为 15.4～21.7 mm×0.19～0.24 mm。食道长 0.74～0.97 mm。阴门（图 –2）距尾端 3.5～5.0 mm。排卵器长 0.64 mm。

【宿主与寄生部位】

绵羊的真胃。

【虫体标本保存单位】

中国农业科学院上海兽医研究所

图 释

1 雌虫头部观及食道、神经环等；

2 雌虫阴门；

3 雌虫尾部侧面观及肛门、尾尖等。

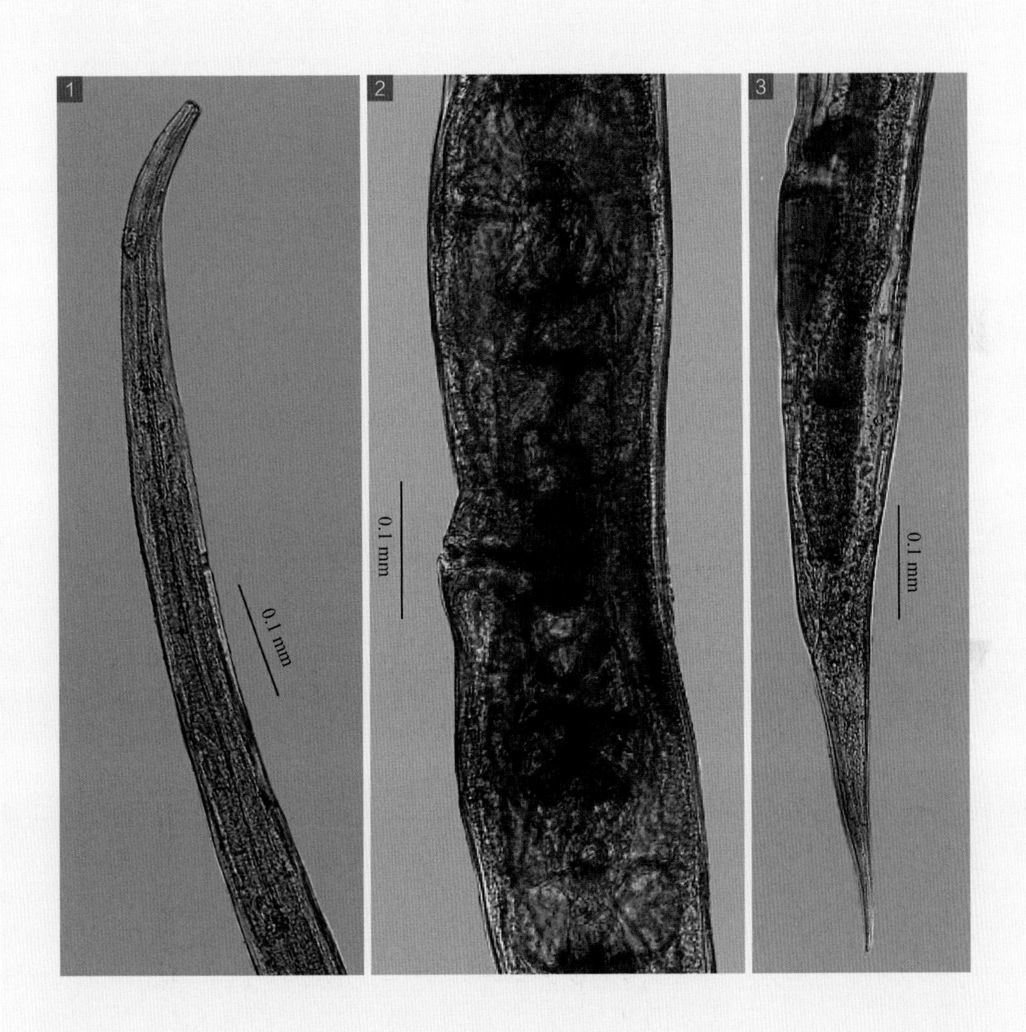
1
2
3
0.1 mm
0.1 mm
0.1 mm

158 希氏马歇尔线虫

Marshallagia shikhobalovi Altaev, 1953

【主要形态特点】

见下。

【雄虫】

虫体大小为 10.97 mm×0.22 mm。交合伞宽大，无明显的分叶（图 -1）。有马歇尔属典型的伞肋。背肋长 0.234 mm，中部宽 0.012 mm，背肋整个长度的粗细均匀，其分支比较特殊，在背肋末端分为短的 2 小支，其长度为 0.011 mm（图 -1）。交合刺呈金黄色，2 根的长度相等且形状相似，长 0.243 mm，最大宽度 0.032 mm，在交合刺距近端 0.19 mm 处分为 3 个不同的支，即 2 个腹支和 1 个背支，3 支的长度几乎相等，其中背支比腹支粗厚，末端膨大呈蹄子形，并向外侧方向弯曲，侧腹支比中腹支略长，二者末端都比较细，并有不大的刺膜包围（图 -2）。无引带。

【雌虫】

不明。

【宿主与寄生部位】

绵羊的真胃。

【图片】

廖党金绘

图 释

1 雄虫尾部正面观及伞前乳突、交合伞、交合刺、腹肋、侧肋、外背肋、背肋；

2 交合刺；

3 生殖锥和背肋。

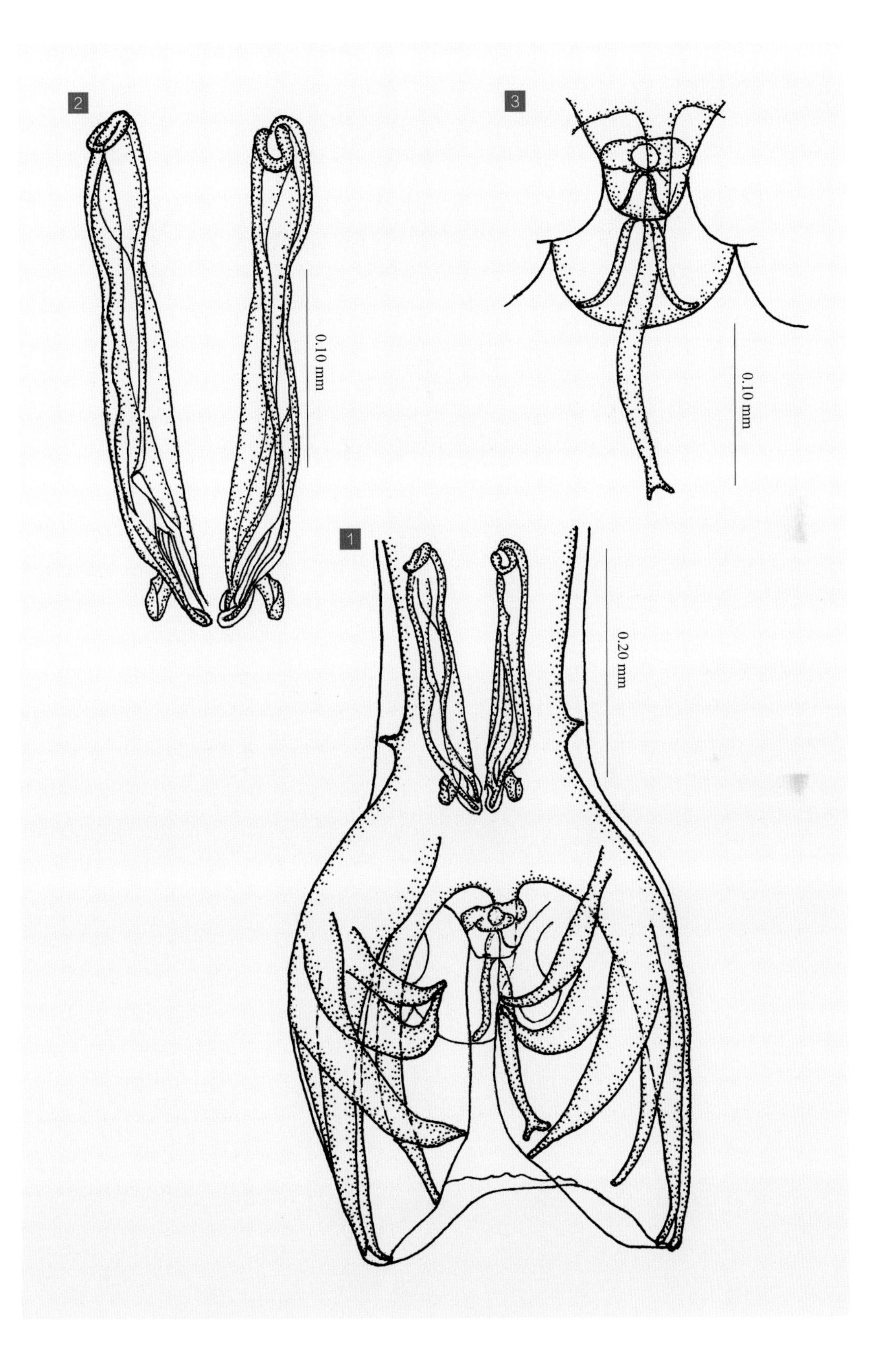
2
3
1
0.10 mm
0.10 mm
0.20 mm

长刺属 *Mecistocirrus* Railliet et Henry, 1912

虫体较大，有口囊，囊内有一大的角质背矛，有颈乳突。雄虫交合伞背叶小，侧叶大；前腹肋短，与后腹肋完全分开，后腹肋和前侧肋粗大，两者仅末端分开，中侧肋和后侧肋小；外背肋纤细，与背肋不在同一主干；背肋粗短，远端分为 2 支，各支又有小的分支，交合刺纤细而长，几乎全部连在一起，有伞前乳突，无引带。雌虫阴门近肛门，尾呈锥形。

159 指形长刺线虫

Mecistocirrus digitatus (Linstow, 1906) Railliet and Henry, 1912

【主要形态特点】

虫体长大，呈肉红色，体表有粗纵纹和细横纹，头端和尾端较细。口缘外围有 6 个小乳突，口囊小，内有 1 个大的牙齿，食道呈长圆柱状，颈乳突位于食道前部，神经环位于颈乳突之前（图 –2）。排泄孔位于颈乳突附近。

【雄虫】

虫体大小为 23.1～29.1 mm×0.230～0.582 mm。食道长 1.67～1.87 mm。颈乳突距头端 0.40～0.51 mm，神经环距头端 0.27～0.32 mm，排泄孔距头端 0.37 mm。交合伞由 2 个大的侧叶和 1 个小而对称的背叶组成。前腹肋小，后腹肋与前侧肋大小相近，且大于其他肋；外背肋从侧肋主干分出，背肋短而粗（图 –3、图 –4），其主干长 0.102～0.162 mm，分支长 0.026～0.038 mm，远端分为 2 支，各支末端又形成 2～3 个乳状突。交合刺 1 对很长，长 3.820～5.811 mm，1 对并列下行，末端结束于共同鞘内（图 –5）。无引带。

【雌虫】

虫体大小为 35.1～38.2 mm×0.48～0.95 mm。食道长 1.90～1.94 mm。颈乳突距头端 0.41～0.52 mm，神经环距头端 0.31～0.42 mm，排泄孔距头端 0.40～0.46 mm。阴门位于体后部，呈裂缝状（图 –7、图 –8），距尾端 0.50～0.73 mm，阴道长 2.26～3.82 mm。子宫呈螺旋状围绕肠管呈红白相间的线状。尾呈锥形（图 –8），肛门距尾端 0.114～0.186 mm。

【宿主与寄生部位】

黄牛、水牛、牦牛、山羊、绵羊的真胃。

【虫体标本保存单位】

四川省畜牧科学研究院

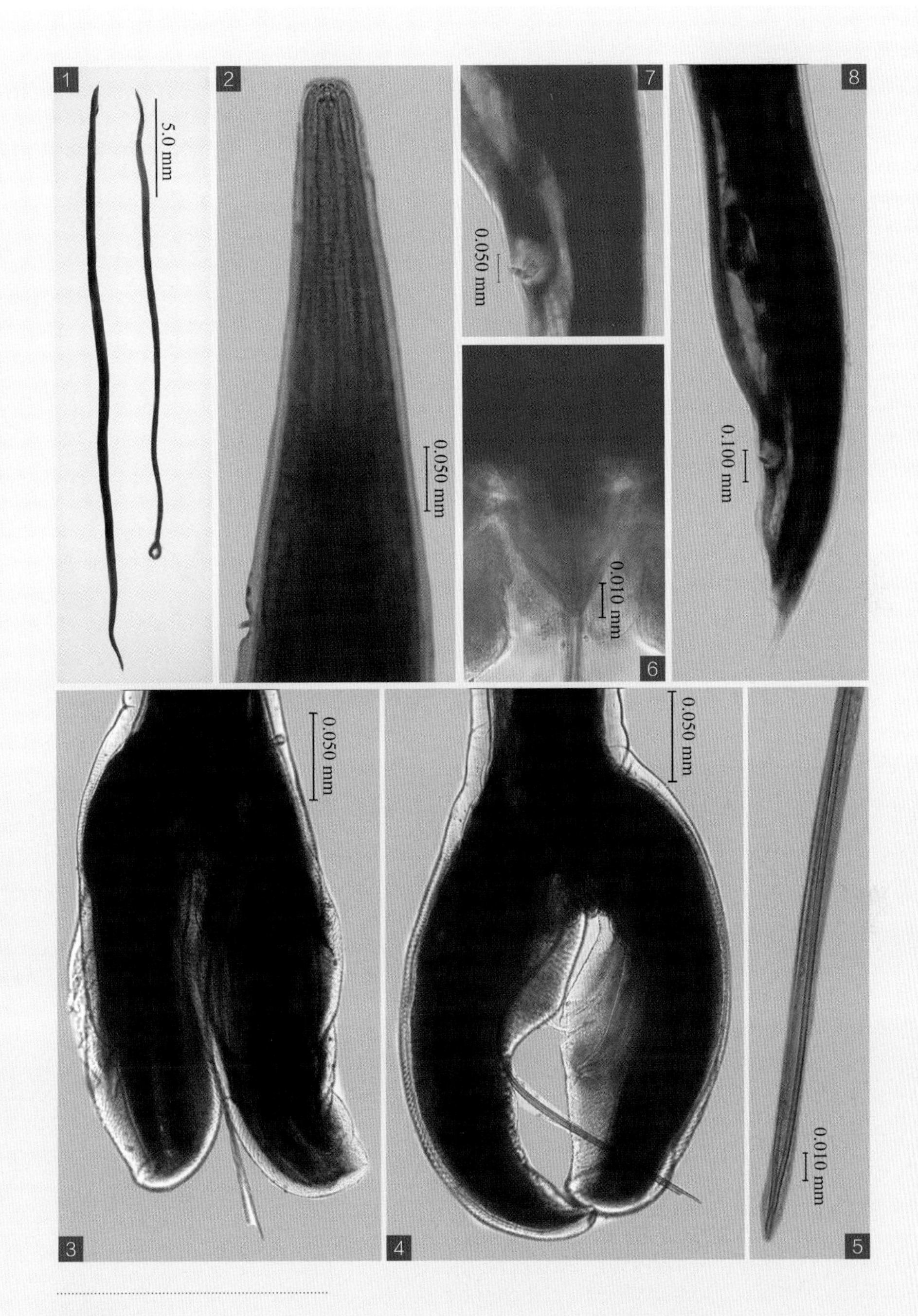

图 释

1 成虫，左为雌虫，右为雄虫；

2 虫体头部正面观及头端小乳突、口囊、口囊内大齿、食道、神经环、颈乳突等；

3 4 交合伞正面观及腹肋、侧肋、外背肋、背肋等；

5 交合刺末端；

6 生殖锥；

7 雌虫阴门；

8 雌虫尾部侧面观及阴门、肛门、尾尖等。

似细颈属 *Nematodirella* Yorke et Maplestone, 1926

头端角皮膨大成泡。体表有明显的纵纹，口周围有 6 个乳突和一圈叶冠。口腔内有齿，颈乳突小。雄虫交合伞有 3 叶，肋对称，前腹肋小于后腹肋，3 个侧肋起于同一主干，前侧肋宽大，中侧肋和后侧肋并列。外背肋细长，背肋 2 根且末端分叉。交合刺 1 对细长，无引带。雌虫尾端有小刺，阴门位于虫体前半部，子宫分开，前分支内无虫卵。

160 骆驼似细颈线虫

Nematodirella cameli (Rajewskaja et Badanin, 1933) Travassos, 1937

【主要形态特点】

虫体前端细，不呈螺旋状弯曲。口孔周围有 4 个下中乳突和 2 个头感器，口腔小，内有 1 个大齿和 1 排小齿（图 -1、图 -2）。

【雄虫】

虫体大小为 15.21～20.03 mm×0.254～0.337 mm。头泡大小为 0.063～0.095 mm×0.047～0.065 mm。食道长 0.591～0.684 mm。交合伞的侧叶发达，背叶短小，中部的小缘凹陷不大；2 个腹肋较细，平行并列，长短相等；3 个侧肋起于同一主干，与 2 个腹肋之间有很大的距离，前侧肋最粗，从主干分开后不远，其末端弯向前方与其余 2 个侧肋分离，中侧肋与后侧肋紧密并行，几乎达伞缘；外背肋细而长；2 支背肋粗短，在每支背肋的远端，各分为 2 叉，其外支的远端，向后外方弯曲。交合刺 1 对形状相似，细长呈淡棕色，长 12.50～13.28 mm（图 -4、图 -5）。有明显的伞前乳突。无引带。

【雌虫】

虫体大小为 20.01～27.03 mm×0.321～0.498 mm。头泡大小为 0.080～0.125 mm×0.051～0.064 mm。食道长 0.602～0.731 mm。阴门位于虫体前 1/3～1/4 处。阴门前的体部特别宽，阴门以后明显变细（图 -6）。阴门通向排卵器，排卵器的括约肌不发达。肛门距尾端 0.090～0.160 mm。尾端钝（图 -7），有刺，长 0.058～0.072 mm。

【宿主与寄生部位】

绵羊、骆驼的小肠。

【虫体标本保存单位】

中国农业科学院上海兽医研究所

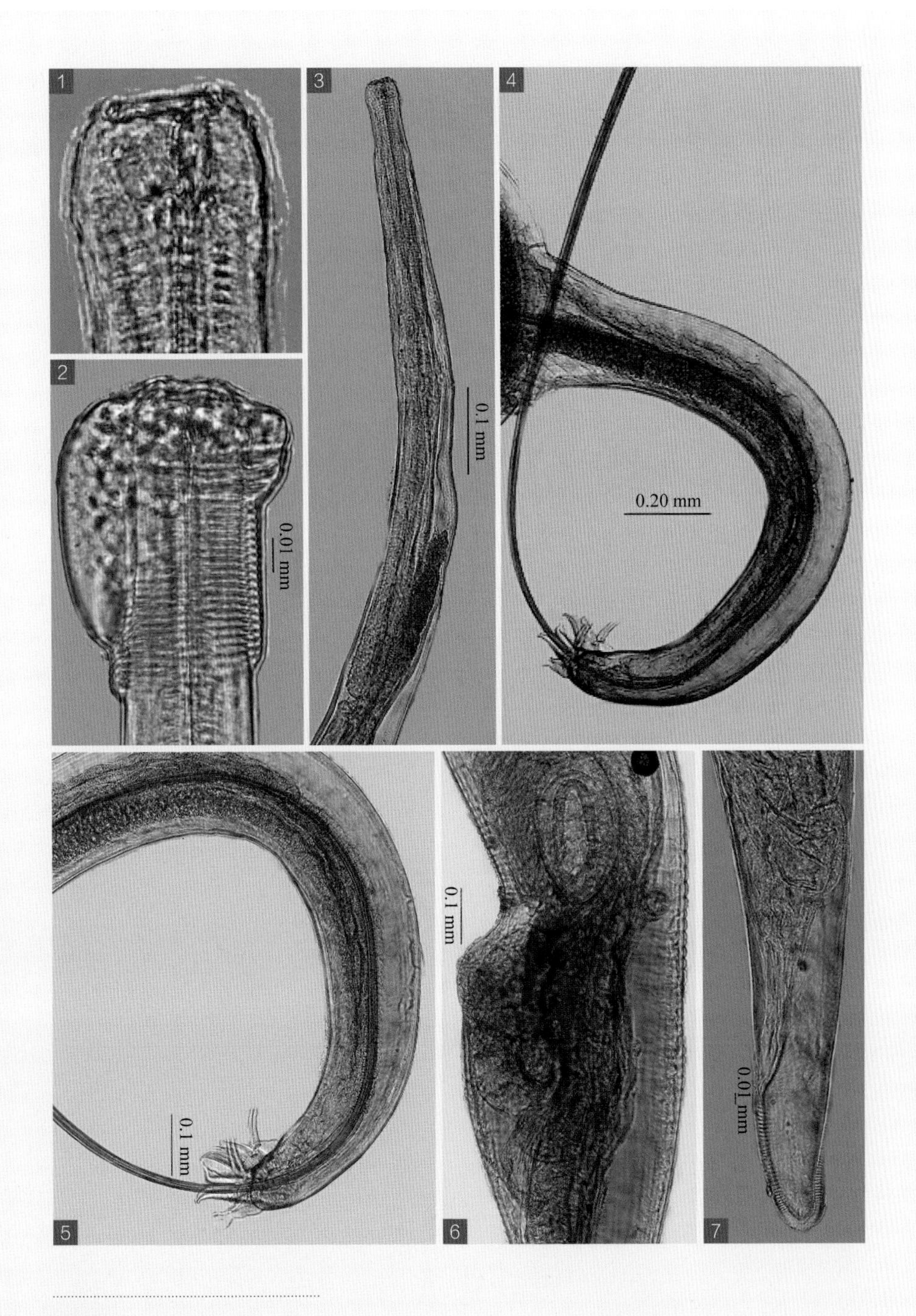

图 释

1 2 虫体头端观及头泡、乳突等；

3 虫体头部观及食道、神经环等；

4 5 雄虫尾部侧面观及交合伞、交合刺、腹肋、侧肋、背肋等；

6 雌虫阴门；

7 雌虫尾部侧面观及肛门、尾尖等。

161 长刺似细颈线虫

Nematodirella longispiculata Hsu et Wei, 1950

【主要形态特点】

虫体前端有头泡（图 –1、图 –2）。

【雄虫】

虫体长为 12.90～16.40 mm。交合伞小，侧叶末端一般呈三角形，背叶中部的下缘凹陷大而深，将背叶分成两小叶。背肋在中部之前分成外长、内短 2 小支，外支末端弯向外侧。交合刺长 6.70～10.30 mm，其末端隐约可见致密的轮廓而无成形的结构。交合刺膜末端呈匙状。

【雌虫】

虫体长 20.19～26.40 mm。阴门距头端 5.50～9.66 mm，有明显的阴门瓣（图 –3）。尾端呈乳突状，有尾刺（图 –4）。

【宿主与寄生部位】

绵羊、山羊、黄牛、骆驼的小肠。

【虫体标本保存单位】

中国农业科学院上海兽医研究所

图 释

1 虫体头端及头泡等；
2 雌虫头部观及食道、神经环等；
3 雌虫阴门等；
4 雌虫尾部侧面观及肛门、尾刺、尾尖等。

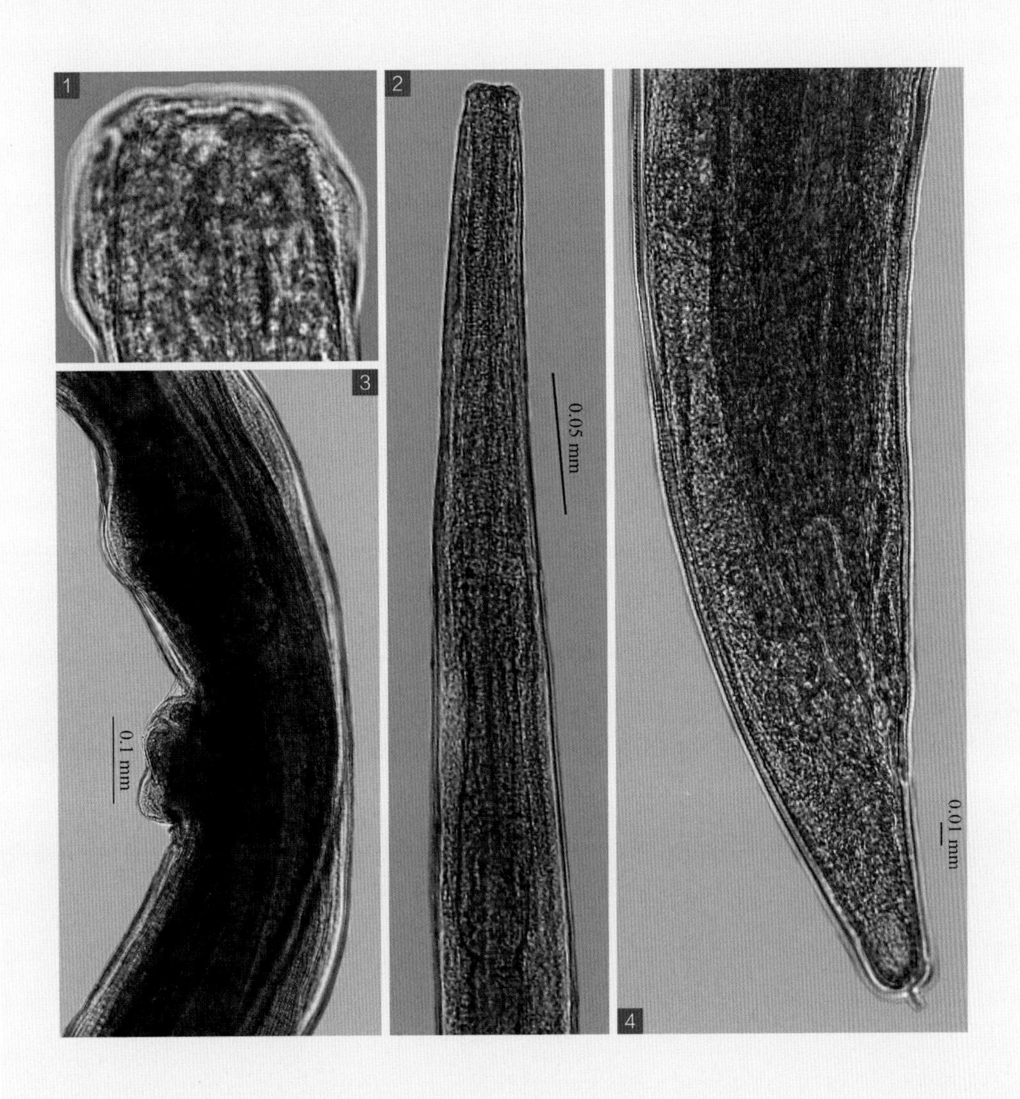
1
2
3
4
0.05 mm
0.1 mm
0.01 mm

细颈属 *Nematodirus* Ransom, 1907

头端的角质膨大成头泡，口周围有 6 个乳突，口腔浅。在食道出口处有 1 个三角形齿。无颈乳突。雄虫的交合伞侧叶大，背叶小；2 个腹肋大小相近且平行；3 个侧肋起于同一主干，前侧肋较早与中后肋分开，并弯向腹面；外背肋起于背肋基部；背肋分为 2 支，在末端再分为 2～3 个小支，有的种还分出 1 个外侧支。交合刺细长，末端包于膜内，无引带。雌虫阴门位于体后 1/3 或 1/4 处，尾端钝圆，有尾刺。

162 尖刺细颈线虫

Nematodirus filicollis (Rudolphi, 1802) Ransom, 1907

【主要形态特点】

虫体呈粉红色，前端尖细，头端角皮膨大，其上有明显横纹和粗纵纹。口孔周围有 6 个小乳突，口腔内有斜切的齿。食道呈圆柱形，无颈乳突，神经环位于食道中后部（图 -2），排泄孔位于食道近末端。

【雄虫】

虫体大小为 7.23～15.34 mm×0.097～0.110 mm。食道长 0.32～0.43 mm。神经环距头端 0.22～0.31 mm，排泄孔距头端 0.32 mm。交合伞的侧叶大，背叶小而分界不明显，在伞膜上有鳞状花纹；2 个腹肋大小几乎相等，并列伸达伞缘；3 个侧肋起于共同基部，前侧肋约在中部与其他肋离开，并向腹面弯曲，中侧肋和后侧肋并列向后侧方伸达伞缘；背肋为独立的 2 支，分别位于两侧，每支末端又分出 2 个指形的叉支（图 -3、图 -4）。交合刺 1 对细长，呈线状，长 0.997～1.160 mm，后部被薄膜包裹，形状似红缨枪矛头状（图 -5）。无引带和伞前乳突。

【雌虫】

虫体大小为 12.1～21.2 mm×0.172～0.283 mm。食道长 0.321～0.547 mm。神经环距头端 0.246～0.447 mm，阴门位于虫体后 1/3 处，呈横裂缝状（图 -6）。排卵器长 0.241～0.447 mm。肛门距尾端 0.062～0.104 mm。尾长 0.033 mm。

【宿主与寄生部位】

山羊、绵羊、黄牛、牦牛的小肠。

【虫体标本保存单位】

四川省畜牧科学研究院

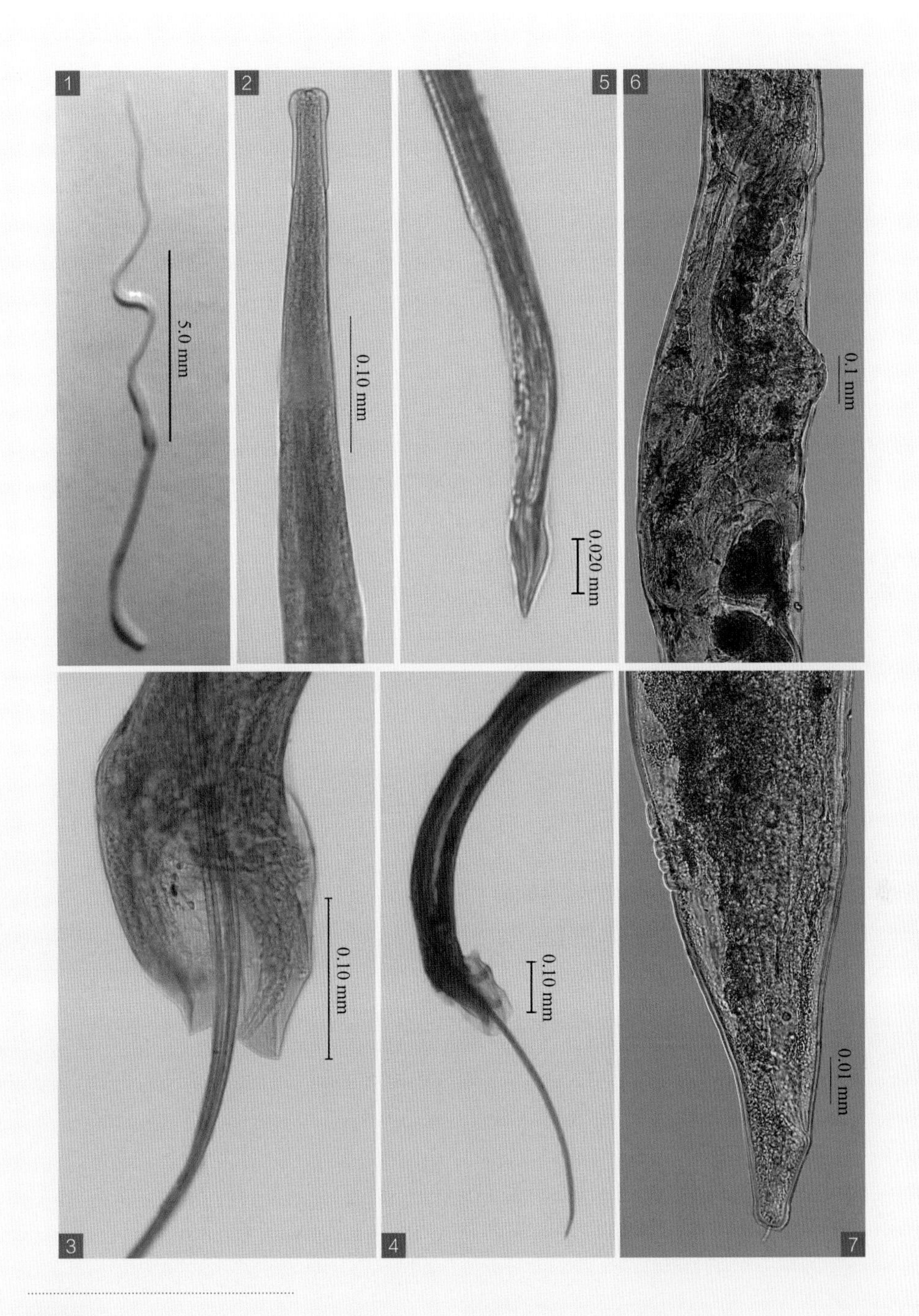

图 释

1 雌虫成虫；

2 虫体头部及头泡、齿、食道、神经环等；

3 交合伞正面观及侧叶、背叶、腹肋、侧肋、背肋、交合刺；

4 雄虫尾部侧面观及交合伞侧叶、交合刺等；

5 交合刺末端；

6 雌虫的呈横裂缝阴门；

7 雌虫尾部侧面观及肛门、尾尖等。

163 畸形细颈线虫

Nematodirus abnormalis May, 1920

【主要形态特点】

头端有膨大的头泡（图 -1、图 -2、图 -3），横纹从头泡基部开始至颈翼膜末端止。食道长 0.464～0.540 mm。

【雄虫】

虫体大小为 11.60～15.02 mm×0.102～0.150 mm。在交合伞的背叶中间有一个大的凹陷，把背叶分为两片，每一片有一个独立的背肋。背肋粗而短，长 0.049～0.056 mm，末端分为 2 支。交合刺 1 对稍不等长，长 0.94～1.25 mm，其附接尖也不等长，附接尖末端两侧各有短支。

【雌虫】

虫体大小为 13.3～25.2 mm×0.271～0.311 mm。阴门呈横缝状，位于虫体中 1/3 处与后 1/3 处交界处，上有唇片，前唇片稍盖后唇片。排卵器长 0.487 mm。肛门距尾端 0.069～0.084 mm。尾端钝，有 1 根小刺（图 -4）。

【宿主与寄生部位】

山羊、绵羊的真胃、小肠。

【虫体标本保存单位】

中国农业科学院上海兽医研究所

图 释

1 2 虫体头端及头泡、横纹等；

3 虫体头部及食道、神经环等；

4 雌虫尾部及肛门、尾尖和小刺等。

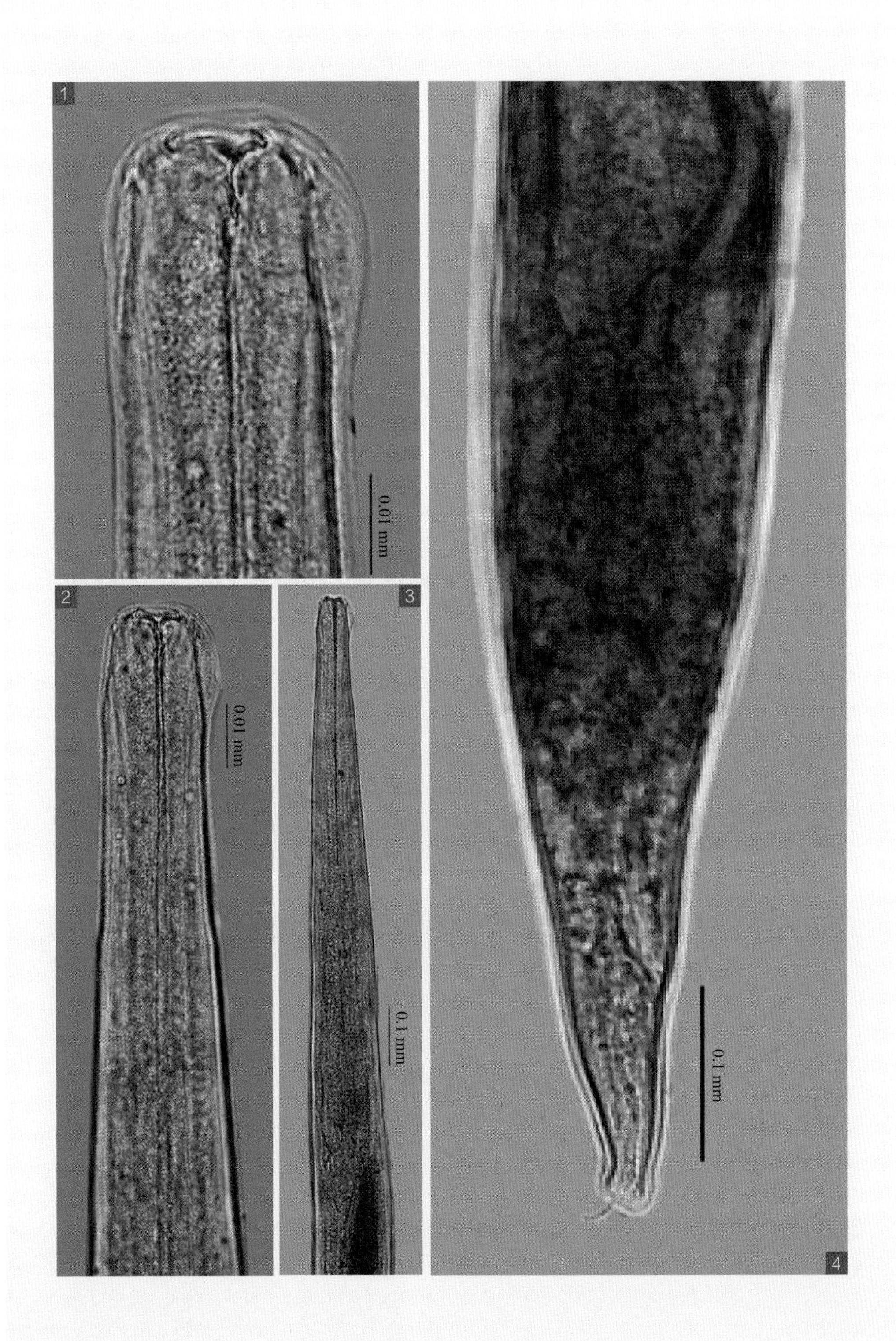
1
0.01 mm
2
0.01 mm
3
0.1 mm
4
0.1 mm

164 奥利春细颈线虫

Nematodirus oiratianus Rajewskaja, 1929

【主要形态特点】

虫体前端卷曲呈松弛的螺旋状，其后部粗而直。头泡前宽后窄，头泡的后部角皮有明显横纹，横纹后的角皮上有 16 条纵线。口孔小，周围有 4 个下中乳突和 2 个头感器，在食道前端近口腔处有 1 个三角形齿（图 -1）。

【雄虫】

虫体大小为 10.10～15.02 mm×0.101～0.152 mm。食道长 0.362～0.446 mm。交合伞发达对称，背叶大、明显，中央有凹陷。交合伞膜上有圆形或椭圆形的白色角质花纹，这些花纹在伞肋的基部较大，逐步变小，边缘无花纹（图 -3）。2 个腹肋大小几乎相等，其前 1/2 部分相连，后 1/2 部分分开，并列伸达伞缘；3 个侧肋起于共同基部，前侧肋向虫体前面弯曲，与中侧肋和后侧肋分离，末端未达伞缘；中侧肋和后侧肋并列向后侧方伸达伞缘，但远端分离；外背肋细长，弯向虫体中线，达伞缘；背肋粗短，与外背肋起于同一主干，每个背肋的远端各分为 2 支（图 -3）。交合刺 1 对等长，呈黄褐色的管状，长 0.650～0.881 mm，2 根交合刺在 1/3 处被黄色的透明膜相连，该膜在交合刺远端稍宽形成矛状，交合刺远端分出两个细管而形成长环（图 -4）。无引带和伞前乳突。

【雌虫】

虫体大小为 16.1～20.2 mm×0.302～0.359 mm。食道长 0.401～0.497 mm。阴门位于虫体后 1/3 处，其上有隆起的角质唇片，前唇稍向内弯（图 -5）。排卵器长 0.441～0.592 mm。尾长 0.085～0.095 mm，尾末端呈截圆锥形，中间有 1 根透明的细刺（图 -6）。

【宿主与寄生部位】

山羊、绵羊、黄牛、牦牛、牛、骆驼的小肠。

【虫体标本保存单位】

中国农业科学院上海兽医研究所

图 释

1 虫体头端及头泡、乳突、齿、横纹等；
2 虫体头部及食道、神经环等；
3 交合伞正面观及腹肋、侧肋、背肋等；
4 交合刺；
5 雌虫阴门等；
6 雌虫尾部侧面观及肛门、尾端、刺等。

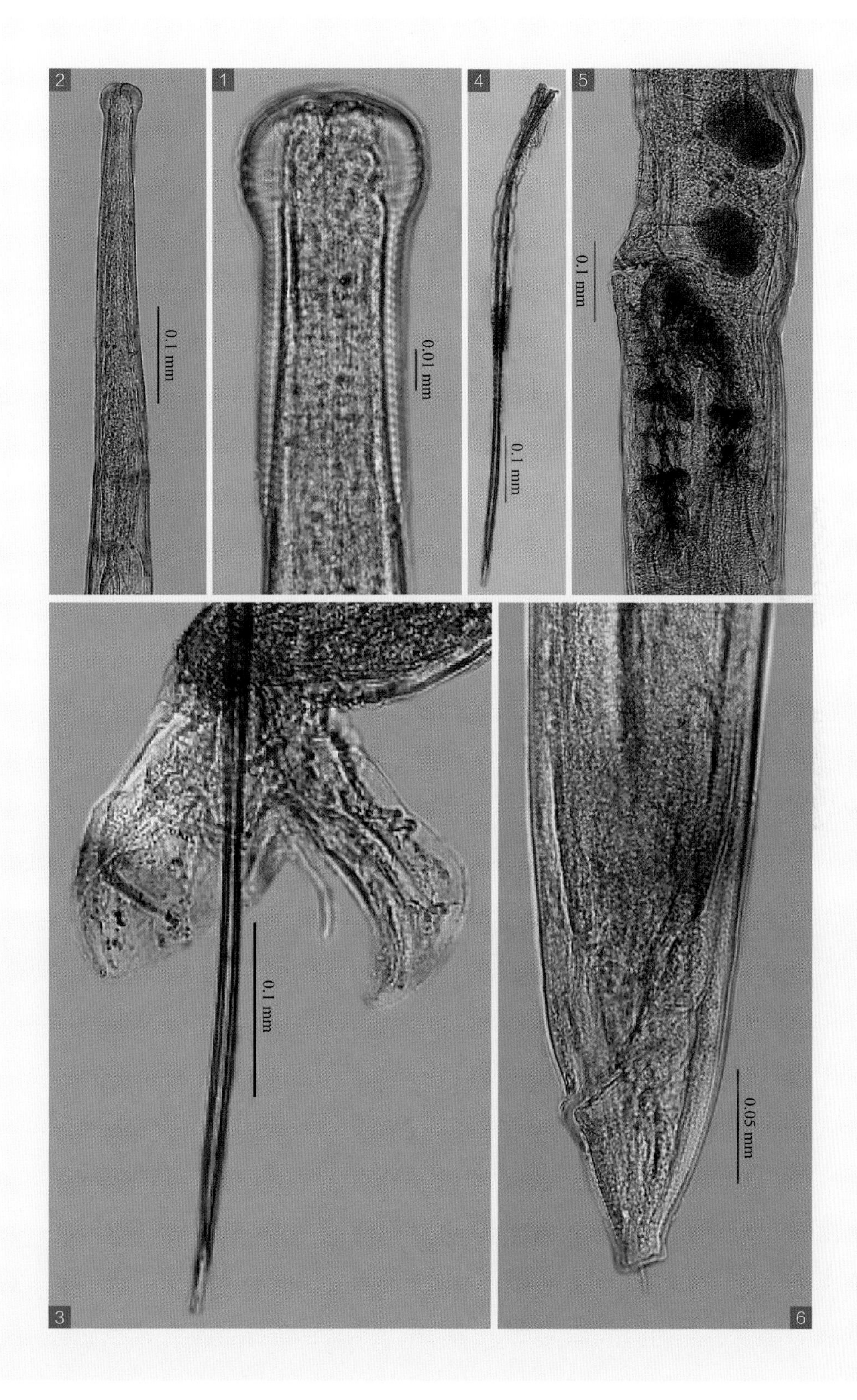
0.01 mm
0.1 mm
0.1 mm
0.1 mm
0.1 mm
0.05 mm

165 达氏细颈线虫

Nematodirus davtiani Grigoryan, 1949

【主要形态特点】

虫体前端细，后端粗。头端角皮膨大形成头泡，上有横纹。口孔周围有 6 个乳突，在口腔的背壁有 1 个齿。

【雄虫】

虫体大小为 9.1～10.2 mm×0.101～0.111 mm。食道长 0.414～0.433 mm。交合伞的 2 个侧叶宽，背叶不明显，在伞膜上有圆形或椭圆形的角质花纹（图 -1、图 -2、图 -3）。2 个腹肋起于同一主干，平行并列，长短几乎相等；3 个侧肋起于共同主干，前侧肋在中部向前面弯曲，并与中侧肋和后侧肋分离，末端不达伞缘；外背肋细长，是所有肋中最细的，末端不达伞缘；背肋短，在约中部分出 1 个短的侧支，末端不分叉（图 -1、图 -2、图 -3）。交合刺 1 对细长，呈黄褐色，长 0.865～0.991 mm，在远端 1/3 处稍弯，从交合刺中部稍前方开始由被膜包裹，该膜一直延伸至远端，包膜呈钝的矛状（图 -4）。

【雌虫】

虫体大小为 14.11～18.01 mm×0.120～0.250 mm。阴门呈横裂缝状，其上有 2 个不明显的唇片，距尾端 5.18～6.15 mm。排卵器长 0.396～0.486 mm。肛门距尾端 0.033～0.068 mm。

【宿主与寄生部位】

山羊、绵羊的小肠。

【虫体标本保存单位】

中国农业科学院上海兽医研究所

图 释

1 交合伞正面观及侧叶、腹肋、侧肋、外背肋、背肋等；

2 3 雄虫尾部及交合伞、腹肋、侧肋、外背肋、背肋、交合刺；

4 交合刺末端。

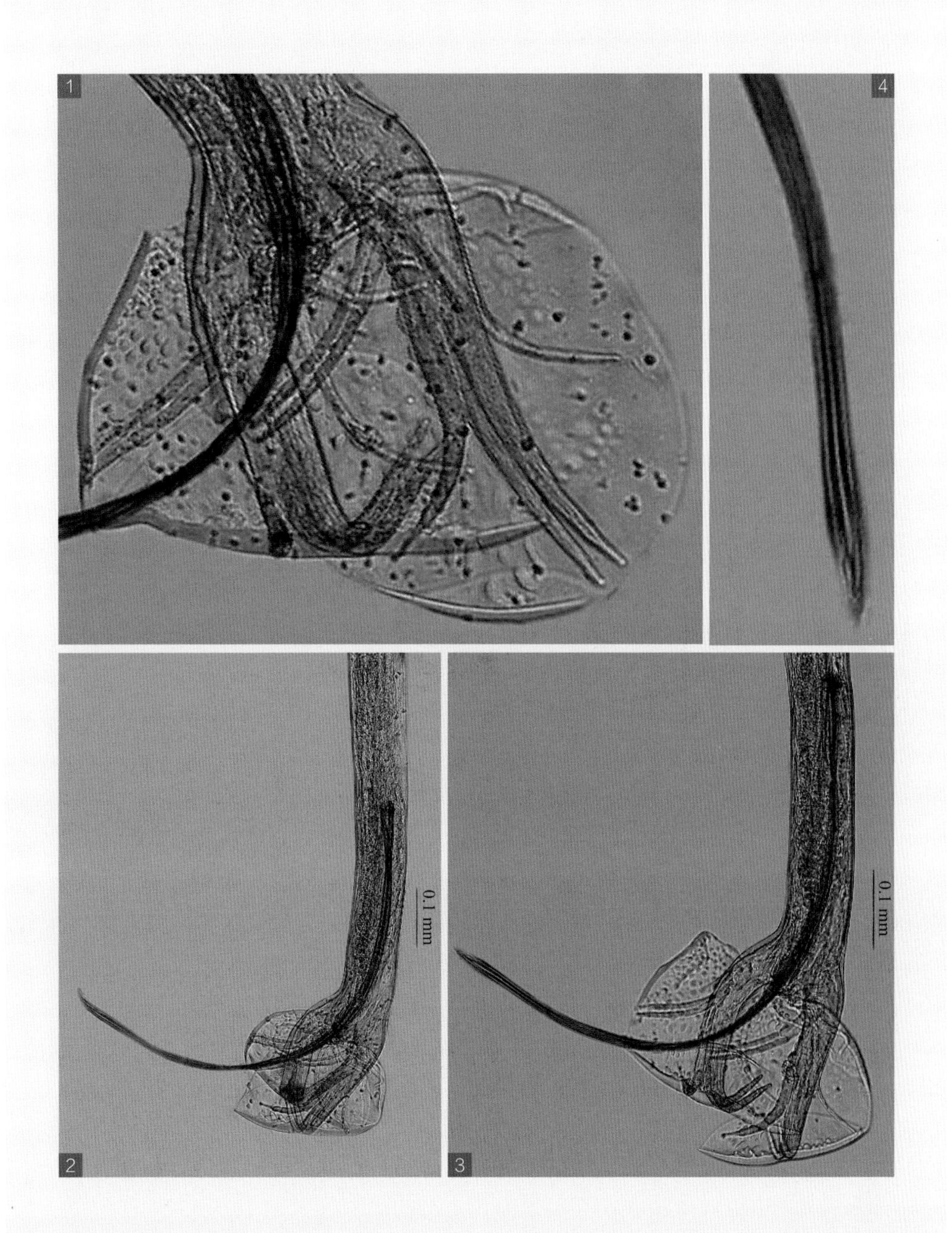
1
4
0.1 mm
0.1 mm
2
3

166 许氏细颈线虫

Nematodirus hsui Liang et al., 1958

【主要形态特点】

虫体前端有头泡和横纹，口孔周围乳突不明显，在口腔底部有1个呈三角形的齿（图-1）。无颈乳突。

【雄虫】

虫体大小为10.01～14.03 mm×0.092～0.140 mm。交合伞由2个发达的侧叶和小而不明显的背叶组成，背叶与侧叶之间有三角形缺陷（图-2、图-3、图-4）。在背叶中部有1个半圆形凹陷，将背叶分成2小叶，每小叶内有1个背肋。背肋末端各分为2小支，其内支伸达伞缘，外支向后外方卷曲（图-3）。交合刺1对细长，呈黄褐色，长0.981～1.302 mm，2根交合刺之间有一定距离，外有薄膜将2根包裹，2根交合刺在近远端分开，在主干与附接尖交界处，各向外弯曲，形成一个缺刻，然后两者尖端相接，形成附接尖，附接尖中央是空隙。附接尖周围的刺膜呈矛形，而交合刺远端的膜为长卵圆形（图-2、图-3、图-4、图-5）。

【雌虫】

虫体大小为12.82～19.01 mm×0.166～0.331 mm。阴门呈横裂缝状，无阴门盖。排卵器长0.383～0.583 mm。肛门距尾端0.057～0.091 mm，尾端有小刺。

【宿主与寄生部位】

牛、山羊、绵羊的小肠。

【虫体标本保存单位】

中国农业科学院上海兽医研究所

图 释

1 虫体头部及头泡、食道、神经环等；

2 3 雄虫尾部正面观及交合伞、腹肋、侧肋、外背肋、背肋、交合刺等；

4 雄虫尾部侧面观及交合伞侧叶、腹肋、侧肋、外背肋、背肋、交合刺等；

5 交合刺末端。

1
0.01 mm
2
0.1 mm
3
0.1 mm
0.1 mm
4
0.01 mm
5

167 单峰骆驼细颈线虫

Nematodirus dromedarii May, 1920

【雄虫】

虫体大小为 10.01～15.03 mm×0.21～0.26 mm。交合刺 1 对等长，长 5.01～5.36 mm，附接尖没有侧支或小突起（图 -2）。

【雌虫】

虫体大小为 20.01～29.02 mm×0.451～0.502 mm。阴门位于体后 1/3 处。肛门距尾端 0.145～0.150 mm。

【宿主与寄生部位】

骆驼的小肠。

【图片】

廖党金绘

图 释

1 雄虫尾端侧面观及腹肋、侧肋、外背肋、背肋；
2 交合刺末端。

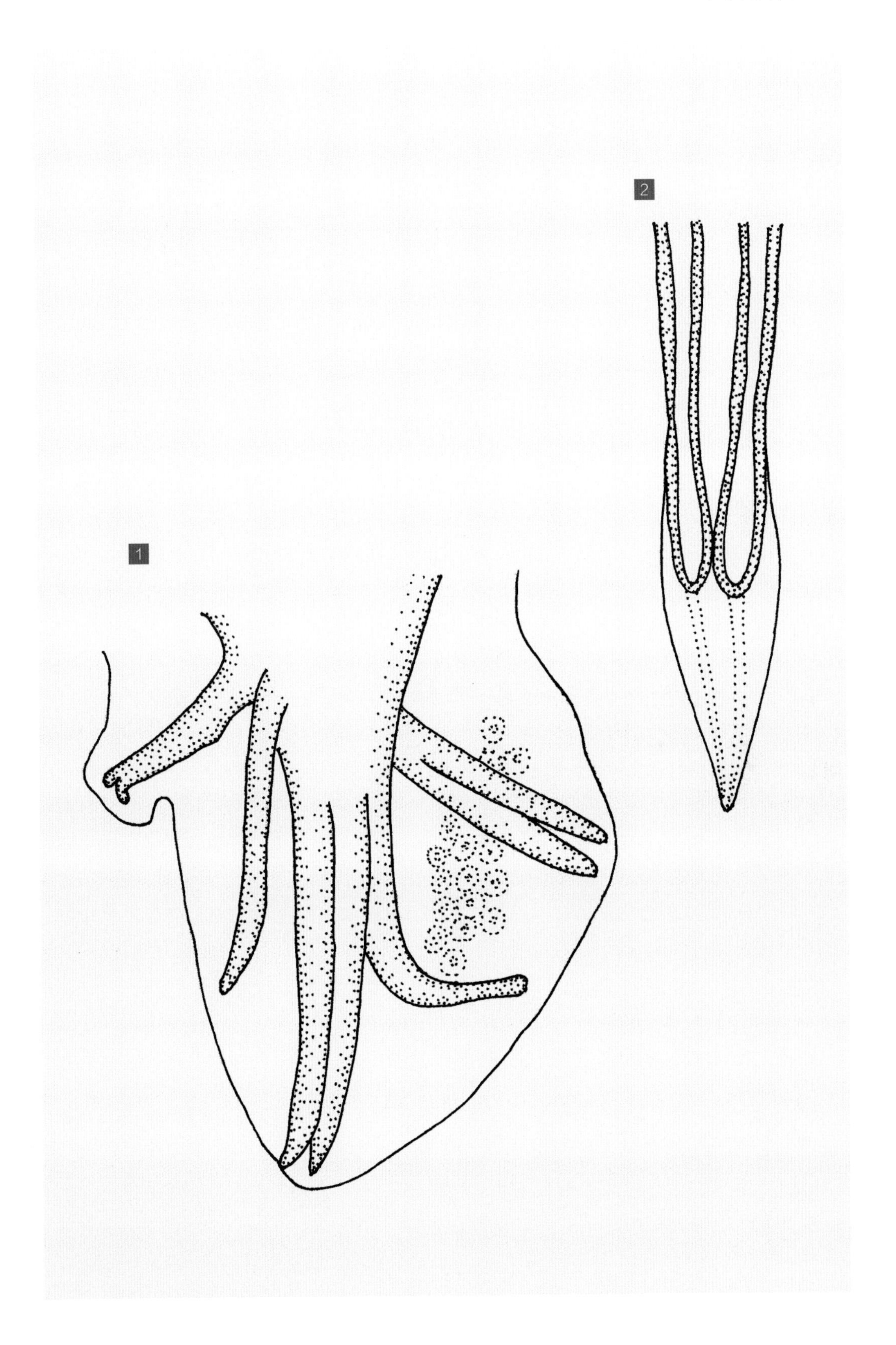
2
1

168 柄状（海尔维第）细颈线虫

Nematodirus helvetianus May, 1920

【种的特征】

头泡呈梨形，头部有不明显的横纹（图 -1）。

【雄虫】

虫体大小为 11.01～17.03 mm×0.15～0.21 mm。背叶不发达，中部有圆形凹的深陷，将背叶分成两部分，各有 1 个背肋支撑着。背肋粗短，2 个背肋的远端都弯向内侧，末端分为 2 小支；外背肋细而长，从背肋基部发出（图 -2）。交合刺 1 对等长，长 0.92～1.25 mm，附接尖末端尖锐，两侧有对称的侧支，呈三叉戟状，并有长三角形（或刺络针状）的刺膜包围（图 -3）。

【雌虫】

虫体长为 18.01～25.02 mm。阴门呈横缝状，没有阴唇，阴门距尾端 1.14～1.28 mm（图 -4）。在阴门后逐渐变细。排卵器长 0.476～0.593 mm。尾端钝平，有尾刺（图 -5）。虫卵大小为 0.160～0.231 mm×0.085～0.121 mm。

【宿主与寄生部位】

牛、绵羊、山羊、骆驼的小肠。

【图片】

廖党金绘

图 释

1 虫体头部及头泡；
2 雄虫尾部正面观及交合伞、腹肋、侧肋、外背肋、背肋；
3 交合刺；
4 雌虫阴门区侧面观；
5 雌虫尾部侧面观及肛门、尾刺等。

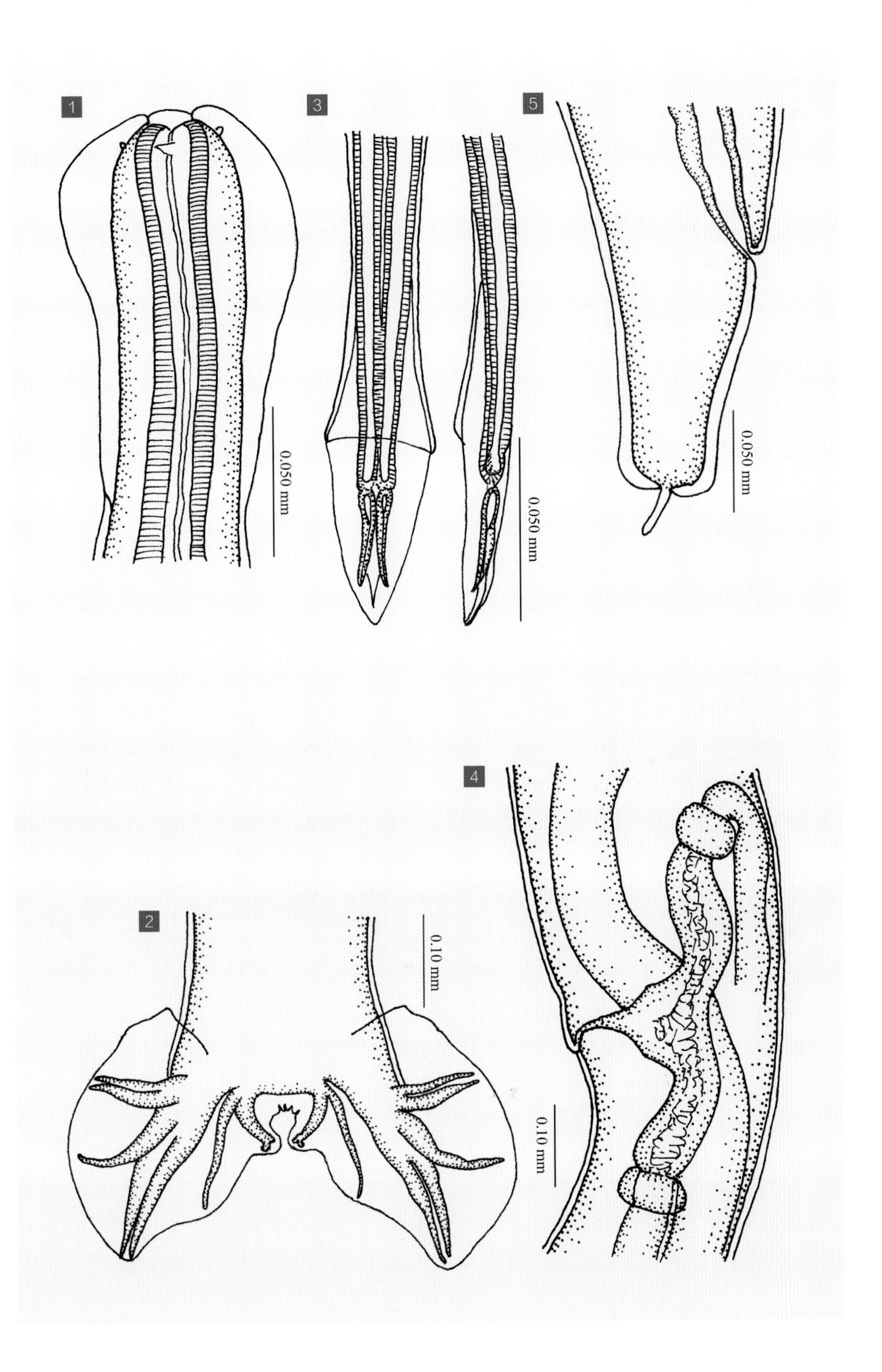
1
0.050 mm
3
0.050 mm
5
0.050 mm
2
0.10 mm
4
0.10 mm

剑形属 *Obeliscoides* Graybill, 1924

同物异名：柱头属（*Oblisdlides*）。虫体有颈乳突。雄虫交合伞的侧叶发达，背叶小。交合刺粗短，远端分叉并有一倒钩，无引带，有伞前乳突。雌虫阴门开口于虫体后 1/4 处。

169 特氏剑形线虫

Obeliscoides travassosi Liu et Wu, 1941

【主要形态特点】

虫体呈粉红色。头端有 2 个较大的侧器和 4 对亚中乳突。口呈三角形，被 3 个不太清楚的唇片围绕，无口囊。食道短，其后部呈棒状。颈乳突位于食道中部稍后。表皮有纵线和明显的横纹。

【雄虫】

虫体大小为 6.51～8.02 mm×0.154～0.168 mm。食道长 0.425～0.461 mm。交合伞有 2 个侧叶和 1 个小的背叶，背叶腹面有一小的中央叶，由 1 个较细的尖端分叉的中央肋支撑。前腹肋和后腹肋从同一主干分出，前腹肋小，两腹肋的尖端接近；前侧肋大，与中侧肋和后侧肋分开，后两者由共同基干发出并紧靠在一起（图 -1）。外背肋从背肋分出，背肋分支，每个分支呈二指状，在背肋基干中部的每一边分出 1 个侧支，它们均位于交合伞的背叶内（图 -2）。交合刺 1 对等长，长 0.271～0.302 mm，短而粗壮，有翼状膜，每根交合刺主干末端有 1 倒钩，主干内侧有 1 个较细而尖的突出（图 -3）。无引带。有 1 对较发达的伞前乳突。

【雌虫】

虫体大小为 8.81～11.12 mm×0.171～0.217 mm。食道长 0.446～0.491 mm。阴门距尾端 1.981～2.231 mm，位于体后 1/4 或 1/5 处。尾端尖，尾长 0.201～0.262 mm。虫卵呈椭圆形，大小为 0.056～0.068 mm×0.030～0.036 mm。

【宿主与寄生部位】

兔的胃。

【图片】

廖党金绘

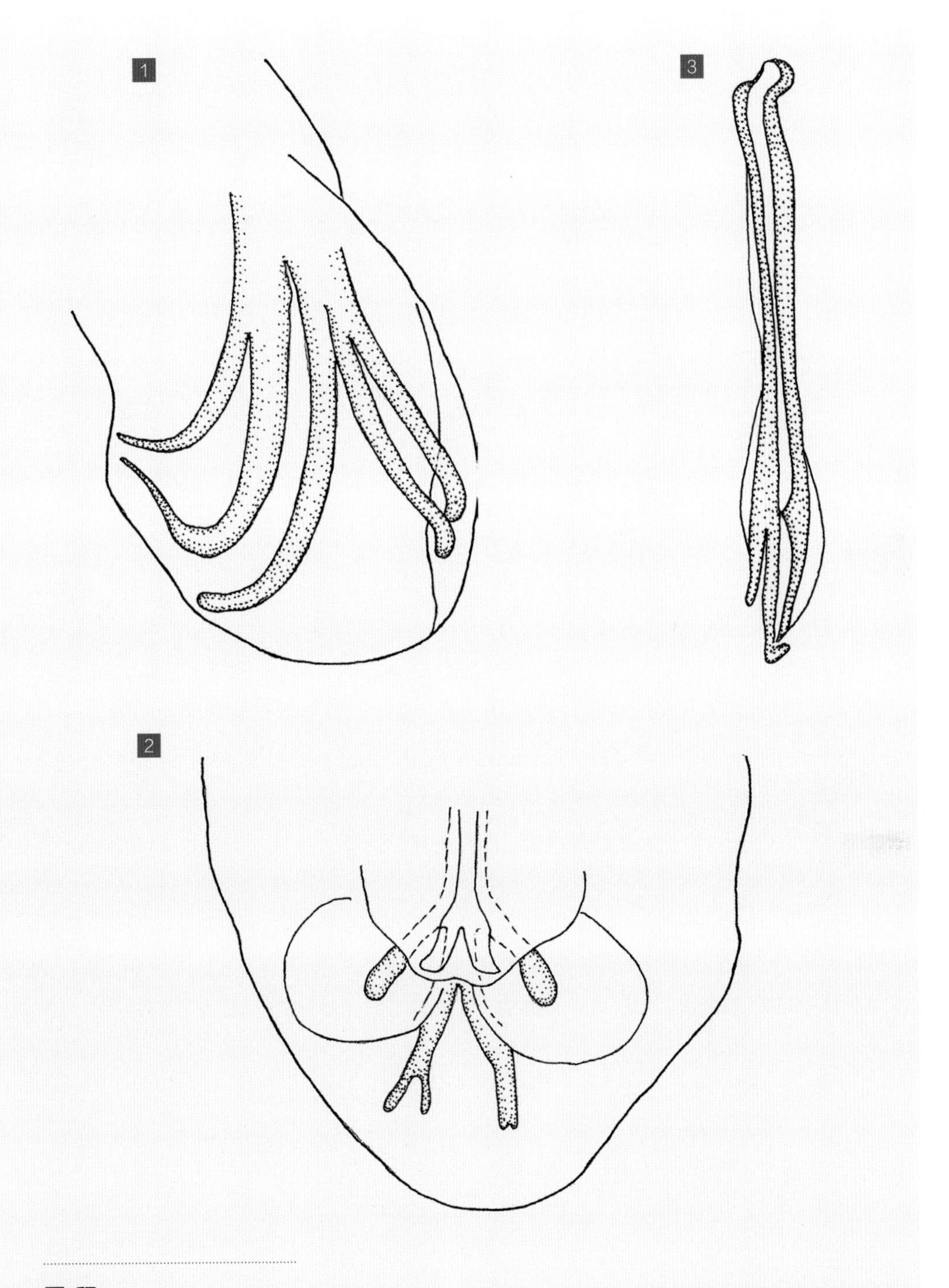

图 释

1 交合伞侧叶观；
2 交合伞背叶正面观及背肋、附属物等；
3 交合刺。

鸟圆属 *Ornithostrongylus* Travassos, 1914

头端角皮膨大并有横纹。雄虫交合伞有 2 个发达的侧叶和 1 个很小的背叶。无副伞膜。交合刺 1 对等长，末端有 3 个尖的突出。有引带。雌虫阴门位于虫体后 1/2，尾呈圆锥形，末端钝，有 1 角质小刺。

170 四射鸟圆线虫

Ornithostrongylus guadriradiatus (Stevenson, 1904) Travassos, 1914

【主要形态特点】

新鲜虫体呈红色（图 –1），头端有头泡，口孔周围有 6 个乳突，体表有许多纵线（图 –2）。

【雄虫】

虫体大小为 8.3～12.0 mm×0.75 mm。食道长 0.407 mm。排泄孔距头端 0.278 mm。交合伞背叶无明显的划区（图 –3、图 –4）。背肋粗短，在末端分为 2 个短支，每支末端再分 2 小支，内支末端 2 小支有刺状的叉支（图 –5）。交合刺长 0.15～0.16 mm，每根交合刺的末端均有 3 个尖的突出（图 –3、图 –4）。有引带，分叉，形成 1 个不完全的环。有伞前乳突。

【雌虫】

虫体大小为 18.0～24.0 mm×0.15 mm。阴门开口于距尾端 5.0 mm 处，肛门距尾端 0.144 mm。尾端有小的刺状突起，长 0.018 mm。虫卵大小为 0.070～0.075 mm×0.038～0.040 mm。

【宿主与寄生部位】

鸡的小肠。

【虫体标本保存单位】

中国农业科学院上海兽医研究所

图 释

1 成虫，左为雄虫，右为雌虫；
2 虫体头部观及头泡、食道、神经环等；
3 雄虫尾部侧面观及交合伞、交合刺、腹肋、侧肋等；
4 雄虫尾部正面观及交合伞、交合刺、腹肋、侧肋等；
5 外背肋、背肋等；
6 雌虫尾部侧面观。

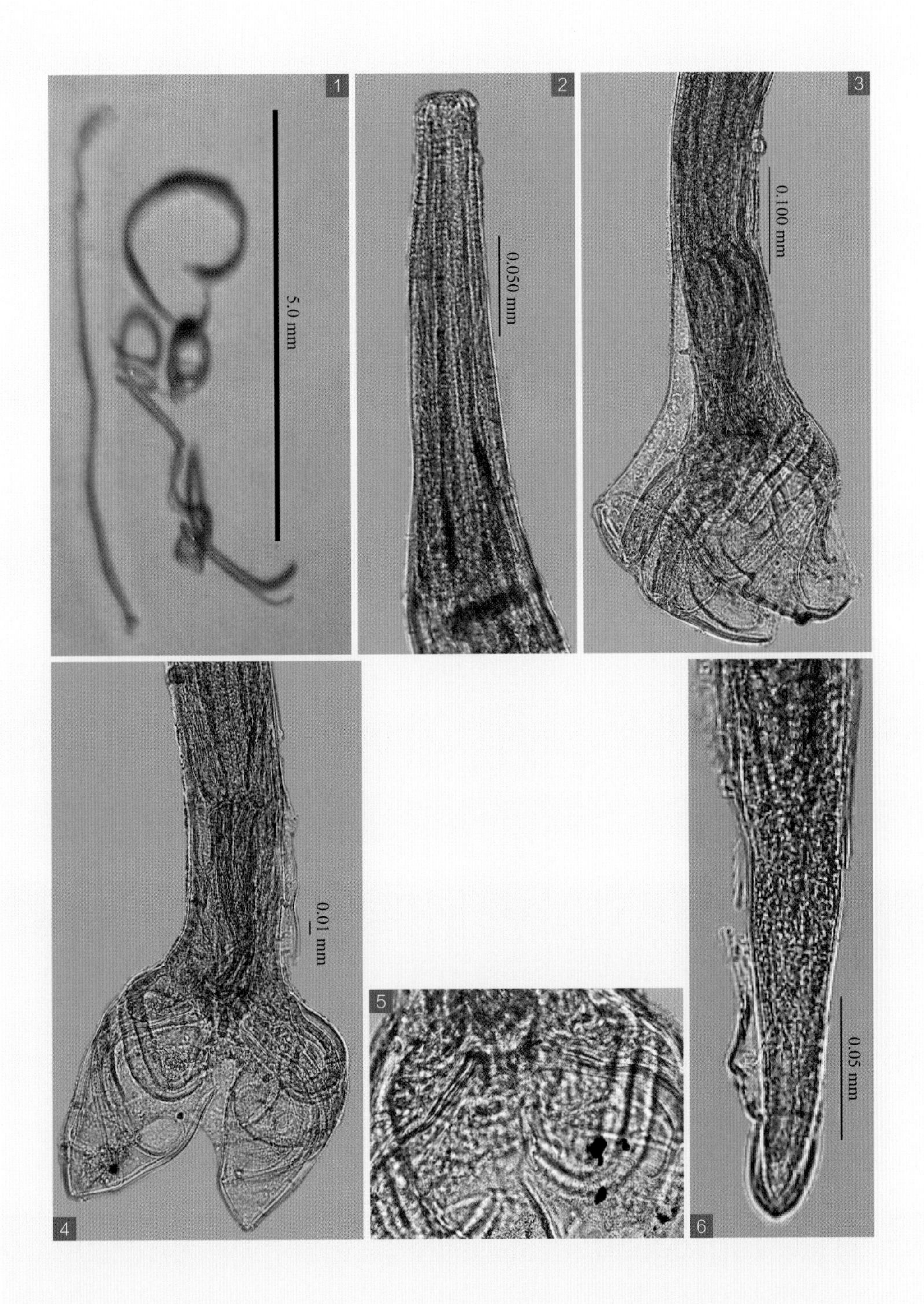
1
5.0 mm
2
0.050 mm
3
0.100 mm
4
0.01 mm
5
6
0.05 mm

奥斯特属 *Ostertagia* Ransom, 1907

口囊小，颈乳突明显。雄虫的交合伞侧叶大，背叶小，叶间无明显界限，有些虫种有附加伞膜。腹肋末端近伞缘，前侧肋一般不达伞缘，外背肋从背肋主干基部发出；背肋短，常在主干 1/2 或 1/3 处分为 2 支，分支末端再分小支。交合刺 1 对，有的种不等长，常在远端分为 2 支或 3 支，侧腹支较长而粗于其他支。伞前乳突发达，有引带。雌虫阴门位于虫体后部，阴唇隆起。

171 奥氏奥斯特线虫

Ostertagia ostertagia (Stiles, 1892) Ransom, 1907

【主要形态特点】

虫体呈浅棕色，前端较细，头端钝圆。口囊小，口囊周围角皮膨大（图 –2），体表有纵纹。食道呈长圆柱形，颈乳突明显，位于食道中部水平附近处，神经环位于头端至颈乳突的中央（图 –3）。

【雄虫】

虫体大小为 7.1～8.6 mm×0.10～0.13 mm。食道长 0.61～0.62 mm。颈乳突距头端 0.30～0.34 mm，神经环距头端 0.224～0.271 mm，排泄孔距头端 0.276～0.332 mm。交合伞小，其侧叶大小为 0.13 mm×0.13 mm，背叶长 0.038 mm。前侧肋较粗大，其余肋大小约相等（图 –4、图 –5）。背肋细而短，在远端 1/3 处分为 2 支，每支末端又分为 3 小支（图 –6），主干长 0.041～0.058 mm，分支长 0.0176 mm。交合刺 1 对等长，在远端 1/4 处分为 3 支，外侧支较长，末端呈截形，中腹支和背支较短，末端呈倒钩状（图 –4、图 –5、图 –7）。交合刺长 0.207～0.281 mm，最宽 0.021～0.024 mm，在远端分 3 支，外侧支长 0.051～ 0.056 mm，腹支长 0.040～0.0502 mm，背支长 0.032～0.048 mm。引带呈球拍状，大小为 0.077～0.082 mm×0.013 mm。

【雌虫】

虫体大小为 6.61～10.02 mm×0.101～0.181 mm。食道长 0.63～0.71 mm。颈乳突距头端 0.30～0.36 mm，神经环距头端 0.203 mm，排泄孔距头端 0.291 mm。阴门横裂，外被唇片，阴道深 0.03 mm。排卵器（包括括约肌）长 0.232～0.265 mm。阴门位于体后部，距尾端 1.17～1.43 mm。尾长 0.116～0.141 mm。

【宿主与寄生部位】

黄牛、牦牛、山羊、绵羊的真胃和小肠。

【虫体标本保存单位】

中国农业科学院上海兽医研究所

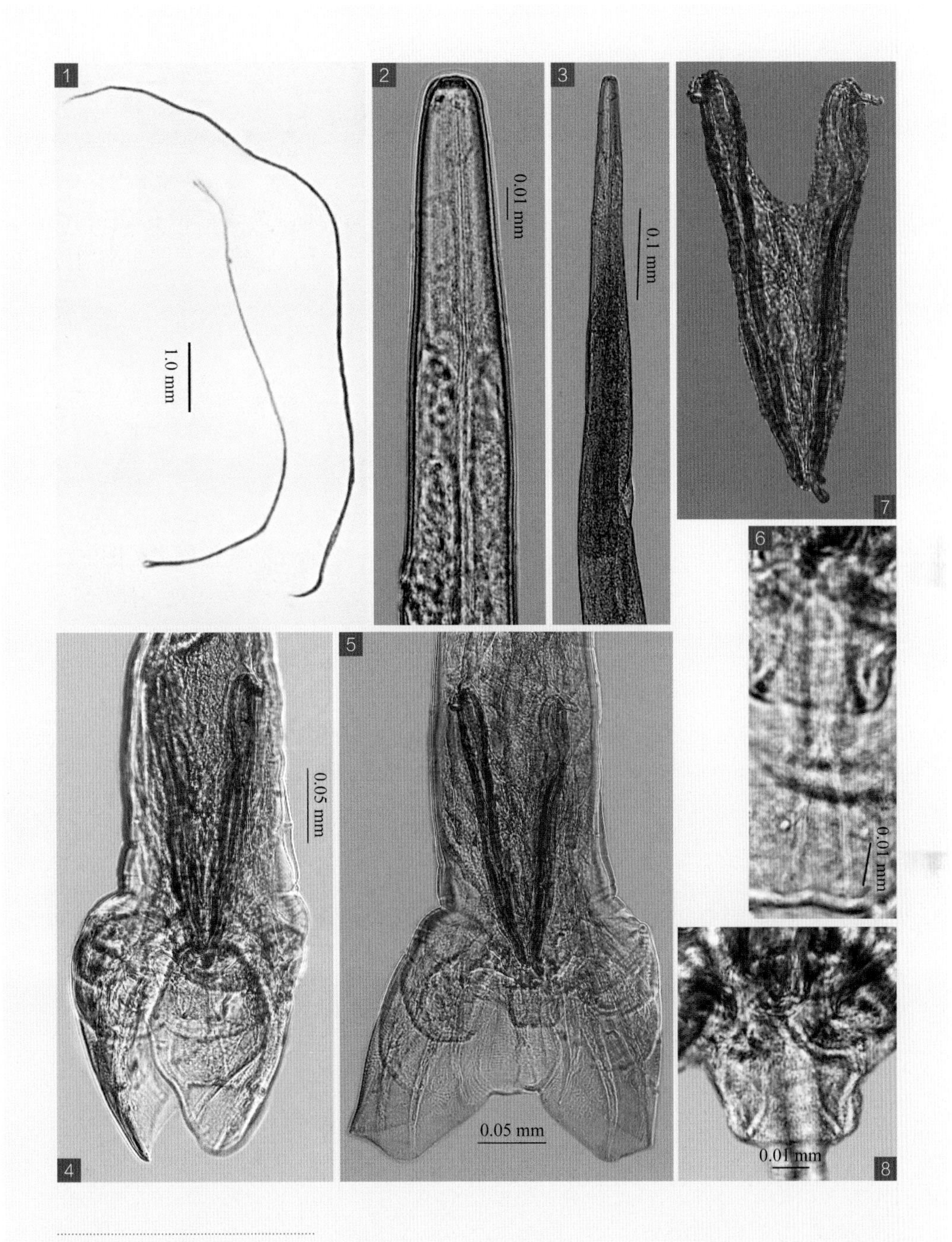

图 释

1 成虫，左为雄虫，右为雌虫；

2 虫体头部正面观及口囊、排泄孔等；

3 虫体头部及食道、神经环等；

4 5 雄虫尾部正面观及交合伞、腹肋、侧肋、外背肋、背肋、交合刺等；

6 背肋；

7 交合刺；

8 生殖锥。

172 普通奥斯特线虫

Ostertagia circumcincta (Stadelmann, 1894) Ransom, 1907

【主要形态特点】

虫体呈黄褐色，两端纤细，体表有粗纵纹和细横纹。口囊小，头囊不显著，食道呈圆柱形（图 –1）。颈乳突位于食道中部水平附近处，神经环位于食道前部（图 –1）。排泄孔位于神经环稍前方。

【雄虫】

虫体大小为 8.1～10.4 mm×0.08～0.16 mm。食道长 0.57～0.69 mm。颈乳突距头端 0.24～0.43 mm，神经环距头端 0.21～0.34 mm，排泄孔距头端 0.21～0.32 mm。交合伞发达，其宽度大于长度，背肋于远端 1/2 处分成左右 2 支，每个分支在中部向外分出 1 小支，并在延长部末端又各分出 2 个小叉支（图 –4）。交合刺 1 对细而长，在远端 1/4 处分成 3 小支，侧支较粗长，背支次之，腹支最短，末端有薄膜联系（图 –2、图 –3、图 –4）。交合刺长 0.27～0.37 mm，分支处宽 0.015～0.020 mm，外支长 0.081～0.094 mm，末端呈结节状，背支长 0.049～0.073 mm，腹支长 0.038～0.049 mm。引带呈球拍状，大小为 0.056～0.101 mm×0.021～0.030 mm。

【雌虫】

虫体大小为 11.1～13.3 mm×0.12～0.21 mm。食道长 0.63～0.75 mm。颈乳突距头端 0.33～0.44 mm，神经环距头端 0.27～0.32 mm。阴门位于体后部，距尾端 2.32～2.65 mm，阴门外有唇瓣，排卵器（包括括约肌）长 0.32～0.47 mm（图 –5）。肛门距尾端 0.14～0.22 mm，尾端尖，有横纹（图 –6）。

【宿主与寄生部位】

水牛、黄牛、山羊、绵羊的小肠和真胃。

【虫体标本保存单位】

四川省畜牧科学研究院

图 释

1 虫体头部正面观及食道、神经环、颈乳突位置等；

2 3 雄虫尾部正面观及交合刺、侧肋等；

4 交合伞正面观及腹肋、侧肋、背肋等；

5 雌虫阴门及唇瓣等；

6 雌虫尾部侧面观及肛门、尾尖等。

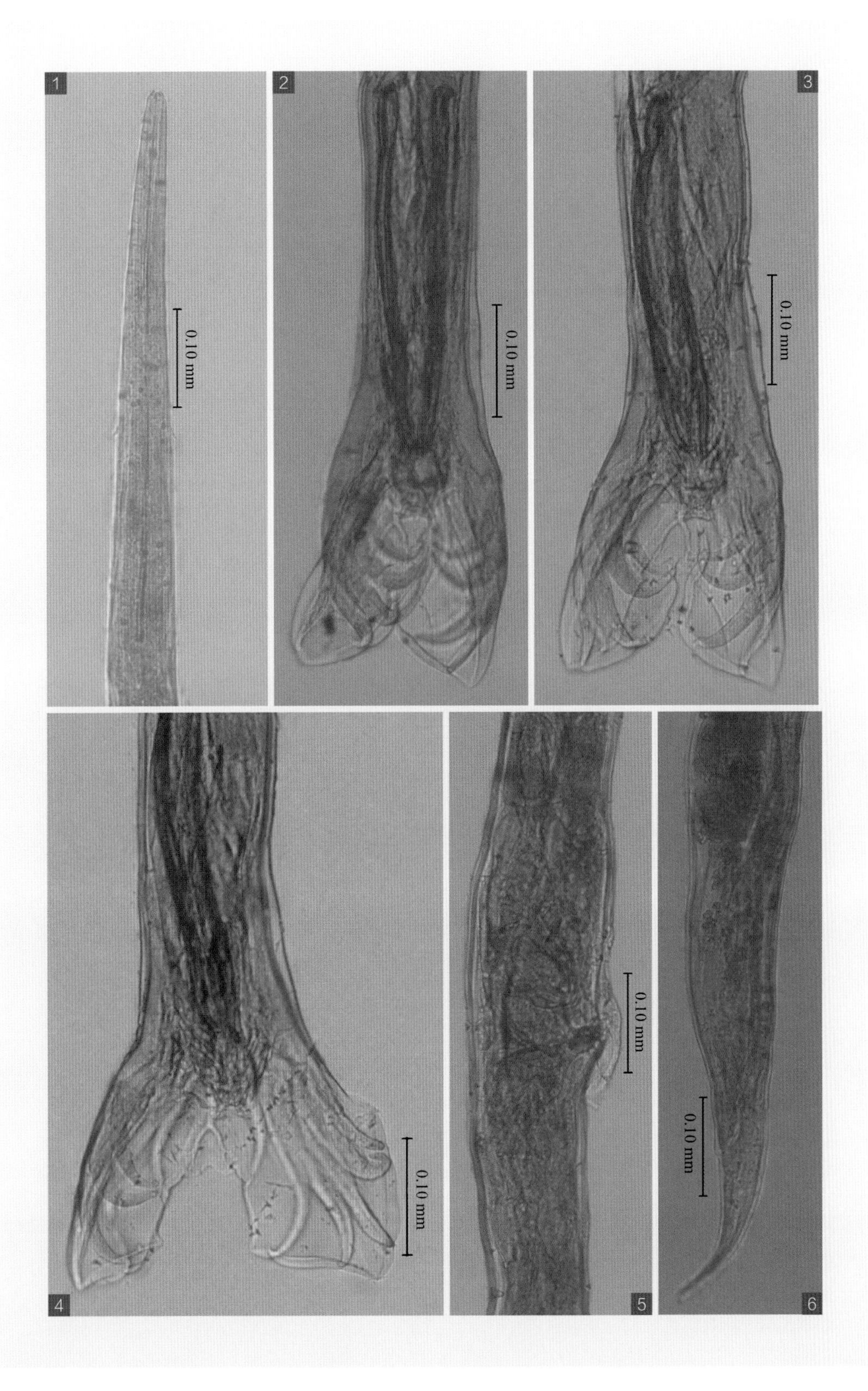
1
2
3
4
5
6
0.10 mm
0.10 mm
0.10 mm
0.10 mm
0.10 mm
0.10 mm

173 吴兴奥斯特线虫

Ostertagia wuxingensis Ling, 1958

【主要形态特点】

虫体呈浅棕色，体表有粗纵纹和细横纹，体前端较细，头端钝圆，口囊周围角皮膨大（图 -1）。食道呈棒状，颈乳突位于食道中部稍后水平处，神经环位于食道前 1/3 与中 1/3 交界处（图 -1）。

【雄虫】

虫体大小为 9.75～10.50 mm×0.130～0.195 mm。食道长 0.60～0.71 mm。颈乳突距头端 0.32～0.42 mm，神经环距头端 0.245～0.370 mm。交合伞的背叶小而侧叶较长大，在伞膜上布满大小不等的泡状花纹，远端有指状条纹（图 -2、图 -3），交合伞的 2 个侧叶大小为 0.22～0.26 mm。背肋主干长 0.05 mm，分支长 0.04 mm，背肋主干在其约中部分为 2 支，每支远端外侧有 2～3 个芽状突（图 -4）。交合刺 1 对等长，在远端 1/3 处分为 3 支，背支稍长，远端钝；侧腹支次之，远端呈锥形；中腹支短，远端呈钩状（图 -2、图 -3）。交合刺长 0.28～0.33 mm，背支长 0.053～0.063 mm，侧腹支长 0.038～0.065 mm，腹支长 0.030～0.061 mm。引带长 0.075～0.089 mm，最宽为 0.023～0.030 mm。

【雌虫】

虫体大小为 10.5～13.0 mm×0.134～0.168 mm。食道长 0.635～0.730 mm。颈乳突距头端 0.31～0.40 mm，神经环距头端 0.25～0.33 mm。阴门斜裂向后，有舌状盖（图 -6），阴门距尾端 1.90～2.56 mm。排卵器（包括括约肌）大小为 0.410～0.500 mm×0.067～0.080 mm。肛门距尾端 0.15～0.18 mm，尾端有环状纹（图 -7）。

【宿主与寄生部位】

黄牛、山羊、绵羊的真胃。

【虫体标本保存单位】

四川省畜牧科学研究院

图 释

1 虫体头部正面观及食道、颈乳突、神经环等；
2 3 雄虫尾部正面观及交合伞、侧肋、腹肋等；
4 背肋；
5 生殖锥；
6 雌虫阴门等；
7 雌虫尾部侧面观及肛门等。

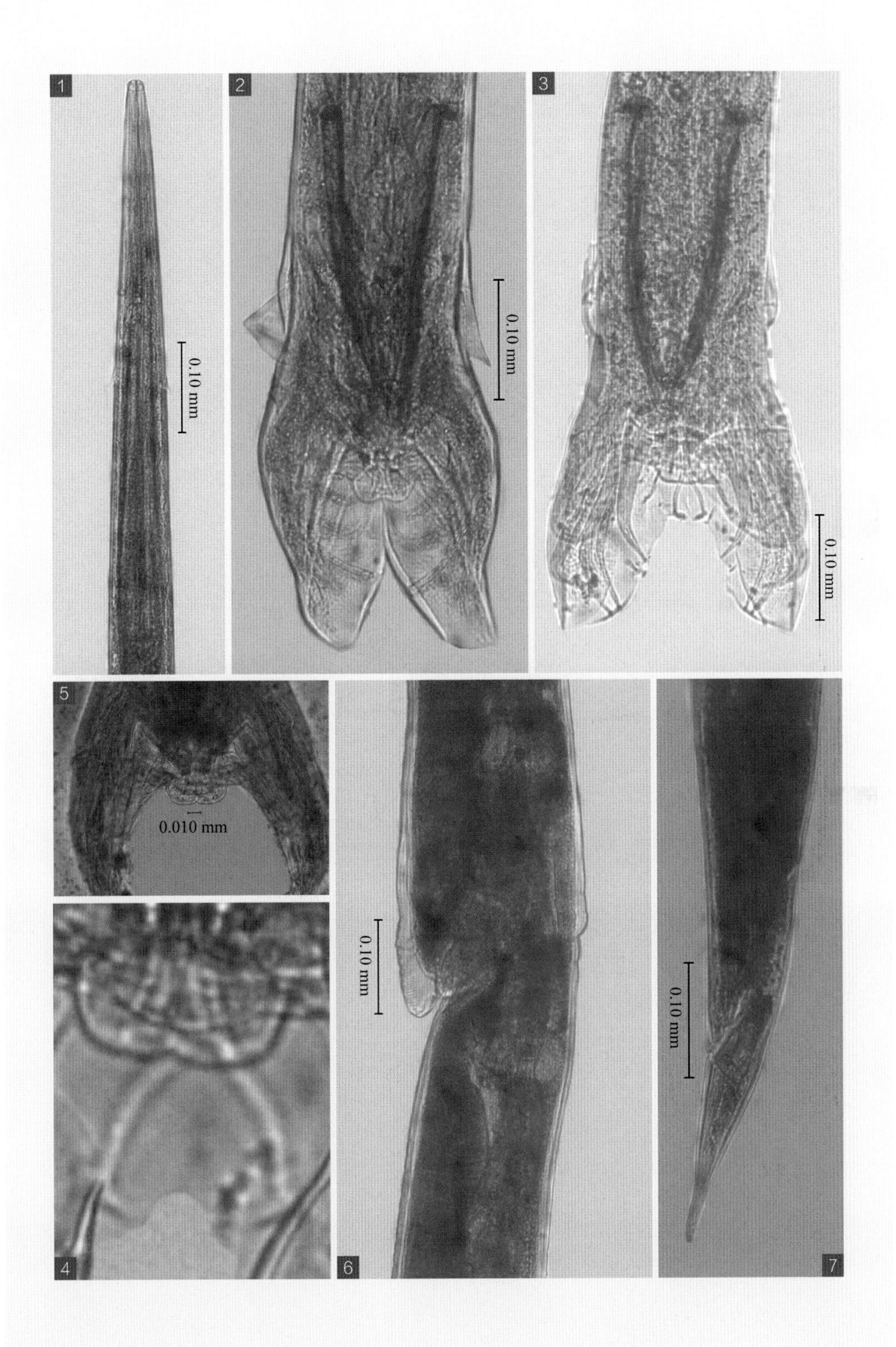
1
2
3
4
5
6
7
0.10 mm
0.10 mm
0.10 mm
0.010 mm
0.10 mm
0.10 mm

174 三叉奥斯特线虫

Ostertagia trifurcata Ransom, 1907

【主要形态特点】

虫体呈黄褐色，体表有粗纵纹，头端尖细。食道呈圆柱形，颈乳突位于食道中部稍后方水平处，神经环位于食道中部稍前（图 –1）。

【雄虫】

虫体大小为 8.6～10.5 mm×0.12～0.14 mm。食道长 0.53～0.67 mm。颈乳突距头端 0.335～0.380 mm，神经环距头端 0.233～0.260 mm，排泄孔距头端 0.33 mm。交合伞分 3 叶，侧叶大而背叶较小（图 –2、图 –3），在伞膜上有密集的花纹（图 –4），其大小为 0.268～0.325 mm×0.300～0.352 mm。后腹肋、前侧肋、中侧肋大小几乎相等，前腹肋较小，后侧肋和外背肋及背肋未达伞缘，其余肋达伞缘或近伞缘（图 –2、图 –3）。背肋在全长 1/2 处后分成 2 支，每个分支在中部外侧分出 1 指形小支，主支末端又各分成 2 叉支（图 –5）。交合刺 1 对等长，长 0.198～0.258 mm，在交叉处最宽 0.02～0.03 mm；在远端 1/3 处附近分成 3 支，外侧支较粗而长，末端呈靴形；其余 2 支较细短，末端尖。3 个分支外围有透明膜，外侧支长 0.065～0.093 mm，腹支长 0.0325～0.0400 mm，背支长 0.0275～0.0380 mm。引带呈圆柱形，两端较细而钝圆，中部稍宽并有浅沟，长 0.0650～0.0875 mm，最宽处为 0.015～0.020 mm。

【雌虫】

虫体大小为 10.5～13.0 mm×0.13～0.18 mm。食道长 0.53～0.68 mm。颈乳突距头端 0.30～0.36 mm，神经环距头端 0.24～0.28 mm。阴门位于体后部，无唇瓣覆盖（图 –6），阴门距尾端 2.00～2.43 mm。排卵器（包括括约肌）长 0.32～0.56 mm，尾呈锥形，尖而细，末端膨大，有 5～6 条明显的环纹。

【宿主与寄生部位】

黄牛、山羊、绵羊的真胃。

【虫体标本保存单位】

四川省畜牧科学研究院

图 释

1 虫体头部正面观及乳突、食道、神经环等；
2 雄虫尾部正面观及交合刺、侧肋、腹肋等；
3 雄虫尾部侧面观及交合刺、腹肋、侧肋、背肋等；
4 交合伞膜上的密集花纹；
5 背肋；
6 雌虫阴门及排卵器等。

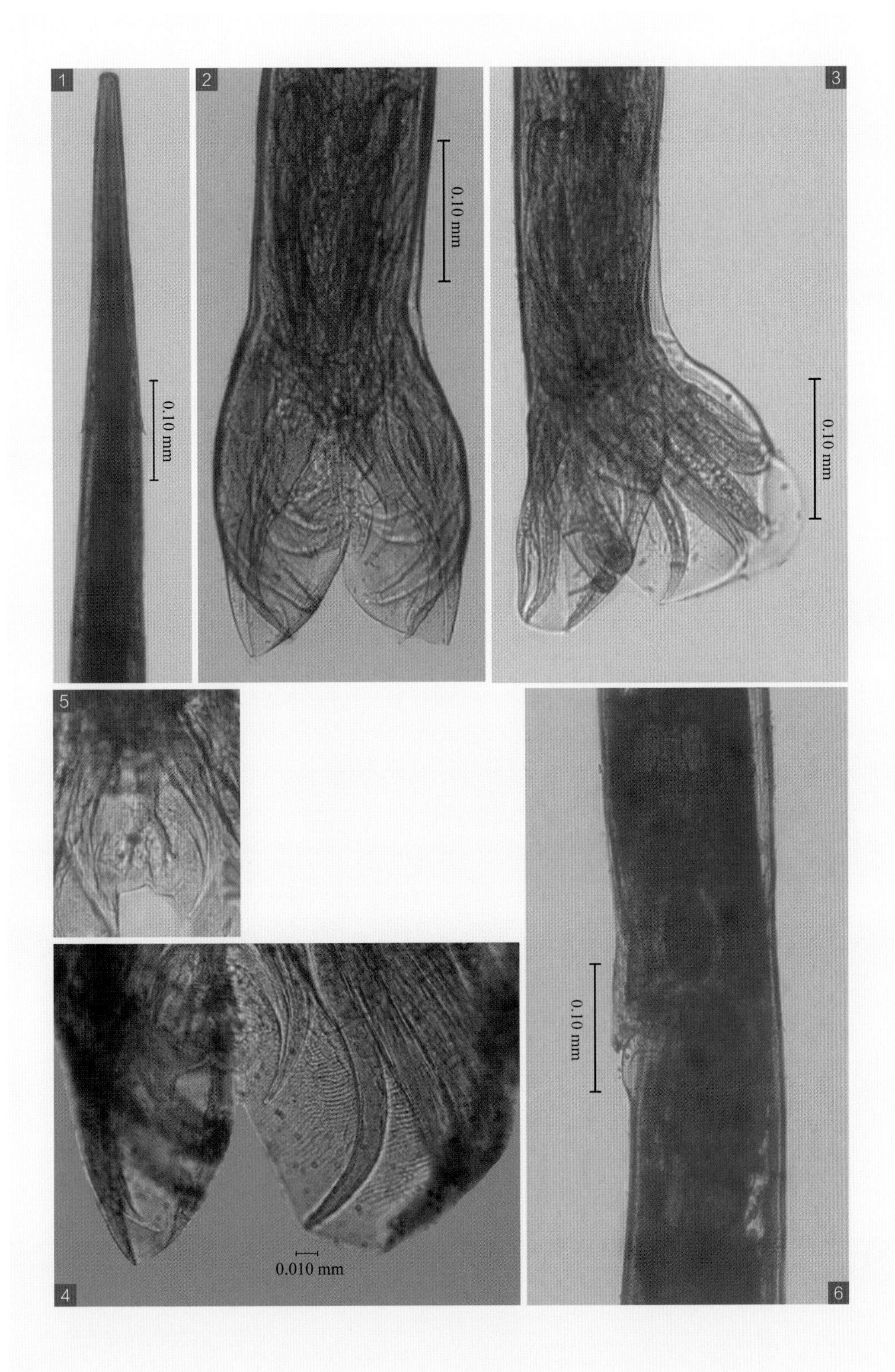
1
0.10 mm
2
0.10 mm
3
0.10 mm
5
4
0.010 mm
0.10 mm
6

175 西方奥斯特线虫

Ostertagia occidentalis Ransom, 1907

【主要形态特点】

虫体呈淡棕色丝状，体表角皮层有 30～32 条纵纹，无横纹，颈乳突位于食道中部（图 -1）。

【雄虫】

虫体大小为 8.74～16.00 mm×0.183～0.199 mm。食道长 0.780～0.986 mm。颈乳突距头端 0.199～0.342 mm。交合伞发达，由 2 个大的侧叶和 1 个小的背叶组成，交合伞的伞膜边缘有横纹，中部有大小不等的泡状花纹（图 -2、图 -3）。前腹肋与后腹肋起于同一主干，前腹肋比后腹肋细，2 肋在近端分开，远端逐渐变细而靠近，且向腹面弯曲，均伸达伞缘；在 3 个侧肋中后侧肋最细，中侧肋和后侧肋稍弯向背方，并伸达伞缘（图 -2、图 -3）。外背肋细长，其末端近伞缘，背肋长 0.232～0.320 mm，在距背肋主干基部 0.194～0.200 mm 处分为 2 支，每支远端有 1 小侧支，末端又分为 2 小支（图 -4）。交合刺 1 对等长，呈棕褐色（图 -2、图 -3），长 0.245～0.340 mm；交合刺在中部分为 3 支，其中背支最粗，末端切平，并有帽状刺膜包围，其长度稍短于侧腹支；侧腹支末端呈斜切状，有刺膜包围，粗细介于背支和中腹支之间；中腹支最短，末端呈锥形。引带呈矛形，近端分叉，长 0.110～0.145 mm，宽 0.011～0.020 mm。有伞前乳突。

【雌虫】

虫体大小为 7.48～14.54 mm×0.210～0.222 mm。阴门呈横裂状，有阴门盖（图 -5），阴门距尾端 1.67～3.01 mm。排卵器长 0.41～0.63 mm。肛门距尾端 0.140～0.166 mm。肛门以后尾部逐渐变细（图 -6）。尾端有 3～4 个环。

【宿主与寄生部位】

黄牛、山羊、绵羊的真胃。

【虫体标本保存单位】

四川省畜牧科学研究院

图 释

1 虫体头部正面观及颈乳突、食道等；
2 3 雄虫尾部正面观及交合刺、腹肋、侧肋、背肋等；
4 背肋；
5 雌虫阴门及阴门盖；
6 雌虫尾部侧面观及肛门等。

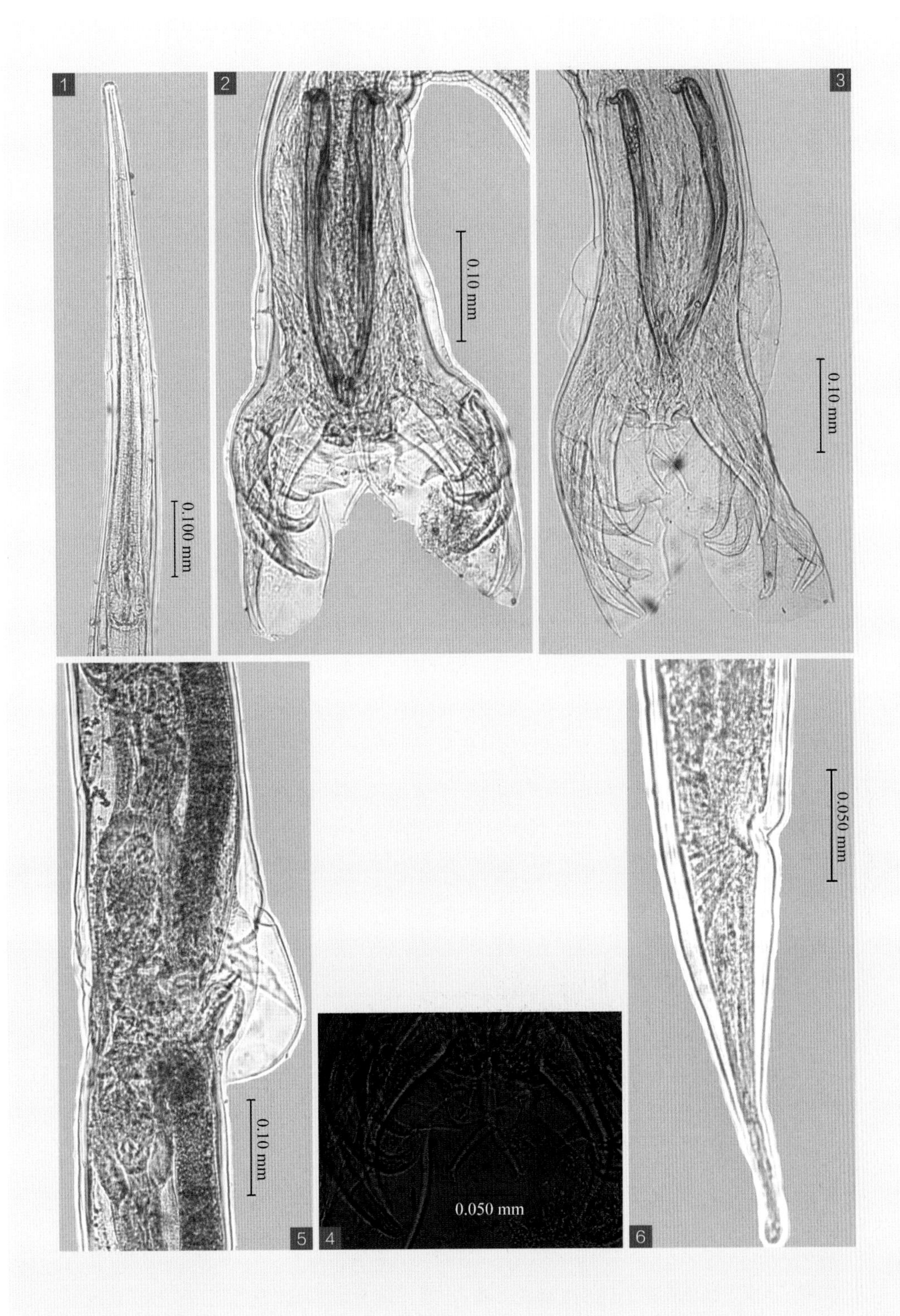
1
0.100 mm
2
0.10 mm
3
0.10 mm
5
0.10 mm
4
0.050 mm
6
0.050 mm

176 斯氏奥斯特线虫

Ostertagia skrjabini Shen, Wu et Yen, 1959

【主要形态特点】

虫体呈棕黄色，体表有 30 条明显的纵纹。头囊稍膨大，食道呈圆柱形，颈乳突位于食道中部水平处，神经环位于食道前 1/3 附近（图 –1）。

【雄虫】

虫体大小为 7.97～10.00 mm×0.137～0.164 mm，头端宽 0.018～0.023 mm。食道长 0.64～0.74 mm。颈乳突距头端 0.33～0.39 mm，神经环距头端 0.25～0.28 mm。交合伞有大小不等的泡状花纹（图 –4），背肋在 2/3 处分成 2 支，每支在远端分出 1 个小侧支和 1 个小乳状突，背肋长 0.195～0.209 mm，分支距近端 0.114～0.135 mm，分支长 0.047～0.060 mm（图 –5）。交合刺 1 对等长，在远端 1/3 处分为 3 支：侧腹支较长，长 0.101～0.115 mm，末端膨大呈结节状；中腹支次之，长 0.077～0.094 mm，末端尖；背支短，长 0.065～0.081 mm，末端呈倒钩状（图 –2、图 –3、图 –6）。引带呈梭形，长 0.100～0.134 mm，远端有凹槽。

【雌虫】

虫体大小为 11.0～13.1 mm×0.14～0.17 mm。食道长 0.65～0.76 mm。颈乳突距头端 0.28～0.39 mm，神经环距头端 0.23～0.30 mm。阴门位于体后部，呈裂缝状，阴唇微隆起（图 –7），阴门距尾端 2.09～2.47 mm，排卵器大小为 0.30～0.49 mm×0.06～0.08 mm。肛门距尾端 0.12～0.19 mm。肛门以后尾部逐渐变细（图 –8），尾端有 3～4 个环。

【宿主与寄生部位】

山羊、绵羊、牦牛的真胃。

【虫体标本保存单位】

四川省畜牧科学研究院

图 释

1 虫体头部正面观及食道、颈乳突和神经环位置等；
2 3 雄虫尾部正面观及交合刺、生殖锥、腹肋、侧肋、背肋等；
4 交合伞膜上有泡状花纹；
5 外背肋、背肋等；
6 交合刺；
7 雌虫排卵器、阴门、阴唇等；
8 雌虫尾部侧面观及肛门、尾尖形态等。

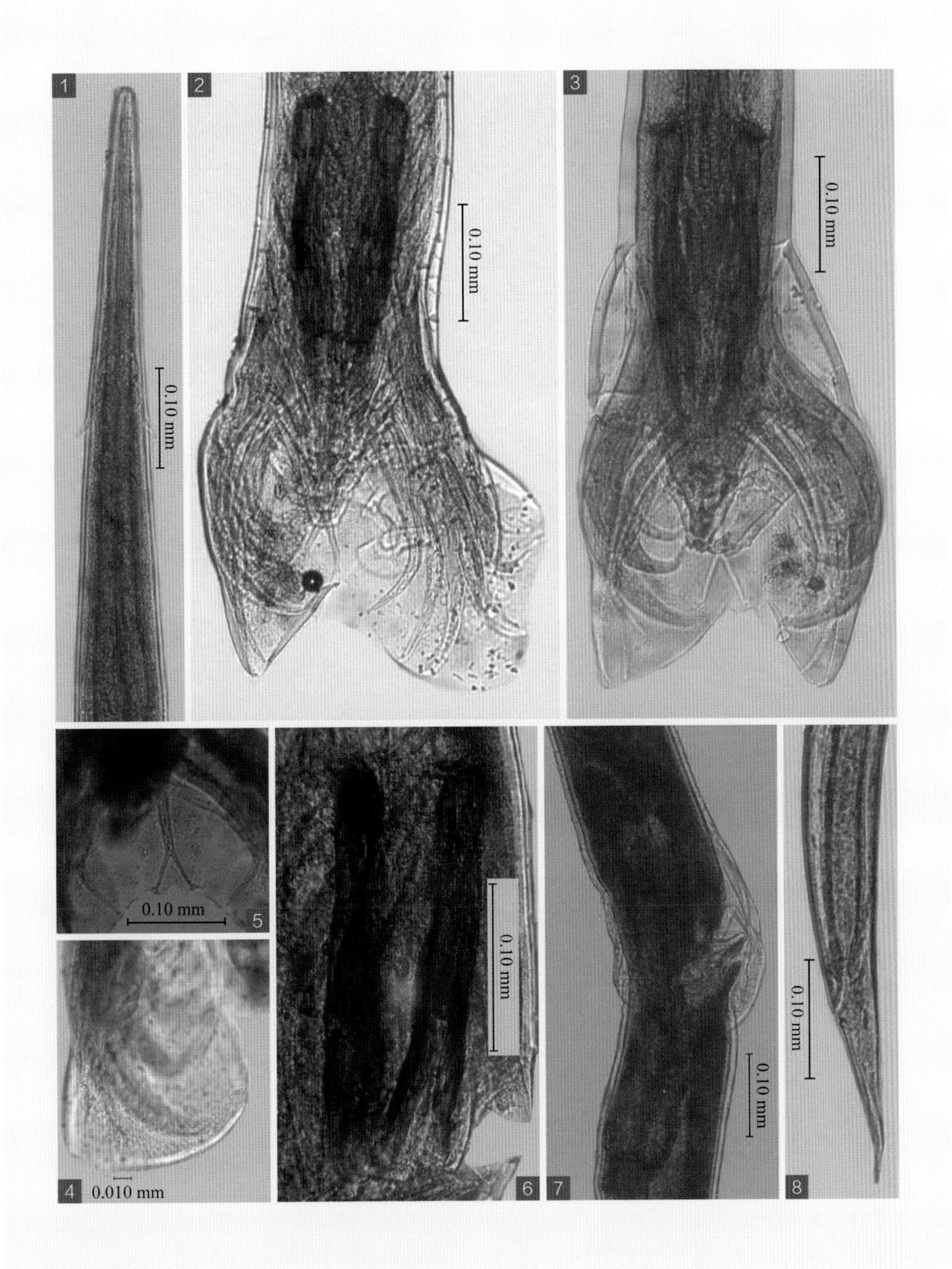
1
2
3
4
5
6
7
8
0.10 mm
0.010 mm

177 达呼尔奥斯特线虫

Ostertagia dahurica Orloff, Belowa et Gnedina, 1931

【主要形态特点】

虫体体表有30～40条细致的纵纹，横纹不明显，口腔小，无齿（图-1）。

【雄虫】

虫体大小为8.55～10.61 mm×0.094～0.154 mm。食道长0.585～0.703 mm。颈乳突明显，距头端0.311～0.378 mm，神经环距头端0.243～0.321 mm，排泄孔距头端0.244～0.321 mm。交合伞的前腹肋比后腹肋细，2个腹肋起于同一主干（图-2、图-3）；3个侧肋起于同一主干，前侧肋和中侧肋末端弯曲方向相反，两肋间的距离大（图-2、图-3）；外背肋与侧肋起于同一主干，比其他肋短细，背肋在远端1/3处分成2支，每支在中部向外分出1小侧支，末端又分成2个小叉，背肋长0.152～0.190 mm（图-2、图-3）。交合刺1对等长，长0.232～0.259 mm，在远端1/3处分为3支：侧腹支长0.071～0.096 mm，末端有泡状物包裹；中腹支与背支等长，末端尖细，长0.048～0.059 mm；背支短，远端常弯曲（图-2、图-3、图-4）。引带呈蝌蚪状，长0.054～0.067 mm。

【雌虫】

虫体大小为8.64～11.28 mm×0.166～0.181 mm。阴门位于体后部，呈横裂缝状，阴唇微隆起，阴门距尾端0.851～1.064 mm，其上覆盖有呈舌状的角质瓣。排卵器长0.570～0.640 mm。肛门距尾端0.163～0.212 mm。尾端呈圆锥形，在肛门后逐渐变细（图-5）。

【宿主与寄生部位】

山羊、绵羊、牦牛、黄牛、骆驼的真胃、小肠。

【虫体标本保存单位】

中国农业科学院上海兽医研究所

图 释

1 虫体头部及食道、神经环等；

2 3 雄虫尾部正面观及交合伞、腹肋、侧肋、外背肋、背肋、交合刺等；

4 交合刺；

5 雌虫尾部侧面观及肛门、尾尖等。

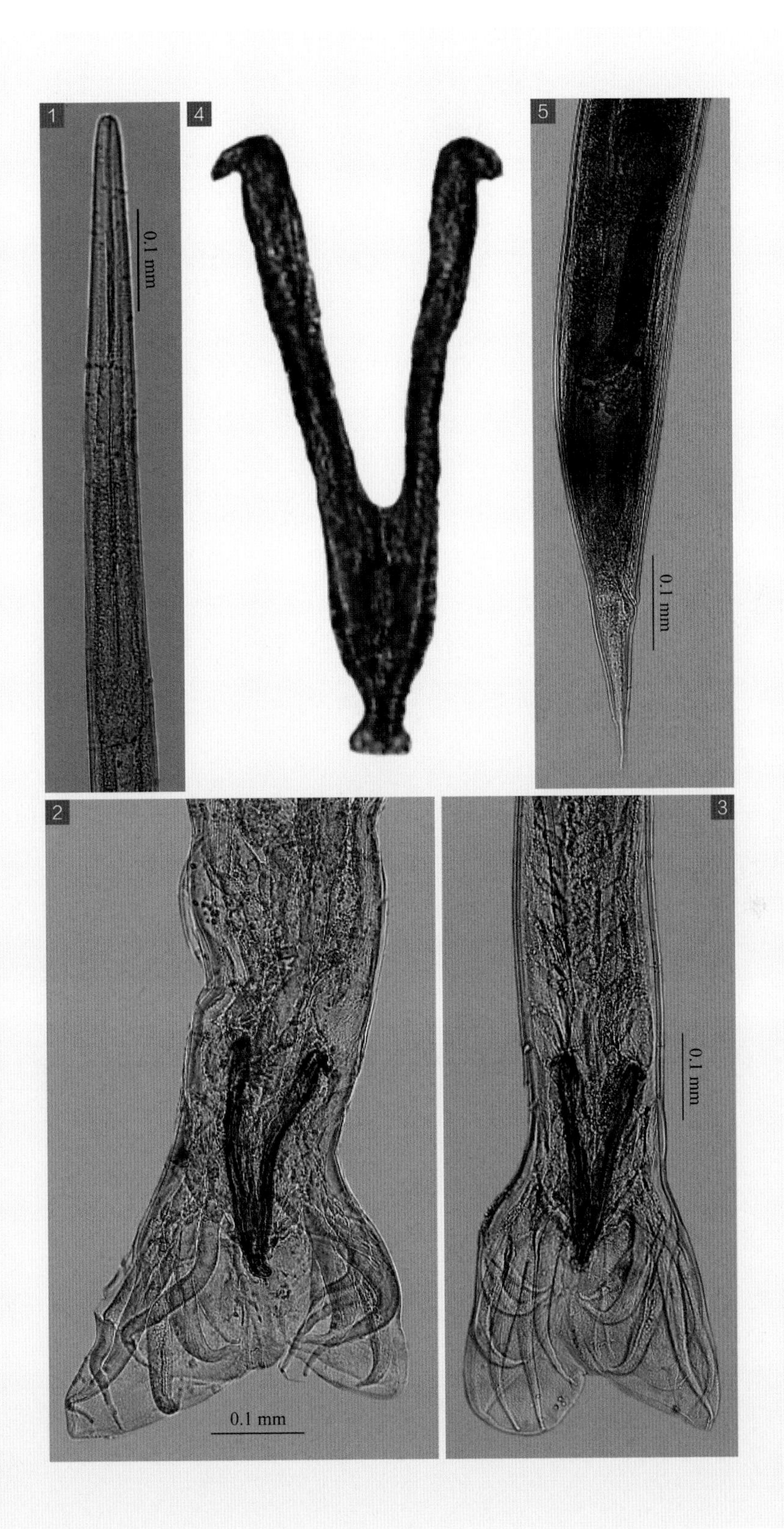
1
4
5
0.1 mm
0.1 mm
2
3
0.1 mm
0.1 mm

178 叶氏奥斯特线虫

Ostertagia erschowi Hsü, Ling et Liang, 1957

【主要形态特点】

见下。

【雄虫】

虫体大小为 8.41～10.52 mm×0.147～0.186 mm。交合伞分为 3 叶。背肋在远端 1/3 处分成 2 支，背肋主干长 0.107～0.124 mm，2 个分支长 0.047～0.061 mm，每个分支在中部分出 1 小侧支，末端又分成 2 个小支（图 -3、图 -4）。交合刺的腹支长 0.070～0.091 mm，末端尖锐，并有泡状物包裹（图 -3、图 -4）。引带狭长，近端膨大，呈蝌蚪状，长 0.098～0.122 mm。

【雌虫】

虫体大小为 7.01～11.02 mm×0.198～0.237 mm。阴门呈横裂缝状，有阴门盖，距尾端 1.96～2.47 mm。排卵器较短，长 0.645～0.730 mm。肛门距尾端 0.104～0.203 mm，尾端钝圆。

【宿主与寄生部位】

山羊、绵羊、水牛的真胃。

【虫体标本保存单位】

中国农业科学院上海兽医研究所

图 释

1 虫体头端；

2 虫体头部及食道、神经环等；

3 4 雄虫尾部正面观及交合伞、腹肋、侧肋、外背肋、背肋、交合刺等。

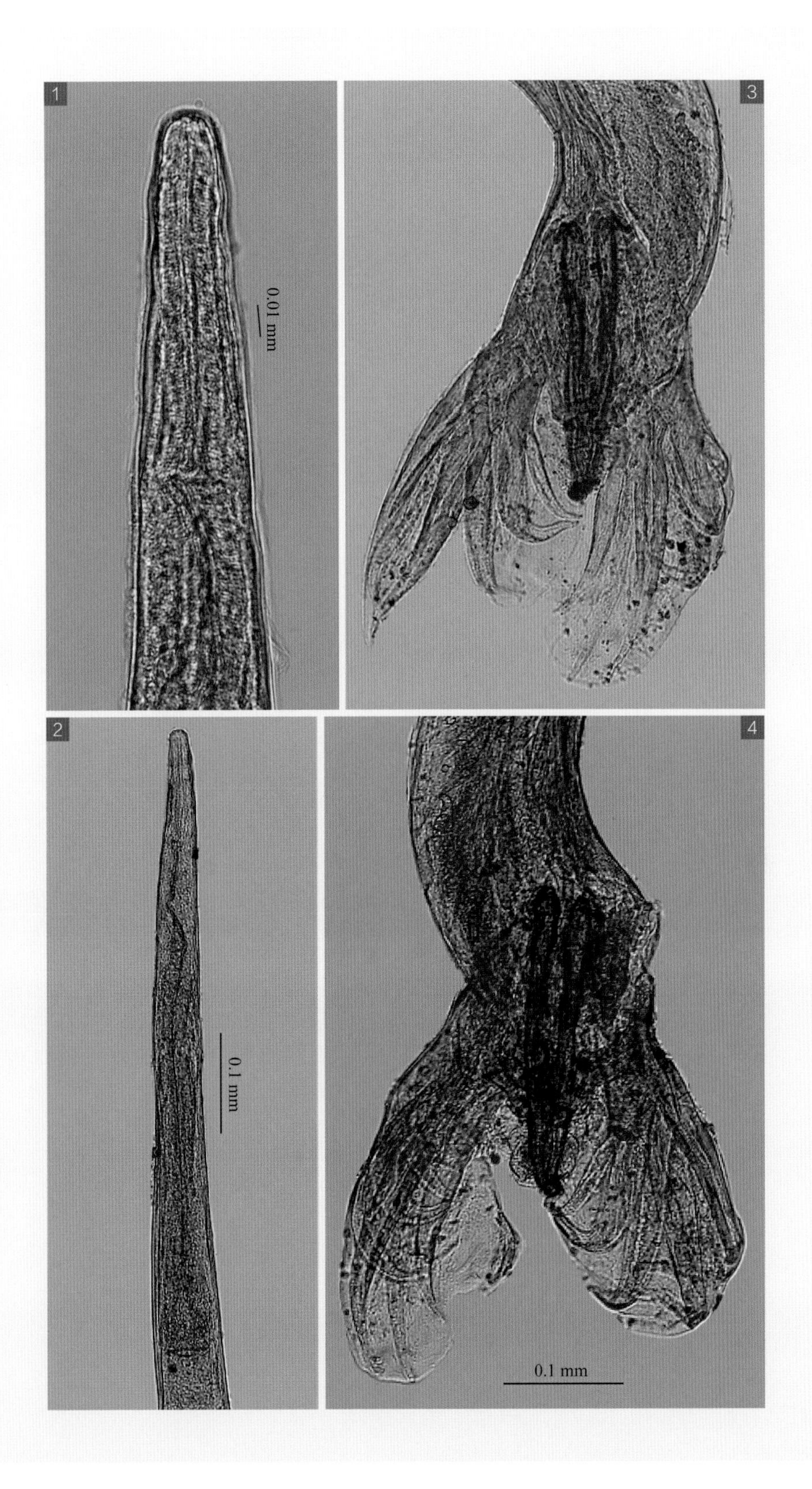
1
0.01 mm
3
2
0.1 mm
4
0.1 mm

179 熊氏奥斯特线虫

Ostertagia hsiungi Hsü, Ling et Liang, 1957

【主要形态特点】

见下。

【雄虫】

虫体大小为 9.01～11.02 mm×0.121～0.233 mm。交合伞分为 3 叶。背肋主干长 0.078～0.112 mm，2 个分支长 0.037～0.075 mm，每个分支在中部分出 1 小侧支，末端又分成 2 个小支（图 -2、图 -3）。交合刺 1 对（图 -2、图 -3）等长，呈黄色，长 0.191～0.247 mm，在远端 1/3 处分为 3 支，分支处宽 0.026～0.033 mm，侧腹支长 0.078～0.086 mm，末端尖锐，并有刺膜包围。引带多数呈不规则的细长圆柱状，有时近端膨大，长 0.082～0.105 mm。生殖锥呈骨盆腔形。

【雌虫】

不明。

【宿主与寄生部位】

山羊、绵羊的真胃。

【虫体标本保存单位】

中国农业科学院上海兽医研究所

图 释

1 虫体头部及食道、神经环等；

2 3 雄虫尾部正面观及交合伞、伞前乳突、腹肋、侧肋、外背肋、背肋、交合刺等。

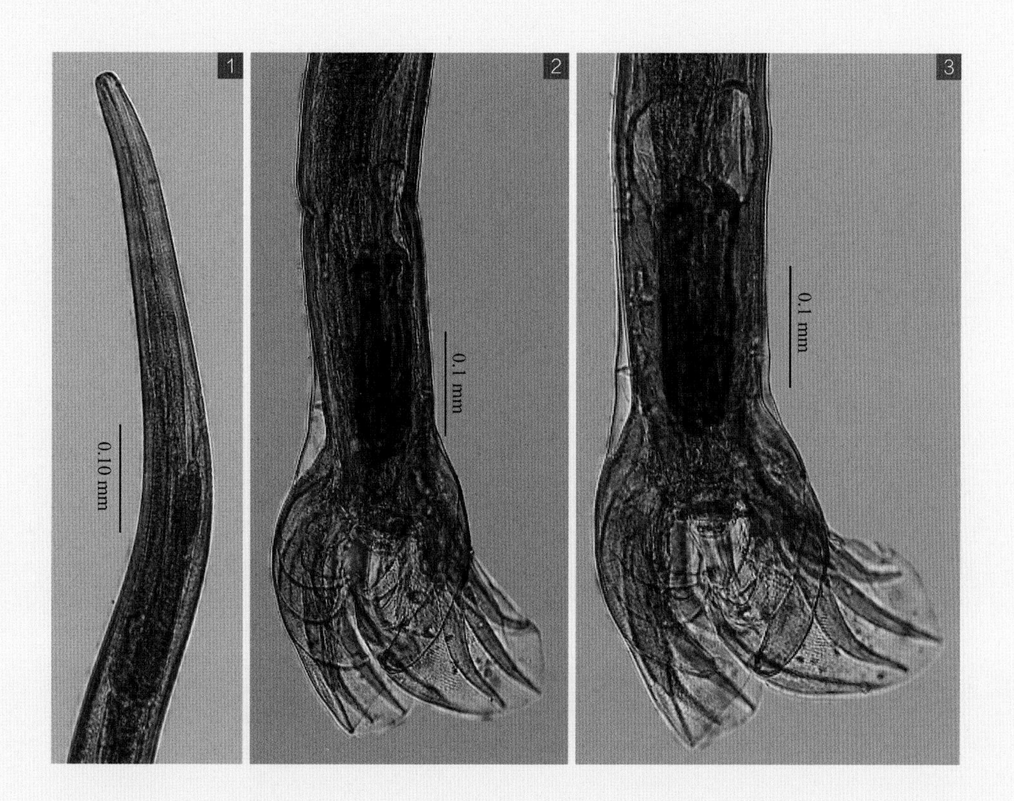
1
2
3
0.10 mm
0.1 mm
0.1 mm

180 布里吉亚奥斯特线虫

Ostertagia buriatica Konstantinova, 1934

【主要形态特点】

新鲜虫体呈红色，有不发达的口腔，体表角皮层有分布不均匀的16～18条纵纹，无横纹（图-1）。

【雄虫】

虫体大小为8.46～10.63 mm×0.145～0.172 mm。食道长0.64～0.71 mm。颈乳突距头端0.37～0.45 mm，神经环距头端0.32～0.35 mm。交合伞发达，由2个大的侧叶和1个小的背叶组成（图-2、图-3、图-4）。前腹肋与后腹肋近端逐渐分开而远端又逐渐靠近，两肋均未达伞缘；3个侧肋起于同一主干，前侧肋较粗短，远端不达伞缘；中侧肋和后侧肋细长，远端均达伞缘。背肋主干的基部很粗，外背肋从背肋基部分出后，远端逐渐变细，达伞缘；背肋主干较细，长0.138～0.160 mm，在远端1/3处分为2支，每支在中部分出1个外侧支，末端又分为2小支（图-2、图-3、图-4）。交合刺1对等长，呈褐色，长0.231～0.263 mm，交合刺在远端约1/3处分为3支；侧腹支长而粗，远端被膨大的泡状物包裹，长0.082～0.090 mm；中腹支细而短，末端尖，长0.047～0.053 mm，背支比侧腹支小而比中腹支大，长0.065～0.068 mm。引带狭长，长0.096～0.098 mm。

【雌虫】

虫体大小为11.77～13.29 mm×0.145～0.180 mm。阴门位于虫体后部，上有角质瓣膜覆盖，距尾端2.72 mm。排卵器长0.596～0.831 mm。肛门（图-6）距尾端0.152～0.187 mm。

【宿主与寄生部位】

黄牛、山羊、绵羊、骆驼的真胃。

【虫体标本保存单位】

中国农业科学院上海兽医研究所

图 释

1 虫体头部及口囊、食道、神经环等；

2 4 雄虫尾部正面观及交合伞、腹肋、侧肋、外背肋、背肋、交合刺等；

3 雄虫尾部侧面观及交合伞、腹肋、侧肋、背肋、交合刺等；

5 生殖锥；

6 雌虫尾部侧面观及肛门、尾尖等。

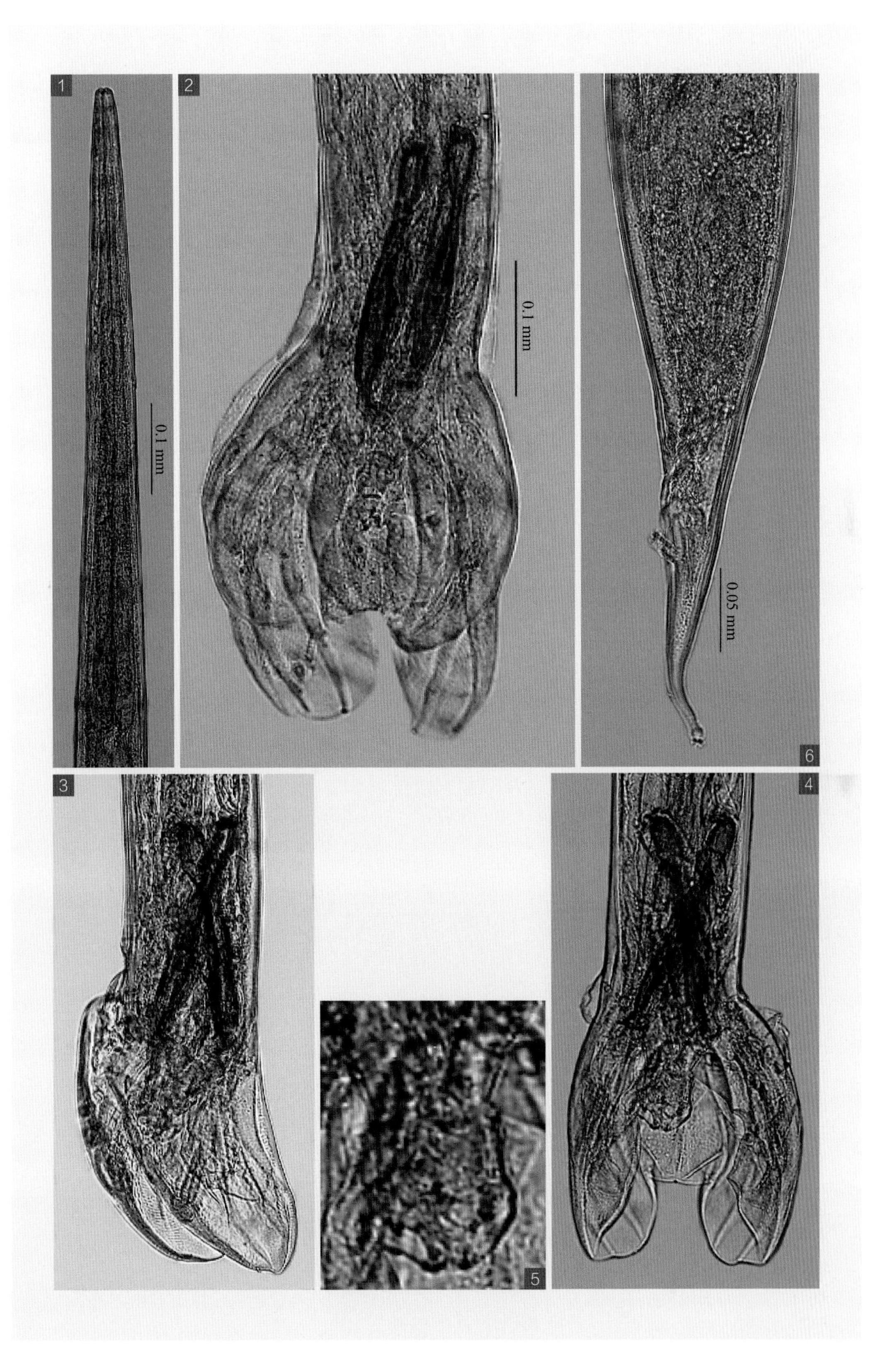
1
2
0.1 mm
0.1 mm
0.05 mm
6
3
4
5

181 阿洛夫奥斯特线虫

Ostertagia orloffi Sankin, 1930

【主要形态特点】

新鲜虫体呈淡褐色，口腔不发达，体表角皮层有纵纹（图 –1）。

【雄虫】

虫体大小为 6.48～7.68 mm×0.131～0.138 mm。食道长 0.74～0.84 mm。颈乳突距头端 0.33～0.35 mm，神经环距头端 0.22～0.25 mm，排泄孔距头端 0.34～0.43 mm。交合伞发达，由 2 个侧叶和 1 个背叶组成，背叶中央有 1 条纵纹，使背叶下缘形成 2 个相等的弧（图 –2、图 –3）。背肋长 0.082～0.090 mm，距背肋主干基部 0.032～0.047 mm 处分为 2 支，在每支的中下方向外分出 1 个小侧支，末端又分为 2 个小叉（图 –2、图 –3）。交合刺 1 对等长，呈淡黄色，长 0.165～0.172 mm，在远端处分为 3 支。背支和中腹支细而短，背支长 0.041～0.046 mm，侧腹支长而粗，长 0.055～0.059 mm，中腹支长 0.036～0.039 mm。引带长 0.072～0.082 mm，宽 0.012～0.016 mm。

【雌虫】

虫体大小为 6.63～8.90 mm×0.111～0.134 mm。阴门呈横裂状，其瓣膜隆起（图 –4），阴门距尾端 1.52～1.65 mm。排卵器长 0.431～0.646 mm。肛门距尾端 0.117～0.166 mm，尾端尖细，常向腹面弯曲（图 –5）。

【宿主与寄生部位】

黄牛、牛、山羊、绵羊、骆驼的真胃、小肠。

【虫体标本保存单位】

中国农业科学院上海兽医研究所

图 释

1 虫体头部及食道、神经环等；

2 3 雄虫尾部正面观及交合伞、交合刺、腹肋、侧肋、外背肋、背肋等；

4 雌虫阴门；

5 雌虫尾部侧面观及肛门、尾尖等。

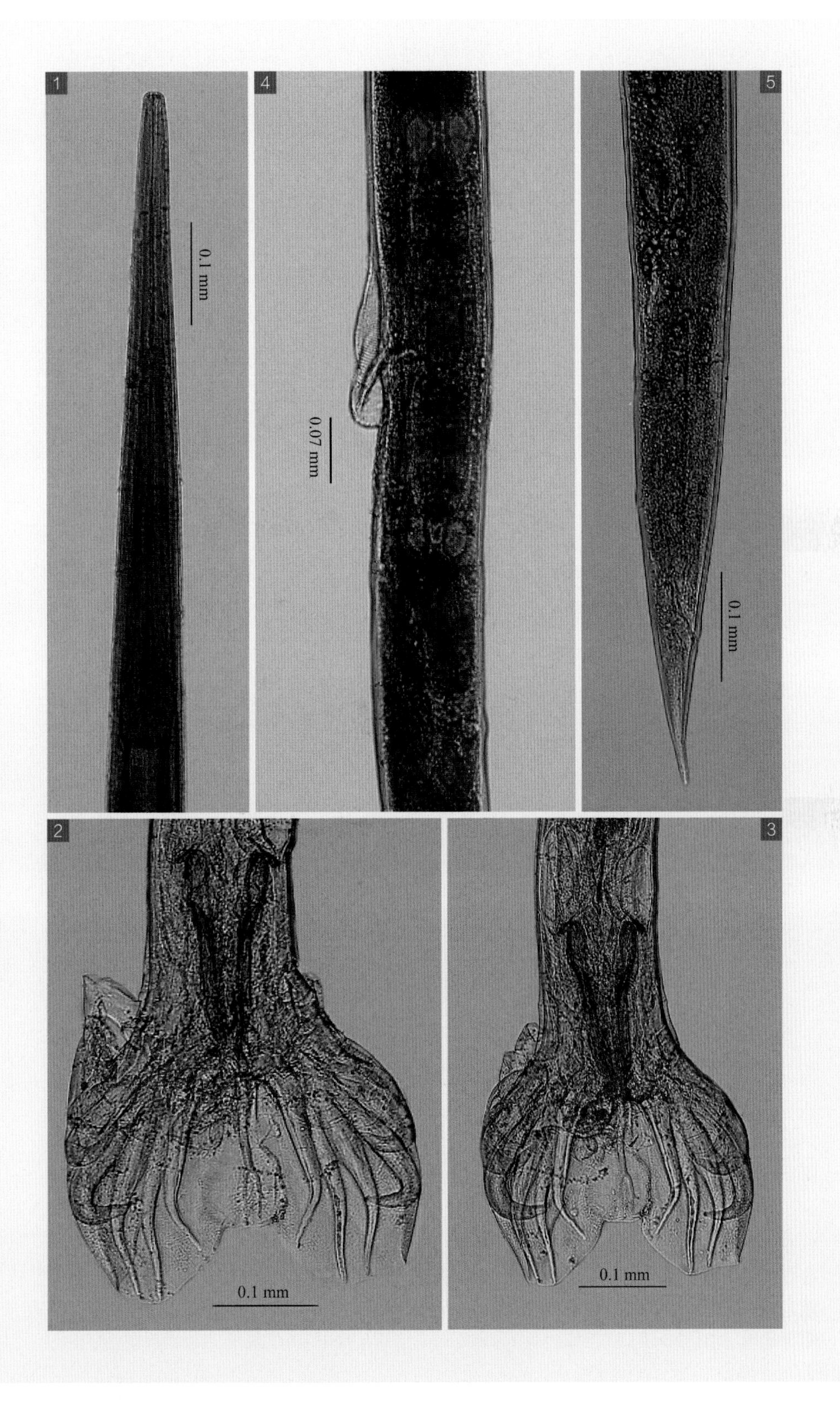
1
4
5
2
3
0.1 mm
0.07 mm
0.1 mm
0.1 mm
0.1 mm

182 三歧奥斯特线虫

Ostertagia trifida Guille, Marotel et Panisset, 1911

【主要形态特点】

见下。

【雄虫】

虫体长 7.40～15.60 mm。前腹肋和后腹肋起于同一主干，前腹肋比后腹肋细，两肋近端分开，远端逐渐变细而靠近，且向腹面弯曲，均伸达伞缘；在 3 个侧肋中，后侧肋最细，中侧肋和后侧肋稍弯向背方，并伸达伞缘。外背肋细长，其末端近伞缘，背肋长 0.232～0.320 mm，距背肋主干基部 0.194～0.200 mm 处分为 2 支，每支远端有 1 小侧支，末端又分为 2 小支（图 -2、图 -3、图 -4、图 -5）。交合刺 1 对等长（图 -2、图 -3），长 0.187～0.223 mm，最大宽度为 0.036～0.059 mm，在远端 1/3 处分为 3 支，侧腹支最长，末端斜切，有帽状刺膜包围；背支粗大，长 0.075～0.085 mm，末端切平，有刺膜包围；中腹支弯向侧腹支，长 0.054～0.065 mm。引带呈矛形，在其远端 1/3 处有突起，近端有裂痕，引带长 0.082～0.096 mm。生殖锥的基片宽阔，其基部融合为一，与腹片之间无明显界限，横片呈弧形，并与腹片近端连接，背片发达，呈舌状。腹小肋和背小肋均较长，后者末端弯向内面，彼此相对，背膜边缘中央有深的切痕。

【雌虫】

不明。

【宿主与寄生部位】

绵羊、骆驼的真胃。

【虫体标本保存单位】

中国农业科学院兰州兽医研究所

图 释

1 虫体头部观；

2 雄虫尾部正面观及交合刺、交合伞、腹肋、侧肋、外背肋、背肋等；

3 雄虫尾部斜侧面观及交合刺、交合伞、腹肋、侧肋、背肋等；

4 5 交合伞正面观及腹肋、侧肋、外背肋、背肋等；

6 生殖锥。

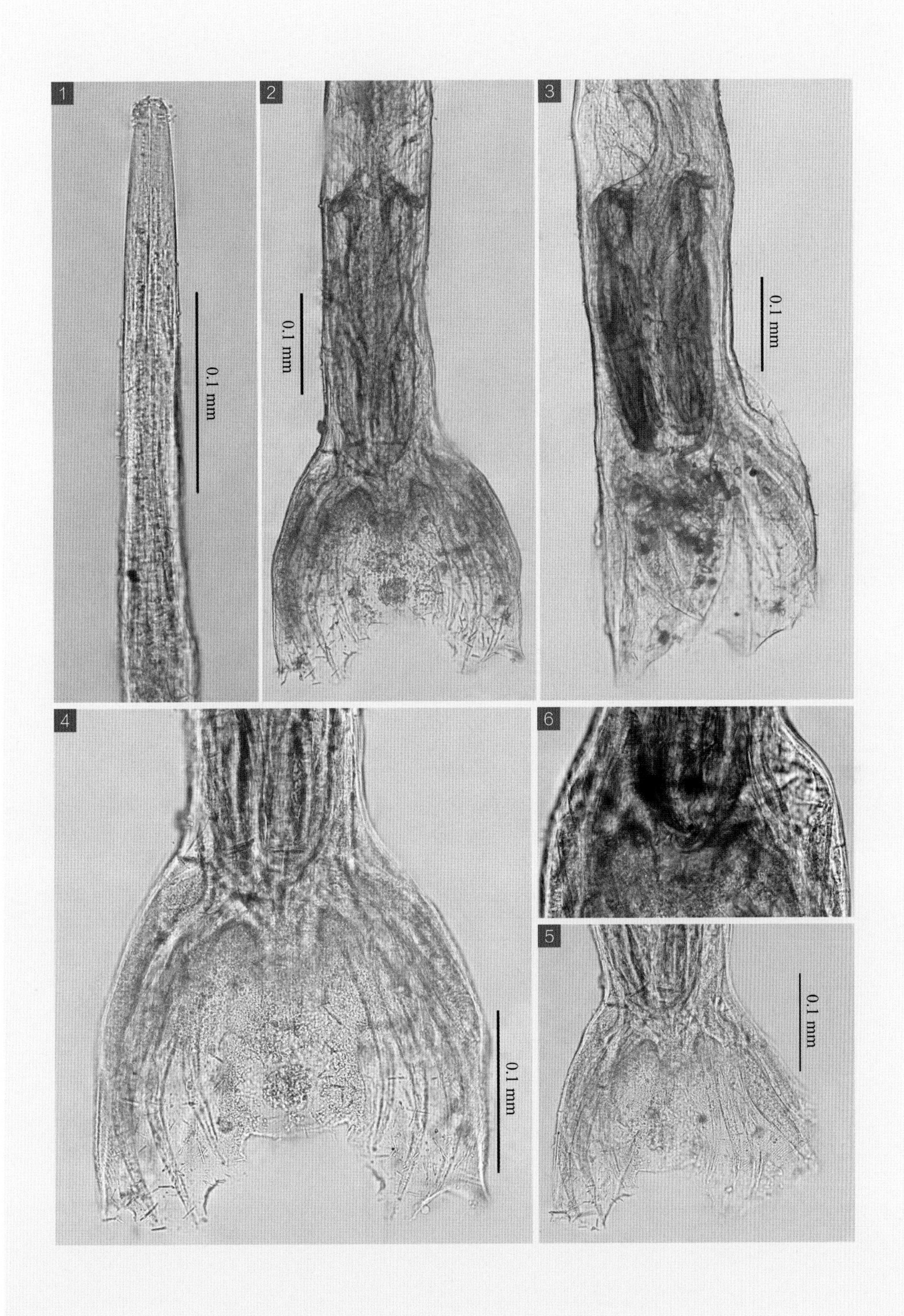
1
0.1 mm
2
0.1 mm
3
0.1 mm
4
0.1 mm
6
5
0.1 mm

183 念青唐古拉斯奥斯特线虫

Ostertagia nianqingtanggulaensis Kung et Li, 1965

【主要形态特点】

头端角皮微显增厚（图 -1）。

【雄虫】

虫体大小为 6.6～9.2 mm×0.098～0.135 mm。食道长 0.52～0.62 mm。颈乳突距头端 0.317～0.367 mm，神经环距头端 0.250～0.277 mm，排泄孔距头端 0.290～0.325 mm。交合伞的侧叶深而阔，伞膜自后侧肋末端急转向前，深深凹入，形成一极小的背叶（图 -2、图 -3、图 -4）。前腹肋比后腹肋稍细，二者的末端均接近伞缘；在侧肋中，前侧肋最粗，末端距伞缘较远，中侧肋比后侧肋稍粗，同达伞缘（图 -2、图 -3、图 -4）。外背肋短；背肋更短，长 0.057～0.072 mm，在远端 1/3 稍后方分为左右 2 支，分支的中部各向外分出 1 小侧支，末端分成 2 小叉。交合刺 1 对呈深褐色，长 0.207～0.225 mm，最大宽度 0.022～0.030 mm。交合刺在中部稍下方即距近端 0.117～0.136 mm 处分为 3 支，侧腹支最长，远端钝，弯向内侧，包有泡状膜；中腹支最短，细长如刺，稍短于背支；背支粗大，呈圆锥形，远端微向腹侧弯曲。引带呈细长的梭形，最宽部在前 1/3，腹侧面有浅沟，长 0.075～0.157 mm。

【雌虫】

虫体大小 8.7～10.3 mm×0.100～0.155 mm。食道，长 0.53～0.65 mm，宽 0.04～0.05 mm。颈乳突距头端 0.28～0.33 mm，神经环距头端 0.220～0.275 mm，排泄孔距头端 0.26～0.33 mm。阴门开口于有厚的横皱纹角皮隆起上，在阴门处无角质瓣膜（图 -5），距尾端 1.56～1.96 mm。肛门距尾端 0.12～0.15 mm，尾端较钝，有的稍膨大，带有数个不明显的环状结构（图 -6）。

【宿主与寄生部位】

绵羊的真胃。

【虫体标本保存单位】

中国农业科学院兰州兽医研究所

图 释

1 虫体头部观；

2 3 雄虫尾部正面观及交合伞、交合刺、腹肋、侧肋等；

4 雄虫尾部侧面观及交合伞、交合刺、腹肋、侧肋等；

5 雌虫阴门区；

6 雌虫尾部观及肛门、尾尖等。

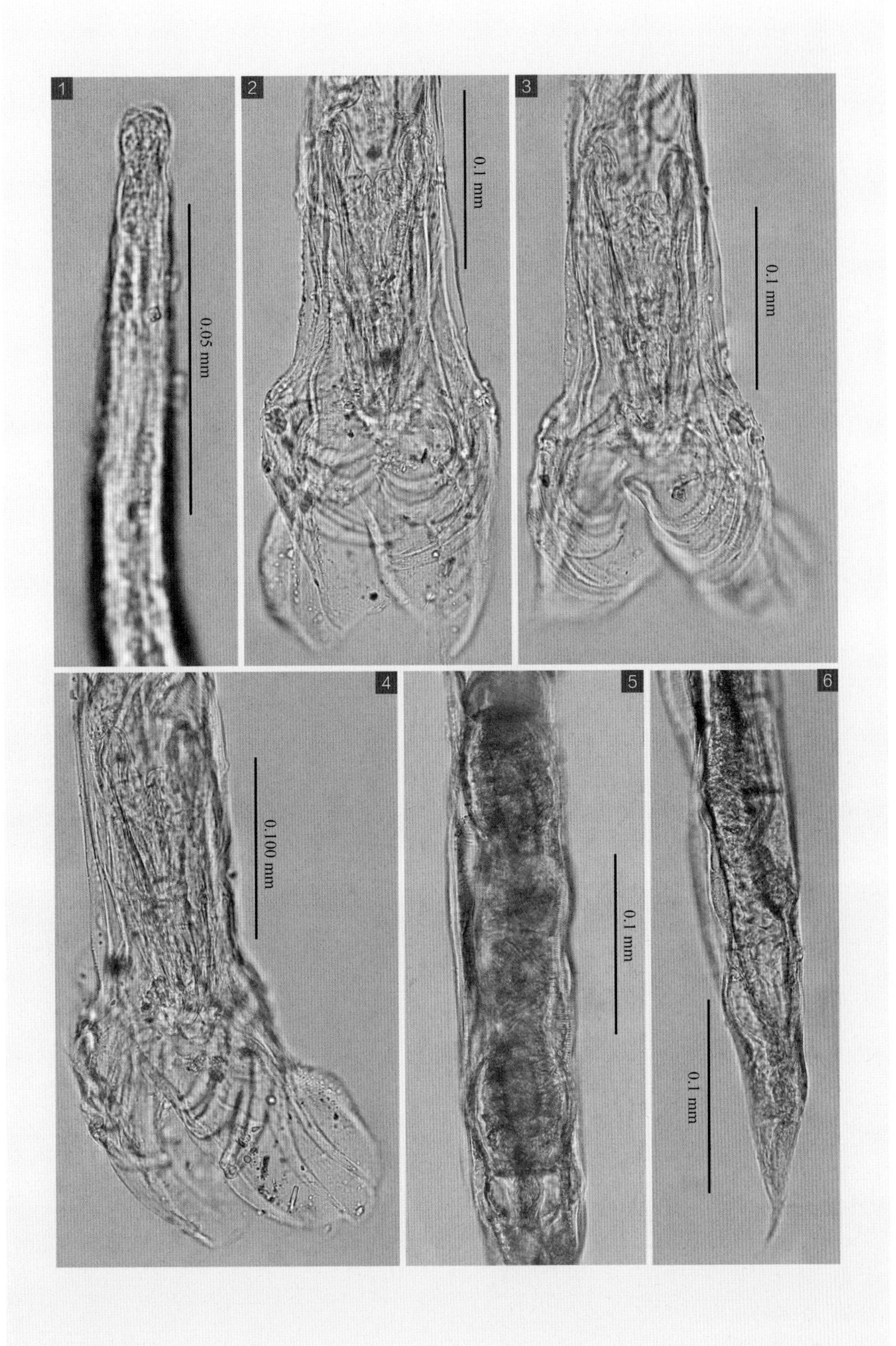
1
0.05 mm
2
0.1 mm
3
0.1 mm
4
0.100 mm
5
0.1 mm
6
0.1 mm

184 钩状奥斯特线虫

Ostertagia hamata Monning, 1932

【主要形态特点】

见下。

【雄虫】

虫体大小为 6.61～7.85 mm×0.091～0.112 mm。有伞前乳突。交合伞由 2 个大的侧叶和 1 个小的背叶及 1 个附伞膜组成，外背肋有宽的基部，基部裂开，背肋很短，远端分为 2 支，每支末端又裂为 2 小支（图 –1）。交合刺 1 对大小相等（图 –2），呈褐色，长 0.160～0.192 mm，交合刺的分支处不在一个水平上，背支在交合刺近端 1/4 处分出，细长，末端略膨大呈鞋底状；中腹支在交合刺远端 1/3 处分出，最短小，末端尖细；侧腹支是交合刺主干的延续部分，粗大，末端斜切，外有刺膜包围。引带长 0.111 mm，远端尖细。

【雌虫】

虫体大小为 8.08～11.01 mm×0.115 mm。阴门（图 –3、图 –4、图 –5）距尾端 1.342～1.761 mm，阴道长 0.281～0.342 mm，排卵器 0.151～0.234 mm，尾长 0.175～0.191 mm，尾端有环纹（图 –6）。

【宿主与寄生部位】

绵羊、羚羊的真胃。

【图片】

廖党金绘

图 释

1 雄虫尾部正面观及伞前乳突、交合伞、腹肋、侧肋、外背肋、背肋；

2 交合刺；

3 ~ 5 雌虫阴门区侧面观；

6 雌虫尾部侧面观及肛门、尾尖。

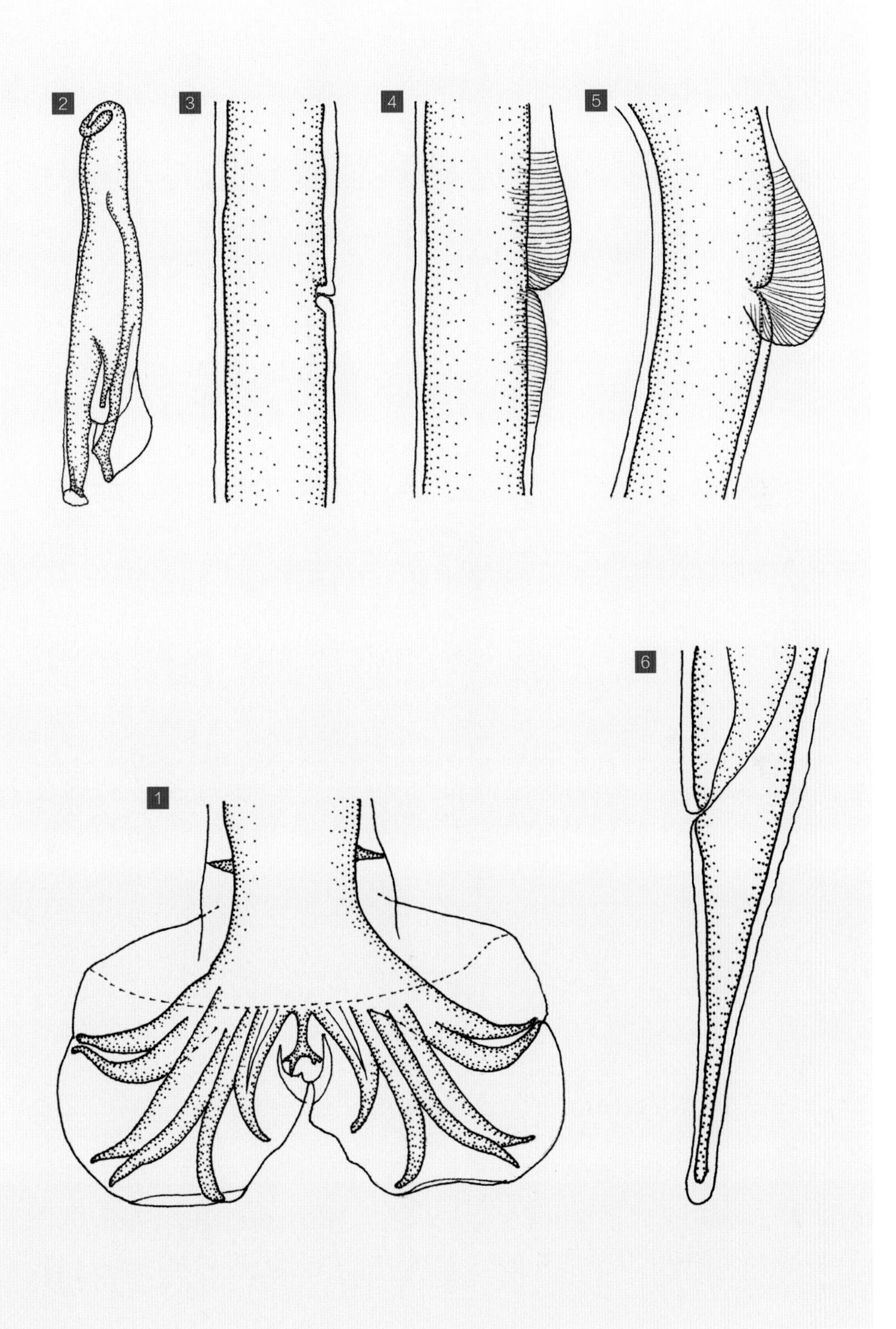
2
3
4
5
6
1

185 古牛（格氏）奥斯特线虫

Ostertagia gruehneri Skrjabin, 1929

【主要形态特点】

见下。

【雄虫】

虫体大小为 8.15～8.71 mm×0.115～0.137 mm。背肋分为 2 支，每分支的末端又分为 2 小支，没有小侧支（图 -1）。交合刺 1 对等长，长 0.171～0.182 mm，在远端约 1/5 处分为 3 支，主支干末端呈切状，2 个短支的末端尖锐（图 -2）。引带退化。

【雌虫】

虫体大小为 10.71～11.52 mm×0.134～0.141 mm。阴门距尾端 1.751～1.872 mm，肛门到尾端 0.131～0.221 mm。

【宿主与寄生部位】

绵羊、鹿的真胃。

【图片】

廖党金绘

图 释

1 雄虫尾部正面观及伞前乳突、腹肋、侧肋、外背肋、背肋；
2 交合刺。

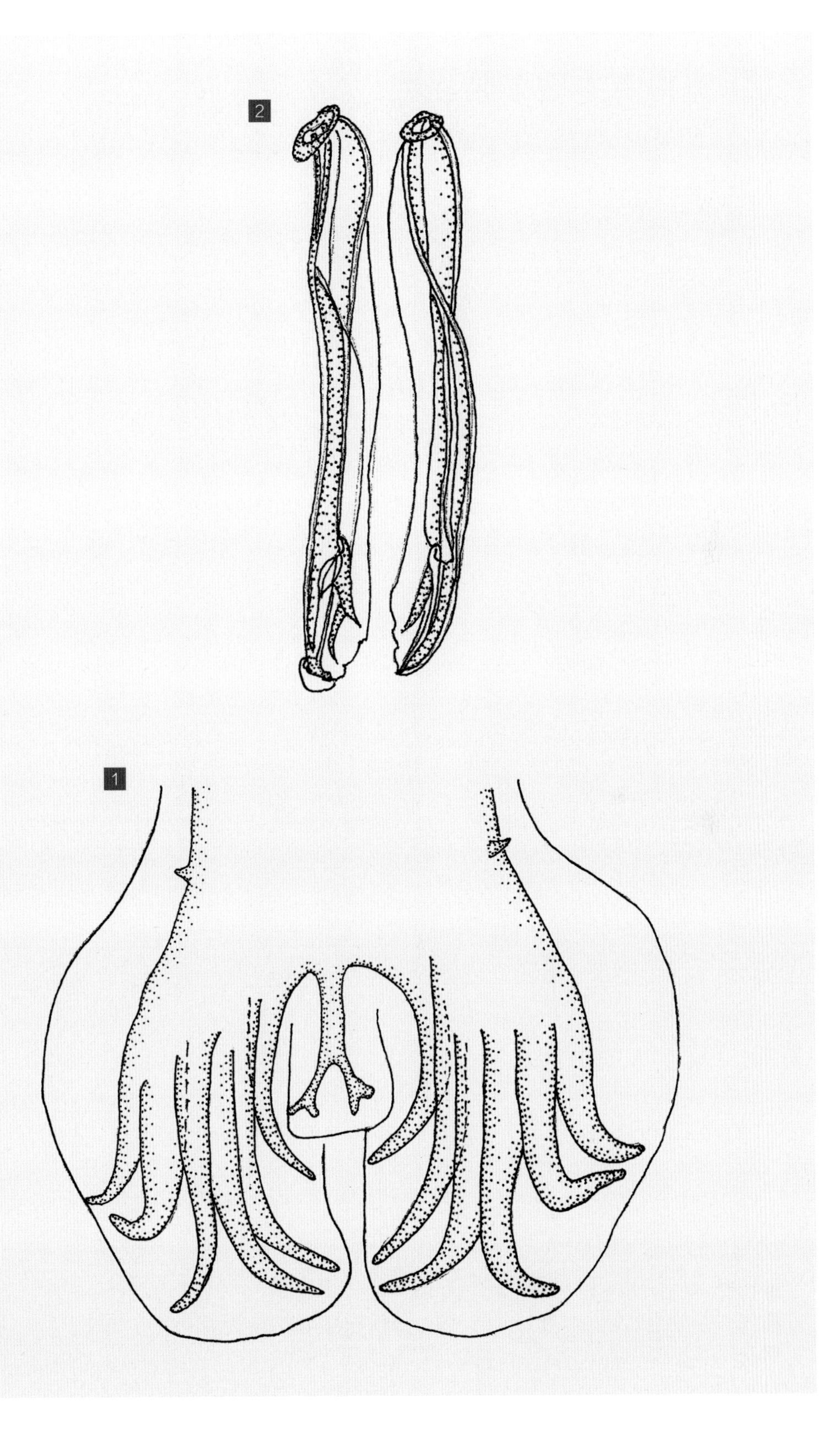
2
1

186 彼得罗夫奥斯特线虫

Ostertagia petrovi Puschmenkov, 1937

【主要形态特点】

见下。

【雄虫】

虫体大小为 7.14～7.86 mm×0.120～0.128 mm。交合伞分为 3 叶，背肋较细长，长 0.072～0.086 mm，在主干的中部分为 2 支，在每分支的远端外侧有 1 小侧支，末端又裂为 2 小支（图 -2、图 -3）。交合刺（图 -2）1 对等长，且粗短，长为 0.084～0.088 mm，宽为 0.016～0.024 mm，在距远端 1/3 处，即距近端 0.06 mm 分为 2 支，外支粗大，长 0.028 mm，末端尖锐；内支长 0.02 mm，粗直。引带长 0.032 mm，宽 0.020 mm，呈球拍形（图 -2）。

【雌虫】

不明。

【宿主与寄生部位】

鹿的真胃。

【图片】

廖党金绘

图 释

1 虫体头部正面观及食道、神经环、颈乳突等；

2 虫体尾部正面观及伞前乳突、交合伞、交合刺、引带、腹肋、侧肋、外背肋、背肋；

3 交合伞正面观及腹肋、侧肋、外背肋、背肋。

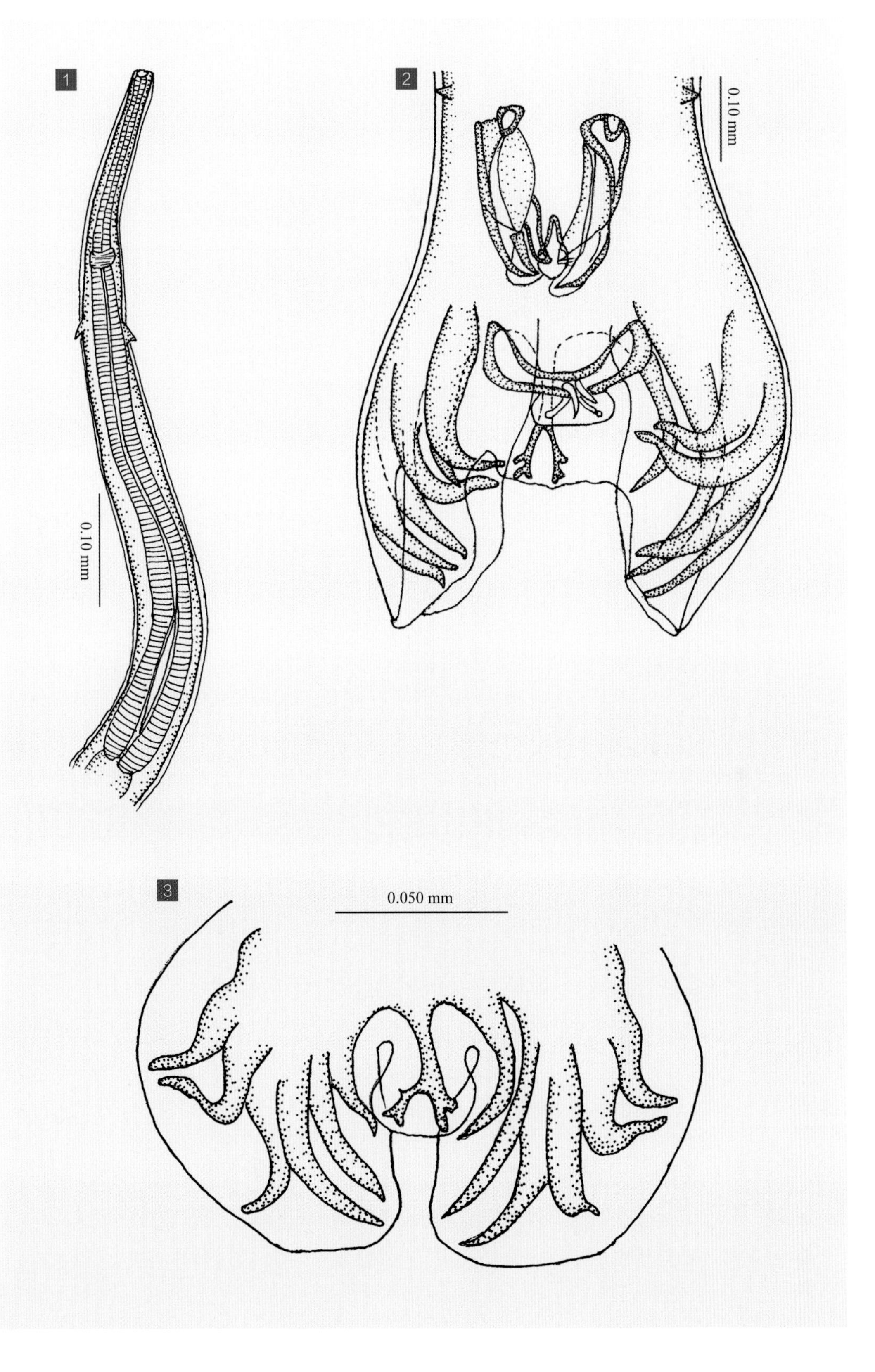
1
2
3
0.10 mm
0.10 mm
0.050 mm

187 伏（伏尔加）氏奥斯特线虫

Ostertagia volgaensis Tomskich, 1938

【主要形态特点】

见下。

【雄虫】

虫体大小为 7.35 mm×0.152 mm。背肋长 0.067 mm，在背肋主干基部 0.044 mm 处分为 2 支，每支的末端又分成 2 小支，没有小侧支（图 -1）。交合刺 1 对等长，长 0.141～0.148 mm，在近端有不对称的凸形冠，交合刺呈“S”形，在中部向背侧方向凹进，腹面凸出（图 -1）。引带呈小铲状，长 0.073 mm，最大宽度为 0.025 mm（图 -1）。

【雌虫】

虫体大小为 9.86～10.83 mm×0.104～0.162 mm。阴门（图 -2）距尾端 1.608～1.886 mm。排卵器长 0.38～0.47 mm，宽 0.081～0.102 mm，无阴门盖，尾长 0.132～0.171 mm。

【宿主与寄生部位】

绵羊的真胃。

【图片】

廖党金绘

图 释

1 雄虫尾部观及伞前乳突、交合伞、交合刺、引带、腹肋、侧肋、外背肋、背肋；
2 雌虫阴门区侧面观。

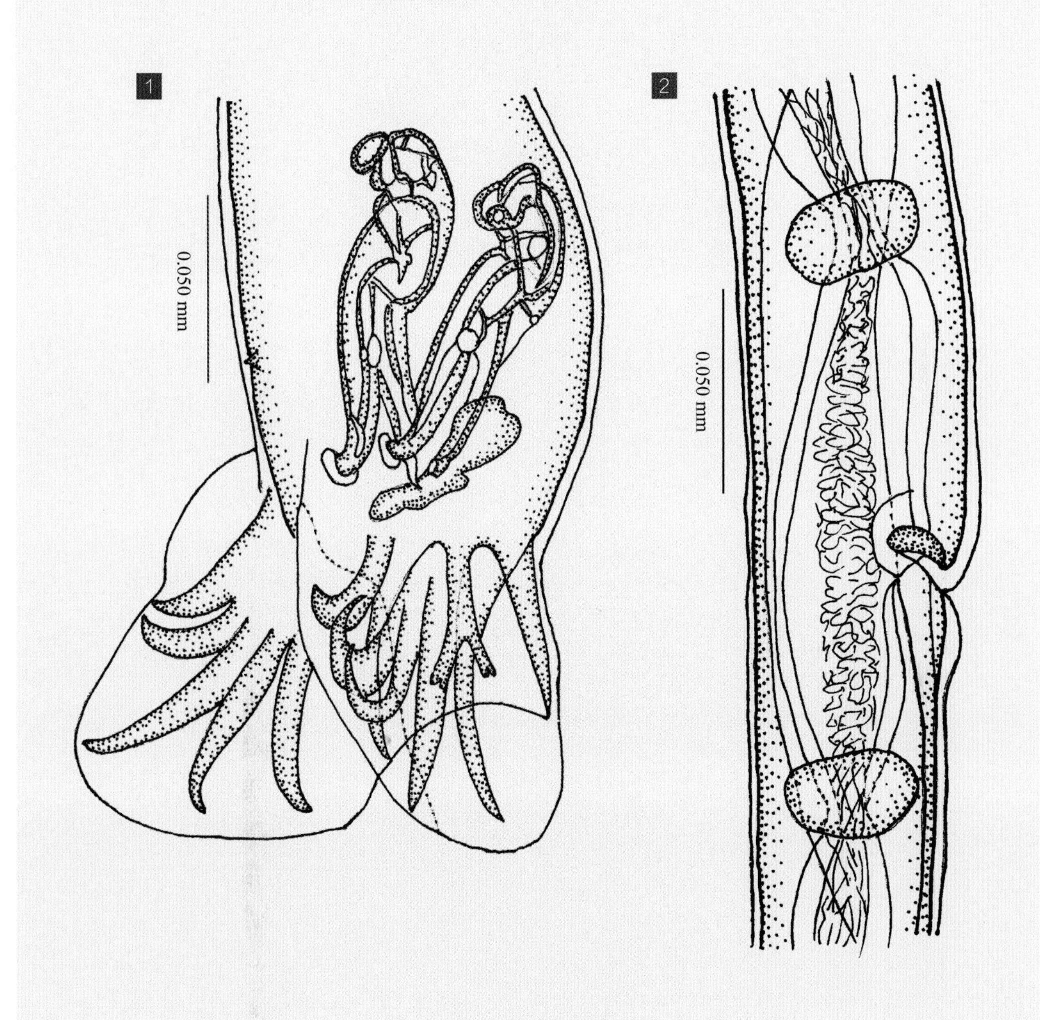
1
0.050 mm
2
0.050 mm

188 达氏奥斯特线虫

Ostertagia davtiani Grigoryan, 1951

【主要形态特点】

见下。

【雄虫】

虫体大小为 11.5～12.5 mm×0.15 mm。角皮纵纹为 18～20 条。食道长 0.69～0.75 mm。颈乳突距头端 0.420～0.425 mm。交合伞分为 2 个大侧叶和 1 个小背叶（图 -2）。其主要特征为外背肋和背肋独立分出，背肋长 0.105 mm，在距主干基部约 0.06 mm 处分为 2 支，各分支的中部外侧分出 1 个小侧支，其末端又分为 2 个芽支（图 -2）。交合刺长 0.215 mm，宽 0.053～0.056 mm，于远端略超过 1/3 处（距近端 0.135～0.140 mm）分为 3 支，其主干（侧腹支）从分支处计算相当长大（长 0.08 mm），末端呈靴状，另外 2 个短支的长度和粗细相等，约等于主支长度的一半，其末端尖锐（图 -3、图 -4）。引带长 0.090～0.095 mm，中部宽，两端逐渐变窄，呈纺锤形（图 -5）。

【雌虫】

不明。

【宿主与寄生部位】

绵羊的真胃。

【图片】

廖党金绘

图 释

1 虫体头部观及排泄孔、食道等；

2 雄虫尾部正面观及腹肋、侧肋、外背肋、背肋等；

3 交合刺和引带；

4 交合刺；

5 引带。

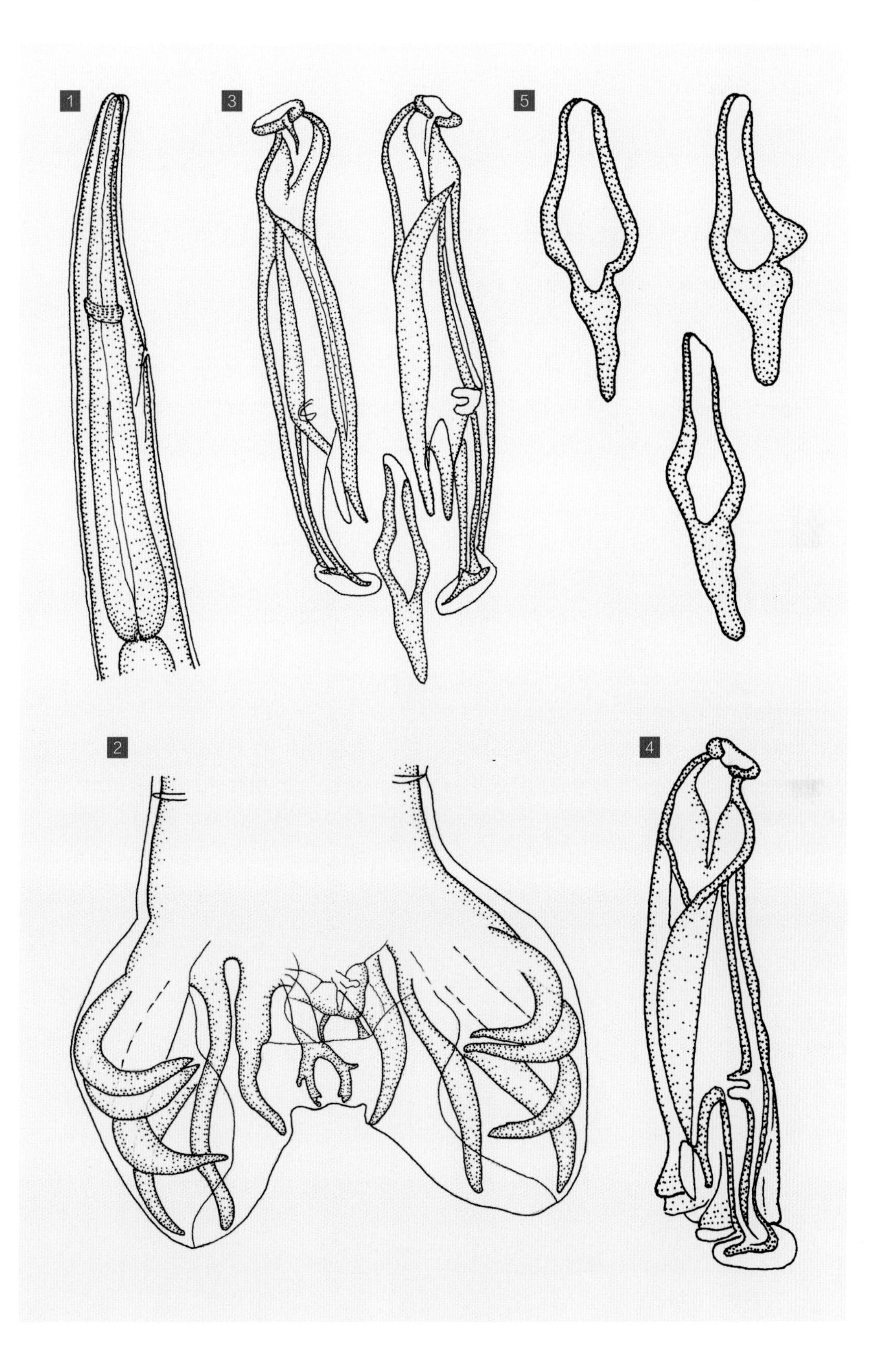
1
3
5
2
4

副古柏属 *Paracooperia* Travassos, 1935

虫体有头泡，颈乳突小。雄虫的交合刺每根分 3 支，末端有尾翼围绕，无引带，伞前乳突不明显。雌虫的阴门位于虫体后 1/3 处，有舌状瓣膜覆盖，尾尖细，无尾刺。

189 四川副古柏线虫

Paracooperia sichuanensis Jiang, 1988

【主要形态特点】

虫体细长，呈淡黄色，体表有细横纹（图 –1）。口孔位于顶端，无唇瓣，口缘有 4 个亚中乳突和 2 个头感器。头泡围绕头端呈横卵圆形，食道呈圆柱形，神经环位于食道后半部（图 –1）。排泄孔在神经环稍后方，颈乳突小，位于排泄孔后方。

【雄虫】

虫体大小为 7.30～7.96 mm×0.18～0.23 mm。头泡长 0.035～0.047 mm，宽 0.057～0.063 mm。食道长 0.42～0.50 mm，宽 0.025～0.055 mm。神经环距头端 0.24～0.30 mm，排泄孔距头端 0.370～0.375 mm，颈乳突距头端 0.425 mm。交合伞分为 3 叶，呈横椭圆形，伞膜上密布灰白色小圆斑。腹肋发达，除外背肋未达伞缘外，其余各肋均达伞缘；前腹肋短小，后腹肋前部粗大，后部细小，末端弯向伞前缘；侧肋发达，3 个侧肋大小几乎相等，末端伸向伞后缘；外背肋起于背肋基部，中后部粗壮，末端较窄，离伞缘较远；背肋细长，主干长 0.213 mm，宽 0.017 mm，在远端 4/5 处分成 2 支，每支又分为平行背叶后缘的较长外侧支和纵行分叉的短内侧支（图 –2）。交合刺 1 对呈黄褐色，长 0.275～0.293 mm，宽 0.045～0.047 mm，在中部稍前方分为 3 支，外支稍长，末端有一内弯的指形钩，腹支稍短于外支，内侧缘有 8 个三角形的齿状突，前起交合刺的中部，后至腹支近末端，内支比腹支略短，末端钝圆，呈淡黄色，3 个分支的末端有透明膜环绕（图 –3）。无引带。伞前乳突不明显。

【雌虫】

虫体大小为 10.96～12.30 mm×0.14～0.20 mm。食道长 0.45～0.53 mm，神经环距头端 0.30～0.37 mm，排泄孔距头端 0.36～0.37 mm，颈乳突距头端 0.413～0.427 mm。阴门位于体后部 1/3 处，有舌状瓣膜覆盖（图 –4），距尾端 2.30～2.45 mm。排卵器（包括括约肌）长 0.47～0.53 mm。尾渐尖，呈圆锥形（图 –5），尾长 0.16～0.19 mm。子宫内虫卵大小为 0.0750 mm×0.0375 mm。

【宿主与寄生部位】

水牛的真胃、小肠。

【图片引自】

蒋学良，周婉丽，廖党金，等. 2004. 四川畜禽寄生虫志. 成都：四川出版集团. 四川科学技术出版社.

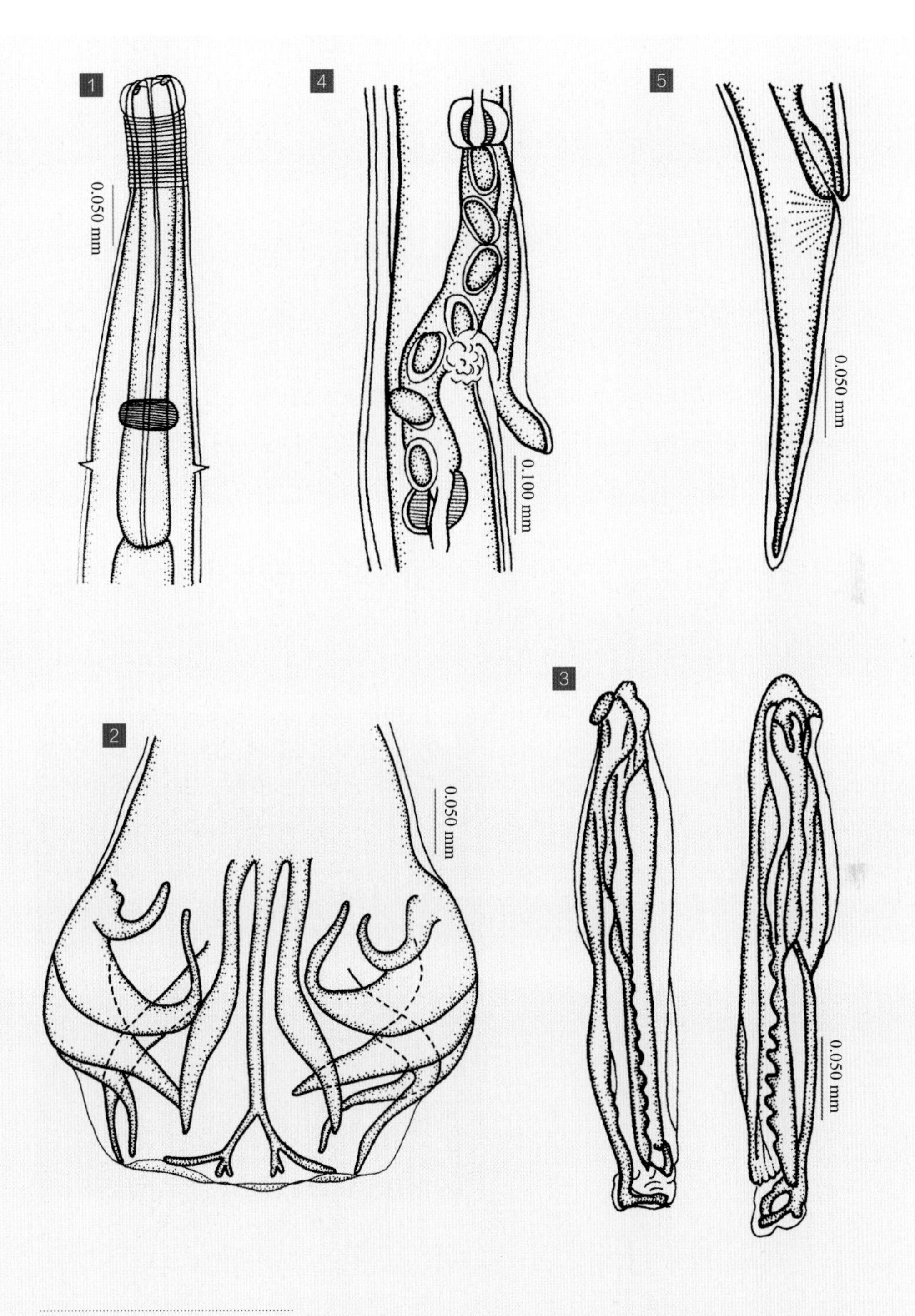

图 释

1 虫体头部正面观及头泡、食道、神经环、颈乳突等；
2 交合伞正面观及腹肋、侧肋、外背肋、背肋等；
3 交合刺；
4 雌虫阴门及舌状瓣膜盖；
5 雌虫尾部侧面观及肛门、尾尖等。

190 结节副古柏线虫

Paracooperia nodulosa (Schwartz, 1928) Travssos, 1937

【主要形态特点】

头端有 4 个亚中乳突和 2 个侧乳突。食道大小为 0.500 mm×0.064 mm。神经环位于食道中部稍后（图 -1）。

【雄虫】

虫体大小为 7.200 mm×0.218 mm。交合刺（图 -2、图 -3）长 0.304～0.320 mm，交合刺背支较长，末端较钝，不呈鸭脚形；交合刺腹支细小而直，上有 7 个显著的突起。

【雌虫】

虫体大小为 11.0 mm×0.2 mm。阴门距尾端 2.0 mm，有舌形角质突起阴门盖，排卵器长 0.440 mm。尾端呈圆锥形。虫卵大小为 0.040～0.051 mm×0.031 mm。

【宿主与寄生部位】

水牛的小肠。

【虫体标本保存单位】

中国农业科学院兰州兽医研究所

图 释

1 虫体头部观及头泡、食道等；

2 3 雄虫尾部正面观及腹肋、侧肋、外背肋、背肋等。

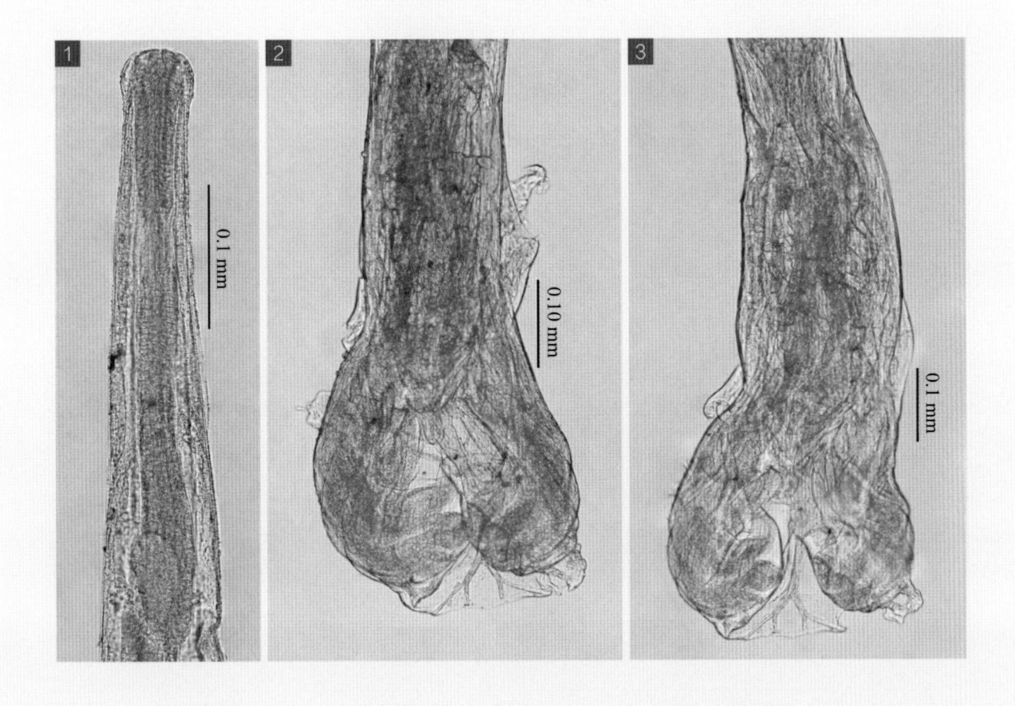
1
0.1 mm
2
0.10 mm
3
0.1 mm

背板属 *Teladorsagia* Andreeva et Satubaldin, 1954

交合伞分 3 叶，背肋很短，在主干 1/3 处分为 2 支。生殖锥的腹小肋很小，腹板发达，有生殖锥背突，无副伞膜，背突远端有 2 个无柄乳突。交合刺结构与奥斯特属同。有引带。

191 达氏背板线虫

Teladorsagia davtiani Andreeva et Satubaldin, 1954

【主要形态特点】

见下。

【雄虫】

虫体大小为 8.2 mm×0.125～0.136 mm。食道长 0.51～0.60 mm。颈乳突距头端 0.391～0.407 mm，排泄孔位于颈乳突水平线上。交合伞由 2 个大侧叶和 1 个背叶构成；外背肋独立发出；背肋长 0.075～0.079 mm，在距远端 0.026～0.028 mm 处分为 2 支，每支的中部外侧有 1 小侧支，末端又分为 2 小支（图 -2、图 -3）。交合刺呈棕黄色，长 0.182～0.210 mm，最大宽度为 0.026～0.028 mm，在远端 1/3 处分为 3 支，侧腹支最粗、最长，长为 0.062～0.077 mm，末端斜切呈丁锤状，外包被拖鞋状刺膜；背腹支与中腹支均尖细如刺状，两者长度几乎相等，但较侧腹支短很多即约为 1∶3（图 -2、图 -3、图 -4）。引带呈两端变窄的棍棒状，长 0.093～0.096 mm，其顶端两侧有两片似翅膀状结构，其整体似一个推进器的形状。生殖锥的底层有明显的两粒似眼的结构（图 -5）。

【宿主与寄生部位】

绵羊、山羊、骆驼的真胃。

【虫体标本保存单位】

中国农业科学院兰州兽医研究所

图 释

1 雄虫头部观及食道、颈乳突等；
2 3 雄虫尾部正面观及交合刺、交合伞、腹肋、侧肋、外背肋、背肋等；
4 交合刺；
5 生殖锥。

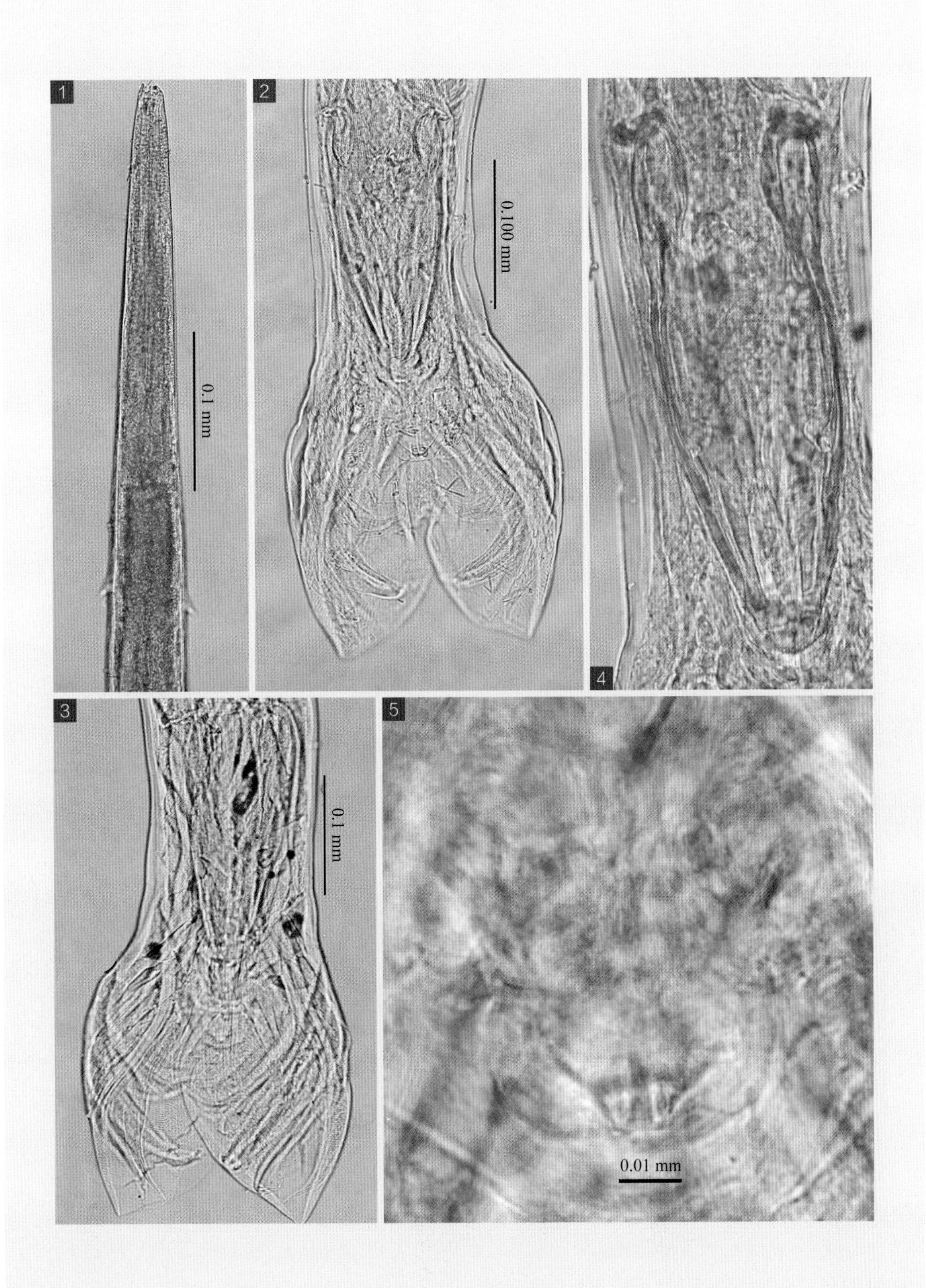
1
2
3
4
5
0.1 mm
0.100 mm
0.1 mm
0.01 mm

斯纳属 *Skrjabinagia* (Kassimov, 1942) Altaev, 1952

同物异名：无引带属。

无头泡，颈乳突明显。雄虫交合伞由2个大的侧叶和1个或无小背叶组成，背肋较粗，分2支，每支再分2～3支，交合刺1对，有的形状不同，其远端分2～3支，远端有透明薄膜包围。无引带，有伞前乳突。雌虫尾部呈尖形，阴门呈横缝状，有的有角质唇片覆盖，阴门开口于虫体后1/3处。

192 指刺斯纳线虫

Skrjabinagia dactylospicula Wu, Yen et Shen, 1965

【主要形态特点】

虫体呈淡黄色，体表角皮无横纹，有明显的纵纹（图–2）。颈乳突小，位于神经环后方，神经环位于食道前1/3处。

【雄虫】

虫体大小为5.81 mm×0.136 mm。外背肋起于背肋基部，背肋在基部稍前方分成弧形的2支，每支末端再分成2小支，背肋长0.081 mm（图–3、图–4）。交合刺1对等长，呈褐色，长0.177 mm；在远端1/3处分为3支，侧腹支远端有指状附属物；背支长0.037 mm，末端向背面呈匙状卷曲；中腹支长0.051 mm，末端卷曲。无引带。

【雌虫】

虫体大小为7.94～8.61 mm×0.111～0.125 mm。阴门被角质唇片覆盖（图–5），距尾端0.897～1.100 mm。排卵器长0.345 mm。肛门（图–6）距尾端0.121～0.138 mm。

【宿主与寄生部位】

黄牛、山羊的真胃、小肠。

【虫体标本保存单位】

中国农业科学院上海兽医研究所

图释

1 雌虫成虫；
2 虫体头部观及食道、神经环等；
3 4 雄虫尾部斜侧面观及交合伞、腹肋、侧肋、外背肋、背肋等；
5 雌虫阴门及唇等；
6 雌虫尾部侧面观及肛门、尾尖等。

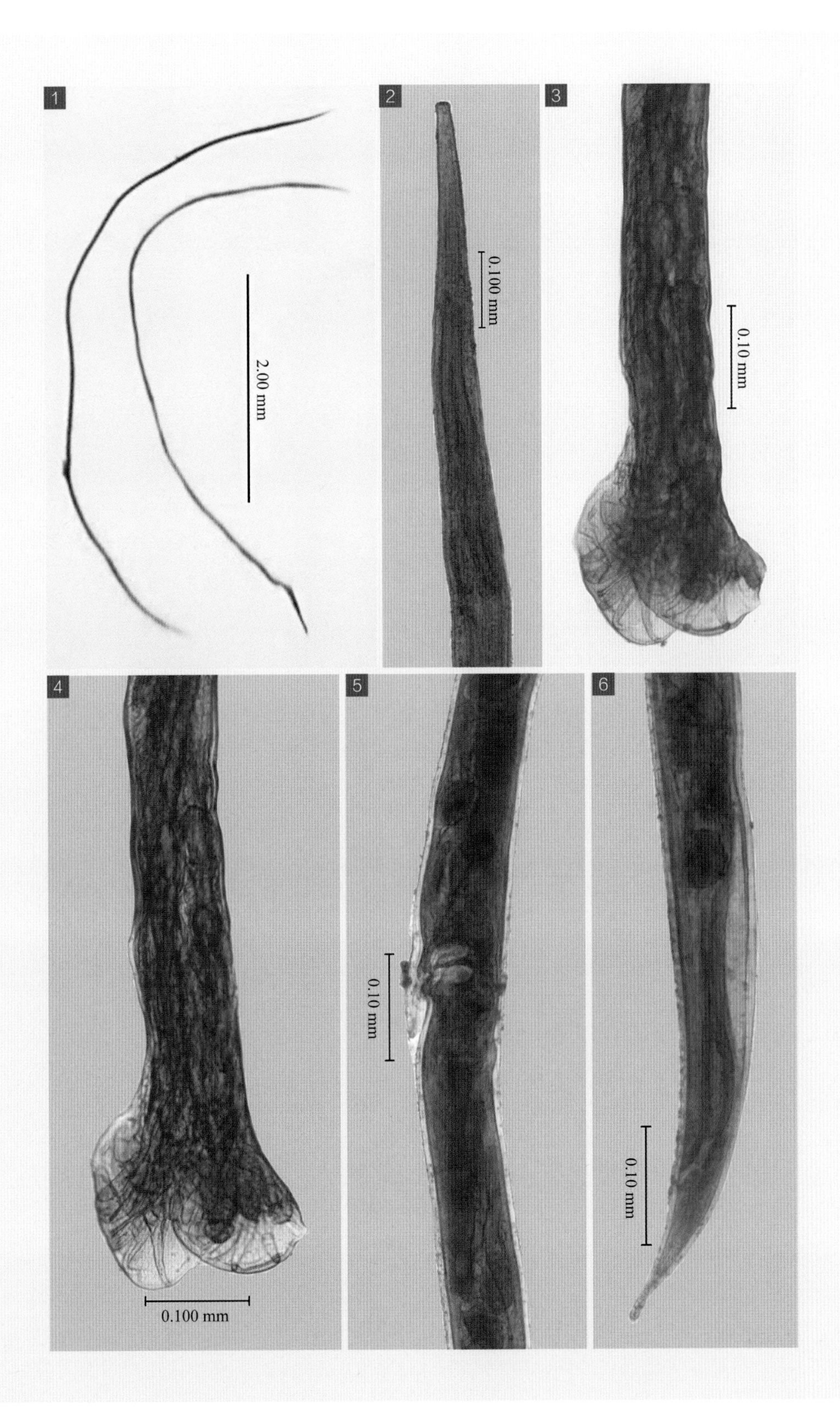
1
2.00 mm
2
0.100 mm
3
0.10 mm
4
0.100 mm
5
0.10 mm
6
0.10 mm

193 水牛斯纳线虫

Skrjabinagia bubalis Jiang, 1988

【主要形态特点】

虫体呈淡黄色（图 –1），体表角皮有粗纵线 34 条，在 2 条纵线之间有细纵线 3 条。食道呈圆柱形，神经环在食道前 1/3 部稍后（图 –2、图 –3）。颈乳突在食道中部稍前。排泄孔在食道稍后部。

【雄虫】

虫体大小为 6.07～8.89 mm×0.100～0.181 mm。食道长 0.619～0.728 mm。交合伞分 3 叶，背叶短，2 个侧叶等大，在伞膜中部有鳞状花纹（图 –4、图 –5）。2 个腹肋起于共同主干，从基部分离，后腹肋大于前腹肋，两者末端靠近，伸达交合伞缘；3 个侧肋大小相近，均达伞缘；外背肋起于背肋基部，末端伸至侧叶前缘；背肋短而粗，离基部不远处分为 2 支，每个分支末端有芽状突（图 –4、图 –5）。交合刺 1 对等长，呈棕黄色，长 0.105～0.180 mm，在远端 1/3 稍前处分为 3 支，外侧主干长 0.055～0.057 mm，末端呈三菱箭头状；背支长 0.015～0.025 mm，末端呈截形；内侧支长 0.017～0.030 mm，末端尖锐，3 个分支的末端有网膜联系。无引带。伞前乳突呈三角形。

【雌虫】

虫体大小为 8.85～10.30 mm×0.11～0.13 mm。食道长 0.66～0.78 mm。阴门（图 –6）距尾端 1.40～1.55 mm，排卵器长 0.26～0.35 mm。肛门前、后有波浪形皱褶，尾呈圆锥形（图 –7），长 0.12～0.14 mm。

【宿主与寄生部位】

水牛的真胃、小肠。

【虫体标本保存单位】

四川省畜牧科学研究院

图 释

1 成虫，左为雄虫，右为雌虫；
2 3 虫体头部观及食道、神经环等；
4 雄虫尾部正面观及伞前乳突、交合伞、交合刺、腹肋、侧肋、外背肋、背肋等；
5 雄虫尾部侧面观及交合伞、交合刺、腹肋、侧肋、外背肋、背肋等；
6 雌虫阴门；
7 雌虫尾部侧面观及肛门、尾尖等。

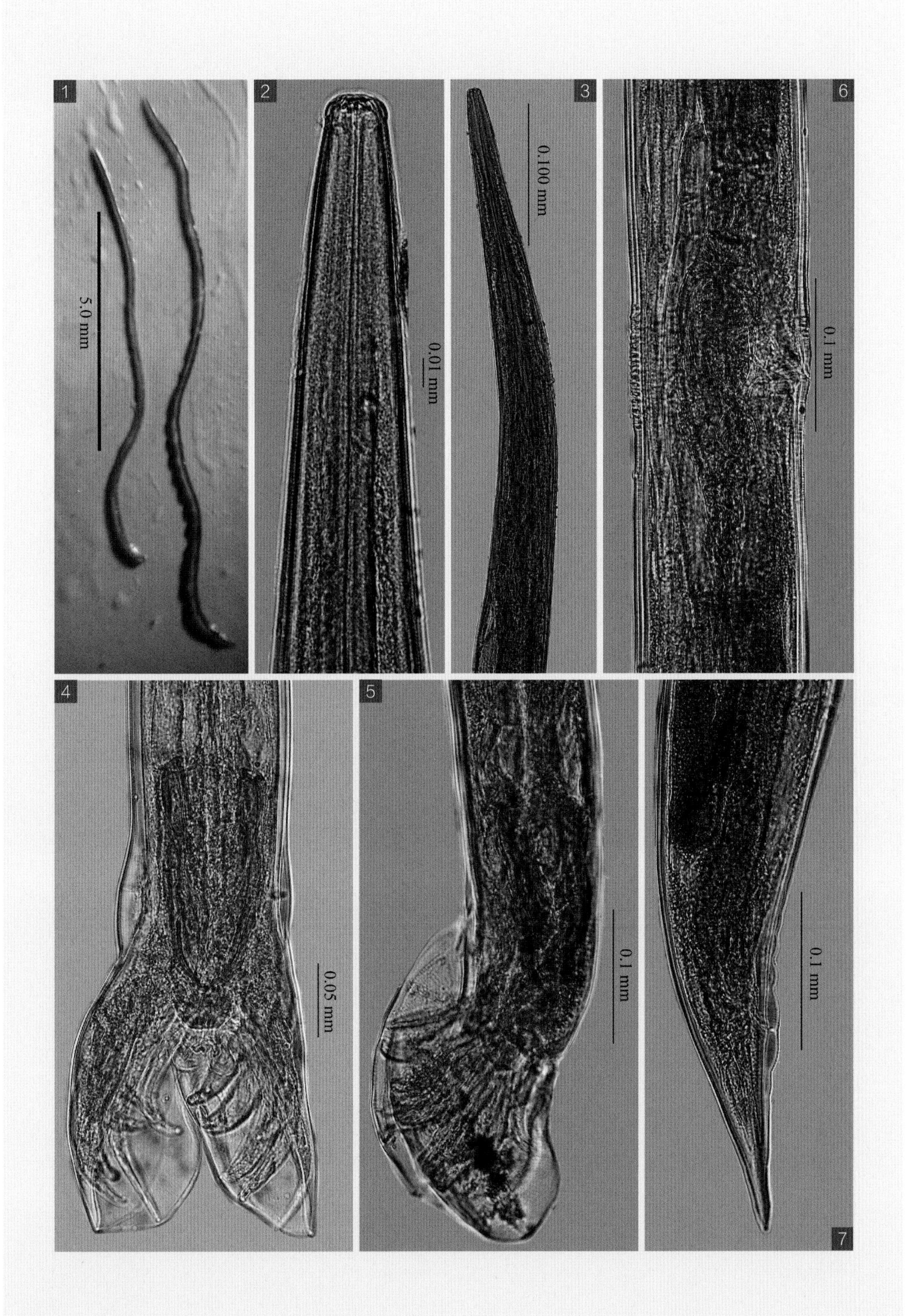
1
5.0 mm
2
0.01 mm
3
0.100 mm
6
0.1 mm
4
0.05 mm
5
0.1 mm
0.1 mm
7

194 四川斯纳线虫

Skrjabinagia sichuanensis Jiang, 1988

【主要形态特点】

虫体呈淡黄色细线状，体表角皮有粗纵纹 34 条，在 2 条粗纵纹之间有细纵纹 3 条。口腔简单，口孔位于头顶端，口缘有 4 个环口乳突，头端角皮向外膨大呈新月形，其后有明显的细横纹。食道呈圆柱形。神经环在食道前 1/3 稍后，颈乳突在食道中部稍前方水平，排泄孔在食道中部附近（图 -1）。

【雄虫】

虫体大小为 6.6～8.0 mm×0.120～0.133 mm。体表角皮有粗纵纹 26 条。食道，长 0.69～0.80 mm，宽 0.05 mm。神经环距头端 0.213～0.246 mm，颈乳突距头端 0.30～0.31 mm，排泄孔距头端 0.260～0.268 mm。交合伞由 1 个呈扇形的小背叶和 2 个等大的侧叶组成，背叶大小为 0.060～0.067 mm×0.048～0.058 mm，侧叶大小为 0.218～0.246 mm×0.163～0.172 mm。在交合伞侧叶中部有鳞状花纹，外缘有条状花纹。前腹肋小于后腹肋，二者并列向前延伸，末端弯向伞侧缘；3 个侧肋大小相等，末端均达伞缘。外背肋起自背肋基部，近端宽大，以后逐渐变细，末端几乎达伞缘（图 -2）。背肋（图 -4）短，在约中部分成 2 支，每个分支的尖端又分成 3 个小支，背肋基部长 0.017～0.025 mm，分支长 0.025～0.030 mm。交合刺（图 -3）1 对等长，呈黄褐色，长 0.188～0.225 mm，分支部最宽 0.0275 mm；在远端 1/3 处分为 3 支，侧腹支最长，为 0.0750～0.0875 mm，在远端深褐色处有一关节，连接一个角质化的靴状突，长 0.0225～0.0250 mm，背支与内侧支几乎等长，长 0.0325 mm，背支末端呈深褐色小刺状，内支呈淡黄色，末端薄，呈尖刀状（图 -3）。无引带。伞前乳突明显。

【雌虫】

虫体大小为 8.0～9.0 mm×0.110～0.135 mm。食道长 0.63～0.72 mm，宽 0.05～0.06 mm。神经环距头端 0.235～0.266 mm，颈乳突距头端 0.32～ 0.33 mm，排泄孔距头端 0.290～0.297 mm。阴门位于体后部，横裂开口，有舌状小瓣膜（图 -5），阴门距尾端 1.11～1.35 mm。排卵器（包括括约肌）长 0.20～0.25 mm。尾长 0.125～0.170 mm，逐渐变细呈锥状，略向腹面弯曲，末端有横纹（图 -6）。靠近排卵器的虫卵，大小为 0.070～0.080 mm×0.032～0.040 mm。

【宿主与寄生部位】

黄牛的真胃。

【图片引自】

蒋学良，周婉丽，廖党金，等. 2004. 四川畜禽寄生虫志. 成都：四川出版集团. 四川科学技术出版社.

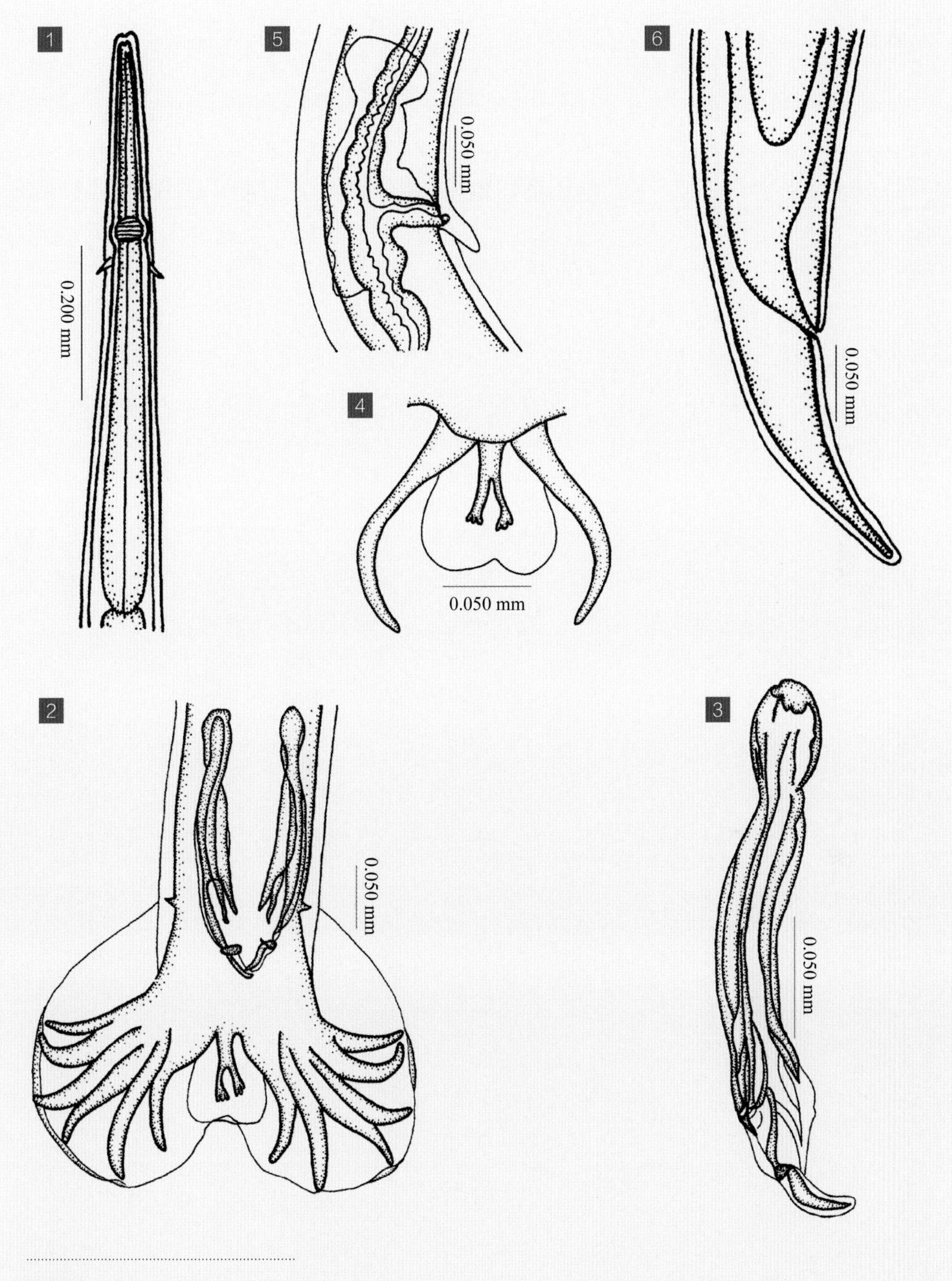

图 释

1 虫体头部观及食道、神经环、颈乳突等；
2 雄虫尾部正面观及交合伞、交合刺、伞前乳突、腹肋、侧肋、外背肋、背肋等；
3 交合刺；
4 背肋；
5 雌虫阴门及舌状小瓣膜；
6 雌虫尾部侧面观及肛门、尾尖等。

苇线属 *Ashworthius* Le Roux, 1930

体表有横纹和纵纹，颈乳突明显，口囊小，食道背部伸出一个弯曲的尖齿。雄虫交合伞由 2 个大的侧叶和 1 个小的背叶组成，前腹肋和后腹肋起于同一主干，前者较小，3 个侧肋起于同一主干，前侧肋最细短，外背肋细，从背肋主干分出，背肋短，先分出 2 侧支，后再分为 2 支，交合刺短，有脊和棱角状刺形突出物。无引带。雌虫阴门位于体后半部。

195 东北兔苇线虫

Ashworthius leporis Yen, 1961

【主要形态特点】

虫体呈黄褐色，体表有粗纵纹和细横纹（图 -1）。头端较小，口腔小，有 1 个从食道背面长出的小齿，食道呈圆柱形，颈乳突位于食道中部水平两侧处，神经环位于食道前 1/3 处（图 -2）。排泄孔位于颈乳突水平附近。

【雄虫】

虫体大小为 10.26～13.04 mm×0.241～0.335 mm。食道长 0.571～0.669 mm，颈乳突距头端 0.263～0.391 mm，神经环距头端 0.251～0.342 mm。交合伞侧叶长大，布满网状花纹，背叶小，呈半月形；腹肋和侧肋起于共同主干，2 个腹肋粗大，末端伸达伞缘。前侧肋长大，中侧肋与后侧肋较小，二者大小相近，3 个侧肋末端均达伞缘。外背肋粗壮，单独发出；背肋短小，约在长度 1/2 处分出左右 2 个侧支，在主干延长的远端约 1/4 处分为 2 支，每支末端又分成 2 叉支（图 -3）。交合刺 1 对等长，长 0.331～0.362 mm，最大宽度 0.020～0.033 mm，在远端 1/4 处分出近等长的 2 小支，长 0.0625 mm，末端尖，外围透明膜，主支延伸的末端呈菌伞状，主支长 0.15 mm（图 -4）。无引带。生殖锥腹面有 2 个乳状突，远端有 1 对脚状突（图 -5、图 -6）。伞前乳突明显。

【雌虫】

虫体大小为 14.21～22.03 mm×0.311～0.602 mm。食道长 0.461～0.869 mm。颈乳突距头端 0.394～0.434 mm，神经环距头端 0.21～0.39 mm。阴门距尾端 3.40～4.07 mm，有唇状瓣、球状突或光滑平整（图 -7）。肛门距尾端 0.34～0.43 mm，尾呈圆锥形（图 -8）。排卵器大小为 0.54～0.87 mm。

【宿主与寄生部位】

兔的胃。

【虫体标本保存单位】

四川省畜牧科学研究院

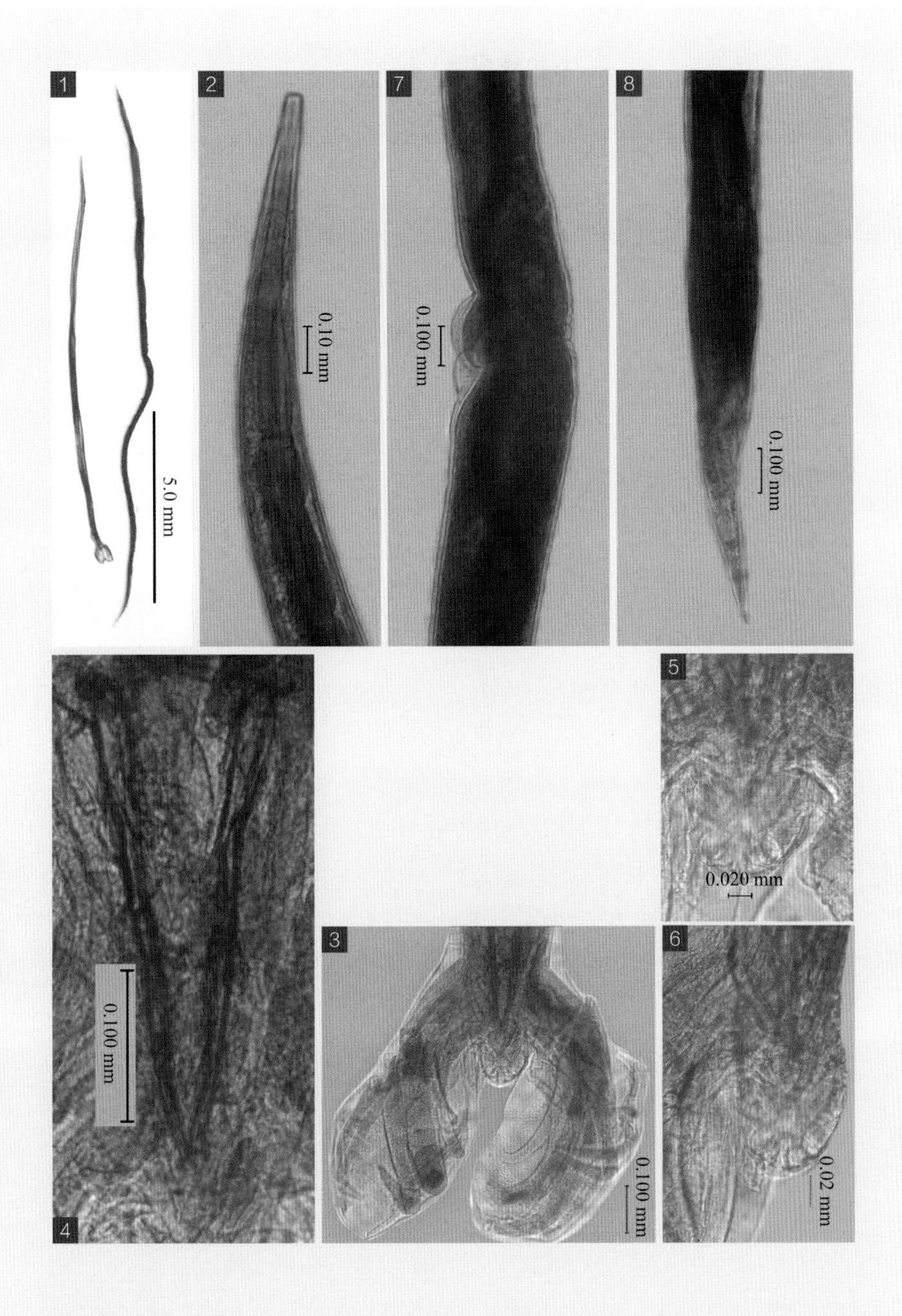

图 释

1 成虫，左为雄虫，右为雌虫；

2 虫体头部观及食道、神经环等；

3 雄虫尾部正面观及交合伞、腹肋、侧肋、外背肋、背肋等；

4 交合刺；

5 生殖锥正面观；

6 生殖锥侧面观；

7 雌虫阴门侧面观及唇状瓣等；

8 雌虫尾部侧面观及肛门、尾尖等。

裂口科 Amidostomatidae Baylis et Daubney, 1926

虫体前端有或无角质膨大。口囊不发达，无叶冠，口囊内有齿或乳突，食道长。交合伞大，外背肋粗而短，交合刺短粗，引带有或缺。雌虫阴门位于体后部，尾呈指状。寄生于鸟类。

裂口属 *Amidostomum* Railliet et Henry, 1909

口囊呈杯状，底部有 1～3 个齿。食道呈棒状，内腔有 3 个角质板。雄虫交合伞上有泡状花纹，腹肋与侧肋分开；左右交合刺等长，远端分为 2～3 支，有引带。生殖锥腹唇呈乳头状。雌虫尾部呈指状。

196 鹅裂口线虫

Amidostomum anseris (Zeder, 1800) Railliet et Henry, 1909

【主要形态特点】

虫体呈淡红色，体表有粗纵纹和细横纹。头端钝，口囊呈杯状，口囊基部有 1 个大的背齿和 2 个小的侧腹齿（图 -3、图 -4）。食管有 3 个角质板，纵伸到食管内部。

【雄虫】

虫体大小为 12.1～18.0 mm×0.18～0.25 mm。口囊大小为 0.0126～0.0151 mm×0.0229～0.0280 mm，背齿长 0.012～0.015 mm。食道长 0.98～1.06 mm。神经环距头端 0.281～0.286 mm，排泄孔距头端 0.41～0.48 mm。交合伞由 2 个较大的侧叶和 1 个小的背叶组成，侧叶大小为 0.302 mm×0.216 mm，背叶大小为 0.06 mm×0.07 mm，在伞膜上有泡状花纹（图 -6）。腹肋和侧肋细长伸达伞缘（图 -5、图 -6）；外背肋短粗，未达伞缘；背肋细小，在远端 1/3 处分成 2 支，每支末端又分为 2 小支。有伞前乳突。交合刺 1 对短粗，长 0.283～0.307 mm，在远端 1/3 处分成 3 支，外侧主支长 0.10 mm，背支长 0.08 mm，末端呈钩状，内侧腹支较短，长 0.075 mm（图 -5）。引带呈类舟形，长 0.102～0.106 mm。

【雌虫】

虫体大小为 15.1～19.0 mm×0.21～0.31 mm。口囊大小为 0.016 mm× 0.027 mm，背齿长 0.0125～0.0150 mm。食道长 1.0～1.1 mm。神经环距头端 0.26～0.30 mm，排泄孔距头端 0.37～0.40 mm。排卵器大小为 0.44～0.51 mm×0.06～0.09 mm。阴门位于体后部，开口处向内凹（图 -7），阴门距尾端 2.37～2.41 mm。尾部呈指状，稍向腹面弯（图 -8），肛门至尾端 0.261～0.332 mm。

【宿主与寄生部位】

鹅、鸭的肌胃角质层下。

【虫体标本保存单位】

四川省畜牧科学研究院

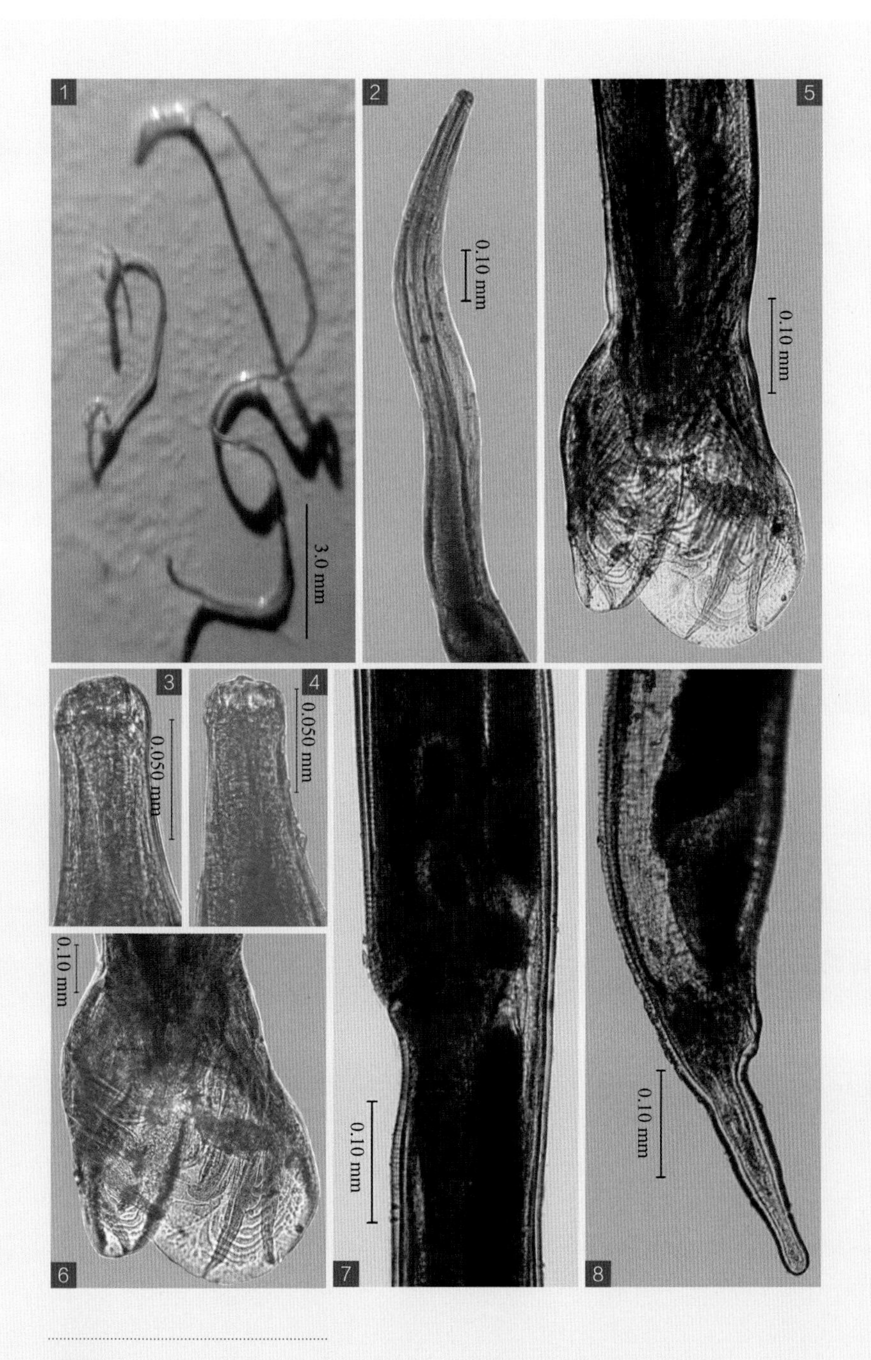

图 释

1 成虫，左为雄虫，右为雌虫；

2 虫体头部及食道等；

3 4 虫体头端及口囊、齿、角质板等；

5 雄虫尾部及交合刺、腹肋、侧肋、交合伞膜上的泡状花纹；

6 交合伞及腹肋、侧肋、伞膜上的泡状花纹等；

7 雌虫排卵器和阴门等；

8 雌虫尾部侧面观及肛门、尾尖形态等。

197 鸭裂口线虫

Amidostomum boschadis Petrow et Fedjuschin, 1949

【主要形态特点】

虫体纤细，呈淡红色，体表角皮有稀疏的纵纹和细横纹。头端较钝，口孔开口于顶端，口缘有 4 个环口小乳突，口囊呈亚球形，囊壁角质化，有 1 个齿，从口囊底部深入口囊中央（图 -1）。食道呈长圆柱形（图 -2）。

【雄虫】

虫体大小为 8.01～11.46 mm×0.08～0.13 mm，口囊大小为 0.006～0.008 mm×0.010～0.011 mm，齿长 0.005 mm。食道长 0.65～0.77 mm。神经环距头端 0.21～0.27 mm，排泄孔距头端 0.31 mm。交合伞大小为 0.13～0.17 mm×0.26～0.31 mm，由 2 个大的侧叶和 1 个小的背叶组成，侧叶与背叶间连成凹弧形，伞膜上有网状花纹（图 -4）。2 个腹肋起于同一主干，前腹肋小，与后腹肋延伸至伞前缘；侧肋并列，前侧肋较短，末端未达伞缘，中侧肋和后侧肋较长大，末端伸达伞后缘（图 -3、图 -4）。外背肋起源于背肋基部，粗壮而直，末端离伞缘较远；背肋纤细，在近末端分成左右 2 支，每支又分成 2 小支，背肋全长 0.062 mm，主干长 0.044 mm，分支长 0.015 mm（图 -3）。交合刺 1 对呈黄褐色，形状大小相同，长 0.134～0.148 mm，近端呈耳状，在远端 1/3 附近分成 3 支，3 个分支间有薄膜联系，中支长 0.047～0.050 mm，粗直而末端钝；内支长 0.041～0.044 mm，末端呈钩状；外支长 0.032～0.034 mm，末端尖锐。引带大小为 0.071～0.081 mm×0.007 mm，呈肋骨形，近端较窄，中部微弯曲而稍宽，末端钝。伞前乳突明显。

【雌虫】

虫体大小 14.2～16.3 mm×0.10～0.18 mm。口囊大小为 0.010 mm×0.012 mm，齿长 0.007 mm。食道长 0.82～0.92 mm。神经环距头端 0.29～0.31 mm，排泄孔距头端 0.33 mm。阴道呈横裂，开口部位体壁稍呈唇状外突（图 -5），距尾端 2.55～3.14 mm。排卵器长 0.60～0.74 mm。尾稍弯向腹面（图 -6），长 0.25～0.31 mm。

【宿主与寄生部位】

鸭的肌胃角质膜下。

【虫体标本保存单位】

中国农业科学院上海兽医研究所

图 释

1 虫体头端及口孔、口囊、齿等；
2 虫体头部及口孔、食道、神经环等；
3 雄虫尾部正面观及交合伞、伞膜上网状花、伞前乳突、交合刺、腹肋、侧肋、外背肋、背肋等；
4 交合伞侧面观及伞膜上的网状花纹、腹肋、侧肋、背肋等；
5 雌虫阴门；
6 雌虫尾部侧面观及肛门、尾尖等。

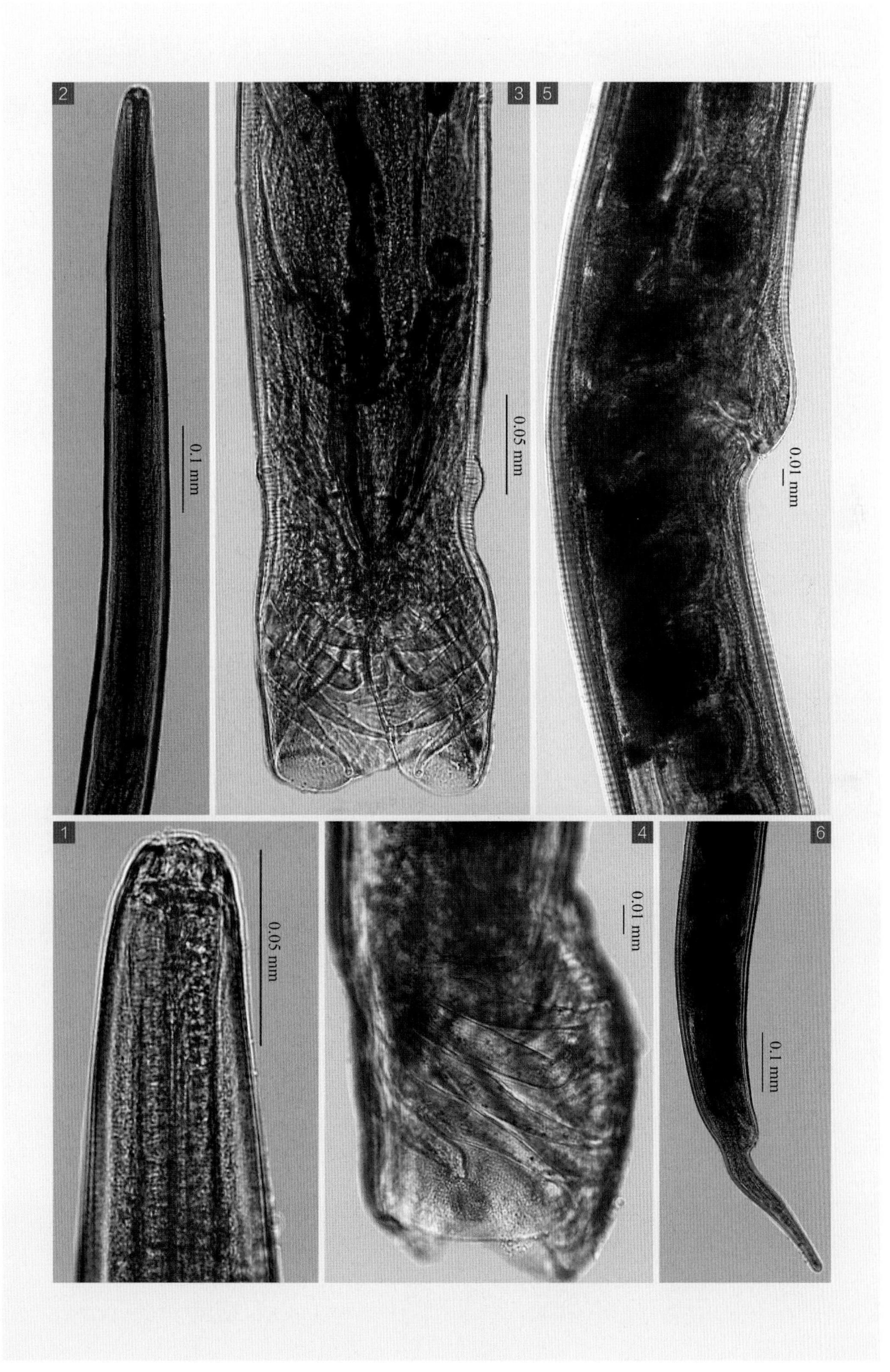
2
0.1 mm
3
0.05 mm
5
0.01 mm
1
0.05 mm
4
0.01 mm
6
0.1 mm

瓣口属 *Epomidiostomum* Skrjabin, 1915

虫体呈线状，头端有 4 个乳突，1 对化感器，边缘有 4～6 个角质瓣。食道呈肌质，后部稍膨大。雄虫交合伞有 2 个大侧叶和 1 个小背叶，伞膜有花纹，腹肋和侧肋起于共同主干，外背肋粗大，背肋末端分叉。交合刺 1 对等长或不等长，近端有纽扣状结，远端分为 2～3 支。无引带。生殖锥腹叶呈 2 个乳头状。雌虫阴门呈缝状，位于虫体中后方；尾部呈指状，稍向腹面弯。

198 鸭瓣口线虫

Epomidiostomum anatinum Skrjabin, 1915

【主要形态特点】

虫体呈线形，淡黄色，体表有明显横纹（图 –2）。头端的下背面和腹面有花瓣状突出物各 2 个，每个突出物后缘有 3 个锯齿状缺口，口孔周围有 4 个排列成正方形的乳突和 1 对化感器（图 –3、图 –4、图 –5）。食道长，后部膨大。

【雄虫】

虫体大小为 5.74～6.86 mm×0.165～0.199 mm。食道长 0.81～0.97 mm，颈乳突距头端 0.174～0.211 mm，神经环距头端 0.188 mm。交合伞大小为 0.132～0.141 mm×0.251～0.295 mm，伞膜上有脉络状花纹（图 –6、图 –7、图 –8、图 –9），伞前乳突小（图 –6）。2 个腹肋分开，前侧肋、中侧肋、后侧肋大小几乎相等，伸达近伞缘（图 –8、图 –9）。外背肋粗而短，末端钝圆，自背肋基部发出；背肋较细长，远端分为 2 支，每支末端又各分为 2 小支（图 –6、图 –7）。交合刺 1 对等长，长 0.118～0.135 mm，中部宽 0.023～0.030 mm，在中部稍下方分为 3 支，外侧支和背支稍长，腹支稍短，3 个分支外面有透明膜包围。无引带。生殖锥有 2 个乳状突。

【雌虫】

虫体大小为 9.64～11.81 mm×0.241～0.265 mm。食道长 0.971～1.040 mm。颈乳突不明显，距头端 0.227～0.229 mm，神经环距头端 0.22～0.26 mm。阴门呈横裂缝状，无唇状覆盖物（图 –10），距尾端 2.63～2.81 mm。肛门后虫体显著缩小，尾似指状，稍向腹弯（图 –11），尾长 0.142～0.160 mm。

【宿主与寄生部位】

家鸭的砂囊角质膜下。

【虫体标本保存单位】

四川省畜牧科学研究院

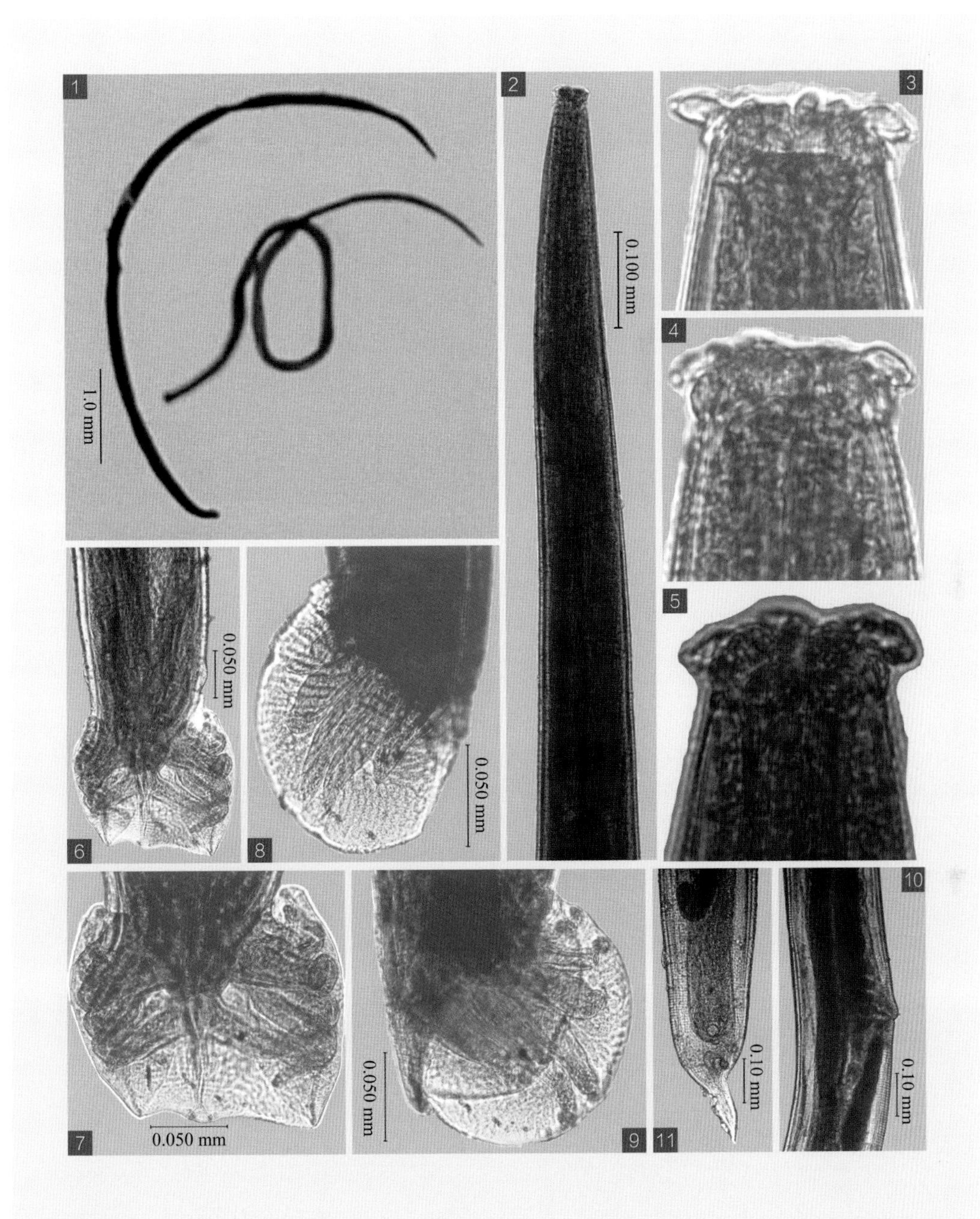

图 释

1 成虫，左为雌虫，右为雄虫；

2 虫体头部及食道等；

3 ~ 5 虫体头端及头端有呈花瓣状的突出物；

6 雄虫尾部正面观及交合刺、背肋等；

7 交合伞背面观及背肋、伞膜上有脉络状花纹等；

8 9 交合伞侧面观及腹肋、侧肋、伞膜上的脉络状花纹；

10 雌虫阴门；

11 雌虫尾部侧面观及肛门、尾尖等。

199 砂囊瓣口线虫

Epomidiostomum petalum Yen et Wu, 1959

【主要形态特点】

虫体头端有 6 个呈花瓣状的突出物，背面和腹面各有 2 个，两侧各有 1 个，每个突出物后缘有 3 个锯齿状的缺刻（图 –1）。口孔周围有 6 个乳突，即背腹各 1 个和 4 个亚中乳突。

【雄虫】

虫体大小为 5.93～6.12 mm×0.167～0.188 mm。交合伞由 2 个大的侧叶和 1 个小的背叶组成（图 –3、图 –4）。背肋细长，在主干基部分为并行的 2 支，至中部相合，继续向后延伸至远端分开，每支末端又分为 2 支，延伸至背叶的边缘（图 –3）。交合刺 1 对不等长，左交合刺长 0.109～0.135 mm，右交合刺长 0.113～0.138 mm。生殖锥有 2 个乳状突起物相连，并在两侧向外分出 1 个棒状的结构，棒的末端呈截形（图 –3）。

【雌虫】

虫体大小为 7.24～8.76 mm×0.165～0.253 mm。阴门呈横裂缝状，无唇（图 –5），距尾端 2.03～2.72 mm，排卵器长 0.174～0.443 mm。尾长 0.107～0.164 mm。

【宿主与寄生部位】

鸭的肌胃角质膜下。

【虫体标本保存单位】

中国农业科学院上海兽医研究所

图 释

1 虫体头端及花瓣突出物；
2 虫体头部及食道、神经环等；
3 交合伞正面观及外背肋、背肋等；
4 交合伞侧面观及腹肋、侧肋、外背肋等；
5 雌虫阴门；
6 雌虫尾部侧面观及肛门、尾尖等。

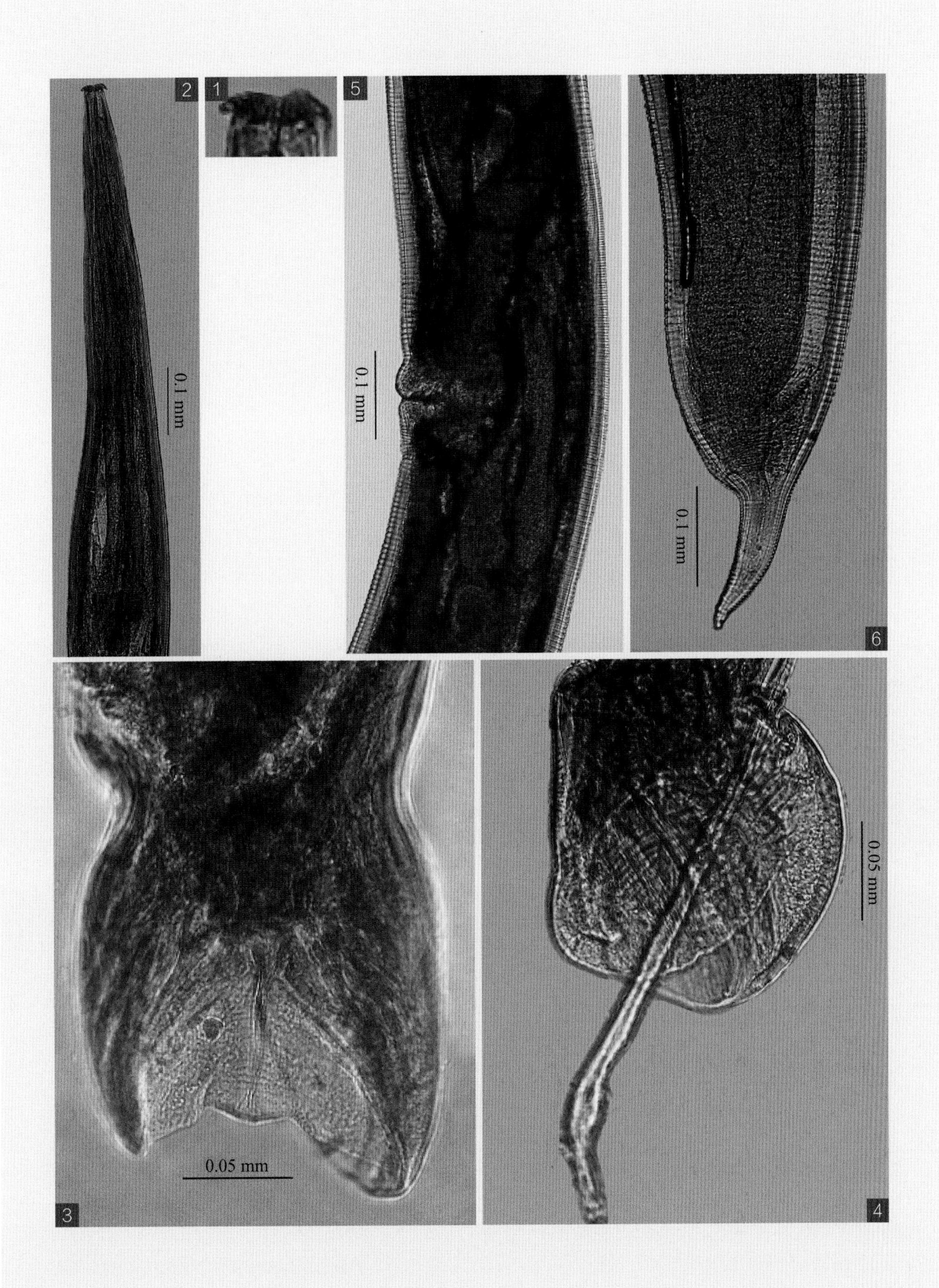
1
2
0.1 mm
5
0.1 mm
6
0.1 mm
3
0.05 mm
4
0.05 mm

200 中卫瓣口线虫

Epomidiostomum zhongweiense Li, Zhou et Li, 1987

【主要形态特点】

虫体呈淡黄色，体表有明显横纹，头端有 4 个瓣状突出物，即下背面和腹面各 2 个，口外侧有 1 对侧乳突，内口缘有 2 对中乳突，食道呈圆柱状，向后逐步膨大（图 –1）。排泄孔距头端 0.366～0.391 mm。颈乳突细小，呈丘疹状，距头端 0.42 mm。

【雄虫】

虫体大小为 5.81～7.12 mm×0.146～0.211 mm。食道长 0.696～0.869 mm。交合伞发达，由 2 个大侧叶和 1 个小背叶组成，侧叶伞膜上有脉络状花纹，伞前乳突 1 对（图 –2、图 –3）。腹肋和侧肋起于同一主干，2 个腹肋从基部伸出，并达伞缘；前侧肋粗短，与中侧肋分开，不达伞缘，中侧肋和后侧肋并列，末端分开并达伞缘（图 –2、图 –3）。外背肋与背肋起于同一基部，左右 2 支粗壮但不等长，左支长 0.072～0.851 mm，右支长 0.063～0.070 mm，均不达伞缘（图 –2）。背肋细长，远端分为 2 支，每支末端又各分为 2 小支，小支内短外长，达伞缘（图 –2）。交合刺 1 对形状大小相似，长 0.125～0.138 mm，其近端扭结，在中部稍上方分为 3 支，背支与中腹侧支等长，前者末端尖细，后者末端分叉，侧腹支最长，末端有 3 个平截状突起，中突起稍高，该 3 个分支均被一透明薄膜包裹。无引带。生殖锥有 2 个乳状突锥体，其末端各有 1 个圆形小乳突。

【雌虫】

虫体大小为 9.01～10.81 mm×0.201～0.242 mm。食道长 0.781～1.025 mm。阴门呈横裂缝状，阴唇明显突起（图 –4），距尾端 2.137～2.832 mm。肛门后虫体显著缩小，尾似指状（图 –5、图 –6），尾长 0.120～0.166 mm。

【宿主与寄生部位】

鸭的肌胃。

【虫体标本保存单位】

中国农业科学院上海兽医研究所

图 释

1 虫体头部及头端瓣状突出物、食道、神经环等；
2 雄虫尾部正面观及交合伞、交合刺、腹肋、侧肋、外背肋、背肋等；
3 雄虫尾部和交合伞侧面观及交合刺、腹肋、侧肋、外背肋、背肋等；
4 雌虫阴门及阴唇；
5 雌虫尾部侧面观及肛门、尾尖等；
6 雌虫尾部腹面观及肛门、尾尖等。

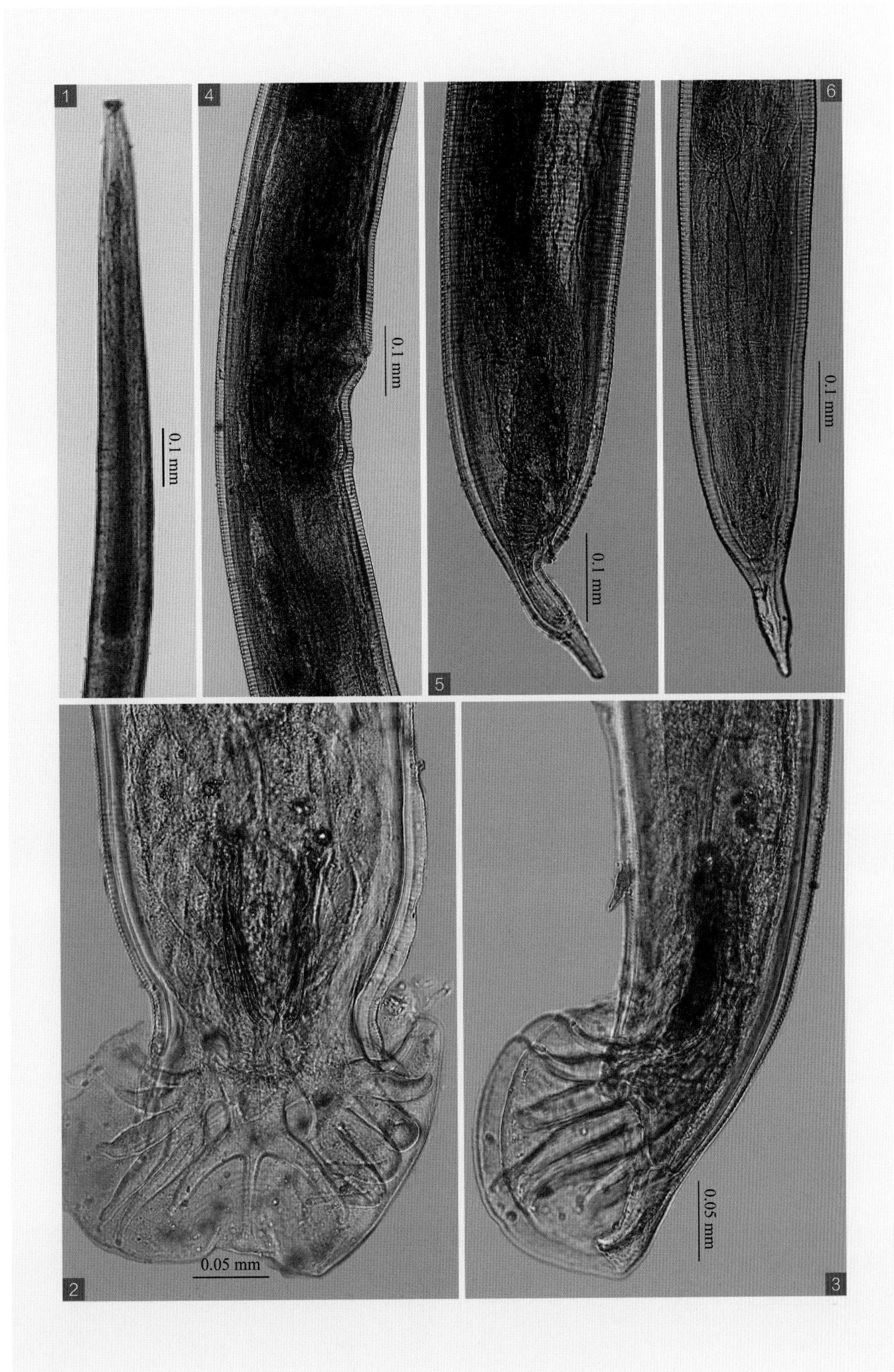
1
2
3
4
5
6
0.1 mm
0.1 mm
0.1 mm
0.1 mm
0.05 mm
0.05 mm

201 钩刺瓣口线虫

Epomidiostomum uncinatum (Lundahl, 1848) Seurat, 1918

【主要形态特点】

虫体细长，呈淡白色，角皮有横纹。口孔周围有2个头感器和排列成四角形的4个下中乳突，头端外围有4个角质呈花瓣状的突出物，每瓣有3个锯齿状的缺刻（图-1、图-2、图-3）。食道细长，后部逐渐扩大呈瓶状，神经环位于食道前部，排泄孔在神经环后（图-4）。

【雄虫】

虫体大小为6.81～7.33 mm×0.151～0.169 mm。食道长0.701～0.865 mm。交合伞发达，伞膜上有形似叶脉状的复杂线纹，有伞前乳突（图-5）。前腹肋细小弯向前方，前腹肋与后腹肋的末端均达伞缘；前侧肋粗壮，末端不达伞缘，中侧肋和后侧肋粗长，其大小及长短近相等，末端均达伞缘；外背肋从背肋基部分出，基部粗大，远端渐尖不达伞缘，背肋细长，远端分为2支，每支末端又分为2小支（图-5）。交合刺1对等长相似，呈淡黄色角质化，长度为0.104～0.124 mm，近端顶部有1个纽扣状的结构，远端分为3支，由透明的角质膜包裹（图-5）。无引带。生殖锥呈两个形如乳房状突起。

【雌虫】

虫体大小为10.01～11.53 mm×0.222～0.245 mm。食道长0.881～1.023 mm。尾部细小，形如指状，稍向腹面弯曲（图-6），尾长0.123～0.161 mm。阴门呈裂缝状，距尾端2.461～2.562 mm。排卵器长0.16～0.24 mm。虫卵呈椭圆形，大小为0.064～0.081 mm×0.040～0.057 mm。

【宿主与寄生部位】

鸭、鹅的肌胃角质膜下。

【图片引自】

黄兵，沈杰，董辉，等. 2006. 中国畜禽寄生虫形态分类图谱. 北京：中国农业科学技术出版社.

图 释

1 2 虫体头端顶面观；
3 虫体头端观；
4 虫体头部正面观；
5 雄虫尾部正面观；
6 雌虫尾部侧面观。

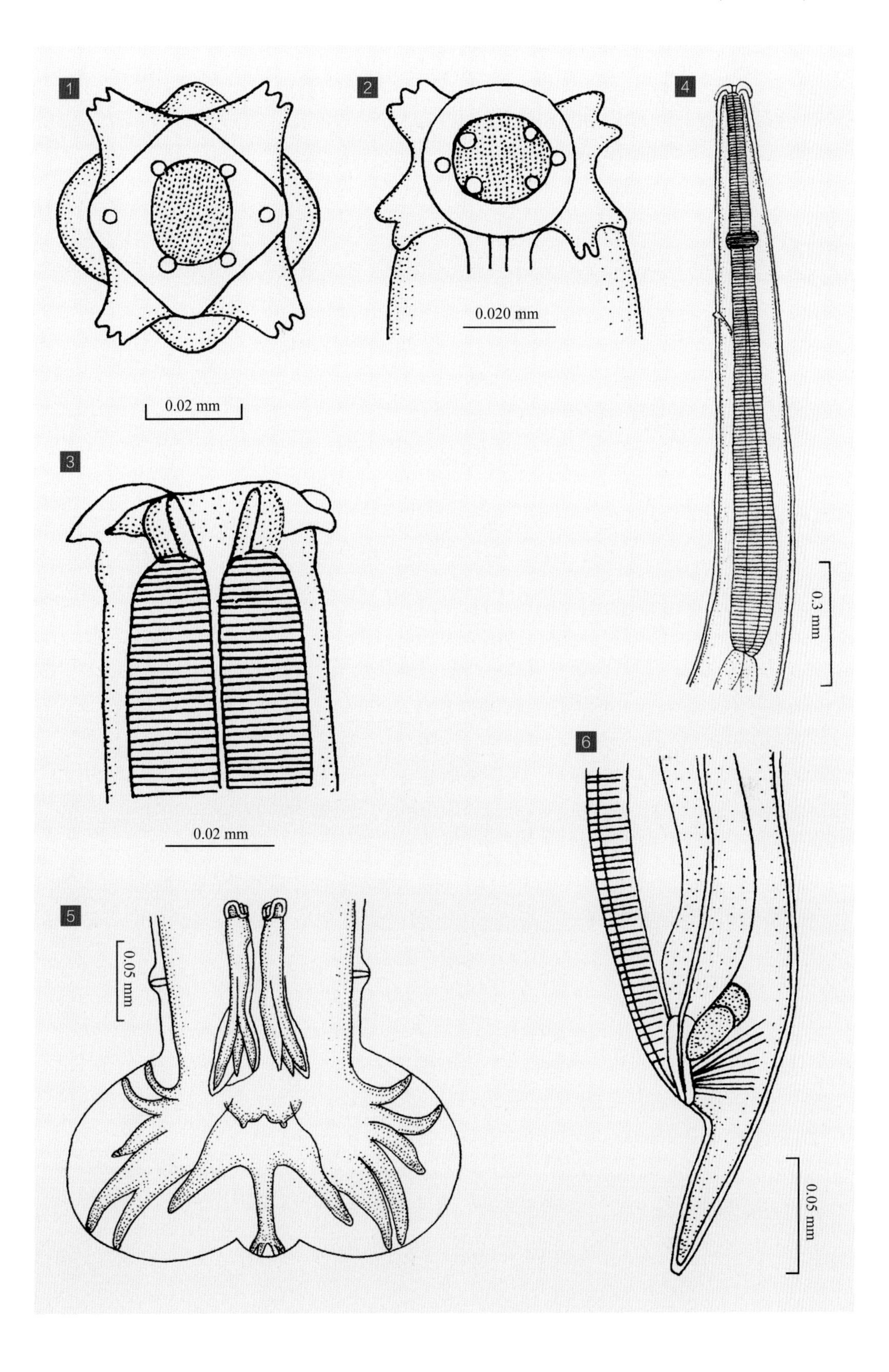
1
2
4
0.020 mm
0.02 mm
3
0.3 mm
0.02 mm
6
5
0.05 mm
0.05 mm

冠尾科 Stephanuridae Travassos et Vogelsang, 1933

虫体粗壮，口囊发达呈杯状，壁厚，口缘有细小叶冠，口囊底部有 6～10 个小齿，头腺发达。食道后部膨大呈花瓶状，雄虫交合刺短，两腹肋并行裂状，侧肋起于共同主干，外背肋从背肋基部发出，背肋末端为 2 个双指状，交合刺 1 对等长或不等长，有引带或副引带。雌虫尾部圆锥形，弯向腹面，阴门近肛门，卵生。

冠尾属 *Stephanurus* Diesing, 1839

属的特征同科的特征。

202 有齿冠尾线虫

Stephanurus dentatus Diesing, 1839

【主要形态特点】

虫体粗大，呈灰褐色。体表有横纹，其两侧各有 1 条明显的侧线。口孔呈椭圆形，口囊呈杯状，口缘围有 86～93 个小叶冠，口囊底部有 6～11 个圆锥形、大小不等的齿（图 -1、图 -2）。食道前部 1/3 处缩小，后部膨大呈花瓶状，食道末端陷入肠道。神经环位于食道细缩部位，排泄孔位于神经环后方的体腹面。

【雄虫】

虫体大小为 20.1～34.2 mm×1.01～1.30 mm。食道长 1.10～1.22 mm。交合伞短小，分叶不明显，伞肋短小，2 支腹肋并行，末端达伞缘，中侧肋和后侧肋均较前侧肋约大 1 倍，基部合并达伞缘。背肋粗大，在基部分出细小的外背肋，后部分为 4 支，其中内侧支稍短，末端不达伞缘；外侧支较长，末端达伞缘。交合刺 1 对等长或稍不等长，长 0.65～1.01 mm，有横纹的翼膜（图 -3、图 -4）。引带呈钥匙状，其两侧增厚形成沟槽状。在引带的前方有 1 个马蹄形状的副引带，分为左右 2 块。伞前乳突小，距末端 0.12～0.15 mm。

【雌虫】

虫体大小为 24.1～52.0 mm×1.51～2.22 mm。食道长 1.72～2.01 mm。尾部直而粗短，长 0.48～0.85 mm，尾端有 1 个呈圆锥形的尾尖，尾尖长 0.058～0.086 mm。肛门两旁各有 1 个大的圆形尾泡，直径为 0.145～0.210 mm。阴门距尾端 1.41～3.22 mm。排卵器大小为 0.261～0.450 mm×0.101～0.202 mm。

【宿主与寄生部位】

猪的肾盂、输尿管、肾周围脂肪、胃、肝细胞。

【虫体标本保存单位】

四川农业大学

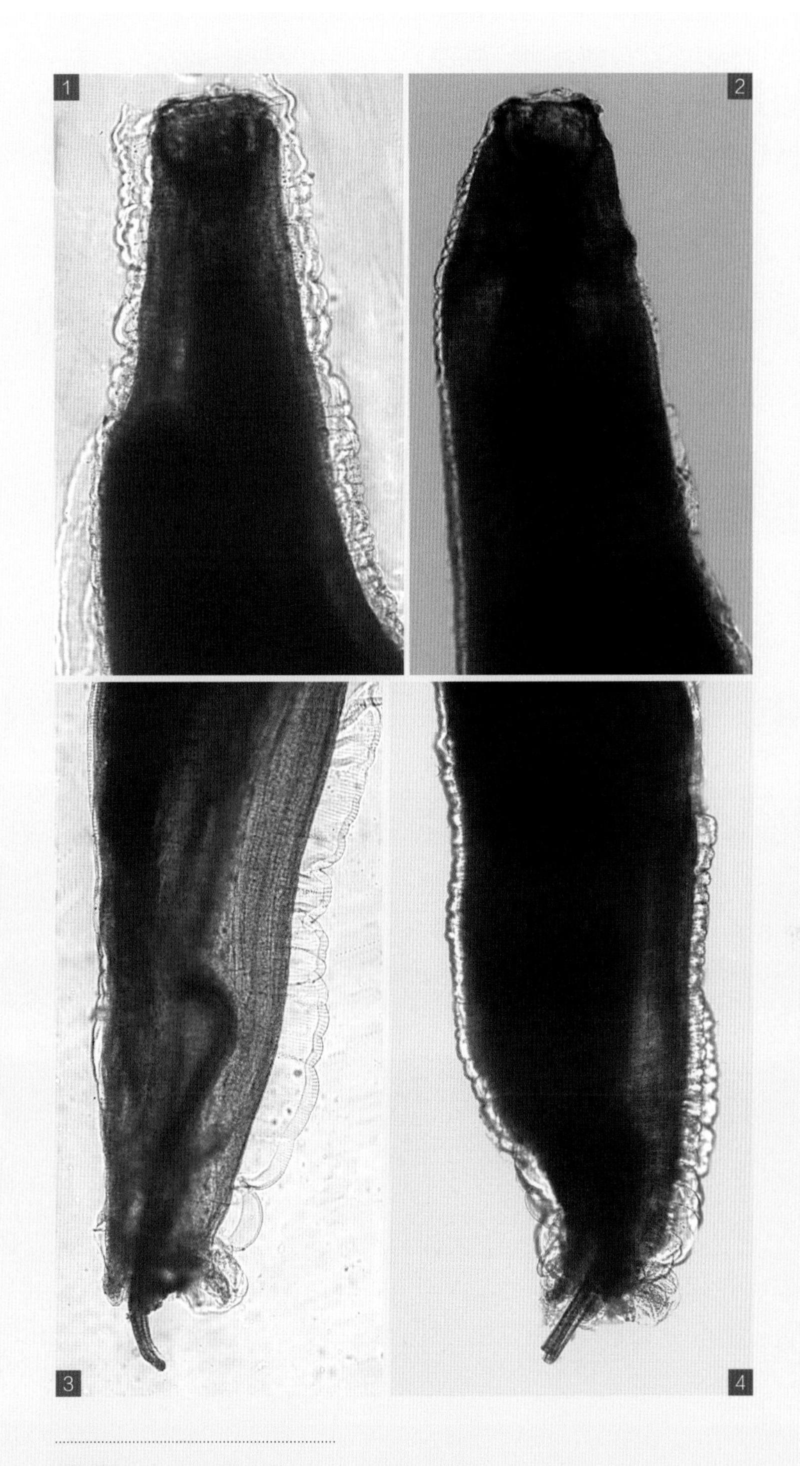

图 释

1 2 虫体头部及口孔、口囊、齿、体表横纹；

3 4 雄虫尾部侧面观及交合伞、交合刺、腹肋、侧肋、外背肋、背肋等。

盘头科 Ollulanidae Skrjabin et Schikhobalova, 1952

虫体为小型线虫，头端卷曲，角质上有纵线和横纹。口腔小，有的有小齿。食道后端稍膨大，颈乳突大，位于食道后端。雄虫交合伞不分叶，有的种缺外背肋，交合刺相等且短，无引带。雌虫尾端有 2～3 个突起，阴门位于虫体后半部，胎生。寄生于食肉动物。

盘头属 *Ollulanus* Leuckart, 1865

属的特征同科的特征。口腔中无齿。雌虫阴门于虫体后 1/6 处。

203 三尖盘头线虫

Ollulanus tricuspis Leuckart, 1865

【主要形态特点】

见下。

【雄虫】

虫体大小为 0.71～0.82 mm×0.04 mm。交合伞发达（图 -2）；背肋于末端分 2 支，外背肋分于背肋的中部（图 -3）；交合刺粗壮，长 0.046～0.057 mm，末端分为 2 支，一支尖，另一支钝（图 -4）。无引带。无伞前乳突。

【雌虫】

虫体大小为 0.8～1.0 mm×0.04 mm。阴门位于虫体后 1/6 处，仅有 1 个子宫与卵巢。尾端有 3 个突起（图 -5），尾长 0.03～0.04 mm。胎生。

【宿主与寄生部位】

猫、猪的肾、横隔膜、肺。

【图片】

廖党金绘

图 释

1 虫体头端观；
2 雄虫尾部侧面观及交合刺、交合伞、腹肋、侧肋、背肋等；
3 背肋；
4 交合刺；
5 雌虫尾部。

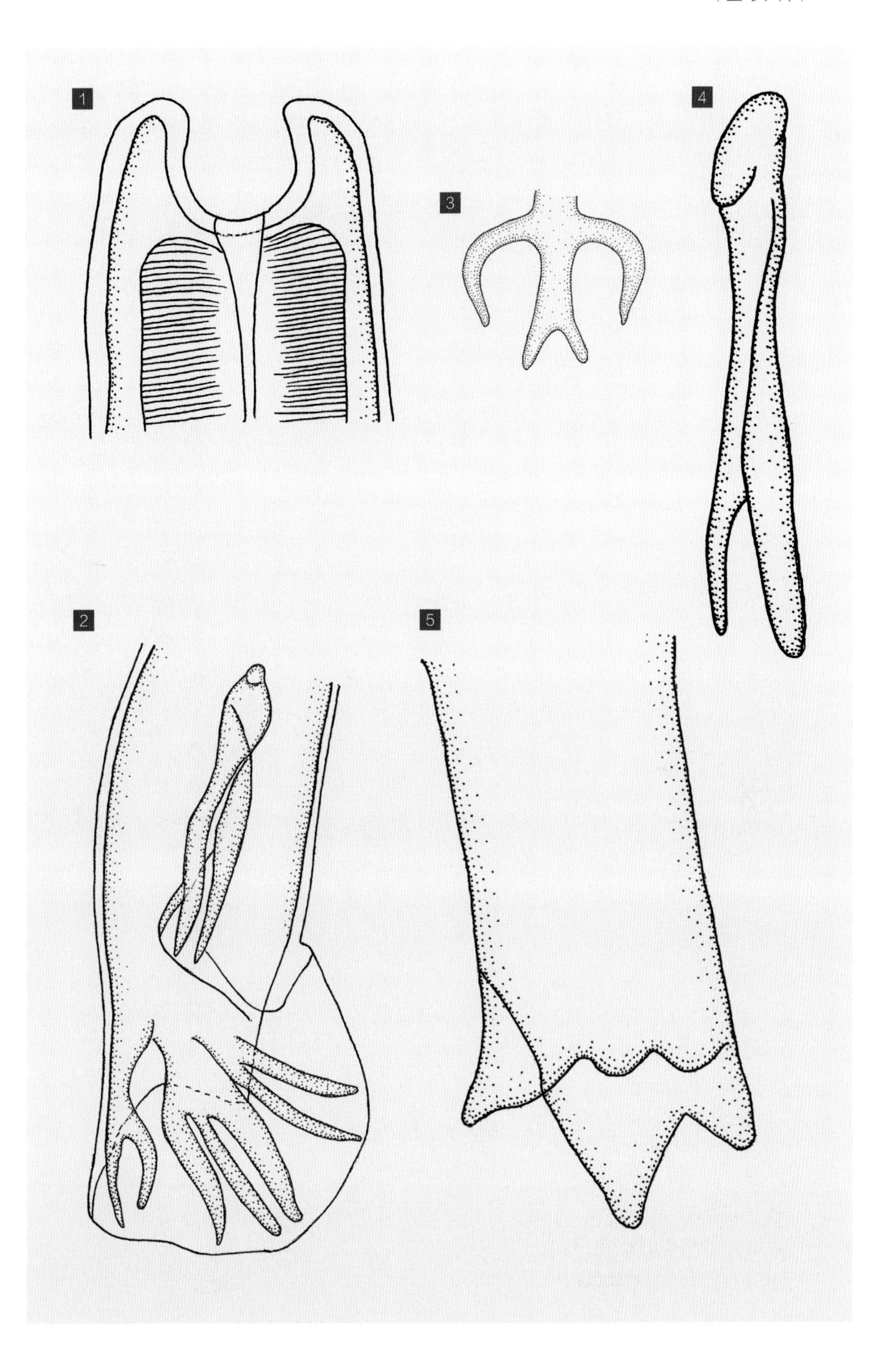
1
2
3
4
5

后圆科 Metastrongylidae Leiper, 1908

虫体呈线状或毛发状。口周围有 6 个唇片，或唇片发育不全。无叶冠，口部缩小，发育不全或付缺。交合伞发达或短小。成虫寄生于哺乳动物的肺脏。

后圆属 *Metastrongylus* Molin, 1861

属的特征同科的特征。

204 长刺后圆线虫

Metastrongylus elongatus (Dujardin, 1845) Railliet et Henry, 1911

【主要形态特点】

虫体呈线状，乳白色，体表有细纵纹。口囊小，有 2 片 3 叶状侧唇围绕，每个唇上有 1 个侧乳突和 2 个亚中乳突（图 -3）。食道呈长圆柱形，后部稍扩大，神经环位于食道中部（图 -2），颈乳突位于神经环稍后方，排泄孔位于颈乳突稍前方。

【雄虫】

虫体大小为 11.1～18.0 mm×0.243～0.286 mm。食道长 0.430～0.608 mm。颈乳突距头端 0.270～0.347 mm，神经环距头端 0.189～0.273 mm。交合伞的 2 个腹肋起于同一主干，前腹肋短粗，末端钝圆，后腹肋稍长，末端尖细；前侧肋是所有肋中最大的，远端膨大呈菌伞状，中侧肋远端合并，末端膨大，外背肋细小，背肋退化（图 -4、图 -5、图 -6）。交合刺 1 对，细长呈丝状，长 3.801～4.336 mm，有横纹翼状膜，末端呈钩状（图 -4、图 -7），钩长 0.006～0.013 mm。无引带。生殖锥呈圆锥形，大小为 0.109～0.163 mm×0.106～0.123 mm。

【雌虫】

虫体大小为 32.1～47.0 mm×0.331～0.471 mm。食道长 0.593～0.650 mm。神经环距头端 0.21～0.27 mm。阴门位于体后部，有亚球状唇瓣覆盖，唇瓣长 0.015～0.027 mm。阴门距尾端 0.091～0.116 mm，阴道长 2.12～2.22 mm，尾呈指形，稍弯向腹面（图 -8），尾长 0.061～0.099 mm。

【宿主与寄生部位】

猪的支气管。

【虫体标本保存单位】

四川省畜牧科学研究院

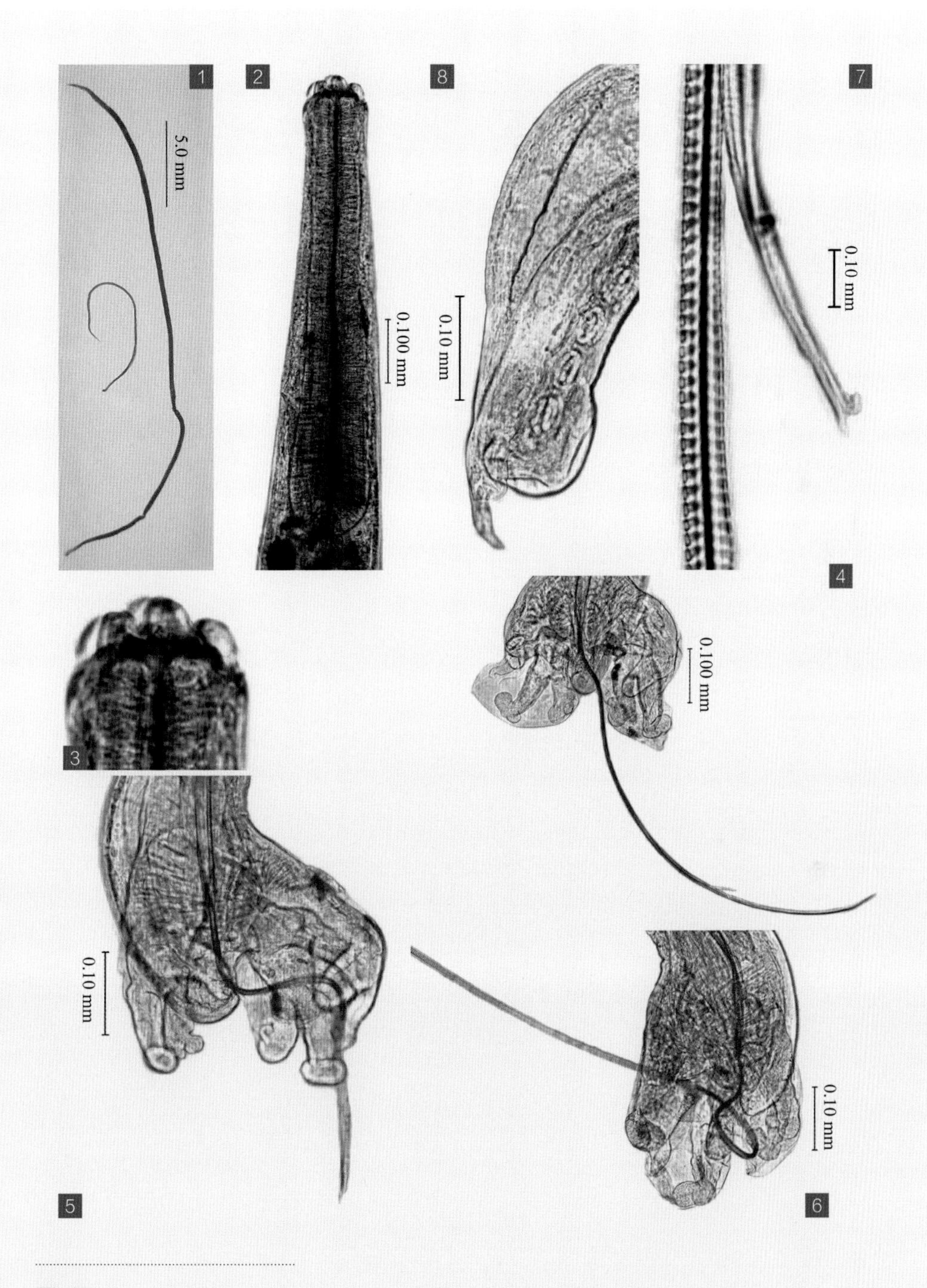

图 释

1 成虫，左为雄虫，右为雌虫；

2 虫体头部及食道等；

3 虫体头端及乳突；

4 ~ 6 交合伞及交合刺、腹肋、侧肋、背肋等；

7 交合刺末端；

8 雌虫尾部侧面观及阴门、亚球状唇瓣、肛门、尾尖形态等。

205 短（复）阴后圆线虫

Metastrongylus pudendotectus Wostokow, 1905

【主要形态特点】

虫体形态与长刺后圆线虫相似。

【雄虫】

虫体大小为 17.1～21.9 mm×0.322～0.407 mm。食道长 0.380～0.399 mm。颈乳突距头端 0.313～0.380 mm，神经环距头端 0.202～0.299 mm，排泄孔距头端 0.31～0.36 mm。交合伞大小为 0.441～0.543 mm×0.449～0.746 mm。前腹肋最大，后侧肋附着在中侧肋上，形似中侧肋上的小突起；外背肋细小，不发自背肋基部；背肋短粗，远端分为 2 支（图 -3、图 -4）。交合刺 1 对，长 1.107～1.339 mm，每根末端有 2 个锚状钩（图 -5）。引带细小，大小为 0.033～0.055 mm×0.020～0.042 mm。

【雌虫】

虫体大小为 20.3～37.6 mm×0.310～0.411 mm。食道长 0.390～0.651 mm。颈乳突距头端 0.311～0.380 mm，神经环距头端 0.175～0.257 mm，排泄孔距头端 0.30～0.34 mm。阴门位于体尾部，外覆盖着球状膨大的唇瓣（图 -6），唇瓣长 0.127～0.189 mm。阴道长 0.44～0.56 mm，阴门距尾端 0.176～0.230 mm。肛门距尾端 0.123～0.176 mm。尾呈指形，直或向背侧翘（图 -6）。

【宿主与寄生部位】

猪的支气管。

【虫体标本保存单位】

四川省畜牧科学研究院

图 释

1 虫体头部及食道等；

2 虫体头端及乳突等；

3 4 交合伞及腹肋、侧肋、背肋等；

5 交合刺末端锚状钩；

6 雌虫尾部侧面观及阴门、球状膨大唇瓣、肛门、尾尖形态等。

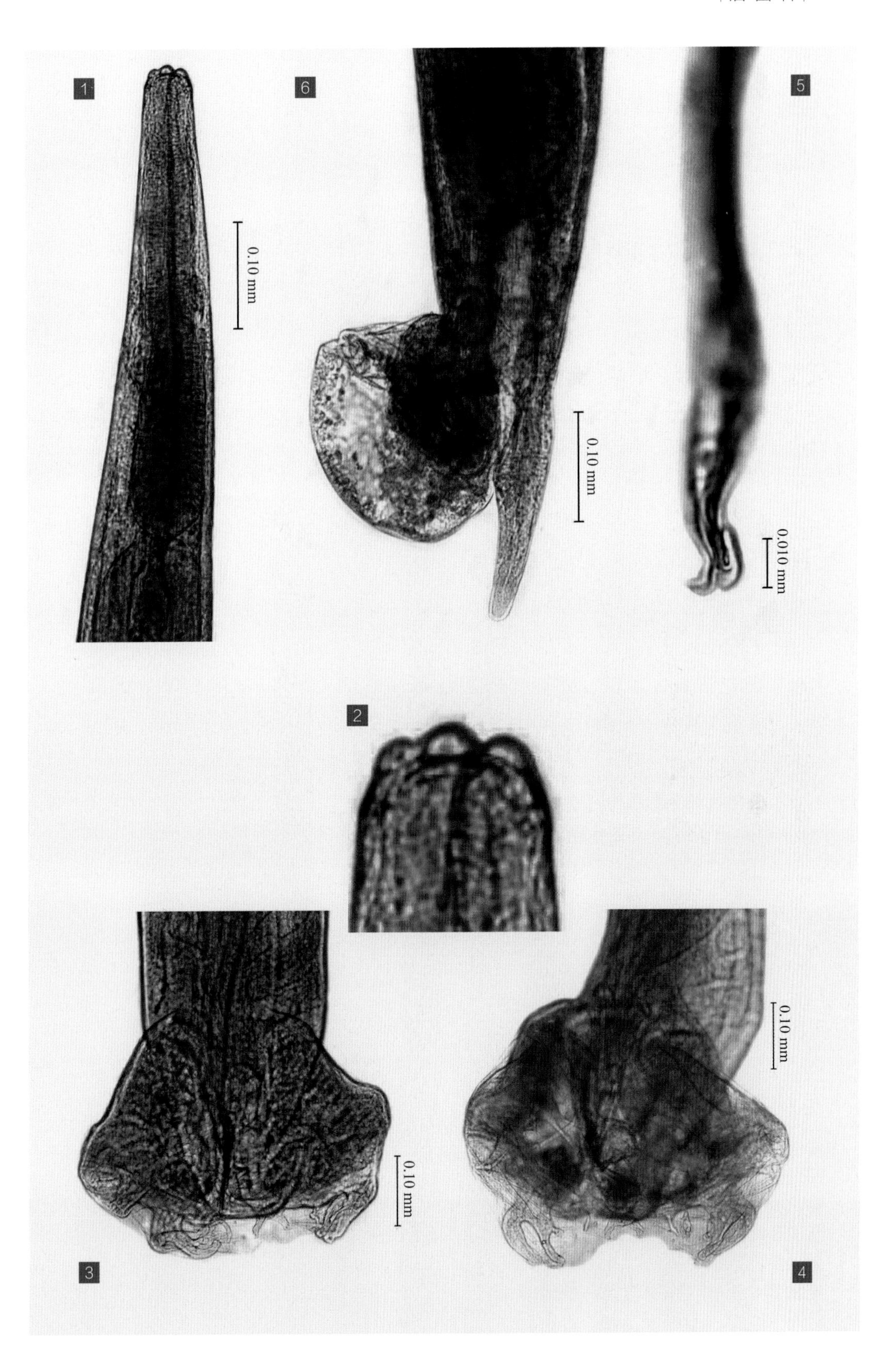
1
0.10 mm
6
0.10 mm
5
0.010 mm
2
3
0.10 mm
4
0.10 mm

206 萨氏后圆线虫

Metastrongylus salmi Gedoelst, 1923

【主要形态特点】

一般形态与长刺后圆线虫相似。

【雄虫】

虫体大小为 14.6～37.1 mm×0.23～0.28 mm。食道长 0.410～0.55 mm。颈乳突距头端 0.276～0.326 mm，神经环距头端 0.120～0.231 mm，排泄孔距头端 0.286 mm。交合伞（图 -2、图 -3、图 -4）大小为 0.482～0.542 mm×0.289～0.407 mm。交合刺 1 对等长，长 2.0～2.5 mm，末端有 1 个呈逗点状的钩（图 -5）。引带大小为 0.093～0.129 mm×0.014～0.020 mm。

【雌虫】

虫体大小为 18.81～37.01 mm×0.25～0.45 mm。食道长 0.473～0.671 mm，颈乳突距头端 0.299～0.391 mm，神经环距头端 0.22～0.33 mm，排泄孔距头端 0.34～0.39 mm。阴门开口于球状唇瓣下，距尾端 0.080～0.115 mm，肛门距尾端 0.061～0.105 mm，尾直或稍向腹侧倾斜（图 -6、图 -7）。

【宿主与寄生部位】

猪的支气管。

【虫体标本保存单位】

四川省畜牧科学研究院

图 释

1 虫体头部及头端乳突、食道等；
2 雄虫尾部及交合刺、交合伞等；
3 交合伞侧面观及腹肋、侧肋、背肋等；
4 交合伞正面观及腹肋、侧肋、背肋等；
5 交合刺末端；
6 7 雌虫尾部阴门、肛门、尾尖形态等。

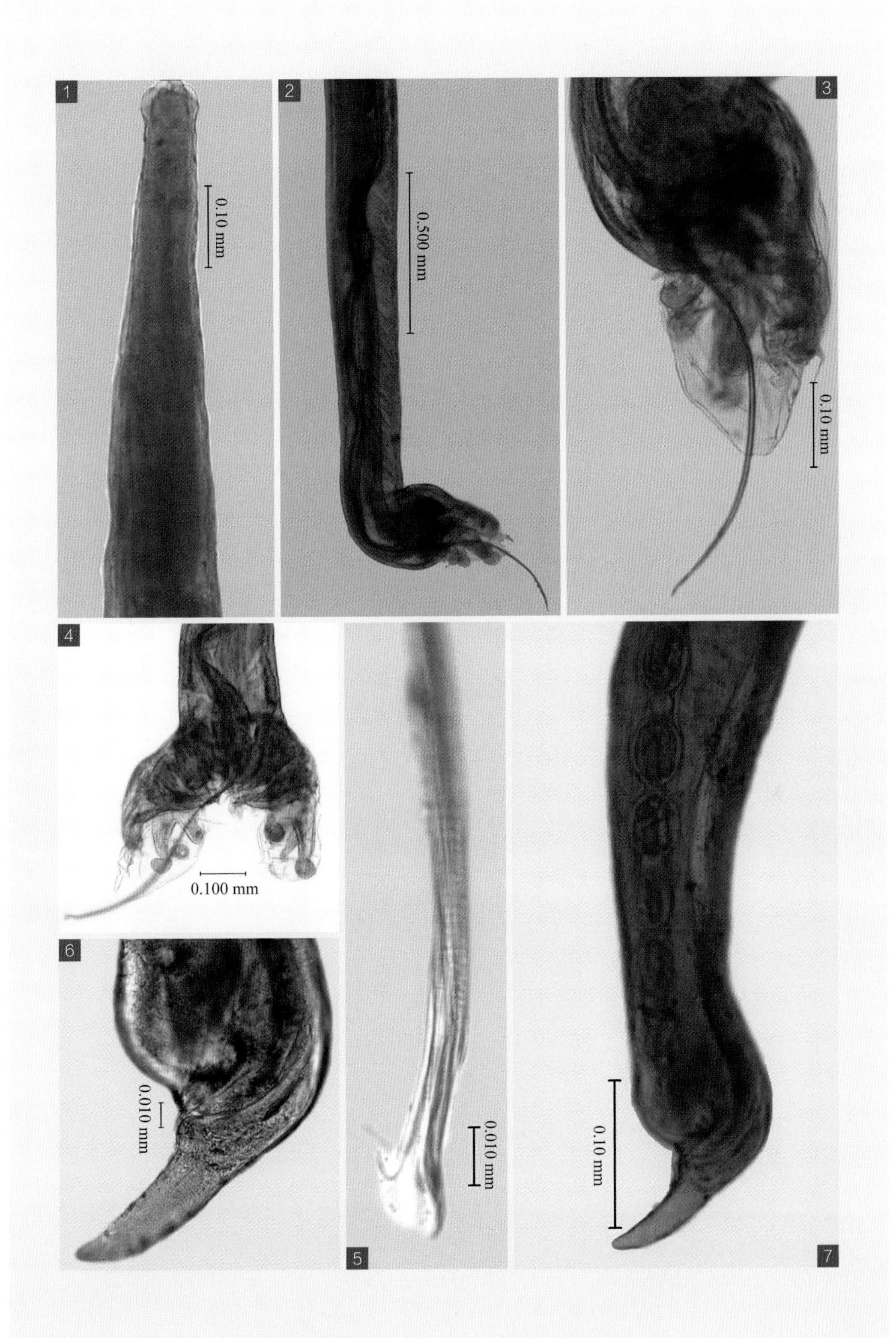
1
0.10 mm
2
0.500 mm
3
0.10 mm
4
0.100 mm
6
0.010 mm
5
0.010 mm
7
0.10 mm

网尾科 Dictyocaulidae Skrjabin, 1941

虫体口缘有 4 个小唇片，口囊小。雄虫交合伞发达，后侧肋与中侧肋合并，交合刺短，呈多孔状结构，其远端有指状突起，有引带。雌虫阴门位于虫体中部。

网尾属 *Dictyocaulus* (Bloch, 1782) Railliet et Henry, 1907

属的特征同科的特征。

207 胎生网尾线虫

Dictyocaulus viviparus Railliet et Henry, 1907

【主要形态特点】

虫体呈乳白色或淡黄色丝状（图 -1）。头端尖细，口无唇片围绕角质环，角质环周围有两圈排列对称的乳突，外圈 4 个较大，内圈 6 个较小，在外圈两侧各有 1 对侧乳突。口囊底有 1 小齿。食道呈圆柱状，后端膨大。颈乳突不明显，神经环位于食道中部前方（图 -2），排泄孔在神经环的后方。

【雄虫】

虫体大小为 20.2～55.2 mm×0.280～0.489 mm。食道长 0.635～1.298 mm。神经环距头端 0.135～0.245 mm。交合伞大小为 0.262～0.331 mm×0.231～0.300 mm。前腹肋和后腹肋并列延伸达伞前缘，前侧肋短未达伞缘，中侧肋和后侧肋完全合并伸达伞缘（图 -3）。外背肋为单独支干，背肋在主干基部稍下方分成左右 2 支，每支末端形成 3 个突起（图 -4）。交合刺 1 对等长，短而粗呈棒状（图 -3、图 -5），呈海绵状结构，长 0.189～0.311 mm，最宽 0.212～0.475 mm。引带呈椭圆形，大小为 0.027～0.068 mm×0.013～0.026 mm。

【雌虫】

虫体大小为 41.6～71.4 mm×0.405～0.475 mm。食道长 0.815～1.382 mm。神经环距头端 0.202～0.286 mm，阴门位于体中部，开口处有稍隆起的唇瓣，阴门距尾端 17.51～27.38 mm，肛门位于体后端（图 -6），尾长 0.36～0.59 mm。

【宿主与寄生部位】

水牛、黄牛、牦牛、山羊、绵羊的支气管和气管。

【虫体标本保存单位】

四川省畜牧科学研究院

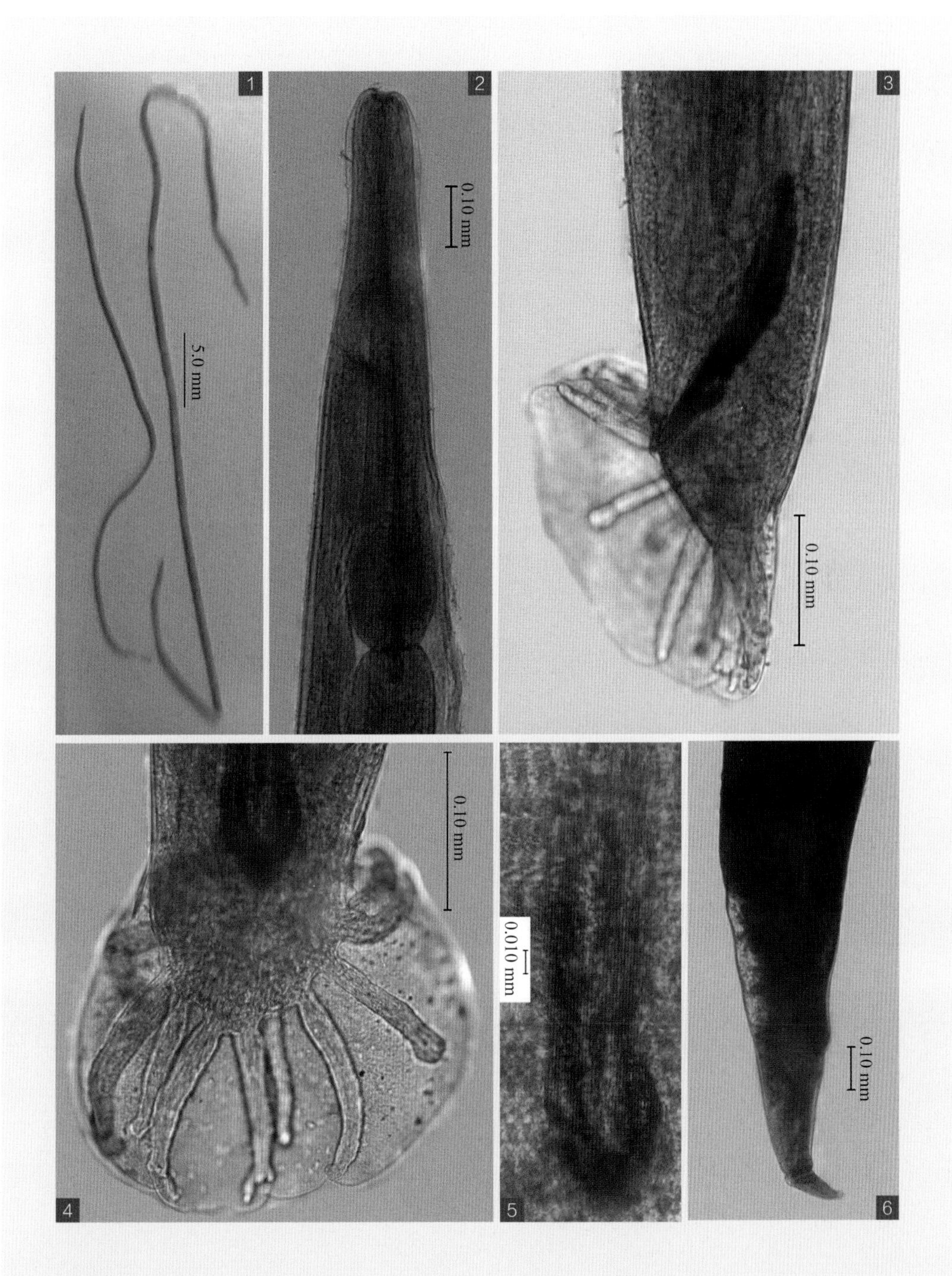

图 释

1 成虫，左为雄虫，右为雌虫；

2 虫体头部及食道、神经环等；

3 雄虫尾部侧面观及交合伞侧面、交合刺、腹肋、侧肋、背肋等；

4 交合伞背面观及腹肋、侧肋、背肋等；

5 交合刺正面观；

6 雌虫尾部侧面观及阴门、肛门、尾尖形态等。

208 丝状网尾线虫

Dictyocaulus filaria (Rudolphi, 1809) Railliet et Henry, 1907

【主要形态特点】

虫体呈白色丝状。

【雄虫】

虫体大小为25.10～74.04 mm×0.264～0.421 mm。食道长0.882～1.541 mm。神经环距头端0.318～0.684 mm，排泄孔距头端0.44～0.75 mm。交合伞呈纵椭圆形，无明显分叶（图-2、图-4），大小为0.284～0.826 mm×0.219～0.651 mm。2个腹肋起自同一主干，在近端1/3处分为2支，前腹肋较短小未达伞缘，后腹肋较长伸达伞缘（图-2、图-3、图-4）。前侧肋为单独支干，末端未达伞缘，中侧肋和后侧肋合并，但末端呈叉状分开（图-2、图-3、图-4）。外背肋为单独支干，背肋分为2支，每支末端又依次形成3个小支突（图-2、图-3、图-4）。交合刺1对等长，短粗且呈靴状，系多孔性结构（图-3），长0.243～0.615 mm。引带小，大小为0.064～0.116 mm×0.082～0.099 mm。

【雌虫】

虫体大小为57.03～74.01 mm×0.31～0.66 mm。食道长1.17～1.29 mm。神经环距头端0.44～0.52 mm，排泄孔距头端0.54～0.81 mm。阴门位于体中部，有厚的唇瓣，距尾端34.0～38.0 mm。尾部呈圆锥形，尾端尖（图-5），长0.46～0.74 mm。

【宿主与寄生部位】

山羊、绵羊、牦牛的支气管和气管。

【虫体标本保存单位】

四川省畜牧科学研究院

图 释

1 虫体头部及食道等；
2 交合伞背面观及腹肋、侧肋、背肋等；
3 交合伞侧面观及交合刺、腹肋、侧肋、背肋等；
4 交合伞背侧面观及腹肋、侧肋、背肋等；
5 雌虫尾部侧面观及肛门、尾尖形态等。

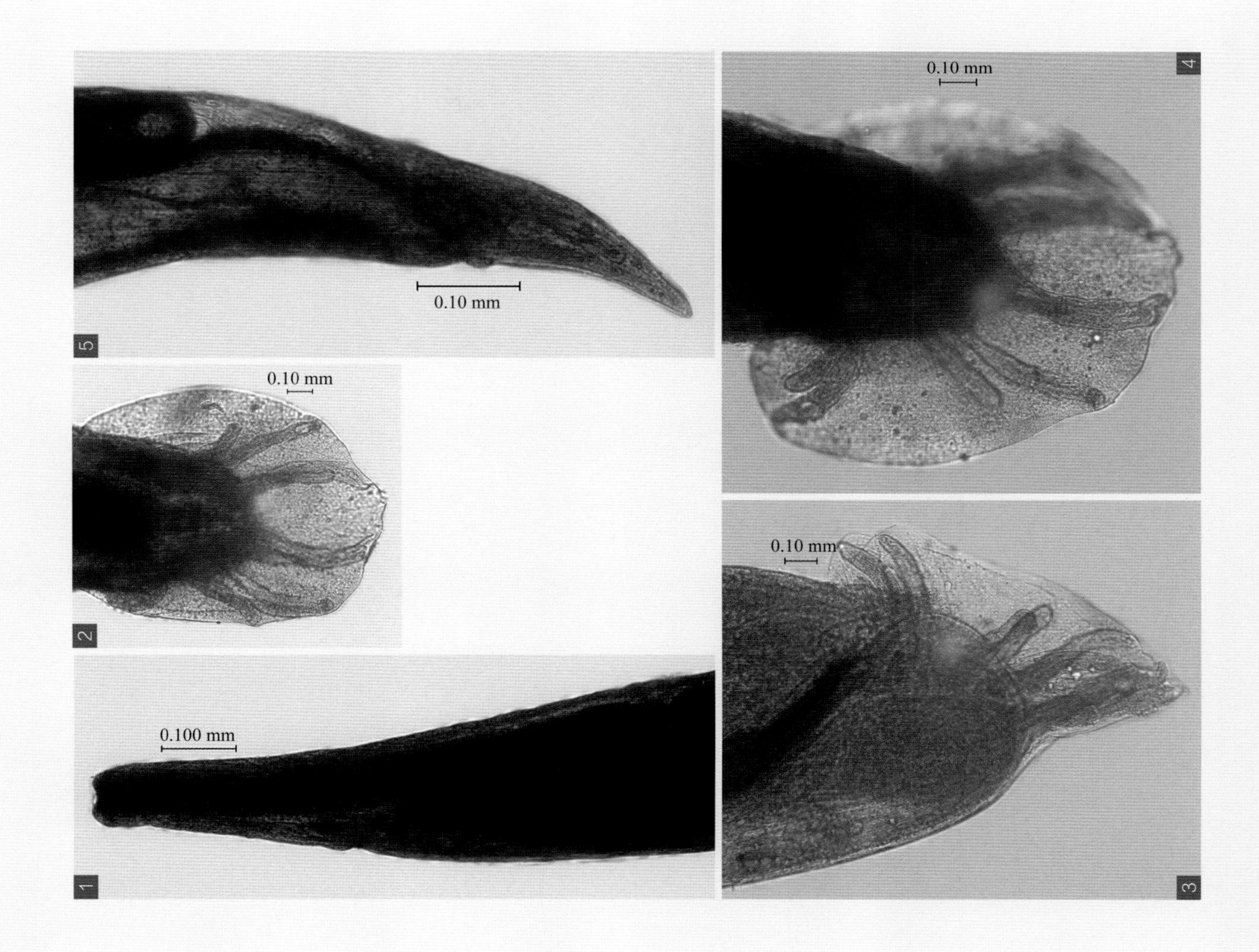
5
0.10 mm
2
0.10 mm
1
0.100 mm
4
0.10 mm
3
0.10 mm

209 鹿网尾线虫

Dictyocaulus eckerti Skrjabin, 1931

【主要形态特点】

虫体基本形态与胎生网尾线虫相似。

【雄虫】

虫体大小为 21.50～29.15 mm×0.311～0.340 mm。食道长 0.67～0.99 mm。神经环距头端 0.231～0.318 mm，排泄孔距头端 0.42 mm，颈乳突距头端 0.52 mm。交合伞大小为 0.242～0.366 mm×0.244～0.231 mm。2 个腹肋自同一主干发出，并列伸达伞缘（图 -2）；前侧肋单独发出，短粗而末端呈球状膨大，中侧肋和后侧肋完全合并（图 -2、图 -3）。外背肋自背肋基部发出，末端膨大呈球形；背肋在基部不远处即分成 3 支，每支的末端又分成 3 个小支突，但内支较长呈指状，中、外 2 支为短突起（图 -2、图 -3）。交合刺 1 对等长（图 -2、图 -3、图 -4），大小为 0.190～0.270 mm×0.021～0.024 mm。引带呈长椭圆形，大小为 0.047～0.062 mm×0.032～0.037 mm。

【雌虫】

虫体大小为 35.6～46.8 mm×0.393～0.406 mm。食道长 0.733～1.085 mm。神经环距头端 0.311～0.352 mm，排泄孔距头端 0.446～0.602 mm。阴门横裂，位于体中部稍前处（图 -5），距尾端 15.06～26.97 mm。肛门（图 -6）距尾端 0.270～0.379 mm。

【宿主与寄生部位】

绵羊、山羊的支气管和气管。

【虫体标本保存单位】

四川省畜牧科学研究院

图释

1 虫体头部及食道等；
2 雄虫尾部侧面观及交合刺、腹肋、侧肋、背肋等；
3 交合伞背侧正面观及交合刺、背肋、侧肋等；
4 交合刺；
5 雌虫阴门等；
6 雌虫尾部侧面观及肛门、尾尖形态等。

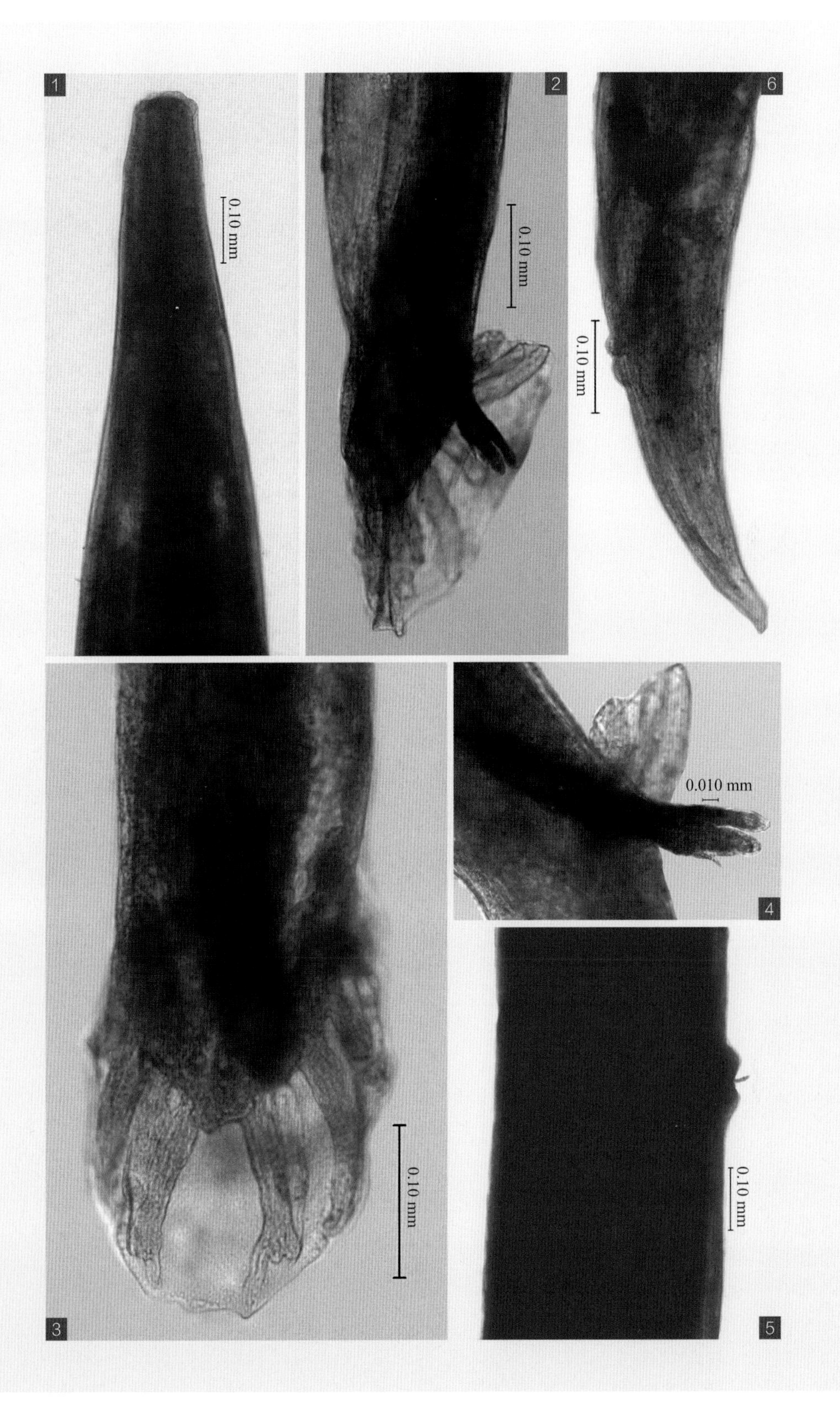
1
0.10 mm
2
0.10 mm
6
0.10 mm
3
0.10 mm
0.010 mm
4
0.10 mm
5

210 安氏网尾线虫

Dictyocaulus arnfieldi (Cobbold, 1884) Railliet et Henry, 1907

【主要形态特点】

虫体呈乳白色线状（图 -1），头顶端口周围有 6 个平顶乳突，口囊小，食道后部膨大（图 -2）。

【雄虫】

虫体大小为 25.1～40.2 mm×0.265～0.499 mm。交合伞较小，中侧肋和后侧肋前部合并，在 2/3 处分开（图 -3、图 -4）；外背肋细而短，背肋在基部不远处分为 2 支，每支的末端有 2 个小突起（图 -3、图 -4）。交合刺 1 对等长（图 -3、图 -4），长 0.182～0.251 mm，最宽 0.027～0.042 mm。引带呈棒状，大小为 0.035～0.041 mm×0.022～0.028 mm。

【雌虫】

虫体大小为 43.2～72.1 mm×0.402～0.479 mm。阴门距尾端 25.42～37.83 mm。尾部（图 -5）长 0.281～0.298 mm。

【宿主与寄生部位】

马、牛、驴的支气管。

【虫体标本保存单位】

中国农业科学院上海兽医研究所

图 释

1 雌虫；
2 虫体头部及口囊、食道、神经环等；
3 雄虫尾部背面观及交合伞、交合刺、腹肋、侧肋、外背肋、背肋等；
4 雄虫尾部侧面观及交合伞、交合刺、腹肋、侧肋、外背肋、背肋等；
5 雌虫尾部侧面观及阴门、尾尖等。

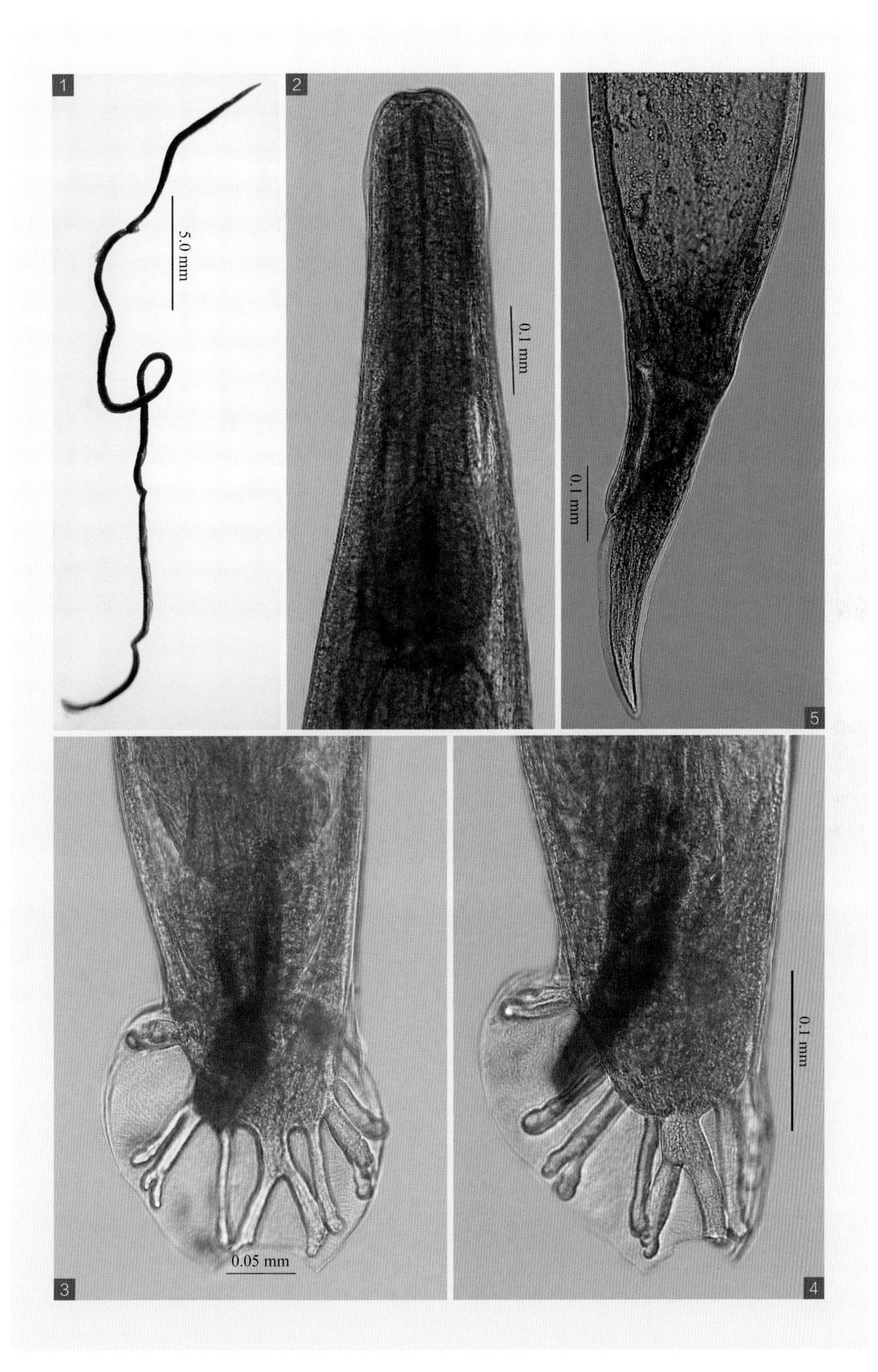
1
2
5.0 mm
0.1 mm
0.1 mm
5
3
4
0.05 mm
0.1 mm

211 骆驼网尾线虫

Dictyocaulus cameli Boev, 1952

【主要形态特点】

见下。

【雄虫】

虫体大小为 32.01～55.13 mm×0.360～0.715 mm。交合伞分叶不明显，大小为 0.242～0.366 mm×0.244～0.231 mm。2 个腹肋自同一主干发出，后面分开但并列，中侧肋和后侧肋完全合并，仅末端稍膨大。外背肋较短；背肋在基部很近处分成粗大的 2 支，每支的末端有 3 个小分支，排列成阶梯状。交合刺 1 对略弯曲，呈褐色，大小为 0.247～0.321 mm×0.034～0.038 mm。引带侧面观呈棒锤状，大小为 0.047～0.082 mm×0.012～0.017 mm。

【雌虫】

虫体大小为 48.02～68.10 mm×0.396～0.673 mm。阴门位于虫体中部稍前方，距头端 25.01～37.59 mm。肛门（图 -2）距尾端 0.281～0.504 mm，尾部两侧各有 1 个乳突。

【宿主与寄生部位】

骆驼的气管、支气管。

【虫体标本保存单位】

中国农业科学院上海兽医研究所

图 释

1 虫体头部及食道等；

2 雌虫尾部侧面观及肛门、尾尖等。

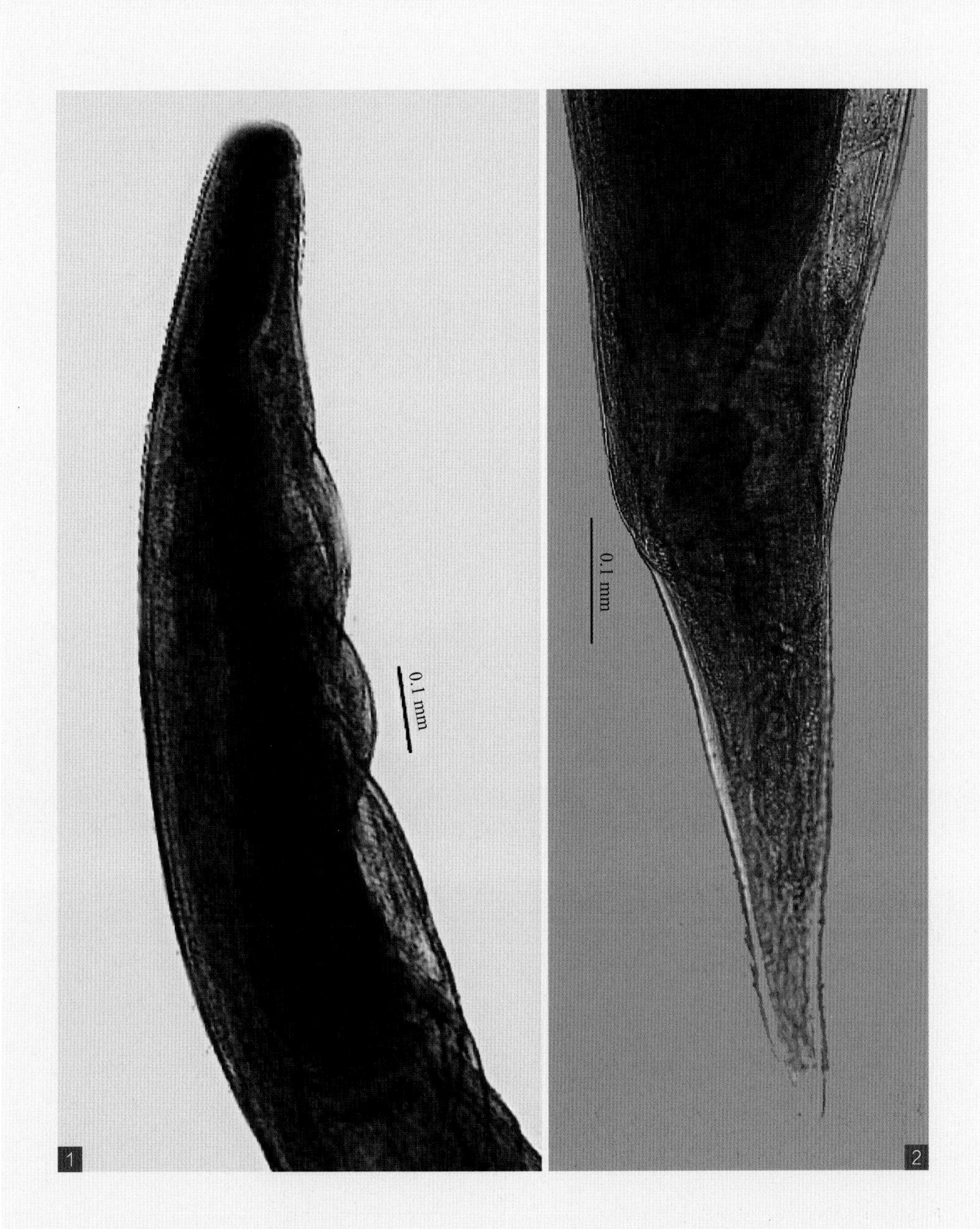
0.1 mm
0.1 mm
1
2

原圆科 Protostrongylidae Leiper, 1926

雄虫的交合伞有短干状背肋，附有乳突，交合刺呈多孔性栉状，有引带和副引带。雌虫的阴门近肛门，阴道末端有 1 对括约肌。

原圆属 *Protostrongylus* Kamensky, 1905

虫体口有 3 个唇片，每唇片基部有成对的乳突。颈乳突小，位于食道后部。交合伞分成 2 叶，背肋呈圆形，腹面有 6 个乳突。引带由头、体、脚 3 部分组成，头部似“∧”形，有些种类无，体部多成对，仅个别种是单个，脚部成对。交合刺 1 对，主干为海绵状结构，两翼有栉状横纹，刺远端横纹逐渐消失。雌虫的尾端呈圆锥形。

212 霍氏原圆线虫

Protostrongylus hobmaieri (Schulz, Orloff et Kutass, 1933) Cameron, 1934

【主要形态特点】

虫体细长，呈褐色。口位于虫体顶端，由 3 片小唇包围，每个唇片基部有成对的乳突。食道呈长柱形，后端膨大。神经环位于食道中部。颈乳突很小，位于食道基部前方体两侧。

【雄虫】

虫体大小为 24.06～30.02 mm×0.133～0.150 mm。交合伞明显分为 2 叶，2 腹肋的基部合并，但在中部分开并延伸至伞的边缘；前侧肋不达到伞缘；外背肋从基部发出，其远端与伞缘相距很远；背肋呈球状，其腹面有 5 个无柄和 1 个有柄乳突，5 个无柄乳突中 3 个较大，2 个较小，1 个有柄乳突位于背肋基部的中央，其尖端朝向虫体的前方。交合刺 1 对呈深褐色，长 0.230～0.265 mm，在近端 1/5～1/3 处开始有结节状的翼，翼向后逐渐扩大，直达交合刺远端；在远端，结状横纹逐渐消失（图 -2、图 -3）。引带呈深褐色，长 0.105～0.122 mm，由头、体、脚三部分组成（图 -2、图 -4），头部呈叉形，分叉长 0.026～0.036 mm，体部弱角质化，颜色比头、脚两部浅，长 0.052～0.059 mm，近端与头部相连，从相连处的左右两侧发出弧形的 2 支，远端与脚部的近端相连接。椭圆形的体部中央被透明的、不容易观察到的薄膜支撑着；脚部呈钩状，长 0.046～0.066 mm，边缘光滑，尖端向腹面弯曲。

【雌虫】

虫体大小为 23.01～64.10 mm×0.141～0.164 mm。食道长 0.412～0.465 mm。阴门距尾端 0.231～0.283 mm。阴道长 0.891～1.222 mm。前阴道不发达，从侧面观，像一角质舌状突出物，尾端呈圆锥形（图 -5），长 0.087～0.111 mm。

【宿主与寄生部位】

绵羊、山羊、黄牛、牦牛的小支气管、支气管。

【虫体标本保存单位】

中国农业科学院上海兽医研究所

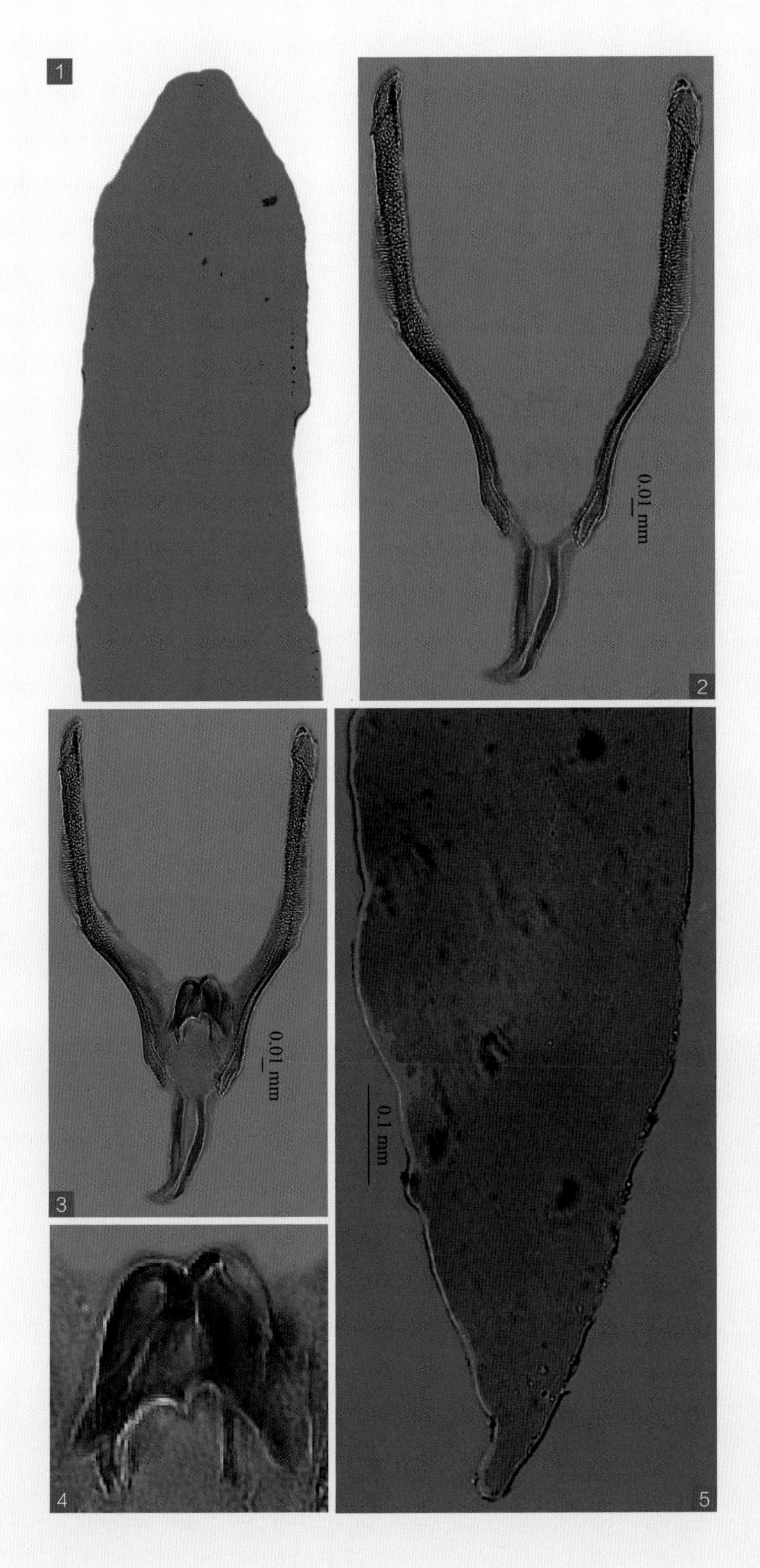

图 释

玻片标本。

1 虫体头部外形；

2 交合刺与引带；

3 交合刺；

4 引带；

5 雌虫尾部形态。

213 赖氏原圆线虫

Protostrongylus raillieti (Schulz, Orloff et Kutass, 1933) Cameron, 1934

【主要形态特点】

虫体细长，呈淡褐色。食道呈圆筒形，神经环位于食道中部，颈乳突位于食道亚末端（图 -1）。

【雄虫】

虫体大小为 22.81～75.32 mm×0.114～0.514 mm。交合伞分叶不明显，2 个腹肋合并，中侧肋和后侧肋合并，背肋呈球状，腹面有 6 个有柄乳突，其中 5 个位于背肋下缘，1 个大的位于背肋基部的中央，其尖端朝向虫体的前方。交合刺 1 对等长，呈深褐色多孔性栉状结构，长 0.265～0.499 mm，边缘有呈梳羽状翼膜（图 -2、图 -3）。引带长 0.176～0.331 mm，由头、体、脚三部分组成，头部呈叉形或“八”字形，体部由 2 窄侧支在两端连成椭圆形的板即 2 个腹板、2 个侧板、1 个横板组成，横板小，略弯曲。

【雌虫】

虫体大小为 31.20～92.34 mm×0.135～0.225 mm。前阴道呈风帽状，阴门（图 -4、图 -5、图 -6）距尾端 0.213～0.295 mm。尾长 0.065～0.133 mm。

【宿主与寄生部位】

绵羊、山羊的细支气管、支气管。

【虫体标本保存单位】

中国农业科学院上海兽医研究所

图 释

1 虫体头部及食道、神经环等；
2 3 雄虫尾部侧面观及交合伞、交合刺、腹肋、侧肋等；
4 5 雌虫尾部侧面观及肛门、尾尖等；
6 雌虫尾部背面观及尾尖等。

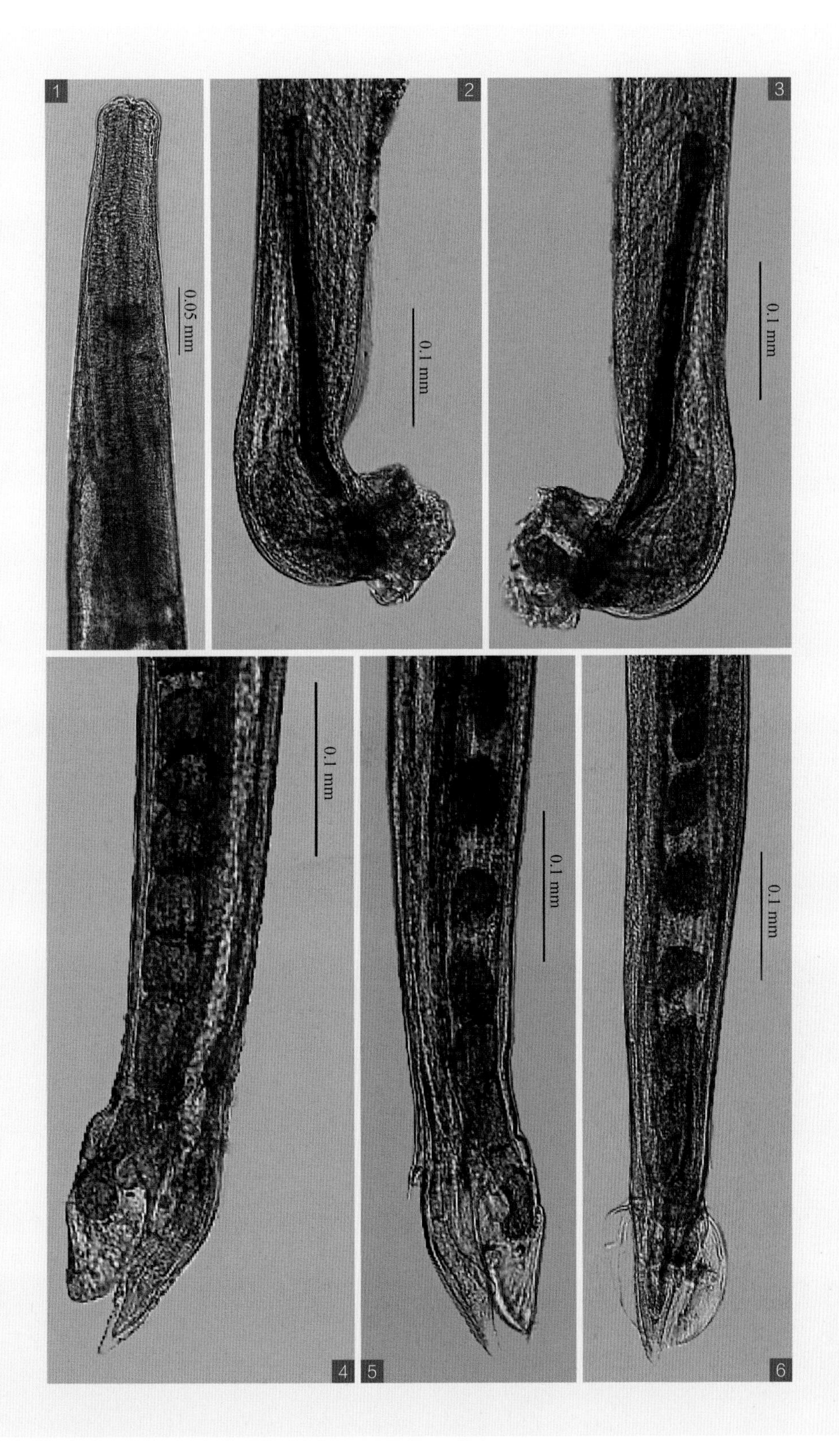
1
2
3
0.05 mm
0.1 mm
0.1 mm
0.1 mm
0.1 mm
0.1 mm
4
5
6

214 达氏原圆线虫

Protostrongylus davtiani (Savina, 1940) Davtian, 1949

【主要形态特点】

见下。

【雄虫】

交合刺长 0.32～0.34 mm，末端分支（图 -2、图 -3）。引带由体部和脚部组成，脚部长 0.07～0.08 mm，脚成对，近端连在一起，脚部较平直，末端有小钩。引带全长 0.115～0.125 mm。

【雌虫】

前阴道发达，呈叶片形。

【虫体标本保存单位】

中国农业科学院兰州兽医研究所

图 释

1 虫体头部观及食道、神经环等；

2 3 雄虫尾部正面观及交合刺、交合伞、腹肋、侧肋、外背肋、背肋、引带等；

4 雌虫尾部侧面观及肛门、尾尖等。

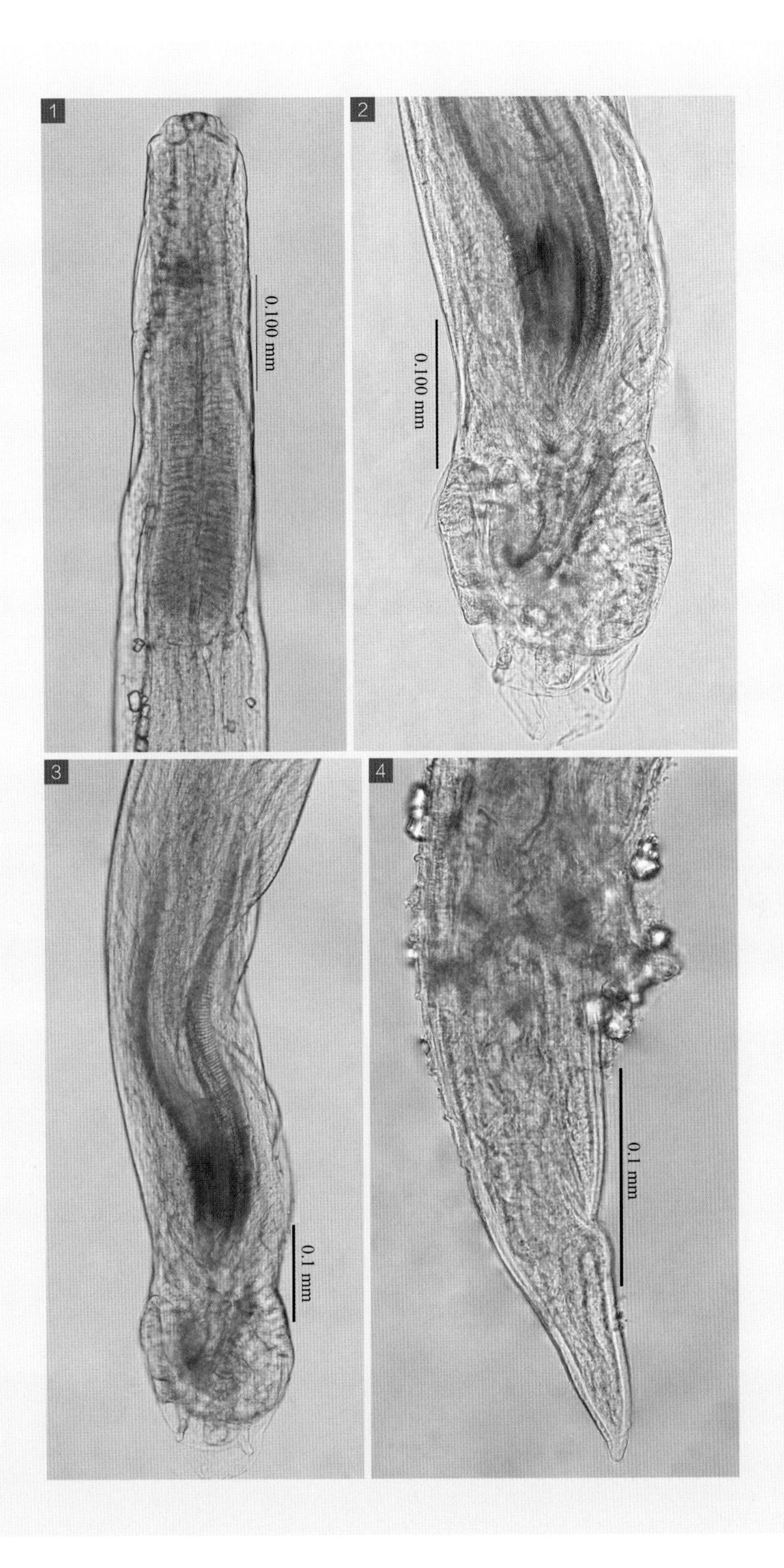
1
0.100 mm
2
0.100 mm
3
0.1 mm
4
0.1 mm

215 斯氏原圆线虫

Protostrongylus skrjabini (Boev, 1936) Dikmans, 1945

【主要形态特点】

口孔位于顶端。食道呈圆锥形，后部加宽，神经环位于食道前1/3处（图-1）。颈乳突位于食道后部较远处。

【雄虫】

虫体大小为16.4～24.6 mm×0.066～0.102 mm。食道长0.45～0.55 mm。神经环距头端0.11～0.20 mm，排泄孔距头端0.44 mm，颈乳突距头端0.57 mm。交合伞大小为0.120 mm×0.138 mm，分为2叶。背肋呈圆形，其腹面有6个乳突，即1个有柄和5个无柄；外背肋和前侧肋独立，腹肋和后侧肋与中侧肋近端一半联合，远端分开（图-2、图-3）。交合刺1对等长，长0.260～0.383 mm，呈海绵栉状（图-3）。引带长0.094～0.108 mm，由头、体、脚三部分组成，两脚基部联合，远端钝，呈微钩状（图-4）。

【雌虫】

虫体大小为10.2 mm×0.066～0.088 mm。阴道长0.45 mm，阴门距尾端0.153 mm，有明显的阴门下结节，尾端呈圆锥形，长0.043～0.060 mm(图-5)。虫卵大小为0.072 mm×0.033 mm。

【宿主与寄生部位】

绵羊的细支气管。

【图片引自】

蒋学良，周婉丽，廖党金，等. 2004. 四川畜禽寄生虫志. 成都：四川出版集团. 四川科学技术出版社.

图 释

1 虫体头部观及食道、神经环等；
2 雄虫尾部正面观及交合伞、腹肋、侧肋、背肋、生殖锥等；
3 雄虫尾部斜侧面观及交合刺、腹肋、侧肋、背肋等；
4 引带；
5 雌虫阴门、肛门、尾尖等。

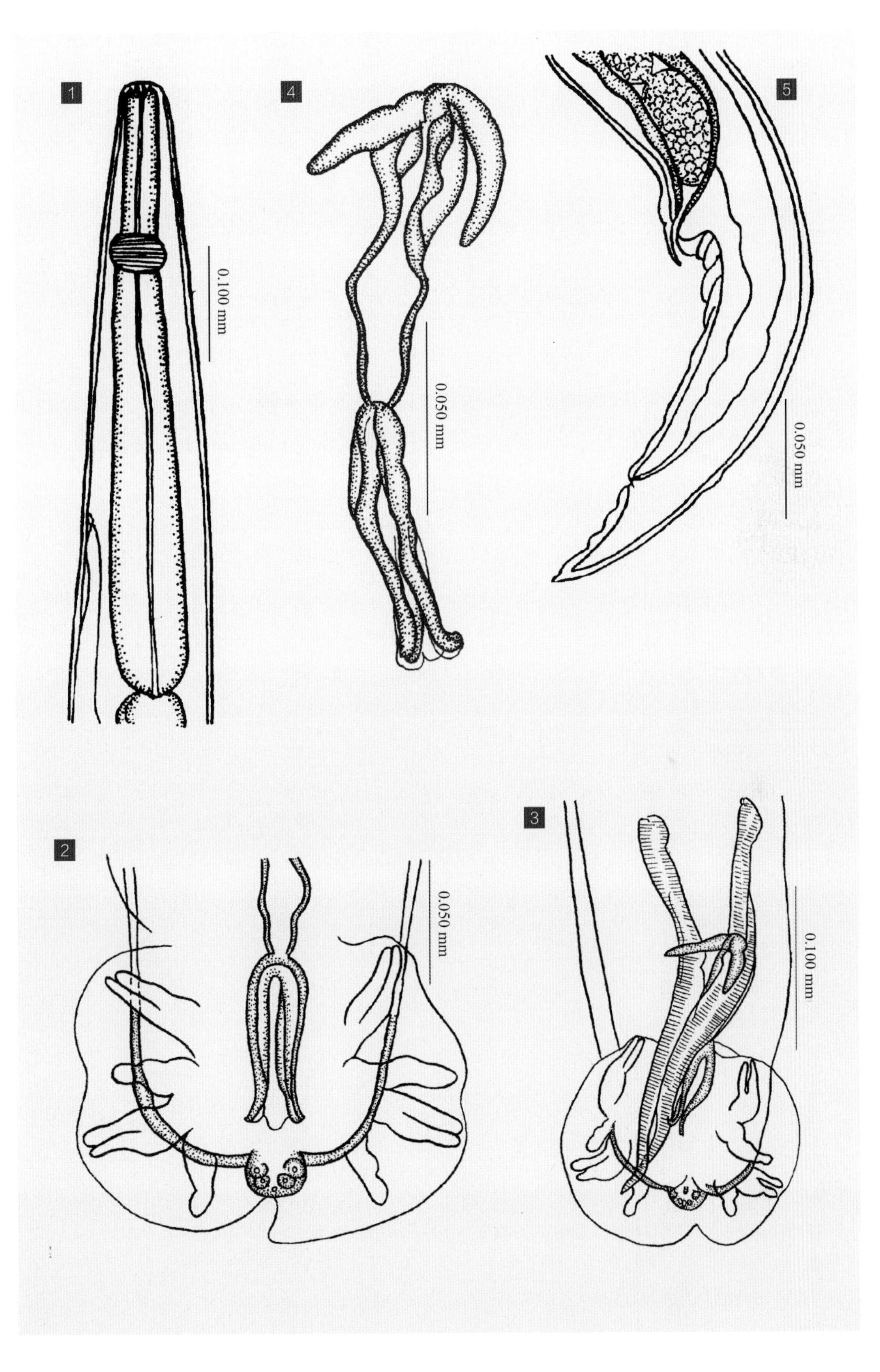
1
0.100 mm
4
0.050 mm
5
0.050 mm
2
0.050 mm
3
0.100 mm

216 柯赫氏原圆线虫

Protostrongylus kochi (Schulz,Orloff et Kutass, 1933) Chitwood et Chitwood, 1938

【主要形态特点】

虫体细长，呈褐色，头端围绕唇片。食道呈长柱形，后部稍扩大，神经环位于食道中部（图 -1）。排泄孔位于食道后部，颈乳突位于排泄孔水平两侧。

【雄虫】

虫体大小为 12.0～28.0 mm×0.148～0.165 mm。食道长 0.282～0.283 mm。交合伞背肋呈球状结节，腹面具有 6 个乳突，分成两组，一组位于背肋顶端，另一组位于背肋基部，两组乳突排列的方式相同，2 个在侧面，1 个在中间（图 -2）。外背肋与前侧肋单独发出，末端未达伞缘，后侧肋与中侧肋的基部联合，在中部或远端 1/3 处分开，末端近达伞缘，2 个腹肋联合至顶部分开（图 -2）。交合刺 1 对呈褐色多孔性结节状，长 0.298～0.300 mm，其近端 1/3～1/5 无栉状构造，两侧有横纹栉状的翅，远端缺乏栉状构造（图 -2）。引带由头、体、脚三部分组成（图 -3），长 0.145～0.148 mm。副引带由基片、短的侧片与舌形的腹面组成。

【雌虫】

虫体大小为 30.0～38.0 mm×0.132～0.166 mm。食道长 0.332～0.647 mm。阴道长 0.83～1.33 mm，前阴距尾端 0.140～0.257 mm。尾长 0.066～0.116 mm。虫卵大小为 0.069～0.089 mm×0.049～0.050 mm。

【宿主与寄生部位】

绵羊、山羊的支气管。

【图片引自】

蒋学良，周婉丽，廖党金，等. 2004. 四川畜禽寄生虫志. 成都：四川出版集团. 四川科学技术出版社.

图 释

1 虫体头部侧面观及食道、神经环、排泄孔等；
2 雄虫尾部正面观及交合刺、交合伞、腹肋、侧肋、背肋等；
3 引带；
4 雌虫尾部侧面观及阴门、肛门、尾尖等。

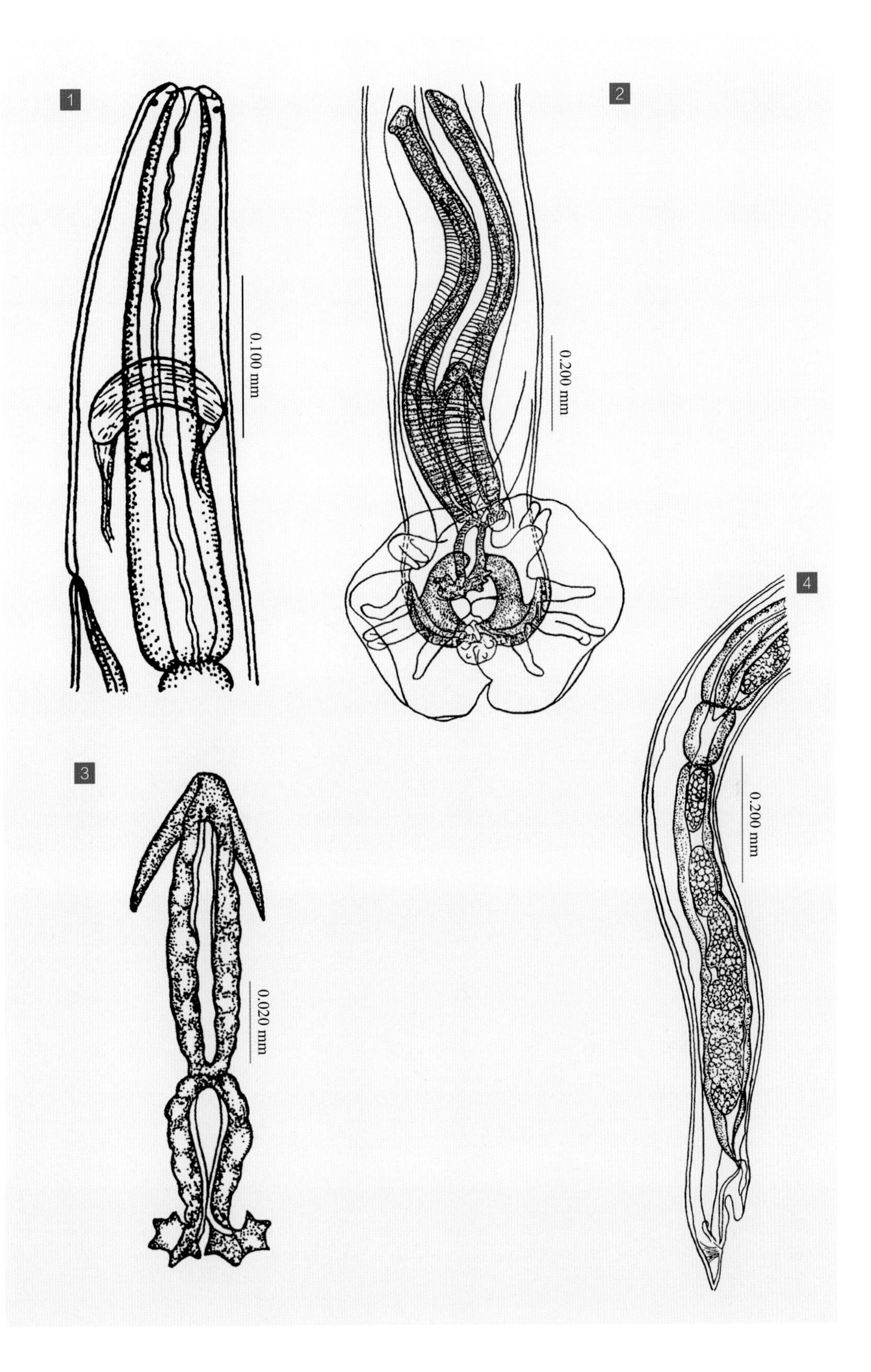
1
2
3
4
0.100 mm
0.200 mm
0.020 mm
0.200 mm

囊尾属 *Cystocaulus* Schulz, Orloff et Kutass, 1933

口呈三角形，无唇，有 2 个头感器和 16 个乳突。雄虫的交合伞分叶不明显，2 个腹肋近端融为一体，前侧肋与中侧肋和后侧肋分开，后两者在近端融为一体，外背肋起于背肋基部，末端达伞缘，远端常分为 3 个等长支，其中在腹面有 1 个大乳突。交合刺等长，近端呈管状，远端呈矛状。引带由头（有时消失）、体、脚三部分组成，副引带仅由横板组成。雌虫前阴道很发达，阴门靠近肛门，并被前阴道壁覆盖，尾端呈圆锥形。卵胎生。寄生于哺乳动物的肺。

217 有鞘囊尾线虫

Cystocaulus ocreatus Railliet et Henry, 1907

【同物异名】

黑色囊尾线虫 *Cystocaulus nigrescens* Jerke, 1911

【主要形态特点】

虫体细长，呈深棕色，口孔周围有微弱的唇，基部有 2 个小乳突。食道呈圆筒状（图 -1），后部稍膨大。排泄孔距头端 0.260～0.277 mm。

【雄虫】

虫体大小为 18.01～25.02 mm×0.065～0.103 mm。背肋发达，末端分为 3 支，中支稍短，两侧支稍长且末端分叉（图 -2）。交合刺长 0.275～0.388 mm，海绵体干的末端分布着横的小脊，使其呈细锯齿状（图 -3）。引带长 0.127～0.174 mm，由头、单一的体、成对的脚三部分组成，脚很发达，末端呈钩状（图 -4）。

【雌虫】

虫体大小为 45.01～125.02 mm×0.121～0.172 mm。阴门外有钟状的皱壁（图 -5），距尾端 0.151～0.406 mm。尾长 0.041～0.108 mm。虫卵大小为 0.092～0.121 mm×0.019～0.039 mm。

【宿主与寄生部位】

绵羊、山羊的肺和肺黏膜下、支气管。

【图片】

廖党金绘

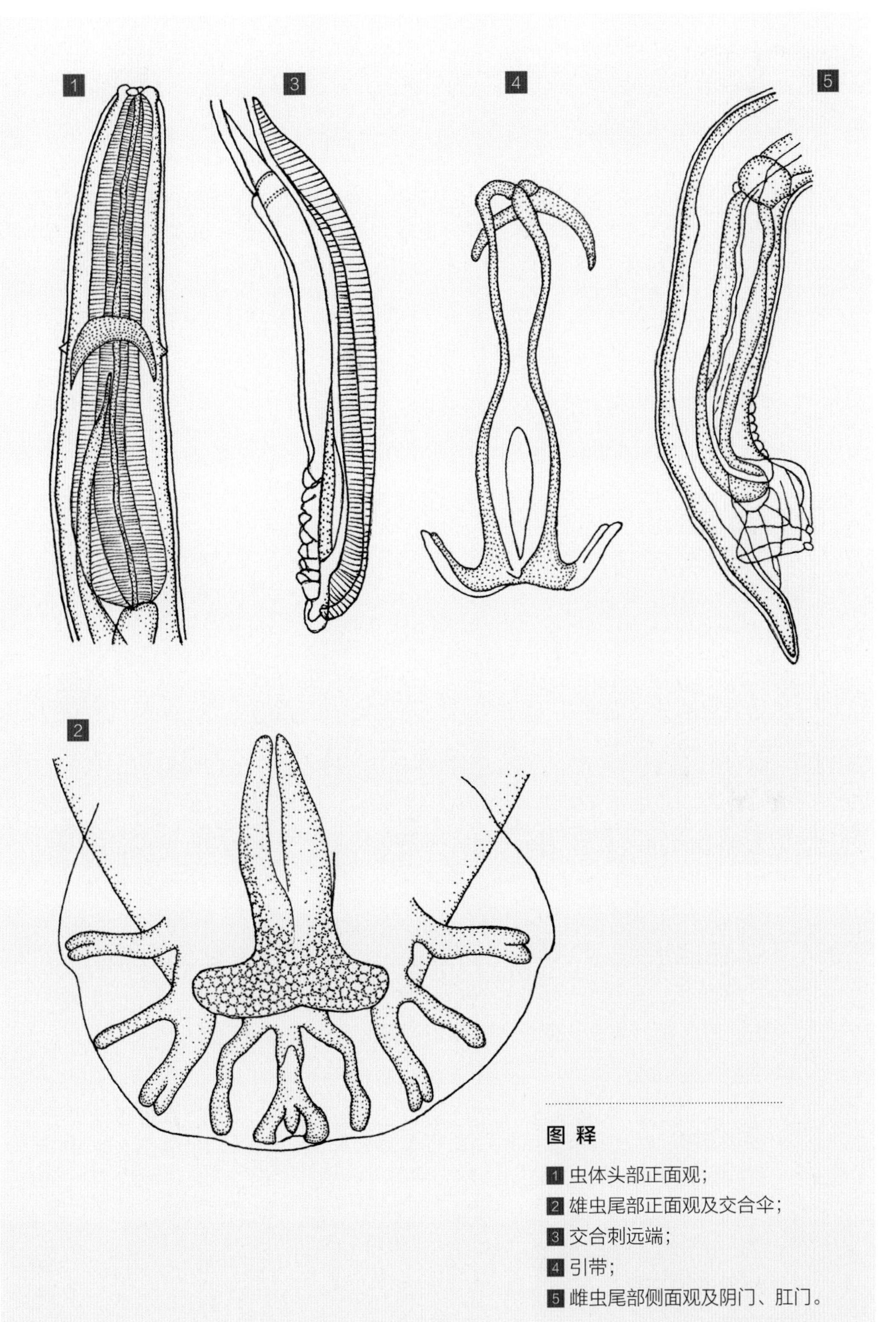

图 释

1 虫体头部正面观；
2 雄虫尾部正面观及交合伞；
3 交合刺远端；
4 引带；
5 雌虫尾部侧面观及阴门、肛门。

刺尾属 *Spiculocaulus* Schulz, Orloff et Kutass, 1933

虫体呈褐色，头端钝圆，口缘有 3 个唇片，食道呈长柱形，后端膨大。神经环在食道稍前方，颈乳突小，位于食道中部，排泄孔位于食道膨大部。雄虫的背肋呈圆球形，腹面有有柄乳突，引带由头、体、脚三部分组成，头部形态多样，体部多由两窄支组成，两支间有透明薄膜，脚部末端常呈钩状。有副引带。交合刺 1 对很长，主干为海绵状结构，离近段不远处有翼状结构，翼膜上有栉状横纹。雌虫阴门较长，前阴道很短。

218 中卫刺尾线虫

Spiculocaulus zhongweiensis Li, Li et Zhou, 1985

【主要形态特点】

虫体呈褐色，雌虫的白色生殖管与褐色肠管相扭曲呈花纹状。体侧有翼膜。头端钝圆，口围有 3 个唇，两侧有 1 个化感器。食道呈圆柱形，颈乳突 1 对，呈丘疹状。

【雄虫】

虫体大小为 26.30～36.27 mm×0.15～0.20 mm。食道长 0.333～0.460 mm。颈乳突距头端 0.290～0.416 mm，排泄孔距头端 0.290～0.496 mm。交合伞呈圆伞状，分为左右 2 叶。2 个腹肋大部分合并，末端分开伸达伞缘；3 个侧肋起于共同主干，前侧肋粗短，末端钝圆不达伞缘，中侧肋和后侧肋基部合并，末端分开，伸至伞缘（图 -3）；外背肋从侧肋基部下缘分出，末端不达伞缘；背肋圆球形，腹面前半部有 6 个乳突（图 -3）。交合刺 1 对呈黄棕色，近端稍粗，长 1.46～2.00 mm，近端宽 0.017～0.025 mm，远端宽 0.010～0.015 mm，由海绵状主干和栉纹样翼膜构成（图 -2、图 -3）。引带由头、体、脚三部分组成，长 0.126～0.167 mm，近端呈“介”字形，末端呈两竖支状（图 -4、图 -5）。副引带由基板、侧背板、腹板和横板等各两块组成。无伞前乳突。

【雌虫】

虫体大小为 32.0～60.0 mm×0.17～0.24 mm。尾部长 0.070～0.123 mm。阴门距尾端 0.21～0.48 mm。尾尖腹面有 1 对小乳突。虫卵呈椭圆形，大小为 0.095～0.110 mm×0.048～0.060 mm。

【宿主与寄生部位】

绵羊、山羊的支气管。

【虫体标本保存单位】

中国农业科学院上海兽医研究所

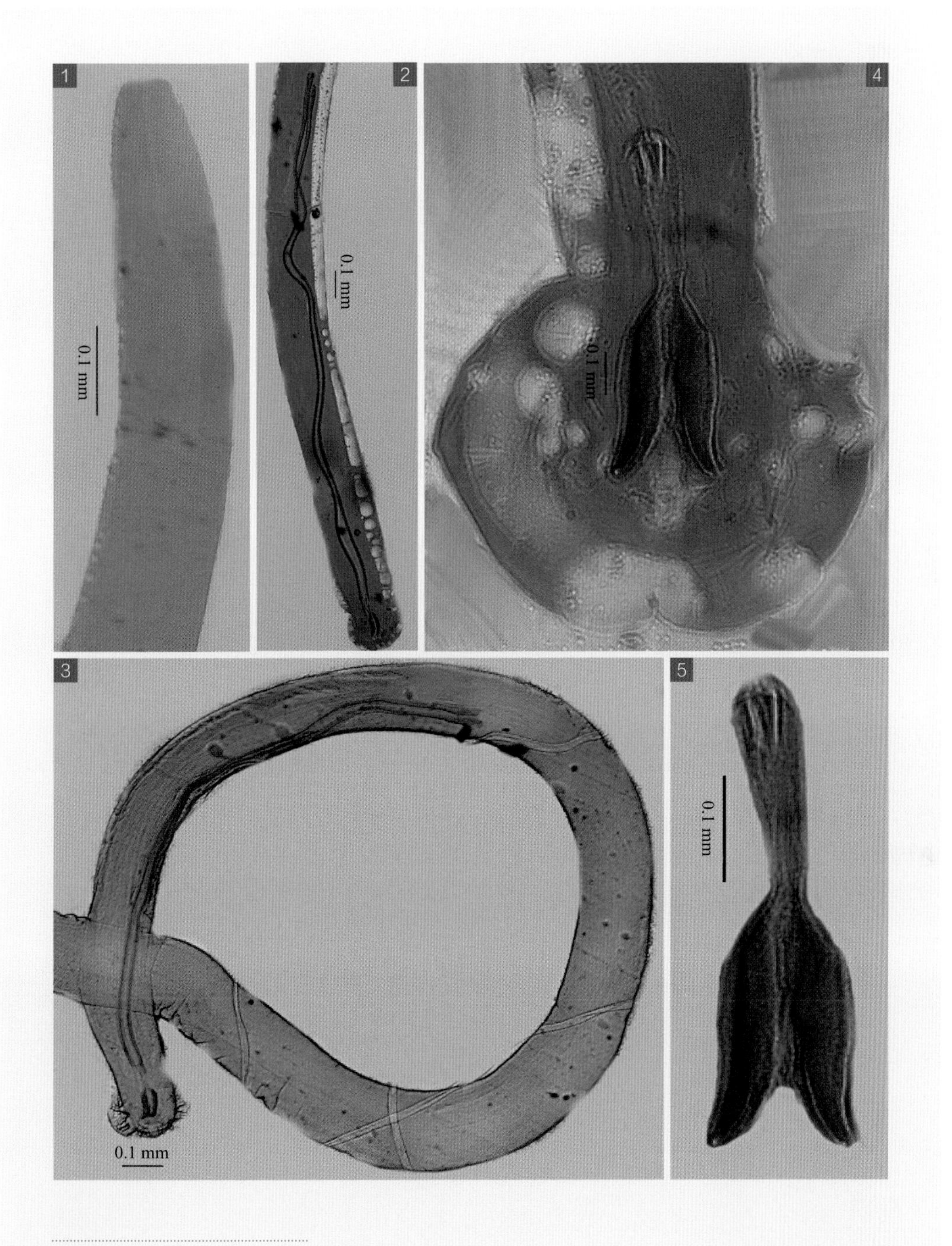

图释

玻片标本。

1 虫体头部；

2 雄虫尾部观及交合伞、交合刺、引带等；

3 雄虫尾部正面观及交合伞、交合刺、引带、腹肋、侧肋、背肋等；

4 雄虫尾端及引带等；

5 引带。

219 邝氏刺尾线虫

Spiculocaulus kwongi (Wu et Liu, 1943) Dougherty et Goble, 1946

【主要形态特点】

虫体细长，呈淡黄色。头部有 3 个唇片，每个唇片的基部有 1 对小乳突，其顶部有 1 个小乳突（图 –1）。食道（图 –2）长 0.331～0.518 mm。排泄孔距头端 0.170～0.192 mm。

【雄虫】

虫体大小为 29.71～38.19 mm×0.115～0.133 mm。交合伞由 2 叶构成，背肋呈圆球形，其腹面有 6 个乳突，其中 5 个无柄乳突排列成弧形，位于背肋的上缘，中间 1 个最大且最明显，另 1 个有柄乳突位于背肋腹面的中央，尖端朝向虫体的前方（图 –3）。交合刺长 1.601～1.803 mm，呈多孔性栉状结构（图 –4）。引带长 0.105～0.165 mm，由头、体、脚三部分组成，头部有 2 个不大的耳状突起，长 0.024～0.037 mm；体部由 2 个稍弯曲的分支组成，体部长 0.065～0.099 mm。脚部成对，长 0.065～0.076 mm，稍向腹面弯曲，末端钝圆（图 –5）。副引带由 2 个基板、2 个腹板、2 个横板和 2 个侧板组成。

【雌虫】

虫体大小为 38.61～44.74 mm×0.164～0.208 mm。阴门（图 –6）距肛门 0.158～0.229 mm，尾长 0.088～0.141 mm。前阴道不发达，呈芽状。虫卵大小为 0.068～0.125 mm×0.033～0.083 mm。

【宿主与寄生部位】

绵羊、山羊的支气管、细支气管。

【图片】

廖党金绘

图 释

1 虫体头端顶面观；
2 虫体头部观及食道、神经环、颈乳突等；
3 雄虫尾部正面观及交合伞、交合刺、引带、腹肋、侧肋、背肋等；
4 交合刺；
5 引带脚部；
6 雌虫尾部侧面观及阴门、肛门等。

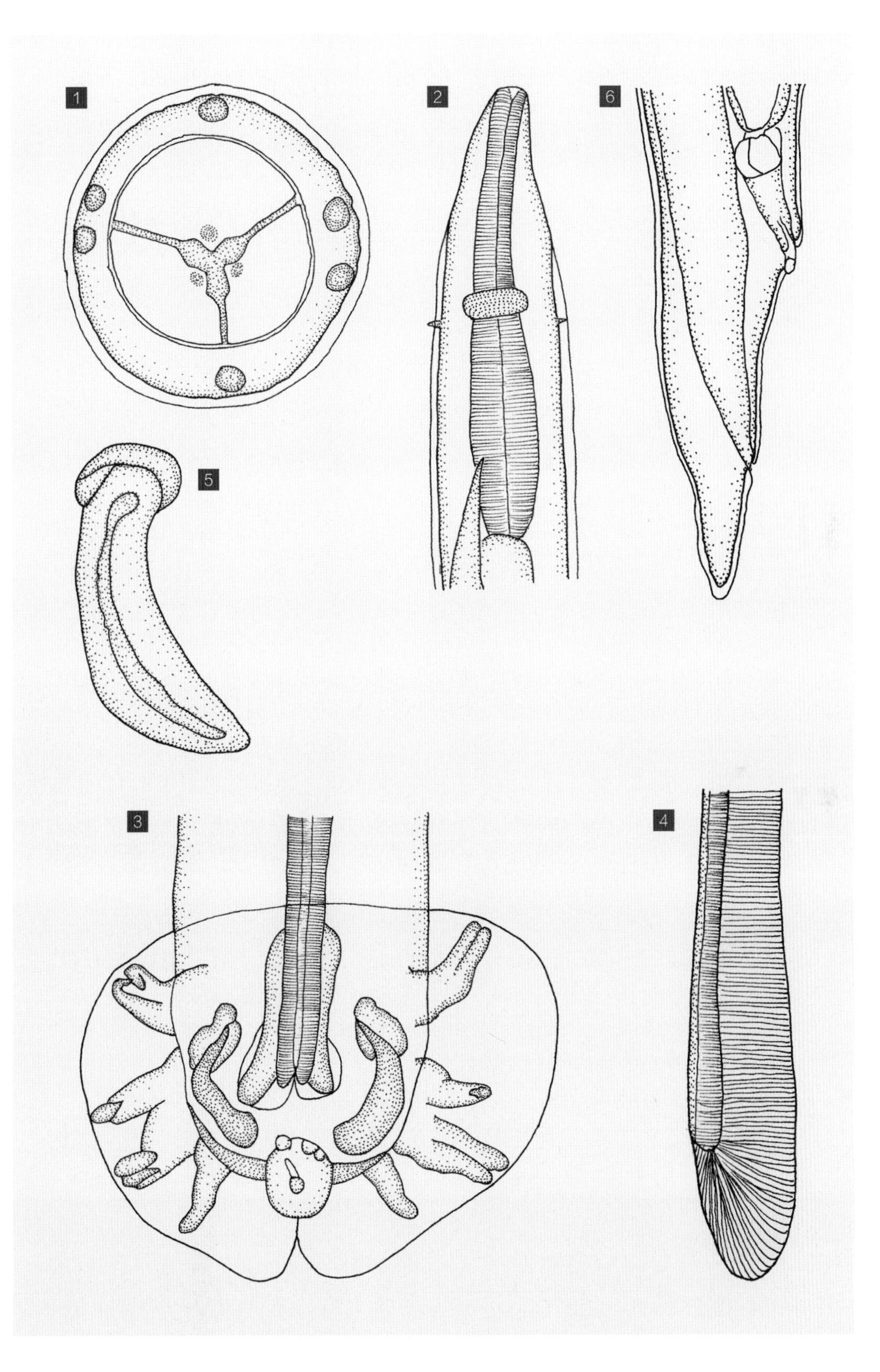
1
2
6
5
3
4

不等刺属 *Imparispiculus* Luo, Duojiecaidan et Chen, 1988

虫体细长，头端有6个乳突，口周围3个唇，食道呈长柱形，后端稍膨大，神经环在食道中部稍前方。雄虫的交合伞分2叶，在中后侧肋与腹肋间有缺刻，背肋呈圆形。交合刺1对不等长，形状亦略有不同。引带由头、体、脚组成，副引带由基板、2个侧板和2个腹板组成，呈弓状。雌虫尾端呈圆柱形，阴门位于肛门前不远处，阴道短，前阴道发达。

220 久治不等刺线虫

Imparispiculus jiuzhiensis Luo, Duojiecaidan et Chen, 1988

【主要形态特点】

虫体呈淡褐色，角皮无横纹。口由3个明显的唇片包围（图–1）。食道呈长柱形，后端稍膨大（图–2）。

【雄虫】

虫体大小为9.41～27.44 mm×0.102～0.153 mm。食道长0.281～0.362 mm。颈乳突小，距头端0.321～0.371 mm。交合伞小，分为2叶，在中侧肋、后侧肋和2腹肋之间有缺刻。无伞前乳突。前腹肋和后腹肋紧靠在一起，3支侧肋由共同的主干发出，前侧肋最短，与中侧肋和后侧肋离开，中侧肋和后侧肋紧靠在一起，后侧肋稍短；外背肋与背肋分开，离伞缘有一段距离；背肋呈圆形，腹面有6个乳突，其中5个无柄乳突排成2列，前列1个在中央，2个较大的在侧缘，后列2个较小，1个有柄乳突位于背肋上端中央边缘，有膜包围（图–3）。交合刺1对不等长，形状略不相同，呈棕黄色，左交合刺长0.382～0.632 mm，右交合刺长0.860～1.066 mm，即长刺几乎为短刺的2倍，交合刺主干为海绵状结构，离近端不远处开始有栉状翼膜，翼膜上的横纹在远端消失，长刺比短刺翼膜上的横纹宽，近端透明膜也长（图–3、图–4、图–5）。引带长0.098～0.123 mm，头部为4支，体部为1支，弱角质化，长0.043～0.050 mm，脚1对，长0.0540～0.0681 mm，边缘光滑无齿状突起，向腹面弯曲，有透明膜包围（图–6）。副引带由基板、2侧板和2腹板组成，互相连接呈弓形。基板角质化，明显呈弧形；2侧板末端呈圆形，2腹板较细，在2侧板之间。

【雌虫】

虫体大小为30.6～58.1 mm×0.093～0.111 mm。阴门距尾端0.115～0.190 mm。肛门距尾端0.057～0.093 mm。阴道短，前阴道长0.061～0.097 mm，侧面观像鸭嘴状（图–7）。

【宿主与寄生部位】

高原兔的细支气管。

【图片】

廖党金绘

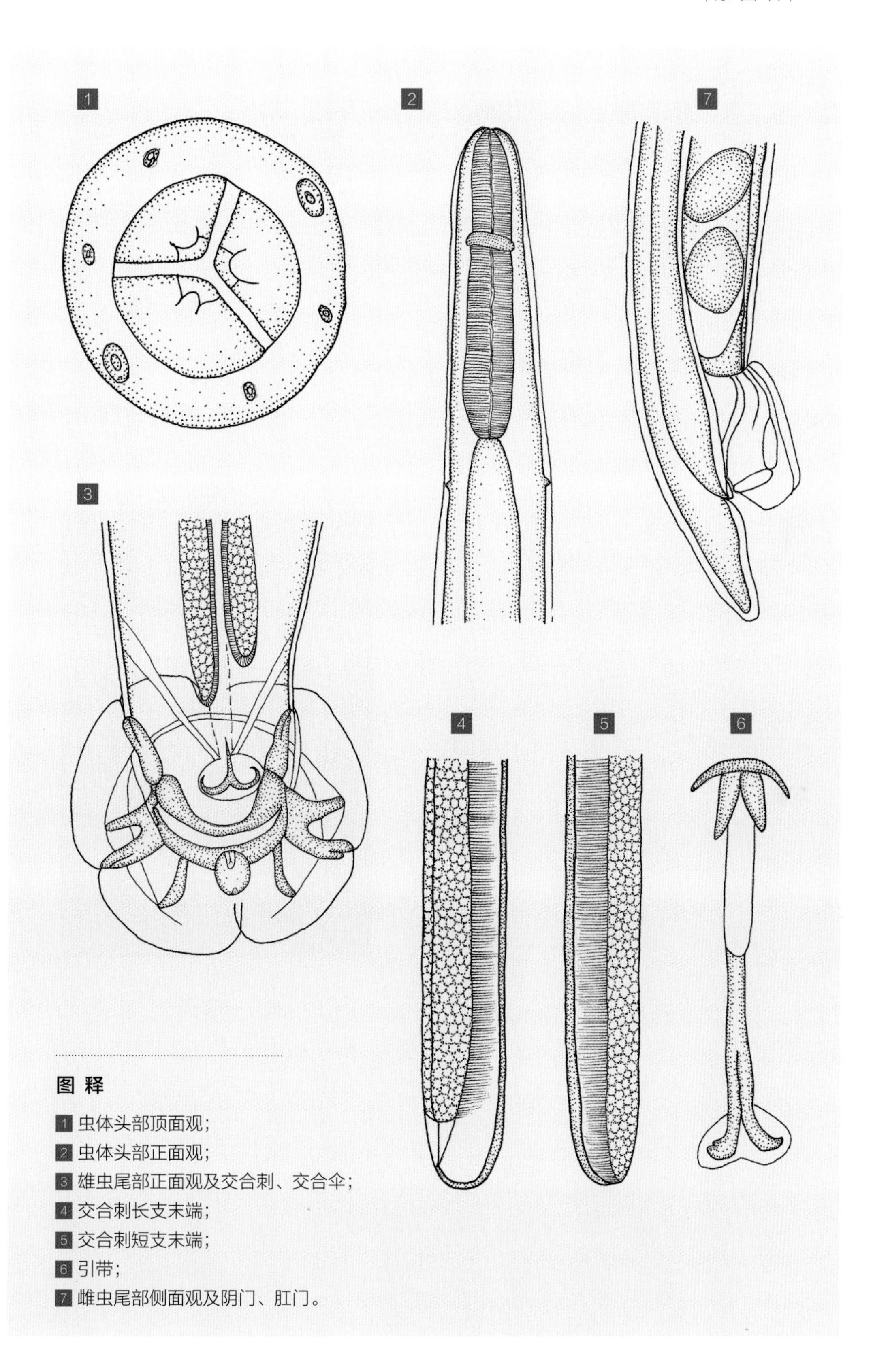

图 释

1 虫体头部顶面观；
2 虫体头部正面观；
3 雄虫尾部正面观及交合刺、交合伞；
4 交合刺长支末端；
5 交合刺短支末端；
6 引带；
7 雌虫尾部侧面观及阴门、肛门。

变圆属 *Varestrongylus* Bhalerao, 1932

虫体小，头端有4个唇。交合伞的2个侧叶大，背叶小，两腹肋粗钝，呈裂状。交合刺1对等长，引带由体部和脚部组成，体部呈棒状，脚部为2个齿状角质片。雌虫的前阴道发达。

221 肺变（弯）圆线虫

Varestrongylus pneumonicus Bhalerao, 1932

【主要形态特点】

虫体呈黄褐色细线形，体表有纵纹。口围绕3个唇片，唇基部有6个乳突（图-3）。食道呈长柱形，后部稍膨大，神经环位于食道中部前方，颈乳突位于神经前后方（图-2）。

【雄虫】

虫体大小为12.3～17.8 mm×0.137～0.149 mm。食道长0.285～0.366 mm。神经环距头端0.110～0.175 mm。交合伞由2个侧叶和1个分界不明显的背叶组成（图-4、图-5、图-6），交合伞大小为0.055～0.123 mm×0.094～0.135 mm，2个腹肋起于同一主干，在远端2/3处分开（图-4、图-5、图-6）；侧肋分开，前侧肋最大，中侧肋次之，后侧肋最小（图-4、图-6）；外背肋单独发出，稍大于后侧肋；背肋粗短呈圆扣状，其腹面有5个乳突，呈弧形排列于背肋后缘；外背肋与背肋间有1对透明的角质刺（图-4）。交合刺1对等长，形状相似，长0.243～0.312 mm，有海绵状的主干和栉状横纹的翼，交合刺在远端分为2支（图-5）。引带由体与脚两部分组成，体部呈棒状，长0.092～0.130 mm，在远端1/3处稍弯曲，脚1对，呈深褐色，长0.017～0.024 mm，有3～4个齿状突。

【雌虫】

虫体大小为22.1～28.6 mm×0.202～0.163 mm。食道长0.296～0.433 mm。神经环距头端0.161～0.204 mm，颈乳突距头端0.203～0.231 mm。阴门开口于体后部，距尾端0.066～0.108 mm，前阴唇发达呈舌状突出物，覆盖于体腹面与两侧（图-7、图-8）。肛门距尾端0.032～0.055 mm。尾端钝，外被角质膜（图-7、图-8）。

【宿主与寄生部位】

山羊、绵羊、黄牛的肺细支气管、肺泡和肺。

【虫体标本保存单位】

四川省畜牧科学研究院

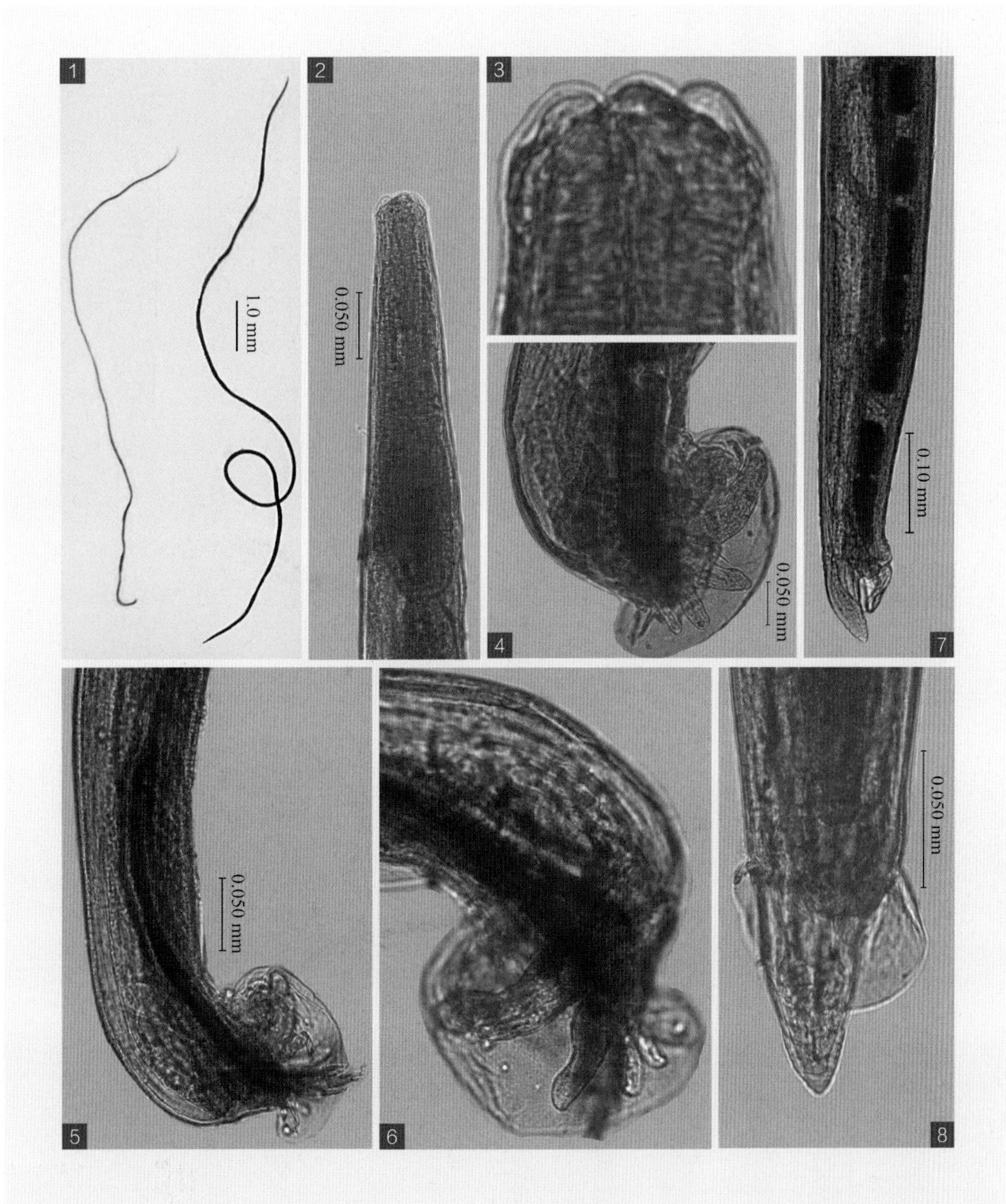

图释

1 成虫，左为雄虫，右为雌虫；

2 虫体头部正面观及食道、颈乳突和神经环位置等；

3 虫体头端及唇乳突；

4 交合伞侧面观及腹肋、侧肋、背肋等；

5 雄虫尾部侧面观及交合刺、腹肋等；

6 交合伞侧面观及腹肋、侧肋、背肋等；

7 雌虫尾部侧面观及阴门、阴唇、肛门、尾尖形态等；

8 雌虫尾部背面观及阴唇、尾尖形态等。

222 舒氏变圆线虫

Varestrongylus schulzi Boev et Wolf, 1938

【主要形态特点】

虫体呈白色线形，食道（图 –1）长 0.313～0.436 mm，神经环距头端 0.137～0.195 mm，颈乳突距头端 0.183～0.285 mm。

【雄虫】

虫体大小为 13.73～23.16 mm×0.130～0.197 mm。交合伞小。前腹肋粗大，后腹肋为一小的突起，几乎与前腹肋合并（图 –2、图 –3）；前侧肋较长，中侧肋次之，后侧肋最小（图 –2、图 –3）；背肋呈圆纽扣状，其腹面有 5 个有柄乳突（图 –2、图 –3）。交合刺 1 对等长，长 0.253～0.376 mm，呈海绵状结构，其远端有 1 个小分支（图 –2、图 –3、图 –4）。引带呈深褐色，由体部和脚部组成，体部呈棒状，长 0.103～0.183 mm；脚部呈不规则的四角形，有 6 个齿状突。副引带不发达，由基板和横板组成，横板似爪子形，位于引带角部上方的腹面。

【雌虫】

虫体大小为 22.1～27.5 mm×0.150～0.217 mm。前阴道发达，阴门开口于纽扣状突起的上方（图 –5），距尾端 0.081～0.126 mm。尾长 0.035～0.061 mm。

【宿主与寄生部位】

山羊、绵羊的肺支气管、细支气管、肺泡。

【虫体标本保存单位】

中国农业科学院上海兽医研究所

图 释

1 虫体头部及食道和神经环位置等；
2 雄虫尾部侧面观及交合刺、侧肋、背肋等；
3 雄虫尾部侧面观及交合刺、交合伞、腹肋、侧肋、背肋等；
4 交合刺；
5 雌虫尾部斜面观及阴门、尾尖形态等。

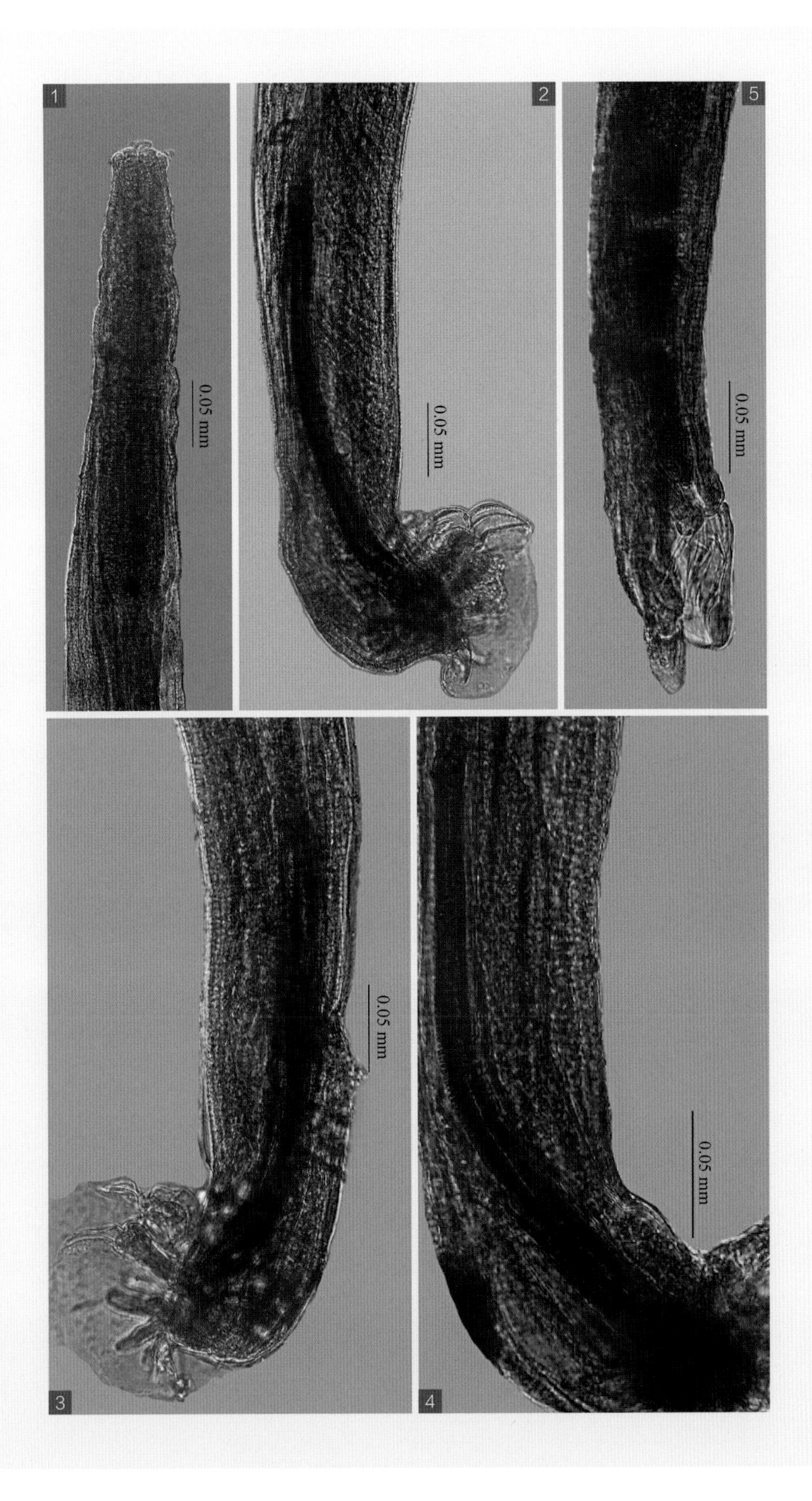
1
2
5
3
4
0.05 mm
0.05 mm
0.05 mm
0.05 mm
0.05 mm

223 青海变圆线虫

Varestrongylus qinghaiensis Liu, 1984

【主要形态特点】

虫体很小，呈淡褐色。体表角皮层无纵纹但有不明显的横纹，食道呈长柱形，后端略膨大，神经环在食道中部前方（图 -1、图 -2）。颈乳突 1 对，小而不明显，位于食道中部后方。排泄孔在食道膨大部之前。

【雄虫】

虫体大小为 9.0～12.2 mm×0.054～0.094 mm。食道长 0.257～0.338 mm。交合伞小，由 2 个侧叶和 1 个不明显的背叶组成；腹肋在近端 1/3 处分支，前腹肋明显小于后腹肋；中侧肋伸达伞缘，后侧肋显著短于其他侧肋；外背肋细长，背肋短，呈丘状突出，腹面有 5 个无柄乳突，中间的 1 个较长大，两侧各 1 对呈结节状，对称排列（图 -3、图 -4）。交合刺 1 对呈棕色细长，同形且明显不等长，左交合刺长 1.074～1.609 mm，右交合刺长 0.800～1.165 mm，有海绵结构的主干及栉状横纹的翼，翼始于近端附近，主干远端不分支（图 -3、图 -4）。引带由体部和 1 对脚部组成，体部窄长，弱角质化，远端 1/3 稍弯曲，长 0.104～0.139 mm，宽 0.0049 mm；脚部相互紧靠，腹面观呈矩形，侧面观呈三角形，长 0.0272～0.0350 mm，宽 0.0086 mm，腹面有 4 个钝的齿状突起，第 3 个最大。副引带缺。

【雌虫】

虫体大小为 13.0～18.0 mm×0.064～0.119 mm。食道长 0.2715～0.3200 mm。前阴道较发达，为舌状角质化的突出物，末端达肛门后方（图 -5）。阴门距肛门 0.064～0.092 mm，肛门距尾端 0.037～0.067 mm。尾端钝（图 -5）。子宫内虫卵呈椭圆形，虫卵大小为 0.086～0.091 mm×0.012～0.034 mm。

【宿主与寄生部位】

绵羊的小支气管、肺泡。

【虫体标本保存单位】

中国农业科学院兰州兽医研究所

图 释

1 2 虫体头部观及食道、神经环等；

3 4 雄虫尾部侧面观及交合刺、交合伞、腹肋、侧肋、外背肋、背肋等；

5 雌虫尾部侧面观及阴门、肛门、尾尖等。

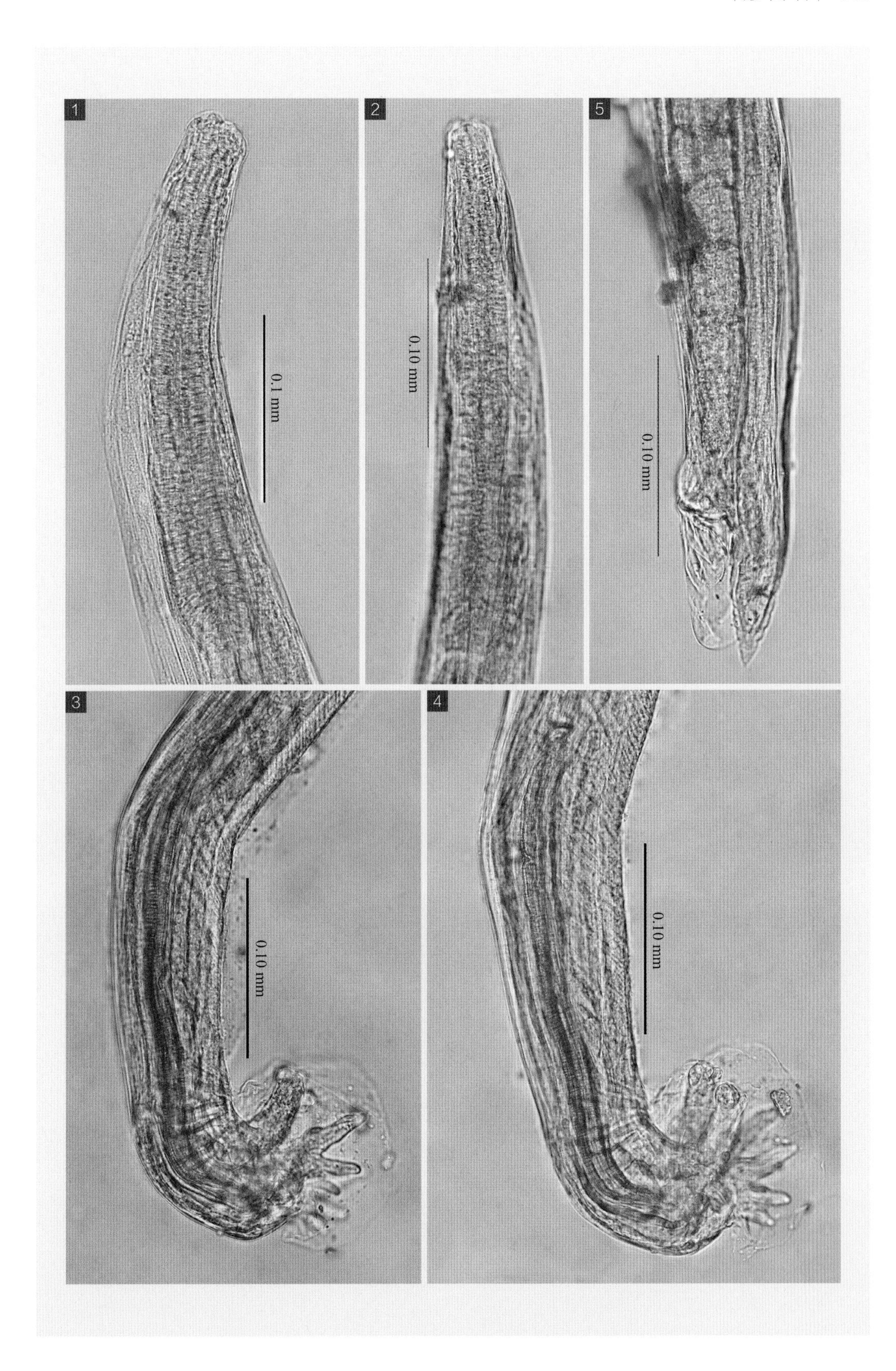
1
2
5
0.1 mm
0.10 mm
0.10 mm
3
4
0.10 mm
0.10 mm

伪达科 Pseudaliidae Railliet, 1916

口简单，有头乳突，食道呈棒状。雄虫后端钝圆，呈锥形弯向背面，交合伞退化或小，腹肋和侧肋短钝，背肋末端分支，交合刺等长并相似，有引带。雌虫尾呈圆锥形，肛门近末端，阴门位于肛门前。卵生或胎生。寄生于哺乳动物肺中。

缪勒属 *Muellerius* Cameron, 1927

虫体细小。雄虫的尾部呈螺旋状卷曲，交合伞很小，伞肋细短，两腹肋并列，中侧肋和后侧肋合二为一，外背肋由粗短的背肋主干基部发出，背肋分为 3 支。交合刺 1 对，每根在全长 1/2 或 1/3 处分支，有引带和副引带。雌虫尾呈圆锥形，阴道不发达，阴门近肛门。寄生于牛、羊的肺中。

224 毛细缪勒线虫

Muellerius minutissimus (Megnin, 1878) Dougherty et Goble, 1946

【主要形态特点】

见下。

【雄虫】

虫体长为 12.01～14.02 mm，尾部卷曲。交合伞退化，形状极短窄（图 -3）。2 个腹肋在较前的位置，前侧肋较远，中侧肋和后侧肋连在一起（图 -2），背肋和外背肋短小。交合刺长 0.151 mm，在中段折向腹面，有两分叉，各有翼膜，其中轴有重叠的羽状分支。

【雌虫】

虫体长为 19.01～23.03 mm。末端尖细，阴门与肛门很接近（图 -4）。卵呈长椭圆形，大小为 0.082～0.104 mm×0.028～0.040 mm。

【宿主与寄生部位】

绵羊、山羊、牦牛的支气管、细支气管、毛细支气管、肺泡、肺实质、胸膜下结缔组织。

【图片】

廖党金绘

图 释

1 虫体头端顶面观；

2 虫体头部观；

3 雄虫尾部正面观及交合伞；

4 雌虫尾部侧面观。

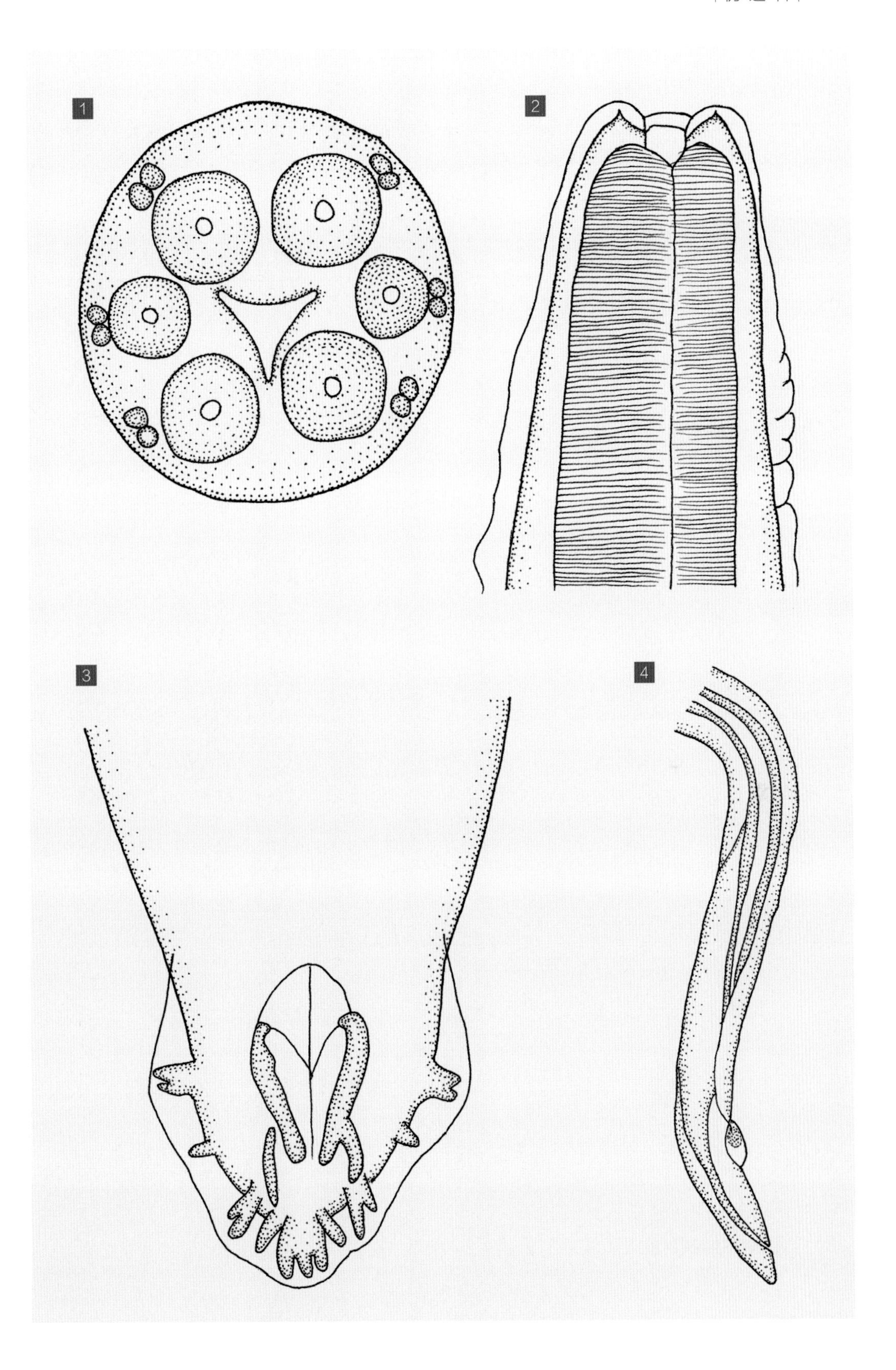
1
2
3
4

柔线科 Habronematidae Ivaschkin, 1961

头端有 2 个假侧唇，不覆盖整个头表，口腔呈圆柱状或漏斗状，食道分肌质部和腺体部。雄虫尾部卷曲，尾翼膜发达，有有柄乳突和无柄乳突，交合刺 1 对不等长。雌虫尾部钝圆，阴门位于虫体中部。

柔线属 *Habronema* Diesing, 1861

口部有 2 个侧唇，每唇常分 3 叶，颈乳突位于神经环前。雄虫有 4 对肛前乳突、1～2 对肛后有柄乳突、2～3 对尾端小乳突，有交合刺和引带。

225 蝇柔线虫

Habronema muscae Carter, 1861

【主要形态特点】

虫体较小，体表有横纹。口孔位于体前端，围绕 2 个侧唇，每个唇由 3 叶组成，唇上有侧乳突和下中乳突各 1 对，咽发达，角质化，呈圆筒形，由左侧颈乳突向后有侧翼膜（图 –2、图 –3、图 –4）。神经环位于食道前部，颈乳突位于神经环前方，食道由前肌质部和后腺体部组成（图 –5）。

【雄虫】

虫体大小为 8.0～14.4 mm×0.25～0.31 mm。头部宽 0.060～0.065 mm，咽大小为 0.040～0.060 mm×0.018～0.020 mm。食道，肌质部长 0.113～0.150 mm，腺体部长 2.46～2.61 mm。神经环距头端 0.21～0.29 mm，颈乳突距头端 0.23～0.26 mm，侧翼膜可达体中部。尾部弯向腹面，末端钝圆，两侧有对称的尾翼，伸达末端（图 –6、图 –7）。尾部有有柄乳突 7 对，即肛前 4 对和肛后 3 对，尾端腹面有无柄小乳突 5～6 对（图 –6、图 –7）。交合刺 1 对，左交合刺长 2.0～2.5 mm，右交合刺长 0.47～0.54 mm（图 –7、图 –8）。引带极小。

【雌虫】

虫体大小为 13.0～16.5 mm×0.25～0.35 mm。咽长为 0.060～0.017 mm。食道长 2.50～2.97 mm，神经环距头端 0.23～0.26 mm。侧翼伸达阴门部。肛门距尾端 0.25 mm。阴门位于体前 1/3 处，距头端 3.5～4.2 mm。尾端圆而向背侧弯曲（图 –9）。虫卵大小为 0.080～0.087 mm×0.010～0.012 mm。

【宿主与寄生部位】

马、驴的胃黏膜下。

【虫体标本保存单位】

四川省畜牧科学研究院

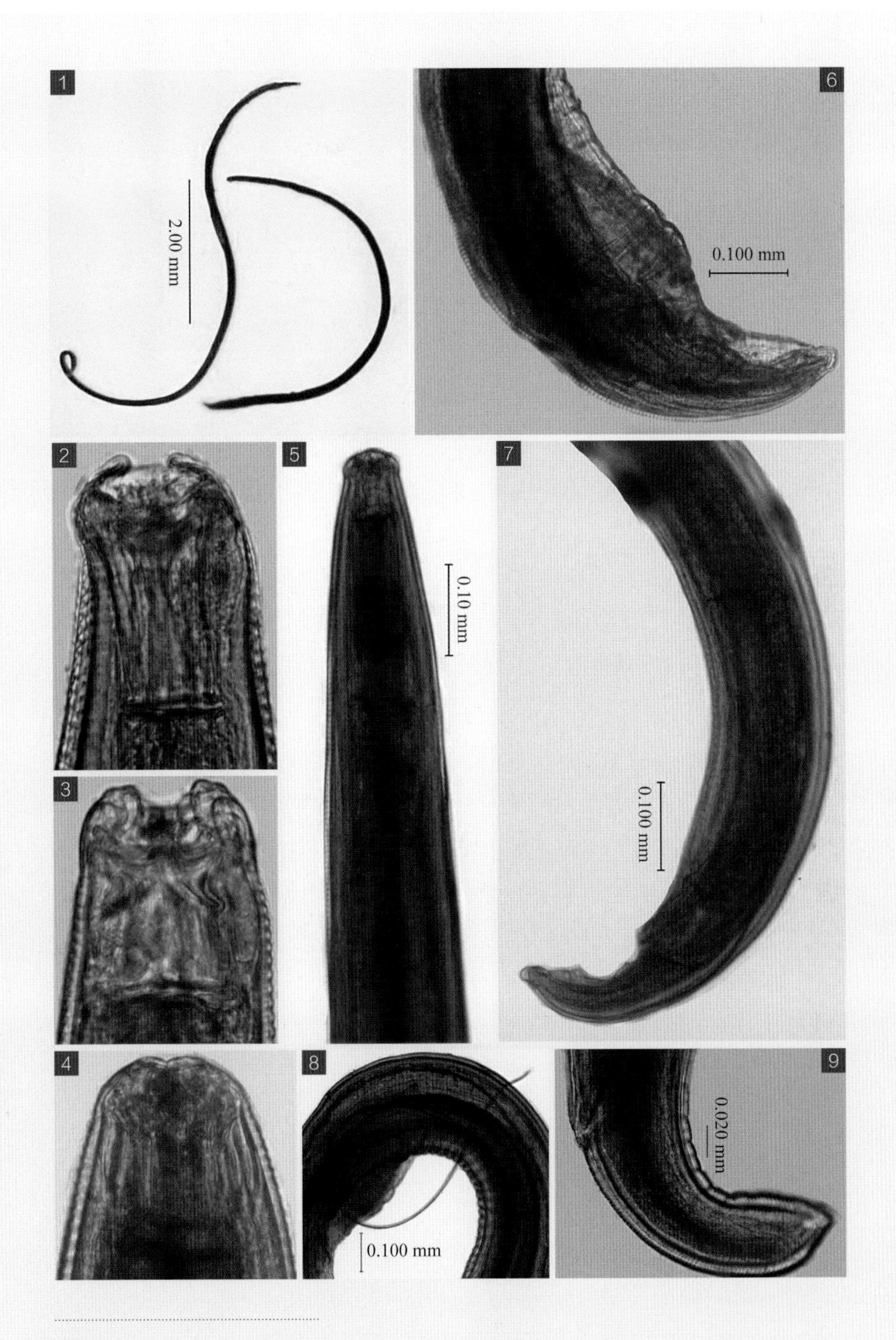

图释

1 成虫，左为雌虫，右为雄虫；

2 ~ 4 虫体头端观及唇、乳突、口囊等；

5 虫体头部观及口囊、食道、神经环等；

6 雄虫尾端侧面观及体翼膜、肛乳突等；

7 8 雄虫尾部观及交合刺等；

9 雌虫尾部侧面观及肛门等。

226 小口柔线虫

Habronema microstoma Schneider, 1866

【主要形态特点】

虫体细长，呈橘红色，体表有横纹，头部宽钝，口围有两侧唇，有2对侧乳突和1对化感器。口腔呈圆柱形，前庭背、腹壁上有三齿状的小片，突起位于口腔的入口处，食道分为前、后两部分，神经环位于食道的前部，颈乳突位于神经环的稍前方，颈乳突后有宽的侧翼膜。

【雄虫】

虫体大小为9.0～18.4 mm×0.24～0.32 mm。口腔大小为0.018～0.082 mm×0.041～0.045 mm。食道长3.2 mm，侧翼膜伸达体中部。尾部向腹面作螺旋状弯曲，尾端钝圆，有对称的尾翼膜（图 -2、图 -3）。肛前有有柄乳突4对，肛后2对，尾端有10～12个无柄的小乳突。交合刺1对不等长（图 -2），左交合刺长0.68～0.86 mm，右交合刺长0.35～0.42 mm。引带不发达。

【雌虫】

虫体大小为14.0～27.0 mm×0.32～0.58 mm。食道长3.99 mm。神经环距头端0.32～0.36 mm，颈乳突距头端0.32～0.34 mm。侧翼膜伸至阴门部，尾部钝圆稍有弯曲，长0.35～0.40 mm，阴门位于体后部1/3处，距尾端3.84～7.91 mm，阴道呈“S”形弯曲。虫卵大小为0.080～0.087 mm×0.010～0.012 mm。

【宿主与寄生部位】

马、驴、骡、斑马的胃黏膜层。

【虫体标本保存单位】

中国农业科学院兰州兽医研究所

图 释

1 虫体头部观；

2 雄虫尾部侧面观及交合刺、乳突等；

3 雄虫尾部侧面观。

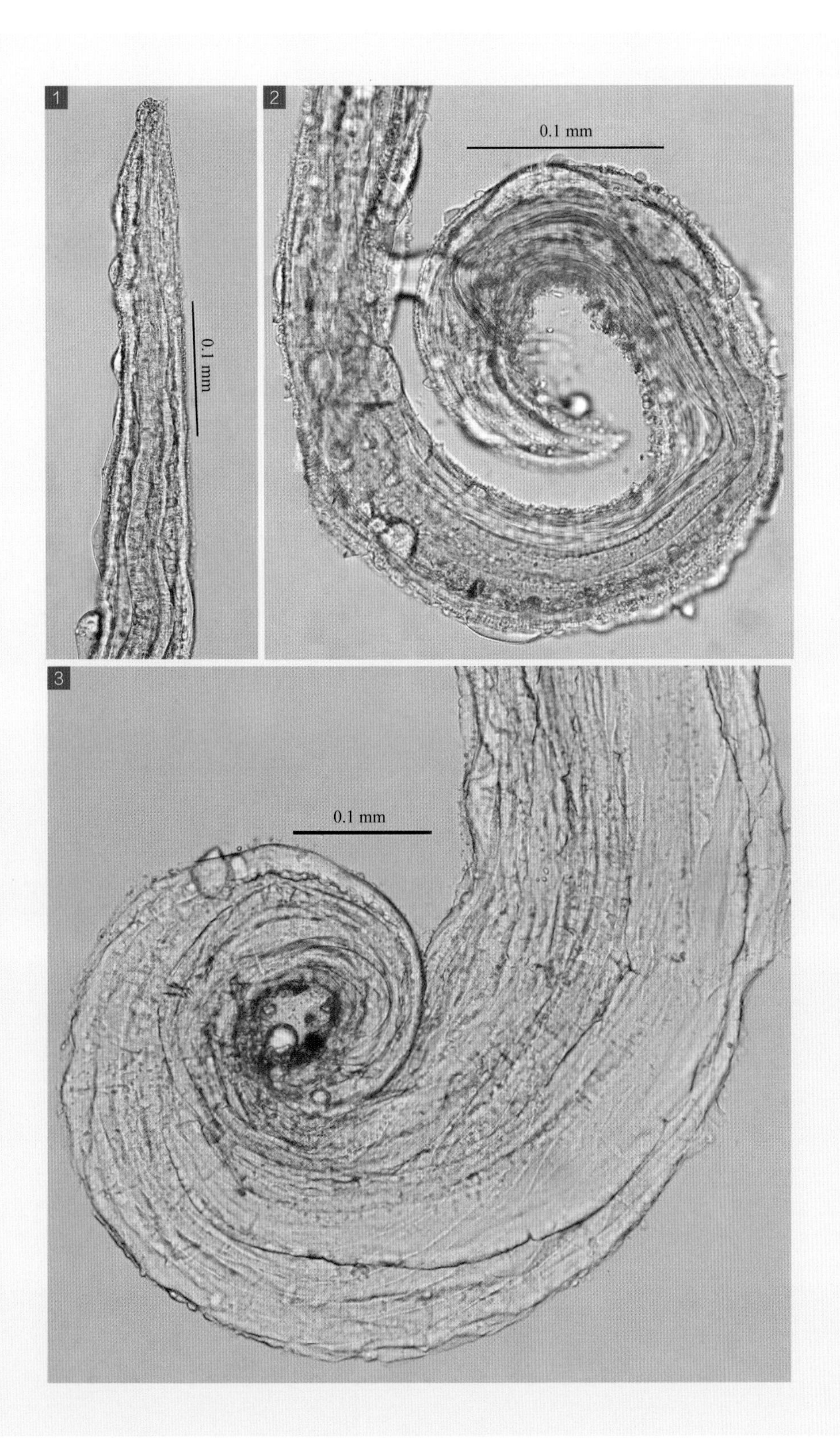
1
2
3
0.1 mm
0.1 mm
0.1 mm

德拉斯属 *Draschei*a Chitwood et Wehr, 1934

体表有横纹,2 个假唇，各有 2 个大乳突和 2 个小乳突，在背腹唇上各有 1 个乳突。头部由明显的横沟与体部分开，体部前端有短的侧翼膜，有纵纹。肛乳突有柄，其中，肛前 4 对和肛后 2 对，尾末端有 5 对小乳突。无引带。雌虫的尾端尖，阴门位于虫体前 1/3 处。

227 大口德拉斯线虫

*Draschei*a *megastoma* Rudolphi, 1819

【主要形态特点】

虫体呈肉红色。前端直，顶端平，有 2 个不分叶的假侧唇和背腹唇，每个侧唇有 2 个大乳突和 2 个小乳突，背腹唇各有 1 个乳突，唇后由明显的横沟与体部分开，体前端有短宽的侧翼膜。口腔呈漏斗状（图 –1、图 –2）。食道分短的肌质部和长的腺体部（图 –3）。

【雄虫】

虫体大小为 8.0～11.0 mm×0.40～0.50 mm。食道长 1.33 mm。尾短呈螺旋状卷曲，尾翼膜和尾部有纵纹。肛前有有柄乳突 4 对，肛后 2 对，尾亚末端有 5 对无柄乳突。交合刺 1 对不等长，左交合刺长 0.407～0.416 mm，右交合刺长 0.210～0.260 mm。引带不发达。

【雌虫】

虫体大小为 9.0～15.0 mm×0.50～0.58 mm。食道长 1.43～1.63 mm。尾部直或稍弯曲，尾端尖（图 –4）。阴门位于体前部 1/3 处。虫卵大小为 0.042～0.046 mm×0.012～0.017 mm。

【宿主与寄生部位】

马、驴、骡的胃黏膜下。

【虫体标本保存单位】

中国农业科学院兰州兽医研究所

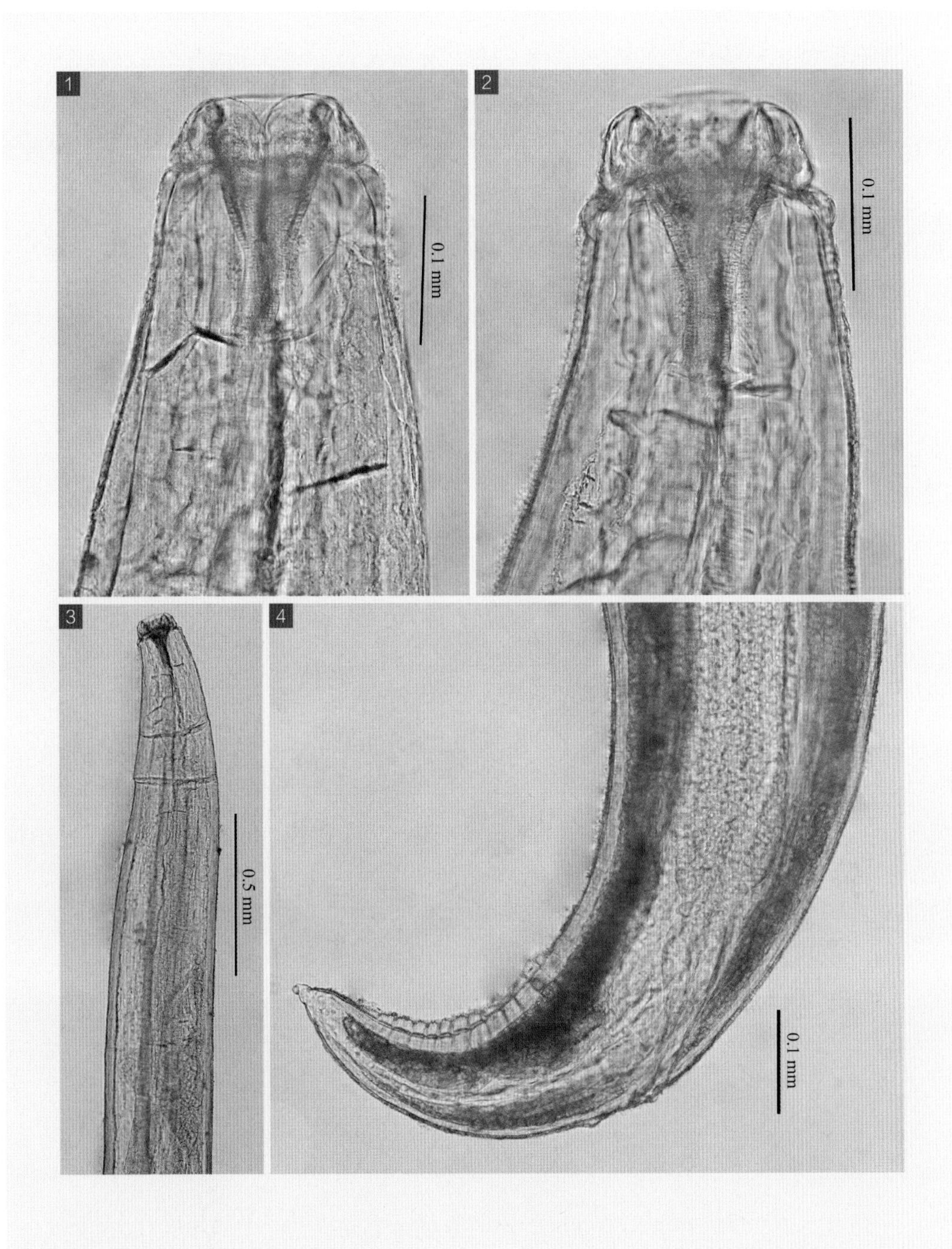

图释

1 2 虫体头端观及假唇、横沟等；
3 雌虫虫体头部观及食道、侧翼膜等；
4 雌虫尾部侧面观及尾尖等。

旋尾科 Spiruridae Oerley, 1885

虫体细长，头端有 2 个侧唇，每个唇分为 3 叶。口腔呈长圆柱形，食道分为肌质部和腺体部。雄虫尾部弯曲，尾翼膜发达由有柄乳突支撑。交合刺 1 对不等长、不同形。雌虫的尾部呈圆锥形，阴门位于虫体中部。

旋尾属 *Spirocerca* Railliet et Henry, 1911

口呈六角形，口囊有厚的角质壁。口边缘有 6 团致密的实质围绕，每团实质向内发出 1 个小的附属乳突。颈乳突位于神经环水平。雄虫尾部扭曲，有尾翼膜，有 4 对肛前有柄乳突，在肛门前唇中央有 1 个大的肛前乳突，2 对肛后乳突，在近尾端有 5 对小乳突。交合刺 1 对，大小和形状差异较大。引带不明显。雌虫尾部弯曲，有 1 对亚末端乳突。

228 狼旋尾线虫

Spirocerca lupi (Rudolphi, 1809) Railliet et Henry, 1911

【主要形态特点】

虫体粗壮，呈红色，通常呈螺旋卷曲（图 -1、图 -6、图 -7）。口孔呈六角形，头端无明显的唇瓣，口周围由 6 个柔软组织团块及与其相连的乳突环绕（图 -3、图 -4、图 -5）。口腔或前庭由几丁质形成。食道由短的肌质部和腺体部组成。有颈乳突，位于神经环水平部。

【雄虫】

虫体长 20.1～54.2 mm。体后端有尾翼，有较大的乳突 7 对（图 -6、图 -7），即肛前 5 对和肛后 2 对，在肛门前中央有 1 个大乳突。尾端尚有小乳突数个。交合刺 1 对不等长，左交合刺长 2.41～2.84 mm，右交合刺长 0.473～0.740 mm。

【雌虫】

体长 54.1～80.4 mm，阴门位于体前方靠近食道基部（图 -8），尾端钝圆（图 -9）。

【宿主与寄生部位】

狗的食道壁组织。

【虫体标本保存单位】

四川省畜牧科学研究院

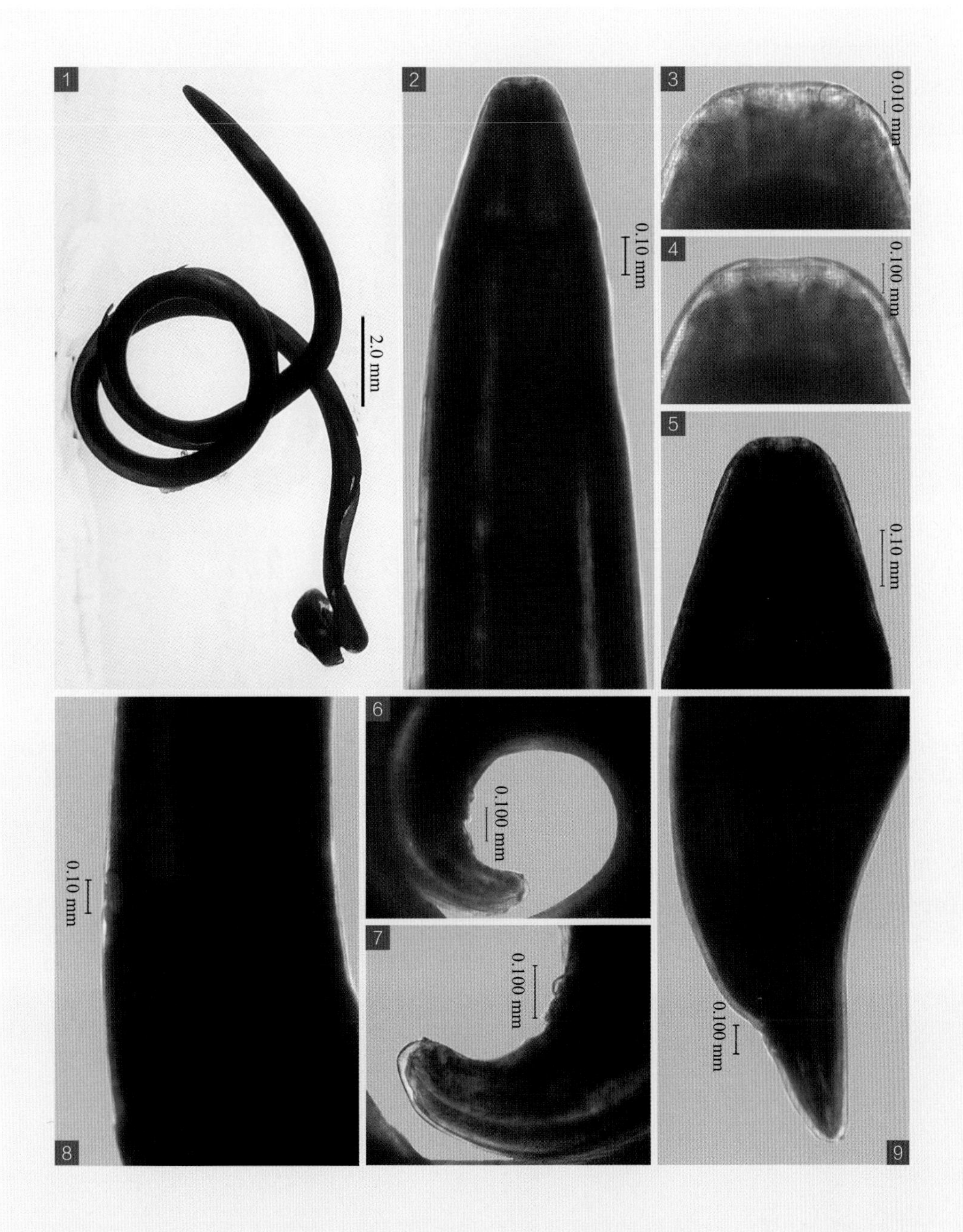

图 释

1 成虫；

2 虫体头部及食道等；

3 4 虫体头端及口囊、实质团等；

5 虫体头部及口囊、口孔等；

6 7 雄虫尾部侧面观及尾乳突等；

8 雌虫阴门等；

9 雌虫尾部侧面观及肛门、尾尖形态等。

泡首属 *Physocephalus* Diesing, 1861

虫体向腹面弯曲，头部角质稍膨大，体前端有侧翼膜，两侧颈乳突不对称，咽壁有环形角质构造。食道长。雄虫的尾翼膜对称，肛前有多对有柄乳突和肛后有多对细小乳突，有引带。

229 六翼泡首线虫

Physocephalus sexalatus Molin, 1860

【主要形态特点】

虫体呈红色线状，体表有纵脊和细横纹。头端有 2 个三叶状的侧唇，每个唇上有 3 个乳突，颈部角质膜增厚，虫体两侧各有体翼膜 3 列（图 -2）。颈乳突不对称，位于神经环前方或后方体侧。口内无齿，咽呈圆筒形，有 20 个平行的环纹（图 -2）。食道由前肌质部和后腺体部组成。

【雄虫】

虫体大小为 8.00～14.80 mm×0.27～0.44 mm。食道长 2.12～2.78 mm。右颈乳突距头端 0.17～0.18 mm，左颈乳突距头端 0.34～0.38 mm，神经环距头端 0.20 mm。虫体尾端呈螺旋形，向腹面弯曲，尾翼不对称，有波浪形纵纹，有尾乳突 8 对，其中，肛前有柄乳突 4 对、肛后靠尾端有 4 对无柄乳突（图 -1、图 -3、图 -4、图 -5、图 -6）。交合刺 1 对，形状和大小均不相同，右交合刺细长，长 1.57～2.57 mm，左交合刺粗短，长 0.343～0.431 mm。引带中部凹，呈片状，长 0.10～0.12 mm。

【雌虫】

虫体大小为 11.23～17.01 mm×0.41～0.44 mm。食道长 2.73～3.76 mm。右颈乳突距头端 0.15～0.25 mm；左颈乳突距头端 0.17～0.46 mm，神经环距头端 0.41 mm。阴门（图 -7）距头端 5.0 mm，距尾端 6.12 mm。尾端缩缢，呈圆锥状，弯向腹面（图 -8），尾长 0.080～0.120 mm。

【宿主与寄生部位】

猪的胃。

【虫体标本保存单位】

四川省畜牧科学研究院

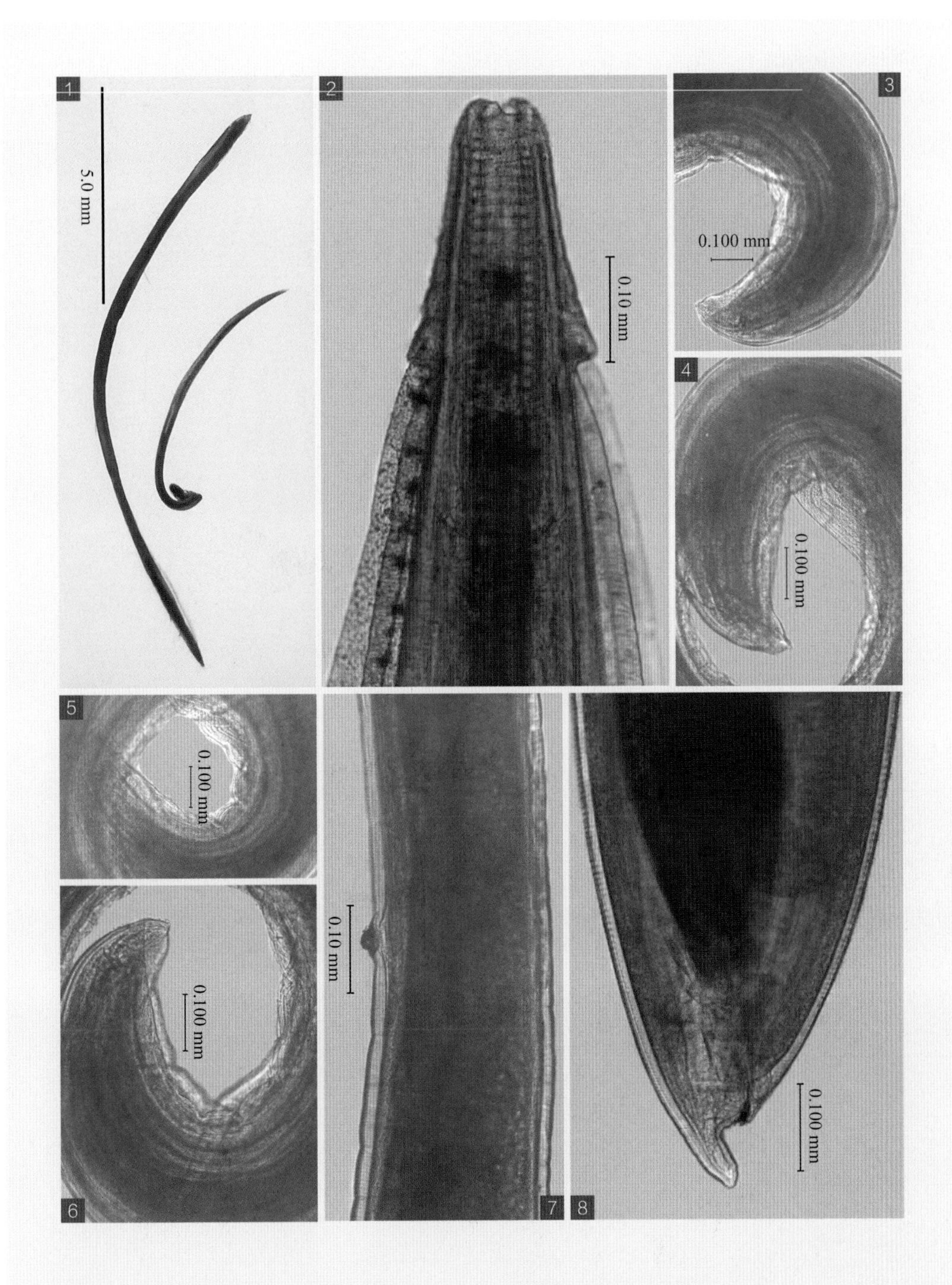

图 释

1 成虫，左为雌虫，右为雄虫；

2 虫体头部及口囊、咽、食道、体翼膜等；

3 ~ 6 雄虫尾部侧面观及尾翼膜、乳突等；

7 雌虫阴门；

8 雌虫尾部侧面观及肛门、尾尖形态等。

西蒙属 *Simondsia* Cobbold, 1864

虫体有侧翼膜，口缘有一大的背齿和腹齿，口腔呈长圆柱形，口腔壁有环形或螺旋形角质增厚纹。食道呈长圆柱形。雄虫尾部呈螺旋形弯曲，有短的圆锥形尾部，有 4 对肛前乳突和 1 对肛后乳突。雌虫后部膨大呈亚球形囊，阴门位于体前部。雄虫营自由生活于胃中，雌虫呈囊在胃壁里，其头部突出胃腔。寄生于有蹄类动物。

230 奇异西蒙线虫

Simondsia paradoxa Cobbold, 1864

【主要形态特点】

虫体口囊有 1 个大背齿和 1 个大腹齿，颈翼膜对称（图 –1）。

【雄虫】

虫体长 12.01～15.02 mm。食道长 3.31 mm。尾端呈圆形（图 –2），尾翼膜对称排列。左交合刺长 1.00 mm，右交合刺长 0.45 mm。有引带。肛前有有柄乳突 4 对，对称排列；肛后乳突 2 对，尾端无柄乳突 1 对位于中央（图 –2）。

【雌虫】

虫体长 8.31～16.02 mm。食道长 3.41 mm。阴门位于体前 1/3 处，尾部膨大呈球形。虫卵呈圆形或椭圆形，大小为 0.027～0.031 mm×0.018 mm，内含幼虫。

【宿主与寄生部位】

猪、驴的胃。

【图片】

廖党金绘

图 释

1 虫体头部观；
2 雄虫尾部观；
3 雌虫。

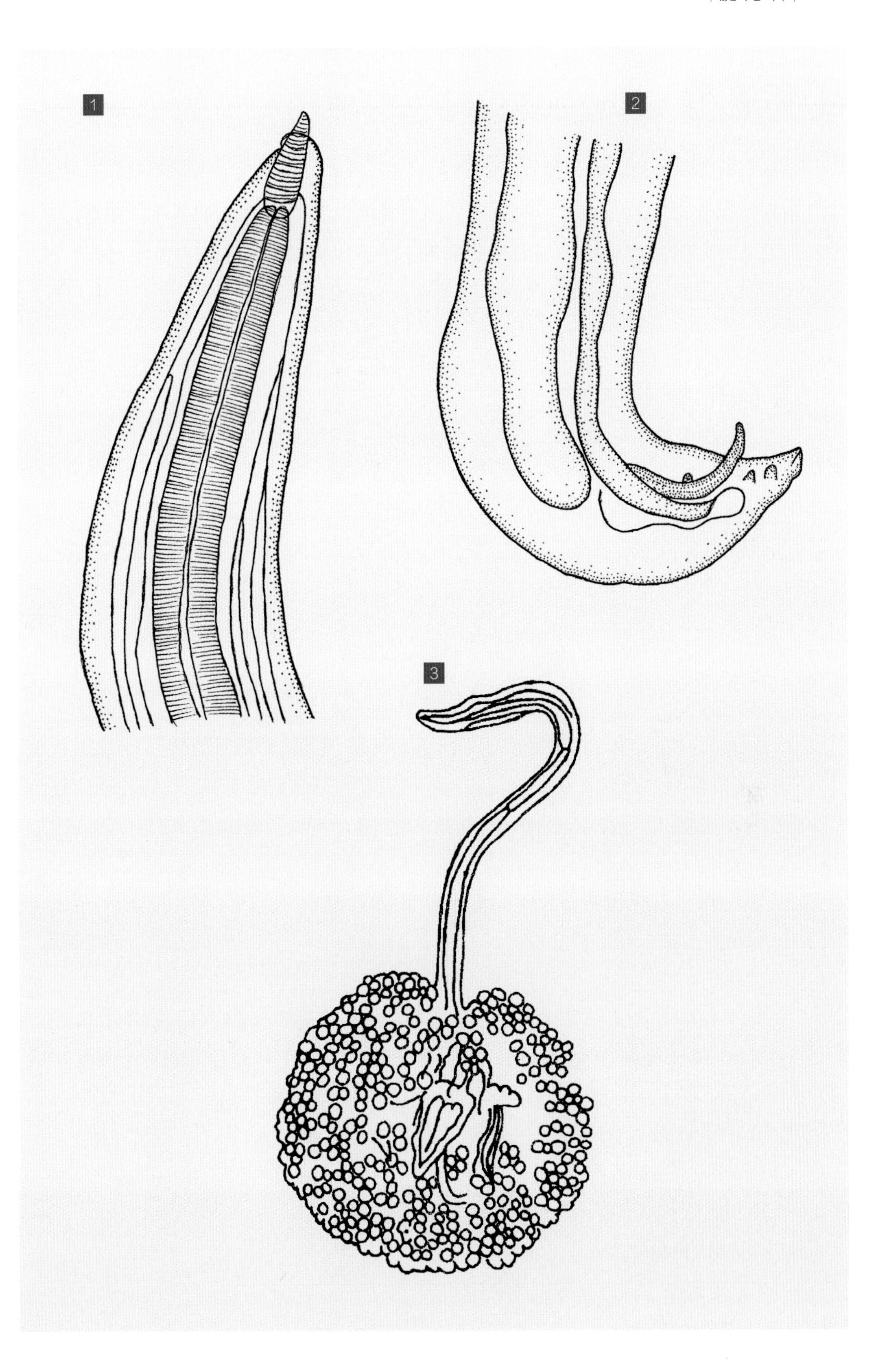
1
2
3

蛔状属 *Ascarops* Beneden, 1873

同物异名：螺咽属、环咽属。

虫体向腹面弯曲，头端尖，体前部左侧有翼膜，两侧颈乳突不对称，分别位于神经环前后。口腔壁有螺旋状环绕的角质构造。雄虫尾翼膜大且厚，左右不对称，无引带。有 4 对有柄肛前乳突，2 对有柄肛后乳突，尾端有多对小乳突。

231 圆形蛔状线虫

Ascarops strongylina Rudolphi, 1819

【主要形态特点】

虫体细长，呈浅红色，头部尖细（图 –1）。左右颈乳突不对称，右颈乳突位于神经环后，乳突后无侧翼膜。头端口围有 2 个侧唇，每唇分为 3 叶，每叶有 1 乳突，口腔长，腔壁由 16～18 个整齐的螺旋形角质增厚组成（图 –2、图 –3）。

【雄虫】

虫体大小为 10.0～14.8 mm×0.30～0.43 mm。侧翼膜开始处距头端 0.20～0.30 mm，翼膜末端距尾端 3.1～3.5 mm。左颈乳突距头端 0.18～0.31 mm，右颈乳突距头端 0.31～0.43 mm。食道长 2.64～4.25 mm。尾部卷曲成一圈，有不对称的尾翼膜，右侧大，约为左侧的两倍。交合刺 1 对不等长，左交合刺长 2.2～2.8 mm，右交合刺长 0.5～0.6 mm，肛前有柄乳突 4 对，肛后有柄乳突 1 对，尾端有 5 对小乳突（图 –5）。

【雌虫】

虫体大小为 12.3～23.8 mm×0.35～0.47 mm。颈翼膜开始处距头端 0.210～0.341 mm，翼膜宽 0.02～0.03 mm，距尾端 4.5～7.3 mm。右颈乳突距头端 0.43～0.57 mm，左颈乳突距头端 0.31～0.42 mm。食道长 3.00～4.33 mm，阴门（图 –6）距头端 3.1～4.8 mm，肛门（图 –7）距尾端 0.22～0.31 mm。

【宿主与寄生部位】

猪（偶见于牛、兔、羊、驴）的胃和小肠。

【虫体标本保存单位】

中国农业科学院上海兽医研究所

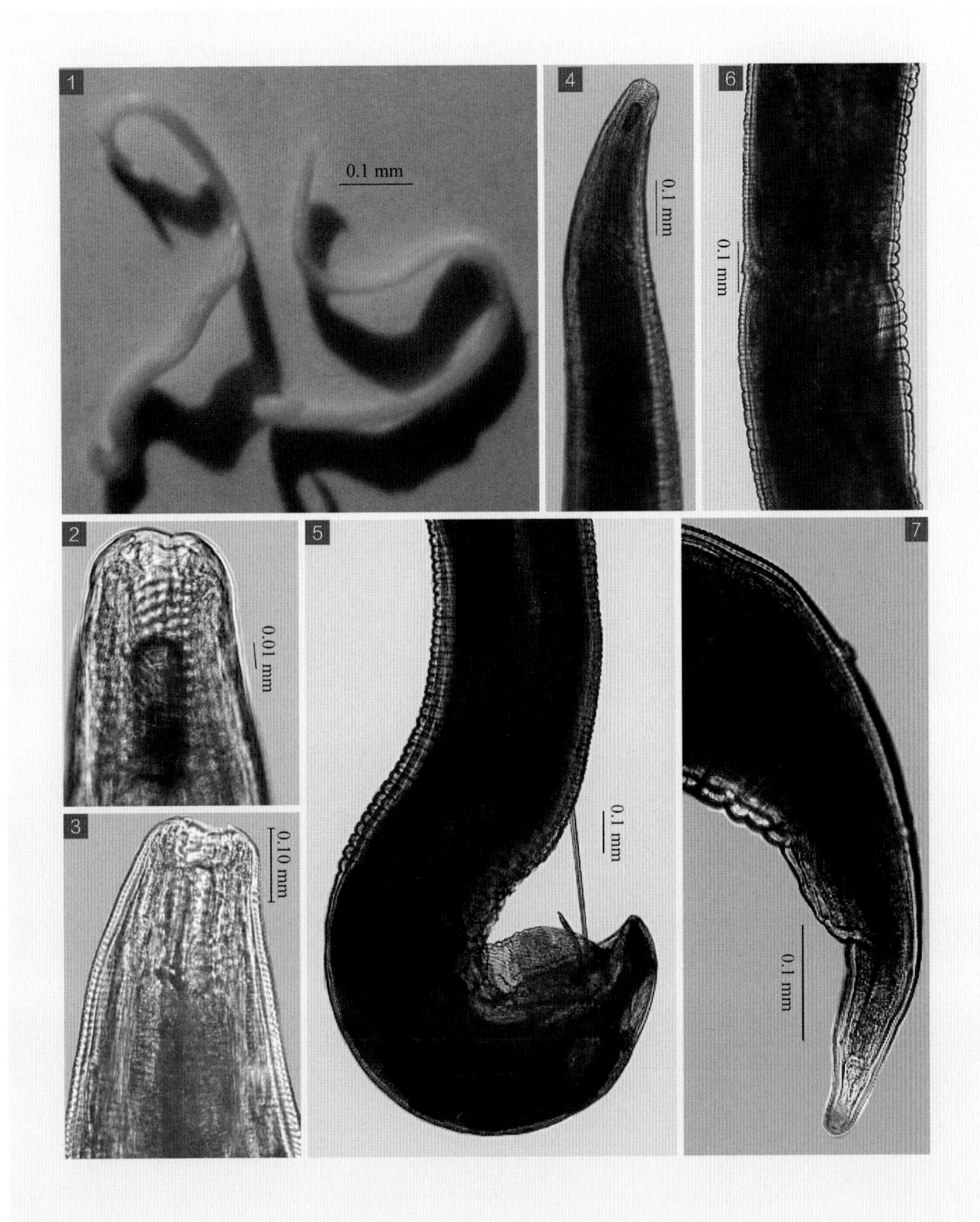

图释

1 成虫，左为雄虫，右为雌虫；

2 3 虫体头端及唇、口腔壁螺旋角质等；

4 虫体头部及食道等；

5 雄虫尾部侧面观及翼膜、交合刺、乳突、尾尖等；

6 雌虫阴门；

7 雌虫尾部侧面观及肛门、尾尖等。

232 有齿蛔状线虫

Ascarops dentata Linstow, 1904

【主要形态特点】

在虫体体表有横纹（图 –1），头端有 6 个大乳突（图 –2）。

【雄虫】

虫体大小为 25.1～30.2 mm×0.72～0.73 mm。食道（图 –3）长 4.56～4.58 mm，左颈乳突距头端 0.3 mm，右颈乳突距头端 0.7 mm。交合刺 1 对不等长，左交合刺长 4.1 mm，右交合刺长 0.6 mm，尾翼膜不对称，右侧尾翼膜较窄短。有柄肛乳突 5 对，其中，肛前 4 对且不对称，肛后 1 对，尾端有 5 对不对称的小乳突（图 –4、图 –5）。

【雌虫】

虫体大小为 43.1～55.2 mm×1.0 mm。右颈乳突距头端 0.663 mm，左颈乳突距头端 0.32 mm。尾部长 0.58 mm。

【宿主与寄生部位】

猪、猫、山羊的胃和小肠。

【虫体标本保存单位】

中国农业科学院上海兽医研究所

图 释

1 成虫，外为雌虫，内为雄虫；

2 虫体头端及口腔壁螺旋角质环等；

3 虫体头部、食道等；

4 雄虫尾部侧面观及交合刺、肛乳突、翼膜等；

5 雄虫尾部正面观及交合刺、肛乳突、翼膜等；

6 雌虫阴门；

7 雌虫尾部侧面观及肛门、翼膜、尾尖等。

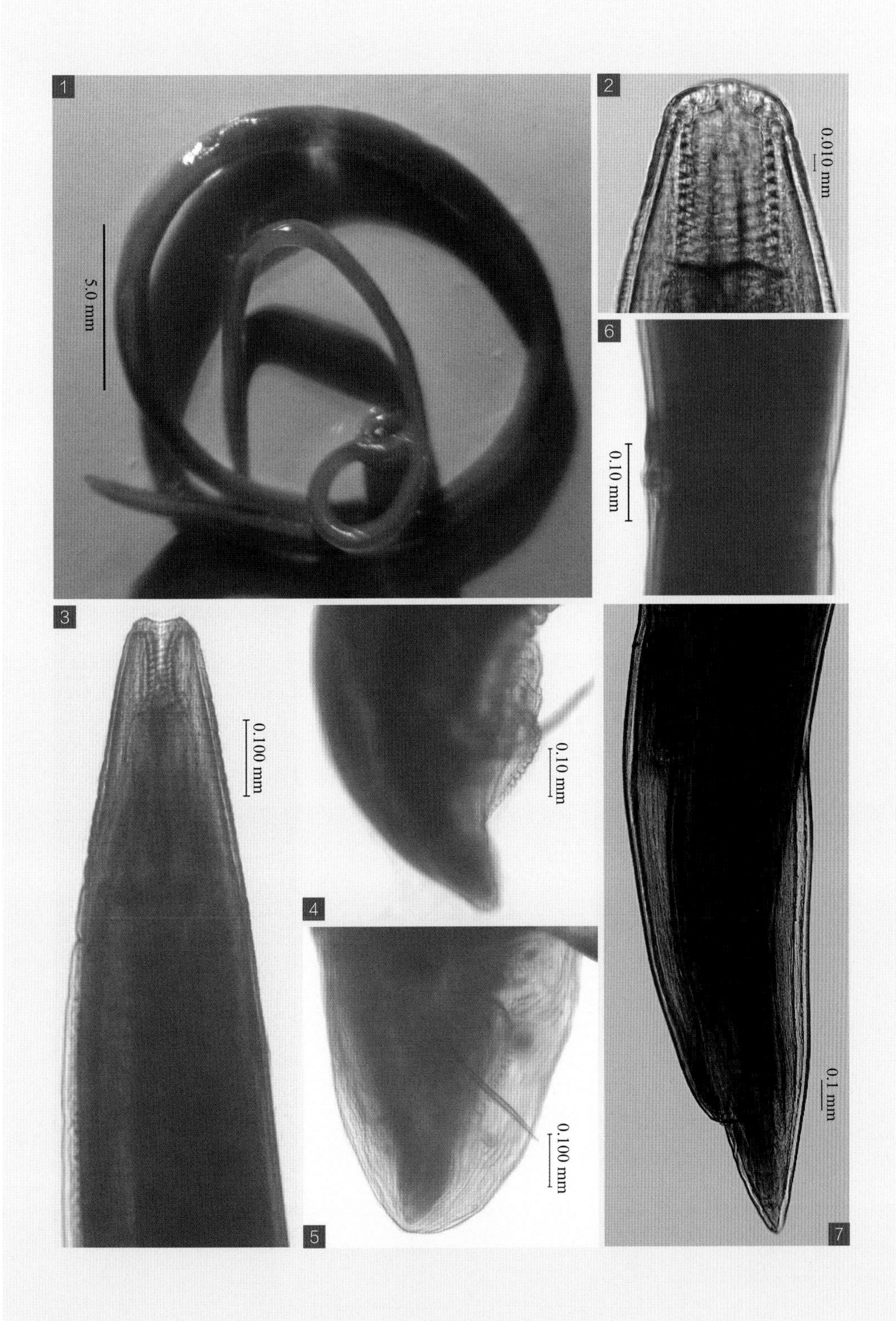
1
5.0 mm
2
0.010 mm
6
0.10 mm
3
0.100 mm
0.10 mm
4
0.100 mm
5
0.1 mm
7

筒 线 科 Gongylonematidae Sobolev, 1949

虫体呈细长线形，头端稍细。口孔小，由三叶形的背唇、腹唇和狭小的侧唇环绕。前部体表有泡状物或瘤状结构。咽短，食道分为肌质部和腺体部两部分。雄虫尾翼不对称，有肛前和肛后有柄乳突。交合刺 1 对的形状和大小均不相同。有引带。雌虫的阴门位于虫体后部。

筒 线 属 *Gongylonema* Molin, 1857

属的特征同科的特征。

233 美丽筒线虫

Gongylonema pulchrum Molin, 1857

【主要形态特点】

虫体呈乳白色细长线形，体表有横纹（图 –1）。头端稍细，口孔小，口周围有 2 个三叶形的背唇、腹唇和 2 个狭小的侧唇。在口的背面、腹面有 4 个下中乳突和 2 个侧乳突，头部和食道的背面、腹面均有大小不等的泡状物，体两侧有发达的颈翼，咽短，呈圆筒形，壁厚（图 –2）。食道由肌质部和短的腺体部两部分组成，颈乳突位于食道前部水平。

【雄虫】

虫体大小为 40.1～52.2 mm×0.202～0.216 mm。咽长 0.04～0.06 mm，颈乳突距头端 0.14～0.15 mm。尾部稍向腹面弯曲，尾翼两侧不对称（图 –3、图 –4）。尾部乳突，有柄乳突 10 对，即肛前 6 对和肛后 4 对；无柄乳突 3 对，泄殖腔侧 1 对，近尾端 2 对。交合刺 1 对不等长（图 –3、图 –4），左交合刺细长，长 17.1～23.2 mm，右交合刺粗短，长 0.10～0.16 mm。引带长 0.07～0.11 mm，尾长 0.24～0.35 mm。

【雌虫】

虫体大小为 70.1～110.2 mm×0.22～0.28 mm。咽长 0.03～0.04 mm，食道全长 6.05～9.27 mm。颈乳突距头端 0.17～0.21 mm，神经环距头端 0.35～0.43 mm。阴门位于虫体后部，稍突出体壁（图 –6），距尾端 4.05～5.28 mm，子宫内充满大量虫卵。尾部呈圆锥形（图 –7），长 0.25～0.36 mm。

【宿主与寄生部位】

牦牛的食道黏膜下。

【虫体标本保存单位】

四川省畜牧科学研究院

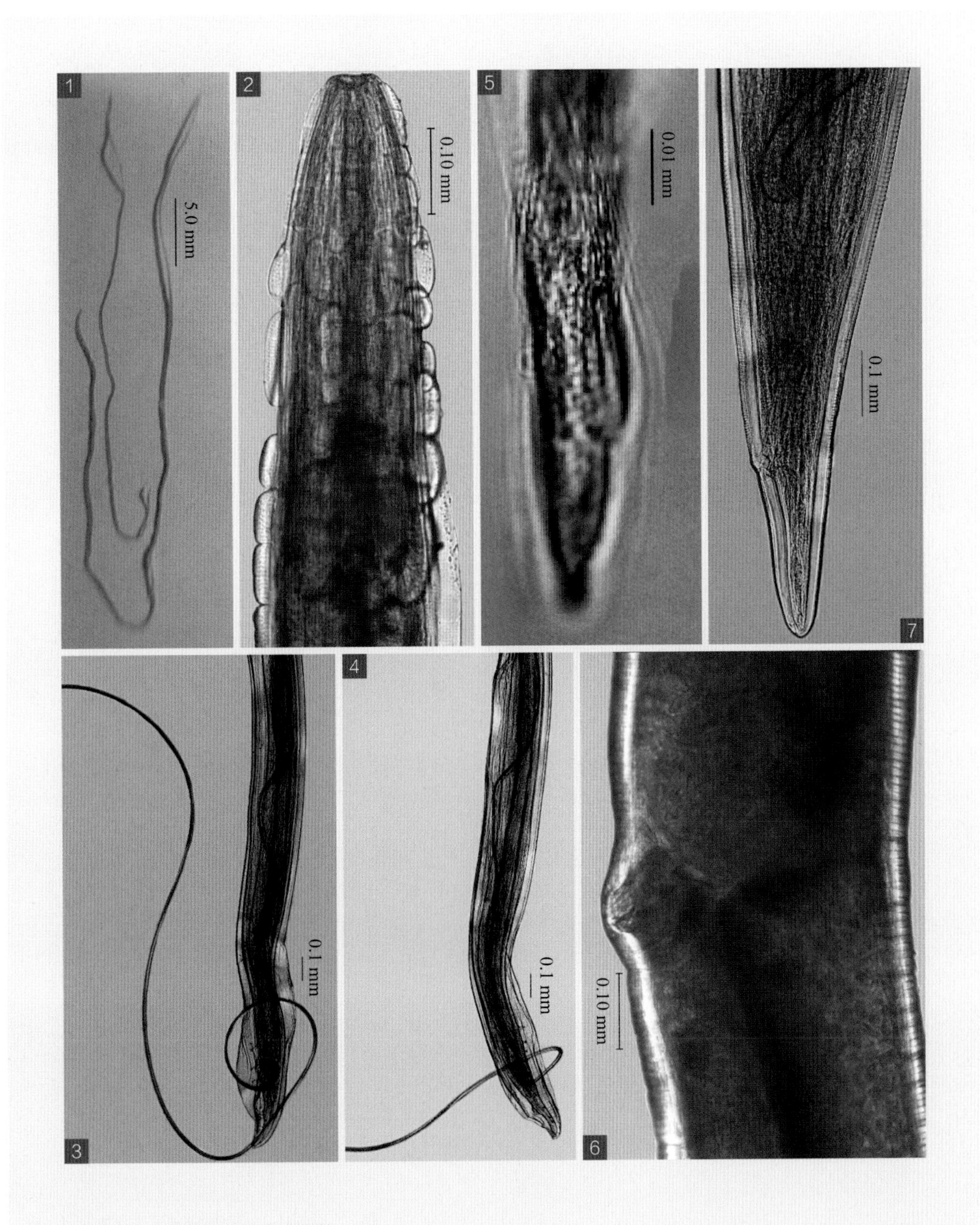

图 释

1 成虫，左为雄虫，右为雌虫；

2 虫体头部及咽、食道、体表泡状物等；

3 4 雄虫尾部斜侧面观及交合伞、肛乳突、交合刺等；

5 交合刺末端；

6 雌虫阴门；

7 雌虫尾部侧面观及肛门、尾尖等。

234 嗉囊筒线虫

Gongylonema ingluvicola Ransom, 1904

【主要形态特点】

虫体细长，呈黄白色，体表角皮有横纹。头端有两侧唇和背腹唇，4 个亚中乳突和 2 个侧乳突（图 -1）。亚前端有侧翼膜，角皮有大小不等的角皮盾，在神经环前的背腹面角皮盾有 5 行，在神经环后角皮盾数目随虫体大小不同（图 -2、图 -3）。口腔短小。食道分为短的肌质部和长的腺体部。神经环位于肌质部的前半部，排泄孔位于肌质部的中部。颈乳突位于神经环前缘。

【雄虫】

虫体大小为 17.01～20.03 mm×0.233～0.240 mm。食道长 3.481～3.702 mm。尾部长 0.224～0.276 mm，尾翼不对称（图 -4），左翼长 0.501～0.576 mm，右翼长 0.602～0.703 mm；肛乳突不对称，肛前乳突左侧 5～7 个，右侧 4～5 个，肛后乳突左侧 3～4 个或 4～5 个，右侧 4 个或 3～5 个。交合刺 1 对不等长，左交合刺长 12.801～13.391 mm，宽 0.009 mm，右交合刺长 0.121～0.135 mm，宽 0.015 mm。

【雌虫】

虫体大小为 32.01～45.03 mm×0.401～0.492 mm，角质盾 20～24 纵列。食道长 6.041 mm。尾部长 0.163～0.216 mm，阴门（图 -5）位于体后部，距尾端 2.51～3.32 mm。虫卵呈椭圆形，大小为 0.051～0.058 mm×0.035～0.039 mm，内含幼虫。

【宿主与寄生部位】

鸡、鸭的嗉囊、食道。

【图片引自】

黄兵，沈杰，董辉，等. 2006. 中国畜禽寄生虫形态分类图谱. 北京：中国农业科学技术出版社.

图 释

1 虫体头端顶面观；
2 3 虫体头部观；
4 雄虫尾部正面观；
5 雌虫阴门；
6 雌虫尾部侧面观。

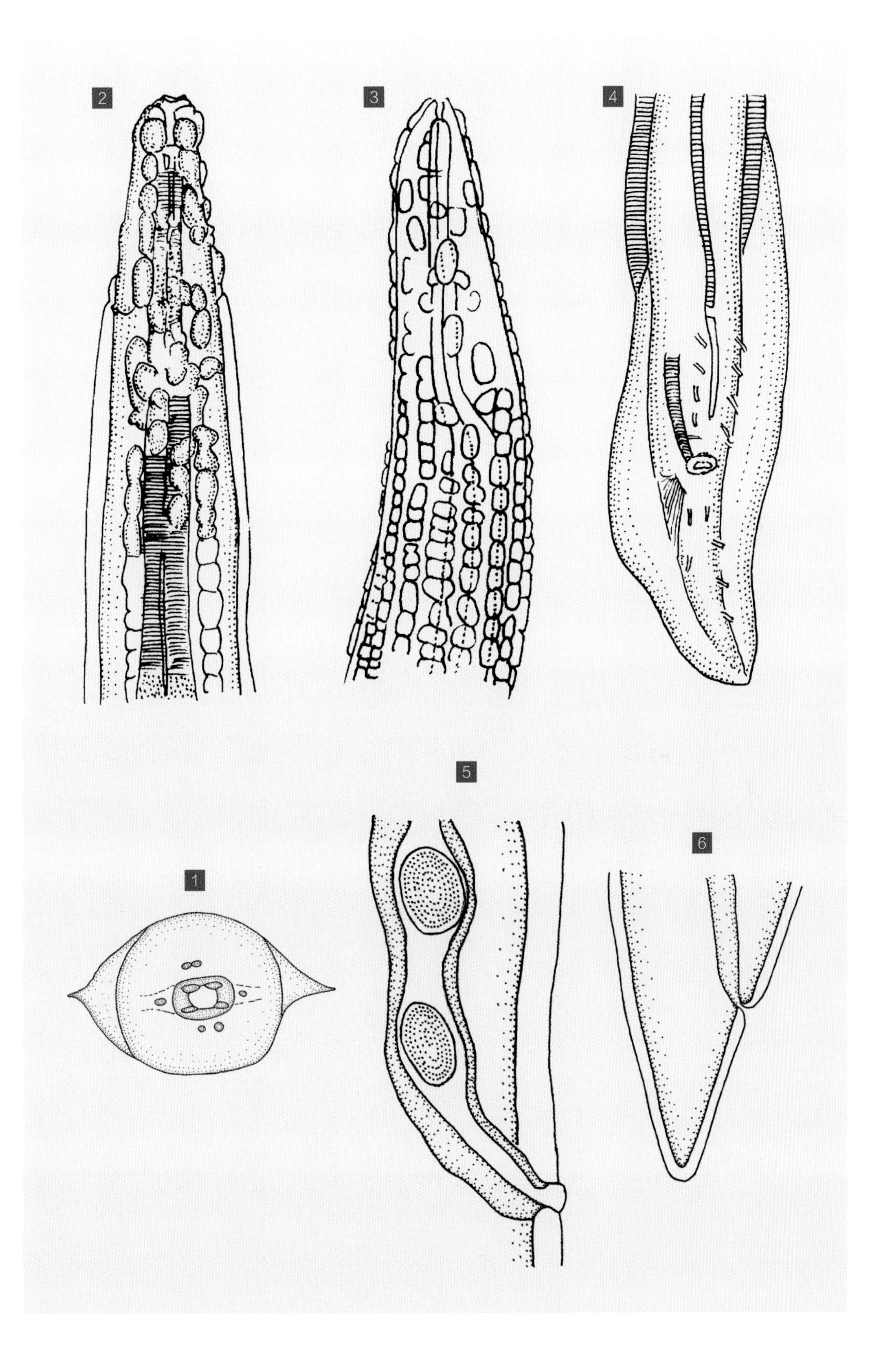
2
3
4
5
1
6

吸吮科 Thelaziidae Railliet, 1916

虫体体表有明显或不明显的角质环，口孔呈卵圆形或六角形，假唇常退化，口腔发达。雄虫有尾翼或付缺。交合刺 1 对等长或不等长，同形或异形。引带有或无。雌虫阴部在虫体中部之前。

吸吮属 *Thelazia* Bosc, 1819

角皮的横纹粗，神经环和颈乳突均位于食道后部，雄虫的尾部短而钝，有 10 个以上肛前乳突，呈纵向排列，有 2～4 对肛后乳突。雌虫的尾部钝圆，亚末端有乳突，阴门位于食道区。

235 罗德氏吸吮线虫

Thelazia rhodesii Desmarest, 1827

【主要形态特点】

虫体呈乳白色，体表横纹呈锯齿状（图 -2、图 -5）。头端无唇瓣，口囊壁杯状，侧壁厚，口孔有 2 个侧乳突和 4 个亚中乳突围绕。食道呈圆柱形，颈乳突位于食道后部，神经环位于食道后 1/3 处（图 -2）。

【雄虫】

虫体大小为 8.61～14.82 mm×0.33～0.46 mm。口囊大小为 0.0173～0.0186 mm×0.022～0.024 mm。食道长 0.51～0.57 mm。颈乳突不对称，距头端 0.55～0.71 mm，神经环距头端 0.31～0.45 mm。交合刺 1 对，大小和形状均不同，左交合刺细长，长 0.56～0.83 mm，右交合刺粗短且呈舟形，长 0.12～0.16 mm。无引带。尾端向腹面卷曲，无尾翼，尾乳突 17 对，其中肛前 14 对和肛后 3 对（图 -3、图 -4）。

【雌虫】

虫体大小为 9.81～17.03 mm×0.28～0.48 mm。食道长 0.58～0.78 mm，颈乳突距头端 0.61～0.64 mm，神经环距头端 0.40～0.43 mm。阴门位于体前端食道后缘水平处（图 -5），距头端 0.75～0.92 mm。尾端钝圆（图 -6），肛门距尾端 0.05～0.23 mm。

【宿主与寄生部位】

水牛、黄牛的第三眼睑和结膜囊。

【虫体标本保存单位】

四川省畜牧科学研究院

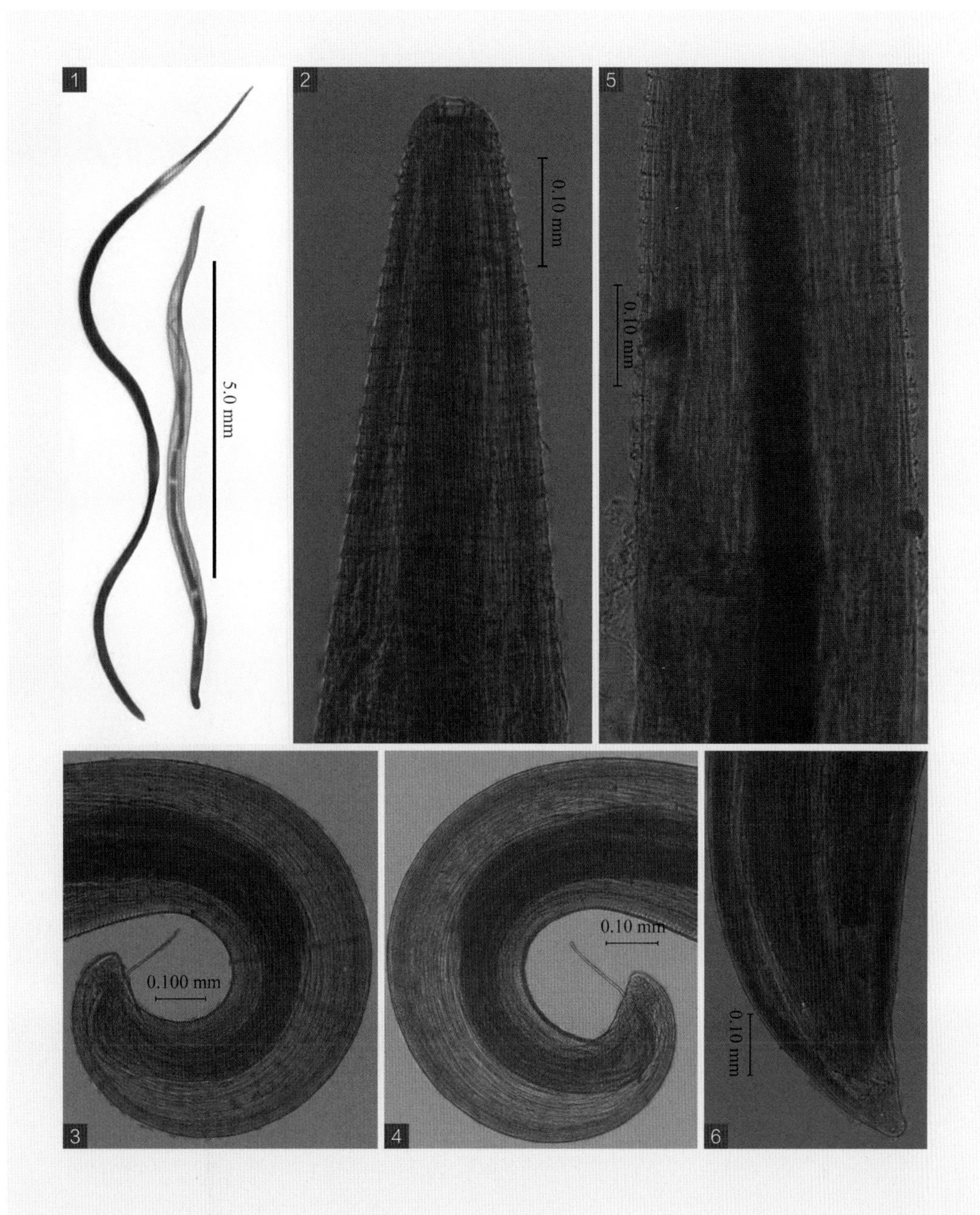

图 释

1 成虫，左为雌虫，右为雄虫；
2 虫体头部及口囊、食道、神经环、体表横纹等；
3 4 雄虫尾部及交合刺、肛乳突、尾尖等；
5 雌虫阴门；
6 雌虫肛门及尾尖等。

236 结膜吸吮线虫

Thelazia callipaeda Railliet et Henry, 1910

【主要形态特点】

虫体呈白色或黄白色线形，两端尖细。横纹明显，体表呈锯齿状（图 –1）。头端无唇瓣，有内外环口乳突，口囊前部稍宽，囊壁角质化（图 –2、图 –3）。食道呈圆柱形，颈乳突位于食道后部，神经环位于食道后 1/3 处水平（图 –1）。

【雄虫】

虫体大小为 4.51～9.52 mm×0.250～0.351 mm。食道长 0.421～0.610 mm。神经环距头端 0.270～0.302 mm。尾端向腹面卷曲，无尾翼（图 –4、图 –5）。交合刺 1 对，大小和形状均不相同，左交合刺细长，长 1.81～2.05 mm，右交合刺粗短，长 0.11～0.13 mm（图 –4、图 –5）。尾乳突 13～15 对，其中肛前 8～10 对和肛后 5 对（图 –4、图 –5）。泄殖腔距尾端 0.08～0.11 mm。

【雌虫】

虫体大小为 8.1～12.2 mm×0.34～0.36 mm。食道长 0.60～0.66 mm。生殖孔位于食道中后部（图 –1），距头端 0.52～0.58 mm。尾端钝圆（图 –6、图 –7），肛门距尾端 0.05～0.07 mm。

【宿主与寄生部位】

狗、人的结膜囊。

【虫体标本保存单位】

四川省畜牧科学研究院

图 释

1 虫体头部观及口囊、食道、神经环、阴门、体表横纹等；

2 3 虫体头端观及乳突、口囊、体表横纹等；

4 5 雄虫尾端观及交合刺、肛乳突等；

6 雌虫尾部侧面观及肛门、尾尖等；

7 雌虫尾部正面观及尾尖等。

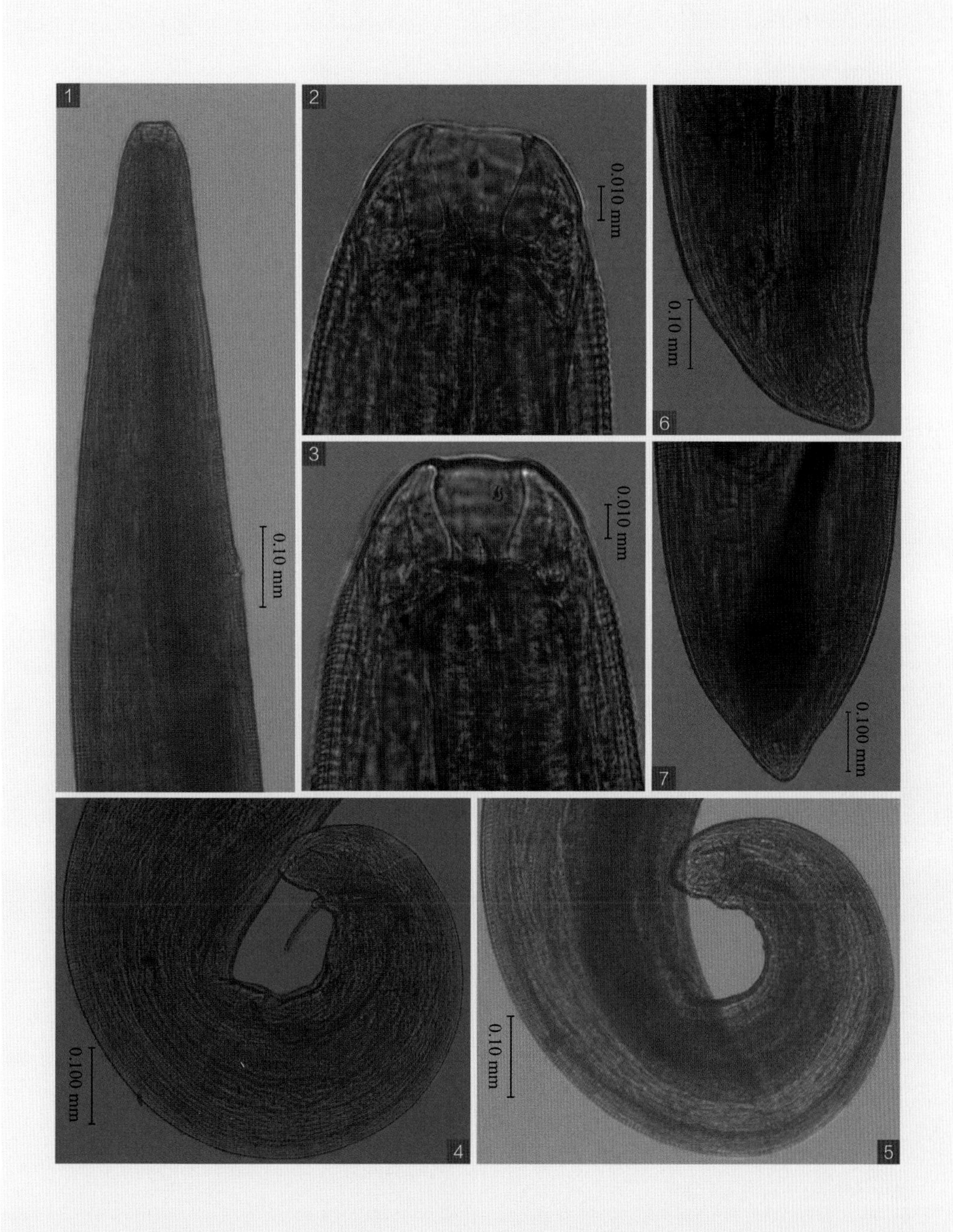

1
0.10 mm
2
0.010 mm
3
0.010 mm
6
0.10 mm
7
0.100 mm
4
0.100 mm
5
0.10 mm

237 甘肃吸吮线虫

Thelazia kansuensis Yang et Wei, 1957

【主要形态特点】

体表有细横纹，头端尖细，口囊小（图 –1）。食道短，呈棒状（图 –2）。

【雄虫】

虫体大小为 12.60～14.43 mm×0.44 mm。食道长 0.56～0.72 mm。尾部弯向腹面。交合刺 1 对不等长（图 –3、图 –4），左交合刺长 0.14～0.18 mm，右交合刺长 0.52～0.67 mm。尾乳突 14 对，其中肛前乳突 12 对和肛后乳突 2 对（图 –3、图 –4）。

【雌虫】

虫体大小为 16.79～18.65 mm×0.49 mm。阴门（图 –5）开口于虫体前部，距头端 0.75 mm。肛门距尾端 0.07～0.09 mm，尾端钝圆（图 –6）。

【宿主与寄生部位】

黄牛的第三眼睑下。

【虫体标本保存单位】

中国农业科学院兰州兽医研究所

图 释

1 虫体头端观及口囊等；
2 虫体头部观及食道、神经环、体表横纹等；
3 4 雄虫尾部侧面观及交合刺、肛乳突等；
5 雌虫阴门；
6 雌虫尾部侧面观及肛门、尾尖等。

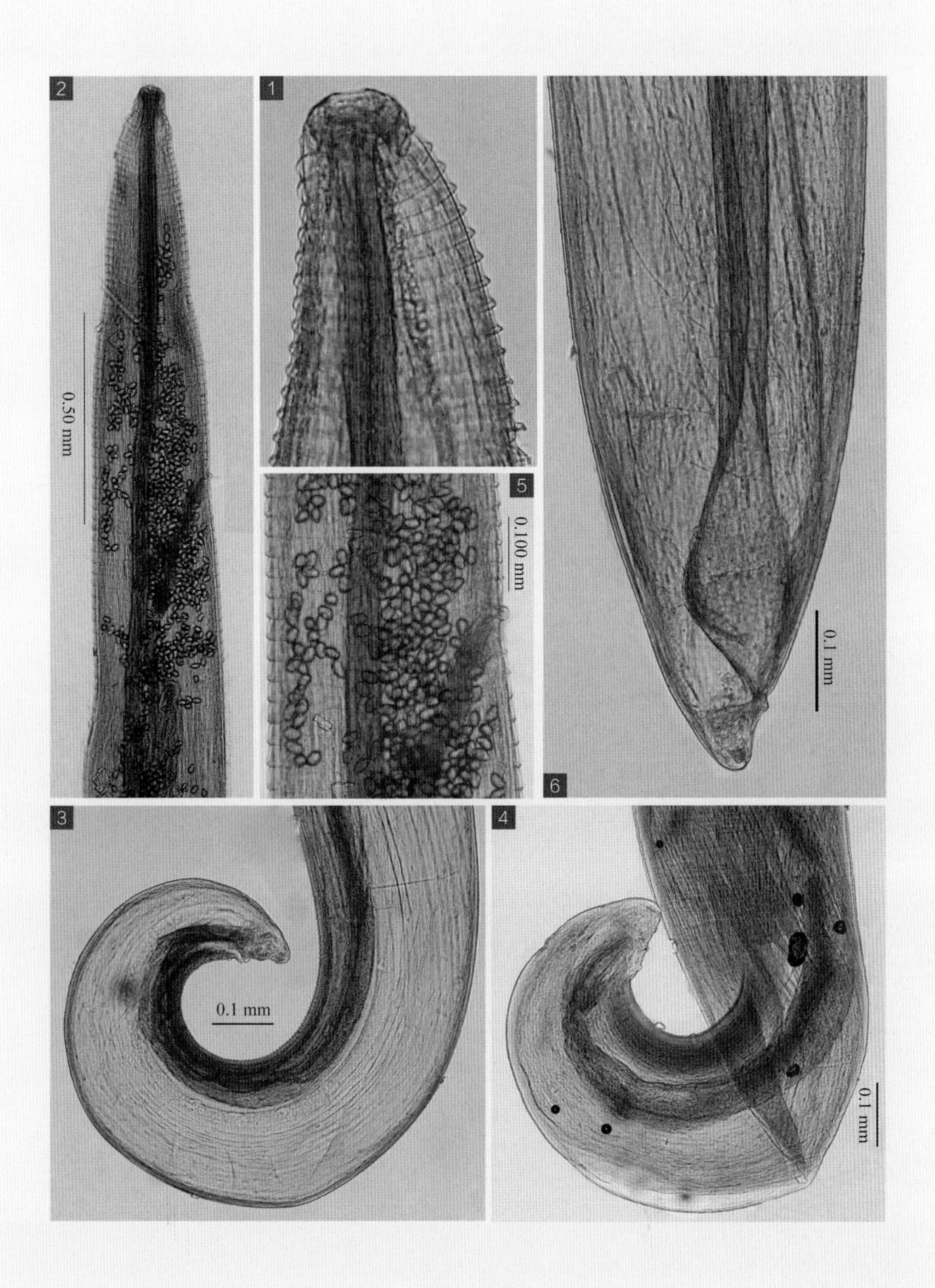
2
1
0.50 mm
5
0.100 mm
0.1 mm
6
3
0.1 mm
4
0.1 mm

238 泪管吸吮线虫

Thelazia lacrymalis Gurlt, 1831

【主要形态特点】

体表有细横纹，口腔大呈杯状，食道呈圆柱形，后部稍膨大（图 –1）。

【雄虫】

虫体大小为 8.0～14.0 mm×0.25～0.29 mm。口腔大小为 0.014×0.028 mm。食道长 0.36～0.40 mm。神经环距头端 0.24～0.26 mm，排泄孔距头端 0.28 mm。尾部弯向腹面（图 –2、图 –3），长 0.065～0.070 mm。交合刺 1 对均粗短（图 –2、图 –3），有纵行沟结构，左交合刺长 0.18 mm，右交合刺长 0.120～0.125 mm。肛前乳突（图 –2、图 –3）12～13 对，肛后乳突 2 对。

【雌虫】

虫体大小为 10.0～18.0 mm×0.208 mm。食道长 0.336～0.352 mm。神经环距头端 0.192～0.208 mm，排泄孔距头端 0.256～0.288 mm。尾部长 0.080～0.112 mm。阴门距头端 0.56～0.64 mm。

【宿主与寄生部位】

马、驴、骡、牛的泪管、眼结膜囊、第三眼睑下。

【虫体标本保存单位】

中国农业科学院兰州兽医研究所

图 释

1 虫体头部观及口腔、食道、神经环、体表横纹等；

2 3 雄虫尾部侧面观及交合刺、肛乳突等。

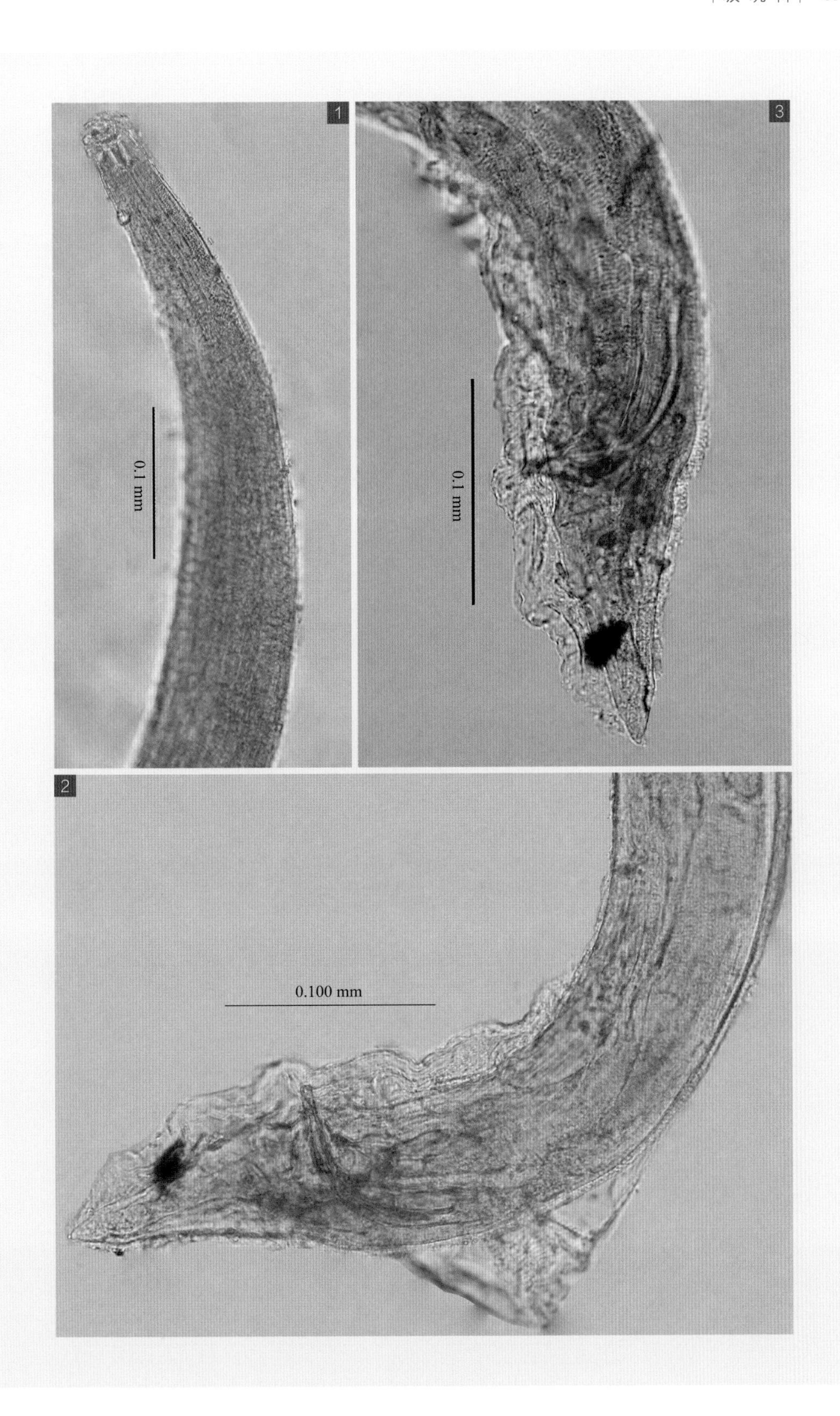
1
3
2
0.1 mm
0.1 mm
0.100 mm

239 棒状吸吮线虫

Thelazia ferulata Wu, Yen et al, 1965

【主要形态特点】

体表有明显的横纹，头部尖细，口囊小，呈方形（图 -1、图 -2）。食道呈圆柱形，神经环位于食道中部之后约 1/3 处（图 -1）。

【雄虫】

虫体大小为 13.61～14.63 mm×0.381～0.462 mm。食道长 0.621～0.699 mm。颈乳突位于食道后部两侧，左右不对称。尾部卷曲，肛门稍向外突出（图 -3），距尾端 0.061～0.085 mm。交合刺 1 对稍不等长，形状相似，左交合刺（图 -4、图 -5）长 0.121～0.143 mm，右交合刺（图 -6、图 -7）长 0.101～0.134 mm。肛前乳突 10 对，肛后乳突 2 对。

【宿主与寄生部位】

黄牛、水牛的第三眼睑下、结膜囊。

【图片引自】

黄兵，沈杰，董辉，等. 2006. 中国畜禽寄生虫形态分类图谱. 北京：中国农业科学技术出版社.

图 释

1 雄虫头部观；
2 雌虫头部背面观；
3 雄虫尾部侧面观；
4 5 左交合刺；
6 7 右交合刺。

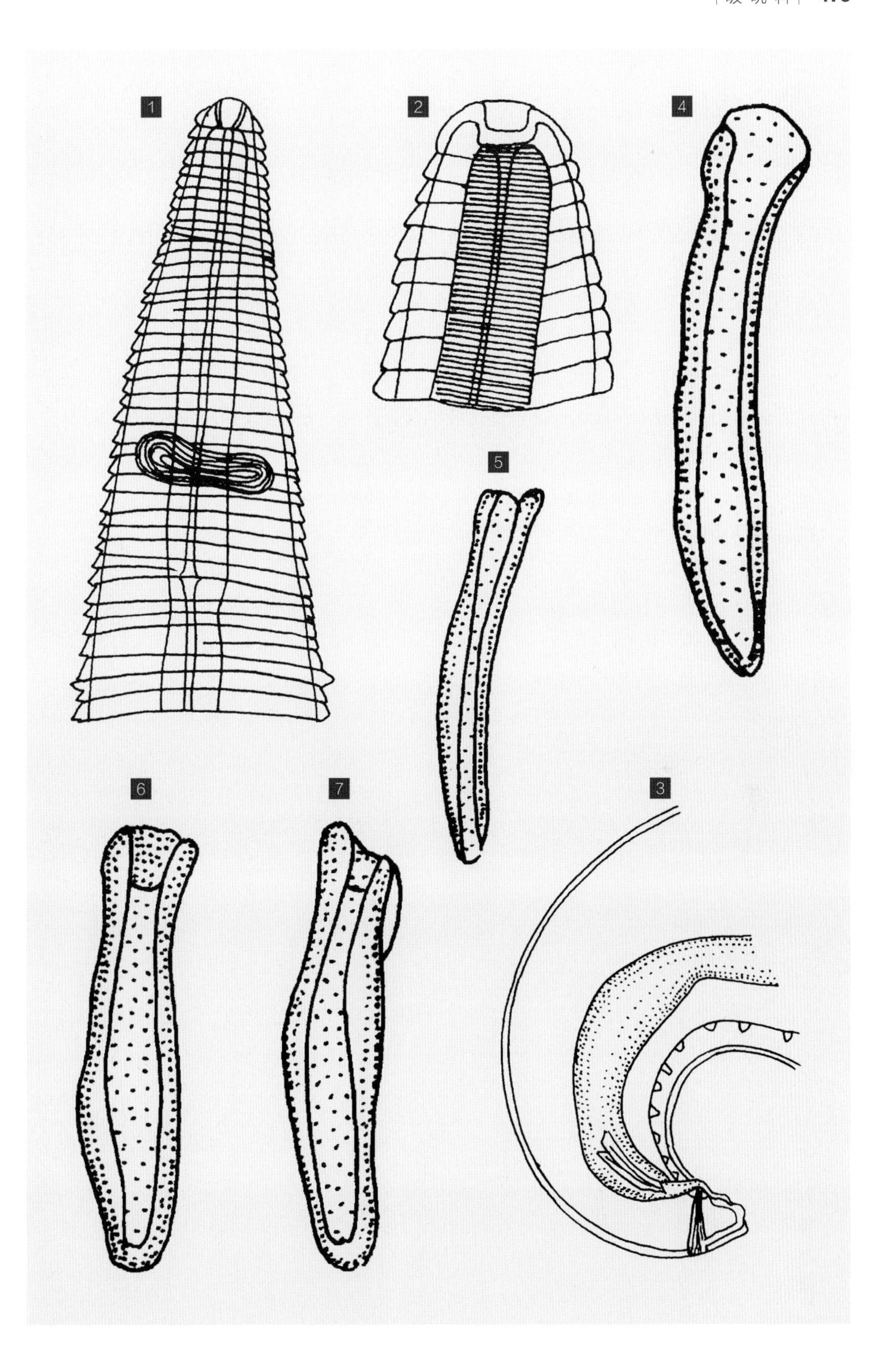
1
2
4
5
6
7
3

240 大口吸吮线虫

Thelazia gulosa Railliet et Henry, 1910

【主要形态特点】

体表有细横纹。头部钝，口部有 2 个侧乳突和 4 个亚中乳突，口腔呈杯状，两侧的腔壁厚，食道呈圆柱形（图 –1）。

【雄虫】

虫体大小为 10.25～11.14 mm×0.461～0.483 mm。食道长 0.292～0.334 mm。神经环距头端 0.152～0.203 mm。尾部弯向腹面（图 –2），尾长 0.072～0.127 mm。交合刺 1 对不等长，右交合刺长 0.161～0.173 mm，前、后宽度几乎相同，左交合刺长 1.252～1.393 mm，前半部宽，后半部细长（图 –2）。肛前乳突 8～36 对，肛后乳突 3 对。无引带。尾向腹面卷曲。

【雌虫】

虫体大小为 10.77～12.98 mm×0.491～0.533 mm。食道长 0.422 mm。尾端钝圆，末端有 2 个不大的支囊状乳突（图 –3）。肛门距尾端 0.092～0.134 mm。阴门位于体前部，距头端 0.563～0.751 mm。初期虫卵大小为 0.044 mm×0.031 mm。

【宿主与寄生部位】

黄牛、水牛、牦牛的第三眼睑下、结膜囊。

【图片引自】

黄兵，沈杰，董辉，等. 2006. 中国畜禽寄生虫形态分类图谱. 北京：中国农业科学技术出版社.

图 释

1 虫体头部正面观；
2 雄虫尾部侧面观；
3 雌虫尾部侧面观；
4 虫卵。

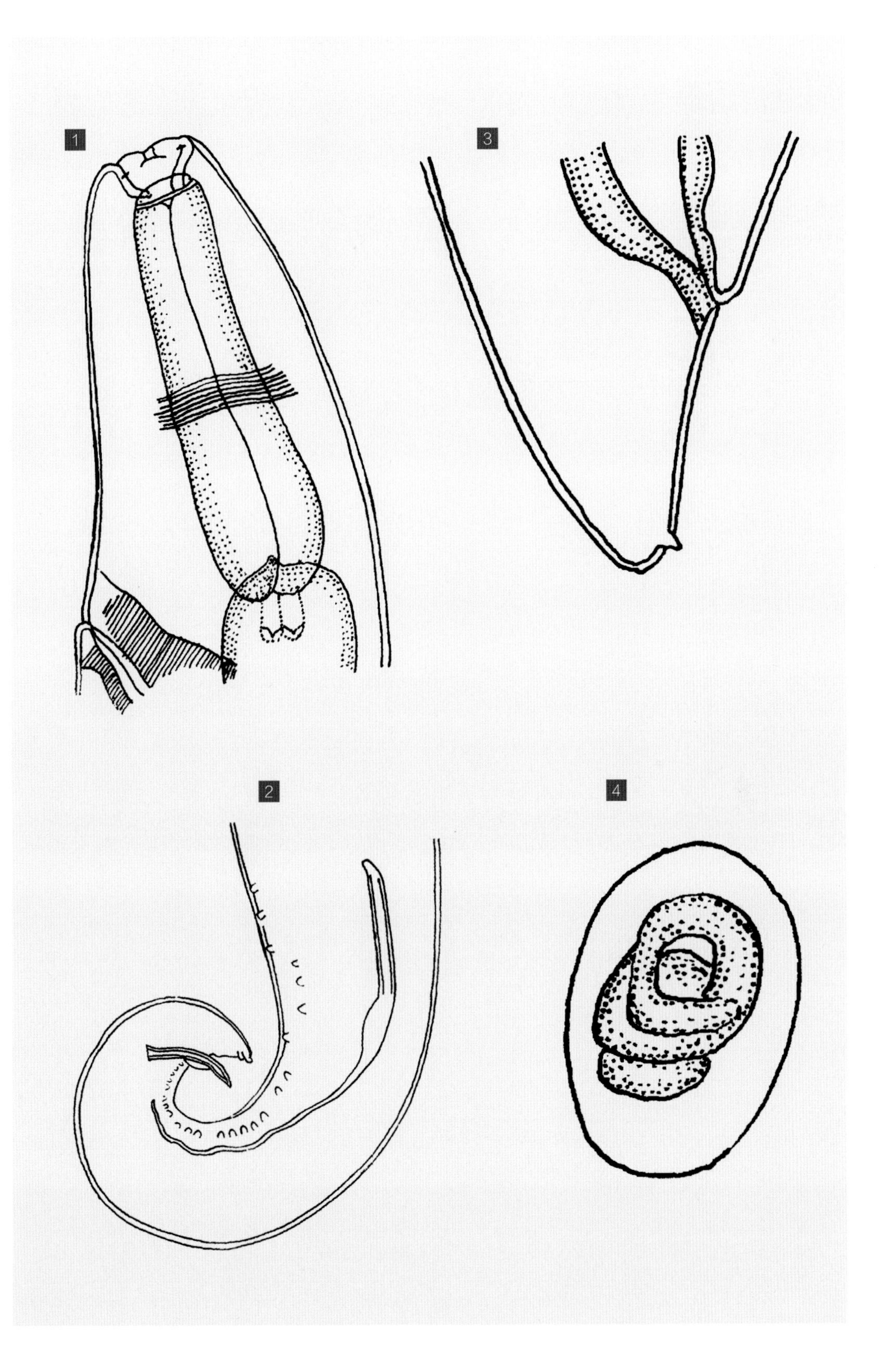
1
3
2
4

尖旋属 *Oxyspirura* Drasche, 1897

口有角质环，口腔壁厚，头端有 2 对亚中乳突、2 对亚侧乳突、1 对侧乳突。神经环位于食道前部。雄虫尾端尖，有多对无柄乳突。雌虫尾部直，尾端渐尖，阴门位于肛门前。

241 孟氏尖旋线虫

Oxyspirura mansoni (Cobbold, 1879) Rodriguez, 1964

【主要形态特点】

虫体细长，无侧翼膜，头端有 2 对亚中乳突、2 对亚侧乳突、1 对侧乳突。口无唇，有角质环，口腔短，分前、后两部分，前部比后部小，口腔壁有角质突（图 -1）。食道呈圆柱形（图 -2）。

【雄虫】

虫体大小为 10.50～16.02 mm×0.259～0.351 mm。口腔深 0.045 mm，食道长 1.421～1.482 mm，神经环距头端 0.287～0.319 mm。尾端长 0.335～0.401 mm，无尾翼膜。交合刺 1 对，大小和形状均不相同，左交合刺细长，长 3.21～3.51 mm，右交合刺粗短，长 0.21～0.24 mm。尾乳突 6 对，其中，肛前 4 对，肛后 2 对（图 -3、图 -4）。

【雌虫】

虫体大小为 12.79～18.61 mm×0.37～0.44 mm。口腔深 0.048 mm，食道长 1.36～1.51 mm。颈乳突距头端 0.35～0.41 mm，神经环距头端 0.28～0.35 mm。尾端直，尾端渐尖（图 -5），长 0.37～0.49 mm，肛门距尾端 1.03～1.41 mm。

【宿主与寄生部位】

鸡的结膜囊。

【虫体标本保存单位】

四川农业大学

图 释

1 虫体头端及口囊等；
2 虫体头部及食道、神经环等；
3 雄虫尾部及交合刺、尾乳突等；
4 雄虫尾端及交合刺、尾乳突等；
5 雌虫尾部侧面观及阴门、肛门、尾尖等。

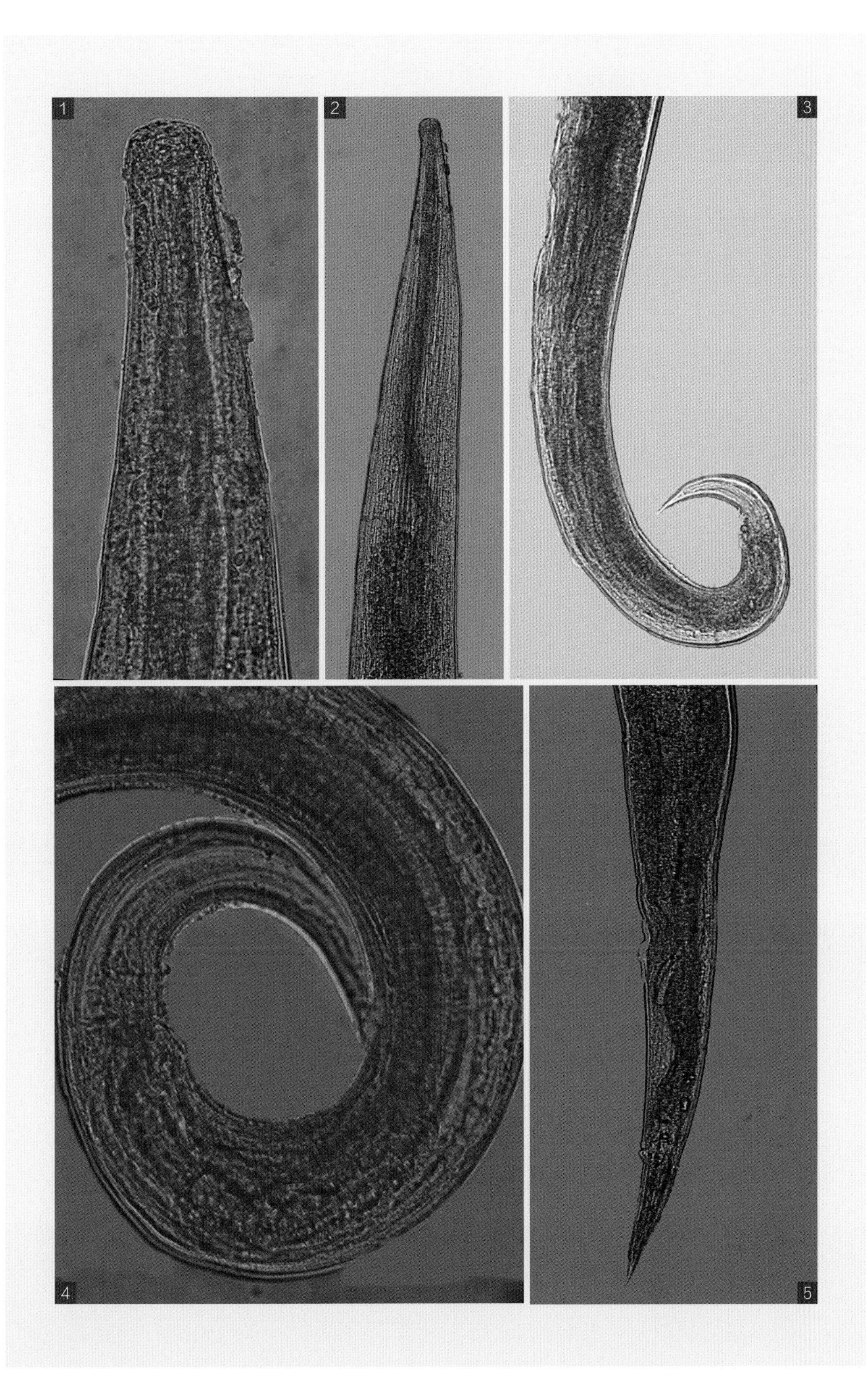

四棱科 Tetrameridae Travassos, 1914

雌雄为显著异形，雄虫呈线状，体表有棘或无棘；雌虫体中部膨大呈球形或呈螺旋状卷曲。寄生于腺胃。

四棱属 *Tetrameres* Creplin, 1846

属的特征同科的特征。

242 分棘四棱线虫

Tetrameres fissispinus (Diesing, 1861) Travassos, 1915

【主要形态特点】

雌雄异形。头端有 2 个三叶形的侧唇，唇基部有 4 个乳突和 1 对头感器，口腔小，侧唇顶端有 6 对小齿，食道分为肌质部和腺体部两部分，神经环位于肌质部中央（图 -1）。排泄孔位于神经环后。颈乳突位于神经环之前。

【雄虫】

虫体呈纤细线状，体表有横纹，虫体大小为 3.71～4.32 mm×0.10～0.13 mm。体两侧有 1 对侧翼，前起侧唇基部后缘，后至泄殖腔附近。体表有棘 4 列（图 -1、图 -3），始于亚前端，后至尾部亚前端，背侧棘每列 49～56 个，腹侧棘每列 58～67 个。口腔大小为 0.02～0.03 mm×0.03 mm。食道全长 1.18～1.22 mm。颈乳突距头端 0.136～0.156 mm，神经环距头端 0.172～0.204 mm，排泄孔距头端 0.211～0.224 mm。尾呈锥形，无尾翼，末端刺状（图 -4）。交合刺 1 对不等长（图 -2、图 -3），左交合刺长 0.30～0.41 mm，中部稍膨大，右交合刺长 0.161～0.175 mm。

【雌虫】

新鲜虫体呈暗红色，两端尖，中部膨大呈球形，体表有 4 条纵纹和密集的横纹（图 -5）。虫体大小为 2.11～6.02 mm×1.20～3.52 mm。口腔深 0.023 mm，食道全长 1.02～1.25 mm。颈乳突距头端 0.09～0.17 mm，神经环距头端 0.10～0.19 mm。阴门位于体后部，距尾端 0.10～0.19 mm。肛门距尾端 0.07～0.17 mm。尾呈钩状。子宫很发达，充满体腔部，内含大量虫卵。虫卵呈椭圆形，卵壳薄，内含胚胎。

【宿主与寄生部位】

鸭的腺胃。

【虫体标本保存单位】

中国农业科学院兰州兽医研究所

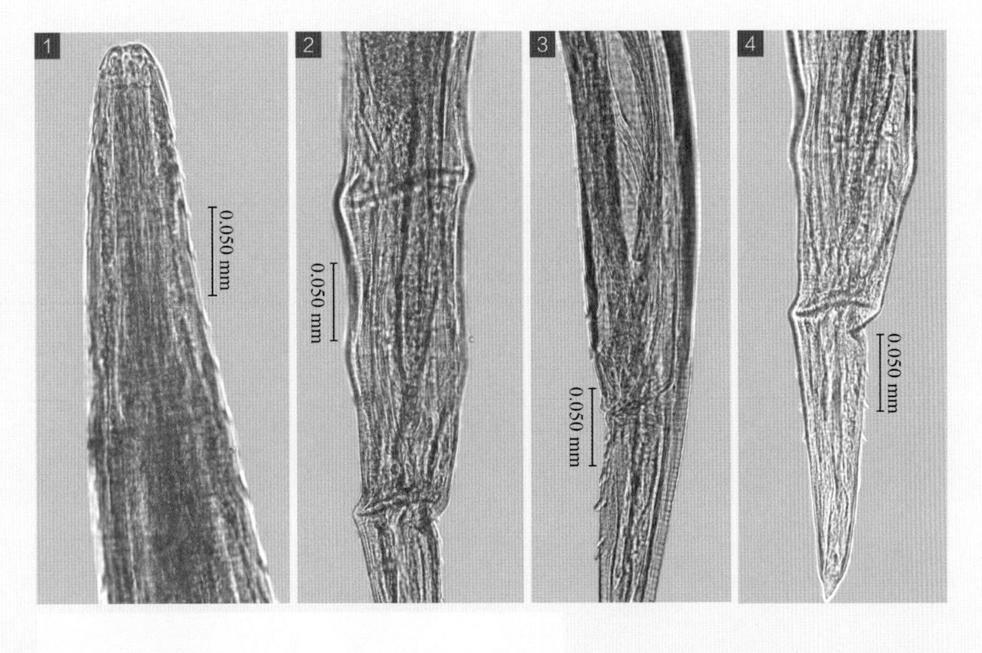

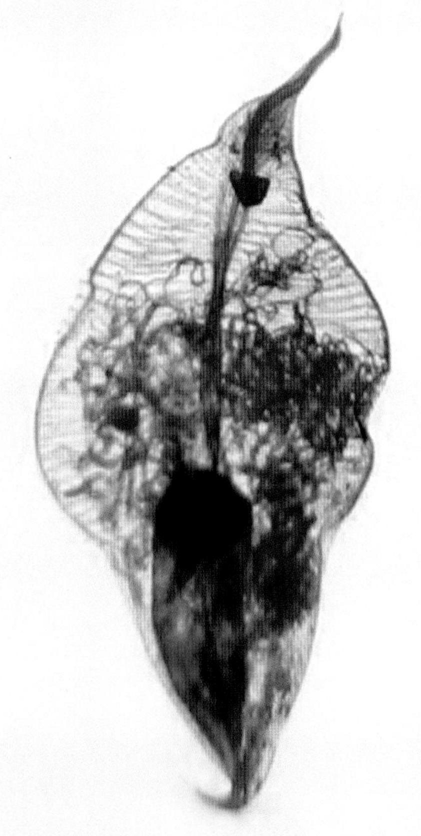

图释

1 雄虫头部观及头端唇、乳突、食道、神经环、体表棘等；
2 3 体内交合刺；
4 雄虫尾部；
5 雌虫，玻片标本。

243 美洲四棱线虫

Tetrameres americana Cram, 1927

【主要形态特点】

见下。

【雄虫】

虫体大小为 5.01～5.52 mm×0.115～0.134 mm。体表有两列沿亚中位置排列的刺（图 -1、图 -2），有颈乳突，尾细长。交合刺 1 对不等长（图 -3），左交合刺长 0.101 mm，右交合刺长 0.291～0.313 mm。

【雌虫】

虫体呈亚球形（图 -4），大小为 3.51～4.52 mm×3.0 mm。有 4 条纵沟，子宫和卵巢很长，盘曲成圈充满体腔。虫体前端和后端自球部有呈圆锥形的突出物。

【宿主与寄生部位】

鸡、鸭的腺胃组织。

【虫体标本保存单位】

四川省畜牧科学研究院

图 释

1 雄虫头部及口部唇、食道、体表棘等；

2 雄虫体表棘；

3 雄虫尾部侧面观及交合刺、乳突、尾尖等；

4 雌虫，玻片标本。

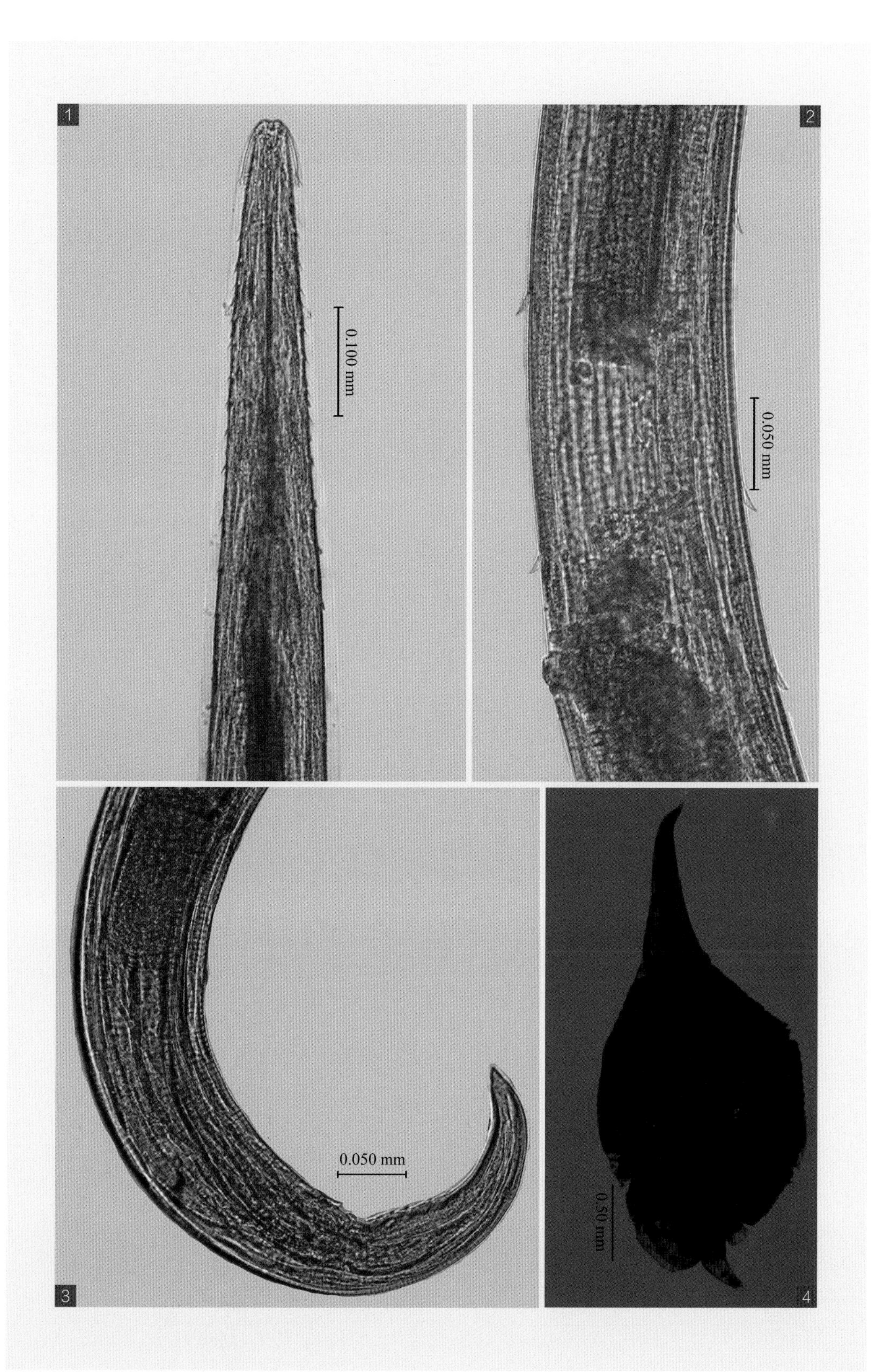
1
0.100 mm
2
0.050 mm
3
0.050 mm
4
0.50 mm

244 克氏四棱线虫

Tetrameres crami Swales, 1933

【主要形态特点】

见下。

【雄虫】

虫体大小为 1.91～4.11 mm×0.071～0.093 mm。口腔大小为 0.015～0.021 mm×0.091～0.012 mm。食道全长 1.011～1.201 mm，颈乳突距头端 0.115～0.122 mm。交合刺 1 对不等长（图 -3、图 -4），左交合刺长 0.275～0.351 mm，右交合刺长 0.135～0.186 mm。尾部长 0.148～0.236 mm。

【雌虫】

虫体形态见图 -5，大小为 1.51～3.26 mm×1.20～2.21 mm。口腔大小为 0.012～0.014 mm×0.011～0.012 mm。食道全长 1.136～1.547 mm。颈乳突距头端 0.214～0.242 mm，阴门距尾端 0.319～0.351 mm。尾长 0.113～0.157 mm。

【宿主与寄生部位】

鸭等的腺胃。

【虫体标本保存单位】

中国农业科学院上海兽医研究所

图 释

玻片标本。

1 雄虫头部观及头端唇等；

2 雄虫体表棘；

3 雄虫尾部及交合刺、尾端等；

4 雄虫尾部及交合刺等；

5 雌虫（玻片标本）。

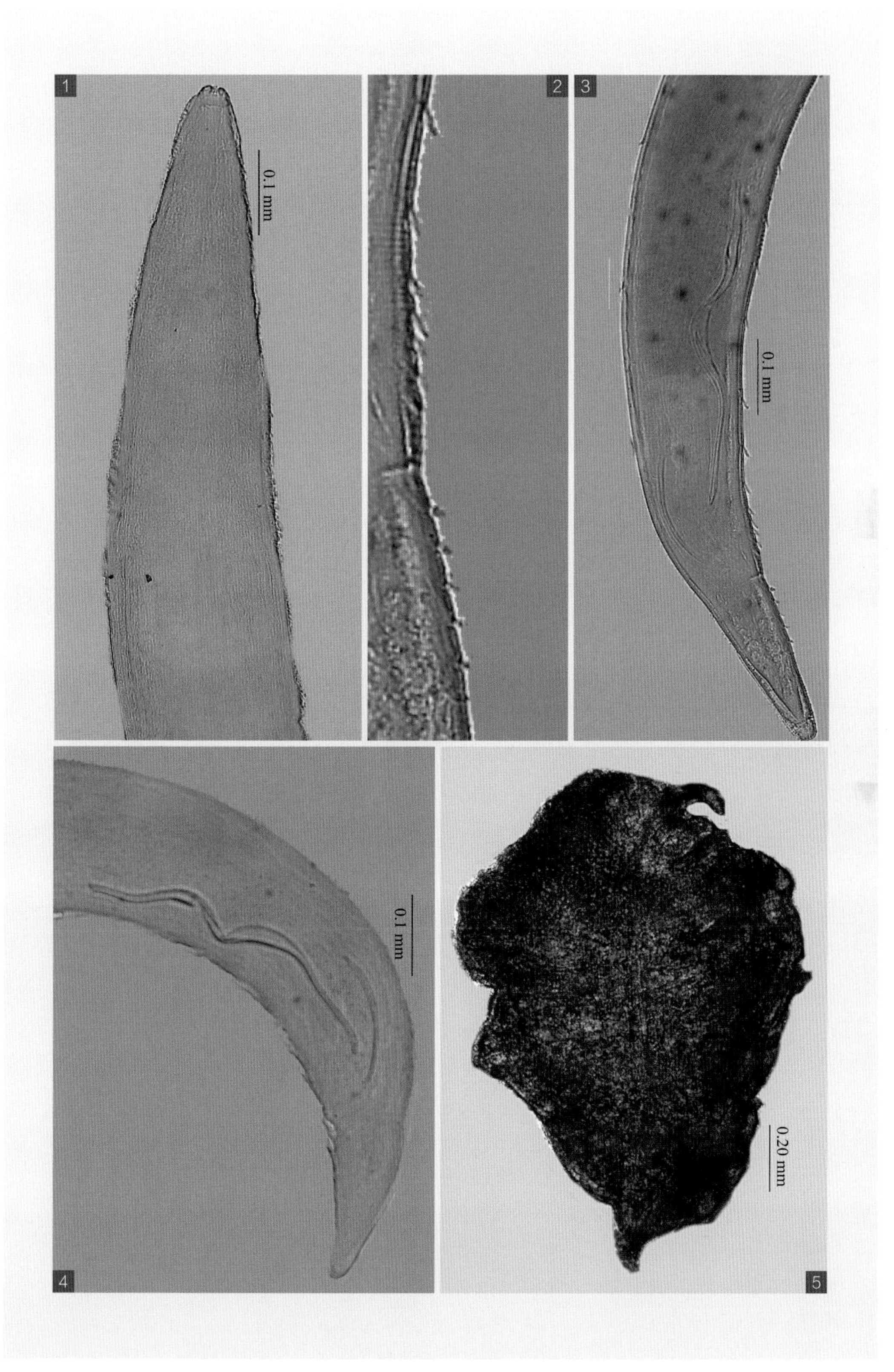
1
0.1 mm
2
3
0.1 mm
4
0.1 mm
5
0.20 mm

泡翼科 Physalopteridae Leiper, 1908

虫体粗壮，头端有 2 个大的三角形侧唇，每个唇上有 1 至数个齿，头端角皮折向前形成小领，无口囊。食道分肌质和腺体两部分。雄虫尾翼膜发达，在泄殖孔处联合，有 4 对有柄乳突和多数无柄小乳突，交合刺 1 对等长或稍不等长，形状亦有部分种属不同。雌虫阴门位于体前部或体后部，子宫有 2～4 个分支。卵胎生，卵壳厚。寄生于脊椎动物的胃和小肠。

泡翼属 *Physaloptera* Rudolphi, 1819

每个侧唇上有很多小齿及 2 个外乳突，颈乳突在神经环后。雄虫体后端有包皮状鞘。雌虫阴门开口于虫体中部前方。其他特征同科的特征。

245 普拉泡翼线虫

Physaloptera praeputialis Linstow, 1889

【主要形态特点】

虫体呈圆锥形，有 1 个大的尖圆形齿和 1 个扁的且有 3 个尖的内齿（图 -1）。食道约占体长 1/5，其后部均被包皮样鞘覆盖。

【雄虫】

虫体大小为 13.01～45.03 mm×0.72～1.33 mm。交合刺 1 对不等长（图 -2），左交合刺长 1.01～1.42 mm，右交合刺长 0.83～0.99 mm。

【雌虫】

虫体大小为 15.01～58.05 mm×1.02～1.73 mm。阴门位于体中部略前。在肛门周围有 4 对有柄乳突及 5 对无柄乳突。虫卵大小为 0.044～0.059 mm×0.031～0.043 mm。

【宿主与寄生部位】

猫、犬的胃、肠。

【图片】

廖党金绘

图 释

1 虫体头部观；

2 雄虫尾部。

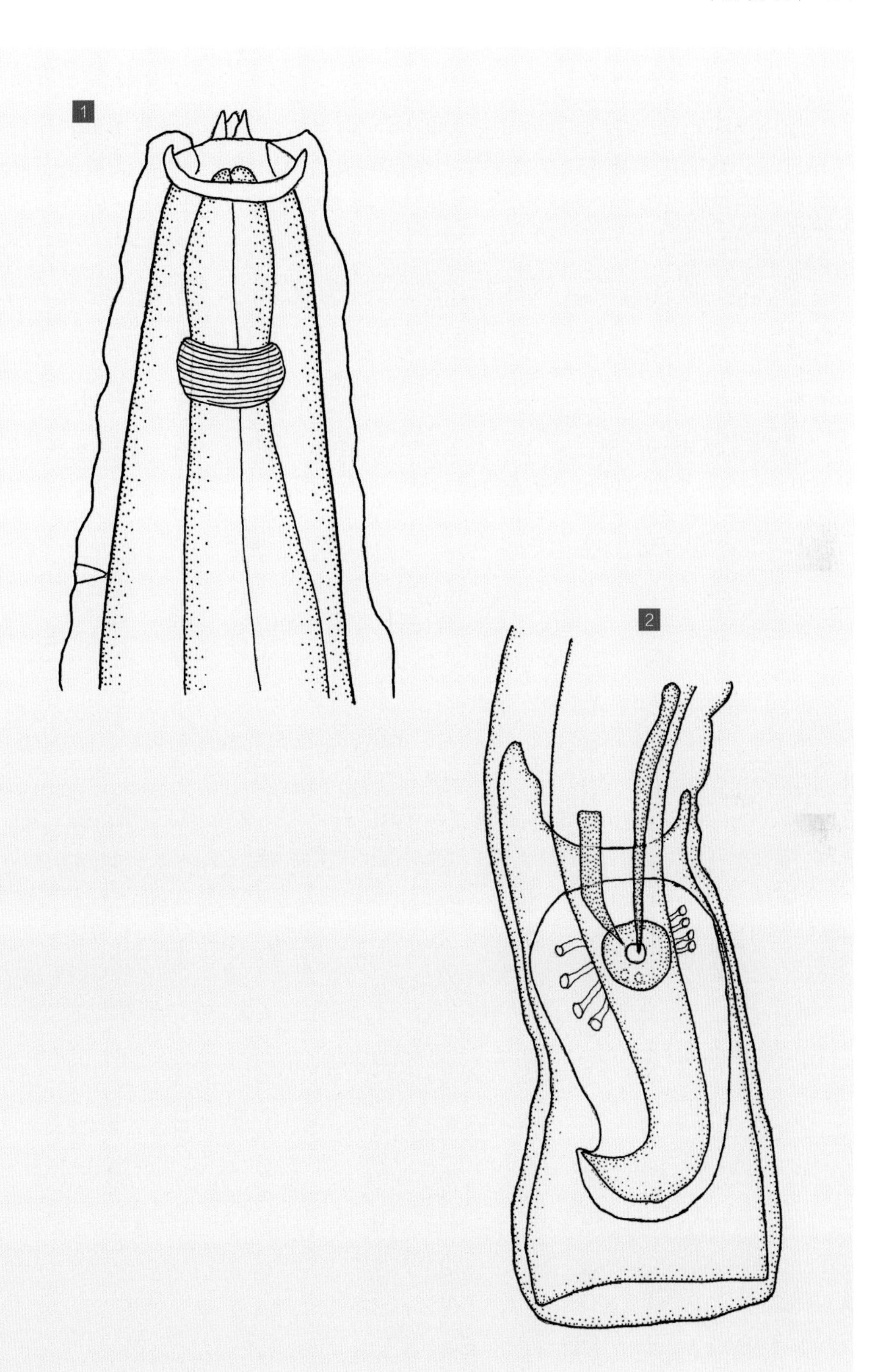
1
2

锐形科 Acuariidae Seurat, 1913

头端有 2 个大的侧唇，头部有 4 条角质饰带，其形状因属不同而异。口腔长，有角质环纹。食道分短的肌质部和粗长的腺体部，神经环位于肌质部前部，排泄孔位于神经环后的体两侧。雄虫有翼膜，肛前乳突 4 对，肛后有柄乳突数因不同属种而异。无引带。雌虫的尾部呈圆锥形，阴门位于虫体后部。

锐形属 *Acuaria* Bremser, 1811

属的特点同科的特点。

246 钩状锐形线虫

Acuaria hamulosa Diesing, 1851

【主要形态特点】

虫体粗壮，呈淡黄色圆柱形，头端钝而尾部尖（图 –1）。虫体两侧各有 2 条绳状的角质饰带，每条饰带由 2 条外缘不规则的角质隆起组成，由头端向后延伸，不回旋曲折，不折回不吻合，直至虫体的亚末端（图 –3）。口有 1 对三角形的侧唇，每个唇基部有 2 个乳突和 1 个化感器，口腔呈细长圆柱形，有厚壁（图 –2）。食道分为肌质部和腺体部，神经环位于肌质部的亚前端（图 –3）。

【雄虫】

虫体大小为 8.61～14.02 mm×0.321～0.402 mm。口腔长 0.221～0.242 mm，食道长 3.32～3.77 mm，尾部长 0.561～0.620 mm，有尾翼膜（图 –4）。交合刺 1 对，形状和长短均不同（图 –4、图 –5），左交合刺细长，长 1.80～2.11 mm，右交合刺扁而短呈船形，长 0.240～0.261 mm。肛前乳突 4 对，肛后乳突 6 对，均有柄；或仅有肛后乳突 4 对，其中，2 对接近肛门，2 对在尾部亚末端，无柄；或具有肛前乳突 4 对，肛后乳突 3 对，呈不对称的排列；或有肛前乳突 1 对，肛后乳突 5 对，呈酵菌状不对称排列。

【雌虫】

虫体大小为 25.01～30.03 mm×0.421～0.582 mm。口腔长 0.281～0.320 mm。食道长 5.081～5.361 mm。阴门（图 –6）位于虫体中部稍后方，距尾端 14.01～15.21 mm。尾部弯向腹面（图 –7），尾端尖，长 0.72～0.80 mm。

【宿主与寄生部位】

鸡、鸭的肌胃角质膜下。

【虫体标本保存单位】

四川省畜牧科学研究院

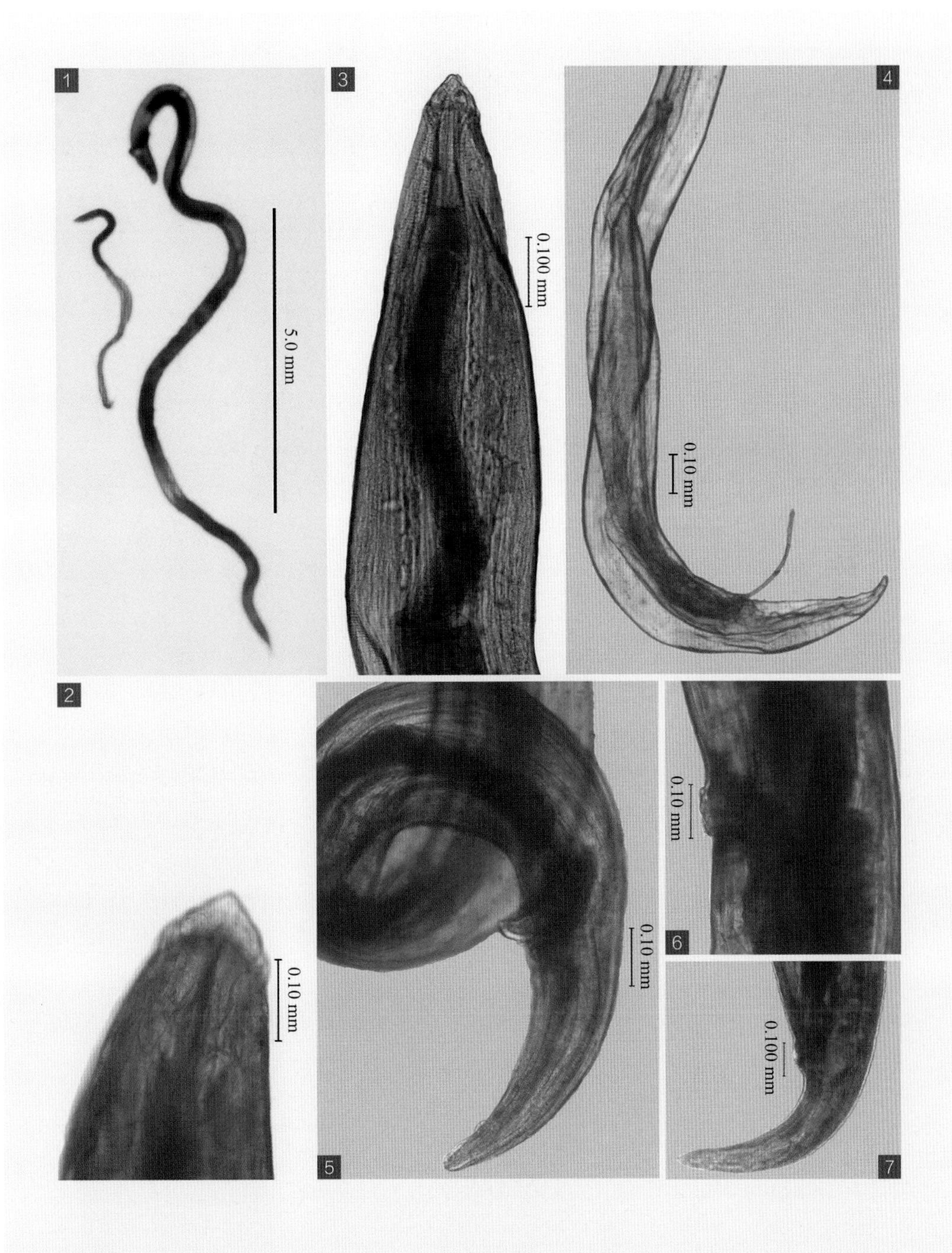

图 释

1 成虫，左为雄虫，右为雌虫；

2 虫体头端观及唇等；

3 虫体头部及食道、神经环、饰带等；

4 雄虫尾部侧面观及交合刺、肛乳突、体翼膜等；

5 雄虫尾部侧面观及交合刺、肛乳突等；

6 雌虫阴门；

7 雌虫尾部侧面观及肛门、尾尖等。

咽饰带属 *Dispharynx* Railliet, Henry et Sisoff, 1912

头端2个侧唇各有1对乳突，唇后4条饰带弯曲呈绳状，向后伸延至食道肌质部再折向前，末端彼此不相连，饰带上有粗横纹。颈乳突位于食道后部。雄虫尾翼膜狭小，肛乳突6～9对，其中，肛前乳突3～4对，肛后乳突3～5对，有柄。雌虫阴门位于体后1/4处。

247 长鼻咽饰带线虫

Dispharynx nasuta (Rudolphi, 1819) Railliet, Henry et Sisoff, 1912

【同物异名】

螺旋重咽线虫（*Dispharynx spiralis* Molin，1858）、鸡咽饰带线虫（*Dispharynx galli* Hsu，1859）。

【主要形态特点】

虫体呈乳白色线形，体表有细横纹。头端有2个锥形的侧唇，唇后有4条从后向前扭转成绳状而部分联合的饰带，咽呈圆柱形，有角质环纹（图-2、图-3）。食道由肌质部和腺体部组成。神经环位于肌质部的后1/3部（图-4）。排泄孔位于神经环后。

【雄虫】

虫体大小为4.25～6.14 mm×0.231～0.299 mm。咽大小为0.087 mm×0.017 mm。食道全长1.781～2.996 mm。神经环距头端0.193～0.287 mm。尾部呈螺旋形弯曲（图-5、图-6）。交合刺1对长短和形状均不相同，左交合刺细长，长0.402～0.568 mm，右交合刺短宽呈舟形，长0.120～0.177 mm。无引带。尾部具有柄乳突9对，即肛前4对和肛后5对（图-5、图-6）。

【雌虫】

虫体大小为5.63～7.97 mm×0.416～0.589 mm。咽大小为0.106 mm×0.020 mm。食道全长2.24～2.48 mm，神经环距头端0.18～0.25 mm。阴门位于虫体后部，阴门横裂鞘向后，子宫内充满虫卵，距尾端1.05～1.57 mm（图-7）。尾呈圆锥形（图-8），肛门距尾端0.106～0.163 mm。

【宿主与寄生部位】

鸡、鸭的肌胃角质层下。

【虫体标本保存单位】

四川省畜牧科学研究院

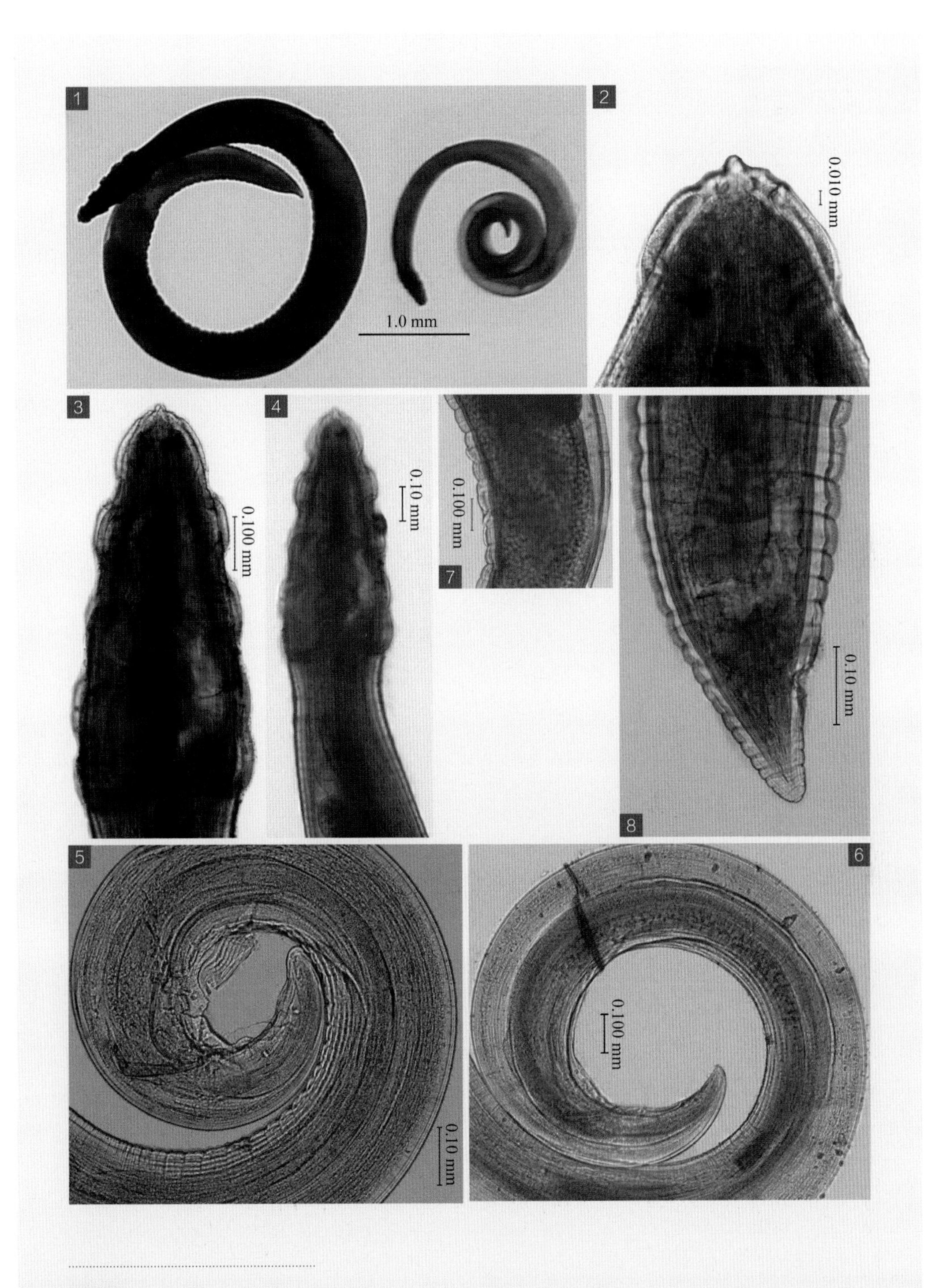

图释

1 成虫，左为雌虫，右为雄虫；

2 虫体头端观及唇、口腔等；

3 4 虫体头部观及唇、饰带、食道等；

5 6 雄虫尾部侧面观及交合刺、乳突等；

7 雌虫阴门；

8 雌虫尾部侧面观及肛门、尾尖等。

棘结属 *Echinuria* Soboviev, 1912

虫体呈针状，有4条角质饰带并呈波浪状向后延伸，在食道肌质部背腹2条饰带于体侧面互相连接。体表有4纵列体表棘，自食道肌质部开始延伸至体后部，排列规则。2个侧唇有2个乳突和1个化感器。雄虫有狭尾翼膜，肛前乳突4对，肛后乳突5对，交合刺1对长短和形状均不同。雌虫阴门接近肛门。

248 钩状棘结线虫

Echinuria uncinata (Rudolphi, 1819) Soboviev, 1912

【主要形态特点】

虫体头端有2个显著的侧唇，每个侧唇有2个乳突和1个化感器（图-2、图-3），从唇基部开始，其两侧各有1条向后呈波浪状弯曲的饰带，在食道肌质部和后部体侧连接（图-4）。口腔后的体侧有两列体棘，斜向后延伸至体末端。口腔呈圆柱状。神经环位于食道肌质部的前部，颈乳突位于神经环前缘。

【雄虫】

虫体大小为10.41～12.02 mm×0.421～0.498 mm。食道长2.87～3.53 mm，尾部钝圆，有尾翼膜（图-5），长0.267～0.277 mm。交合刺1对，长短和形状均不相同，左交合刺细长，长0.765～0.781 mm，末端膨大成角质突，右交合刺粗短，长0.221～0.227 mm，肛前乳突4对，肛后乳突5对。

【雌虫】

虫体大小为14.41～16.02 mm×0.87～0.96 mm。食道全长1.51～3.79 mm。阴道短，阴门（图-6）距尾端1.326～1.392 mm。尾呈圆锥形（图-7），长0.227～0.257 mm。

【宿主与寄生部位】

鸡、鸭、鹅的腺胃。

【虫体标本保存单位】

中国农业科学院上海兽医研究所

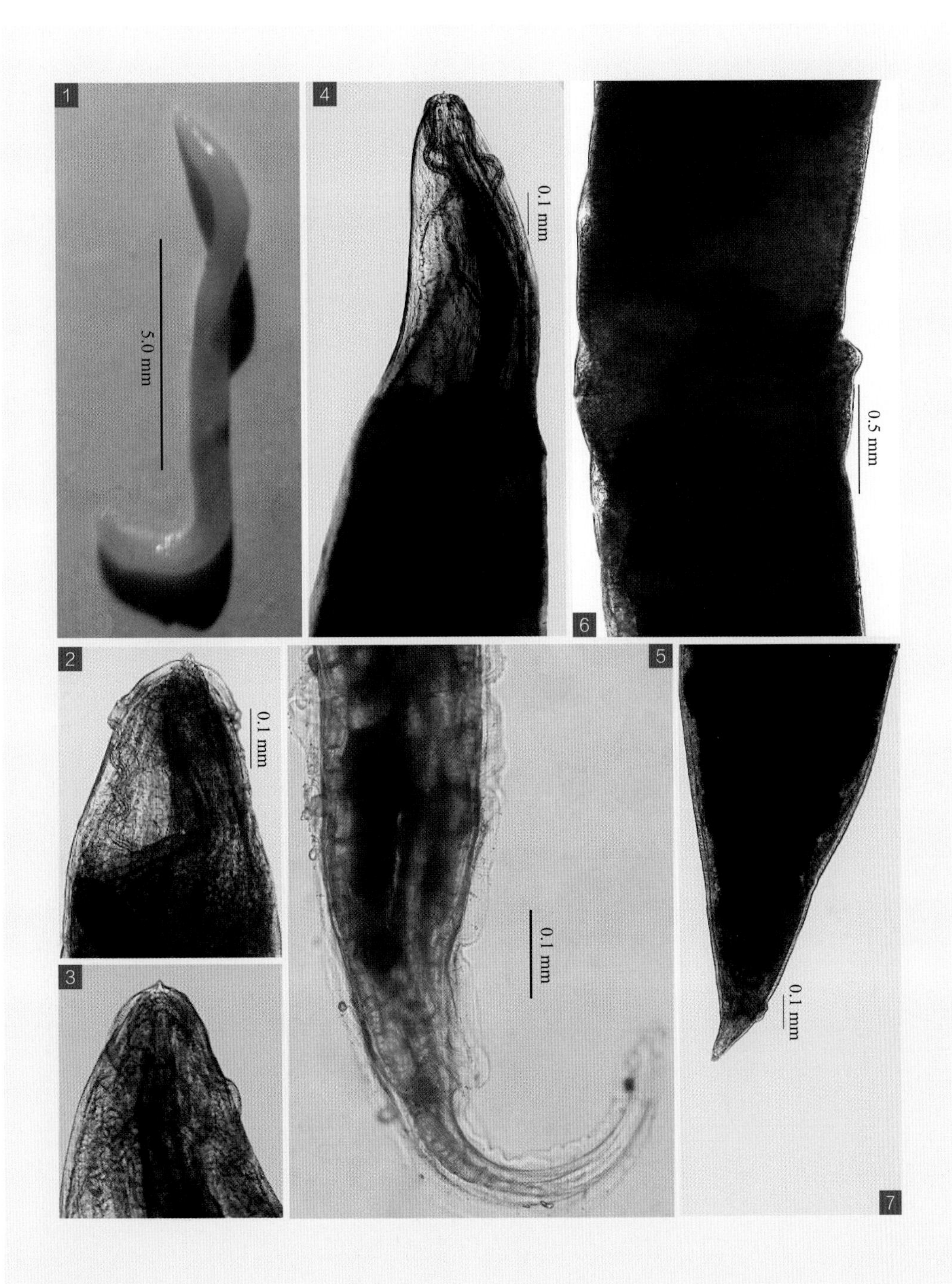

图 释

1 雌虫成虫；

2 3 虫体头端观及唇、口腔、饰带等；

4 虫体头部及饰带、食道、神经环等；

5 雄虫尾部；

6 雌虫阴门；

7 雌虫尾部侧面观及肛门、尾尖等。

副锐形属 *Paracuria* Rao, 1951

虫体细小，2 个侧唇各有 1 对乳突和 1 个化感器，颈乳突有 3 个尖。雄虫尾翼膜狭小，肛前有柄乳突 4 对，肛后乳突 5 对，交合刺 1 对，长度和形态均不同。雌虫尾部钝圆。

249 台湾副锐形线虫

Paracuria formosensis Sugimoto, 1930

【主要形态特点】

虫体细长，呈黄白色，体前部狭小，后部宽大，体表有横纹。头端有 2 个侧唇，每个唇有 2 个乳突和 1 个头感器，口腔短，食道分为肌质部和腺体部，神经环位于肌质部的前端，颈乳突位于神经环水平，有 3～5 个尖（图 -1、图 -2）。排泄孔位于神经环后。

【雄虫】

虫体大小为 6.30～7.91 mm×0.09～0.21 mm。食道前庭长 0.025～0.037 mm，食道肌质部长 0.89～1.03 mm，腺体部长 2.35～2.56 mm。神经环距头端 0.112～ 0.163 mm，颈乳突距头端 0.112～0.170 mm。尾部有有柄乳突 9～10 对，其中，肛前 4 对，肛后 5～6 对，无柄小乳突 1 对。交合刺 1 对，大小和形状均不同，左交合刺长 0.262～0.287 mm，近端较粗，右交合刺长 0.070～0.075 mm，基部宽 0.0028 mm（图 -3）。

【雌虫】

虫体大小为 11.30～14.70 mm×0.210～0.244 mm。食道前庭长 0.05～0.10 mm，食道肌质部长 0.80～0.90 mm，腺体部长 2.48～3.05 mm。神经环距头端 0.16～0.18 mm，颈乳突距头端 0.147～0.180 mm，排泄孔距头端 0.184～0.196 mm。阴门（图 -4）位于体后部，距尾端 4.3～5.5 mm。尾端钝圆（图 -5），肛门位于亚末端，距尾端 0.04 mm。虫卵呈椭圆形，大小为 0.031～0.041 mm×0.016～0.021 mm，内含幼虫。

【宿主与寄生部位】

鸭的肌胃角膜下。

【图片引自】

蒋学良，周婉丽，廖党金，等. 2004. 四川畜禽寄生虫志. 成都：四川出版集团. 四川科学技术出版社 .

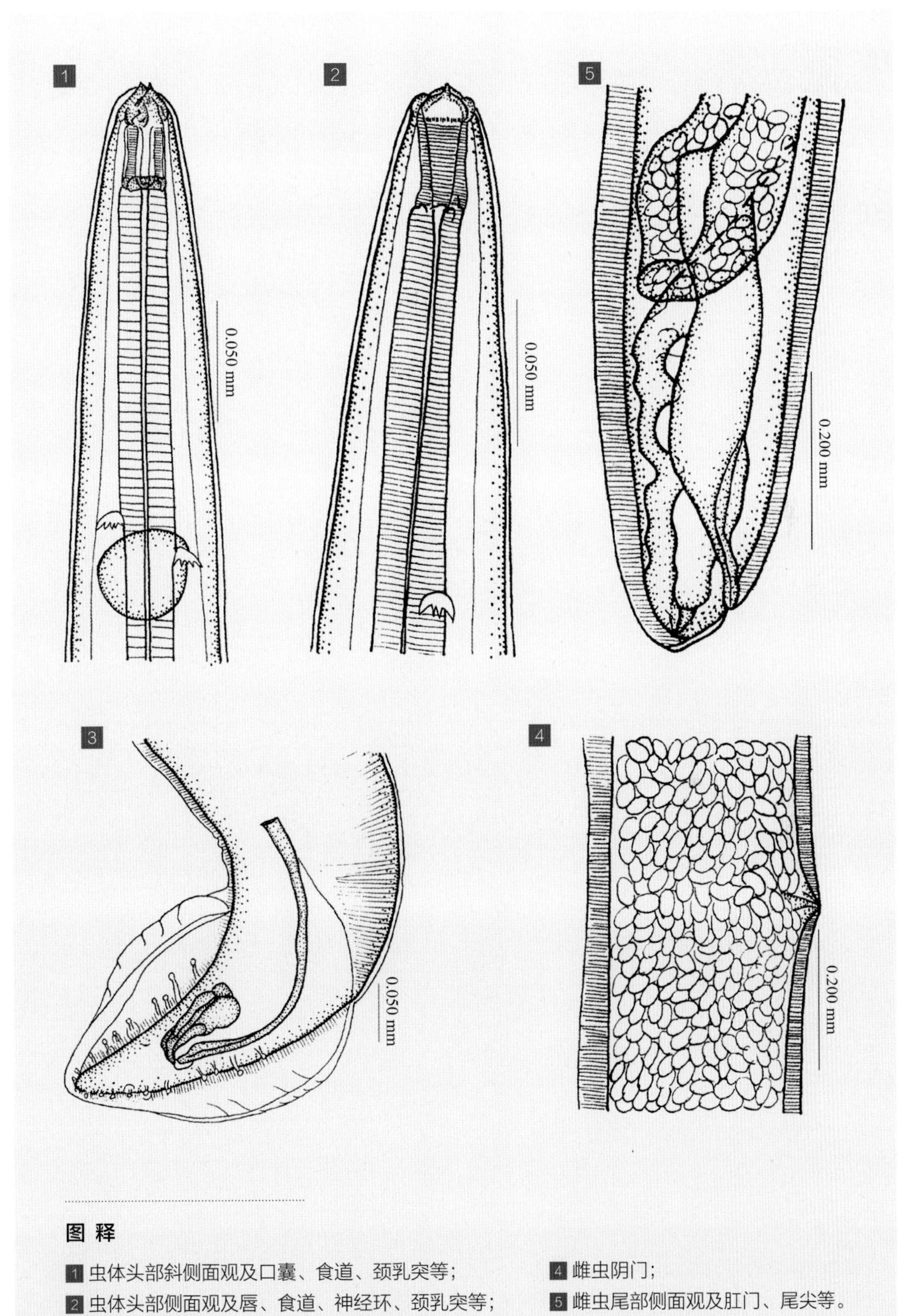

图释

1 虫体头部斜侧面观及口囊、食道、颈乳突等；
2 虫体头部侧面观及唇、食道、神经环、颈乳突等；
3 雄虫尾部及交合刺、肛乳突、尾翼膜等；
4 雌虫阴门；
5 雌虫尾部侧面观及肛门、尾尖等。

束首属 *Streptocara* Railliet, Henry et Sisoff, 1912

头端有 2 个侧乳突和 1 个化感器，唇后饰带呈环形，前缘有锯齿，颈乳突呈半月形，尖端有 3～6 个齿。交合刺 1 对的形状和长短均不同。肛前有柄乳突 4 对，肛后有柄乳突 5～6 对。雌虫尾部短钝，生殖孔位于虫体稍后。

250 厚（原）尾束首线虫

Sterptocara crassicauda Creplin, 1829

【主要形态特点】

虫体细长，头端有 2 个侧唇，每一个侧唇有 1 对乳突和 1 个化感器（图 –1、图 –2）。唇后有 1 对呈锯状的饰带，背腹相连呈领状，食道分为肌质部和腺体部，神经环位于肌质部的前部，排泄孔位于神经环的后方，颈乳突位于神经环的亚前端，呈半月形，后缘有 4～7 个大小不等的尖齿（图 –1、图 –2、图 –3）。

【雄虫】

虫体大小为 3.21～4.22 mm×0.130～0.151 mm。食道长 1.231～1.570 mm。尾部具有倒翼形的侧翼膜，前部宽大，后部狭小（图 –4、图 –5）。交合刺 1 对不等长，右交合刺粗短，长 0.077～0.086 mm，左交合刺细长，长 0.287～0.397 mm（图 –4、图 –5）。肛门距尾端 0.08 mm。肛前乳突 4 对，肛后乳突 4～6 对，均有柄。

【雌虫】

虫体大小为 7.51～10.32 mm×0.165～0.177 mm。食道长 1.842～2.140 mm。阴门（图 –6）距尾端 3.15～3.43 mm。肛门开口于虫体亚末端（图 –7）。

【宿主与寄生部位】

鸡、鸭的肌胃角质膜下。

【虫体标本保存单位】

四川省畜牧科学研究院

图 释

1 2 虫体头端观及唇、口腔、颈乳突等；
3 虫体头部侧面观及口腔、食道、神经环、颈乳突、饰带等；
4 5 雄虫尾部正面观及交合刺、肛乳突、尾翼膜等；
6 雌虫阴门；
7 雌虫肛门、尾尖等。

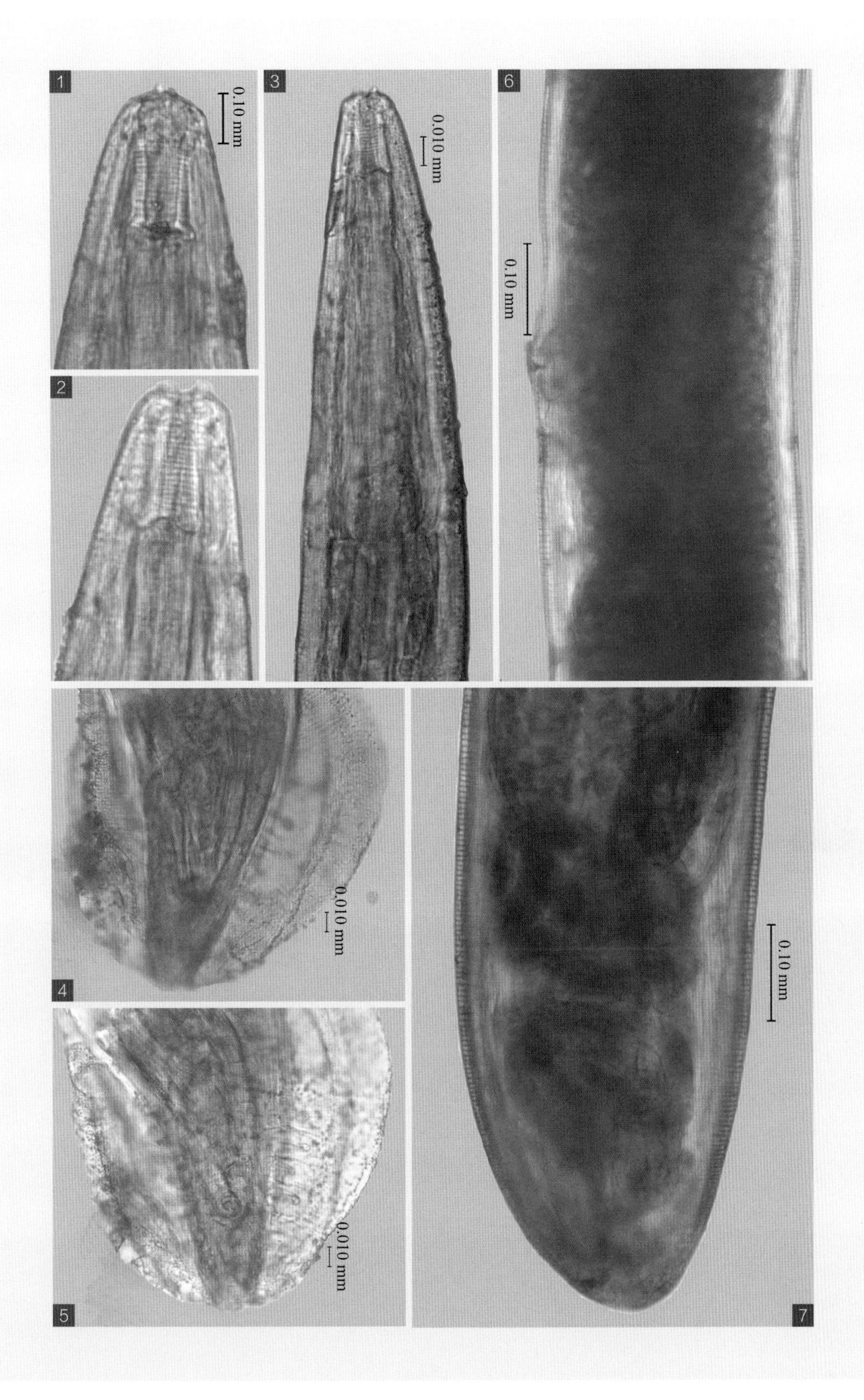
1
0.10 mm
3
0.010 mm
6
0.10 mm
2
0.010 mm
4
0.10 mm
0.010 mm
5
7

副柔属 *Parabronema* Baylis, 1921

虫体为中型，无侧翼膜，2个侧唇各有3个乳突。尖端背腹面有角质盾和6个呈马蹄形盾板，无饰带。食道呈肌质，分两部分，前部狭短。雄虫尾部卷曲，腹面有呈横切刻的纵纹，尾翼膜狭小，有4对肛前乳突，2对肛后乳突，均有柄，排列不对称。泄殖孔前有1个双乳突，交合刺1对的形状和长短均不同，有引带。雌虫的尾部短，弯向背面。

251 斯氏副柔线虫

Parabronema skrjabini Rassowska, 1924

【主要形态特点】

虫体呈淡棕色（图-1）。其头端小，上有粗横纹，有6个耳状突出物（图-2、图-3）。咽较狭窄，食道分两部分。

【雄虫】

虫体大小为15.02～20.03 mm×0.118～0.132 mm。尾翼膜发达，尾部卷曲呈螺旋状（图-5），肛前乳突4对，肛后乳突2对，在尾部纵纹之后有1对不活动的乳突。交合刺1对不等长，短交合刺粗短，长0.247～0.269 mm，长交合刺细长，长0.557～0.922 mm。引带呈不正的三角形或五角形。

【雌虫】

虫体大小为22.01～27.03 mm×0.236～0.288 mm。阴门位于虫体前部，有2组子宫。尾端略尖，向背面弯曲（图-6），肛门距尾端0.186～0.205 mm。

【宿主与寄生部位】

绵羊、山羊、黄牛、骆驼的真胃。

【虫体标本保存单位】

中国农业科学院上海兽医研究所

图释

1 成虫，左为雄虫，右为雌虫；
2 3 虫体头端唇、角质盾板、耳状突等；
4 虫体头部及头端唇、耳状突出物、食道等；
5 雄虫尾部侧面观及交合刺、尾翼膜、尾尖等；
6 雌虫尾部侧面观及肛门、尾尖等。

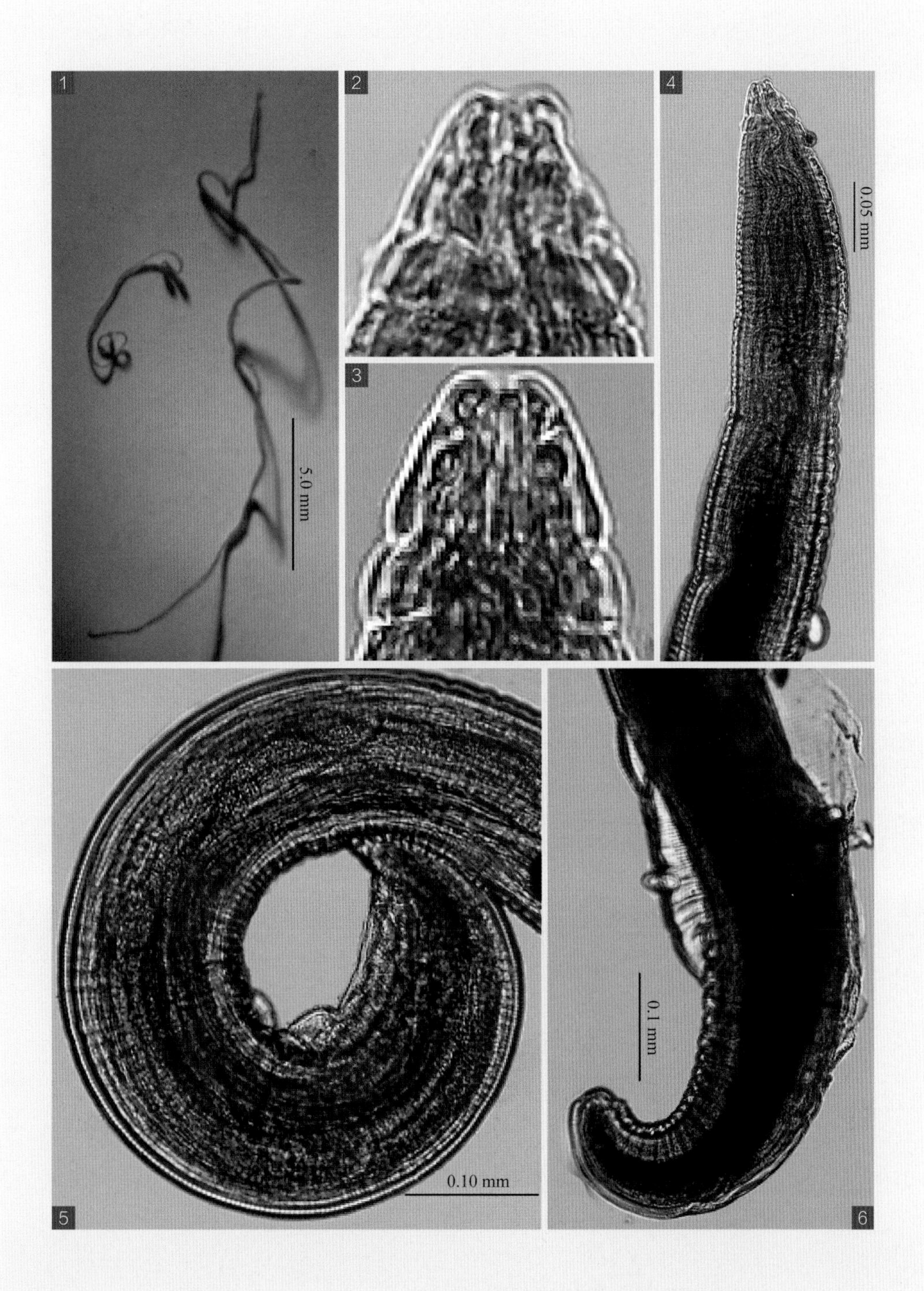
1
2
3
4
5
6
5.0 mm
0.05 mm
0.10 mm
0.1 mm

颚口科 Gnathostomatidae Railliet, 1895

口有呈三叶形的 2 个侧唇，唇后体膨大成半球形的头球，头球表面布满横纹或棘、钩。有颈腺 4 个。雄虫有有柄乳突支撑的尾翼。交合刺 1 对相等或不相等。雌虫的阴门位于体后半部。

颚口属 *Gnathostoma* Owen, 1836

属的特征与科的特征相同。

252 陶氏颚口线虫

Gnathostoma doloresi Tubangui, 1925

【主要形态特点】

虫体粗壮，呈圆柱形（图 -1），新鲜虫体呈鲜红色，头部和尾部弯向腹面。头呈亚球形，其上有 8～10 列排成环形的小钩，小钩基部膨大，端部尖，大小不等，长 0.0138～0.0300 mm，口为 2 个肉质三叶唇围绕，每个唇上有 1 个下中乳突和 1 个侧乳突（图 -2、图 -3）。体表密布环列的棘，体前部的棘呈鳞片状，其游离端有齿状缺刻，第 1～第 2 环列的棘，游离尖端 4～5 个齿，3～6 列的棘，尖端齿数增为 5～6 个，17 列以后的棘尖齿数逐渐减少至 4～5 个，再后的齿尖为 2 个，体后部的棘呈针状（图 -3、图 -4）。食道由短的肌质部和粗长的腺体部两部分组成，食道两侧有 2 对短的食道腺和 2 对长的头腺。神经环位于肌质部的末端。

【雄虫】

虫体大小为 16.02～32.01 mm×1.32～1.72 mm。头球大小为 0.361～0.422 mm×0.641～0.752 mm。食道长 2.27～4.01 mm。神经环距头端 0.81～1.42 mm。尾端钝圆，腹面有 4 对粗大的有柄乳突和 3 对小乳突，交合刺 1 对不等长，左交合刺长 1.65～2.81 mm，近端稍粗，右交合刺长 0.57～0.73 mm（图 -5）。

【雌虫】

虫体大小为 20.01～58.03 mm×1.71～4.12 mm。头球大小为 0.41～0.54 mm×0.67～0.97 mm。食道长 6.21～8.32 mm。神经环距头端 1.21～2.10 mm。肛门距尾端 0.23～0.38 mm。生殖孔开口于虫体中部，距尾端 10.01～23.02 mm。

【宿主与寄生部位】

猪的胃壁。

【虫体标本保存单位】

中国农业科学院上海兽医研究所

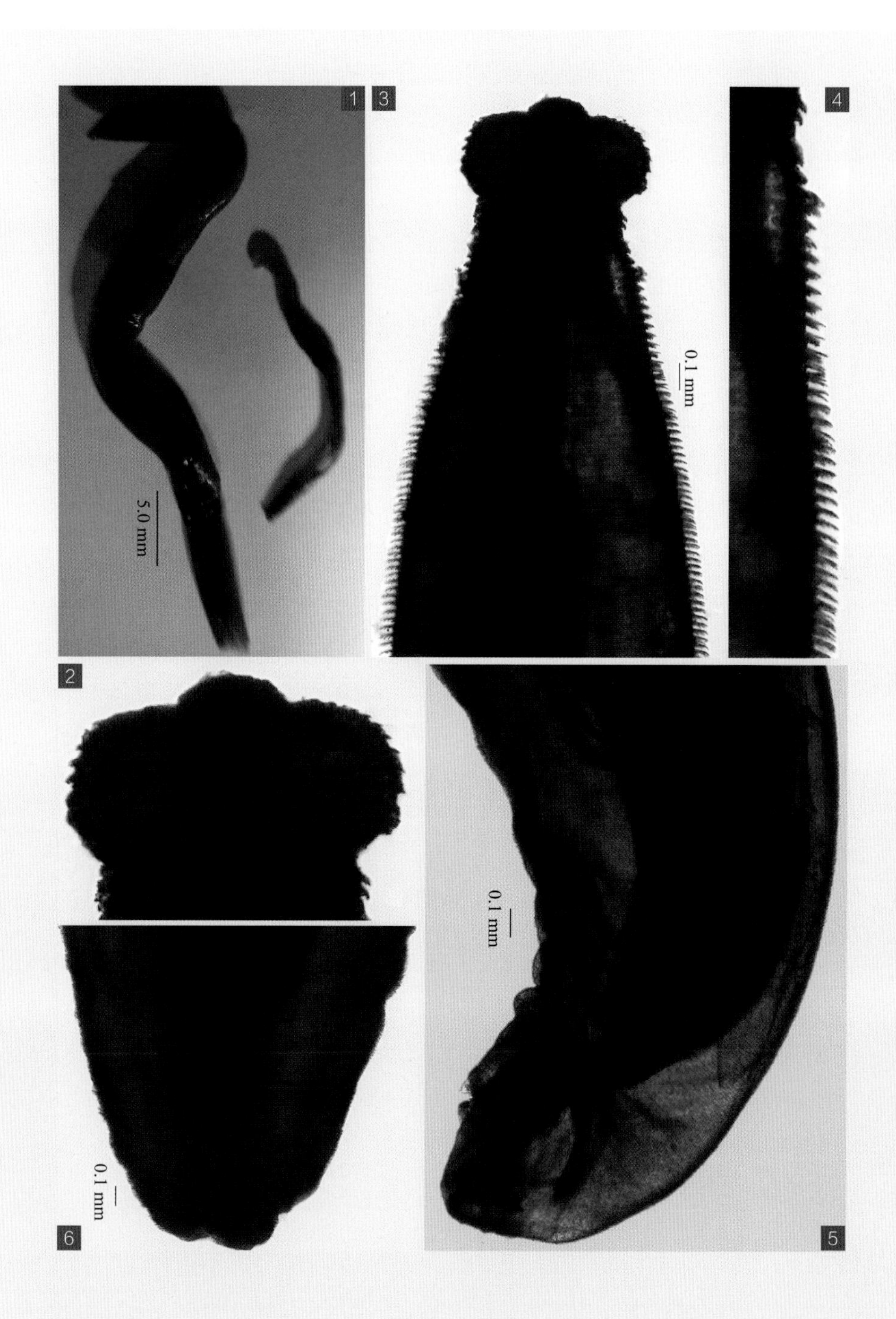

图 释

1 成虫，左为雌虫，右为雄虫；
2 虫体头端观及唇等；
3 虫体头部观及唇、食道、体表棘等；
4 虫体体表的棘等；
5 雄虫尾部侧面观及交合刺、乳突、尾尖等；
6 雌虫尾端等。

253 刚刺颚口线虫

Gnathostoma hispidum Fedtchenko, 1872

【主要形态特点】

虫体前端有 2 个膨大的球，头球前端有 2 个大的侧唇，每个唇的背面各有 1 对双乳突，唇的前缘和侧缘有角质板，头球上有 6～12 列小钩，第 1 列小钩较尖而细，第 2～第 8 列小钩较粗大，其根部近长方形，后 3 列小钩较细小，每环 90～120 个小钩（图 -1、图 -2）。体表密布环列的棘，体前部 1/4 的棘呈鳞片状，前边的棘较短小，齿数为 3～5 个，向后各环的棘逐渐增大，齿数为 6～11 个，随后各环的棘逐渐增大，齿数减少为 2～3 个，3 齿的中央为侧齿的 1.9～2.1 倍，最后体棘呈针状（图 -1、图 -2）。食道后部膨大呈棒状，食道两侧有 2 对短的食道腺和 2 对长的头腺。

【雄虫】

虫体大小为 32.91～35.73 mm×1.206～1.891 mm。头球大小为 0.366～0.473 mm×0.436～0.558 mm。食道长 3.674～4.952 mm。尾部有 4 对大的有柄乳突和 2 对小的腹乳突。交合刺 1 对不等长，左交合刺长 1.681～2.049 mm，右交合刺长 0.587～0.841 mm（图 -3、图 -4、图 -5）。

【雌虫】

虫体大小为 33.494～40.910 mm×1.574～2.101 mm。头球大小为 0.365～0.525 mm×0.703～0.794 mm。食道长 4.987～5.776 mm。阴门开口于虫体中部，距尾端 15.541～19.426 mm。尾（图 -6）长 0.367～0.524 mm。

【宿主与寄生部位】

猪的胃壁，偶见牛的胃内。

【虫体标本保存单位】

四川农业大学

图 释

1 虫体头端观及头球、唇、体棘等；
2 虫体头部观及头球、唇、食道、体棘等；
3 雄虫尾部及交合刺等；
4 雄虫尾部观及肛乳突等；
5 交合刺；
6 雌虫尾部。

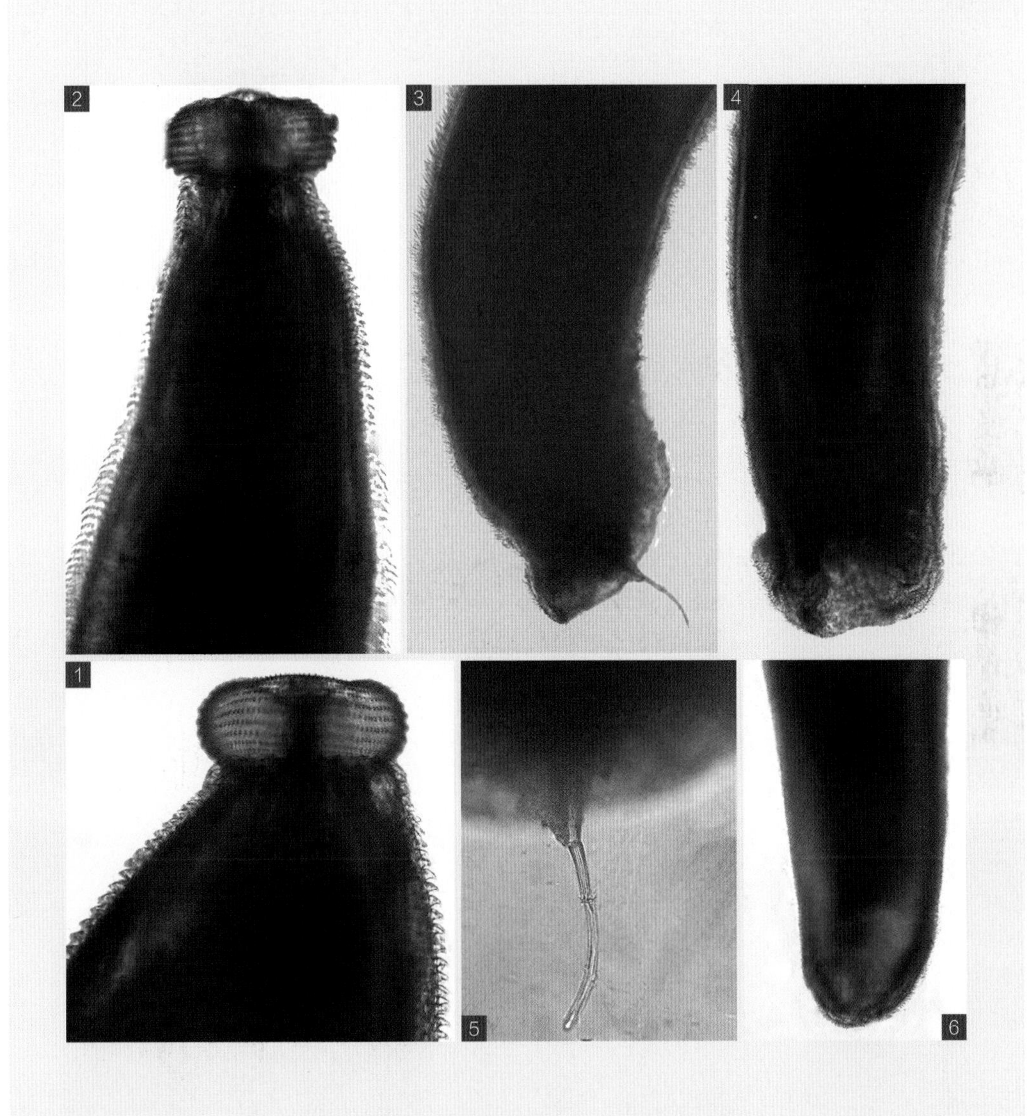
2
3
4
1
5
6

254 棘颚口线虫

Gnathostoma spinigerum Owen, 1836

【主要形态特点】

虫体前端有2个膨大的球（图–2、图–3），头端有4个呈沉没的气球形唇，头球上有8～11列小钩，第1列和第8列小钩的数目较少。体前部的体表和近尾端有1～5齿的体棘，体棘形态随部位不同而异，在头球之后的十几环列棘短而宽，后缘有2～5个齿，往后体棘逐渐增大，后缘有2～3个齿，最后体棘变短而形成锥形的单棘。雄虫尾端泄殖腔周围有一个"Y"形无棘区，泄殖腔后有几排呈弧形的小棘（图–2、图–3、图–4）。

【雄虫】

虫体大小为11.01～25.02 mm×1.01～1.92 mm。头球大小为0.41 mm×0.55 mm。食道长3.14～3.51 mm。交合刺（图–5、图–6）1对不等长，左交合刺长2.11～2.63 mm，并有横纹，右交合刺长0.460～0.801 mm，基部较宽，尾长0.20 mm。尾部有4对大的有柄侧乳突和4对小的腹乳突及2对尾侧乳突。

【雌虫】

虫体大小为18.01～27.02 mm×1.21～2.01 mm。头球长0.32 mm。食道长3.41～4.01 mm。阴门距尾端4.01 mm。尾长0.15 mm。

【宿主与寄生部位】

犬、猫、猪的胃壁。

【虫体标本保存单位】

中国农业科学院上海兽医研究所

图 释

1 成虫，左为雄虫，右为雌虫；
2 虫体头端观及头球、唇、体棘等；
3 虫体头部观及头球、体棘等；
4 体表棘；
5 雄虫尾部观及交合刺等；
6 雄虫尾端及交合刺、乳突等。

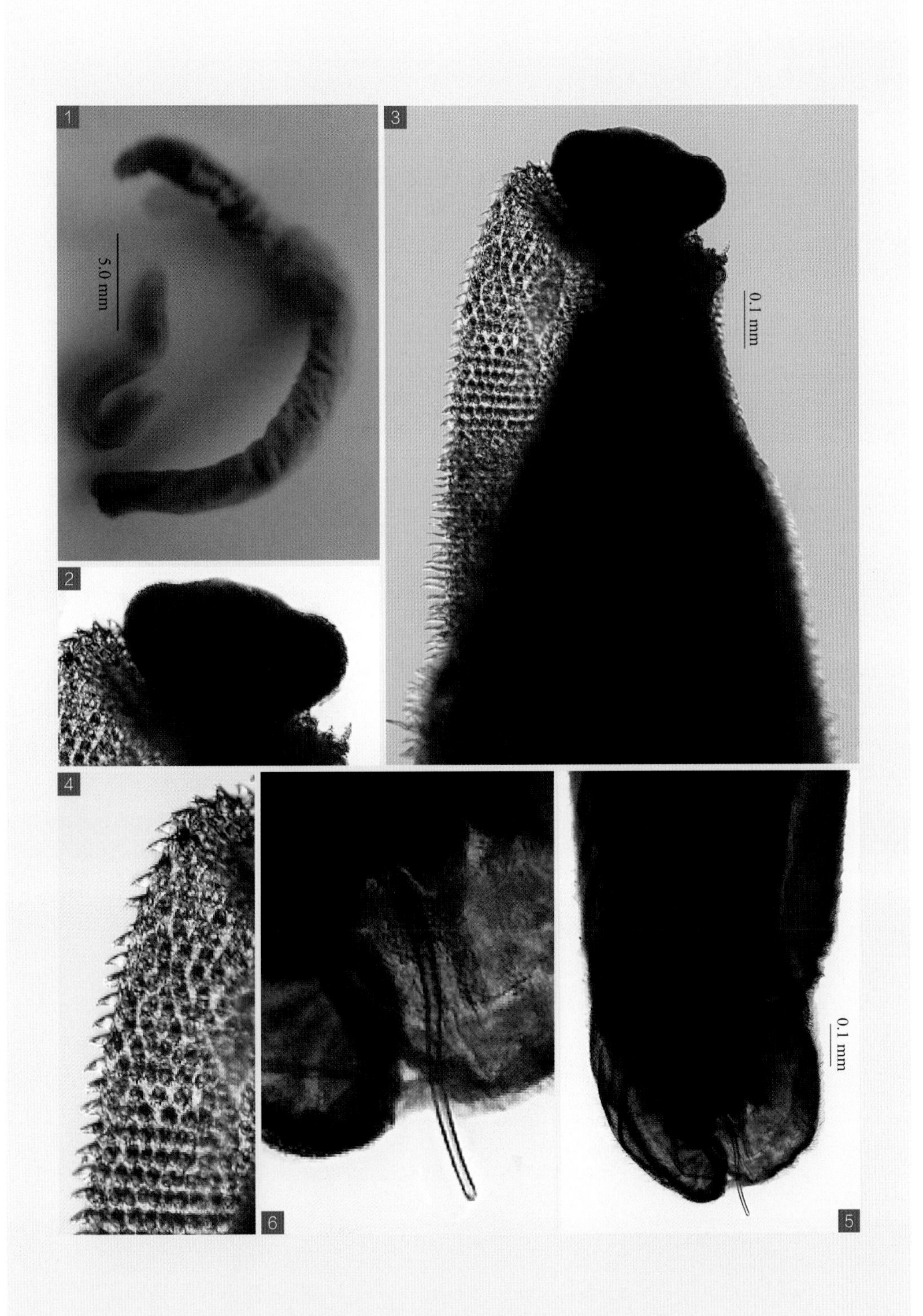
1
5.0 mm
2
3
0.1 mm
4
6
0.1 mm
5

奇口科 Rictulariidae Railliet, 1916

虫体表皮有钩样角质刺，呈纵行排列，或呈环形，或位于体前部。

奇口属 *Rictularia* Froelich, 1802

虫体有两排亚腹侧梳样棘，分布于整个虫体，或至少在前部，棘向后变少和小。口位于亚端部，向背开口，为一横向长缝状，口边缘有齿。口囊角质化，其基部有齿和刺。食道略呈棒形。雄虫尾部呈圆锥形，有肛乳突。交合刺短，有引带。雌虫尾呈圆锥形，阴门位于体前部食道末端处。子宫分支平行。卵胎生。寄生于啮齿动物的小肠。

255 长沙奇口线虫

Rictularia changshaensis Cheng, 1990

【主要形态特点】

虫体口孔小而狭，朝向背前方，背部和外侧缘有一排三角形小齿 12～16 个，腹部顶端有 4～6 个乳突状物，化感器 1 对。口囊发达（图 –1），有厚实的角质化囊壁，基部下面有凸出的腹下齿。虫体大小为 0.016～0.022 mm×0.019～0.029 mm。食道分为肌质和腺体两部分，肌质又分为前段和后段。虫体腹侧面有对称的两列由单个相连的扇形角质化的栉和刺（图 –3）。

【雄虫】

虫体大小为 4.198～4.873 mm×0.243～0.270 mm。腹侧链有 84 对栉，无刺，腹侧链距体前端 0.054～0.081 mm，距后端 0.364～0.459 mm。肛门之前的腹中部有走向体前端呈矩形的 8 个相连腹栉。食道肌质的前部长 0.0924 mm、肌质的中部长 0.264～0.330 mm，腺体部长 0.858～0.950 mm。神经环距头端 0.216～0.229 mm，颈乳突距头端 0.39～0.54 mm。尾端向腹面弯曲（图 –5），交合刺 1 对等长（图 –4），末端尖，长 0.176～0.216 mm。引带呈梭形。生殖锥隆起，长为 0.0704～0.0804 mm，表面有密布的小乳突。有 4 对尾翼膜，左右对称，其中腹侧 3 对，腹中 1 对；有 9 对长柄乳突支撑，其中，肛前 3 对，第 1 对距第 2 对较近，形似两行，肛后 4 对和中前 4 对分成两行，后 2 对紧靠（图 –4）。

【雌虫】

虫体大小为 11.813～19.310 mm×0.032～0.035 mm。腹侧栉和刺共 115～119 对，其中，阴门前 45～47 对栉，阴门后 70～72 对栉刺，栉前端距头端 0.0945 mm，栉刺距后端 0.31 mm。阴门距头端 3.31～3.95 mm，突出于体外，缺阴唇（图 –6）。尾长 0.203～0.230 mm，尾端有 1 个刺状突起（图 –7）。

【宿主与寄生部位】

猫的胃。

【图片】

廖党金绘

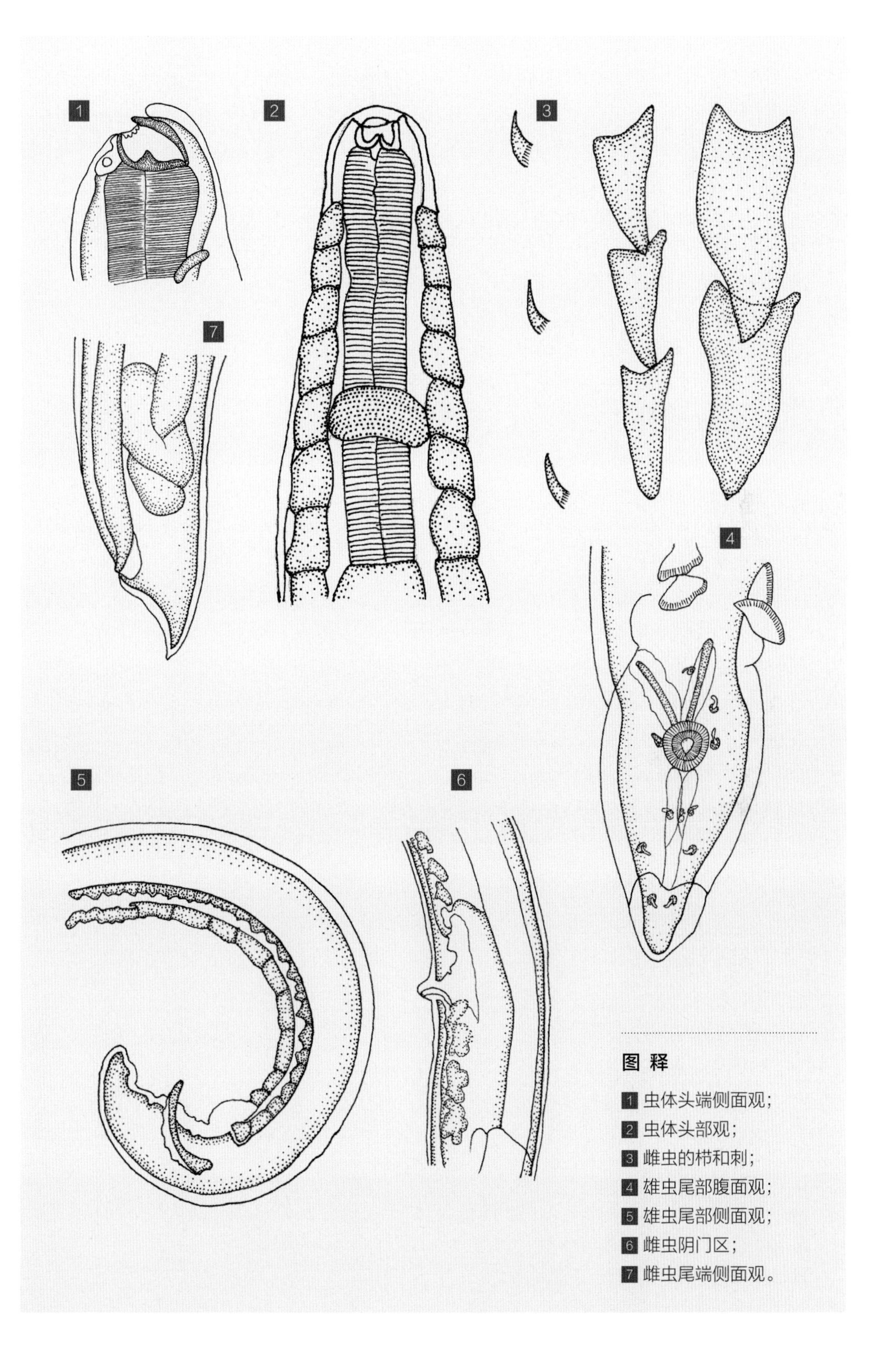

图 释

1 虫体头端侧面观；
2 虫体头部观；
3 雌虫的栉和刺；
4 雄虫尾部腹面观；
5 雄虫尾部侧面观；
6 雌虫阴门区；
7 雌虫尾端侧面观。

丝虫科 Filariidae Claus, 1885

口周围有角质环，雄虫尾部卷曲，有 3～4 对肛前乳突或肛后乳突。雌虫尾尖。卵胎生。

副丝属 *Parafilaria* Yorke et Maplestone, 1926

虫体除前端外的其余体表均有横纹，前端有许多圆形或椭圆形增厚。食道很短。雄虫尾短钝，有尾翼膜，肛前和肛后各有 1 个大的有柄乳突，交合刺 1 对大小差异较大。雌虫后端钝圆，肛门与肠后端萎缩，阴门接近口部。

256 多乳突副丝虫

Parafilaria multipapillosa (Condamine et Drouilly, 1878) Yorke et Maplestone, 1926

【主要形态特点】

虫体表面布满横纹，约在肠的起始部水平线之前，角皮的横纹上有一些隔断，使环纹成为不规则的断断续续的外观，越往前，其隔断越密且越宽，使环纹外观似一环形虚线，再向前方，其圆形或椭圆形小点逐步成为乳突状突起（图 -2、图 -3）。

【雄虫】

体长 30 mm。尾部短，尾端钝圆，肛前和肛后均有一些乳突（图 -4、图 -5）。交合刺 1 对不等长（图 -4、图 -5），左交合刺长 0.68～0.75 mm，右交合刺长 0.13～0.14 mm。

【雌虫】

体长 40.0～60.0 mm。尾端钝圆，肛门靠近末端，阴门开口于体前端（图 -7）。虫卵大小为 0.050～0.055 mm×0.020～0.025 mm，内含幼虫。

【宿主与寄生部位】

马、驴、骡的鬐甲、颈、背腹部、皮下组织及肌间结缔组织。

【虫体标本保存单位】

中国农业科学院兰州兽医研究所

图 释

1 成虫，左为雄虫，右为雌虫；
2 虫体头端观；
3 虫体头部观及食道、体表横纹等；
4 雄虫尾部侧面观及交合刺、肛乳突等；
5 雄虫尾部正面观及交合刺、肛乳突等；
6 雌虫阴门；
7 雌虫尾部等。

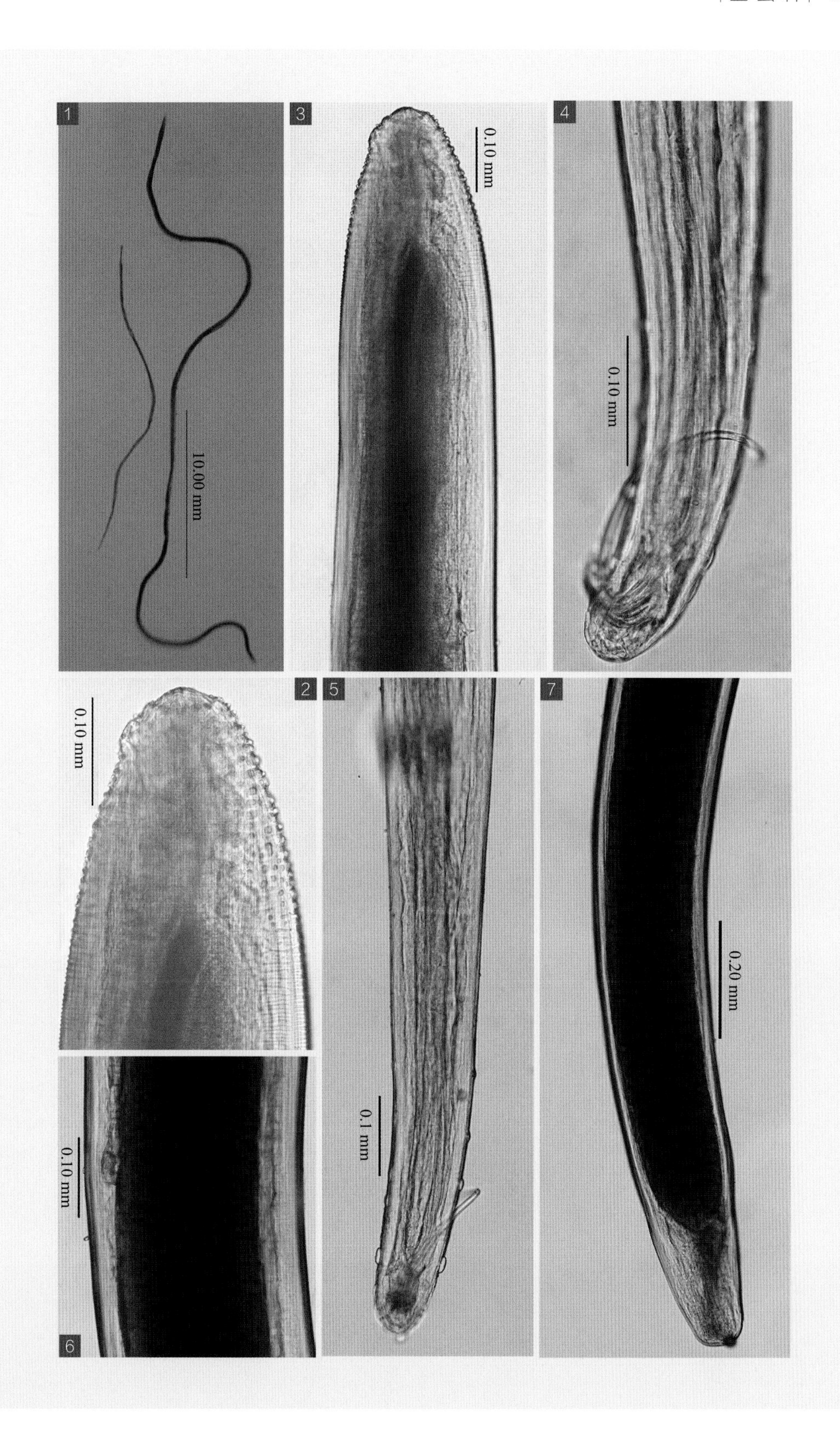
1
10.00 mm
2
0.10 mm
3
0.10 mm
4
0.10 mm
5
0.1 mm
6
0.10 mm
7
0.20 mm

双瓣线科 Dipetalonematidae Wehr, 1935

虫体细长，体表光滑，头乳突小而不显著，食道分肌质部和腺体部。雄虫有肛前和肛后乳突。雌虫阴门位于体前部。

恶丝虫属 *Dirofilaria* Railliet and Henry, 1911

虫体粗壮，口无齿，食道短。雄虫后端卷曲呈螺旋，有尾翼膜，有很大的有柄乳突，交合刺 1 对不等长，无引带。雌虫后端呈圆形，阴门开口于食道后。

257 犬恶心丝虫

Dirofilaria immitis (Leidy, 1856) Railliet et Henry, 1911

【主要形态特点】

虫体呈粗线状，体表有纵脊和疣结节及细横纹，两端变细。头部呈圆形，口部无唇，口周围有 6 个不明显的小乳突（图 -2）。食道分为肌质部和腺体部两部分，神经环位于肌质部的前 1/3 处（图 -3）。

【雄虫】

虫体大小为 120.1～310.2 mm×0.07～0.09 mm。食道全长 0.92～1.46 mm。神经环距头端 0.18～0.41 mm。交合刺 1 对，形状和大小均不相同，右交合刺长 0.126～0.228 mm，呈船形，左交合刺长 0.31～0.37 mm，在距近端 0.18～0.20 mm 处具有缩缢关节（图 -4、图 -5、图 -6）。尾部旋曲（图 -1），有窄的尾翼和性乳突，尾翼大小为 0.18 mm×0.14 mm。性乳突肛前 4 对，肛后 3 对，泄殖腔侧 1 对，其肛前 4 对和肛后第 1 对较大，其余几对甚小。

【雌虫】

虫体大小为 220.1～310.2 mm×0.74～1.52 mm。食道长 1.07～1.75 mm。神经环距头端 0.34～0.51 mm。阴门位于食道后部，距头端 1.65～4.15 mm，开口处体壁稍向内凹陷（图 -7）。尾部钝圆（图 -8），肛门开口于亚末端，肛门距尾端 0.013～0.070 mm。

【宿主与寄生部位】

狗的右心室内。

【虫体标本保存单位】

四川省畜牧科学研究院

图 释

1 成虫，左为雄虫，右为雌虫；
2 虫体头端观及小乳突；
3 虫体头部观及食道、神经环等；
4 雄虫尾部侧面观及交合刺、肛乳突等；
5 6 雄虫尾端及交合刺、肛乳突等；
7 雌虫阴门；
8 雌虫尾部等。

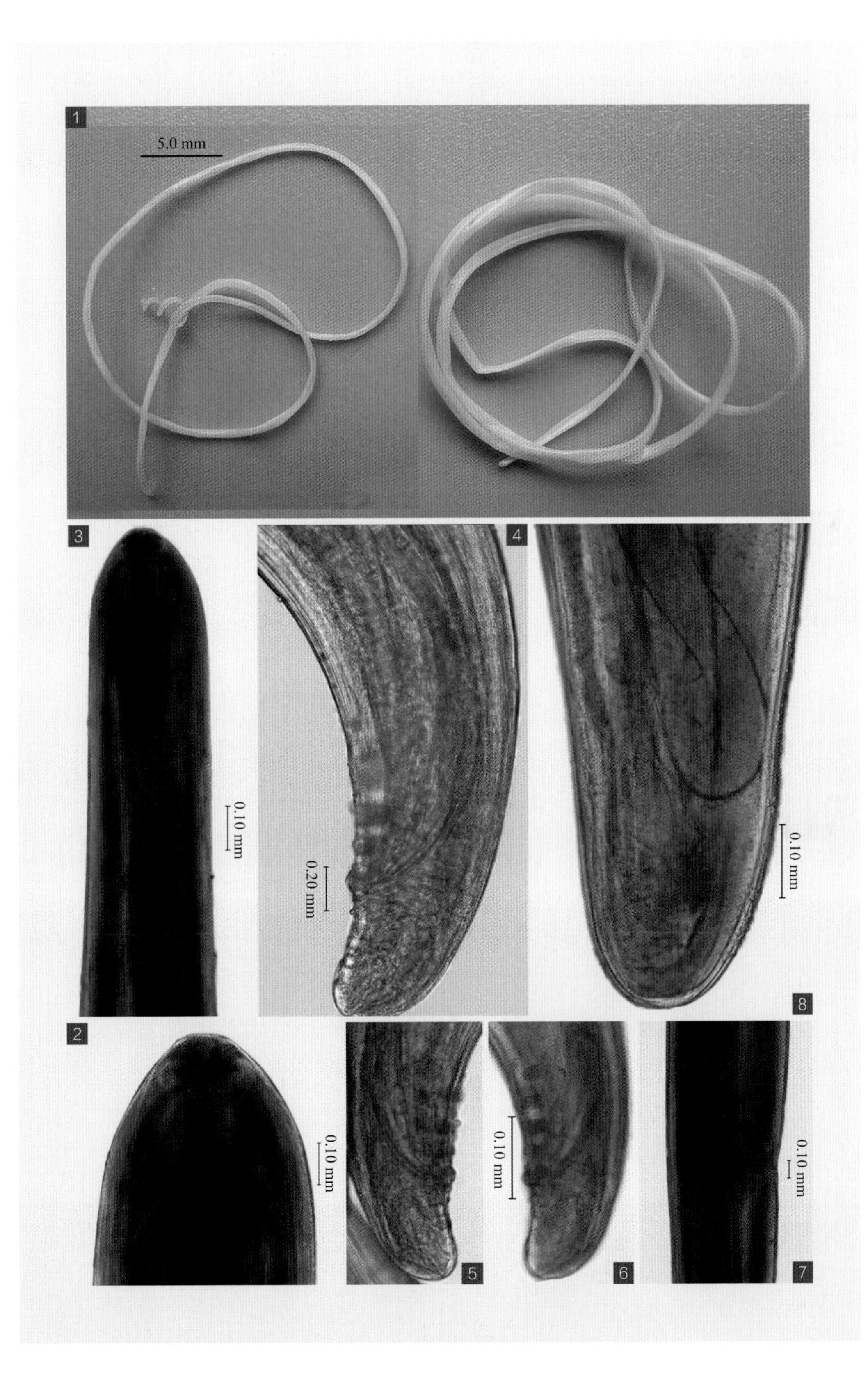
1
5.0 mm
3
0.10 mm
0.20 mm
4
0.10 mm
8
2
0.10 mm
0.10 mm
0.10 mm
5
6
7

辛格属 *Singhfilaria* Anderson et Prestwood, 1969

虫体细长，食道肌质部短而细，腺体部短而粗，排泄孔位于食道肌质部后端，神经环位于排泄孔之后。交合刺1对不等长，不同形，有肛前乳突和肛后乳突，肛门位于虫体后部，尾端钝圆，无尾翼膜。雌虫阴门位于排泄孔后，阴道壁厚，在近子宫处和子宫内充满微丝蚴，尾部呈圆锥形。

258 海氏辛格线虫

Singhfilaria hayesi Anderson et Prestwood, 1969

【主要形态特点】

在角皮上有无数小的横向增厚。

【雄虫】

虫体大小为11.89～15.01 mm×0.183～0.271 mm。交合刺1对明显不同（图–2），右交合刺呈齿形，长0.082 mm；左交合刺长0.126 mm，由1个宽的干和叶及1个短的丝状物组成。肛门位于亚末端，距尾端0.027 mm。尾乳突包括1对肛后乳突和1个肛前正中乳突（图–2）。

【雌虫】

虫体大小为35.01～40.03 mm×0.421～0.502 mm。阴门距头端0.393～0.401 mm。子宫内含微丝蚴。

【宿主与寄生部位】

鸡的食道和嗉囊区皮下。

【图片引自】

黄兵，沈杰，董辉，等. 2006. 中国畜禽寄生虫形态分类图谱. 北京：中国农业科学技术出版社.

图 释

1 虫体头部观；

2 雄虫尾部观。

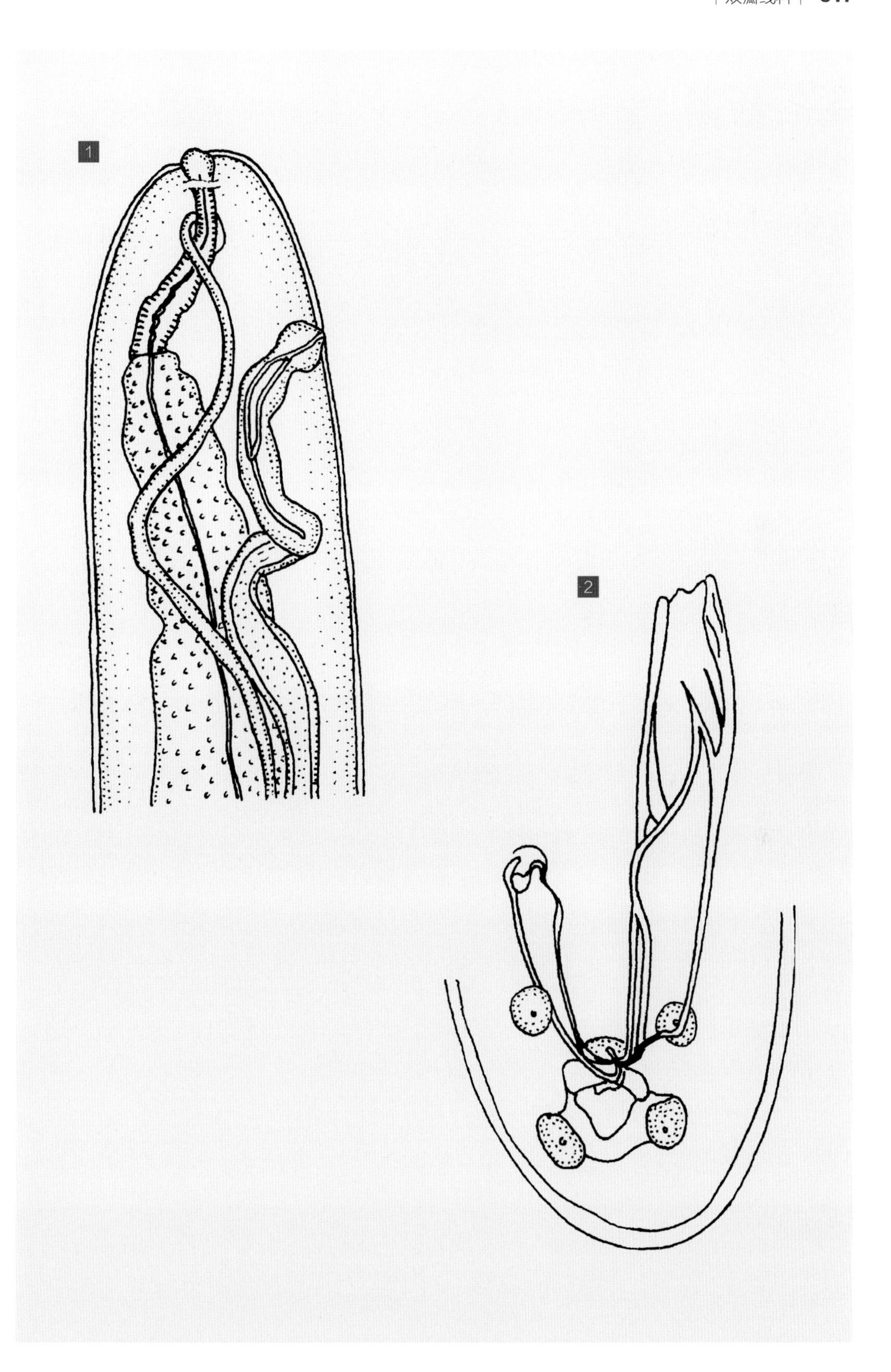
1
2

双瓣属 *Dipetalonema* Diesing, 1861

雄虫尾翼膜窄，交合刺 1 对的形状和长短均不同，左交合刺长，近端呈粗圆柱状，远端细。雌虫阴门位于食道后端，尾端有小圆形的舌状附属物或有很多隆起。

259 伊氏双瓣线虫

Dipetalonema evansi Lewis, 1882

【主要形态特点】

虫体呈黄白色丝状（图 -1）。头端钝圆，其上有一肩章状构造，突出于头端表面，口腔细小，顶面观呈三叶草形。食道分为两部分，前部短而窄，后部长而宽（图 -2、图 -3）。

【雄虫】

虫体大小为 85.1～105.2 mm×0.284～0.349 mm。食道全长 6.118～6.403 mm，神经环距头端 0.119 mm。交合刺 1 对的形状和大小均不相同，右交合刺长 0.161～0.188 mm，其基部不整齐，附近有一横向裂纹，刺间如钳，略向腹面弯，左交合刺长 0.649～0.821 mm，其中部有 2 个扭曲，从此处至远端两侧有薄膜，膜长 0.050 mm，刺尖如半个鸭嘴。引带正面观呈铲状，侧面观呈蠕虫状（图 -5、图 -6）。尾部呈螺旋状卷曲，尾乳突 8 对，其中肛前和肛后乳突各 4 对，乳突间距不等。

【雌虫】

虫体大小为 148.1～210.2 mm×0.413～0.531 mm。食道全长 6.406～7.950 mm。阴门小，位于虫体前部。尾端似刀切，腹面观呈三叶形，尾长 0.215～0.323 mm。

【宿主与寄生部位】

骆驼的肺动脉、右心室、肠系膜淋巴结。

【虫体标本保存单位】

中国农业科学院上海兽医研究所

图 释

1 雄虫成虫；

2 3 虫体头端观及肩章状构造等；

4 虫体头部观及食道等；

5 6 雄虫尾部侧面观及交合刺、肛乳突等。

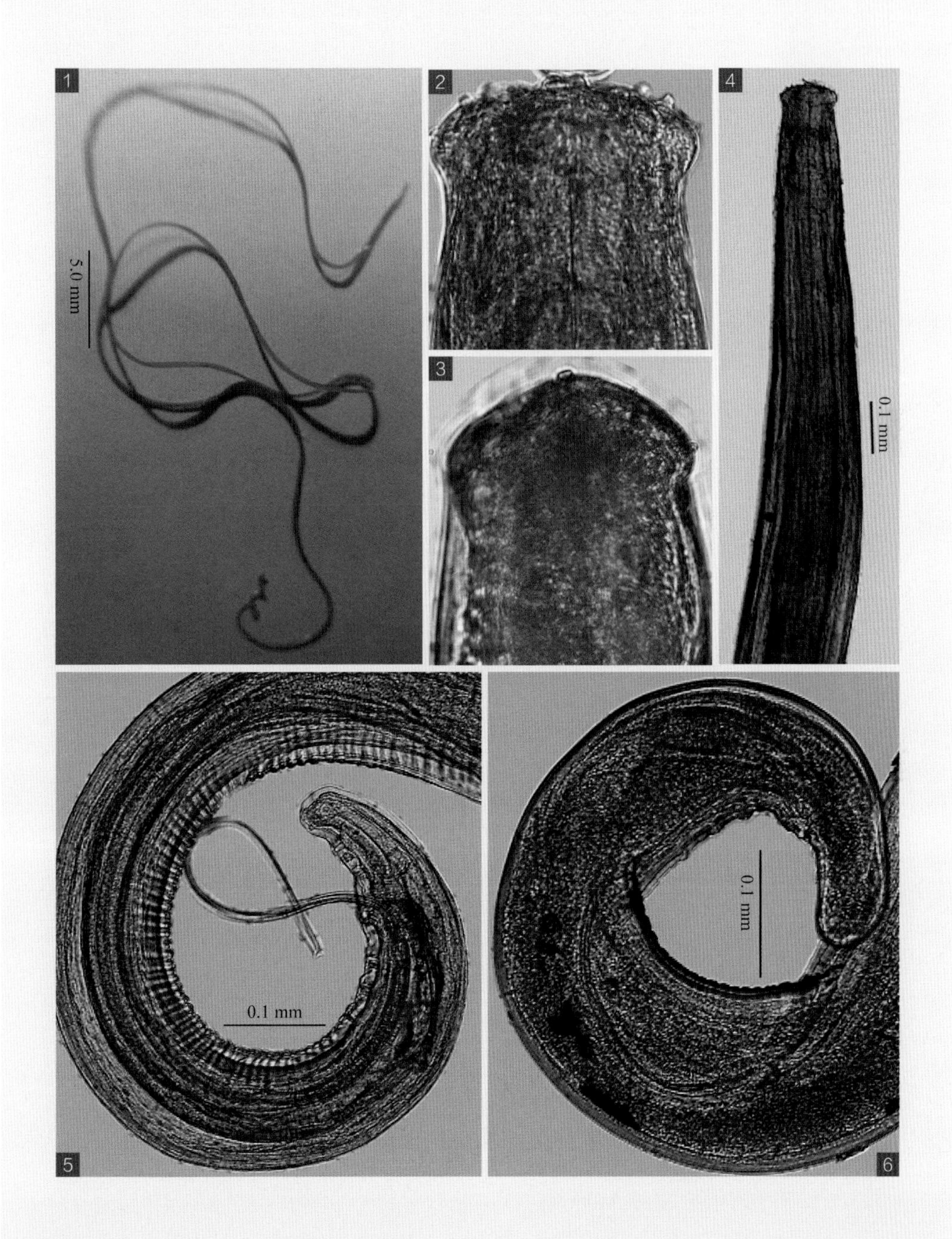
1
2
3
4
5
6
5.0 mm
0.1 mm
0.1 mm
0.1 mm

小筛属 *Micipsella* Seurat, 1921

虫体两端尖，在两端有小的瘤状物，排成两“Z”字形，开口于有一圈很小乳突的半球形突起处，其基部是4个亚中乳突。口囊小而窄，有角质壁。食道窄。雄虫尾部呈指形，螺旋卷曲，无尾翼膜，肛前乳突5～7对，肛后乳突2对，排列可能不对称。尾的背腹面有许多结节。交合刺短，稍不等长，形状几乎相似。雌虫尾呈指状，颇长，阴门近食道末端，子宫的共同干较长，2分支平行，幼虫无鞘。寄生于啮齿动物的腹腔。

260 努米小筛线虫

Micipsella numidica (Seurat, 1917) Seurat, 1921

【主要形态特点】

虫体呈丝状，两端尖，两侧角皮有稍突起的小瘤状物，排成两个“Z”形。口简单（图-1），无唇，前端有一小的半球状且具有一圈小乳突的突起，稍后有4个亚中乳突。口囊小而窄，有角质壁。食道窄。肠于起始处膨胀。

【雄虫】

虫体长76.0 mm。尾部长，呈指形、螺旋形卷曲，无尾翼（图-2）。交合刺1对稍不等长。有7对肛前乳突和2对肛后乳突，背腹面有小乳突。

【雌虫】

虫体长130.0 mm，尾呈指状（图-3）。阴门近食道末端。胎生，幼虫无鞘。

【宿主与寄生部位】

兔的腹腔。

【图片】

廖党金绘

图 释

1 虫体头部观；
2 雄虫尾部侧面观；
3 雌虫尾部侧面观。

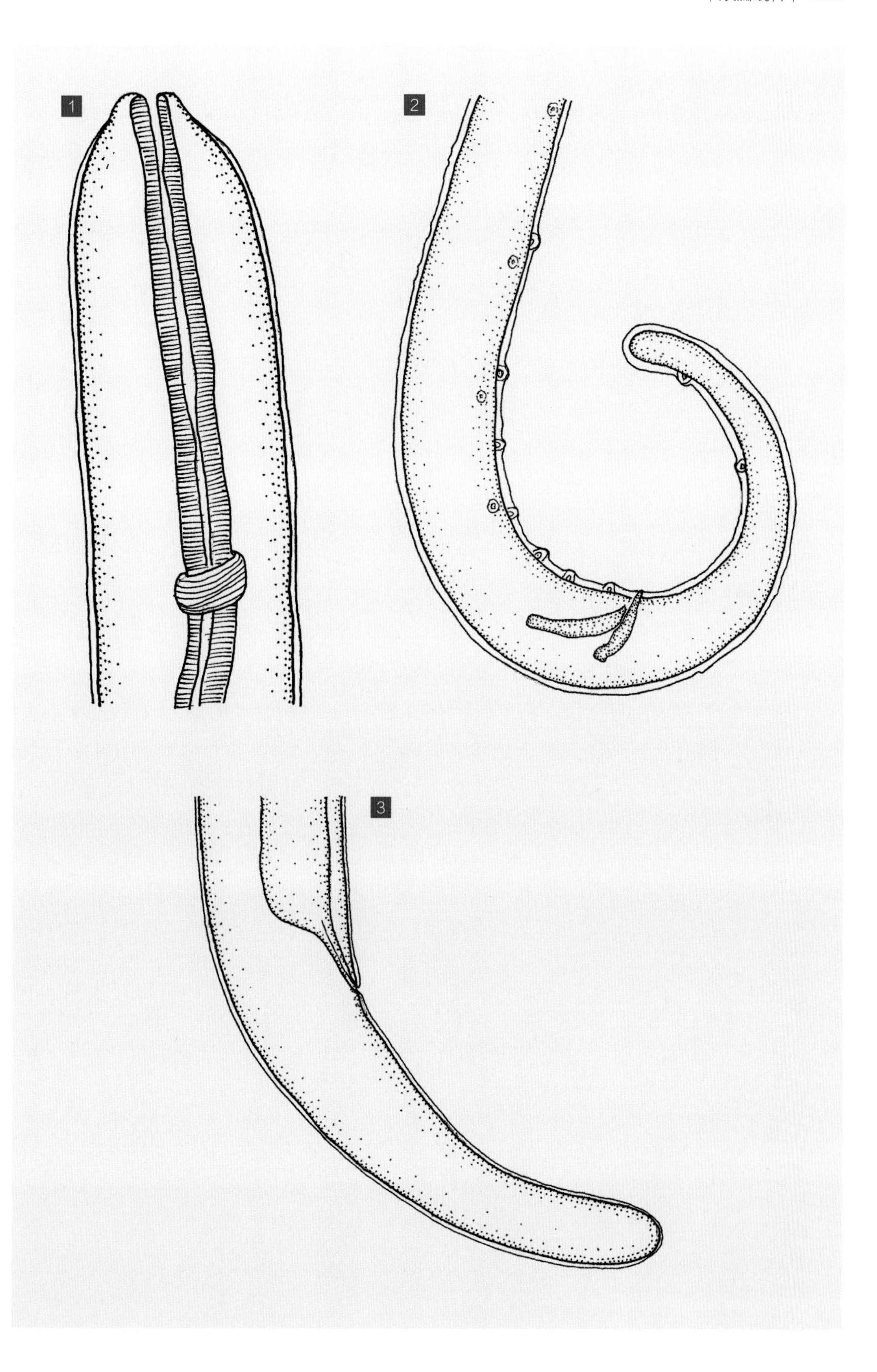
1
2
3

布鲁氏属 *Brugia* Buckley, 1960

口囊退化，雄虫尾部卷曲达2～3圈。雌虫阴门位于食道区。寄生于灵长类、肉食类、食虫类哺乳动物的淋巴结、血液循环系统。

261 马来布鲁氏线虫

Brugia malayi (Brug, 1927) Buckley, 1960

【主要形态特点】

虫体呈白色线形，前端细，头部呈圆形，略膨大。食道前部1/3为肌质部，后2/3为腺体部。神经环位于食道前1/5处。头顶端有小乳突2圈，其中，外圈4个，内圈6个（图-1）。

【雄虫】

虫体大小为13.51～23.52 mm×0.071～0.082 mm。尾部常向腹面卷2～3圈（图-3）。交合刺1对的长度不同（图-3），其长度分别为0.341～0.363 mm和0.113～0.121 mm。引带呈船形。尾部的小乳突分3类（图-4），肛门周围两侧各4～5个，肛前1个和肛后2个；肛门与尾端间的中间乳突；尾末端2对。

【雌虫】

虫体大小为55.01 mm×0.016 mm。生殖孔位于体前方。尾部微弯，尾长0.115～0.118 mm，尾端较钝（图-5）。

【宿主与寄生部位】

犬、猫的淋巴系统。

【图片】

廖党金绘

图释

1 虫体头端顶面观；
2 虫体头部观；
3 雄虫尾部侧面观；
4 雄虫尾部正面观；
5 雌虫尾部侧面观。

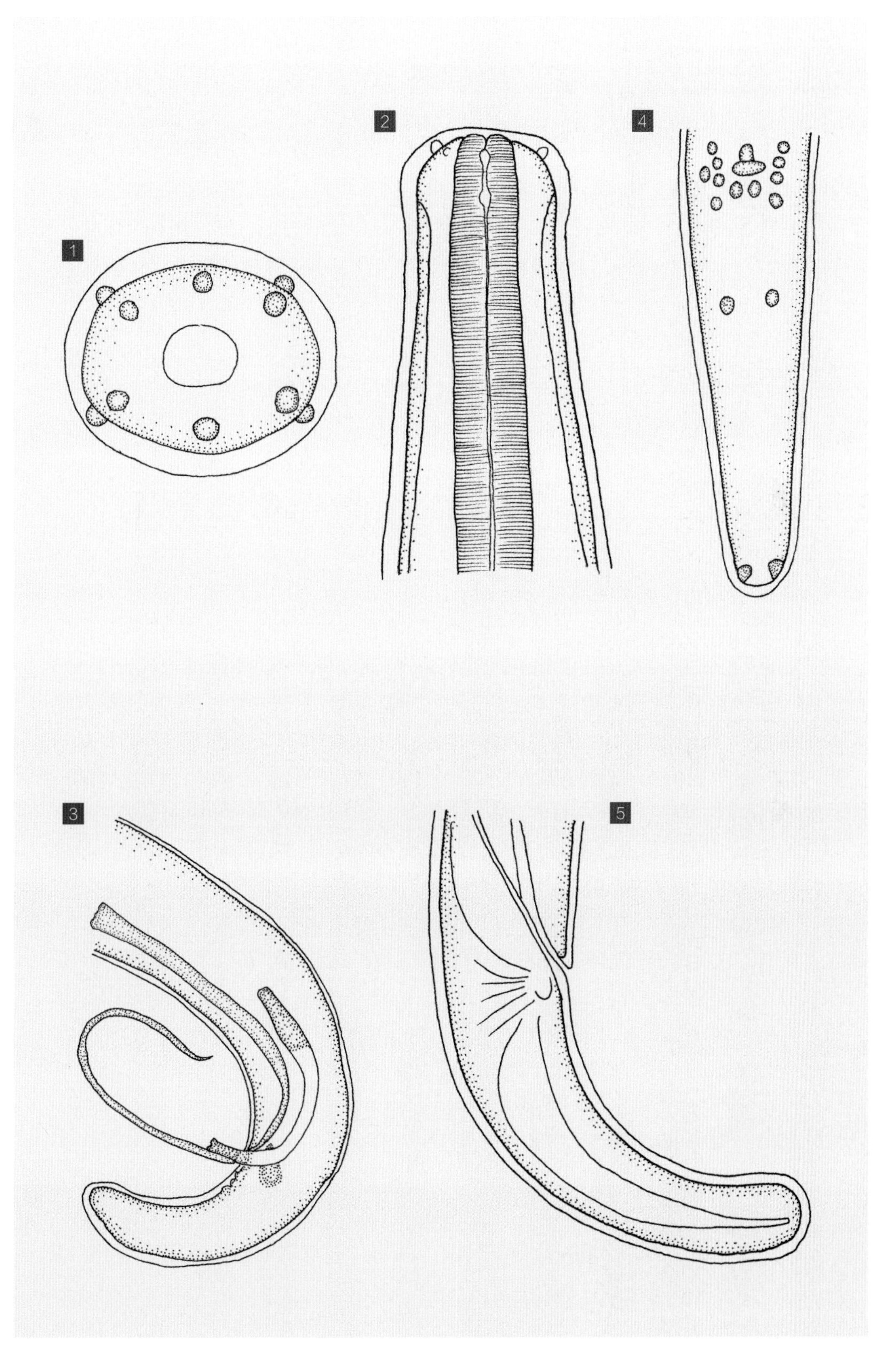
1
2
3
4
5

浆膜丝属 *Serofilaria* Wu et Yun, 1979

虫体呈细长线状，角膜上有横纹，头部膨大，有两圈乳突，内圈为 4 个小乳突，外圈为 4 个亚中乳突和 1 对化感器。神经环位于肌质部后部。雄虫尾部呈指状，弯向腹面，肛前和肛后乳突各为 3～6 对，交合刺 1 对不等长，但形状相似。雌虫尾部呈指状，尾端两侧各有 1 个乳突，腹面有 15～20 个小乳突，阴门位于食道腺体部中部，微丝蚴有鞘。

262 猪浆膜丝虫

Serofilaria suis Wu et Yun, 1979

【主要形态特点】

虫体呈丝状，体表有细横纹，无疣状突出物或任何角质增厚。前部较尖，头端稍膨大。无唇，口孔周围有 4 个小乳突，4 个亚中乳突，两侧有 1 头感器（图 –1）。食道由肌质部和腺体部组成。

【雄虫】

虫体大小为 12.00～26.25 mm×0.076～0.160 mm。食道肌质部长 0.188～0.209 mm，腺体部长 0.725～1.231 mm。神经环距头端 0.181～0.209 mm。尾部呈指状，向腹面弯曲（图 –3、图 –4），长 0.056～0.070 mm。交合刺 1 对形状相似，不等长，末端稍向腹面弯曲，柄部不扩大，右交合刺大小为 0.0730～0.0910 mm×0.0099～0.0132 mm，左交合刺大小为 0.0500～0.0560 mm× 0.0033～0.0066 mm（图 –3）。无尾翼和引带。尾乳突 6～12 对，规则地排列在整个尾部亚腹侧，其中，肛前 3～6 对，肛后 3～6 对（图 –4）。

【雌虫】

虫体大小为 50.62～60.00 mm×0.165～0.221 mm。食道肌质部长 0.202～0.223 mm，腺体部长 0.0893～1.3830 mm。神经环距头端 0.181～0.223 mm。阴门不突出，位于食道腺体部中点稍前方，距头端 0.448～0.543 mm。肛门距尾端 0.099～0.139 mm。尾部呈指状，稍向腹面弯曲，端部两侧各有 1 个乳突，腹面有 15～20 个小乳突（图 –5）。丝状蚴大小为 0.1188～0.1254 mm×0.0066 mm，有鞘。

【宿主与寄生部位】

猪心脏的浆膜淋巴管内。

【图片引自】

蒋学良，周婉丽，廖党金，等. 2004. 四川畜禽寄生虫志. 成都：四川出版集团. 四川科学技术出版社.

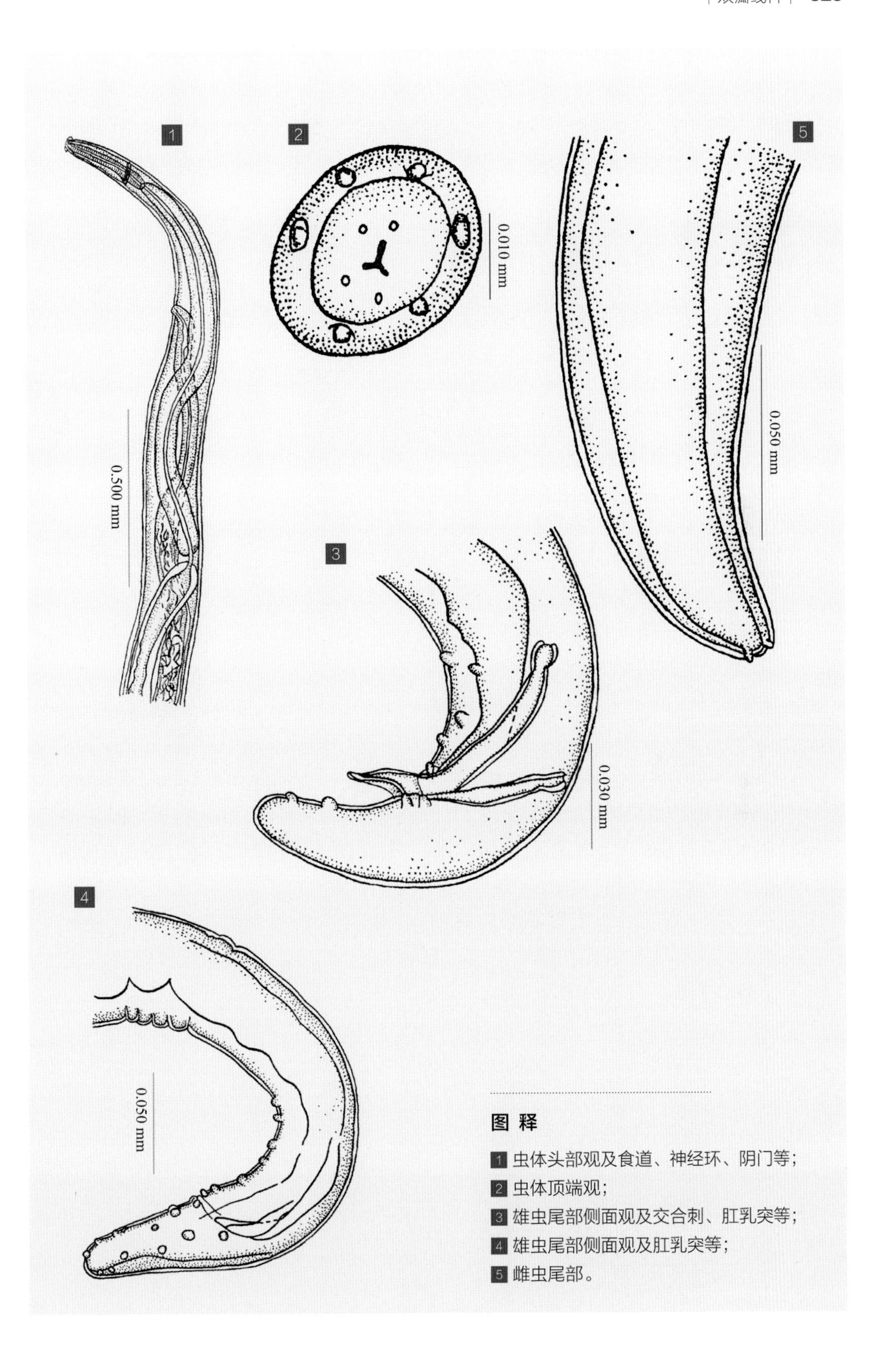

图 释

1 虫体头部观及食道、神经环、阴门等；
2 虫体顶端观；
3 雄虫尾部侧面观及交合刺、肛乳突等；
4 雄虫尾部侧面观及肛乳突等；
5 雌虫尾部。

蟠尾科 Onchoceridae Chabaud et Anderson, 1959

虫体细长，角皮有横纹和螺旋形并增厚，口简单无唇。雄虫尾部短，肛乳突多对，呈不对称排列，交合刺 1 对，长短和形状均不同。雌虫尾部呈锥形，其尾端钝圆，阴门位于食道部。

蟠尾属 *Onchocerca* Diesing, 1841

同物异名：盘尾属（*Oncocerca* Creokubm 1864）。食道短。雄虫尾部卷曲，尾翼膜窄，有多对肛乳突，在泄殖腔附近成群排列。

263 圈形蟠尾线虫

Onchocerca armillata Railliet et Henry, 1909

【主要形态特点】

虫体呈淡黄色丝状（图 –1），体表有横纹，雌虫体表有锯齿状的横脊。口孔小，无唇瓣，头端有亚中乳突 4 对，侧感器 1 对，食道分为前肌质部和后腺体部两部分，神经环位于食道肌质部（图 –2）。

【雄虫】

虫体大小为 54.01～80.03 mm×0.145～0.231 mm。食道肌质部长 0.24～0.38 mm，腺体部长 2.121～2.155 mm。神经环距头端 0.112～0.161 mm，泄殖腔距尾端 0.136～0.181 mm。交合刺 1 对呈黄褐色，其形状和大小均不相同，左交合刺粗长并微弯，长 0.252～0.306 mm，末端锐，分为 2 支，分支长 0.021～0.028 mm，右交合刺粗短，呈棒状，长 0.124～0.51 mm，末端膨大，呈倒钩状（图 –3、图 –4、图 –5）。尾端略向腹面卷曲，尾翼较宽，大小为 0.311 mm×0.114 mm，尾部腹面有性乳突 7～8 对，肛前乳突 2～3 对，肛后乳突 5 对。

【雌虫】

虫体大小为 73.01～100.03 mm×0.333～0.633 mm。食道肌质部长 0.394～0.665 mm，腺体部长 2.505～2.992 mm。神经环距头端 0.173～0.384 mm。阴门距头端 0.631～1.128 mm。阴道粗直，与食道平行向体后延伸。肛门位于体后端，距尾端 0.508 mm。尾部有小的翼膜，尾端膨大钝圆（图 –6）。

【宿主与寄生部位】

黄牛的动脉弓血管壁小结节内。

【虫体标本保存单位】

四川农业大学

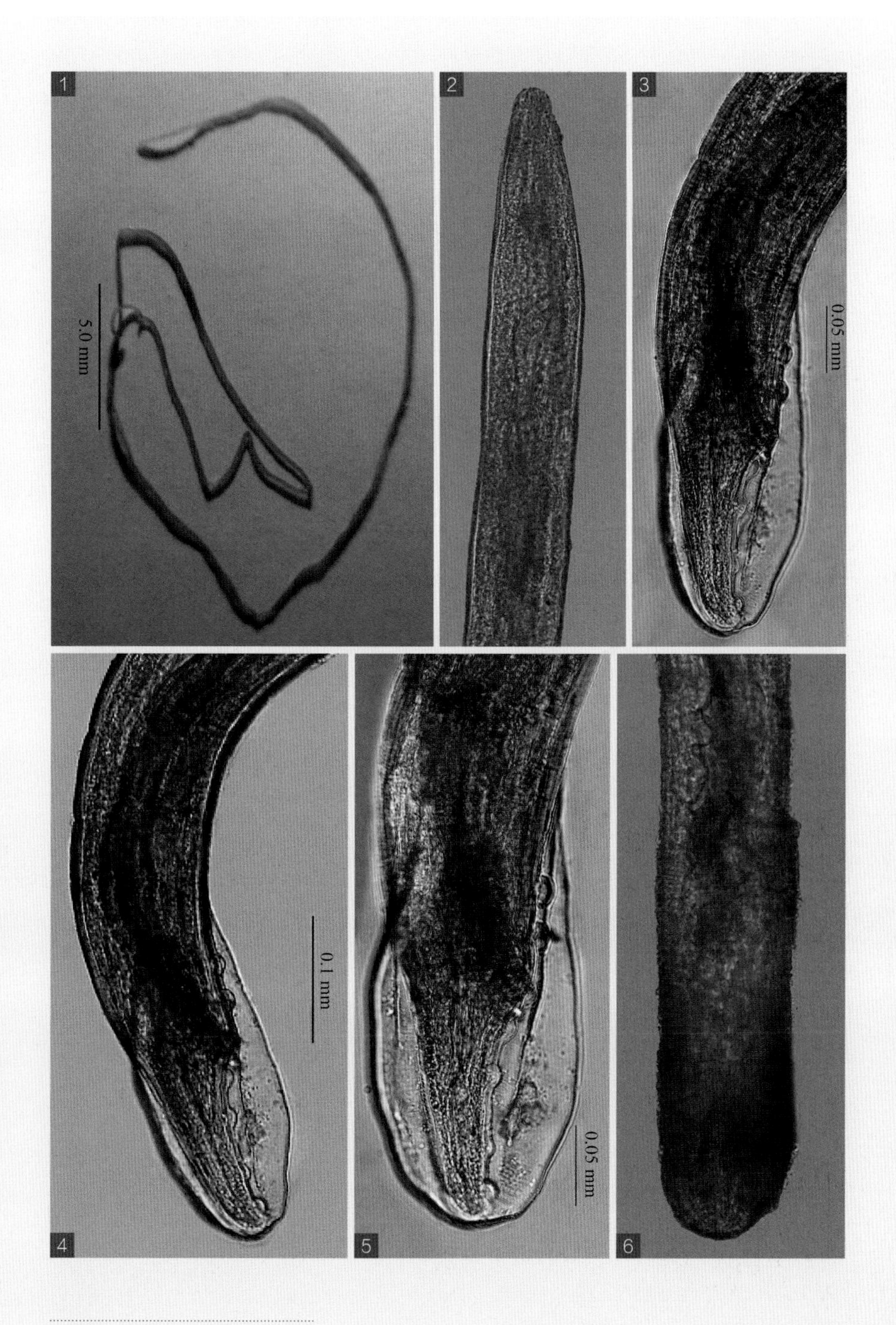

图 释

1 雌虫成虫；

2 虫体头部观及食道等；

3 4 雄虫尾部侧面观及交合刺、肛乳突、尾翼膜等；

5 雄虫尾部正面观及交合刺、肛乳突等；

6 雌虫尾部等。

油脂属 *Elaeophora* Railliet et Henry, 1912

虫前部纤细（嵌入宿主动脉壁内部分），雌虫后部粗大，食道长，呈圆柱形，肠道很细。雄虫尾端向腹面弯曲，有2对肛前乳突和3对小而无柄的肛后乳突。交合刺1对不等长。雌虫的子宫分为2～4支，卵巢2～4个。

264 零陵油脂线虫

Elaeophora linglingensis Cheng, 1982

【主要形态特点】

虫体呈透明或乳白色。体表有波浪状角质横纹（图-1）。头端呈椭圆形，有乳突4对，即2对侧乳突和2对亚中乳突（图-2）。口略突出，无唇，缺口囊。食道细而长（图-3）。

【雄虫】

虫体大小为69.51 mm×0.162 mm。食道长2.92 mm。交合刺1对不等长，形状相同，短而粗，其基部膨大，右交合刺长0.277 mm，在距其基部0.174 mm处分为不等长的2支，长支为0.103 mm，短支为0.076 mm；左交合刺长0.131 mm，远端呈靴状（图-5）。泄殖孔突出。无引带。尾部有乳突5对，肛前1对、肛侧2对、肛后2对，尾亚端腹面有许多小突起（图-4）。

【雌虫】

虫体宽为0.332～0.405 mm。体后部呈波状横纹明显。食道长2.31～3.03 mm。阴门距头端0.580～0.785 mm，稍突起。子宫呈圆筒状向后延伸，分为2支，然后再分为4支。胎生。微丝蚴无鞘。

【宿主与寄生部位】

黄牛的主动脉弓内壁。

【图片】

廖党金绘

图释

1 虫体体表角皮；
2 虫体头端顶面观；
3 虫体头部观；
4 雄虫尾部侧面观；
5 交合刺。

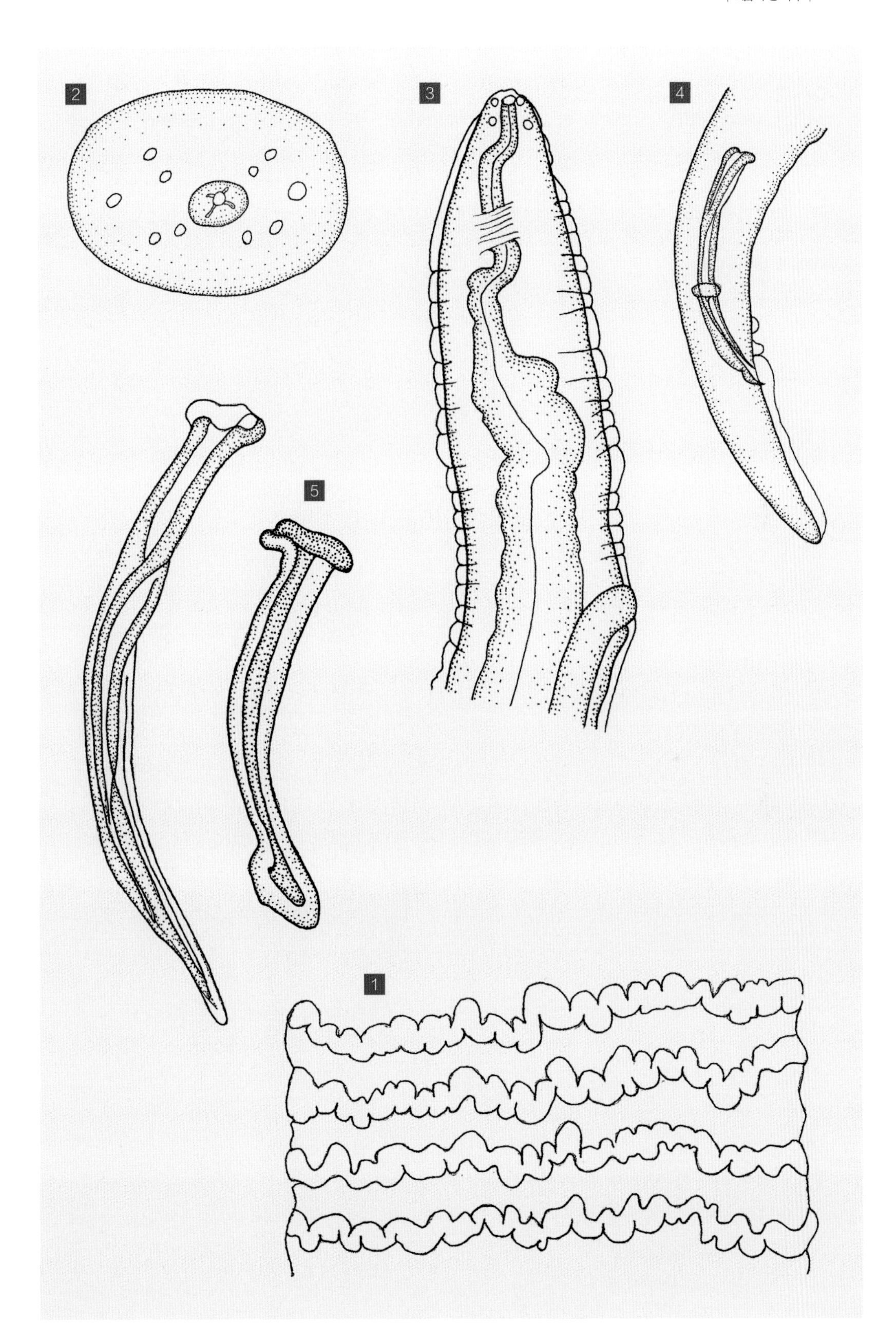
2
3
4
5
1

丝 状 科 Setariidae Skrjabin et Schikhobalova, 1945

虫体呈乳白色丝状形。头端有乳状突和围口的背唇和腹唇及侧唇。食道分前狭窄的肌质部和后粗长的腺体部。雄虫尾端卷曲，无尾翼，近尾端两侧各有 1 个附肢，有肛前和肛后乳突。交合刺 1 对不等长，无引带。雌虫尾部细小，末端呈结节状，近端部有 1 对侧附肢，阴门开口于食道前肌质部。

丝 状 属 *Setaria* Viborg, 1795

属的特征同科的特征。

265 唇乳突丝状线虫

Setaria labiatopapillosa Alessandrini, 1838

【主要形态特点】

虫体呈乳白色线状（图 –1）。头端呈圆形，围口环向前延伸，在背面和腹面与两侧面形成舌状的突起，两侧唇呈新月形，背唇和腹唇在其末端分支，头部有 7 对乳突，即 2 对下中乳突、4 对下侧乳突、1 对侧乳突（图 –2、图 –3）。食道由肌质部和腺体部组成。

【雄虫】

虫体大小为 47.01～57.03 mm×0.41～0.81 mm。食道肌质部长 0.45～0.91 mm，腺体部长 6.34～9.46 mm。神经环距头端 0.22～0.34 mm，颈乳突距头端 0.53～0.56 mm。体后部逐渐尖细，呈螺旋状卷曲（图 –1）。交合刺 1 对呈淡黄色，大小和形状均不相同，左交合刺长 0.33～0.42 mm，右交合刺长 0.15～0.18 mm。尾部有 1 对侧附肢，前面有 1 对小乳突，性乳突 9 对，其中肛前 4 对、肛侧 1 对、肛后 4 对（图 –5）。

【雌虫】

虫体大小为 76.02～105.01 mm×0.81～1.05 mm。食道肌质部长 0.74～1.15 mm，腺体部长 6.62～11.63 mm。神经环距头端 0.25～0.38 mm，颈乳突距头端 0.47～0.52 mm。阴门位于虫体前部（图 –4），距头端 0.65～0.81 mm。虫体后部逐渐变细，盘曲，在尾端 0.082～0.132 mm 处有 1 对侧附肢，尾端部有多个刺状突（图 –6、图 –7）。肛门距尾端 0.37～0.63 mm。

【宿主与寄生部位】

水牛、黄牛的腹腔组织。

【虫体标本保存单位】

四川省畜牧科学研究院

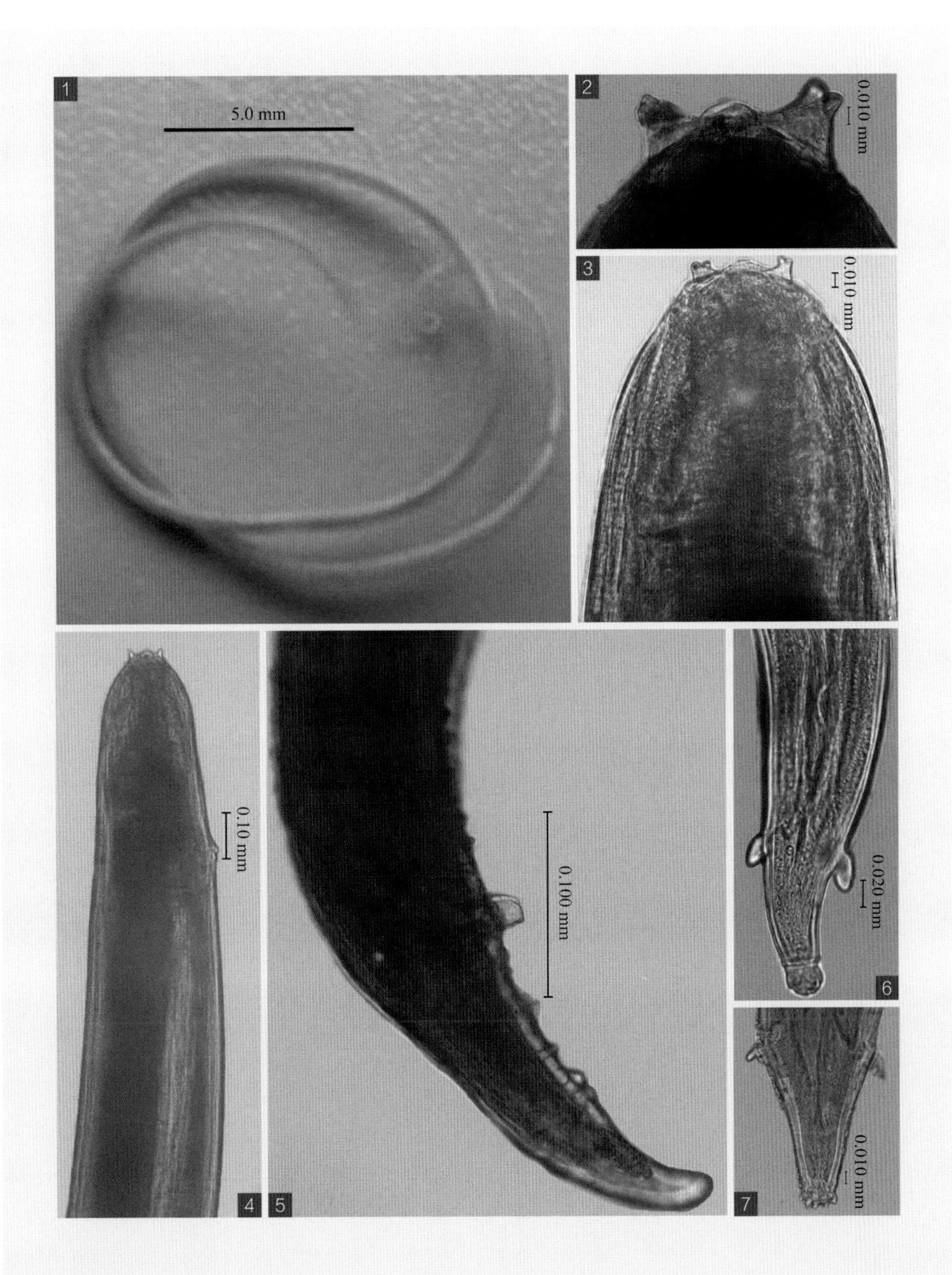

图 释

1 雄虫成虫；

2 3 虫体头端观及舌状突起、唇、乳突等；

4 雌虫头部观及阴门、食道等；

5 雄虫尾部侧面观及性乳突等；

6 7 雌虫尾部正面观及侧附肢、末端刺状突等。

266 指形丝状线虫

Setaria digitata Linstow, 1906

【主要形态特点】

虫体呈乳白色线形。围口环向前延伸，形成背唇、腹唇和 2 个侧唇，围口环后有 4 个亚中乳突和侧乳突（图 –2）。食道由肌质部和腺体部组成。

【雄虫】

虫体大小为 40.02～58.01 mm×0.32～0.47 mm。食道肌质部长 0.45～0.72 mm，腺体部长 6.8～10.6 mm。神经环距头端 0.18～0.28 mm，泄殖腔距尾端 0.16～0.21 mm。交合刺 1 对大小形状不同（图 –4、图 –5），左交合刺长 0.26～0.35 mm，右交合刺长 0.065～0.129 mm。虫体后部逐渐尖细，呈螺旋状。尾部有侧附肢 1 对，其前面有小乳突 2 对。性乳突 7 对，即肛前 4 对和肛后 3 对（图 –3、图 –4）。

【雌虫】

虫体大小为 57.02～106.03 mm×0.63～0.92 mm。食道肌质部长 0.54～0.82 mm，腺体部长 6.51～11.21 mm。神经环距头端 0.26～0.45 mm，阴门位于虫体前部（图 –1），距头端 0.52～0.77 mm。肛门距尾端 0.32～0.55 mm，尾部有侧附肢 1 对，尾端部有纽扣状突出物（图 –6）。

【宿主与寄生部位】

水牛、黄牛的腹腔组织。

【虫体标本保存单位】

四川省畜牧科学研究院

图 释

1 雌虫头部观及阴门、食道等；
2 虫体头端及唇、乳突等；
3 4 雄虫尾部侧面观及交合刺、性乳突等；
5 交合刺；
6 雌虫尾部及附肢、纽扣状突出物等。

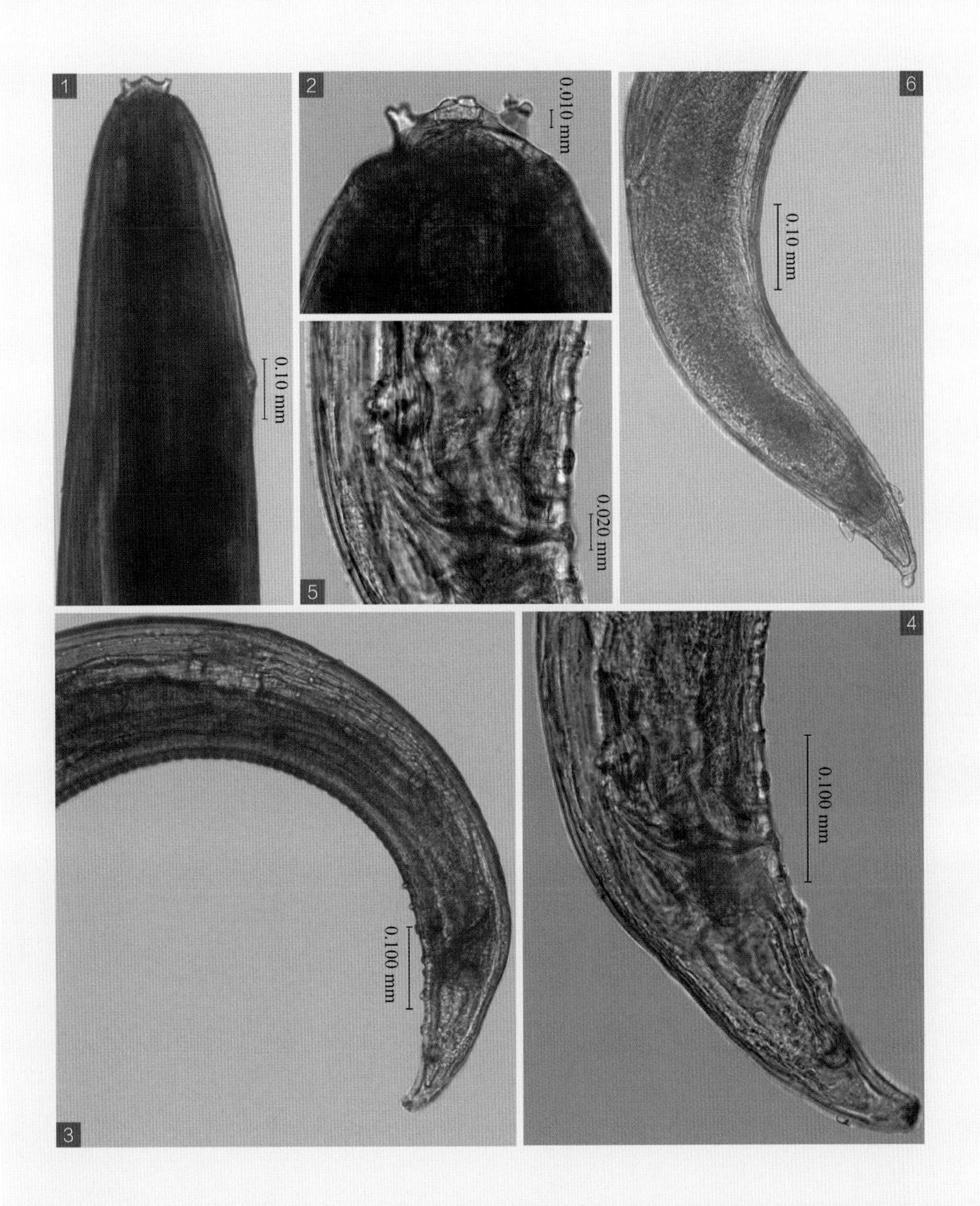
1
0.10 mm
2
0.010 mm
6
0.10 mm
5
0.020 mm
3
0.100 mm
4
0.100 mm

267 盲肠丝状线虫

Setaria caelum Linstow, 1904

【主要形态特点】

虫体头部被角质环包围，角质环的两侧面有 1～2 个无缺刻的唇，背唇和腹唇均有一浅缺刻。头部有 4 个亚中乳突，呈前、后排列，前面尖，后面呈圆口状（图 -2、图 -3）。

【雄虫】

尚未找到。

【雌虫】

虫体大小为 75.00～127.00 mm×0.69～0.99 mm。食道肌质部长 0.741～1.245 mm，腺体部长 9.16～13.88 mm。神经环距头端 0.280～0.380 mm。阴门位于虫体前部（图 -4），距头端 0.610～0.990 mm。尾部向腹面弯曲，端部有 7 个花瓣状构造，有 1 对侧乳突（图 -5、图 -6），距尾端 0.026～0.083 mm。

【宿主与寄生部位】

羊、黄牛的腹腔。

【虫体标本保存单位】

中国农业科学院上海兽医研究所

图 释

1 雌虫成虫；

2 3 虫体头端观及唇、乳突等；

4 雌虫头部观及食道、阴门等；

5 6 雌虫尾部观及侧乳突、尾端花瓣构造。

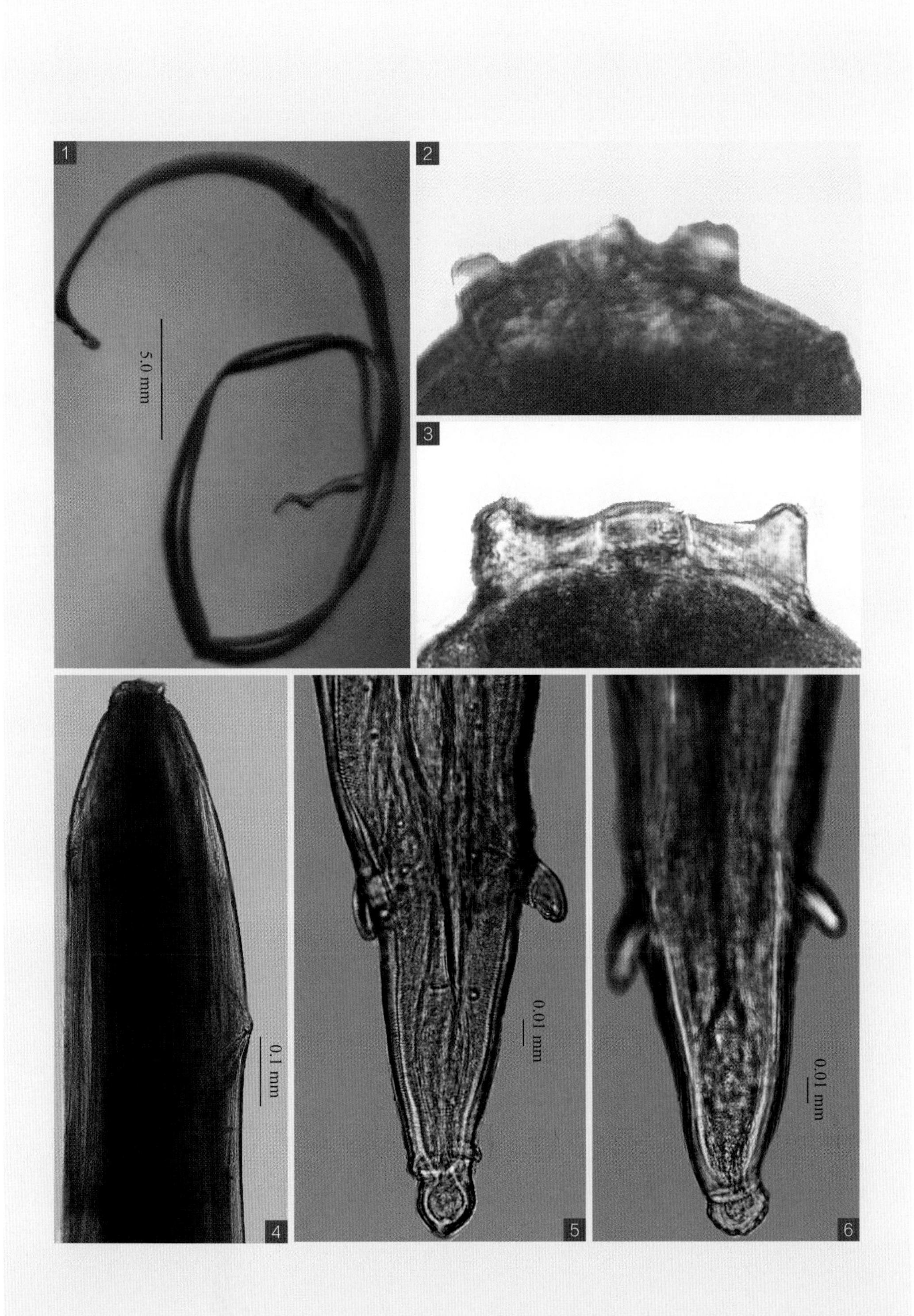
1
2
3
4
5
6
5.0 mm
0.1 mm
0.01 mm
0.01 mm

268 贝氏丝状线虫

Setaria bernardi Railliet et Henry, 1911

【主要形态特点】

见下。

【雄虫】

虫体大小为 95.01～120.10 mm×0.57～0.65 mm。神经环距头端 0.24～0.27 mm。尾部细小，长 0.181～0.193 mm，向腹面弯曲，有肛乳突 8 对，即肛前 5 对和肛后 3 对，排列不对称。交合刺 1 对的大小和形状均不同，左交合刺基部长 0.23～0.24 mm，后部细而弯曲，右交合刺长 0.140～0.160 mm，呈长刀状（图 -3、图 -4）。

【雌虫】

虫体大小为 160.12～225.03 mm×0.64～0.76 mm。食道肌质部长 1.01～1.21 mm，腺体部长 9.81～10.42 mm。神经环距头端 0.26～0.30 mm。阴门位于虫体前部，距头端 0.48～0.55 mm。尾部长 0.51～0.53 mm，尾端钝圆，在尾部亚末端有侧附肢 1 对，尾端有 9～10 个乳头状突起围成一圈。

【宿主与寄生部位】

猪的腹腔组织。

【虫体标本保存单位】

四川农业大学

图 释

1 2 虫体头部观及唇、乳突等；

3 4 雄虫尾部观及交合刺、肛乳突等。

1
2
3
4

269 黎氏丝状线虫

Setaria leichungwingi Chen, 1937

【主要形态特点】

见下。

【雄虫】

虫体大小为 5.6 mm×0.468 mm。食道长 9.055 mm。交合刺不等长（图 -5、图 -6），左交合刺长 0.421 mm，右交合刺长 0.11 mm。尾长 0.326 mm。肛前乳突 3 对（图 -5、图 -6）；肛后乳突 4 对，在第 4 对稍后方中部有 1 个单乳突（图 -5、图 -6）；尾侧乳突 2 对，其中前 1 对较小，后 1 对较大（图 -6）。

【雌虫】

虫体大小为 9.2 mm×0.952 mm。食道长 1.062 mm。阴门（图 -4）距头端 0.698 mm。尾长 0.492 mm。尾部有 1 对大而明显的尾侧突起，尾末端圆形增厚上有致密短刺（图 -7）。

【宿主与寄生部位】

水牛的消化道。

【虫体标本保存单位】

中国农业科学院兰州兽医研究所

图 释

1 成虫，左为雄虫，右为雌虫；

2 3 虫体头端及乳突等；

4 虫体头部观及食道等；

5 6 雄虫尾部侧面观及交合刺、乳突等；

7 雌虫尾部。

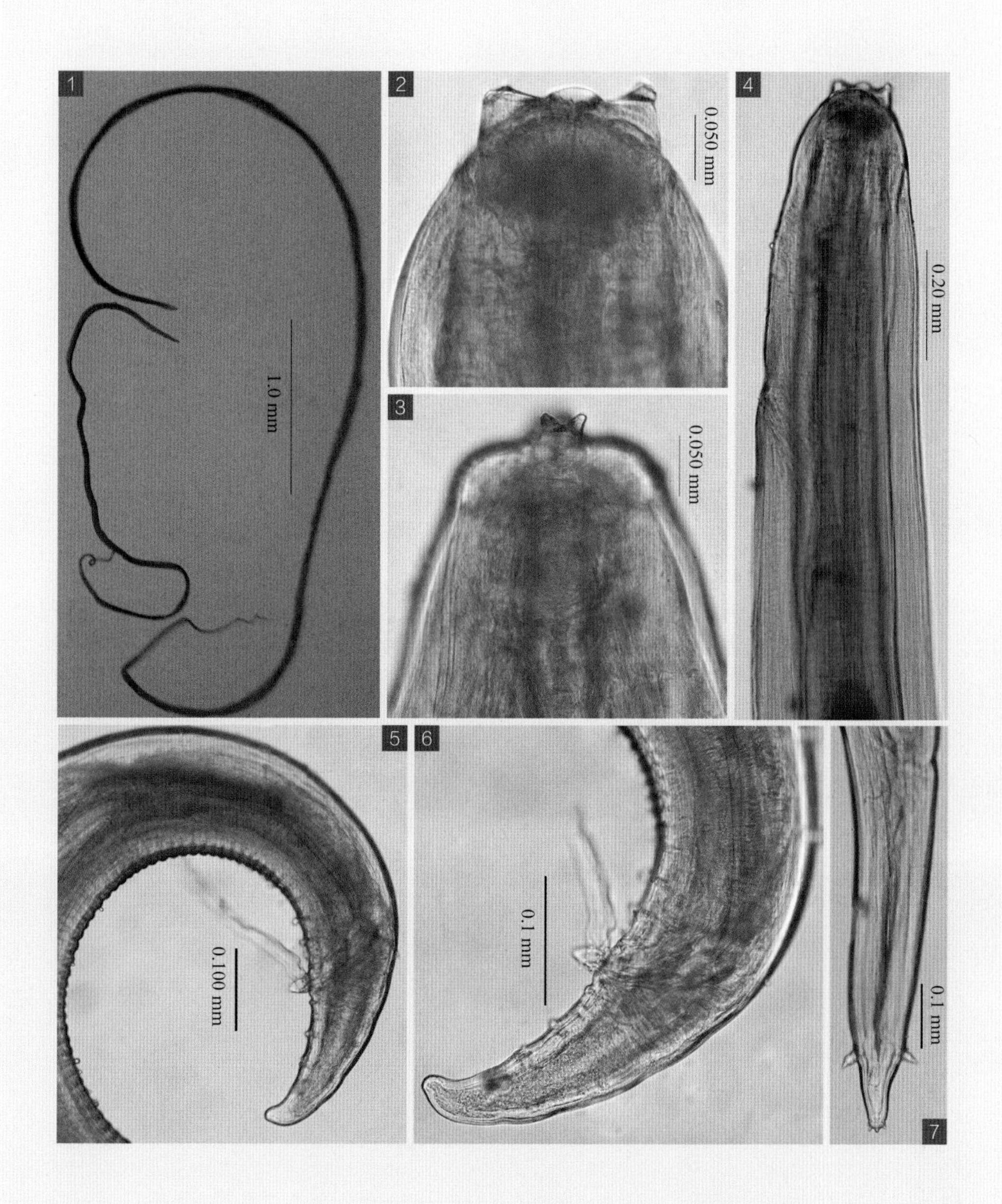
1
1.0 mm
2
0.050 mm
3
0.050 mm
4
0.20 mm
5
0.100 mm
6
0.1 mm
7
0.1 mm

270 马丝状线虫

Setaria equina (Abildgaard, 1789) Viborg, 1795

【主要形态特点】

虫体呈乳白色（图 -1）。口的周围有角质膜呈环状隆起，上有 2 个半圆形的侧唇和 2 个乳突状的背腹唇，有 4 对亚中乳突和 1 对侧乳突（图 -2）。食道由肌质部和腺体部组成。

【雄虫】

虫体大小为 65.02～70.03 mm×0.421～0.601 mm。食道肌质部长 0.371～0.762 mm，腺体部长 10.61～12.11 mm。虫体后部呈螺旋状，无尾翼膜（图 -4）。交合刺 1 对不等长（图 -4），左交合刺长 0.561～0.702 mm，右交合刺长 0.151～ 0.201 mm。无引带。有肛乳突 8 对，其中，前 4 对呈对称排列，后 4 对呈不对称排列（图 -4）。

【雌虫】

虫体大小为 85.02～115.03 mm×0.682～0.962 mm。食道肌质部长 0.701～0.812 mm，腺体部长 7.21～9.43 mm。阴门距头端 0.561～0.652 mm。尾部长 0.321～0.552 mm，距尾端 0.051～0.090 mm 处有侧突 1 对，尾端部有纽扣状突出物（图 -5）。

【宿主与寄生部位】

马、驴、骡的腹腔。

【虫体标本保存单位】

中国农业科学院上海兽医研究所

图 释

1 成虫，内为雄虫，外为雌虫；
2 虫体头端及唇、乳突等；
3 虫体头部及唇、食道等；
4 雄虫尾部侧面观及交合刺、尾乳突等；
5 雌虫尾部观及尾端纽扣状突出物等。

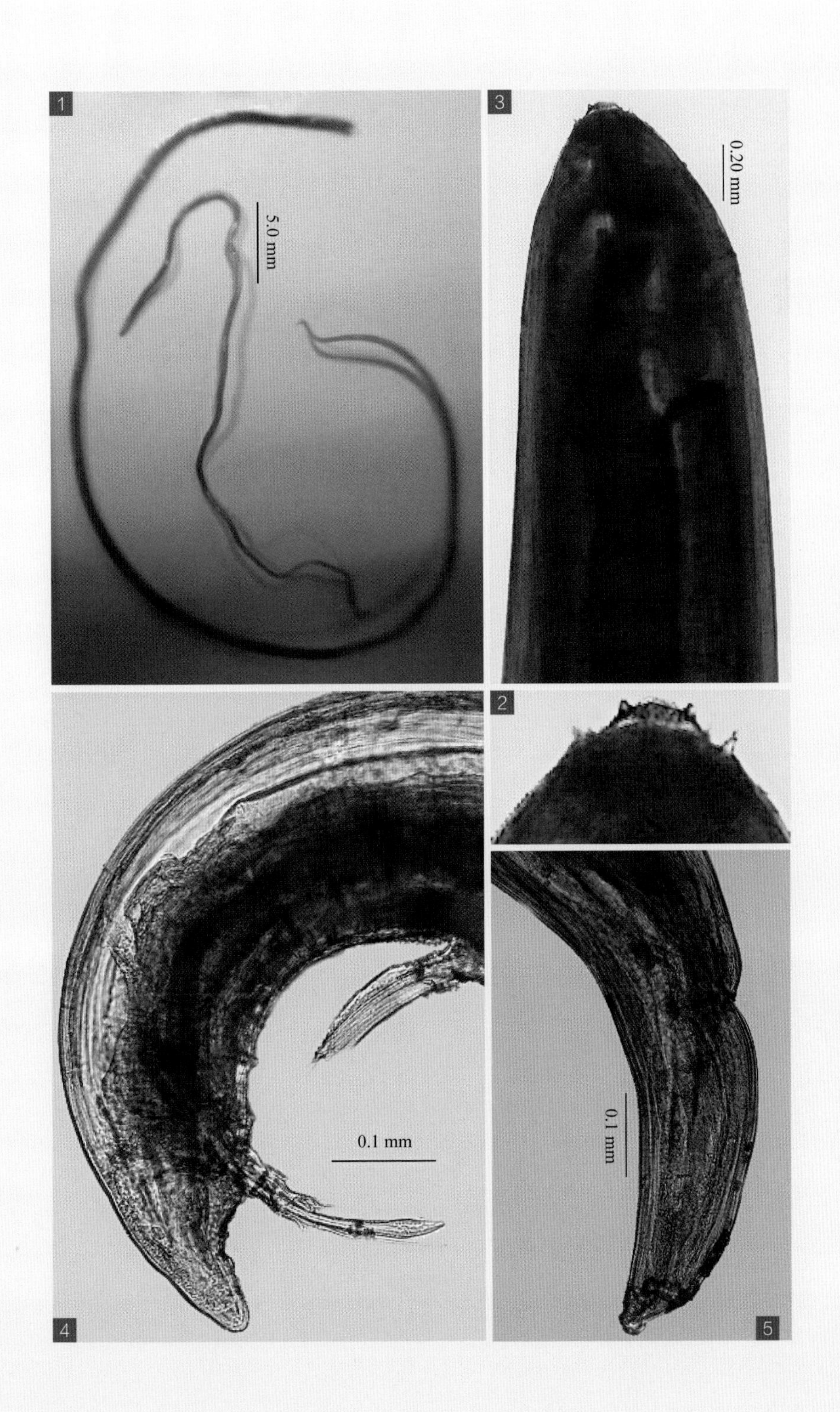
1
5.0 mm
3
0.20 mm
2
4
0.1 mm
5
0.1 mm

龙 线 科 Dracunculidae Leiper, 1912

雌虫显著长于雄虫。头端呈圆形，唇和假唇无，口腔发育不全。食道分为前方肌质部分和后方腺体部分。雄虫有交合刺，引带有或无。雌虫的阴门和肛门退化，胎生。

龙线属 *Dracunculus* Reichard, 1759

属的特征同科的特征。另外，虫体头端隆起呈圆盾状，角质增厚形成盾板，口周围有 2 环乳突。神经环位于腺体部前部，颈乳突位于神经环后。雄虫肛前乳突 3～6 对，肛后乳突 4～6 对，成熟虫体肠管后段及肛门萎缩。雌虫有尾突。寄生于哺乳动物结缔组织。中间宿主为剑水蚤。

271 麦地那龙线虫

Dracunculus medinensis Linnaeus, 1758

【主要形态特点】

虫体细长，头端隆起呈圆盾状，口周围有 2 环乳突，内环在背腹各有 1 个大的双乳突和 2 个侧乳突，外环有 4 个亚中双乳突和左右化感器（图 -1）。食道分为短的肌质部和粗长的腺体部。颈乳突小，位于神经环后的虫体两侧（图 -2）。

【雄虫】

虫体大小为 10.02～40.03 mm×0.411 mm。食道长 9.601 mm，尾部长 0.254 mm。交合刺 1 对稍不等长，左交合刺长 0.402～0.521 mm，右交合刺长 0.413～0.527 mm。引带长 0.110～0.129 mm。肛乳突（图 -3）分肛前和肛后乳突，肛前乳突 4 对，在泄殖孔前呈“八”字排列，肛后 6 对，其中在泄殖孔后缘的内外各 1 对，尾部亚末端 4 对，第 2 对肛乳突后的两侧，各有 1 个尾感器。但有些虫体，肛前乳突右侧为 3～4 个，左侧 4～6 个，排列不对称，肛后乳突为 4～6 个。

【雌虫】

虫体大小为 550.11～800.02 mm×1.21～2.02 mm。食道长 10.03～40.12 mm。阴门位于虫体中部稍后（图 -4）。体内充满胚细胞和幼虫。

【宿主与寄生部位】

犬、猫、马、驴、牛的结缔组织、肌肉内。

【图片】

廖党金绘

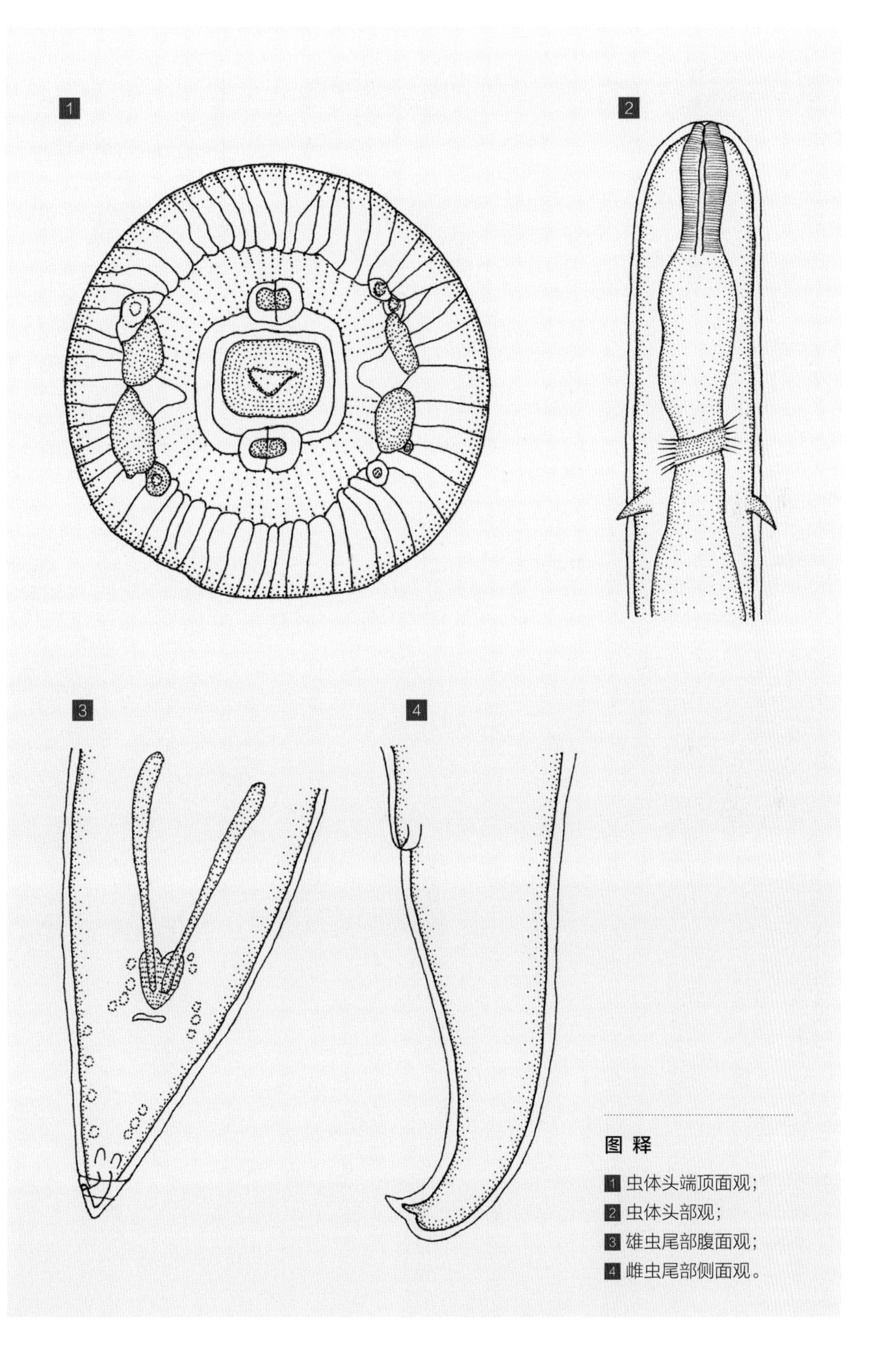

图释

1 虫体头端顶面观；
2 虫体头部观；
3 雄虫尾部腹面观；
4 雌虫尾部侧面观。

鸟龙属 *Avioserpens* Wehr et Chitwood, 1934

雌虫长度是雄虫的20～30倍，虫体呈乳白色，体表具有横纹。雄虫尾部无肛乳突，交合刺1对的形状相似。雌虫尾弯向背面，胎生。

272 台湾鸟龙线虫

Avioserpens taiwana Sugimoto, 1934

【主要形态特点】

虫体细长，呈乳白色（图-1），体表有细横纹。头端钝圆，背和腹各有1个单乳突，两侧有1对头感器和4个亚双乳突（图-2、图-3）。食道分为肌质部和食道腔，神经环位于肌质部的后段（图-4）。排泄孔位于腺体部的中部腹面。

【雄虫】

虫体大小为6.0 mm×0.128 mm。食道肌质部长0.144 mm，腺体部长0.598 mm。神经环距头端0.14 mm，食道背腺长0.68 mm，亚腹腺长0.35 mm。尾部向腹面弯，后半部细小呈指状（图-5、图-6）。肛门距尾端0.27 mm。交合刺1对大小稍不等长，左交合刺0.192 mm×0.018 mm，右交合刺0.140 mm×0.014 mm。引带呈三角形，大小为0.035～0.008 mm。

【雌虫】

虫体大小为110.1～180.3 mm×0.56～0.58 mm，肛门处宽0.32 mm。食道肌质部长0.288～0.360 mm，腺体部长1.44～1.80 mm。神经环距头端0.226～0.320 mm，排泄孔距头端0.88～0.92 mm，食道背腺长1.76～2.10 mm，亚腹腺长0.78～1.04 mm。肛门距尾端0.56～0.86 mm。尾部远端尖细，尾端弯曲呈钩状（图-7）。生殖孔位于体后半部，虫体充分成熟时生殖孔和阴道萎缩，子宫向体前、后伸展，卵巢末端距尾端2.56 mm。

【宿主与寄生部位】

鸭的下颌、咽、腿部皮下结缔组织。

【虫体标本保存单位】

四川省畜牧科学研究院、中国农业科学院上海兽医研究所

图释

1 雌虫成虫团；
2 3 虫体头端观及乳突等；
4 虫体头部及食道等；
5 雄虫尾部正面观及尾尖等；
6 雄虫尾部侧面观及尾尖等；
7 雌虫尾部。

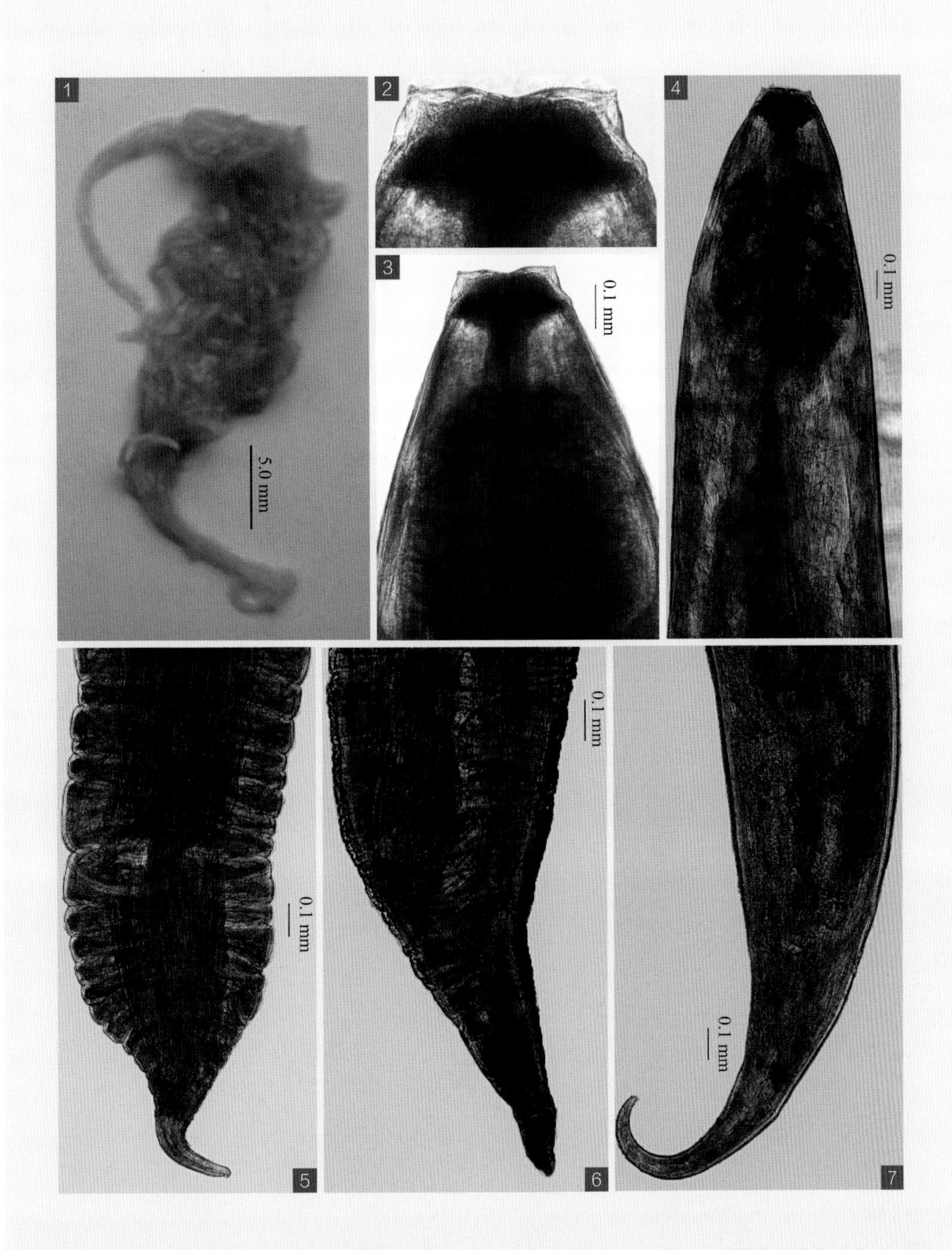
1
2
3
4
5
6
7
5.0 mm
0.1 mm
0.1 mm
0.1 mm
0.1 mm
0.1 mm

273 四川鸟龙线虫

Avioserpens sichuanensis Li et al., 1963

【主要形态特点】

虫体表面光滑，头端背腹各有 2 个乳突，外环有背背、侧背、侧腹、腹腹各 1 对乳突和 1 对侧感器（图 –1）。食道分短的肌质部和长的腺体部（图 –2），有背腹食道腺。

【雄虫】

虫体大小为 8.71～10.99 mm×0.138～0.163 mm。颈乳突距头端 0.46 mm，神经环距头端 0.320～0.356 mm。尾部弯向腹面，长 0.320～0.346 mm，尾端钝，腹面有小刺状物，长 0.0026 mm。交合刺呈黑褐色，左交合刺大小为 0.185～0.204 mm×0.015 mm，右交合刺大小为 0.200～0.218 mm×0.017 mm，远端分叉。引带呈犁铧形，大小为 0.060～0.078 mm×0.017～0.022 mm。

【雌虫】

虫体大小为 32.6～63.5 mm×0.635～0.803 mm。食道长 0.799～1.011 mm，体内含有很多幼虫，大小为 0.471～0.530 mm×0.013～0.017 mm。

【宿主与寄生部位】

鸭的下腭和后肢等处的皮下结缔组织。

【虫体标本保存单位】

四川农业大学

图 释

1 雌虫头端观及乳突等；

2 雌虫头部观及头端乳突、食道等；

3 4 雌虫尾部。

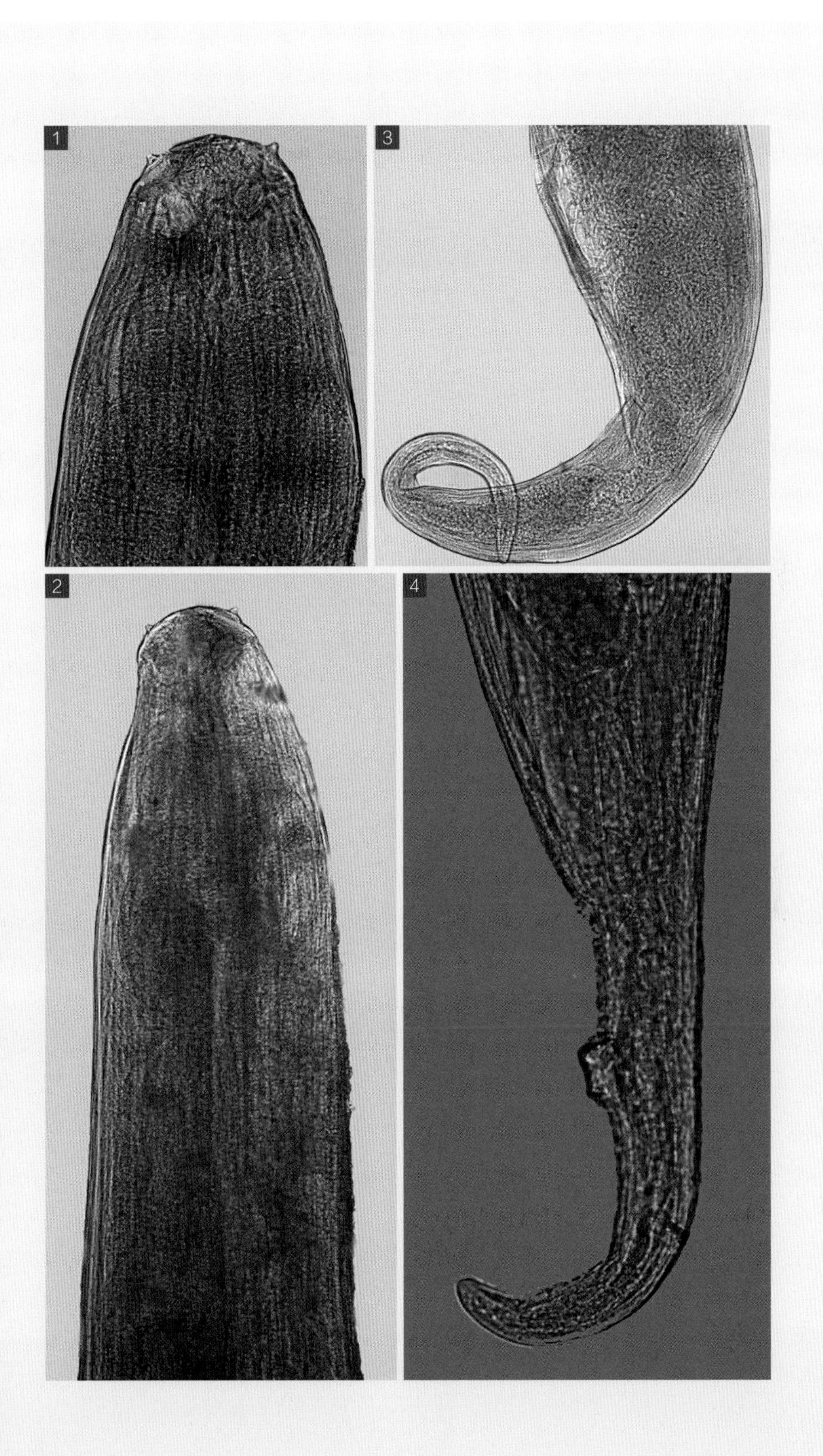
1
3
2
4

毛首科 Trichocephalidae Baird, 1853

虫体呈鞭形，分为前、后两部分，即体前部纤细和体后部粗。口无唇。食道后部贯穿一串食道腺细胞。雄虫的交合刺 1 根或无。雌虫的阴门靠近食道后部。卵呈桶形，壳厚，两端各有 1 小塞。

毛首属 *Trichocephalus* Schrank, 1788

属的特征同科的特征。

274 猪毛首线虫

Trichocephalus suis Schrank, 1788

【主要形态特点】

虫体前部细长，后部短粗，形状呈鞭形（图 –1）。体前部与体后部的比例约为 1.5∶1。食道细长，外围食道腺细胞。后部为肠管和生殖腺。

【雄虫】

虫体总长 25.5～51.1 mm，体前部长 15.2～27.6 mm，宽 0.17～0.22 mm，体后部长 10.2～13.7 mm，宽 0.54～0.80 mm。尾端呈螺旋状卷曲，交合刺 1 根，长 2.12～2.36 mm，隐藏于交合刺鞘内，交合刺鞘能收缩，其末端膨大呈鼓形，鞘外密布有小刺（图 –3）。

【雌虫】

虫体总长 31.5～52.2 mm，体前部长 22.7～31.3 mm，宽 0.07～0.08 mm；体后部长 8.81～20.91 mm，宽 0.57～0.95 mm。阴门开口于虫体前部与后部的交界处（图 –4），阴门和阴道起始部有细刺，阴门距头端 22.2～31.2 mm。肛门位于体末端，尾端直而钝圆（图 –5）。

【宿主与寄生部位】

猪的盲肠。

【虫体标本保存单位】

四川省畜牧科学研究院

图 释

1 成虫，左为雄虫，右为雌虫；
2 虫体头部观及食道等；
3 雄虫尾部观及交合刺鞘、交合刺等；
4 雌虫阴门；
5 雌虫尾端及肛门、尾尖等。

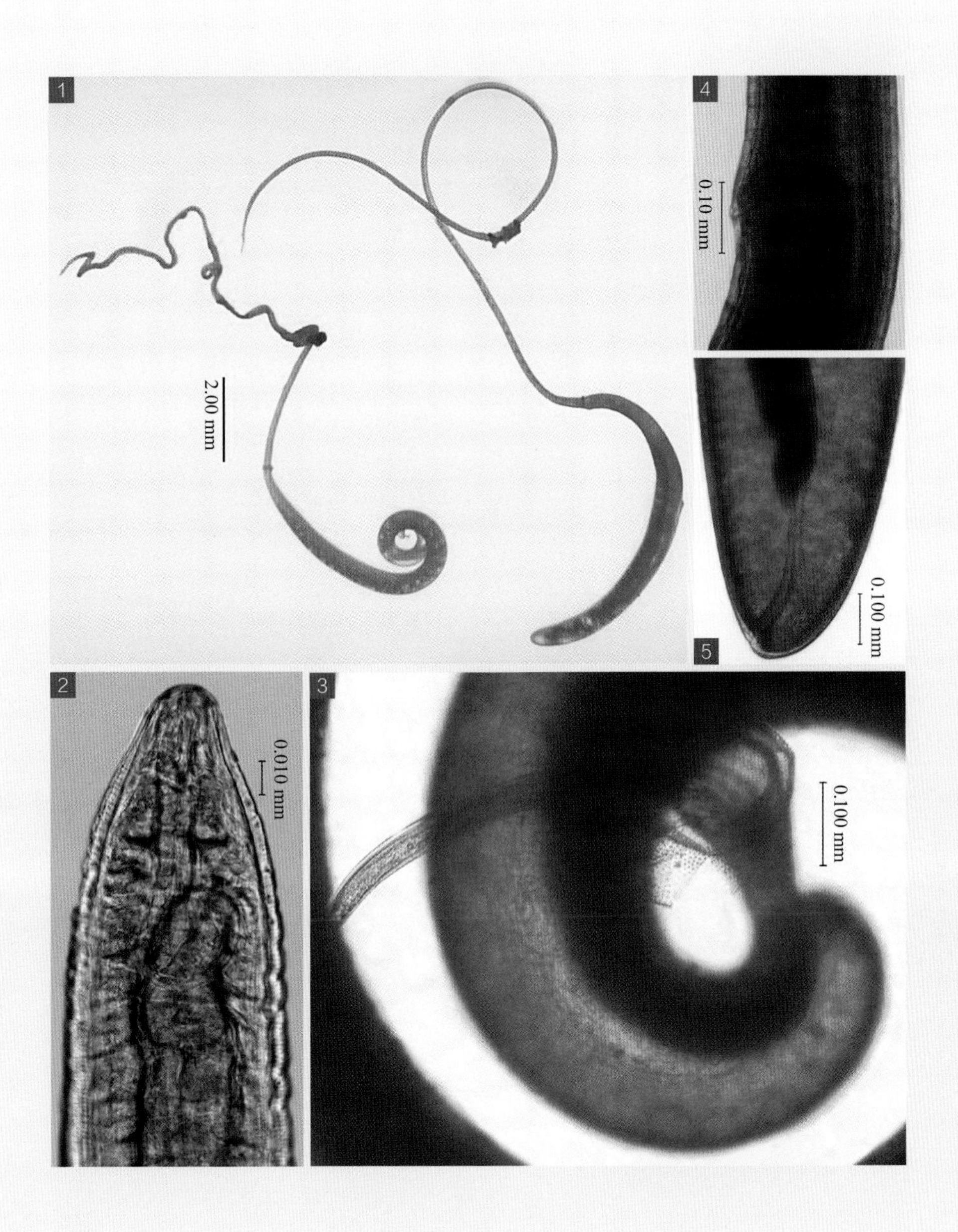
1
2.00 mm
4
0.10 mm
5
0.100 mm
2
0.010 mm
3
0.100 mm

275 长刺毛首线虫

Trichocephalus longispiculus Artjuch, 1948

【主要形态特点】

虫体前部细，后部粗，形如鞭状，体前部与体后部的比例约为 2∶1。

【雄虫】

虫体长 52.01～74.43 mm，最大宽度 0.053～0.096 mm。体前部长 34.61～49.42 mm，食道与肠管连接处体宽 0.17～0.23 mm，体后部长 17.31～25.02 mm。交合刺 1 根，长 5.61～8.02 mm，宽 0.042～0.065 mm，末端呈锥形。交合刺鞘较长，其上有小刺（图 –1、图 –2）。

【雌虫】

虫体长 68.02～85.01 mm，最大宽度 0.931～1.033 mm。阴门（图 –3）开口于体前部与后部的交界处，距尾端 14.29～16.15 mm。虫卵大小为 0.068～0.072 mm×0.031～0.034 mm，两端有卵塞。

【宿主与寄生部位】

山羊、绵羊的盲肠、大肠。

【虫体标本保存单位】

四川省畜牧科学研究院

图 释

1 2 雄虫尾部观及交合刺、交合刺鞘等；
3 雌虫阴门；
4 雌虫尾端。

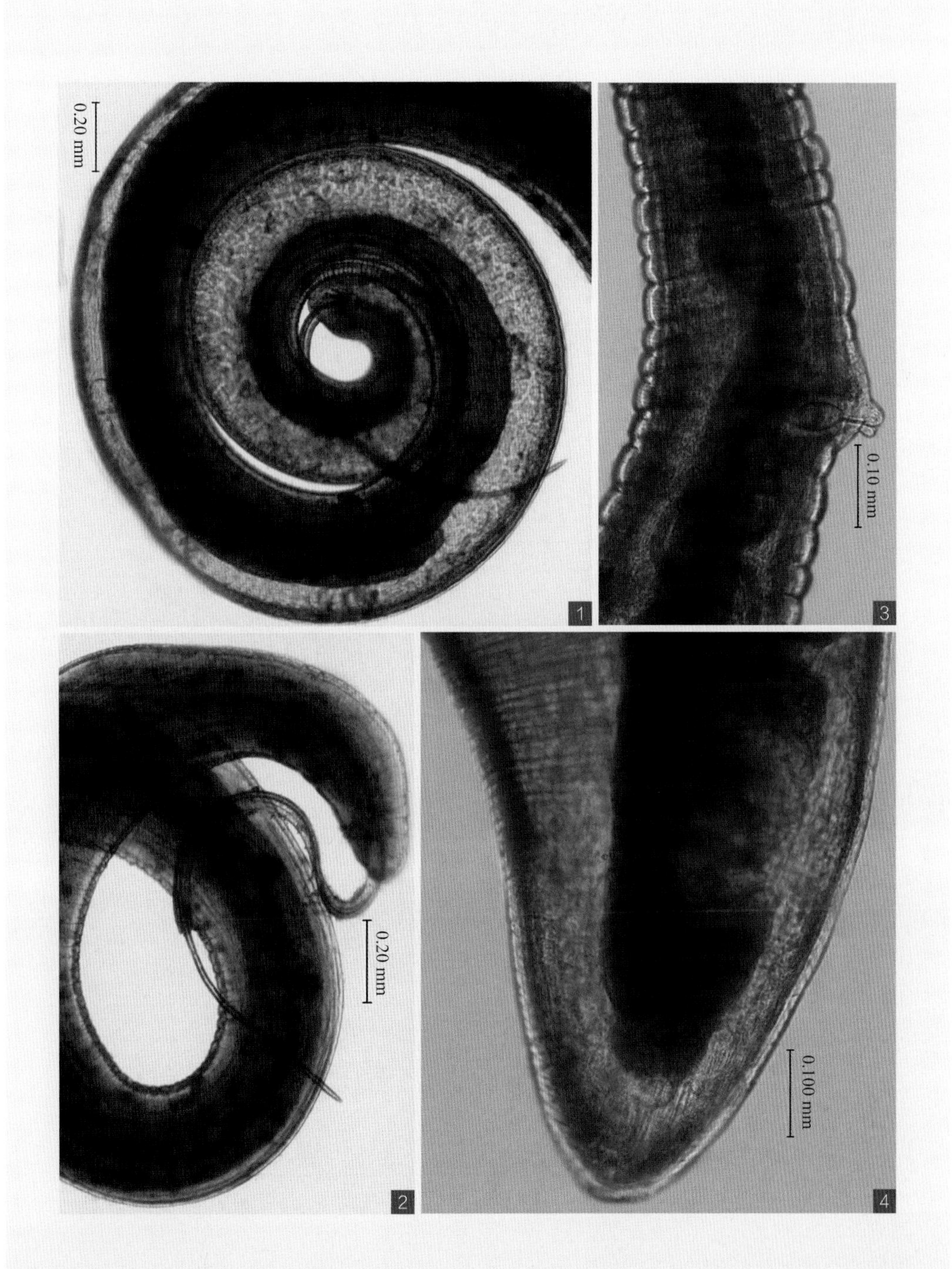
0.20 mm
0.10 mm
0.20 mm
0.100 mm
1
2
3
4

276 羊毛首线虫

Trichocephalus ovis Abilgaard, 1795

【主要形态特点】

虫体前部细长，后部粗大，前部长度是后部的 2 倍。食道细长，占整个前部，由念珠状的细胞构成。粗大的后部包含着肠管和生殖器官。

【雄虫】

虫体长 70.02～90.05 mm，尾端向背面卷曲。交合刺 1 根，长 4.63～6.27 mm。交合刺外围为交合刺鞘，鞘的表面密布小刺，远端向外翻转膨大呈球状（图 –2、图 –3）。

【雌虫】

虫体长 55.03～70.01 mm，食道占体长的 2/3～4/5。阴门（图 –4）开口于体前部与后部的交界处。肛门开口在虫体的末端，尾端直而钝圆（图 –5）。

【宿主与寄生部位】

山羊、绵羊、黄牛、水牛、牦牛的盲肠、大肠。

【虫体标本保存单位】

四川省畜牧科学研究院

图 释

1 虫体头部观及食道等；

2 3 雄虫尾部及交合刺、交合刺鞘等；

4 雌虫阴门；

5 雌虫尾端观及肛门、尾尖等。

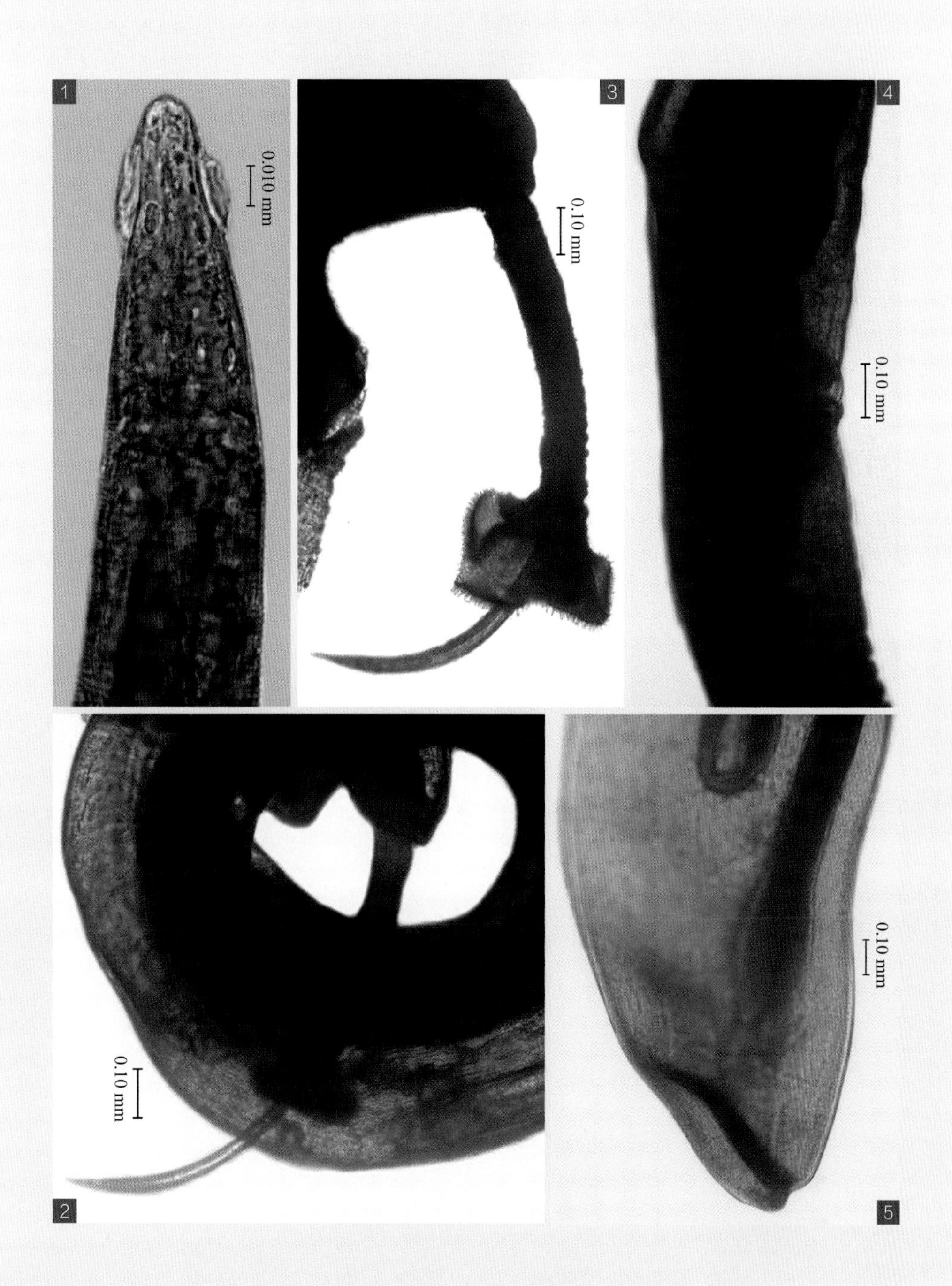
1
0.010 mm
2
0.10 mm
3
0.10 mm
4
0.10 mm
5
0.10 mm

277 球形毛首线虫

Trichocephalus globulosa Linstow, 1901

【主要形态特点】

虫体呈鞭形，前部细长，后部粗大。雄虫前部长度与后部长度比例为 2∶1～3∶1，雌虫前部长度与后部长度比例为 3∶1～4∶1。

【雄虫】

虫体大小为 45.51～64.22 mm×0.668～0.934 mm。体前部长 28.84～50.87 mm，体后部长 12.10～17.74 mm。食管长 27.21～49.38 mm。交合刺 1 根，长 3.64～5.55 mm，远端呈锥形。交合刺鞘远端膨大呈球形，膨大部大小为 0.12～0.38 mm×0.11～0.37 mm，鞘末端部光滑，其他部分布满小刺（图 -2、图 -3）。

【雌虫】

虫体大小为 39.51～67.25 mm×0.511～0.968 mm。体前部长 29.01～53.82 mm，宽 0.16～0.18 mm；体后部长 8.21～13.38 mm。食道长 28.11～52.74 mm。阴门（图 -4）开口于体前部与后部的交界处，距尾端 14.28～27.01 mm。

【宿主与寄生部位】

山羊、绵羊、黄牛、牦牛的盲肠、大肠。

【虫体标本保存单位】

四川省畜牧科学研究院

图 释

1 虫体头部观及食道等；

2 3 雄虫尾部及交合刺、交合刺鞘形状等；

4 雌虫阴门；

5 雌虫尾部观及肛门、尾尖等。

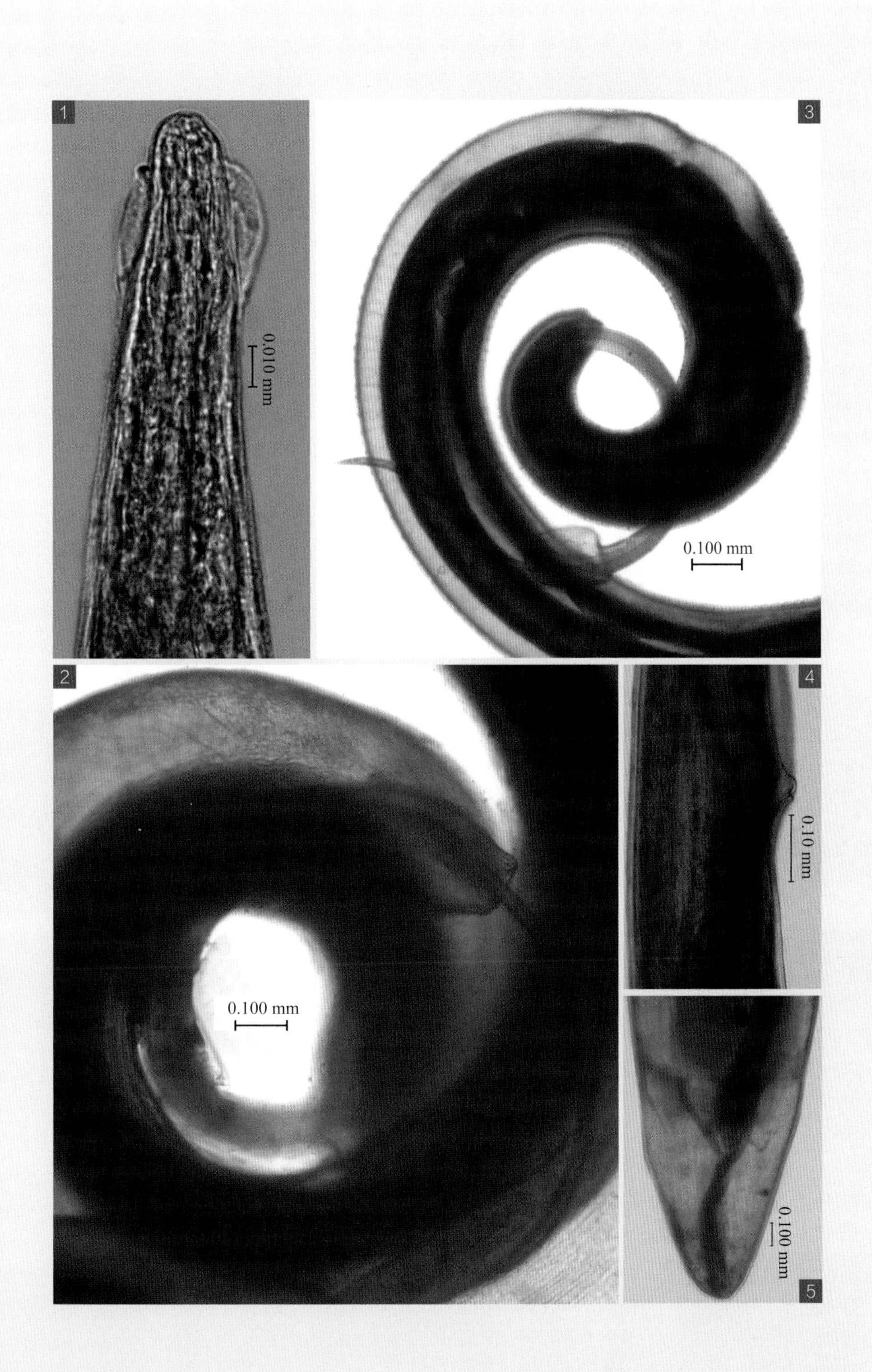
1
0.010 mm
3
0.100 mm
2
0.100 mm
4
0.10 mm
0.100 mm
5

278 同色毛首线虫

Trichocephalus concolor Burdelev, 1951

【主要形态特点】

虫体呈鞭形。

【雄虫】

虫体大小为 39.71～51.77 mm×0.38～0.62 mm。体前部长 28.51～38.89 mm，后部长 11.22～12.91 mm。食道长 28.42～35.91 mm。交合刺 1 根，长 4.91～5.37 mm。交合刺鞘远端不膨大，完全伸出时呈棒状，表面密布小刺（图 -2）。

【雌虫】

虫体大小为 43.95～51.49 mm×0.72～0.78 mm，体前部长 33.51～38.67 mm，后部长 10.45～12.84 mm。食道长 32.61～39.14 mm。阴门（图 -3）开口于体前部与后部的交界处，距尾端 11.12～12.19 mm。

【宿主与寄生部位】

山羊、绵羊的盲肠。

【虫体标本保存单位】

四川省畜牧科学研究院

图 释

1 虫体头部观；
2 雄虫尾部观及交合刺鞘等；
3 雌虫阴门；
4 雌虫尾部观及肛门、尾尖等。

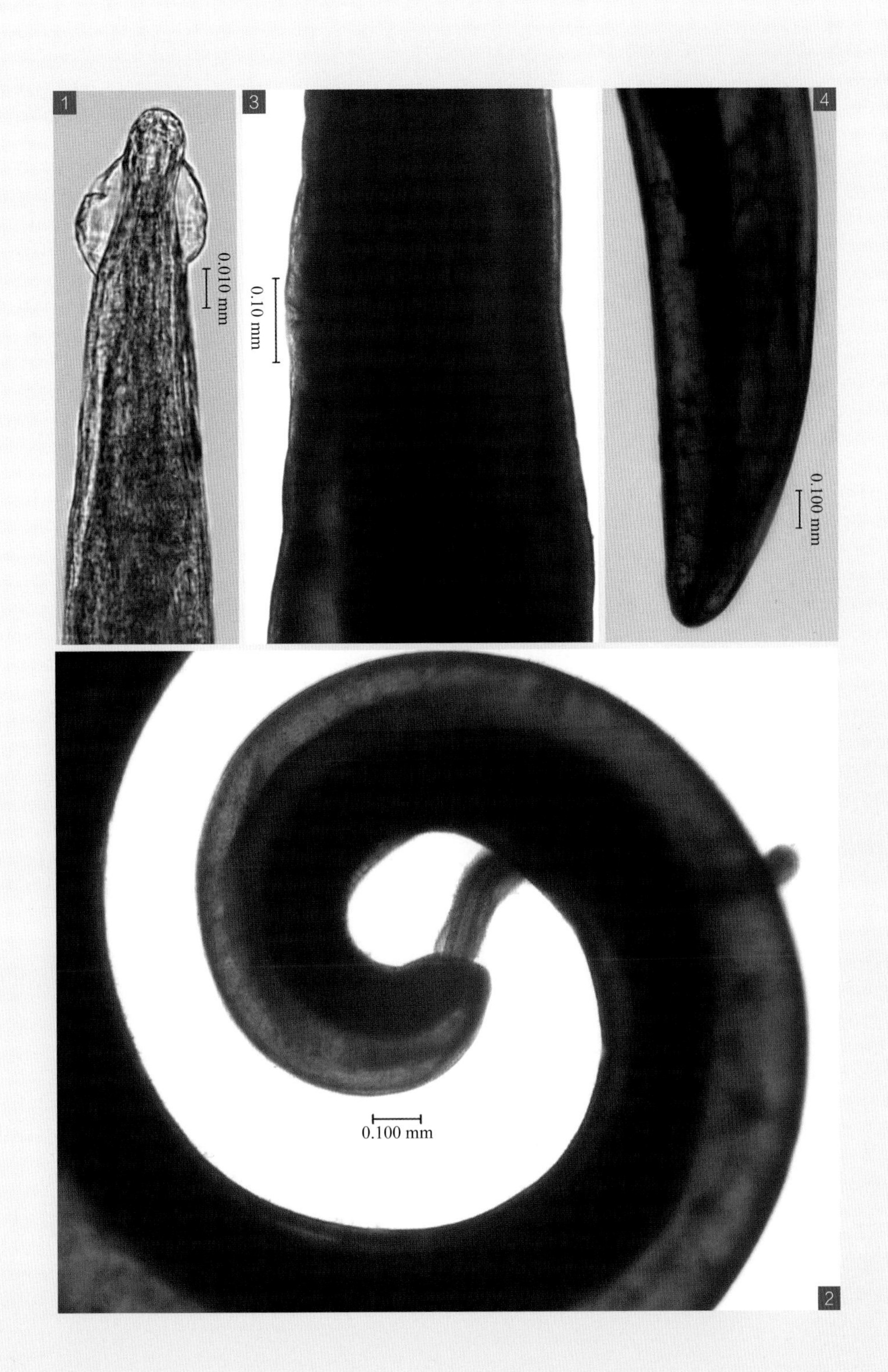
1
3
4
2
0.010 mm
0.10 mm
0.100 mm
0.100 mm

279 兰氏毛首线虫

Trichocephalus lani Artjuch, 1948

【主要形态特点】

虫体呈鞭形，体前部较细，后部短粗。

【雄虫】

虫体大小为 34.21～46.49 mm×0.31～0.67 mm。体前部长 22.64～30.31 mm，宽 0.05～0.06 mm，体后部长 11.61～16.18 mm。食道长 22.62～29.85 mm。交合刺 1 根，长 1.64～3.48 mm，尖端钝。交合刺鞘呈管状，长 0.14～0.22 mm，其上密布小刺（图 -2、图 -3）。

【雌虫】

虫体大小为 38.33～54.85 mm×0.72～0.88 mm。体前部长 28.02～40.93 mm，宽 0.14～0.18 mm，体后部长 10.81～13.98 mm。食道长 27.24～39.46 mm。阴门开口于食道后，呈结节状，外有刺状突（图 -4），阴门距头端 11.11～ 15.38 mm。肛门位于体末端，尾端钝圆（图 -5）。

【宿主与寄生部位】

山羊、绵羊、黄牛、牦牛的盲肠、结肠。

【虫体标本保存单位】

四川省畜牧科学研究院

图 释

1 虫体头部观及食道等；

2 3 雄虫尾部及交合刺鞘等；

4 雌虫阴门等；

5 雌虫尾端观及肛门、尾尖等。

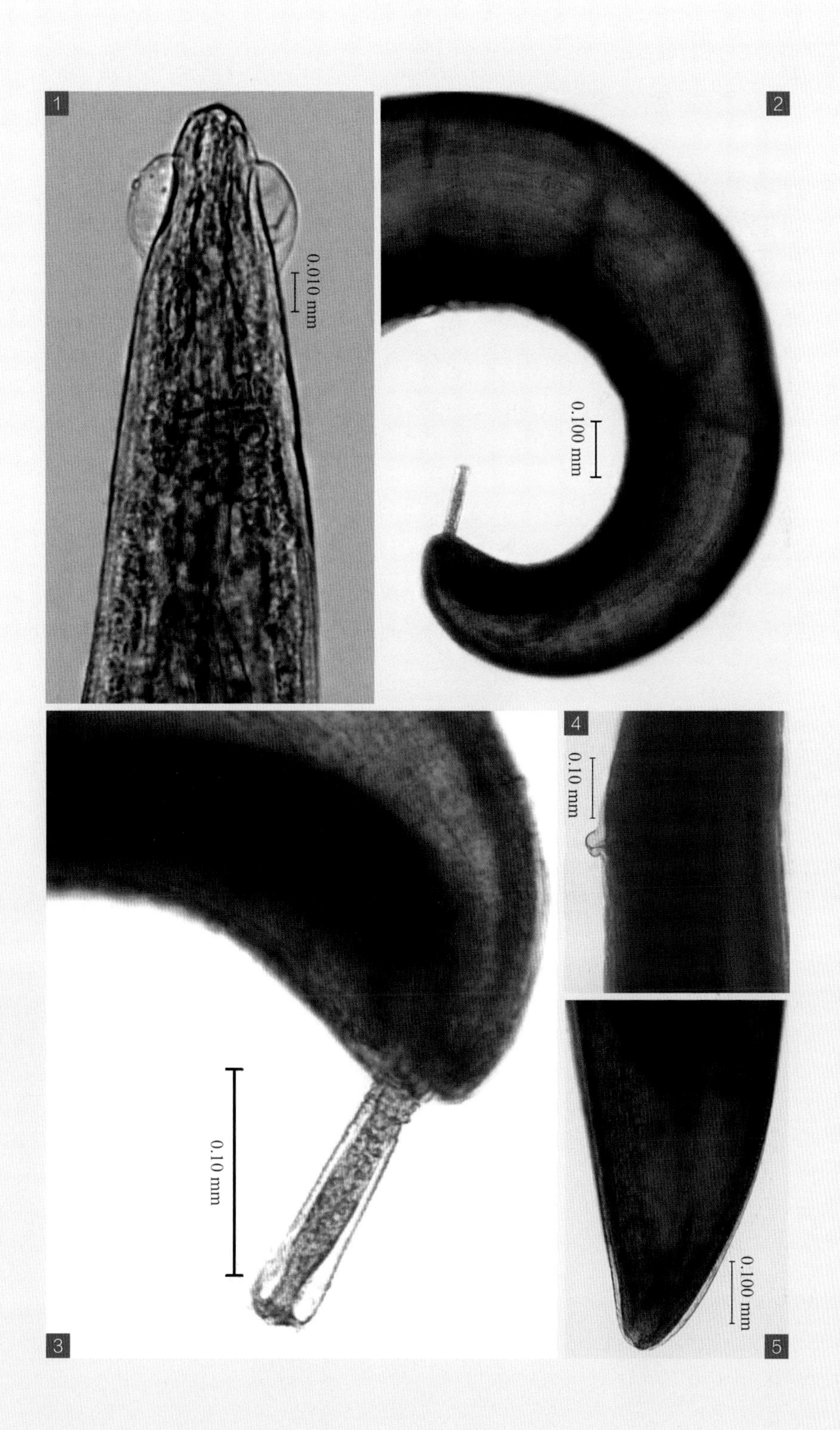
1
0.010 mm
2
0.100 mm
3
0.10 mm
4
0.10 mm
5
0.100 mm

280 斯氏毛首线虫

Trichocephalus skrjabini Baskakov, 1924

【主要形态特点】

虫体分细的前部和粗的后部，呈鞭形。

【雄虫】

虫体大小为 36.01～65.62 mm×0.681～0.772 mm，虫体前部和后部的比例为 2∶1。交合刺 1 根，长 0.841～1.501 mm。交合刺鞘呈圆筒状，其上有小刺（图 -1、图 -2），小刺长约 0.0015 mm。

【雌虫】

虫体长为 60.01～75.42 mm，前部宽为 0.165～0.181 mm，后部宽为 1.03～1.15 mm。阴门（图 -3）开口于体前部与后部的交界处，子宫大呈囊状。尾端较直而钝圆（图 -4）。

【宿主与寄生部位】

猪的盲肠、结肠。

【虫体标本保存单位】

四川农业大学

图 释

1 2 雄虫尾部观及交合刺鞘等；
3 雌虫阴门；
4 雌虫尾部观及肛门、尾尖等。

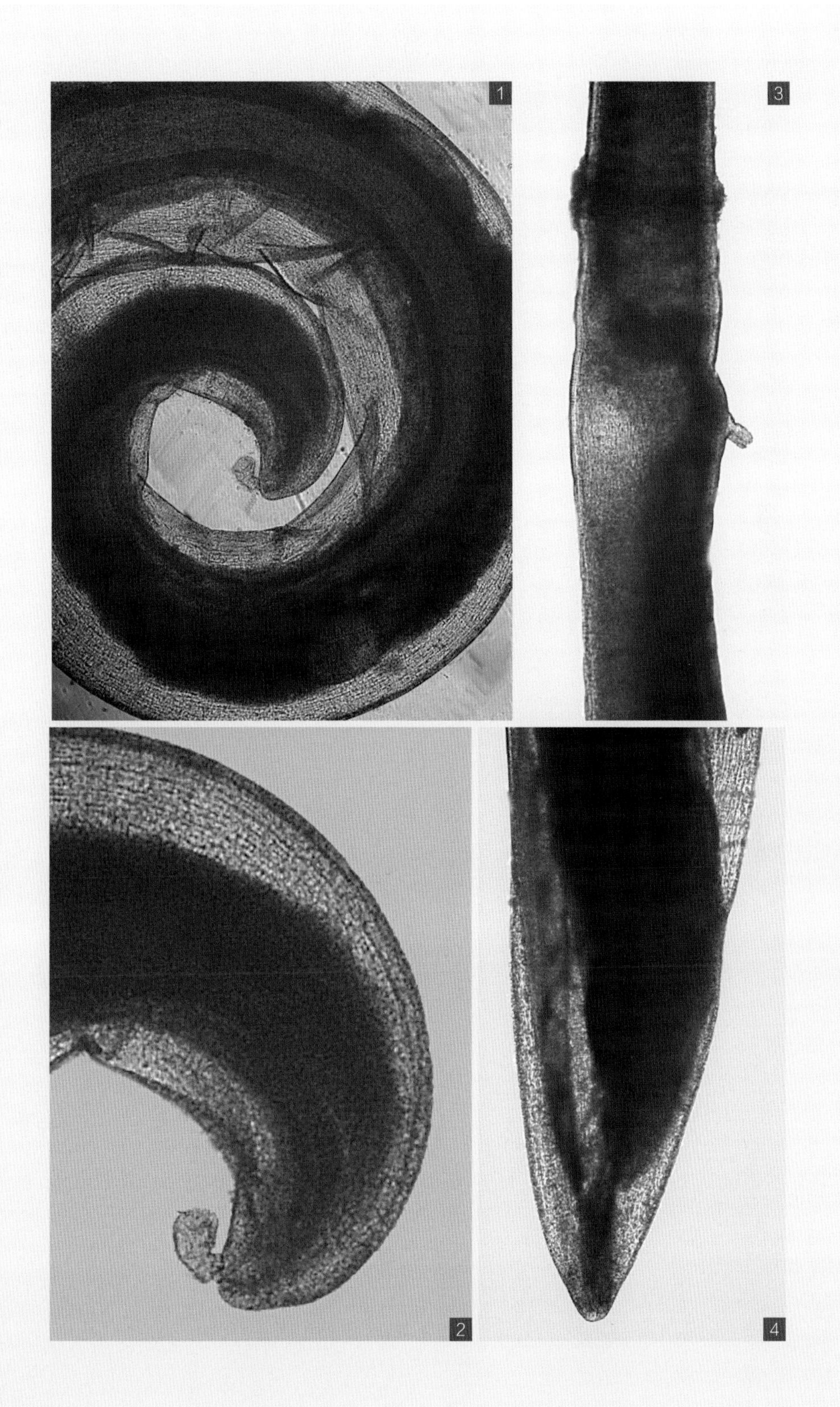
1
3
2
4

281 印度毛首线虫

Trichocephalus indicus Sarwar, 1946

【主要形态特点】

虫体呈乳白色鞭形，体前部较细长，后部短粗。

【雄虫】

虫体长 46.450～49.689 mm。交合刺 1 根，起始端较宽，远端尖细，长 3.05～4.26 mm。交合刺鞘呈长圆筒状，末端稍宽，其上有密集小刺（图 -2、图 -3），长 1.16 mm。

【雌虫】

虫体长为 44.51～53.03 mm。体前部长 28.02～40.93 mm，宽 0.14～0.18 mm，体后部长 10.81～13.98 mm。食道长 27.24～39.46 mm。阴门开口处无突出物，阴道内壁有细绒毛构造。

【宿主与寄生部位】

绵羊、黄牛的盲肠、结肠。

【虫体标本保存单位】

四川农业大学

图 释

1 虫体头部观；

2 3 雄虫尾部观及交合刺鞘等；

4 雌虫尾部观及肛门、尾尖等。

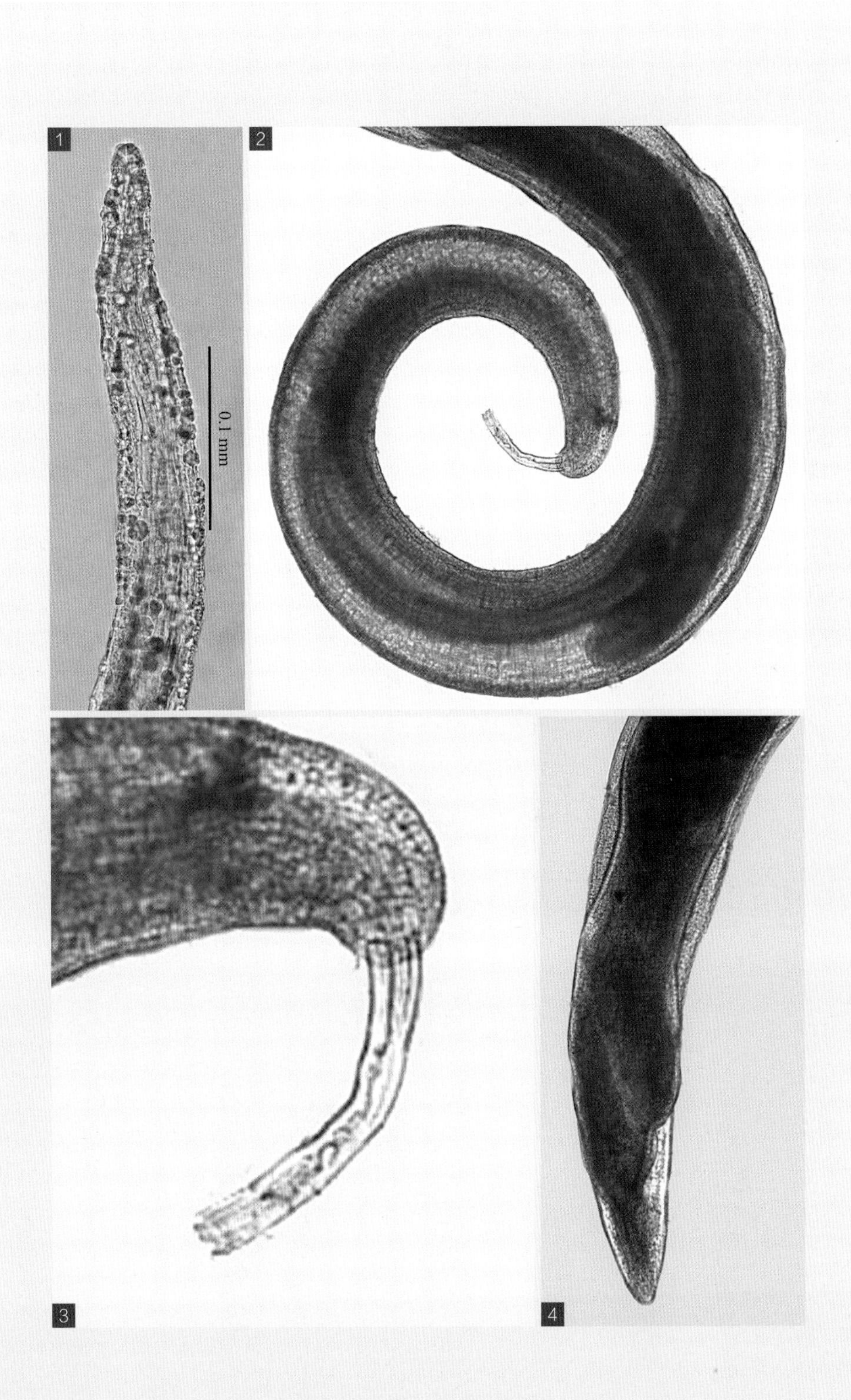
1
2
0.1 mm
3
4

282 瞪羚毛首线虫

Trichocephalus gazellae Gebauer, 1933

【主要形态特点】

虫体呈鞭状，体前部与体后部的比例为 7：3。

【雄虫】

虫体长为 38.63～45.74 mm，体前部宽 0.165～0.249 mm，体后部宽 0.663～0.831 mm。体后端呈螺旋状卷曲。交合刺 1 根细，长 2.64～3.17 mm。在交合刺鞘近端有刺，远端无刺（图 -2、图 -3、图 -4）。

【雌虫】

虫体长为 44.75～56.23 mm，体前部宽 0.115～0.136 mm，体后部宽 0.82～0.99 mm。阴门开口于食道末端，粗细交界处无刺、无褶皱。虫卵两端有栓，大小为 0.069～0.083 mm×0.031～0.037 mm。

【宿主与寄生部位】

绵羊、山羊、黄牛、骆驼的盲肠、大肠。

【虫体标本保存单位】

中国农业科学院兰州兽医研究所

图 释

1 虫体头部观及食道、神经环等；

2～4 雄虫尾部侧面观及交合刺、交合刺鞘等。

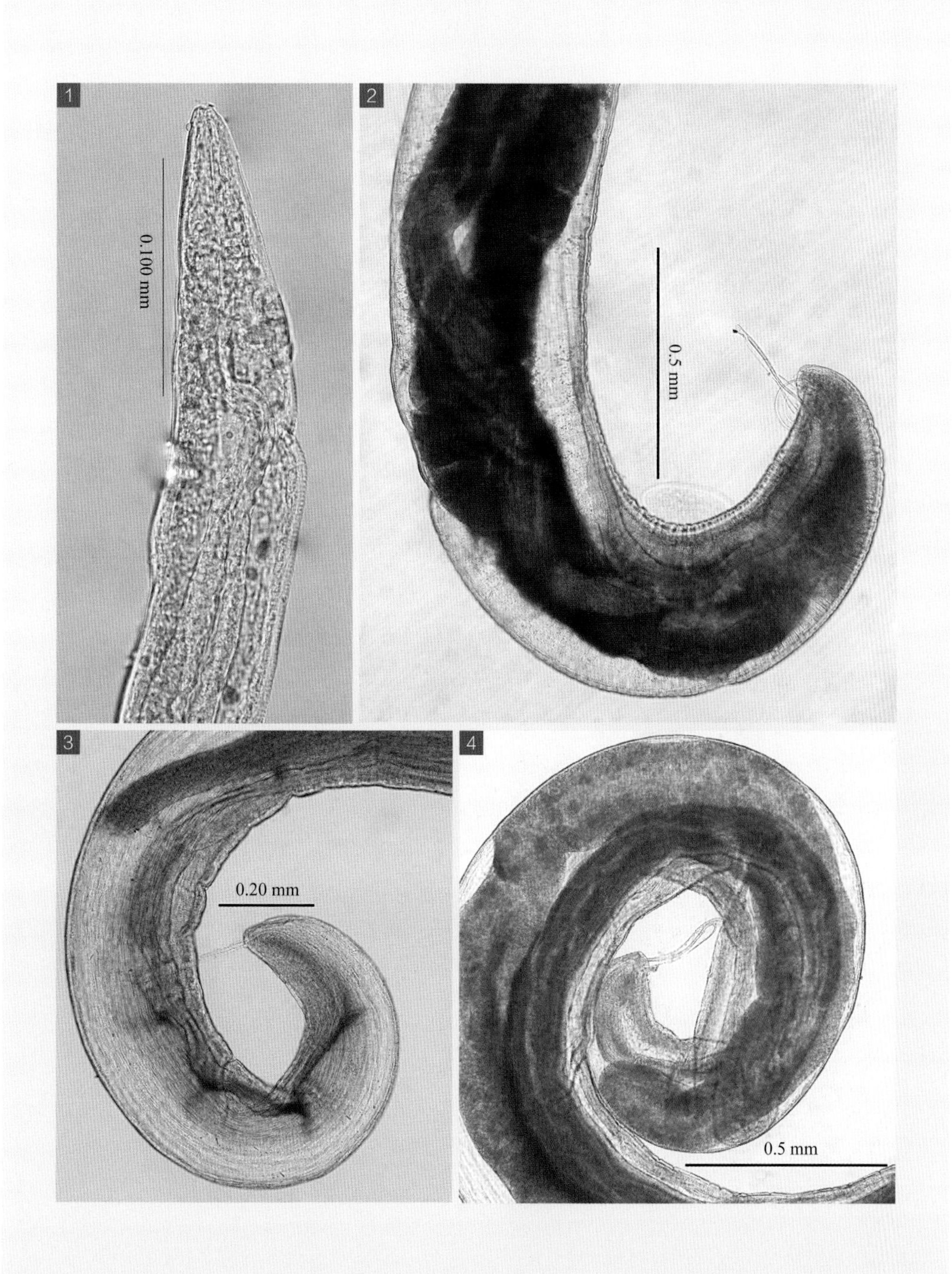
1
2
3
4
0.100 mm
0.5 mm
0.20 mm
0.5 mm

283 武威毛首线虫

Trichocephalus wuweiensis Yang et Chen, 1978

【主要形态特点】

虫体呈乳白色鞭状。

【雄虫】

虫体大小为 32.78～46.72 mm×0.41～0.53 mm。体前部与体后部的长度之比为 1.7∶1。交合刺长 2.03～2.39 mm，末端尖。交合刺鞘长 0.56～0.68 mm，分有刺和无刺两部分，远端前方有膨大部分（图 -2、图 -3、图 -4）；其近端有刺，长 0.30～0.37 mm，远端无刺，长 0.36～0.42 mm，其膨大部宽度为 0.037～0.050 mm。

【雌虫】

虫体大小为 45.0～50.0 mm×0.77～0.85 mm。体前部与体后部的长度之比为 2.1～2.2∶1。阴门突出，开口于食道与肠管交界处，前方具有细刺。阴道前部无细刺。尾部平直而钝（图 -5）。

【宿主与寄生部位】

绵羊、牦牛的盲肠。

【虫体标本保存单位】

中国农业科学院上海兽医研究所

图 释

1 虫体头部观，图上有虫体体部垂直交叉；

2～4 雄虫尾部观及交合刺鞘等；

5 雌虫尾部观及肛门、尾端等。

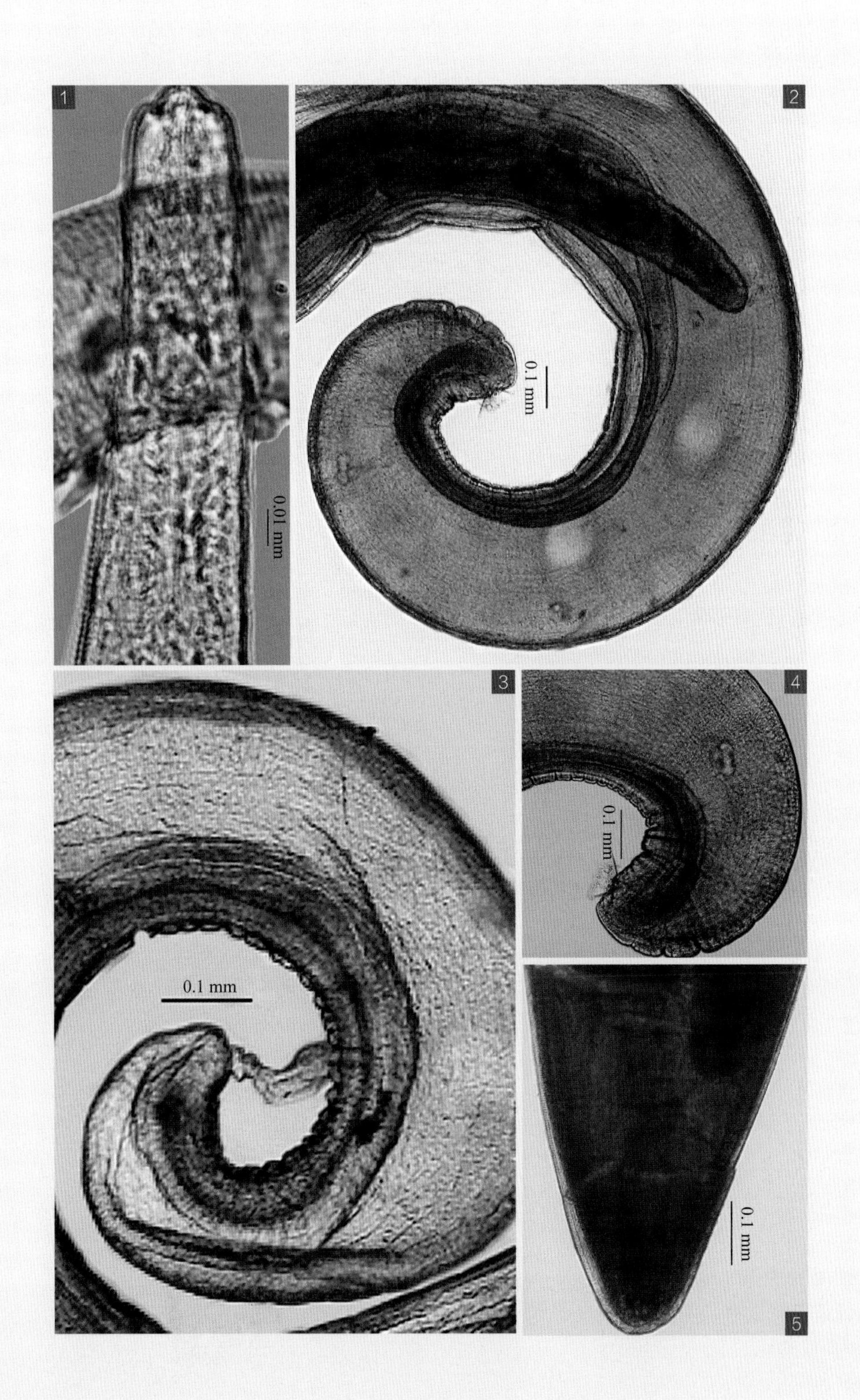
1
0.01 mm
2
0.1 mm
3
0.1 mm
4
0.1 mm
5
0.1 mm

284 鞭形毛首线虫

Trichocephalus trichiura Linnaeus, 1771

【主要形态特点】

虫体呈鞭形，体前部较细，后部短粗，体前部与体后部之比为 3∶2。口中有一矛形物，头端无明显的口腔（图 –1、图 –2）。

【雄虫】

虫体长为 30.0～45.0 mm。尾部向腹面卷曲，交合刺 1 根，长 2.50 mm，其末端呈枪尖状。交合刺鞘呈长圆筒状，末端膨大呈喇叭状，鞘上有很多小刺（图 –3）。

【雌虫】

虫体长为 35.0～50.0 mm。阴门开口于体前部与后部的交界处（图 –4），卵巢位于虫体后部 1/5 处。尾直，末端钝圆（图 –5）。

【宿主与寄生部位】

猪的盲肠、回肠。

【虫体标本保存单位】

中国农业科学院上海兽医研究所

图 释

玻片标本。

1 2 虫体头部观及食道等；

3 雄虫尾部侧面观及交合刺、圆筒状交合刺鞘等；

4 雌虫阴门等；

5 雌虫尾部观及肛门、尾尖等。

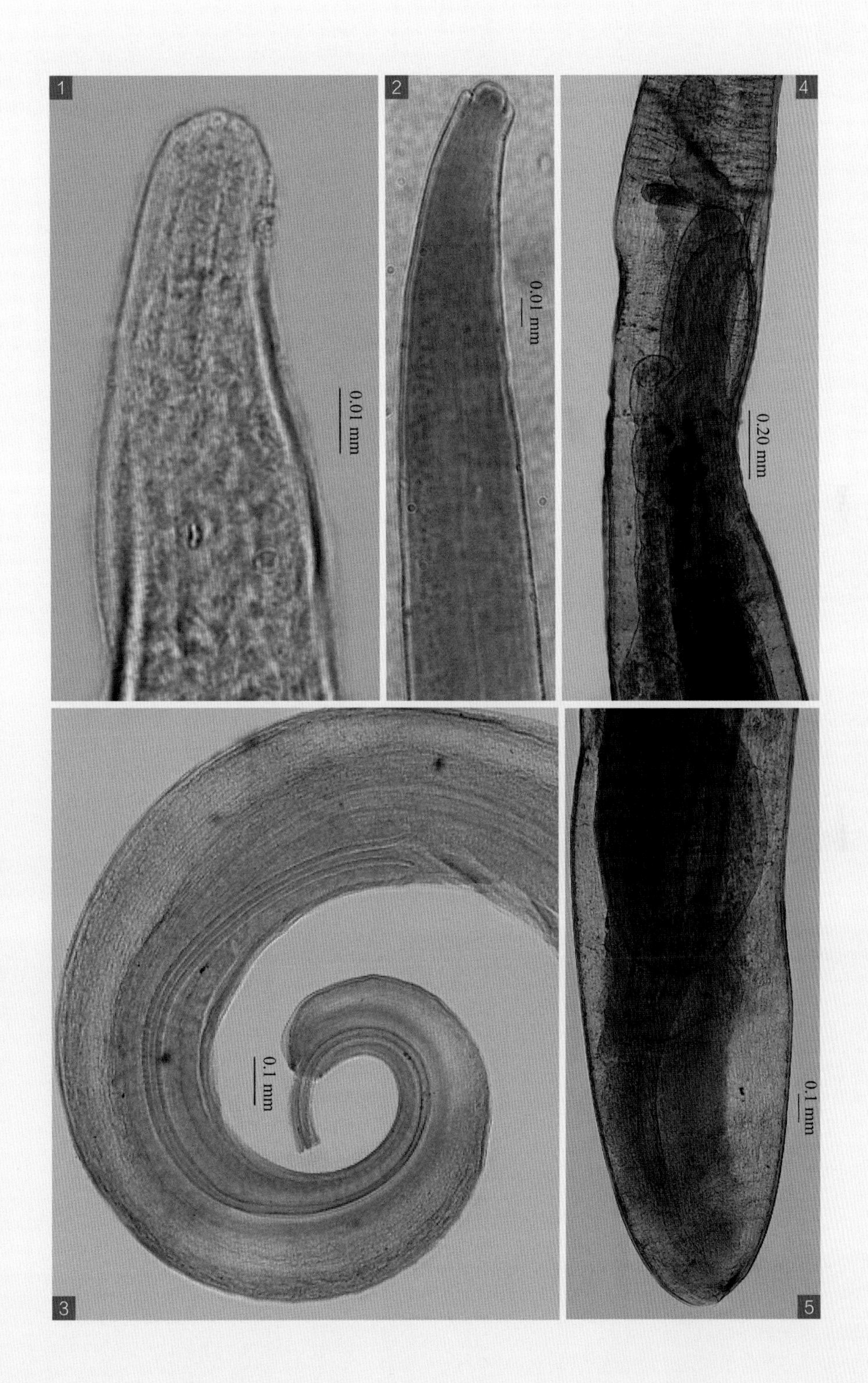
1
2
3
4
5
0.01 mm
0.01 mm
0.20 mm
0.1 mm
0.1 mm

285 无色毛首线虫

Trichocephalus discolor Linstow, 1906

【主要形态特点】

见下。

【雄虫】

虫体长为45.0～59.0 mm，体前部宽0.14 mm，体后部宽0.35～0.55 mm，体前部长与体后部长度之比为2∶1。交合刺长1.70～3.00 mm。交合刺鞘表面有刺，远端稍膨大或不膨大（图-3、图-4）。在肛门两侧各有1大的乳突。

【雌虫】

虫体呈橘黄色，其长度为43.0～55.0 mm，体前部宽0.13 mm，体后部宽0.67 mm，体前部长与体后部长度之比为3∶1。虫卵两端有栓，大小为0.060～0.073 mm×0.025～0.035 mm。

【宿主与寄生部位】

绵羊、山羊、黄牛、水牛的盲肠。

【虫体标本保存单位】

中国农业科学院兰州兽医研究所

图 释

1 2 雄虫头部观；

3 4 雄虫尾部侧面观及交合刺鞘等。

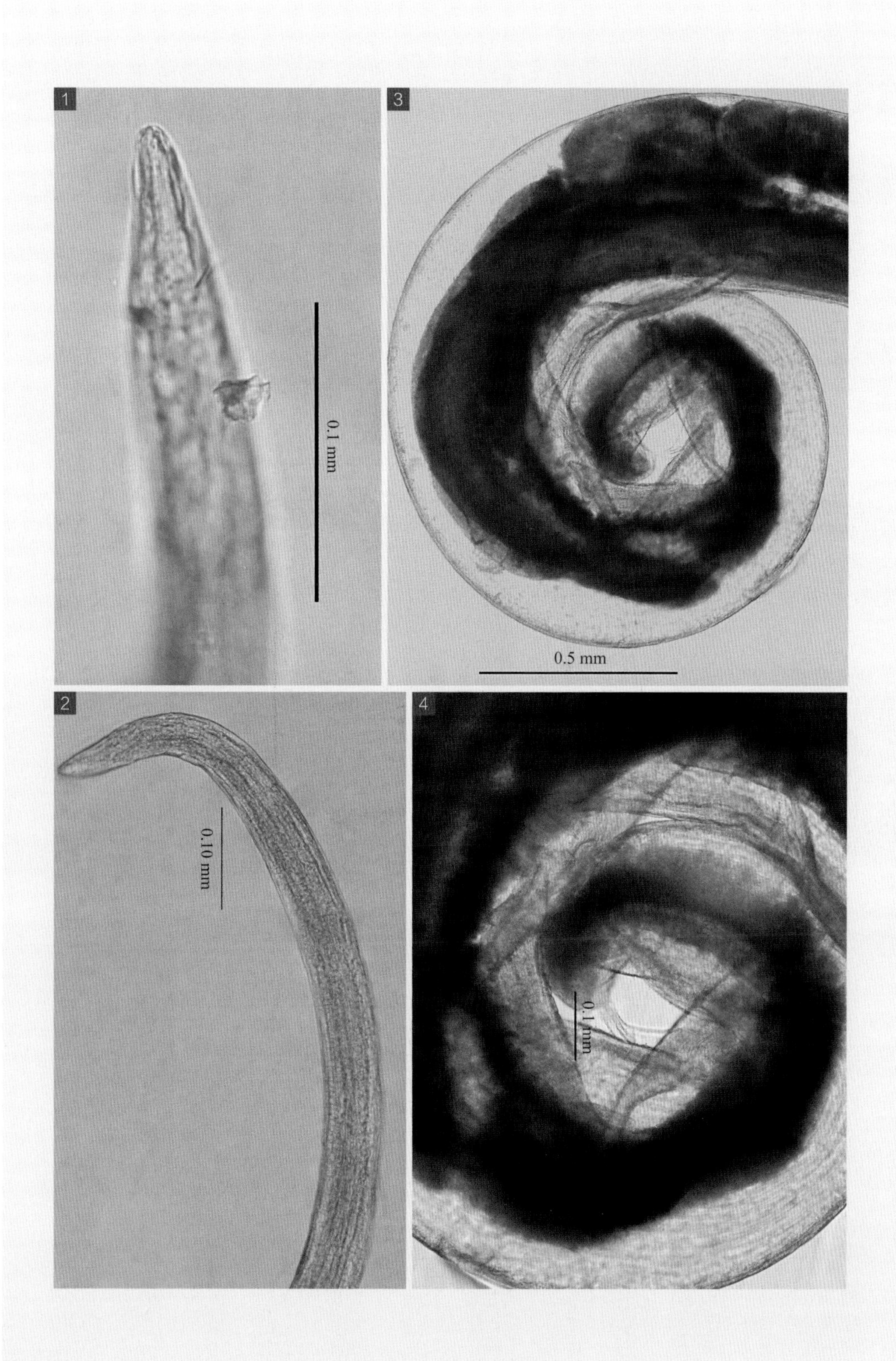
1
0.1 mm
3
0.5 mm
2
0.10 mm
4
0.1 mm

毛细科 Capillariidae Neveu-Lemaire, 1936

虫体细长，前部细小，后部稍粗。食道细长，前部为肌质部，后部由单列的行列细胞组成。雄虫尾部钝。雌虫尾部钝圆，肛门位于体后，阴门位于体中部，后子宫，卵生。

毛细属 *Capillaria* Zeder, 1800

虫体呈带状，食道肌质部比行列细胞部分短。雄虫常有伞状翼膜，交合刺 1 根细长，有光滑的刺鞘。阴门接近食道末端。

286 二叶毛细线虫

Capillaria bilobata Bhalerao, 1933

【主要形态特点】

虫体细长，体表有纵纹，头端圆而光滑，唇片小而明显，无口囊，口孔通向食道，食道由链状单细胞组成（图 -1）。

【雄虫】

虫体大小为 10.03～18.52 mm×0.041～0.074 mm。食道长 5.31～10.06 mm，基部宽 0.028～0.047 mm。体后部两侧有侧翼，大小为 0.042～0.123 mm×0.015～0.039 mm，交合伞呈椭圆形，大小为 0.024 mm×0.045 mm，在伞状结构的扩大部由 4 个杆状突起支撑着，其两侧的突起较粗，末端形成指状分叉，另 2 个斜状向后，位于背面不分叉。交合刺 1 根，长 0.213～0.279 mm，基部宽 0.007～0.010 mm。交合刺鞘表面光滑，分成 21 叶，第 1 叶呈类长方形，第 2 叶呈类梨形（图 -2、图 -3、图 -4、图 -5、图 -6）。

【雌虫】

虫体大小为 18.57～21.88 mm×0.077～0.186 mm，头宽 0.05 mm。食道长 5.21～9.29 mm。阴门位于食道末端稍后方（图 -7），距食道末端 0.11 mm。阴道斜列，无唇状突，距头端 7.31～9.32 mm。肛门位于体亚末端，距尾端 0.0078～0.0141 mm，尾端钝圆（图 -8）。

【宿主与寄生部位】

黄牛、山羊、绵羊的真胃。

【虫体标本保存单位】

四川省畜牧科学研究院

图释

1 虫体头部观；

2 3 6 雄虫尾部正面观及尾翼膜、交合伞、交合刺、杆状突起等；

4 5 雄虫尾部侧面观及尾翼膜、交合伞、交合刺、杆状突起等；

7 雌虫阴门；

8 雌虫尾部正面观等。

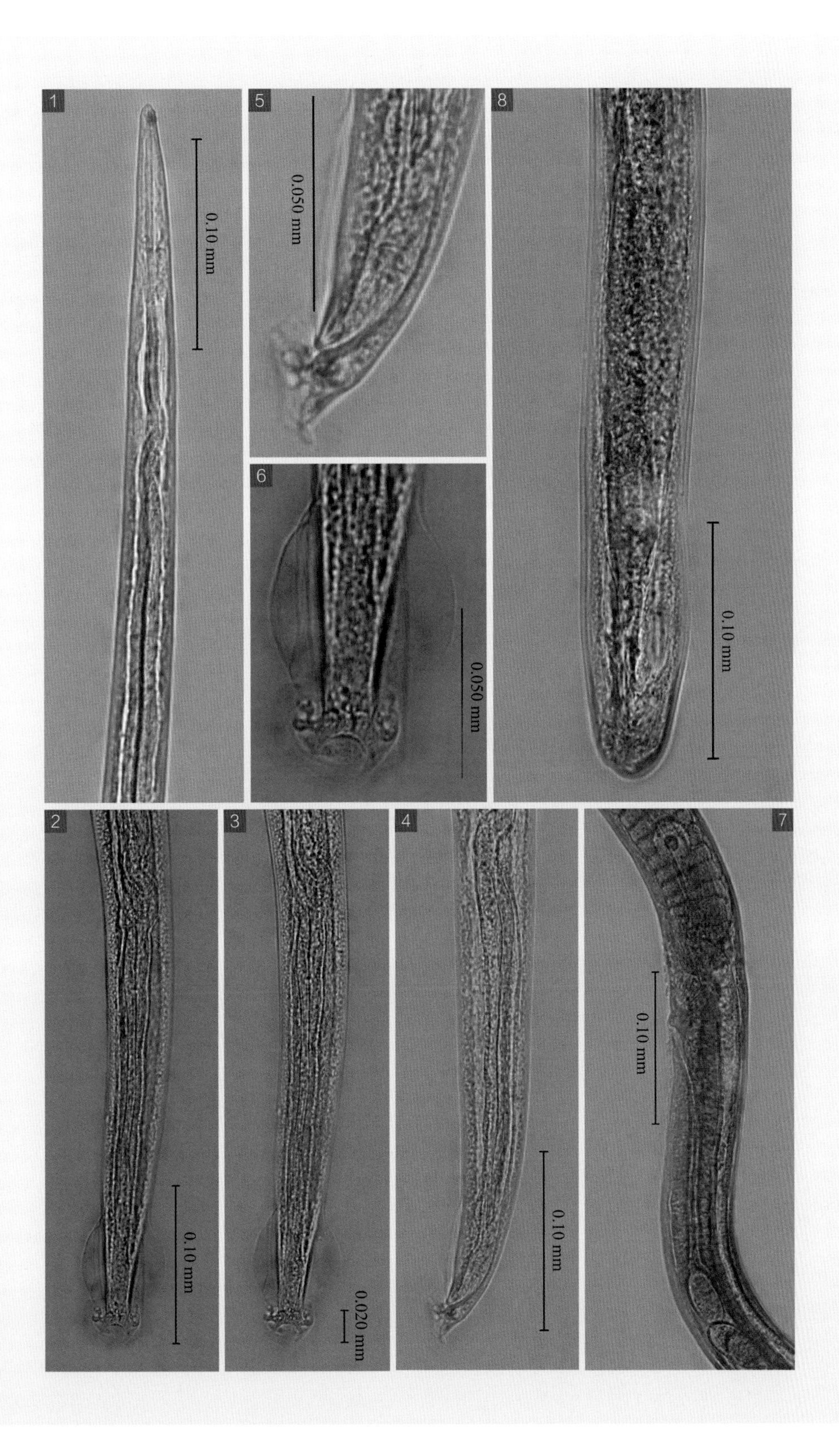
1
0.10 mm
5
0.050 mm
8
0.10 mm
6
0.050 mm
2
0.10 mm
3
0.020 mm
4
0.10 mm
7
0.10 mm

287 鹅毛细线虫

Capillaria anseris Madsen, 1945

【主要形态特点】

虫体前端细小，后端稍粗。

【雄虫】

虫体大小为9.64～13.19 mm×0.052～0.075 mm。食道长4.33～5.72 mm。体末端呈半圆形，伞膜由左右2个马蹄状的肋支撑。交合刺1根，长1.108～1.992 mm，近端膨大。交合刺鞘有横纹，无棘，但密布精细横纹，交合刺鞘大小为1.91 mm×0.015～0.023 mm。

【雌虫】

虫体大小为14.47～17.02 mm×0.082～0.113 mm。食道长5.067～5.612 mm。

【宿主与寄生部位】

鹅的小肠。

【虫体标本保存单位】

中国农业科学院上海兽医研究所

图 释

1 虫体头部观；
2 雌虫阴门；
3 雌虫尾部。

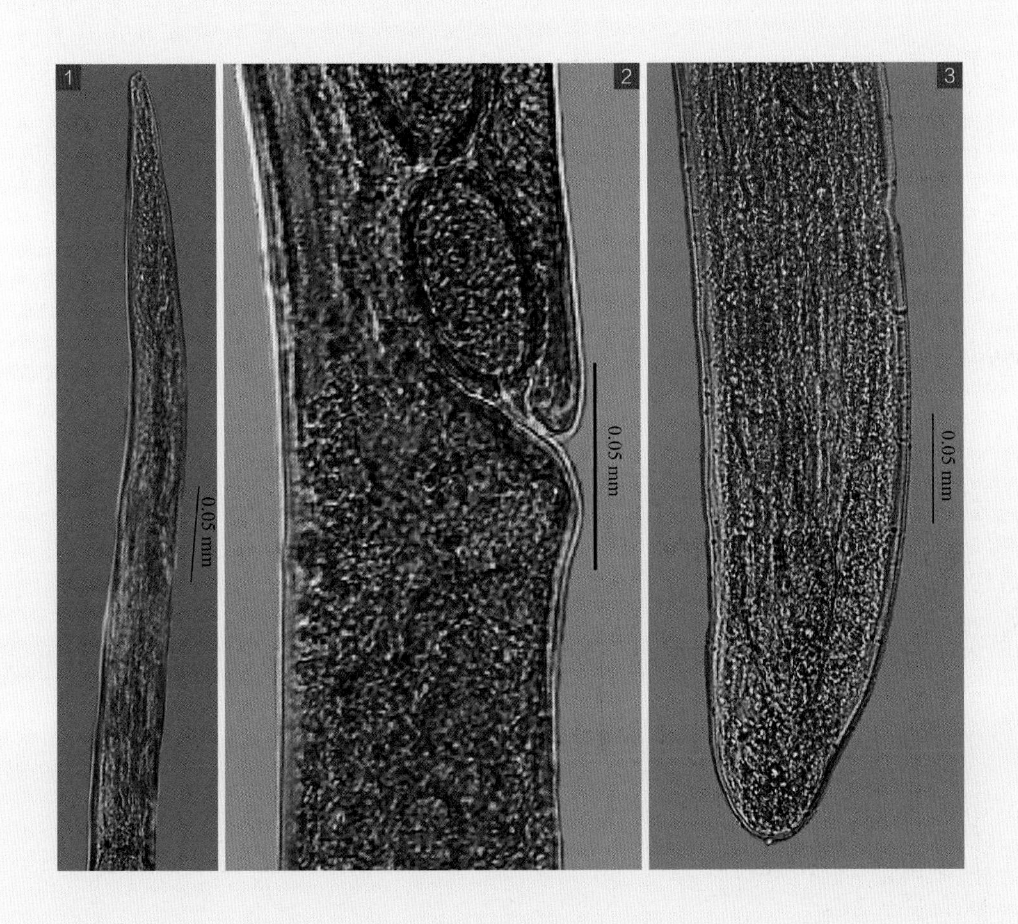
1
2
3
0.05 mm
0.05 mm
0.05 mm

288 封闭毛细线虫

Capillaria obsignata Madsen, 1945

【同物异名】

鸽毛细线虫（*Capillaria columbae* Rudolphi,1819）。

【主要形态特点】

虫体呈乳白色丝状，体表有细横纹。头端狭细，杆状带分布于体侧（图 -1）。

【雄虫】

虫体大小为 6.61～9.23 mm×0.04～0.07 mm。食道长 3.11～3.66 mm。体后端钝圆，伞膜薄而透明，有两个“Z”状肋支撑，无侧翼膜（图 -2、图 -3）。交合刺 1 根，长 1.02～1.31 mm。交合刺鞘长 4.8 mm，有横纹和皱襞，无小刺（图 -3）。

【雌虫】

虫体大小为 11.51～18.02 mm×0.07～0.10 mm。食道长 4.51～5.21 mm。阴门位于食管与肠连接处稍后方，稍突出于体表（图 -4、图 -5）。阴道直或稍呈“S”状弯曲，尾端狭窄。肛门位于亚末端（图 -6）。

【宿主与寄生部位】

鸭的小肠。

【虫体标本保存单位】

四川农业大学

图 释

1 虫体头部观；
2 雄虫尾部侧面观及尾端钝圆等；
3 雄虫尾部观及交合刺鞘、交合刺等；
4 5 雌虫阴门侧面观；
6 雌虫尾部正面观等。

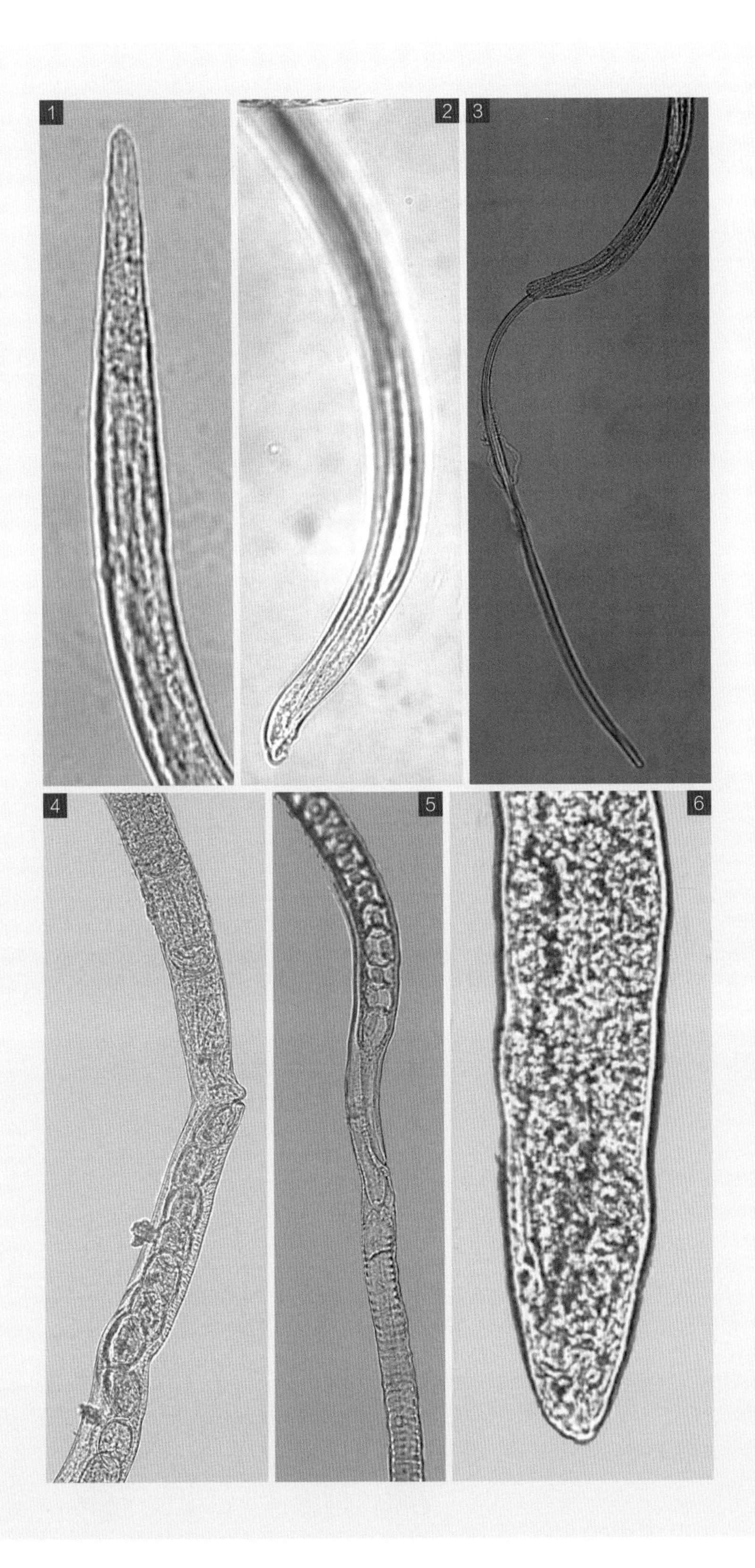
1
2
3
4
5
6

289 长柄毛细线虫

Capillaria longipes Ransen, 1911

【主要形态特点】

虫体细长。

【雄虫】

虫体大小为 9.0～12.0 mm×0.048～0.050 mm。食道长 5.5 mm。虫体后部两侧有翼膜（图 -2、图 -3），翼膜长 0.272 mm，翼膜宽 0.05 mm。有肋支撑，两侧各有乳突支撑。交合刺长 1.318～1.500 mm。交合刺鞘呈管状，表面有刺（图 -2、图 -3）。

【雄虫】

虫体大小为 18.0～20.0 mm×0.050～0.073 mm。食道长 4.6～5.5 mm。阴门位于食道后，距离食道末端 0.18～0.20 mm，阴门无唇突，距头端 4.78～ 5.70 mm。肛门位于亚末端，尾端钝圆（图 -4、图 -5）。

【宿主与寄生部位】

羊的小肠。

【虫体标本保存单位】

中国农业科学院兰州兽医研究所

图 释

1 虫体头部观；

2 3 雄虫尾部侧面观；

4 5 雌虫尾部观。

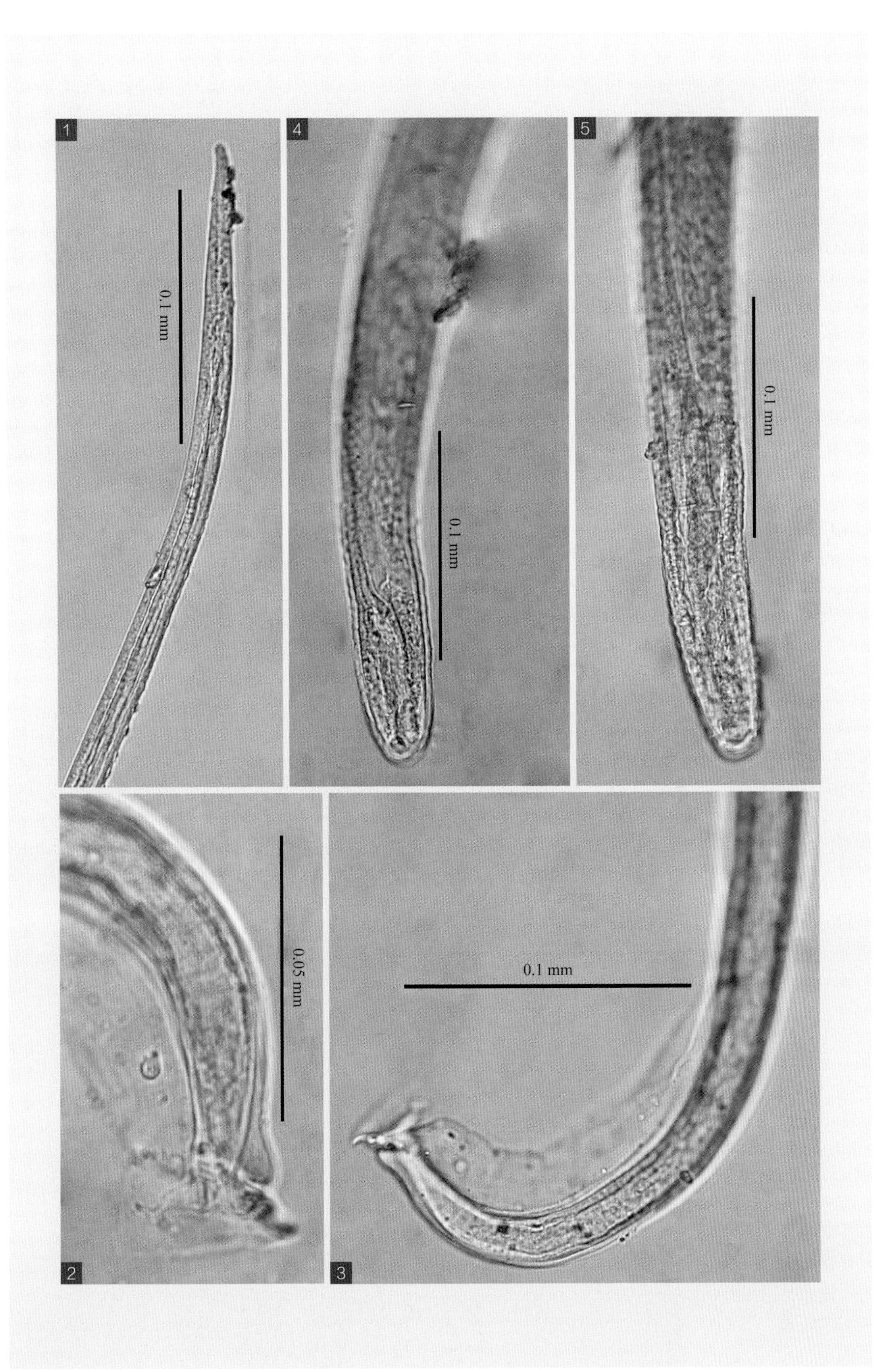
1
4
5
2
3
0.1 mm
0.1 mm
0.1 mm
0.05 mm
0.1 mm

290 膨尾毛细线虫

Capillaria caudinflata (Molin, 1858) Travassos, 1915

【主要形态特点】

虫体细长，角皮有横纹和杆状带。食道和肠连接处有 1 对腺细胞。

【雄虫】

虫体大小为 7.51～10.52 mm×0.044～0.054 mm。食道长 3.711～4.811 mm。虫体亚尾端两侧有翼膜，翼膜长 0.086～0.098 mm，尾端有膨大的类圆形伞膜，各侧伞膜由 1 个弯曲的肋支撑（图 -1、图 -2）。交合刺 1 根细长，末端尖细，长 0.830～1.051 mm。交合刺鞘无棘但有细横纹，大小为 1.401～1.422 mm×0.012 mm（图 -1）。

【雌虫】

虫体大小为 11.01～18.02 mm×0.055～0.058 mm。食道长 4.071～6.121 mm。阴门被发达的角膜覆盖（图 -3），盖膜大小为 0.062～0.088 mm×0.018～0.022 mm。肛门位于体亚末端（图 -4）。虫卵呈椭圆形，两端呈瓶口状并有栓（图 -5），大小为 0.048～0.057 mm×0.023～0.029 mm。

【宿主与寄生部位】

鸡、鸭、鹅的肌胃、小肠。

【图片】

廖党金绘

图 释

1 雄虫尾部观；
2 雄虫尾部侧面观；
3 雌虫阴门侧面观；
4 雌虫尾部侧面观；
5 虫卵。

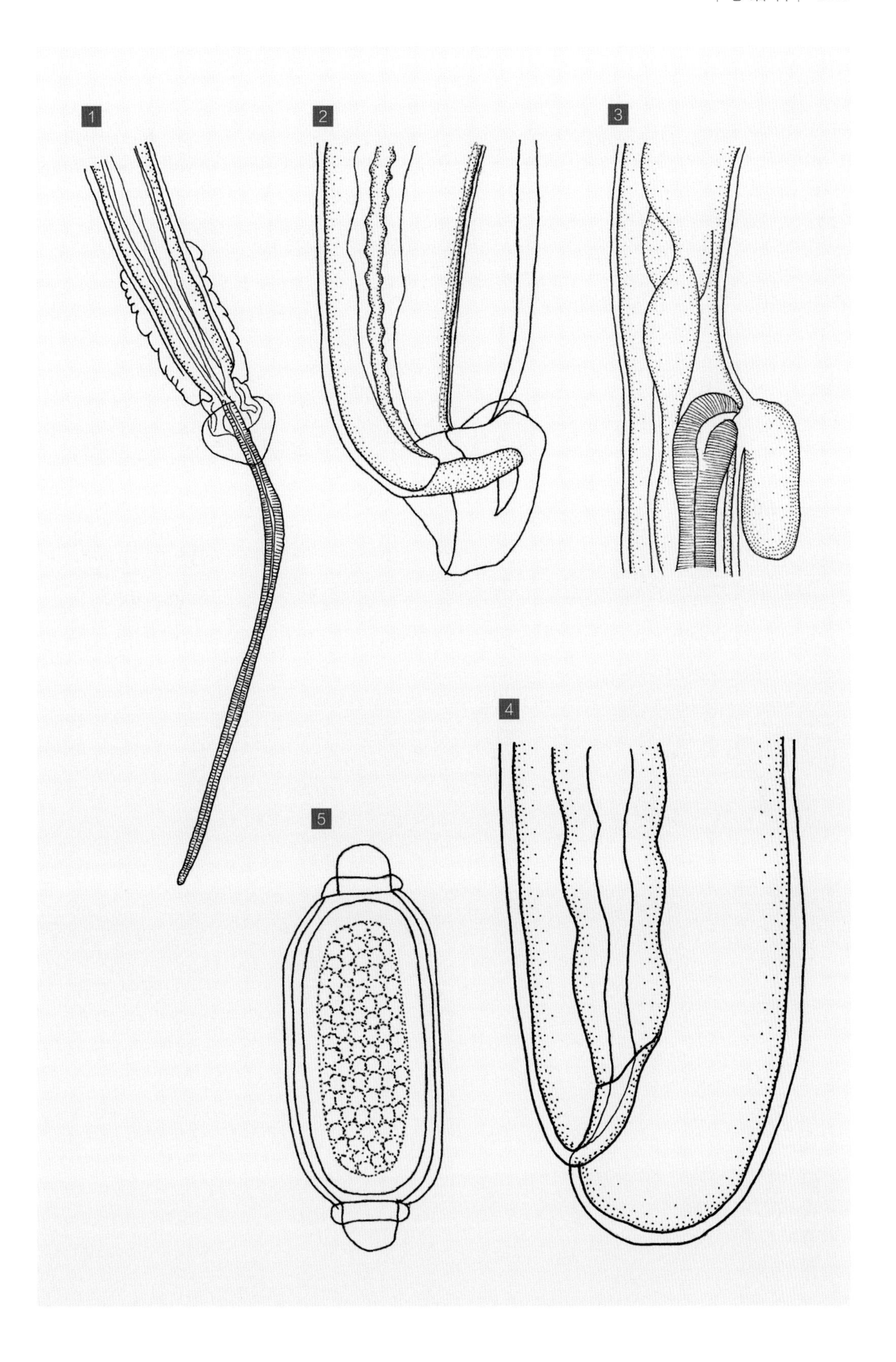
1
2
3
4
5

291 牛毛细线虫

Capillaria bovis Schnyder, 1906

【同物异名】

长颈毛细线虫（*Capillaria longicollis* Rudolphi, 1819）。

【主要形态特点】

虫体细长。

【雄虫】

虫体大小为 11.30～14.17 mm×0. 052～0.078 mm。体末端有伞膜，呈钟罩状，左右各有一个弯曲的肋支撑（图 -1、图 -2）。交合刺 1 根，长度为 1.081 mm。交合刺鞘有细横纹，长度为 1.248 mm（图 -1）。

【雌虫】

虫体大小为 18.71～21.84 mm×0.077～0.101 mm。食道长 6.681～8.121 mm。阴门处有膨大的角膜（图 -3、图 -4）。虫卵呈椭圆形，两端有栓，大小为 0.044～0.053 mm×0.023～0.031 mm。

【宿主与寄生部位】

黄牛、水牛、牦牛、绵羊、山羊的真胃、小肠。

【图片】

廖党金绘

图 释

1 雄虫尾部侧面观；

2 雄虫尾端正面观；

3 4 雌虫阴门侧面观；

5 雌虫尾部。

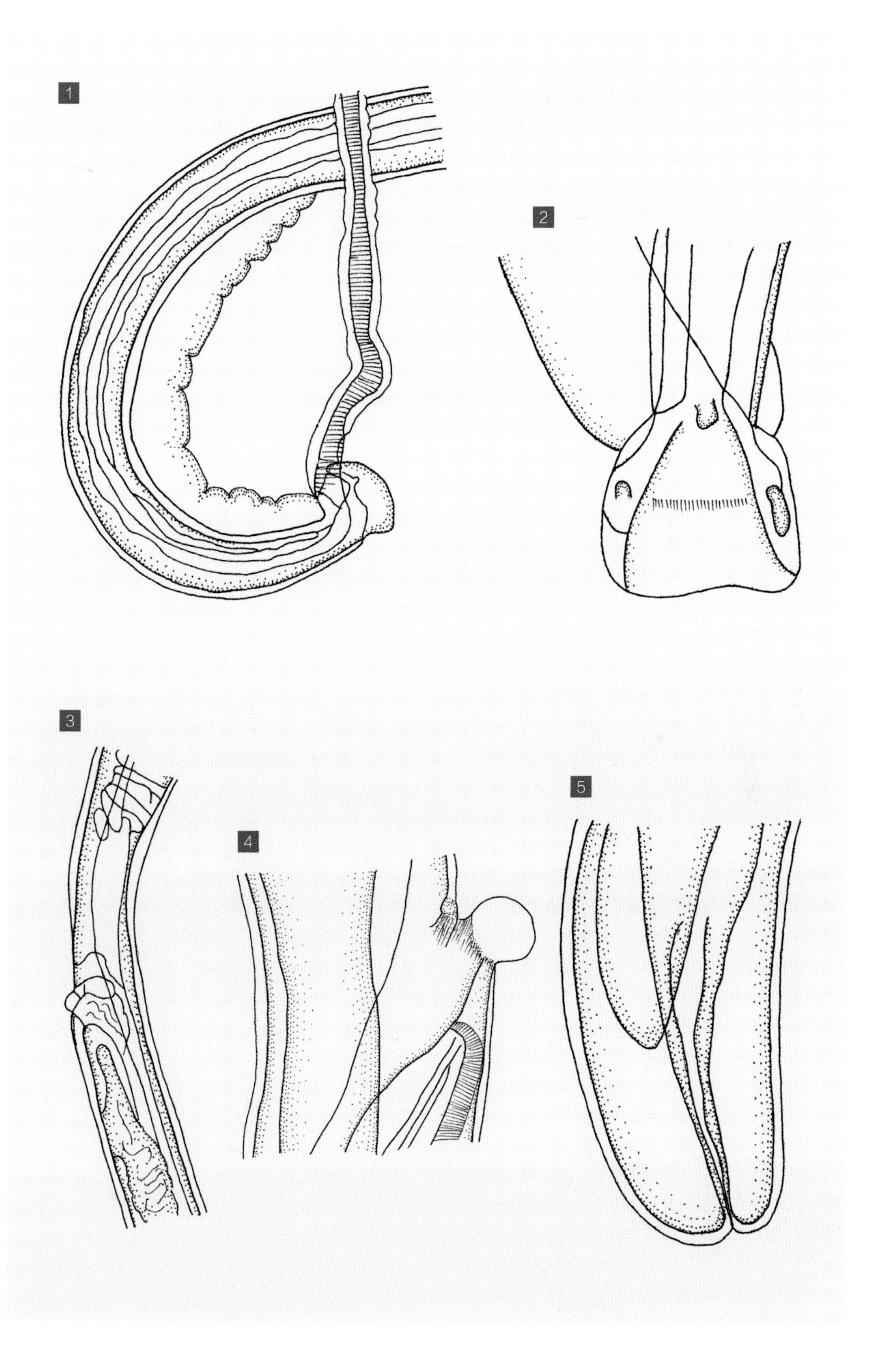
1
2
3
4
5

292 有伞毛细线虫

Capillaria bursata Freitas et Almeida, 1934

【同物异名】

膨尾毛细线虫［*Capillaria Caudinflata* (Molin, 1858) Travassos, 1915］

【主要形态特点】

虫体细小，呈灰白色。

【雄虫】

虫体大小为 11.71～16.03 mm×0.061～0.082 mm。食道长 5.51～7.85 mm。尾端有侧翼膜，交合伞呈圆形，有 4 个乳突，其中，2 个在背侧，2 个在腹面，支撑伞膜（图 -1）。交合刺 1 根，长度为 1.134～1.751 mm，交合刺鞘表面无刺，但有波浪状缘（图 -1）。

【雌虫】

虫体大小为 23.01～31.62 mm×0.061～0.097 mm。食道长 7.51～9.23 mm。阴门外有 2 个不大的半圆形隆起，阴门后不远处也有 2 个隆起（图 -2），阴门距尾端 0.078～0.089 mm。肛门位于虫体亚末端（图 -3）。虫卵大小为 0.059～0.064 mm×0.028～0.031 mm。

【宿主与寄生部位】

鸡的小肠。

【图片引自】

蒋学良，周婉丽，廖党金，等．2004．四川畜禽寄生虫志．成都：四川出版集团．四川科学技术出版社．

图 释

1 雄虫尾部正面观；
2 雌虫阴门区侧面观；
3 雌虫尾部侧面观。

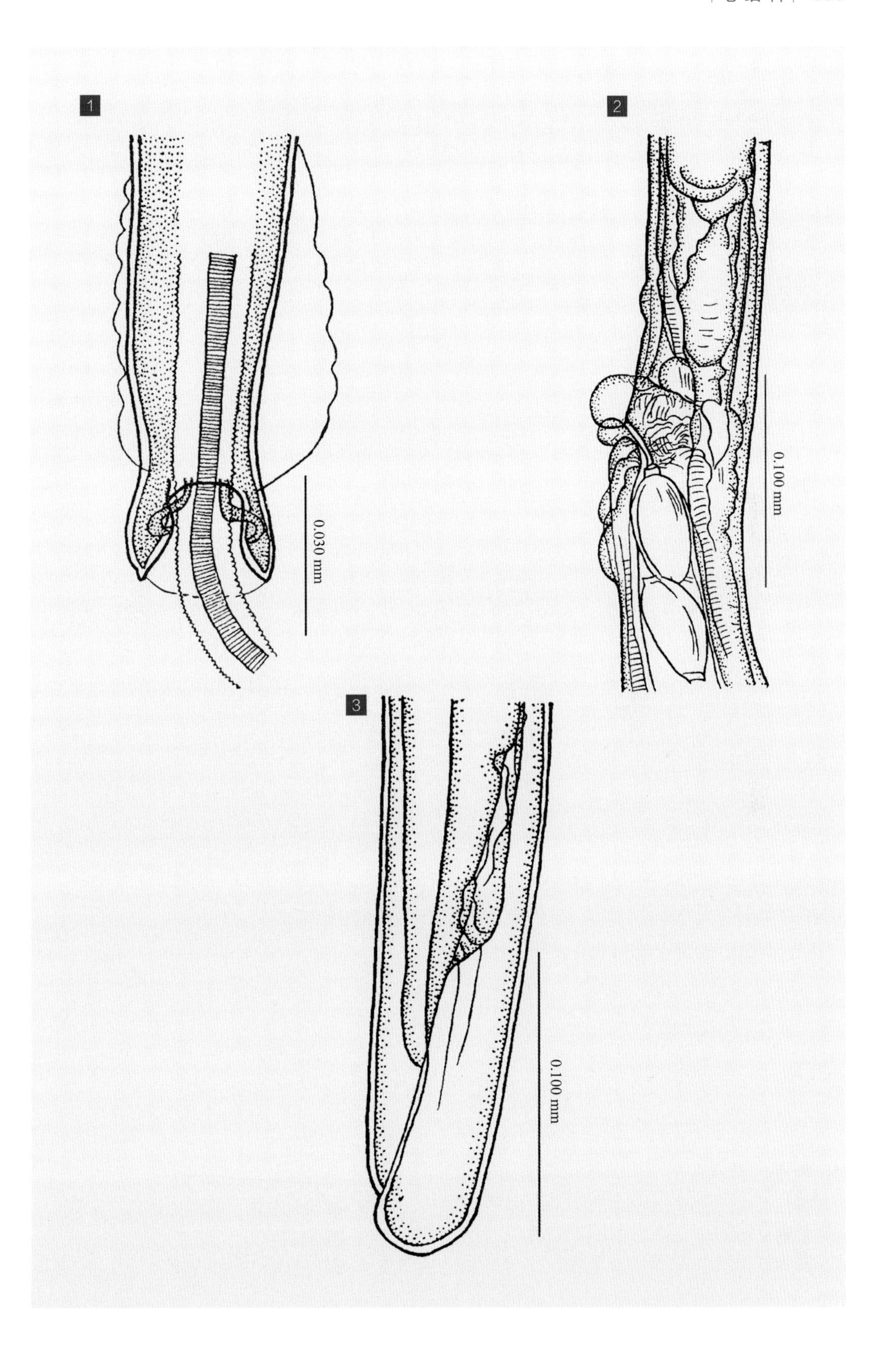
1
2
3
0.030 mm
0.100 mm
0.100 mm

优鞘属 *Eucoleus* Dujardin, 1845

虫细长，体前部比体后部短。雄虫尾部稍狭窄，无交合刺，但有交合刺鞘，并全部有小棘。雌虫尾部呈锥形，尾端钝圆。虫卵卵壳有颗粒。

293 环形优鞘线虫

Eucoleus annulatum (Molin, 1858) Lopez–Neyra, 1946

【主要形态特点】

虫体细长（图 –1），角皮上有横纹，头端角皮膨大成头泡，体腹面角皮呈杆状带（图 –2、图 –3）。

【雄虫】

虫体大小为 13.81～16.33 mm×0.07～0.11 mm，体前部与体后部的比例为 1∶4。头泡大小为 0.018～0.022 mm×0.005～0.009 mm。食道长 3.076 mm，神经环距头端 0.070～0.075 mm。无交合刺，交合刺鞘大小为 0.91～1.52 mm×0.028 mm，鞘表面有刺，刺呈分段分布。尾端有伞膜，由 4 个乳突支撑，其中 2 个侧乳突较大（图 –4、图 –5）。生殖道长 4.95～5.27 mm。

【雌虫】

虫体大小为 20.01～22.57 mm×0.131 mm，体前部与体后部的长度比例为 1∶3.5。头泡大小为 0.026～0.029 mm×0.011～0.014 mm。食道长 4.61～5.03 mm，神经环距头端 0.085～0.098 mm。阴门无膜瓣覆盖（图 –6），阴门距食道基部 0.104 mm。肛门位于体末端（图 –7）。

【宿主与寄生部位】

鸡、鸭的嗉囊、食道、小肠。

【虫体标本保存单位】

四川省畜牧科学研究院

图 释

1 成虫，上为雌虫，下为雄虫；
2 3 虫体头部观及食道、头泡、体表、角皮杆状带等；
4 雄虫尾部正面观及交合刺鞘等；
5 雄虫尾端正面观及伞膜、乳突等；
6 雌虫阴门；
7 雌虫尾部观及肛门等。

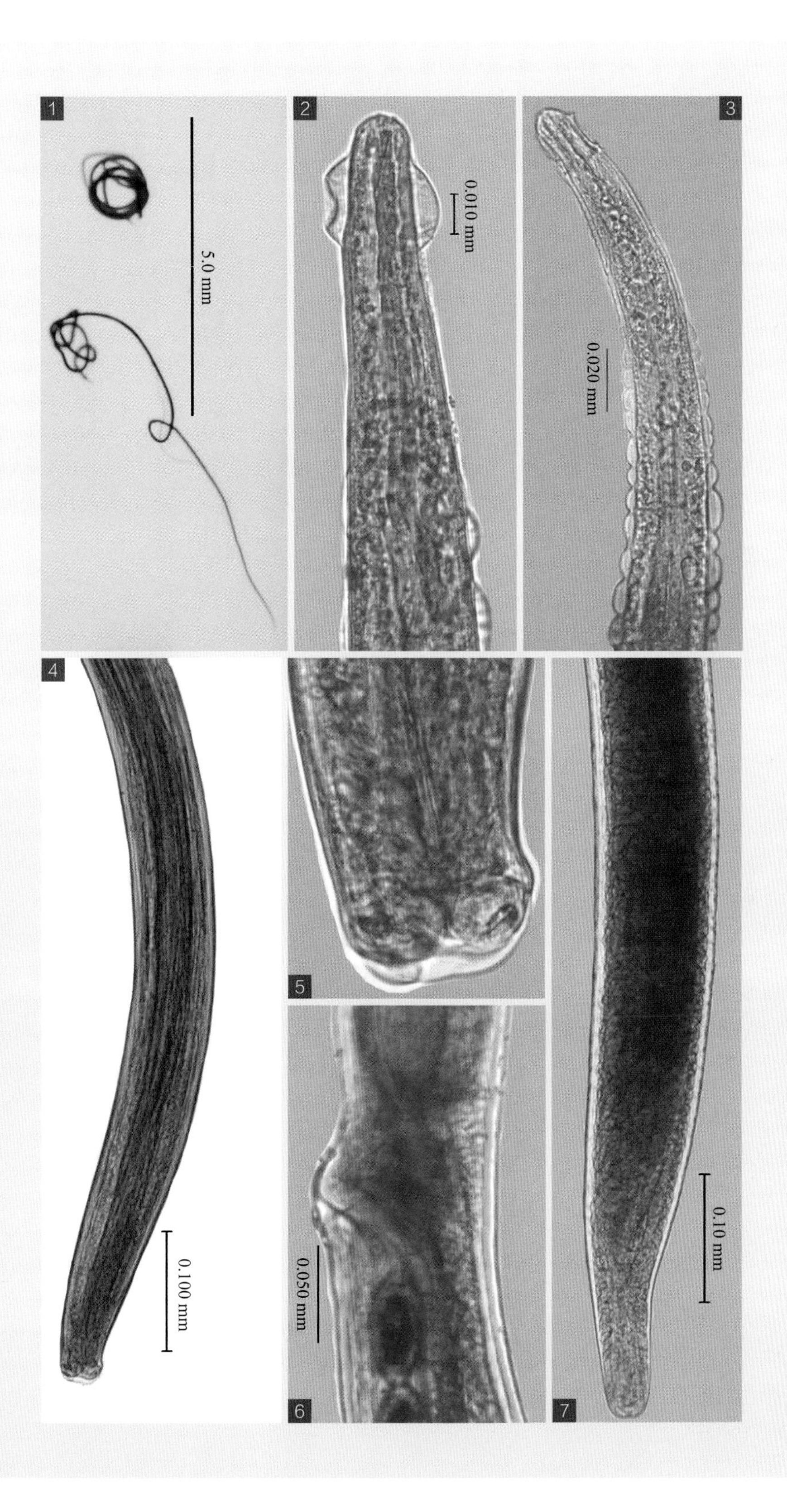
1
5.0 mm
2
0.010 mm
3
0.020 mm
4
0.100 mm
5
6
0.050 mm
7
0.10 mm

肝居属 *Hepaticola* Hall, 1916

虫体细长，前部比后部细长，后端钝圆。雄虫有 1 根交合刺，其上有横纹，刺鞘无棘。雌虫的阴门位于近食道末端。虫卵壳上有许多小孔，由于分泌出物质使壳有横纹。

294 肝脏肝居线虫

Hepaticola hepatica (Bancroft, 1893) Hall, 1916

【主要形态特点】

虫体细长，体前部狭小（图 -1、图 -2、图 -3），后部宽大，尾端钝圆。

【雄虫】

虫体大小为 17.26～32.10 mm×0.025～0.079 mm。食道长 6.23～7.54 mm。交合刺长 0.42～0.56 mm，宽 0.009～0.013 mm。交合刺鞘无棘。

【雌虫】

虫体大小为 52.02～104.04 mm×0.076～0.185 mm，体前部与体后部的长度比例为 1：9.8～13.5。食道长 7.21～8.43 mm，颈乳突距头端 0.202～0.231 mm，排泄孔距头端 0.26 mm。阴门距食道基部 0.041～0.173 mm，有瓣膜覆盖。肛门位于体末端（图 -4、图 -5）。

【宿主与寄生部位】

犬、兔的肝。

【虫体标本保存单位】

四川省畜牧科学研究院

图 释

1～3 雌虫头部观；
4 5 雌虫尾部观。

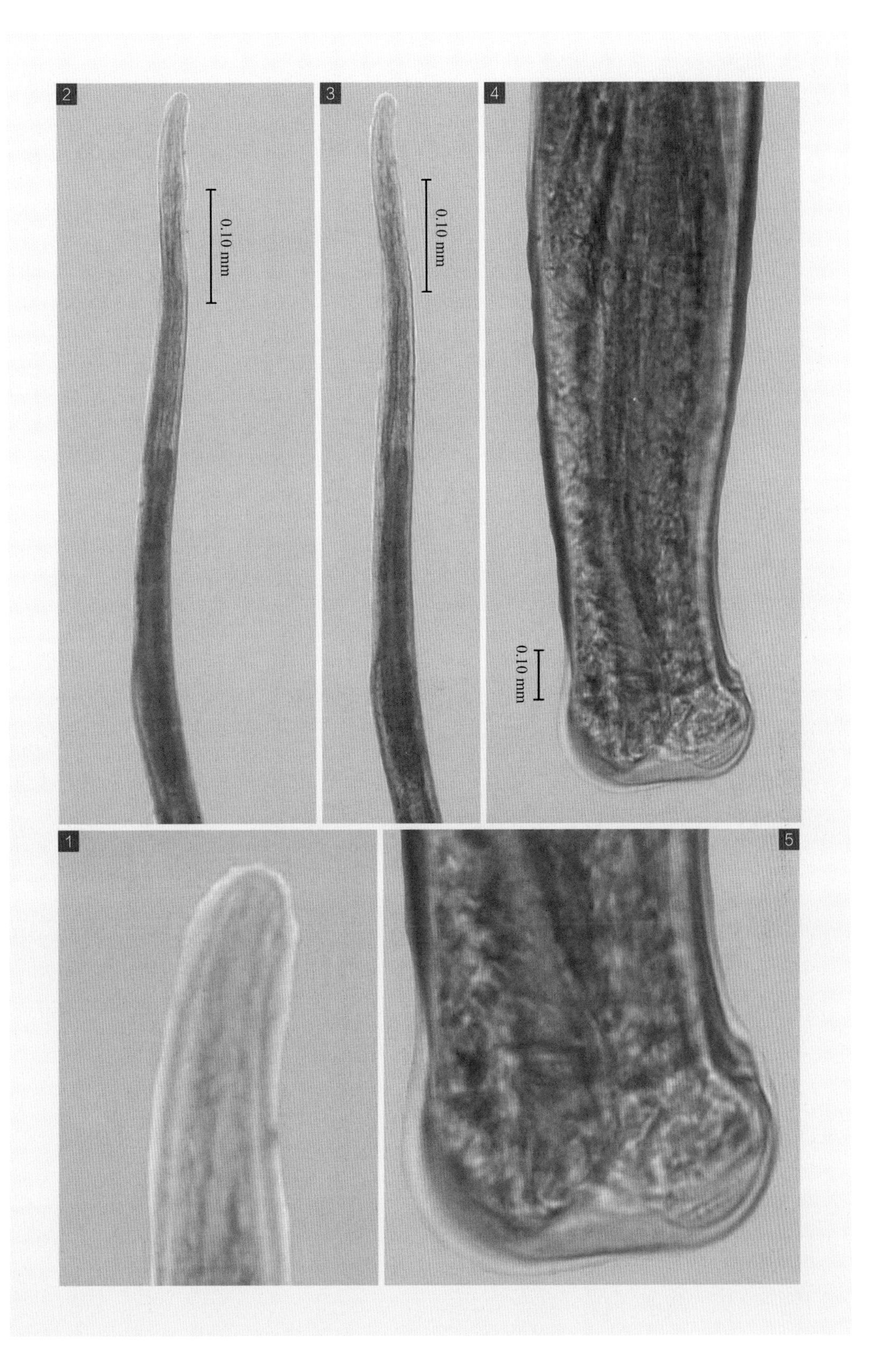
1
2
3
4
5
0.10 mm
0.10 mm
0.10 mm

纤形属 *Thominx* Dujardin, 1845

虫体细长，角皮上有不明显的杆状带。雄虫交合刺的角质发达，交合刺鞘有棘。雌虫的体前部较体后部短。虫卵壳上有微小的棘。

295 领襟纤形线虫

Thominx collaris Linstow, 1873

【主要形态特点】

虫体呈丝状，体表有泡状物，有交合刺和带刺的交合刺鞘。

【雄虫】

虫体大小为 12.5～17.2 mm×0.054～0.085 mm，食道长 4.30～6.17 mm。交合刺 1 根，长 1.35～1.95 mm，宽 0.015～0.022 mm。交合刺鞘长 5.1 mm，鞘上密布有刺（图 -2）。尾部有两个宽的侧叶（图 -3）。

【雌虫】

虫体大小为 20.4～24.4 mm×0.087～0.109 mm。食道长 5.60～7.68 mm。阴门横裂开口于食道稍后部，稍突出于体壁，无瓣膜，距头端 5.70～7.76 mm，阴道无弯曲（图 -4）。尾端稍狭窄，肛门位于亚末端（图 -5）。虫卵有两个卵塞，呈长椭圆形，大小为 0.049～0.065 mm×0.027～0.032 mm。

【宿主与寄生部位】

鸭、鸡的小肠。

【图片引自】

蒋学良，周婉丽，廖党金，等．2004．四川畜禽寄生虫志．成都：四川出版集团．四川科学技术出版社．

图 释

1 虫体头部；
2 雄虫尾部观及交合刺、交合刺鞘等；
3 雄虫尾部；
4 雌虫阴门；
5 雌虫尾部侧面观及阴门、尾尖等。

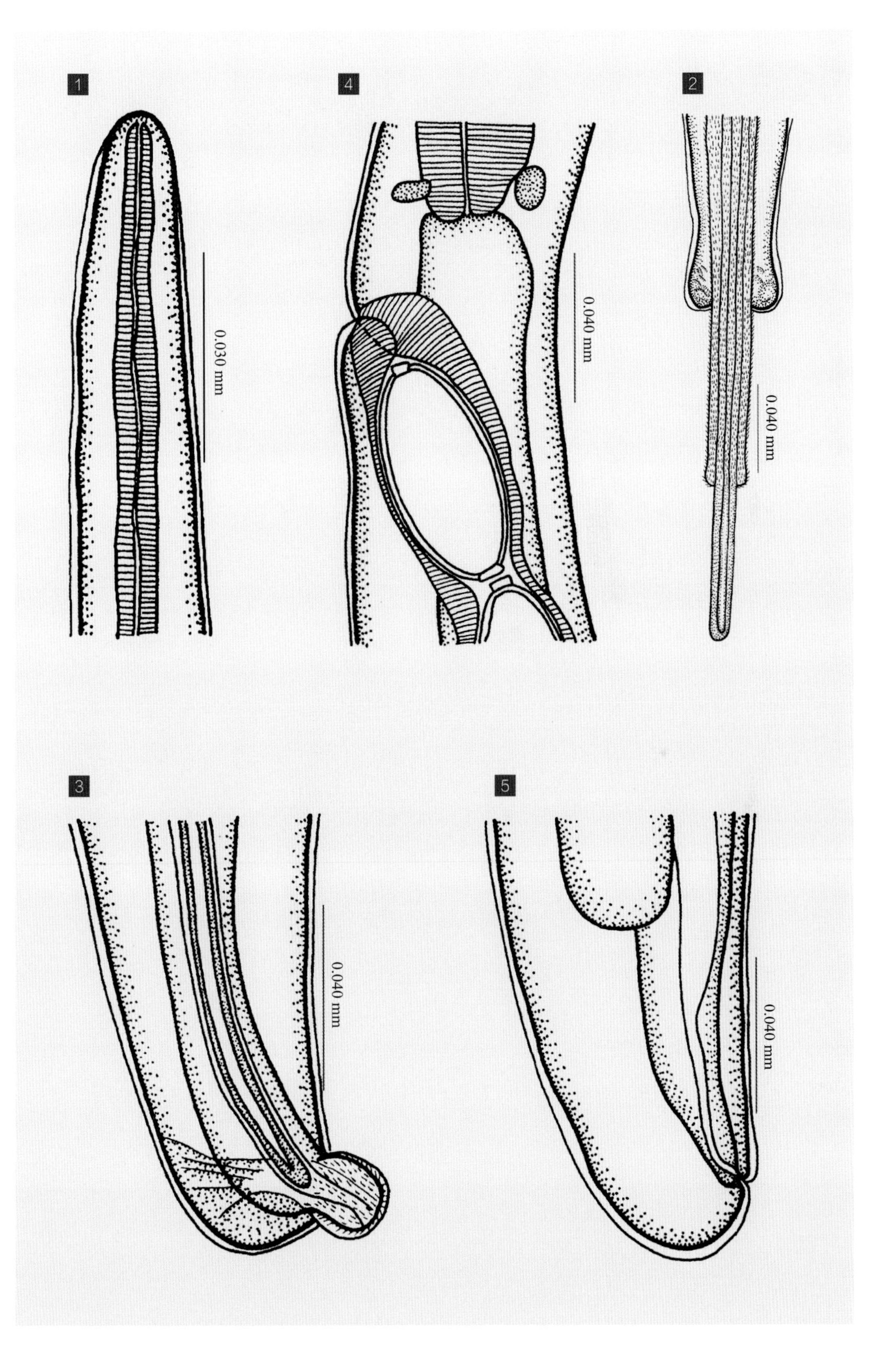
1
4
2
0.030 mm
0.040 mm
0.040 mm
3
5
0.040 mm
0.040 mm

296 乌拉圭纤形线虫

Thominx uruguayensis (Calzada, 1937) Skrjabin et Schikhobalova, 1954

【同物异名】

Capillaria uruguayensis Calzada, 1937; *Echinocoleus urugua-yensis* (Calzada, 1937) Lopez-Neyra, 1947。

【主要形态特点】

见下。

【雄虫】

虫体长 10.6～12.0 mm。交合刺长 1.1 mm，鞘面带有横线和许多绒毛样的刺（图）。尾端有 2 个短的圆形叶片，2 叶片各带有 1 个圆形的乳突。

【宿主与寄生部位】

鸡的盲肠、结肠。

【虫体标本保存单位】

中国农业科学院兰州兽医研究所

图 释

乌拉圭纤形线虫雄虫尾部观及交合刺、交合刺鞘等。

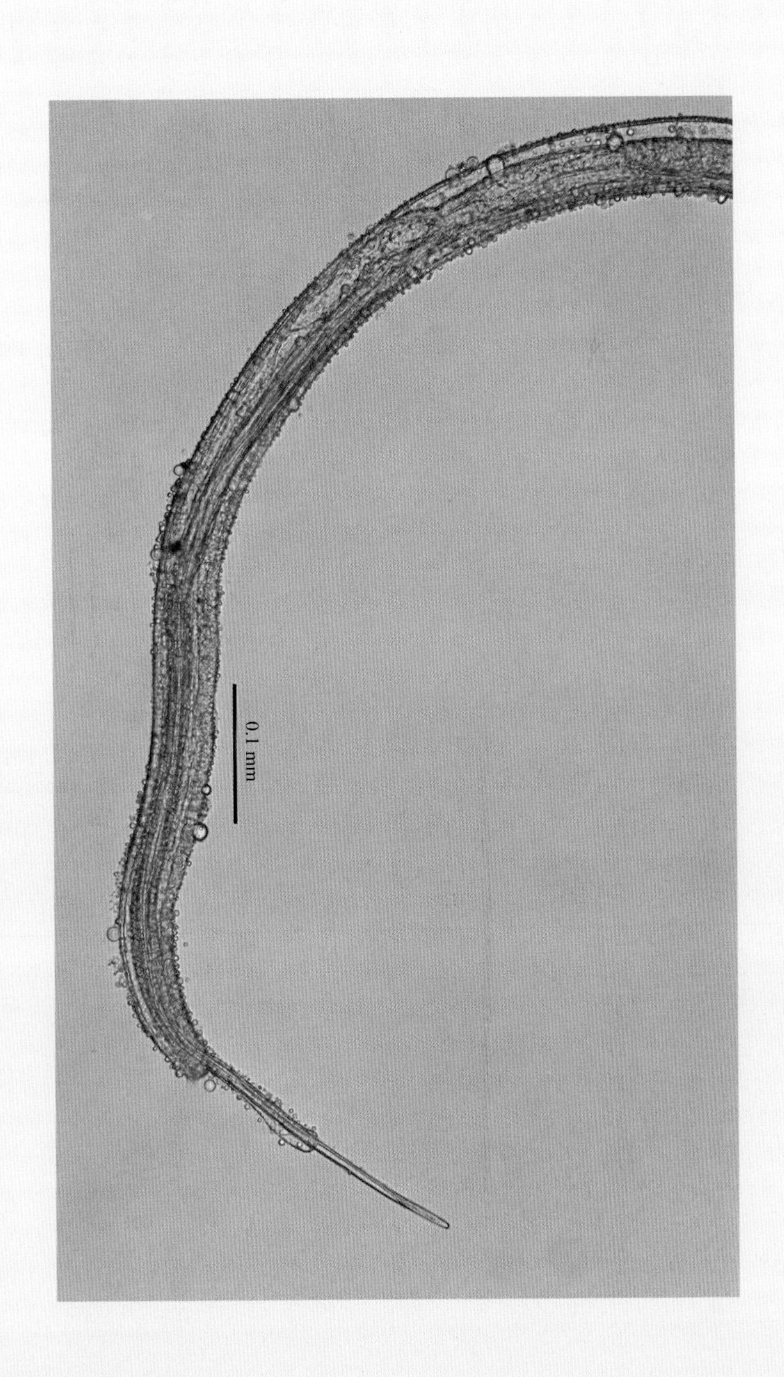
0.1 mm

毛形科 Trichinellidae Ward, 1907

虫体为小型线虫，体后部略大于体前部。口简单，食道长。雄虫的食道长度可达体长度的一半，无交合刺和交合刺鞘。雌虫阴门位于食道或食道区，胎生或卵生。

毛形属 *Trichinella* Railliet, 1895

雄虫体后有 1 对锥状突，雌虫阴门位于食道细胞部的中部，其余特征同科的特征。

297 旋毛形线虫

Trichinella spiralis (Owen, 1835) Railliet, 1895

【主要形态特点】

虫体细小，体前半部稍细，为食道部，后半部稍粗为体部。食道前部膜管状，后部呈念珠状，由一连串腺细胞围成。

【雄虫】

虫体大小为 1.36～1.44 mm×0.04 mm。无交合伞、尾翼和交合刺。在泄殖腔两侧有 1 对耳状突，并有 2 对乳突。

【雌虫】

虫体长为 1.87～4.00 mm，生殖孔位于体前部 1/5 处，胎生。肛门开口于体末端。在肌肉中的幼虫形成包囊（图 -1、图 -3），大小为 0.25～0.30 mm×0.4～0.7 mm。

【宿主与寄生部位】

家猪、阿坝熊等动物的肌肉（幼虫）和肠道（成虫）。

【虫体标本保存单位】

中国农业科学院上海兽医研究所

图 释

玻片标本。

1 肌肉压片标本，肌肉包囊中的1条幼虫；

2 为图-1肌肉包囊中的虫体；

3 肌肉压片标本，肌肉包囊中的多条幼虫；

4 小肠切片标本，肌肉包囊中的幼虫切片。

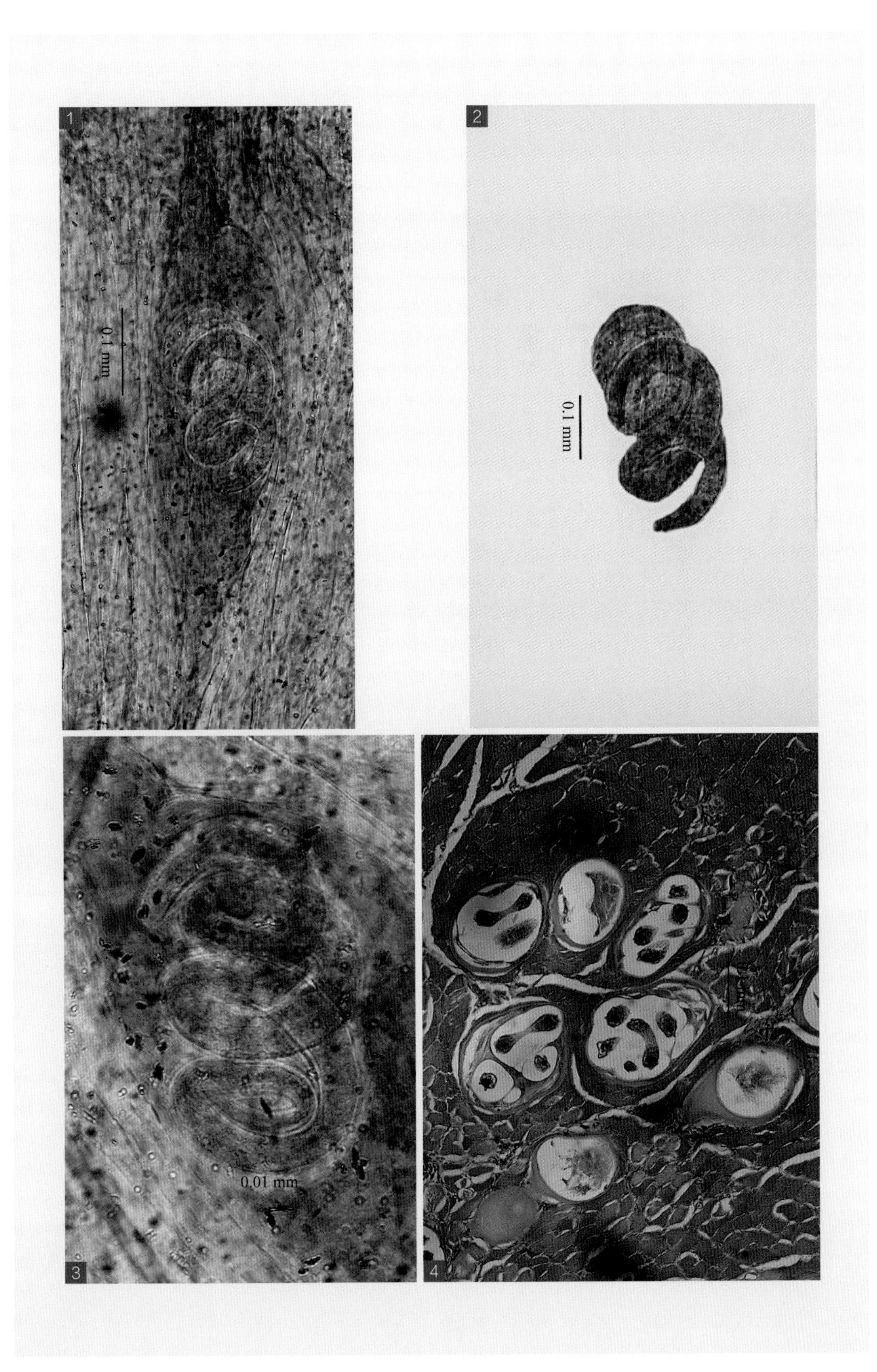
1
0.1 mm
2
0.1 mm
0.01 mm
3
4

膨结科 Dioctophymidae Railliet, 1915

虫体为中型或大型。口周围 1～2 圈环乳突，每圈环各有 6 个乳突。食道简单。雄虫尾端有或无肋、呈钟形的交合伞，交合刺 1 根。雌虫阴门位于食道部或近肛门部。寄生于哺乳类和鸟类。

真圆属 *Eustronglides* Jagerskiold, 1909

同物异名有胃瘤属。虫体呈圆柱形，有的中部膨大，口缘有两圈乳突，每圈 6 个，内圈乳突小于外圈乳突。食道很长。雄虫的交合伞紧闭程度因种不同而异，交合刺很长。雌虫后端钝，肛门位于体末端，阴门近肛门。寄生于水禽腺胃壁。

298 切形真圆线虫

Eustronglides excisus Jagerskiold, 1909

【主要形态特点】

虫体两端细，中部粗，体表有大的纵纹。在头端至尾端的虫体两侧，各有一纵行间距不等的指状乳突，头部和尾部的乳突较体中部的长，均不突出于角皮外。头部和尾部的角皮稍膨大，并有不规则的皱纹。口无唇。头端有两圈乳突，每圈 6 个乳突，乳突基部较大，顶端尖细。围绕口孔的 6 个乳突较长，每个乳突有一个桶状角质皮包围，尖端突出于桶状角质之外（图 -1）。咽呈长柱状。食道多弯曲，无膨大部。

【雄虫】

虫体大小为 41.01～43.03 mm×0.731～1.432 mm。咽长 0.091～0.132 mm。食道长 9.551～13.581 mm。尾端有一个肌质的钟形交合伞，无角质腹肋支撑（图 -2）。交合刺 1 根，粗大而构造简单，远端无钩，长为 9.151～10.603 mm。

【雌虫】

虫体大小为 50.01～60.03 mm×1.001～2.011 mm，在食道与肠管交接处骤然增粗。咽长 0.082～0.134 mm。食道长 10.101～14.662 mm。虫体尾端钝圆（图 -3）。阴道长而壁厚。阴门和肛门均位于尾端，都开口于一个似共泄腔的凹窝内，相距很近。虫卵呈椭圆形，有三层膜，最外面一层凹凸不平，大小为 0.062～0.076 mm×0.037～0.041mm。

【宿主与寄生部位】

鸡、鸭的腺胃。

【图片引自】

黄兵，沈杰，董辉，等. 2006. 中国畜禽寄生虫形态分类图谱. 北京：中国农业科学技术出版社.

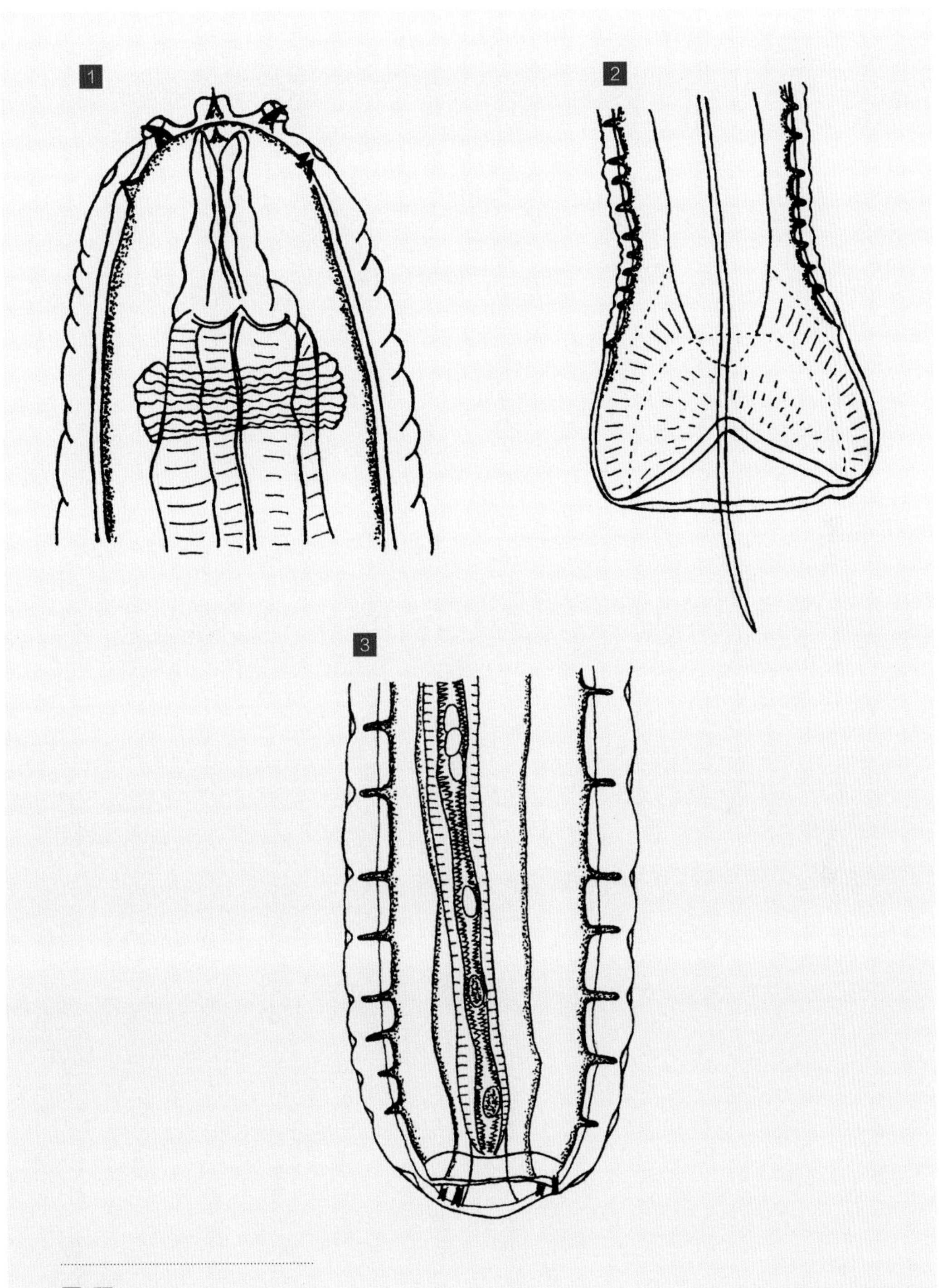

图 释

1 虫体头端观；
2 雄虫尾部正面观；
3 雌虫尾部正面观。

膨结属 *Dioctophyma* Collet-Meygret, 1802

虫体大，呈圆柱形。整个虫体几乎等粗，但前端略细，后端钝圆，口缘乳突 2 圈，近口缘处乳突小于外周乳突，2 对乳突位于亚背、2 对位于亚腹、2 对位于侧面。虫体两侧各有 1 行侧乳突，中部略疏，向后紧密。雄虫交合伞边缘和内壁有密集的小乳突，中间呈锥形隆起，尾端有泄殖孔。雌虫阴门开口于虫体食道后腹面中线上，肛门位于尾端呈卵圆形。

299 肾膨结线虫

Dioctophyma renale (Goeze, 1782) Stiles, 1901

【主要形态特点】

虫体巨大，呈圆柱形。头端无横纹，口简单，无唇，由两圈 6 个乳突所围绕，口后腹面有一短的纵形凹陷（图 -1）。体表沿每条侧线有一列乳突，靠后端较密。食道长而窄，后部微膨大。

【雄虫】

虫体大小为 140.1～450.3 mm×3.01～4.04 mm。神经环距头端 0.72～1.03 mm。交合伞呈肌质，无伞肋，呈钟形，边缘和内壁有许多小突起，伞中间为锥状隆起的尖（图 -2），背侧长 4.0 mm，腹侧长 0.752 mm。泄殖腔直径 0.601～0.753 mm，开口于锥状隆起上。交合刺 1 根，长 5.01～6.13 mm。

【雌虫】

虫体大小为 200.1～1000.3 mm×5.3～12.7 mm。食道长约 47.7 mm。阴门开口于体前端食道部，距头端 50.4～75.9 mm，周围有细小的皱褶。肛门呈半圆形，附近有小乳突（图 -3）。虫卵呈淡黄色椭圆形（图 -4），大小为 0.075～0.087 mm× 0.043～0.049 mm，壳厚，除两端外其余部分均匀分布小圆突。

【宿主与寄生部位】

狗的肾脏。

【图片引自】

黄兵，沈杰，董辉，等. 2006. 中国畜禽寄生虫形态分类图谱. 北京：中国农业科学技术出版社 .

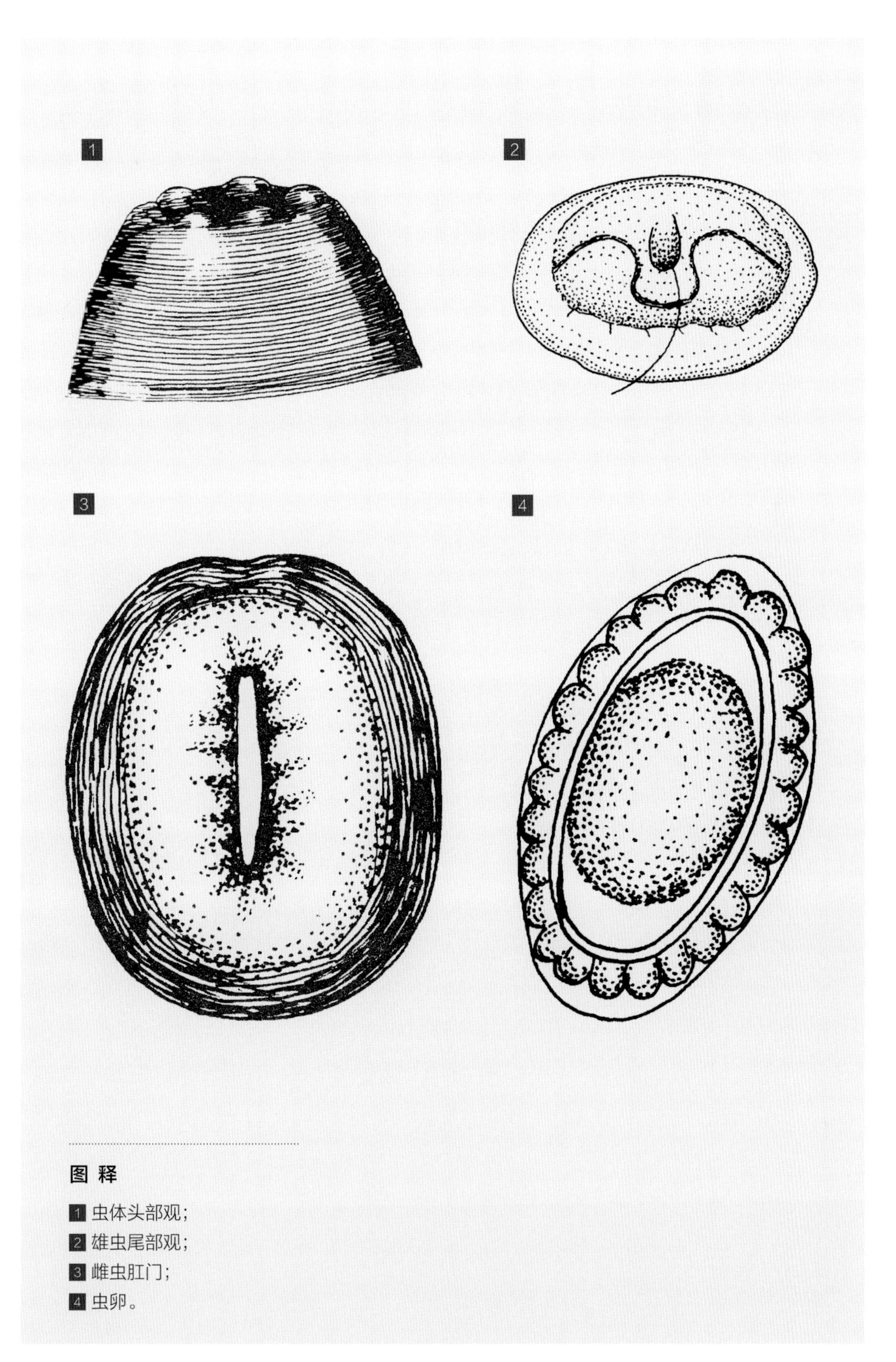

图 释

1 虫体头部观；
2 雄虫尾部观；
3 雌虫肛门；
4 虫卵。

棘首属 *Hystrichis* Dujardin, 1845

头端膨大，有时呈球形，口缘有 6 个较小乳突，2 个侧乳突，4 个亚中乳突。虫体前端或全身布满刺。食道长。雄虫交合伞明显，交合刺 1 根。雌虫尾钝，肛门位于体末端，阴门近肛门。寄生于水禽腺胃。

300 三色棘首线虫

Hystrichis tricolor Dujardin, 1845

【主要形态特点】

虫体粗长呈圆柱形，头端膨大呈亚球形（图 –1），有一环 6 个乳突。体亚前端角皮有 40 环尖端向后的棘，每环棘为 50～55 个。食道较长。

【雄虫】

虫体长 22.0～27.0 mm，体末端呈钟状（图 –2），交合刺很长。

【雌虫】

虫体大小为 27.0～42.0 mm×0.5 mm。虫卵呈椭圆形，大小为 0.085～0.090 mm×0.035～0.040 mm，一端呈截状，卵壳厚，壳面有颗粒或瘤突状。

【宿主与寄生部位】

鸡、鸭的嗉囊、腺胃。

【图片引自】

黄兵，沈杰，董辉，等. 2006. 中国畜禽寄生虫形态分类图谱. 北京：中国农业科学技术出版社.

图 释

1 虫体头部观；

2 雄虫尾部观。

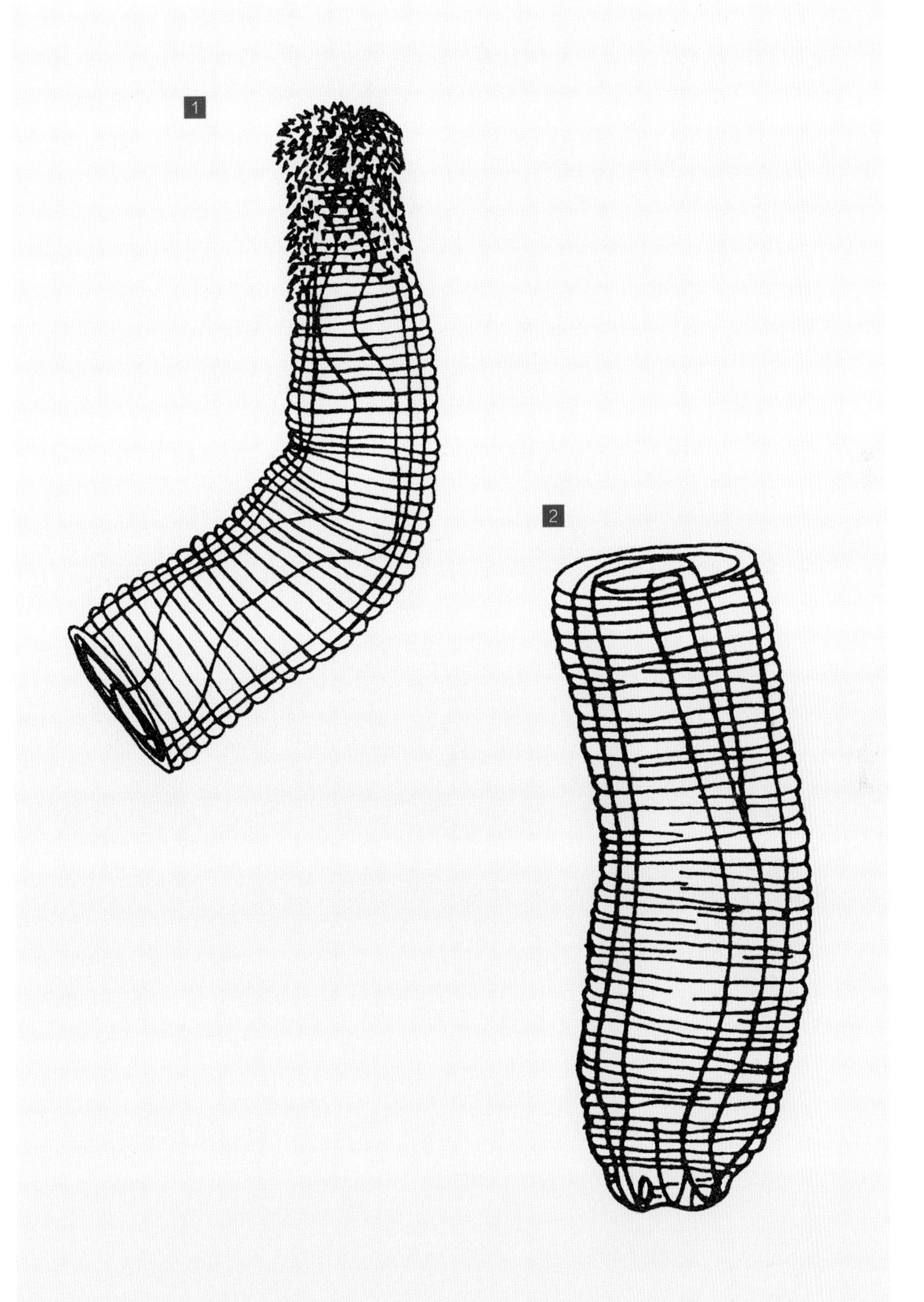
1
2

主要参考文献

丁嘉烽，徐春兰，秦鸽鸽，等. 2013. 无环栓尾线虫（*Passalurus nonannulatus* Skinker,1931）在我国首次发现（尖尾目：笑尾科）. 甘肃农业大学学报， 4 ：24–26.

黄兵，沈杰，董辉，等. 2006. 中国畜禽寄生虫形态分类图谱. 北京：中国农业科学技术出版社.

蒋学良，周婉丽，廖党金，等. 2004. 四川畜禽寄生虫志. 成都：四川出版集团. 四川科学技术出版社.

孔繁瑶，兰乾福，秦建雍，等. 1981. 家畜寄生虫学. 北京：农业出版社.

卢俊杰，靳家声，张林，等. 2002. 人和动物寄生线虫. 北京：中国农业科学技术出版社.

沈杰，黄兵，廖党金，等. 2004. 中国家畜家禽寄生虫名录. 北京：中国农业科学技术出版社.

唐仲璋，唐崇惕. 1987. 人畜线虫学. 北京：科学出版社.

吴淑卿，张路平，汪溥钦，等. 2001. 中国动物志线虫纲杆形目圆线亚目（一）. 北京：科学出版社.

赵辉元，刘俊华，汪志楷，等. 1996. 畜禽寄生虫与防制学. 长春：吉林科学技术出版社.

中国科学院动物研究所寄生虫研究组，北京市畜牧兽医站，北京市兽医院，等. 1979. 家畜家禽的寄生线虫. 北京：科学出版社.

Cram E B. 1927. Bird Parasites of the Nematode Suborders Strongylata Ascaridata and Spirurata. Washington：United States Government Printing Office.

Jay R, Georgi D V M. 1980. Parasitology Veterinarians. Philadelphia London Toronto: W. B. Saunders Company.

Reinecke R K. 1983. Veterinary Helminthology. Johannesburg：Dieter Zi mmermann（Pty）Ltd.

Yamaguti S. 1961. Systema Helminthurn Ⅷ. The Nematode of Vertebrates. Part Ⅰ, Part Ⅱ. New York–London: Interscience Publishers INC.

中文索引

E

F

G

H

J

K

L

M

N

P

Q

R

S

T

W

X

Y

Z

拉丁文索引

A

B

C

D

E

F

G

H

I

M

N

O

P

R

S

T

U

V